中国国家标准汇编

424

GB 23719～23761

（2009 年制定）

中国标准出版社　编

中国标准出版社

北　京

图书在版编目（CIP）数据

中国国家标准汇编：2009年制定.424：GB 23719～23761/中国标准出版社编.—北京：中国标准出版社，2010

ISBN 978-7-5066-6023-5

Ⅰ.①中… Ⅱ.①中… Ⅲ.①国家标准-汇编-中国-2009 Ⅳ.①T-652.1

中国版本图书馆CIP数据核字（2010）第166641号

中国标准出版社出版发行
北京复兴门外三里河北街16号
邮政编码:100045

网址 www.spc.net.cn
电话:68523946 68517548
中国标准出版社秦皇岛印刷厂印刷
各地新华书店经销

*

开本 880×1230 1/16 印张 39.5 字数 1 176 千字
2010年9月第一版 2010年9月第一次印刷

*

定价 220.00 元

出 版 说 明

1.《中国国家标准汇编》是一部大型综合性国家标准全集。自1983年起,按国家标准顺序号以精装本、平装本两种装帧形式陆续分册汇编出版。它在一定程度上反映了我国建国以来标准化事业发展的基本情况和主要成就,是各级标准化管理机构,工矿企事业单位,农林牧副渔系统,科研、设计、教学等部门必不可少的工具书。

2.《中国国家标准汇编》收入我国每年正式发布的全部国家标准,分为"制定"卷和"修订"卷两种编辑版本。

"制定"卷收入上一年度我国发布的、新制定的国家标准,顺延前年度标准编号分成若干分册,封面和书脊上注明"20××年制定"字样及分册号,分册号一直连续。各分册中的标准是按照标准编号顺序连续排列的,如有标准顺序号缺号的,除特殊情况注明外,暂为空号。

"修订"卷收入上一年度我国发布的、修订的国家标准,视篇幅分设若干分册,但与"制定"卷分册号无关联,仅在封面和书脊上注明"20××年修订-1,-2,-3,……"字样。"修订"卷各分册中的标准,仍按标准编号顺序排列(但不连续);如有遗漏的,均在当年最后一分册中补齐。需提请读者注意的是,个别非顺延前年度标准编号的新制定的国家标准没有收入在"制定"卷中,而是收入在"修订"卷中。

读者配套购买《中国国家标准汇编》"制定"卷和"修订"卷则可收齐上一年度我国制定和修订的全部国家标准。

3.由于读者需求的变化,自1996年起,《中国国家标准汇编》仅出版精装本。

4.2009年我国制修订国家标准共3158项。本分册为"2009年制定"卷第424分册,收入国家标准GB 23719～23761的最新版本。

中国标准出版社
2010年8月

目　录

ICS 11.040.70
C 40

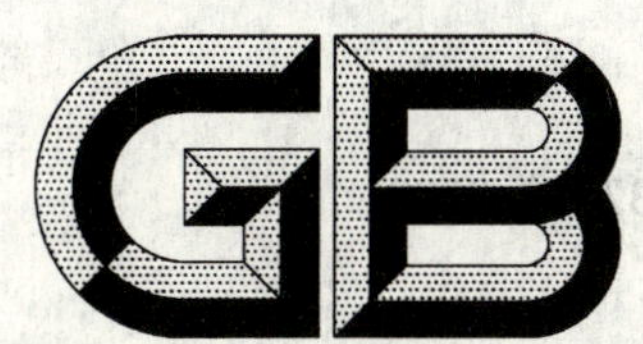

中华人民共和国国家标准

GB 23719—2009

眼科光学和仪器 光学助视器

Ophthalmic optics and instruments—Optical devices for enhancing low vision

(ISO 15253:2000,MOD)

2009-05-06 发布　　2010-03-01 实施

中华人民共和国国家质量监督检验检疫总局
中国国家标准化管理委员会　发布

前　言

本标准的全部技术内容为强制性。

本标准修改采用 ISO 15253:2000《眼科光学和仪器　光学助视器》。

本标准与 ISO 15253:2000 相比主要修改内容如下：

——增加引用标准 GB/T 16886.1《医疗器械生物学评价指南》、ISO 14490-5《光学和光学仪器　望远镜系统的检测方法　第 5 部分:透过率测量方法》；

——增加 5.2.1 对材料的要求；

——删除 ISO 15253:2000 标准附录 B。

本标准的附录 A 为资料性附录。

本标准由国家食品药品监督管理局提出。

本标准由全国光学和光学仪器标准化技术委员会医用光学和仪器标准化分技术委员会归口(SAC/TC 103/SC 1)。

本标准起草单位:国家食品药品监督管理局杭州医疗器械质量监督检验中心。

本标准主要起草人:何涛、颜青来、郑建。

眼科光学和仪器　光学助视器

1　范围

本标准规定了光学助视器的光学、机械要求以及试验方法。

本标准适用于制造商专为视力受损者提供的低视力光学助视器，也可以带有电气元件(例如照明光源)。

本标准不适用于低视力电子光学助视器。

注：对于低视力电子光学助视器由其他标准作规定。

2　规范性引用文件

下列文件中的条款通过本标准的引用而成为本标准的条款。凡是注日期的引用文件，其随后所有的修改单(不包括勘误的内容)或修订版均不适用于本标准，然而，鼓励根据本标准达成协议的各方研究是否可使用这些文件的最新版本。凡是不注日期的引用文件，其最新版本适用于本标准。

GB/T 14214　眼镜架　通用要求和试验方法

GB/T 16886.1　医疗器械生物学评价指南　第1部分：评价与试验(GB/T 16886.1—2001，idt ISO 10993-1：1997)

ISO 14889　眼科光学　眼镜镜片　未切割镜片基本要求

ISO 14490-5　光学和光学仪器　望远镜系统的检测方法　第5部分：透过率测量方法

ISO 15004　眼科仪器　基本要求和试验方法

3　术语和定义

下列术语和定义适用于本标准。

3.1

天文望远镜　astronomical telescope

开普勒望远镜　Keplerian telescope

由正物镜或物镜组和正目镜或目镜组组成的组合光学系统，在正常调焦情况下，可形成放大的倒置像。

3.2

双筒辅助器　binocular aid

通常由两路独立的光学系统装配在一起，用于两眼同时观察的光学装置。

3.3

双目镜辅助器　biocular aid

双眼通过单个光学系统进行观察的光学装置。

3.4

望远帽　distance cap

置于近用望远镜或望远式显微镜物镜前的负透镜，使装置能够观察远距离目标物。

3.5

等效光焦度　equivalent power

用米表示，在空气中测量的等效焦距的倒数。

注：等效光焦度用屈光度或米的倒数来表示。

3.6

目镜 eyepiece,ocular

光学成像系统中最靠近眼睛的光学元件组,用于观察由物镜所成的像。

3.7

焦距 focal length

光学系统的主焦点(或焦点)到参考点的线性距离,见图1。

注:根据参考点选择的不同(如顶点、主点),焦距需要被进一步规定,见3.7.1至3.7.3的定义。

3.7.1

后顶焦距 back vertex focal length

在光学系统中沿光轴(对称轴),从后表面到后焦点的测量距离。见图1。

3.7.2

前顶焦距 front vertex focal length

在光学系统中沿光轴(对称轴),从前表面到前焦点的测量距离。见图1。

3.7.3

等效焦距 equivalent focal length

在光学系统中沿光轴(对称轴),从焦点到相应主点的测量距离。见图1。

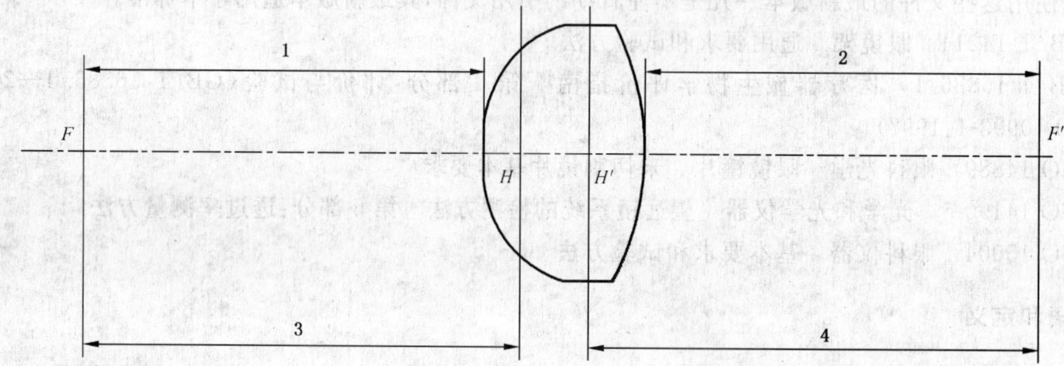

1——前顶焦距;

2——后顶焦距;

3——前焦距;

4——后焦距。

图1 焦距示意图

3.8

调焦望远装置 focusing telescopic device

根据目标物距离,由使用者进行调焦的望远装置。

3.9

自由工作距 free working distance

近用望远镜/望远式显微镜最前部分与目标物之间的(光学低视力助视)距离。

3.10

伽利略望远镜 Galilean telescope

由正物镜或物镜组和负目镜或目镜组组成的组合光学系统,在正常调焦情况下,可形成放大的正像。

3.11

手持放大镜 hand magnifier

由使用者的手来定位和支撑,而没有人工支撑结构的装置。

3.12

线性视场 linear field of view

在制造商规定的使用条件下,通过低视力助视器可以看到的最大的目标物平面范围。

3.13

低视力助视器 low vision aid

用于辅助视力受损者增强视力的装置。

3.14

低视力辅助望远镜 low vision aid telescope

能够形成放大的视网膜目标像的开普勒望远镜或者伽利略望远镜等光学装置。

3.14.1

手持式望远镜 hand telescope

被设计成手持式的望远镜。

3.14.2

眼镜式望远镜 spectacle telescope

被安装在框架眼镜镜架内或镜架上的望远镜。

3.15

放大倍率 magnification

放大装置所见的眼底像的线性尺寸和不用放大装置所见的同一目标物的尺寸比值。

3.15.1

角放大率 angular magnification

在参考观察点(如眼睛的入瞳),成像角对边和目标物角对边的比值。

3.15.2

名义放大率 nominal magnification

M

对于放大镜,由以米为单位的参考视距(见3.20)和以屈光度为单位的等效光焦度F(见3.5)的乘积计算得到。

示例:参考视距为0.25 m时,名义放大率由公式$M=0.25F$给出。

3.15.3

商用放大率 trade magnification

$M_{商用}$

对放大镜而言,放大率由如下公式计算:

$$M_{商用}=M+1$$

注:因许多低视力教科书中都提到了商用放大率,所以采用了此定义。这一术语在今后不应被采用。

3.16

放大镜 magnifier

助视显微镜 low vision-aid microscope

被设计用于产生放大影像的透镜系统。

注:它可能是单透镜也可能是多组件系统。

3.16.1

眼镜式放大镜 spectacle magnifier

眼镜式显微镜 spectacle microscope

放置于眼镜架上的放大镜或指能像眼镜一样靠近眼睛配戴或支撑的放大镜,包括含有近附加光度用于矫正近视力的光学装置。

3.16.2

带照明放大镜 illuminated magnifier

带照明光源的放大镜。

3.17

单目助视器 monocular aid

仅在一只眼前使用的光学装置。

3.18

光学尺寸 optical dimensions

光学尺寸中心区 zone of optical dimensions

放大镜光学区 optical zone of magnifier

装成放大镜的线性可用尺寸。

注：单位为毫米。

3.19

阅读帽 reading cap

放置在望远物镜前的正透镜，能够看清近距离目标物的装置。

3.20

参考视距（最小视距） reference seeing distance（least distance of distinct vision）

公认的角膜前顶点和被观察目标物之间的距离为250 mm。

注：参考视距首先被作为计算近距观察用光学仪器的放大率的参考量。

3.21

距离相关性放大率 relation distance magnification

通过改变观察距离而引起的视网膜影像的尺寸改变。

3.22

分辨率 resolution

在一系列给定条件下，能够分辨的两个最小点之间的距离，由线性值或角度值来表示。

3.23

立式放大镜 stand magnifier

放大镜的支撑部分被设计成把光学系统与观察目标物之间固定或可调节距离。

3.23.1

顶点像距 vertex image distance

对于立式放大镜，物体放置在设计位置时，最靠近眼睛的放大镜表面到虚像面的距离。见图2。

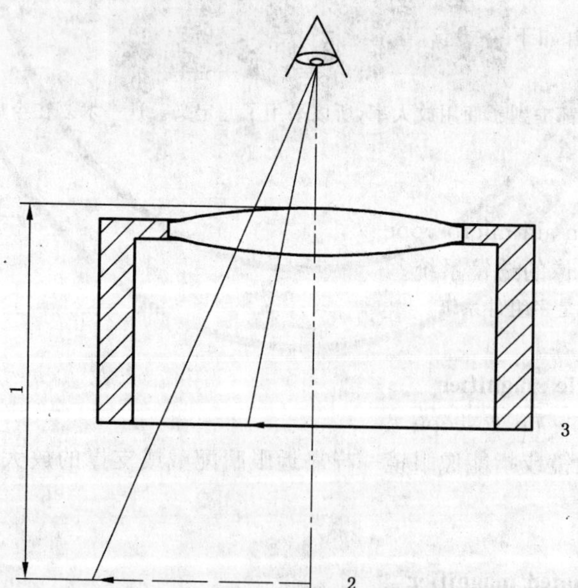

1——顶点像距；

2——像平面；

3——物平面。

图2 顶点像距、像平面和物平面的示意图

3.23.2

出离像离散度　exit image vergence

立式放大镜顶点像距(单位为米)的倒数。

注：单位为屈光度。

3.24

望远式显微镜　telemicroscope

近距望远镜　near-vision telescope

适合于观察近距离目标物的望远镜。

3.25

陆地望远镜　terrestrial telescope

放置于直立的支撑系统上的天文望远镜。

4　分类

4.1　放大镜

a)　手持式；

b)　立式；

c)　头戴式,包括眼镜或装配在眼镜架上的。

4.2　望远镜——远用式

a)　手持式；

b)　头戴式,包括眼镜或装配在眼镜架上的。

4.3　望远镜——近用式/望远式显微镜

a)　手持式；

b)　头戴式,包括眼镜或装配在眼镜架上的。

4.4　望远镜——可调焦的

a)　手持式；

b)　头戴式,包括眼镜或装配在眼镜架上的。

5　要求

5.1　光学性能

5.1.1　分辨率

5.1.1.1　总则

用于测量光学装置分辨率的视标对比度应不小于80%。

5.1.1.2　放大镜和望远式显微镜/近用望远镜

按7.4检测时,在70%线性视场范围内,助视器应能分辨不大于0.233 mm/线对(0.116 mm/线)的目标,目标上的白光照明采用CIE标准的D65光源,光强范围为750 lx～1 000 lx。

5.1.1.3　望远镜

按7.4检测时,在70%线性视场或10°视场角范围内,助视器应能分辨由对角为2′(或更小)的线对组成,并有1′(或更小)对角的目标,如果该要求超出助视器的衍射极限,则应采用555 nm的单色光照明,在上述规定的区域内,助视器的分辨率应该小于衍射极限的50%;在所声称的工作范围内,望远镜应达到上述要求。

5.1.2　等效光焦度——放大镜

放大镜沿光轴的等效光焦度与标称值偏离的允差为5%。两主子午线的光焦度互差不应大于2.5%。

两主子午线为放大镜设计的主要参数，两子午线的等效光焦度与最大光焦度的偏差均不得超出2.5%。

5.1.3 角放大率——望远镜

望远镜沿光轴的等效放大率与制造商标称值偏离的允差为5%。

5.1.4 周边放大率变化——放大镜和望远镜

按照7.5中所描述的方法来检测仪器的线性视场时，70%线性视场以外的放大率变化应符合表1或表2的要求。

制造商应规定试验方法。

表1 放大镜/近距式望远镜

等效光焦度/D	周边放大率变化/%
≤12	5
12～20	10
≥20	15

表2 远用式望远镜

放大率	周边放大率变化/%
≤3×	2.5
3×～5×	5
≥5×	7.5

5.1.5 透过率

如果制造商对透过率作出了要求，测量应符合ISO 14490-5的标准，应提供适当的透过率曲线。

5.2 材料和结构

5.2.1 材料

按制造商的预期用途使用时，与患者皮肤直接接触的组件，其材料应无毒性，无严重致敏反应，按GB/T 16886.1的要求进行医疗器械生物学评价。

5.2.2 可燃性

根据ISO 15004中的规定对助视器进行试验，在试验棒撤离后不应继续燃烧。

5.2.3 防浸

对于声称能防浸的仪器，应符合下列要求：

仪器在40 ℃到45 ℃的水中完全浸泡5.0 min±0.5 min，再在20 ℃±5 ℃的空气中干燥，然后进行检测，其结果应符合本标准要求。

5.2.4 抗汗

若助视器含有符合GB/T 14214标准范围的镜架，其抗汗要求应符合该标准的相关要求。

5.2.5 头戴式(包括眼镜式和眼镜装配式装置)的机械强度

若助视器含有符合GB/T 14214和ISO 14889标准范围的镜架和镜片，其机械强度应符合该标准的相关要求。

5.2.6 抗跌性能

如制造商声明该仪器抗跌，制造商应规定该声明是在何种条件下给出的，并提供试验方法。

6 使用的环境条件

在表3给出的使用环境条件下，应符合本标准所有要求。

表 3　使用的环境条件

项目	使用环境条件
温度	−25 ℃～+35 ℃
相对湿度	30%～85%
大气压	800 hPa～1 060 hPa
震动(无包装)[a]	10 g/6 ms
[a] 仅适用于手持仪器。	

7　试验方法

7.1　总则

所有试验方法均为型式试验。允许选择其他等效的方法，但制造商或试验者有责任论证所采用的是等效的方法。

7.2　等效光焦度——放大镜

用于检测等效光焦度的方法应达到在95%的置信水平情况下，小于0.5%的相对不确定度。

7.3　角放大率——望远镜

用来检测角放大率的方法应该达到在95%的置信水平情况下，小于0.5%的相对不确定度。

7.4　分辨率试验

7.4.1　试验原理

下述装置用来检测低视力助视器的分辨率。分辨率板由4组不同方向90°、180°、45°、135°的Ronchi条纹组成(见图3)。能够看清各个方向上的条纹就表示达到了该分辨率，试验过程中，要测量出分辨率能被观察清楚的线性视场。观察者的视力至少为1.0(对数视力5.0)。

图3　分辨率板的举例

7.4.2　试验装置

7.4.2.1　总则

在光学平台上搭建试验装置。分辨率板安装在一块能够调节到与光学平台成90°的白屏上。可调节范围至少等于被检测的低视力助视器水平视场范围。

屏幕和条纹的照明光源采用标准D65光源，分辨率板平面上的光强为750 lx～1 000 lx。分辨率板的线宽 b=0.116 mm，对比度至少为80%(见图3)。

注：最合适的分辨率板是在玻璃平板上镀金属制成。

7.4.2.2　放大镜和望远式显微镜/近用望远镜

助视器被安装在分辨率板前方。助视器和分辨率板之间的距离应可调节。

在助视器前放置一个角放大率介于3倍到8倍之间的观察望远镜，并聚焦在分辨率板的像平面上。测量过程中不允许再重新调焦。

图4给出了试验装置的示例。测量前，预先调整试验装置使分辨率板的 X、Y 方向、低视力助视器以及观察望远镜的位置互相匹配。

根据使用说明书中规定的使用者眼睛与低视力注视器之间的距离，调整近用低视力注视器和观察望远镜之间的距离。

根据制造商使用说明书规定，调整近用助视器和分辨率板之间的距离。

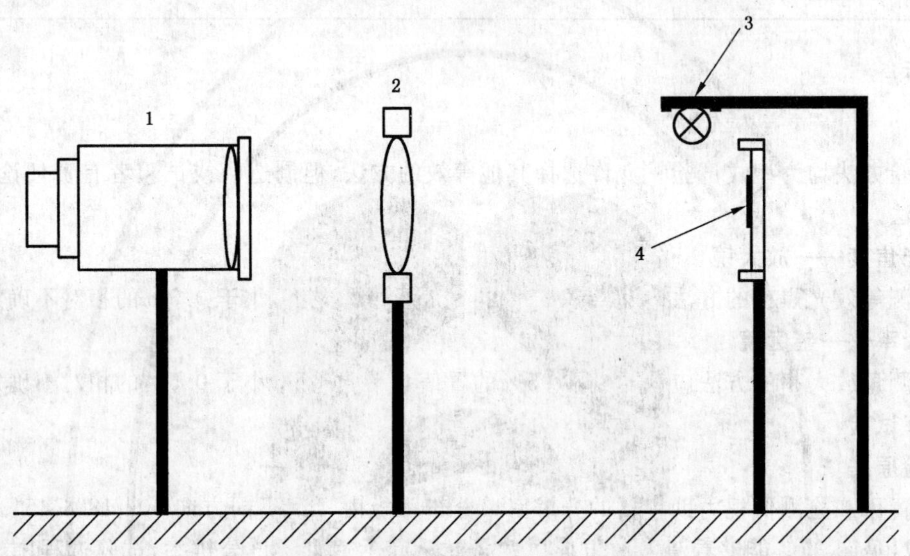

1——观察望远镜；

2——近用助视器；

3——屏幕的照明光源；

4——装有分辨率板的屏幕。

图4　近用助视器检测装置的示例

7.4.2.3　望远镜式助视器

分辨率板前放一个准直透镜，使分辨率板位于该透镜的焦平面，此时分辨率板通过透镜成像于无穷远。

为确保规定的视场角不发生改变，则当分辨率板线宽为 $b=0.116$ mm 时，准直镜的等效焦距应该等于400 mm。

准直镜等效焦距 f' 可计算如下：

$$f' = b/\tan\alpha \tag{1}$$

$$\tan\alpha = b/f' \tag{2}$$

式中：

b——线宽，单位为毫米(mm)；$b=0.116$ mm；

α——视场角，单位为度(°)；$\alpha=1'=0.016\,6°$。

因此，$f'=400$ mm。

望远镜系统的视场范围不应被该准直镜所限制，且分辨率也应不受准直镜影响，但仅由被测系统决定。为此，准直镜的直径应至少为望远镜式助视器入瞳直径的1.2倍。

图5给出试验装置的示例。测量前，调整试验装置使分辨率板的 X、Y 方向、助视器以及观察望远镜的位置互相匹配。

应尽可能缩小被测望远镜式助视器与准直透镜之间的距离，以保证视场不被准直镜所限制。

对于可调焦望远镜式助视器，调整准直镜和分辨率板之间的距离，使之等于准直镜的等效焦距。

对于非调焦望远镜式助视器，调整准直镜和分辨率板之间的距离，使分辨率板在助视器成像清晰。

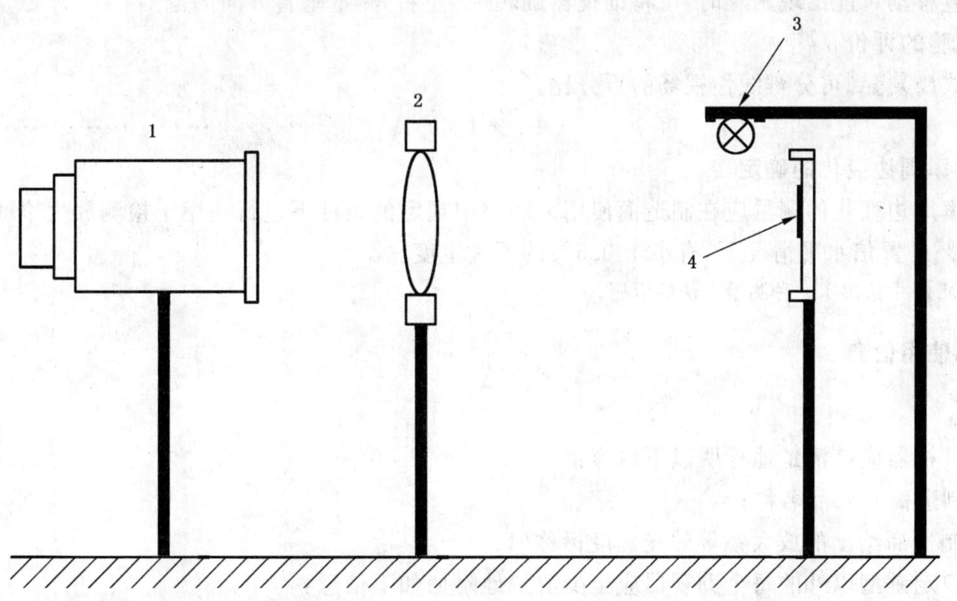

1——望远镜式助视器；

2——准直透镜；

3——屏幕的照明光源；

4——装有分辨率板的屏幕。

图5　望远镜式助视器检测装置示例

7.4.3　试验步骤

7.4.3.1　放大镜和望远式显微镜/近距式望远镜

检测装置精确地调整好后，测量助视器可获得的视场范围。将分辨率板移动至固定低视力助视器的支架边缘，测量分辨率板的可见范围。分别水平和垂直移动，此过程可能要将观察望远镜移动到新的位置。各自分别测量水平和垂直的视场范围。可得到两个值：

A_{hor}＝水平方向的线性视场范围，单位为毫米；

A_{vert}＝垂直方向的线性视场范围，单位为毫米。

接着重复上述过程，将分辨率板朝视场边缘移动，直到某个方向的 Ronchi 条纹不能被清楚辨认。读出标尺读数，即得到水平和垂直方向的可分辨视场范围。再次从标尺上读数，获得视场的水平和垂直方向的范围，该过程中观察望远镜不能重新调焦。可得到两个值：

A_{hor}＝水平方向的可分辨线性视场范围，单位为毫米；

A_{vert}＝垂直方向的可分辨线性视场范围，单位为毫米。

当垂直移动可能出现困难时，可将助视器旋转 90°左右，测量垂直方向的范围。

7.4.3.2　对于望远镜式助视器

检测装置精确地调整好以后，测量低视力助视器可获得的视场范围。将分辨率板移动至固定低视力助视器的支架边缘，测量分辨率板的可见范围。试验时各自分别水平和垂直移动水平和垂直的视场范围。可得到两个值：

A_{hor}＝水平方向的线性视场范围，单位为毫米；

A_{vert}＝垂直方向的线性视场范围，单位为毫米。

接着重复上述过程，将分辨率板朝视场边缘移动，直到某个方向的 Ronchi 条纹不能被清楚辨认。再次重复，读出标尺的读数，即得到水平和垂直的可分辨视场范围。

$A_{hor}{}^*$＝水平方向的可分辨线性视场范围，单位为毫米；

$A_{vert}{}^*$＝垂直方向的可分辨线性视场范围，单位为毫米。

当垂直移动可能出现困难时，可将助视器旋转90°左右，测量垂直方向的范围。

7.4.4 试验的评价

采用式(3)得到可分辨线性视场的百分比。

$$(A^* \times 100)/A \qquad \cdots\cdots (3)$$

7.5 放大率周边变化的确定

放大率周边变化的测量应在制造商使用说明书中规定的条件下进行。用于检测放大率横向畸变的仪器在95％的置信水平情况下，有小于0.5％的不确定度。

注：附录A中给出了一种测量方法的示例。

8 标记和使用信息

8.1 标记

每个助视器应该清楚地标明以下内容：

a) 制造商和产品名称；

b) 制造商给出的放大镜等效光焦度标称值；

除客户定制型以外的每个助视器应至少清楚地附加如下信息：

c) 制造商给出的望远镜角放大率标称值；

d) 制造商给出的望远式显微镜/近用望远镜的名义放大率或等效光焦度标称值。

8.2 制造商提供的信息

除了8.1中的内容，制造商还应该对每个助视器至少提供以下信息：

a) 制造商给出的立式放大镜出离像的离散度的标称值；

b) 望远式显微镜的自由工作距离；

c) 避免放大镜置于阳光直射下聚焦起火的说明；

d) 助视器维护和清洁说明；

e) 5.2中声明的任何特性。

如有要求的话，制造商宜公开以下信息：重量，透镜的材料，放大镜的光学尺寸(单位为毫米)。

附 录 A
（资料性附录）
放大率周边变化的确定

A.1 原理

采用一组桶形畸变的图表来评估放大率的周边变化。在指定条件下，通过放大镜或望远镜观察适当尺寸的栅格，通过最能够补偿放大镜畸变的栅格来评价枕形畸变的程度。

注：助视器的主要表现为枕形畸变；本试验仅对该形式的畸变有效。

A.2 装置

A.2.1 手持式和立式放大镜

A.2.1.1 畸变评价图，由电脑程序的方法画出，分别表示手持式和固定式放大镜的0％，5％，10％，15％和20％的枕形畸变。这些图按照尺寸递减排列成6行。见图A.1。

A.2.1.2 为了使放大镜畸变评价的位置标准化，额部支撑器设计为以交叉支撑杆进行调节的形式。

A.2.2 远用和调焦望远镜

畸变评价图，由电脑程序的方法画出，分别表示远距望远镜的0％，2.5％，5％，7.5％和10％的枕形畸变。这些图的大小是相应放大镜图的4倍。由于工作距更短，这些图对一些近用望远镜更有效。

A.3 步骤

A.3.1 放大镜观察位置

对于物距由固定框架或支架决定的放大镜，将图平放在桌子上，放置放大镜使适用的格子的中心点对准放大镜光轴。手持放大镜应该被装在一个高度可调节的固定装置上，并使检测图和放大镜之间的距离符合制造商的使用说明书规定。移动固定装置使适用的格子的中心点对准放大镜光轴。

用额部支撑器固定畸变评价的距离。放大镜和评价者眼睛之间的距离应该符合制造商的使用说明书规定。评价者眼睛应该在放大镜光轴上。

注：本图共6行，按照尺寸递减［见图A.1b)，画出了本图中的左侧一栏］。本图每一行从左到右的格子分别表示0％，5％，10％，15％，20％的桶形畸变［见图A.1c)，画出了本图中的一行］。

a) 总体布局图，其中的格子简化成了空的方块

图A.1 系列畸变评价图的示例

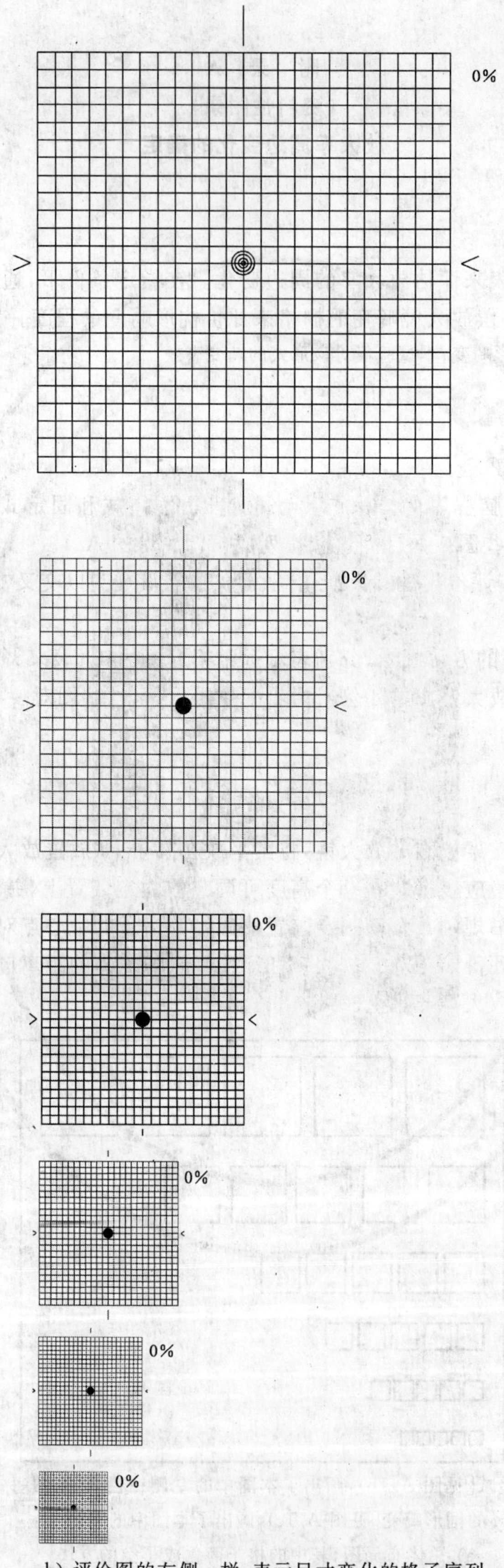

b）评价图的左侧一栏，表示尺寸变化的格子序列

图 A.1（续）

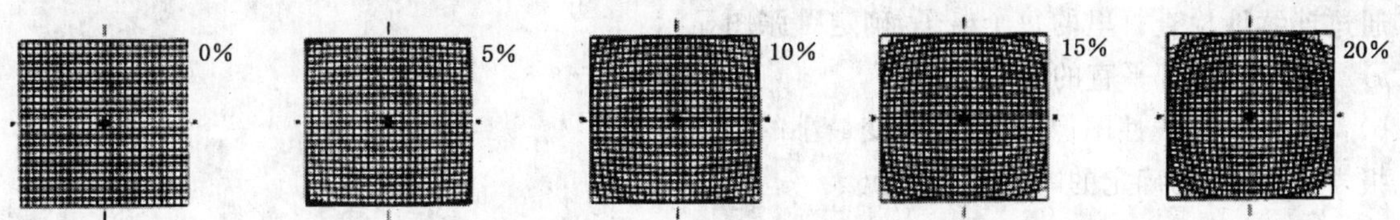

c) 评价图的第 4 行，表示格子序列的畸变程度

图 A.1（续）

A.3.2 近用望远镜观察位置

近用望远镜的观察距离很短，将图平放在桌子上，望远镜放置于固定装置上，使适用格子的中心点对准望远镜光轴。调节固定装置直到看见覆盖视场的图的对焦像。

A.3.3 调焦和远用望远镜的观察位置

对于远用望远镜，将大图固定在墙上。固定仪器使它的光轴呈水平并与图垂直。调整望远镜到近点并获得覆盖视场的图的对焦像。

对于调焦望远镜，将大图固定在距离仪器至少 6 m 的墙上。固定仪器使它的光轴呈水平并与图垂直，用比较大的图时可以获得覆盖视场的图的对焦像。

A.4 评价

A.4.1 放大镜

把固定式或手持式（通过固定在其他装置上）仪器放在格子的左侧，沿着左侧移动仪器直到正好填满仪器视场的一行。

然后将仪器沿着该行向右移动，在每一格的中心停留，观察格子的边框是否平直（见注 2）。

注 1：如果放大镜或望远镜被放置在其他装置上，可以选择性地通过移动仪器下面的图来更便捷地达到必要的动作。

注 2：如果格子的边框存在枕形畸变，表明放大镜的枕形畸变没有被完全补偿。如果格子的边框存在桶形畸变，表明放大镜的枕形畸变被过度补偿。

通过连续地检查行里的每个格子，确定哪张图显示：

a) 所有格子的边框都平直；或者

b) 如果没有任何线性图像，选枕形畸变最小的格子。

报告 a)或 b)所确定的畸变百分比。

A.4.2 近用望远镜

总体上适用于工作距≤0.5 m 的仪器。

把仪器放在格子的左侧，沿着左侧移动仪器直到正好填满仪器视场的那一行。

然后将仪器沿着该行向右移动，在每一格的中心停留，观察格子的边框是否平直（见注 2）。

注 1：如果望远镜被放置在其他装置上，可以选择性地通过移动仪器下面的图来更便捷地达到必要的动作。

注 2：如果格子的边框存在枕形畸变，表明放大镜的枕形畸变没有被完全补偿。如果格子的边框存在桶形畸变，表明放大镜的枕形畸变被过度补偿。

通过连续地检查行里的每个格子，确定哪张图显示：

a) 所有格子的边框都平直；或者

b) 如果没有线性图像，选枕形畸变最小的格子。

报告 a)或 b)的格子所确定的畸变百分比。

A.4.3 可调焦远用望远镜

固定望远镜，使它的光轴呈水平并与装在墙上的图垂直。调整望远镜到近点并获得覆盖视场的图的对焦像。对于可调焦望远镜，有必要在 6 m 范围使用比较大的图。选择一个能在望远镜中产生填满视场的格子。

通过连续地检查行里的每个格子，确定哪张图显示：

a) 所有边框都平直的格子；或者

b) 如果没有线性图像，选枕形畸变最小的格子。

报告 a)或 b)的确定的畸变百分比。

ICS 03.100.30;53.020.20
J 80

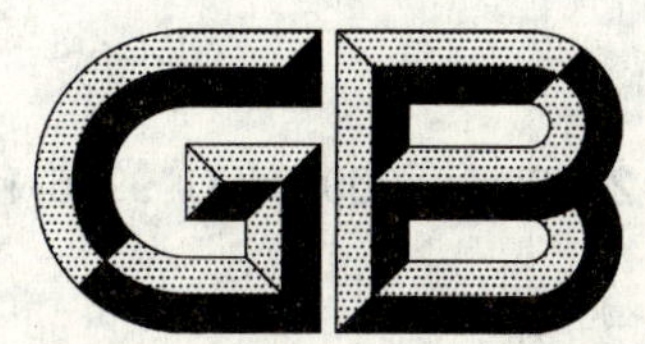

中华人民共和国国家标准

GB/T 23720.1—2009/ISO 9926-1:1990

起重机　司机培训　第1部分:总则

Cranes—Training of drivers—Part 1:General

(ISO 9926-1:1990,IDT)

2009-04-24 发布　　2010-01-01 实施

中华人民共和国国家质量监督检验检疫总局
中国国家标准化管理委员会　发布

前　言

GB/T 23720《起重机　司机培训》分为以下5个部分：

——第1部分：总则；

——第2部分：流动式起重机；

——第3部分：塔式起重机；

——第4部分：臂架起重机；

——第5部分：桥式和门式起重机。

本部分为GB/T 23720的第1部分。

本部分等同采用ISO 9926-1:1990《起重机　司机培训　第1部分：总则》(英文版)。

本部分等同翻译ISO 9926-1:1990。

为便于使用，本部分做了下列编辑性修改：

——"ISO 9926的本部分"一词改为"GB/T 23720的本部分"；

——删除国际标准前言。

本部分由中国机械工业联合会提出。

本部分由全国起重机械标准化技术委员会(SAC/TC 227)归口。

本部分起草单位：辽宁省安全科学研究院、北京起重运输机械研究所。

本部分主要起草人：高岩、赵鑫。

起重机　司机培训　第1部分:总则

1　范围

GB/T 23720 的本部分规定了对受训起重机司机的基本培训要求,以及使起重机司机掌握基本的操作技能和正确使用这些技能所必备的知识。

本部分制定了对司机进行各种型式起重机(例如塔式起重机、流动式起重机等)相关专门训练的总培训计划。

本部分假定受训者以前没有起重机操作的实践经验。本部分没有规定评价受训者能力或熟练程度的任何方法。

2　一般要求

操作起重机必须保证工作场地内人员和财产的安全,通常起重机在工作过程中是具有关键作用的设备,因此应仔细挑选司机并且司机应接受有经验专家的基本培训。对组成作业队的人员(吊装工、指挥人员、主管人员)给予适当的培训也是必要的。

3　必备素质和知识

司机应年满18周岁,身体符合从事该职业的医学要求,一般应考虑以下因素:

a)　身体状况

——良好的视力和听力;

——高空作业时无眩晕感;

——身体健康或无不适合该项工作的疾病;

——不吸毒、不酗酒。

b)　心理素质

——在压力大的情况下行为正常;

——情绪稳定;

——具有责任感。

可以用测试的方法来确定受训者的素质(动手能力、判断能力、自控能力、冷静、准确性、动作协调性和反应能力)。

受训者应能阅读和理解起重机文件和信息标牌上的内容。

当起重机必须通过公路转运时,司机应知晓相关的法规。如果国家法规要求,还应准备适当的证明并且拥有驾驶许可证。

4　培训目标

培训目标是:

a)　全面掌握起重机使用规则及其工作环境方面的知识并能随时应用。

b)　掌握有关手势信号和无线电通讯的知识,以及货物搬运的设备和技能方面的知识,以使司机能完全胜任以下工作:

——进行有效操作,且不会危及司机本人及他人的安全;

——在正常情况及紧急情况下操作起重机。

c) 掌握起重机的技术知识,包括起重机特性,载荷图表、各机构及安全装置,以使司机能完全胜任以下工作:

——操作同一种类型的不同起重机;

——最适宜地利用起重机的性能;

——鉴别故障;

——进行日常检查和维护;

——会使用相关文件。

d) 获得操作技能,包括:

——各种运动的组合和控制的精确性;

——确定载荷质量和距离;

——最佳使用司机室内控制装置和仪表。

5 培训方法

培训期和培训内容应保证达到培训目标。

培训应主要着眼于实际操作技能(至少占用培训时间的75%),并通过操作能力检验理论学习效果。

为了实际训练,在起重机的验收阶段每台起重机由一名受训者和一名指导者进行验收。在随后的培训期,建议同一时间使用同一台起重机时不超过两个受训者,除非为此专门配备有教学用起重机。一名指导者监控的起重机不得多于三台。

培训应以理论和实践的测试为依据,确认是否达到培训目标。

6 培训内容

培训计划的具体内容是达到培训目标的基本因素,它包括评估的要求和计划。

对于一个培训科目评估要求规定如下:

a) 受训者应达到的专门技能水平;

b) 时间分配(取决于受训者);

c) 方法、手段、训练设备和推荐的参考资料。

GB/T 23720的本部分不对这部分内容作具体规定。

训练计划应按主题列出教授的科目,而不是按时间顺序。

6.1 理论教学计划

6.1.1 司机

——能力和职责;

——在作业队(吊装工、指挥人员、主管人员)中的作用。

6.1.2 起重机技术

——术语和特性;

——不同的类型及架设方法;

——发动机(工作原理);

——机构(传动链、工作原理和控制);

——制动器、行程限制器和速度限制器(工作原理和调试);

——电气遥控设备(工作原理、安全功能、调试和设定);

——液压和气动装置(工作原理、安全功能、调试和设定);

——钢丝绳(安装、定期检查、报废标准);

——安全装置(工作原理、调试和设定)。

6.1.3　使起重机处于工作状态和非工作状态

——各种地面关联设备(千斤顶、轨道、锚固器);

——特殊装置(锚定或拉索固定的起重机,建筑物内爬升的起重机);

——辅助设备和附件(例如副臂);

——电源(危险因素,保护系统);

——液压系统、气路系统和燃料(危险因素和预防措施);

——安装、投入使用、试验、拆除和维护;

——起重机在工作场地和公路上运行。

6.1.4　起重机使用和安全规则

——载荷图表、缠绕系统和起重机布置:选择步骤(最佳使用法);

——额定起重量限制器和指示器(工作原理和调试);

——起重机所受作用力(工作状态和非工作状态);

——起重机稳定性(各种布置的影响情况);

——气象条件和周围环境的影响(例如低温、结冰、雾、风、暴风雨雪、日照、灰尘、烟雾、腐蚀性气体);

——起重机周边环境和受限条件(动力线、各种管路、禁区或危险区、其他起重机,无线电发射器、空中交通指挥站、噪声或污染限制);

——起动和停机操作程序;

——禁止或危险的操作;

——起重机使用的限制;

——起重机工作或工作场地的有关规定;

——动作次序。

6.1.5　操作

——司机室(通道、安全性和舒适性);

——控制和监控设备;

——操作辅助设备(指示器和干扰测试仪);

——地面操作(通过电缆或无线电控制);

——正确控制各种运动及其组合运动;

——距离估计和标记;

——适当操作各个机构,获得最大的功效。

6.1.6　通讯

——手势信号(直接或转送信号);

——无线电通讯;

——闭路电视辅助控制。

6.1.7　物料搬运

——吊装设备(使用规则);

——吊具(使用规则);

——人工装载指南;

——载荷(估算、质心、平衡、风力影响);

——通常的搬运操作(翻转一个载荷);

——多台起重机搬运一个载荷;

——人员运输。

6.1.8 检查、维护和事故

——利用相关文件；

——定期检查和操作前检查；

——有关故障的报告；

——在故障或失电时的反应(如何放下载荷)。

6.2 实践计划

实践计划应包括对在理论教学大纲中提到的部件、设备和附件的直接观察以及下述各项。

6.2.1 操作练习

——控制器、操作辅助设备和监控器的用法。

——依次进行空载、带载运行。

——空载、带载的两种运行的组合动作。

——减小载荷摆动。

——三种或四种运动的组合。

——场地上运行,先空载、后带载(适当载荷)。

——起重机公路运行的准备和操作。

——有目的地练习提高以下技能：

- 估计空间距离；
- 准确地提起和放置载荷；
- 载荷运行速度；
- 研究选择最佳搬运周期。

——载荷在司机视野以外的操作(信号员或使用无线通讯)。

——操作同一类型的各种起重机。

——受固定障碍物或其他起重机干扰时的操作。

——如果可能,在地面操作多种类型的起重机。

6.2.2 搬运练习(载荷提起和放置)

——搬运普通载荷(板条箱、集装箱、托盘、料斗等)。

——搬运特殊形状的载荷：

- 长且柔性的载荷；
- 高大载荷；
- 水平表面大的载荷；
- 垂直表面大的载荷。

——用专用吊具搬运载荷。

——练习载荷的吊挂和导向。

——手势信号和无线电通讯练习。

6.2.3 使用、调试、维护和紧急状态的练习

——顶起并起动起重机,检查周围环境；

——起动和停止程序；

——常规检查(制动器、安全装置和载荷状况监控器)；

——改变钢丝绳缠绕系统倍率；

——更换吊具；

——润滑和水平度检查；

——安全出口。

7 培训工作后续要求

培训只是传授给受训者正确和安全使用起重机所需要的知识和技能。司机只能通过在适当监督下的实际工作中积累经验,提高能力。因此,按时把操作不同类型起重机所获得的经验记录在培训表里是有益的。

安排一些必要的活动以更新司机的知识,这是为了对已短期停止操作的司机进行再培训,并且使司机在技术更新方面接受进一步的训练,提高司机的水平。

ICS 03.100.30;53.020.20
J 80

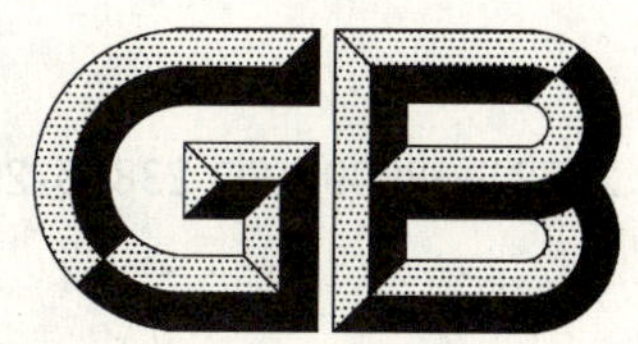

中华人民共和国国家标准

GB/T 23721—2009/ISO 23853:2004

起重机　吊装工和指挥人员的培训

Cranes—Training of slingers and signallers

(ISO 23853:2004,IDT)

2009-04-24 发布　　2010-01-01 实施

中华人民共和国国家质量监督检验检疫总局
中国国家标准化管理委员会　发布

前 言

本标准等同采用 ISO 23853:2004《起重机 吊装工和指挥人员的培训》(英文版)。

本标准等同翻译 ISO 23853:2004。

为了便于使用,本标准作了下列编辑性修改:

——“本国际标准”一词改为“本标准”;

——删除 ISO 23853:2004 的前言;

——对于 ISO 23853:2004 引用的 ISO 15513:2000,已被等同采用为我国标准,本标准直接引用我国标准。

本标准的附录 A、附录 B 是资料性附录。

本标准由中国机械工业联合会提出。

本标准由全国起重机械标准化技术委员会(SAC/TC 227)归口。

本标准起草单位:北京起重运输机械研究所。

本标准主要起草人:何铀。

起重机　吊装工和指挥人员的培训

1　范围

本标准规定了为取得GB/T 23722规定的吊装工和指挥人员的资格，而对受训的起重机吊装工和指挥人员进行的以获得基础吊装技能和必备知识为目的的基本培训要求。

2　规范性引用文件

下列文件中的条款通过本标准的引用而成为本标准的条款。凡是注日期的引用文件，其随后所有的修改单(不包括勘误的内容)或修订版均不适用于本标准，然而，鼓励根据本标准达成协议的各方研究是否可使用这些文件的最新版本。凡是不注日期的引用文件，其最新版本适用于本标准。

GB/T 23722　起重机　司机(操作员)、吊装工、指挥人员和评审员的资格要求(GB/T 23722—2009,ISO 15513:2000,IDT)

3　必备素质和知识

吊装工和指挥人员应年满18岁并经体检合格。还应考虑以下因素：

a)　身体要求：
——具有良好视力和听力以正确执行工作；
——在高处进行吊装作业和发信号时不会眩晕；
——体格健壮或无不适合该项工作的疾病；
——不吸毒，不酗酒，无其他不良嗜好。

b)　心理素质：
——可承受一定的工作压力；
——情绪稳定；
——有责任感。

可用测试的方法确定受训者的素质(动手能力、一般的判断力、自我控制能力、沉着冷静、准确性、动作的协调性和反应能力)。

受训者应能读懂吊具上标注的文字和数据标牌。

4　培训目的

吊装工和指挥人员培训的目的是：
——传授起重机的有关知识；
——传授吊装部件的有关知识；
——传授安全吊装的方法；
——传授发信号的方法；
——传授安全吊装的技能；
——传授关于工作计划、危险因素确认和防控措施的有关知识。

5　培训计划

培训计划的内容和时间安排应完全达到培训的目的。

培训内容应包括理论课程和操作课程。尤其重要的是通过研究以往吊装工作中发生的意外事故的案例向受训者传授安全吊装作业的方法。

应对受训者划分小组(最多10人)进行吊装训练,训练步骤如下:

——培训教师应说明基本吊装工作的概况,例如吊装计划的准备、场地危险因素的确认、重心的确定、载荷质量的估算,以及在载荷上连接吊具、提升、吊运和下降载荷。

——受训者应在教师指导下执行吊装作业并且重复练习直至能熟练操作为止。特别应掌握吊装作业的安全措施。

——由某一受训者担任吊装工(或指挥人员)时,另外一个或两个受训者作为助手。

在完成训练时,应对受训者给出理论课程及实际操作的评价结果,以确认其是否达到培训目标。

6 培训课程的内容

6.1 理论课程

6.1.1 有关起重机的知识

培训课程中应包含下列有关起重机的知识:

a) 起重机概述:

——术语;

——起重机动作;

——起重能力,额定起重量图表。

b) 类型、结构外形图、用途:

——流动式起重机;

——塔式起重机;

——臂架起重机;

——桥式和门式起重机。

c) 安全装置,吊具,制动器。

6.1.2 吊挂装置

培训课程中应包含以下吊挂装置的知识:

a) 钢丝绳吊具:

——钢丝绳结构;

——钢丝绳捻法;

——极限工作载荷;

——安全使用的防范措施。

b) 吊链:

——吊链的类型;

——极限工作载荷;

——安全使用的防范措施。

c) 纤维吊具的类型、极限工作载荷、防护措施:

——纤维吊装绳;

——纤维吊装带。

d) 其他吊具的类型、极限工作载荷、防护措施:

——滑轮组;

——吊具(夹钳、吊钩、卸扣、起重横梁、网式吊兜、吊环);

——衬垫、垫木。

6.1.3 吊挂装置的检查

培训课程中应包含下列吊挂装置检查的知识:

a) 钢丝绳吊具：

——检查项目(钢丝绳断丝数、丝径的减小、磨损、扭结、变形、锈蚀、润滑、连接件和终端固定处异常)；

——报废标准。

b) 吊链：

——检查项目(伸长、变形、扭曲、断裂、接头处的异常)；

——报废标准。

c) 纤维吊具：

——纤维吊装绳：

1) 检查项目(磨损、刮伤、割伤、腐蚀、编织松散)；

2) 报废标准。

——纤维吊装带：

1) 损坏(磨损、刮伤、缝纫线断开)；

2) 外部的异常(变色、染色、软化、尘污)；

3) 金属配件(变形、刮伤、断裂、锈蚀)；

4) 报废标准。

d) 夹钳：

——夹钳主体或吊环的异常；

——钳口开启异常；

——凸轮或钳叉的齿部(有凸边的部分)处磨损或卡滞、损坏；

——夹钳的功能；

——安全销的功能；

——维护；

——报废标准。

6.1.4 吊装方法

培训课程中应包含下列吊装方法的知识：

a) 重心的确定和载荷质量的估算。

b) 按照载荷外形选择吊装方法：

——直接起升；

——篮式系挂起升；

——箍式系挂起升；

——夹钳起升；

——不规则形状载荷的起升(非对称载荷)；

——用起重横梁起升(集装箱吊具)；

——使用辅助拉绳。

c) 根据载荷质量和起升角度选择吊具。

d) 悬吊载荷的运移。

6.1.5 发信号

培训课程中应包含下列发信号的知识：

a) 手势信号；

b) 旗语；

c) 无线电通讯(声音信号)。

6.1.6 安全规范

6.1.7 工作规划

培训课程中应包含下列工作规划：

a) 工作顺序；

b) 载荷运移的路径；

c) 入口和出口；

d) 地面或支承面的条件；

e) 包括吊装作业人员的位置；

f) 其他现场人员的配合。

6.1.8 危险因素确认和防控措施

培训课程中应包含下列危险因素确认和防控措施的知识：

a) 与起重机的使用和吊装操作相关的危险因素：

——挤压的危险，诸如跌落的载荷、载荷倒塌、移动载荷和其他物体之间的卡绊；

——切割的危险，诸如破断的钢丝绳、具有锋利边缘的载荷；

——冲击的危险，诸如载荷摆动、载荷倒塌、弹射物；

——缠绕的危险，诸如和钢丝绳吊具、牵绳缠绕在一起；

——从高处跌落的危险。

b) 起升作业现场应考虑的潜在危险因素：

——高架动力线；

——高架公用线路，例如蒸汽管线、天然气管线、电话线；

——树木；

——不平坦的和/或不坚实的地面；

——允许的地面载荷；

——周围建筑物/容器/工程结构/设备；

——危险品；

——腐蚀性物品；

——障碍物；

——照明不足；

——无线电干扰；

——恶劣天气。

6.2 操作课程

6.2.1 总则

操作课程应包含吊装作业的各个步骤，诸如吊装作业的安全措施、发信号、重心的确定、载荷质量的估算、吊具的选择、吊具的检查，以及在载荷和吊钩上安装吊具、起升、吊运和下降载荷。受训者应基本掌握用篮式系挂、箍式系挂和夹钳起升的方法，以及不规则形状载荷的起升等吊装方法。

6.2.2 吊装作业的安全措施

培训课程中应包含下列吊装作业安全措施的练习：

a) 正确着装、使用个人防护用具；

b) 通过手势和喊话进行安全确认。

6.2.3 发信号

培训课程中应包含下列发信号方法的练习：

a) 手势信号；

b) 旗语；

c) 无线电通讯(声音信号)。

6.2.4 确定重心和估算载荷质量

培训课程中应包含确定重心和估算载荷质量的练习。

6.2.5 选择吊挂装置

培训课程中应包含选择吊挂装置的练习。

6.2.6 检查吊挂装置

培训课程中应包含检查吊挂装置的练习。

6.2.7 吊装

6.2.7.1 安装吊具

培训课程中应包含下列安装吊具步骤的练习：

a) 确定重心和安装点；

b) 载荷上方吊钩的定向和下降吊钩；

c) 在载荷和吊钩上安装吊具；

d) 确认吊装状况的安全性。

6.2.7.2 试起升和起升载荷

培训课程中应包含下列试起升和起升载荷步骤的练习：

a) 准确起升和停止；

b) 安全性确认；

c) 起升载荷。

6.2.7.3 吊运载荷

培训课程中应包含下列吊运载荷步骤的练习：

a) 设计载荷运移路径；

b) 跨越(和其他起重机共用的空间)；

c) 向起重机司机发吊运路线和下降位置的信号；

d) 载荷导向。

6.2.7.4 下降载荷

培训课程中应包含下列下降载荷步骤的练习：

a) 评估地面或支承结构表面的状况；

b) 将载荷引导到下降位置和预支的垫木上；

c) 下降载荷和停止下降；

d) 准确下降，把载荷放在地上并确认其稳定性；

e) 从吊钩和载荷上移走吊具；

f) 检查吊具并将它存放在指定位置。

7 考评

7.1 总则

培训课程结束后，应按照 GB/T 22722 考评受训者的理论知识和实际操作技能。不符合该标准的受训者应接受再培训。

7.2 理论知识考评

应按照 6.1.1～6.1.8 所述的项目对受训者的理论知识水平进行评价，以确认其是否合格。受训者每项得分率至少应达 50％，而总得分率至少应达 60％。未达到该分数线者应接受再培训。

7.3 操作技能考评

应按照 6.2.2～6.2.7 中所述的操作步骤对受训者进行操作技能的考评，以确认其是否合格。总体得分率达 70％视为通过。未达到该分数线者应需要接受再次培训。

附 录 A
（资料性附录）
操作技能训练教具

A.1 实际载荷的质量估算

通过质量估算的实践培训，使受训者用已掌握的技术理论估算实际载荷的质量。要求受训者通过测量载荷的尺寸并计算出它的体积，然后使用诸如表A.1中图示的密度乘以体积来计算其质量。受训者最初可使用卷尺测量尺寸，其最终目标是获得仅用手（掌距、臂距）、脚（步幅）等测量出载荷的尺寸来正确估算其体积的技能。

A.2 选择钢丝绳吊具

A.2.1 总则

通过选择钢丝绳吊具的实践培训，受训者学会根据起升条件选择钢丝绳吊具，起升条件包括载荷的质量，钢丝绳吊具的分肢数和起升角度等。

A.2.2 双肢吊具

使用双肢吊具起升载荷如图A.1所示，对于给定的质量和起升角度，受训者需要根据表A.2和表A.3选定合适的钢丝绳直径，并从任意的几个实际使用的钢丝绳中选出合适的一个，如表A.4所示。该项技能训练的目的是教会受训者直观的选择出钢丝绳的正确直径。

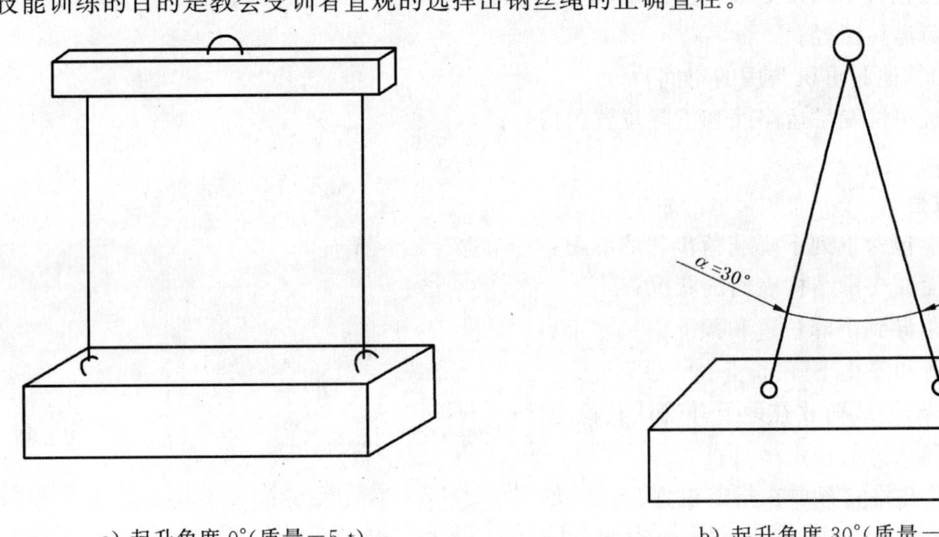

a）起升角度0°（质量—5 t）　　b）起升角度30°（质量—7 t）

图A.1 双肢吊具

表A.1 质量的估算举例

载 荷	质量/t	密度/(kg/m³)	形 状
钢棒	≥0.5	7.8	

表 A.1（续）

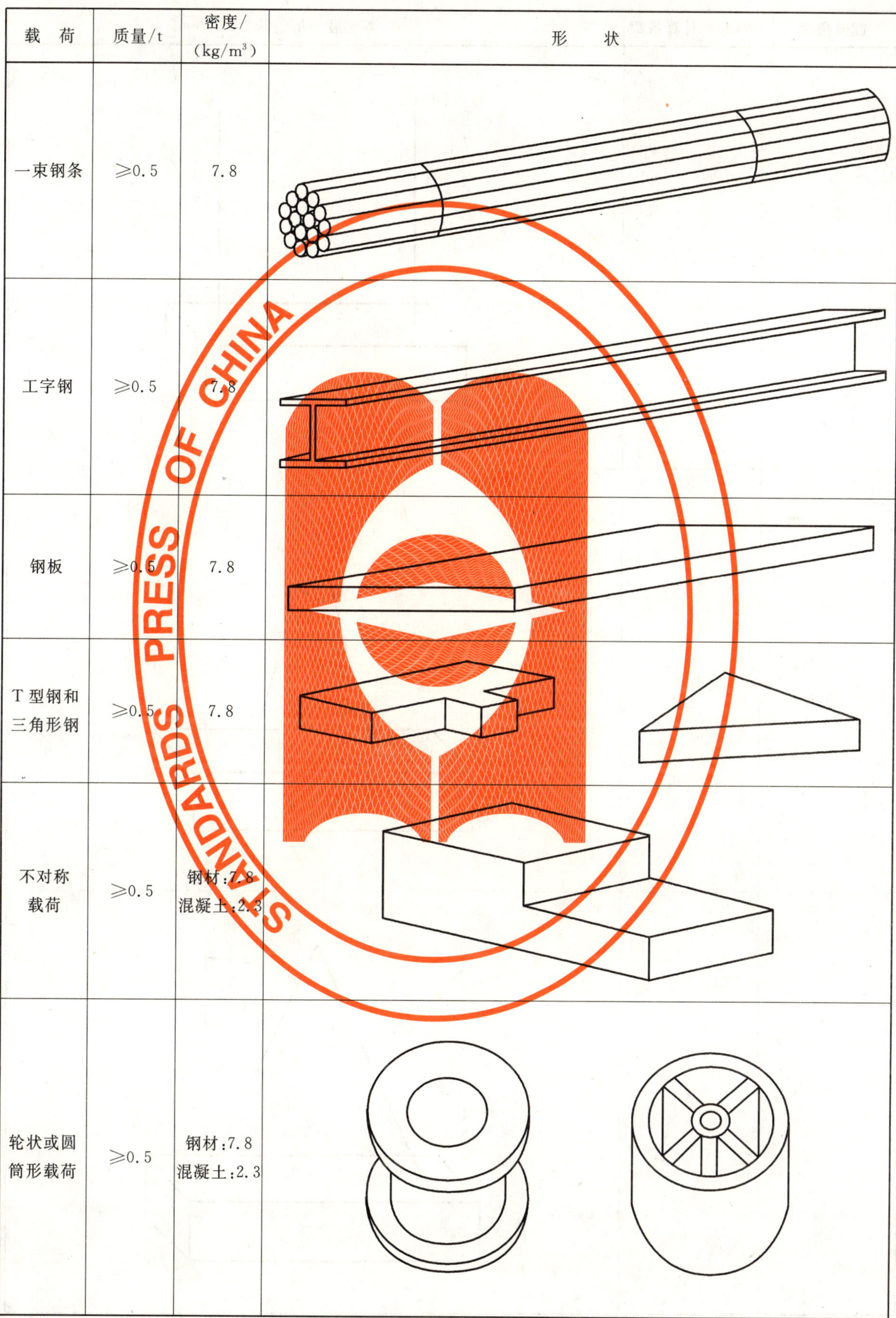

载　荷	质量/t	密度/(kg/m³)	形　　状
一束钢条	≥0.5	7.8	
工字钢	≥0.5	7.8	
钢板	≥0.5	7.8	
T型钢和三角形钢	≥0.5	7.8	
不对称载荷	≥0.5	钢材:7.8 混凝土:2.3	
轮状或圆筒形载荷	≥0.5	钢材:7.8 混凝土:2.3	

表 A.2　双肢吊具的极限工作载荷(WLL)计算系数

起升角度	WLL 的计算系数	双　肢　吊　具
$\alpha^\circ=0$	2.0	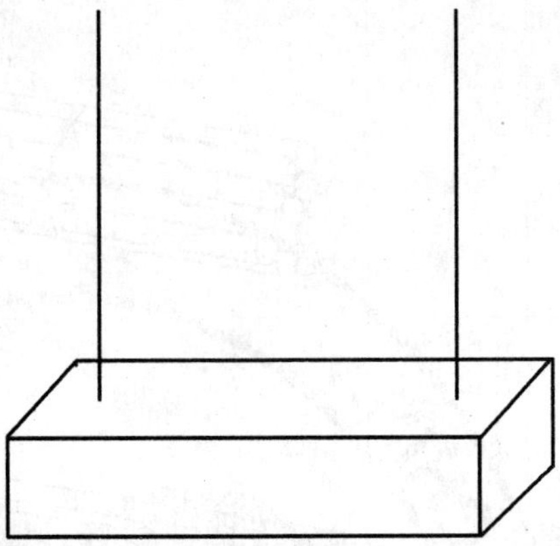
$0^\circ<\alpha\leqslant30^\circ$ $0^\circ<\beta\leqslant15^\circ$	1.9	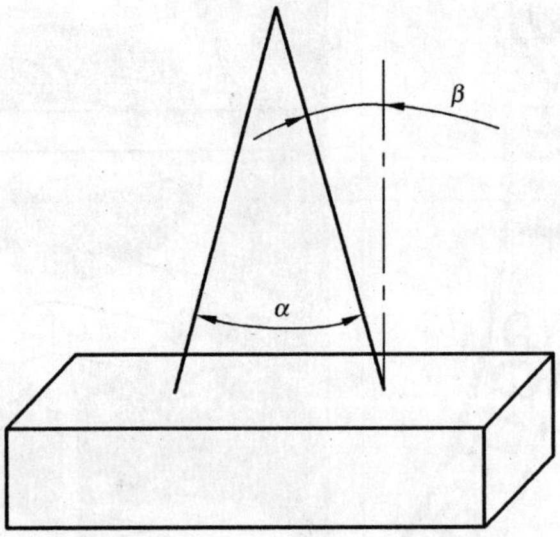 β α
$30^\circ<\alpha\leqslant60^\circ$ $15^\circ<\beta\leqslant30^\circ$	1.7	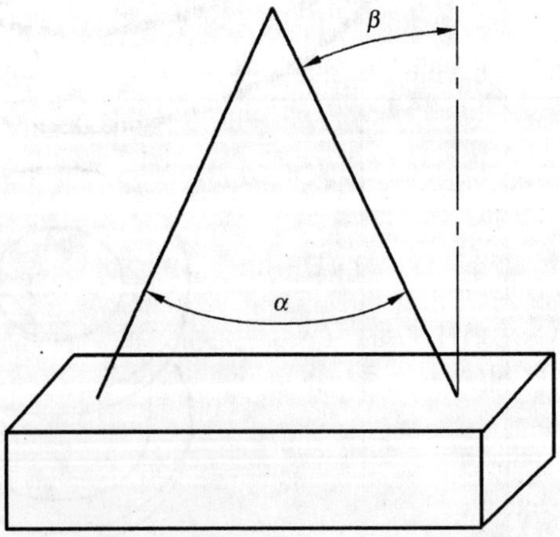 β α

表 A.3 双肢吊具的极限工作载荷(WLL)

钢丝绳直径/mm	WLL/t					
	起升角度					
	α=0°		0°<α≤30°		30°<α≤60°	
	钢丝绳结构					
	6×24	6×37	6×24	6×37	6×24	6×37
10	1.4	1.8	1.3	1.7	1.2	1.5
12	2.0	2.6	1.9	2.5	1.7	2.2
14	2.8	3.6	2.7	3.4	2.4	3.1
16	3.6	4.8	3.4	4.6	3.1	4.1
18	4.6	6.0	4.4	5.7	3.9	5.1
20	5.6	7.4	5.3	7.0	4.8	6.3
22	6.8	9.0	6.5	8.6	5.8	7.7
24	8.2	10.8	7.8	10.2	7.0	9.2
28	11.0	14.6	10.5	13.9	9.4	12.4
注：WLL 的值由 ISO 7531:1987 中 4.4(见参考文献[6])的公式得出。ISO 2408 中给出 6×24 和 6×37 纤维型芯束的最小破断力分别等于各自的名义抗拉强度 1 570 N/mm² 和 1 770 N/mm²。						

A.2.3 三肢吊具

使用三肢吊具起升载荷如图 A.2 所示，对于给定的质量和起升角度受训者需要根据表 A.5 和表 A.6确定合适的钢丝绳直径，并从任意的几个实际使用的钢丝绳中选出合适的一个，如表 A.4 所示。该项技能训练的目的是教会受训者直观的选择出钢丝绳的正确直径。

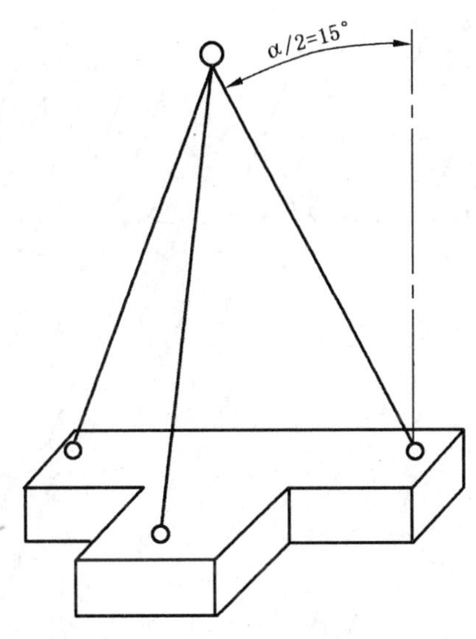

图 A.2 三肢吊具(起升角 30°)

表 A.4 吊具用钢丝绳举例

符 号	吊具用任意结构的钢丝绳
C	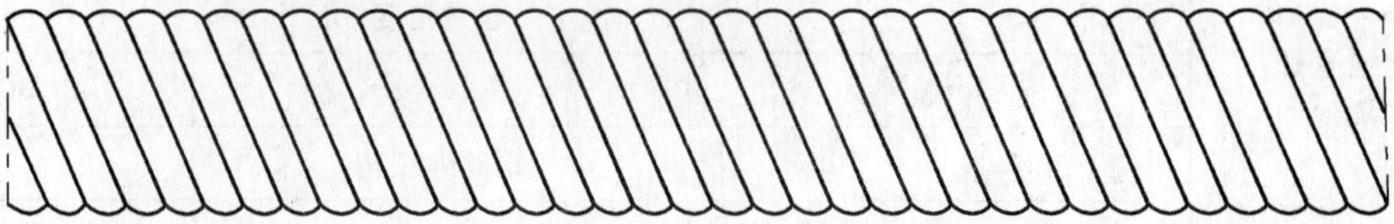
D	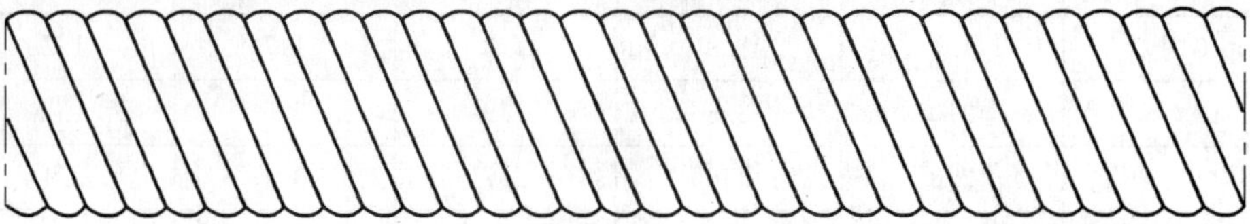
A	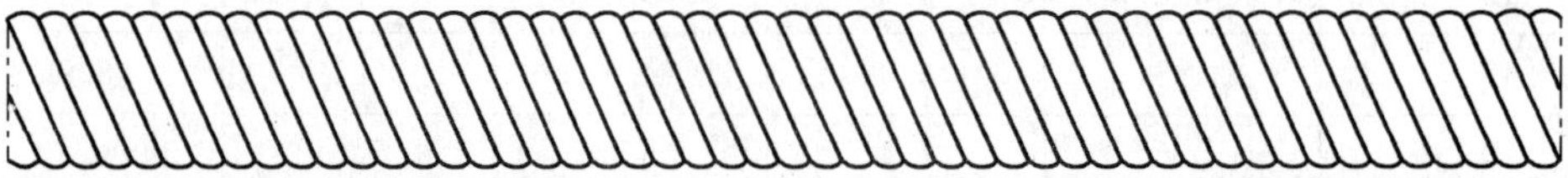
B	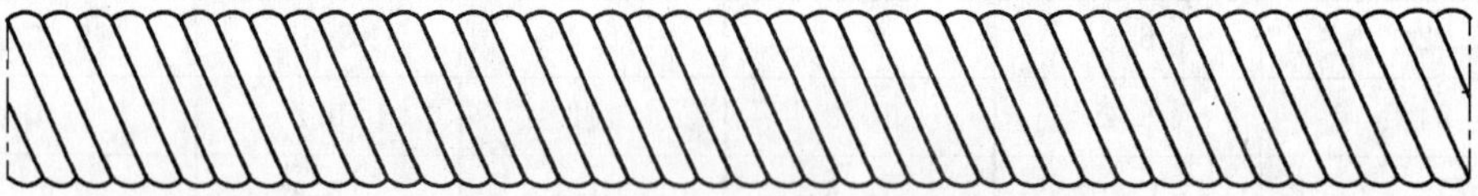
E	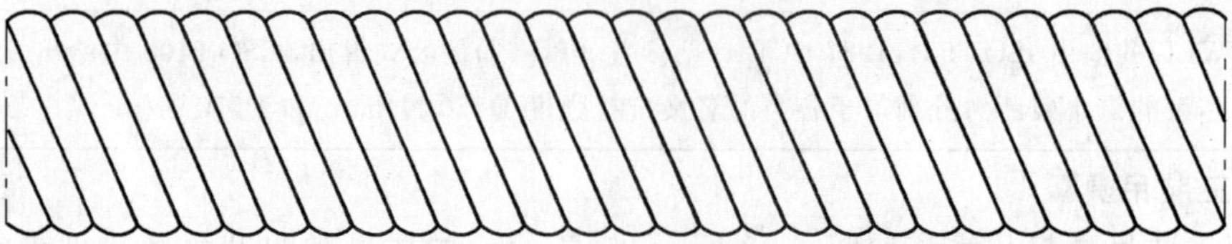
G	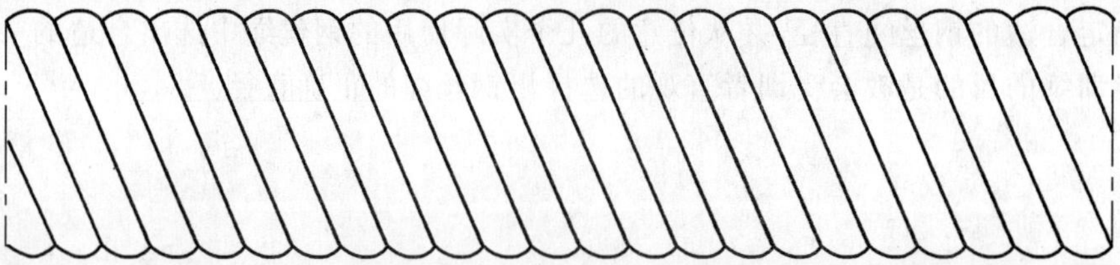
F	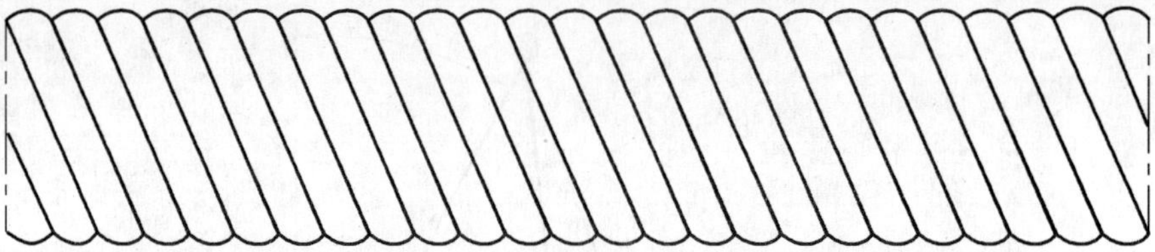
H	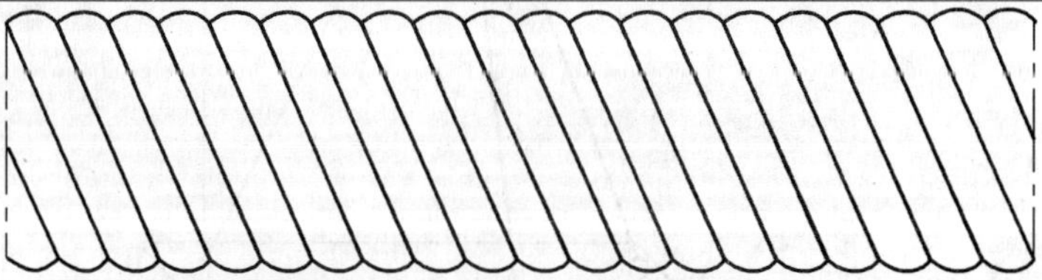
J	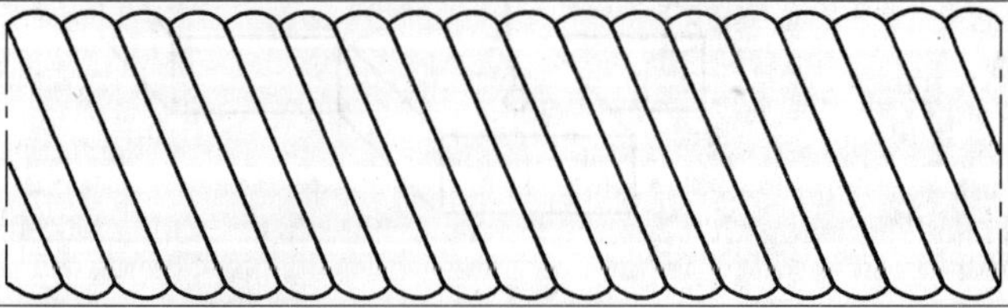
注：以上钢丝绳的直径为： A=10 mm,B=12 mm,C=14 mm,D=16 mm,E=18 mm,F=20 mm,G=22 mm,H=24 mm,J=28mm。	

表 A.5 带编结环眼的单肢吊具的极限工作载荷(WLL)

钢丝绳直径/mm	WLL/t	
	钢丝绳结构	
	6×24	6×37
10	0.7	0.9
12	1.0	1.3
14	1.4	1.8
16	1.8	2.4
18	2.3	3.0
20	2.8	3.7
22	3.4	4.5
24	4.1	5.4
28	5.5	7.3

表 A.6 三肢吊具的极限工作载荷(WLL)的计算系数

提 升 角 度	WLL 的计算系数
30°	2.9
注：见图 A.2。	

附　录　B
（资料性附录）
培　训　表

B.1　总则

在吊装作业技能训练中，提供了几种类型的载荷，例如钢棒、一束钢条、钢板、T 型钢等等，各自质量为 0.5 t，同时也提供了必要的吊挂装置诸如钢丝绳吊具、卸扣、夹钳、垫木等等。简要说明了吊装方法和载荷吊运的过程。培训教师进行基本吊装工作的演示，例如确定或核实载荷质量、确定重心、检查吊挂装置、将钢丝绳吊具连接到载荷和吊钩上、试起升和起升、吊运和下降载荷、以及完成动作后将吊装设备按顺序放好。

观摩演示后，受训者在教师的监督下，每次完成一个操作步骤，直到能掌握每个操作动作。在受训期间，受训者既要掌握安全吊装技术，还要进行安全吊装联络技能的训练，例如如何正确打手势信号、手势和喊话等。当他们对每个步骤都很熟练时，应完成所有的组合步骤，例如完成整套吊装作业的操作。受训者三人一组配合完成，例如一人作为吊装工而其他两人作助手。下列培训表给出了吊装课程的示例。

B.2　双缠绕篮式系挂起升的培训表

B.2.1　培训材料

应备有以下培训用材料：

a)　使用的载荷：钢棒、一束钢条、钢管或一束钢管，约 3 m 长、质量为 0.5 t～1 t；

b)　吊装方法：双缠绕篮式系挂的四肢起升；

c)　吊具：两端带吊眼的钢丝绳吊索（两条，公称直径 10 mm，长度为 5 m），垫木（4 根，截面尺寸 150 mm×250 mm，长度为 1 m）。

B.2.2　双缠绕篮式系挂起升培训步骤示例

步骤序号	操作步骤	吊装动作
1	载荷准备	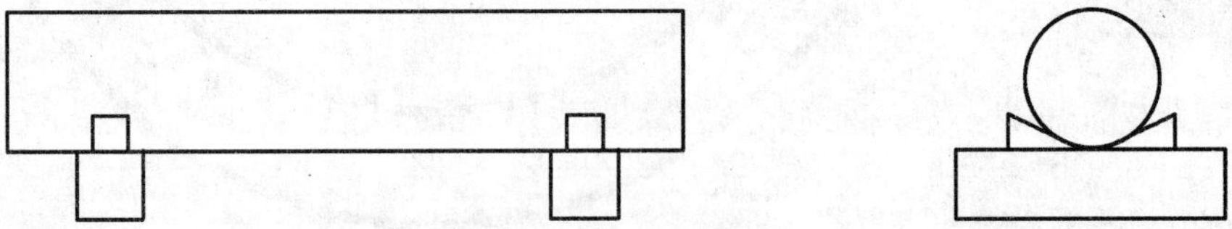
	开始	教师指挥吊装工作开始。
	确定质量和重心	一个吊装工受训者打手势和喊话来确认载荷的质量和标记重心，例如"质量 0.5 t，重心，一切就绪！"
2	检查钢丝绳吊具	a)　受训者指挥助手将 2 根钢丝绳吊索整齐的放在地面上，确认其长度相同并且直径为 10 mm。
		b)　受训者检查钢丝绳吊具及其环眼是否有损坏或缺陷，并通过例如"钢丝绳吊具，准备好了！"的喊话来确认。

步骤序号	操作步骤	吊装动作
3	给起重机司机发命令并引导吊钩	a) 在一个安全的位置上，受训者发信号给司机，使其将起重机移至载荷上方，同时指出载荷的位置(受训的吊装工也可作为指挥人员)。
		b) 受训者通过给信号引导载荷上方的吊钩，并且证实从两个方向看到吊钩位于载荷正上方，例如大车运行方向和小车运行方向，在每个方向通过例如“吊钩就位完毕!”的喊话来确认。若吊钩没有位于载荷正上方，受训者应重新引导吊钩就位。
4	安装钢丝绳吊具	受训者确定并标记安装位置，和助手一起用钢丝绳索缠绕载荷两周，并确认绳索卷绕正确且处于恰当的位置。
5	吊具环眼套入吊钩	a) 受训者发信号降下吊钩，其高度为使吊具的环眼能容易地套在吊钩上。
		b) 受训者将吊具环眼并排套在吊钩上使其不重叠。
		c) 受训者查验证实吊钩上的吊具环眼稳妥定位，吊具的环眼和钢丝绳索无交迭，并且确认载荷上的 2 根钢丝绳到重心的距离是相等的。通过例如“环眼套好了!”的喊话确认。
6	准备试起升	a) 受训者发微微起升的信号，同时助手引导(扶持、但不要紧握)吊具绳索以使其不偏离已设定的位置。
		b) 在钢丝绳刚被完全拉紧时受训者发信号停止起升。
		c) 受训者命令并确认助手已将他们的手从吊索上移开，且他们已转移至安全的地方。
		d) 受训者查验证实吊钩上的吊具环眼稳妥定位，吊具环眼与钢丝绳索无交叠，钢丝绳索到重心的距离是相等的，起升角不大于 60°，吊钩位于重心的正上方并且钢丝绳索的张紧度相同，通过例如“人员安全!”“吊具就绪!”的喊话确认。
7	试起升	a) 受训者发微动起升信号，当载荷悬吊在垫木上方 100 mm 至 200 mm 时发信号停止起升。若起升载荷发生倾斜，受训者应降下载荷，重新调整缠绕的位置，作微微起升动作直至载荷能被水平起吊，再正式起升。
		b) 受训者通过例如“试起升，正常!”的喊话确认载荷的稳定性。
8	起升和吊运	a) 受训者指导助手在卸载的地点放置垫木和挡块。
		b) 受训者发信号起升载荷，并且当载荷被升至约 2 m 时停止提升动作。
		c) 受训者向起重机司机指引吊运路线和卸载地点。
		d) 受训者发出吊运信号，在前面一边引导、一边护送载荷，然后在卸载地点的上方停止载荷吊运。
9	下降载荷	a) 受训者发出微动信号并引导载荷到卸载地点的正上方，给出下降信号，当载荷位于垫木上方 100 mm 至 200 mm 处时发停止下降信号。
		b) 受训者调整载荷方向，并通过喊话例如“垫木准备就绪!”确认垫木已正确放置。
		c) 受训者通过例如“所有人已安全撤离!”的喊话来确认助手及受训吊装工本人均已撤到安全区。
		d) 受训者发出微微下降信号，并当载荷刚落地(钢丝绳索仍拉紧)时发出停止下降的信号。
		e) 受训者在载荷和垫木之间嵌入(插入)挡块。
		f) 受训者发出下降信号直至钢丝绳松弛，并且通过从 2 个方向推载荷来确认载荷的稳定性，随后喊话确认，例如“稳定了!”

步骤序号	操作步骤	吊装动作
10	结束	a) 受训者发信号下降吊钩直至到达吊具环眼可轻易移出的高度。受训者从吊钩上卸下吊环。
		b) 受训者发信号提升吊钩到 2 m 的高度并向起重机司机发结束信号。
		c) 受训者和助手一起从载荷上移走钢丝绳吊具并检查有无损坏和异常情况。
		d) 受训者和助手一起将吊具存放到指定地点。

B.3 夹钳起升的培训表

B.3.1 培训材料

培训应需要以下材料：

a) 要用的载荷为：质量为 0.5 t 至 1 t 的工字钢或钢板；

b) 吊装方法：用带 4 个卸扣的四肢夹钳起升；

c) 吊具：两端带环眼的钢丝绳吊具(4 条，公称直径 10 mm，长度 2 m 至 3 m)，夹钳(4 个，水平起升用)，卸扣(4 个)，垫木(2 根，150 mm^2，长度为 1 m 至 1.5 m)。

B.3.2 夹钳起升培训步骤示例

步骤序号	步骤	吊装动作
1	载荷准备	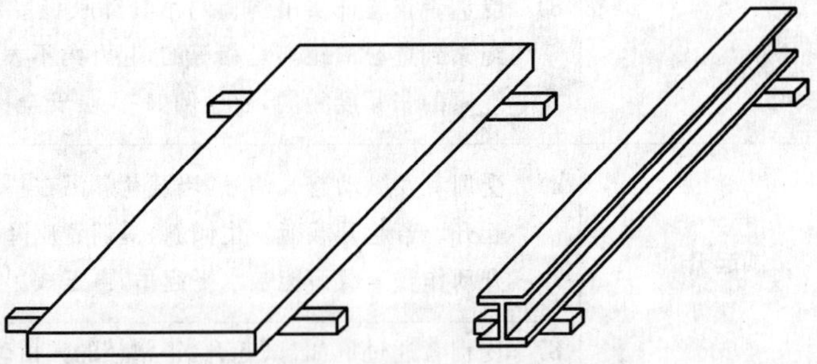
	开始	教师指挥吊装工作开始。
	确定质量和重心	吊装工受训者打手势并用例如“质量 0.5 t，重心，一切就绪！”的喊话来确认载荷的质量和标记重心。
2	检查吊具	受训者指导助手将 4 根钢丝绳索、4 个夹钳和 4 个卸扣整齐有序地放置在地板上。受训者确认钢丝绳索的长度一致并且其直径均为 10 mm，夹钳要用于水平起升且应具有适用的极限工作载荷(WLL)，而卸扣应与夹钳相匹配。受训者检查吊具有无损坏或异常情况，并通过例如“吊具准备就绪！”的喊话确认。
3	给起重机司机发命令和引导吊钩	a) 在一个安全的位置上，受训者发信号给司机，使其将起重机移至载荷上方，同时指出载荷的位置(受训的吊装工也可作为指挥人员)。
		b) 受训者通过给信号引导载荷上方的吊钩，并且证实从两个方向看到吊钩位于载荷正上方，例如大车运行方向和小车运行方向，在每个方向通过例如“吊钩就位完毕！”的喊话来确认。若吊钩没有位于载荷正上方，受训者应重新引导吊钩就位。
4	将夹钳装在载荷上	a) 受训者确定并标记出在载荷上固定夹钳的位置，并对助手简要说明吊装方法(四肢夹钳起升法)。
		b) 受训者和助手一起装配一个夹钳、一个卸扣和一条钢丝绳索，然后将夹钳装到载荷上并锁上保险。

步骤序号	步 骤	吊 装 动 作
5	吊具环眼套入吊钩	a) 受训者发信号降下吊钩，其高度为使吊具的环眼能容易地套在吊钩上。
		b) 受训者将吊具环眼并排套在吊钩上使其不交迭。
		c) 受训者查验证实吊钩上的吊具环眼稳妥定位，吊具环眼无交迭，并且确认载荷上的各夹钳设置在距重心相等的位置且锁好保险。通过例如“环眼套好了！”的喊话确认。
6	准备试起升	a) 受训者确认助手已位于安全的地方。受训者发微微起升信号，在钢丝绳刚被完全拉紧时发信号停止起升。
		d) 受训者查验证实吊钩上的吊具环眼稳妥定位，吊具环眼与钢丝绳索无交迭，各夹钳设置在距重心相等的位置，起升角不大于 60°，吊钩位于重心的正上方并且钢丝绳索的张紧度相同，通过例如“人员安全！”“吊具就绪！”的喊话确认。
7	试起升	a) 受训者发微动起升信号，当载荷悬吊在垫木上方 100 mm 至 200 mm 时发信号停止起升。若起升载荷发生倾斜，受训者应降下载荷，重新调整夹钳的位置，做微微起升动作直至载荷能被水平起吊，再正式起升。
		b) 受训者通过例如“试起升，正常！”的喊话确认载荷的稳定性。
8	起升和吊运	a) 受训者指导助手在卸载的地点放置垫木。
		b) 受训者发起升载荷信号，当载荷位于 2 m 高度时停止起升动作。
		c) 受训者向起重机司机指引吊运路线和卸载地点。
		d) 受训者发出吊运信号，在前面一边引导、一边护送载荷，然后在卸载地点的上方停止载荷吊运。
9	下降载荷	a) 受训者发微动信号并引导载荷到卸载地点的正上方，发下降信号并在位于垫木上方 100 mm 至 200 mm 处时发停止下降信号。
		b) 受训者调整载荷方向，并通过喊话例如“垫木准备就绪！”确认垫木已正确放置。
		c) 受训者通过例如“所有人已安全撤离！”的喊话来确认助手及受训吊装工本人均已撤到安全区。
		d) 受训者发出微微下降信号，并当载荷刚落地（钢丝绳索仍拉紧）时发出停止下降的信号。
		e) 受训者发出下降信号直至钢丝绳松弛，并且通过从 2 个方向推载荷来确认载荷的稳定性，随后喊话确认，例如“稳定了！”
10	结束	a) 受训者发信号下降吊钩直至到达吊具环眼可轻易移出的高度。受训者从吊钩上卸下环眼吊具。
		b) 受训者发信号提升吊钩到 2 m 的高度并给起重机司机发结束信号。
		c) 受训者和助手一起从载荷上移走夹钳并将其拆卸。
		d) 受训者检查钢丝绳吊具、夹钳和卸扣是否有损坏或异常情况。
		e) 受训者和助手一起将吊具存放到指定地点。

参 考 文 献

[1] ISO 2408—2004 一般用途钢丝绳 基本要求.
[2] GB/T 22166—2008 非校准钢制起重圆环链和吊链 使用和维护(ISO 3056:1986,IDT).
[3] GB/T 6974.1—2008 起重机 术语 第1部分:通用术语(ISO 4306-1:2007,IDT).
[4] GB/T 20652—2006 M(4)和T(8)级焊接吊链(ISO 4778:1981,IDT).
[5] ISO 4878 纺织品 人造纤维制成的平织吊网(2000年作废).
[6] ISO 7531:1987 一般用途钢丝绳吊具 特性和规格.
[7] ISO 7593 T(8)级非焊接吊链.
[8] ISO 8792 钢丝绳吊具 使用安全规范和检查程序.
[9] ISO 12480-1 起重机 安全使用 第1部分:总则.

ICS 53.020.20
J 80

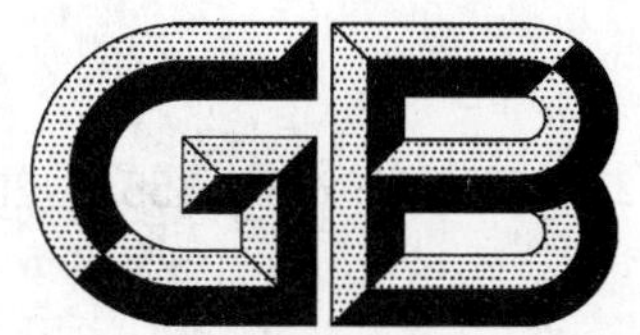

中华人民共和国国家标准

GB/T 23722—2009/ISO 15513:2000

起重机　司机(操作员)、吊装工、指挥人员和评审员的资格要求

Cranes—Competency requirements for crane drivers (operators), slingers, signallers and assessors

(ISO 15513:2000, IDT)

2009-04-24 发布　　2010-01-01 实施

中华人民共和国国家质量监督检验检疫总局
中国国家标准化管理委员会　发布

前 言

本标准等同采用ISO 15513:2000《起重机　司机(操作员)、吊装工、指挥人员和评审员的资格要求》(英文版)。

本标准等同翻译ISO 15513:2000。

为便于使用,本标准做了下列编辑性修改:

——“本国际标准”一词改为“本标准”;

——删除国际标准的前言和引言。

——对于ISO 15513:2000引用的国际标准有被等同采用为我国标准的,本标准用引用我国的这些国家标准代替对应的国际标准,其余未被等同采用为我国标准的国际标准,在本标准中被直接引用(见本标准第2章)。

本标准的附录A、附录B和附录C是资料性附录。

本标准由中国机械工业联合会提出。

本标准由全国起重机械标准化技术委员会(SAC/TC 227)归口。

本标准起草单位:辽宁省安全科学研究院、北京起重运输机械研究所。

本标准主要起草人:高岩、赵鑫。

起重机 司机(操作员)、吊装工、指挥人员和评审员的资格要求

1 范围

本标准给出了起重机司机(操作员)、吊装工、指挥人员及其评审员的挑选、培训、评审及鉴定方面的资格要求。

本标准不包括提升人员、打桩或拔桩等特种作业所需的附加资格要求。

注1：在GB/T 23723.1(ISO 12480-1)中给出了起重机作业的行为准则。但是,需要有关人员也注意其他方面的职责;在培训计划中所包含的内容并不意味着各种职责的任何改变。

注2：司机(操作员)的培训,见GB/T 23720。

2 规范性引用文件

下列文件中的条款通过本标准的引用而成为本标准的条款。凡是注日期的引用文件,其随后所有的修改单(不包括勘误的内容)或修订版均不适用于本标准,然而,鼓励根据本标准达成协议的各方研究是否可使用这些文件的最新版本。凡是不注日期的引用文件,其最新版本适用于本标准。

GB/T 6974.1 起重机 术语 第1部分:通用术语(GB/T 6974.1—2008,ISO 4306-1:2007,IDT)

GB/T 6974.3 起重机 术语 第3部分:塔式起重机(GB/T 6974.3—2008,ISO 4306-3:2003,IDT)

GB/T 23720(所有部分)起重机 司机培训[ISO 9926(所有部分),IDT]

GB/T 23723.1—2009 起重机 安全使用 第1部分:总则(ISO 12480-1:1997,IDT)

ISO 4306-2:1994 起重机 术语 第2部分:流动式起重机

3 术语和定义

GB/T 6974.1、ISO 4306-2:1994、GB/T 6974.3中确立的以及下列术语和定义适用于本标准。起重机其他相关人员的定义见GB/T 23723.1。

3.1

资格认定 accreditation

授权官方对考试合格的评审员及其他报考人进行资格正式认可的过程。

注：资格认定通常包括资格评审条款、证书或由培训管理机构、职业教育机构或由资格认定机构提供的某些其他正式认可程序。

3.2

资格认定机构 accreditation body

按规定的资格标准对报考人进行评审的组织。

3.3

评审 assessment

对照行为规范对报考人评判资格的过程。

3.4

评审员　assessor

对起重机司机(操作员)、吊装工和/或指挥人员的操作技能和理论知识做出评价的人员。

注：评审过程确保通过培训和教学科目的学习使受训者达到所要求的资格认定标准。资格认定机构负责管理评审体系和随时受理资格认定。

3.5

资格　competency

在具有标准规范的职业或职务范畴内履行职责的能力。

工业设备的合格使用和操作被定义为：利用核心知识和技能以及与不同类别设备的使用和操作相关的特种作业所要求的应用。

注：它包括确认灾害和消除灾害造成的损失或将其损失降至最低、以及安全和健康工作事务方面的经过论证的理论及操作技能；还包含雇主和雇员在职业关怀、职业健康和安全法规等基本责任中所定义的职责要求。

3.5.1

资格标准　competency standard

反映理论和应用技能规范的标准，并且该理论和技能的应用达到工作任务中所要求的行为规范。

注：资格标准是由利益相关的团体根据劳工组织关于企业效益的陈述制定的。并应定期复审以确保该团体与企业的持续关系。

3.5.2

资格要素　element of competency

构成资格单元的基本事件，它可描述一种可证实和评价的行为或结果。

3.5.3

资格单元　unit of competency

互不关联的结果，包含一个题目，在适当场合的一段目的性的简要描述以及与行为规范相关联的多个资格要素。

注：资格要素描述了理论知识和行为的基本逻辑上的、可辨识的和独立的子条款。其属于并构成资格单元。

3.6

起重机司机(操作员)　crane driver[operator]

操作起重机进行载荷吊装作业或进行起重机架设作业的人员。

注1：采用GB/T 23723.1中的定义。

注2：对于流动式起重机，通常用术语“操作员”代替“司机”。“司机”习惯上仅指操纵起重机从一个地点转移至另一个地点的操作人员。

3.7

起重机停机　crane shut-down

司机离开起重机现场时的准备工作。

3.8

行为规范　performance criterion

规定评审内容及行为水准要求的评价性陈述。

注：行为规范规定了通过行为能力证明的能动性，各种技能、相关知识以及理解力。

3.9

指挥人员　signaller

信号员

负责将吊装工的信号传递给起重机司机的人员。

注：如果在某一时段只能由一人负责，那么可以让指挥人员代替吊装工负责指挥起重机和载荷的移动。有关指挥人员职责等更详细内容见GB/T 23723.1—2009中的5.5.1和5.5.2。

3.10

吊装工 slinger

负责用起重机吊具装卸载荷,并根据载荷定位的操作计划选用正确的起升装置和设备的人员。

注:根据 GB/T 23723.1—2009 中的 5.4.1,吊装工负责实施起重机和载荷的搬运计划。如果有两个及两个以上吊装工,那么在任何时段他们当中只能有一个人负责吊装,这要根据他们与起重机的相对位置而定。有关吊装工职责方面的更详细内容见 GB/T 23723.1—2009 中的 5.4.1 和 5.4.2。

4 评审

4.1 概述

4.1.1 评审工作应由以下人员参与:

a) 评审员;

b) 操作员/司机;

c) 吊装工;

d) 指挥人员。

4.1.2 本标准所要求的评审员在得到授权之前应获得的资格包括:

a) 具有特定类型起重机的操作及管理方面的技术知识或作为评审人应具有的吊装技术知识;

b) 依照规定的标准判断"各种资格"的能力。

4.1.3 起重机操作员/司机在被授权操作起重机或起升设备之前应具有正确和安全操作特定类型起重机(见 GB/T 23723.1—2009 中的 5.3.1)的技术知识和实际操作的能力。

4.1.4 吊装工在资格认定之前应具备的能力包括:

a) 吊装技术的应用;

b) 指挥起重机司机(操作员)的能力。

4.1.5 指挥人员在资格认定之前,应具备的能力是信号发送方法的应用。

4.2 书面评审

评审程序包括一份书面评审试卷,应遵循下列规则:

a) 书面评审时间不应超过 60 min。

b) 应给报考人足够的时间完成测试。

注:如果评审员发现报考人书写能力不足,可以另加时间让其完成试卷。

c) 可以对书写能力较差的报考人给予帮助,提供这种帮助的任何人不得催促报考人,也不得以任何其他方式协助报考人。如果报考人的文字水平有限,可以接受口头回答。此时,评审员应记录下所有答案。对某些级别的认证,需要专门的文字水平以满足考查能力的要求,即载荷的估计或计算,或看懂载荷图表。在这种情况下,不允许提供口头考评。

d) 报考人应熟悉所要求的语言,以便在没有任何帮助的情况下能读懂评审时所提出的问题。

e) 报考人在评审中应以正确阐述的方式表述技术要求,错别字和语法错误不应影响评审结果。

f) 如果加时或帮助得到许可,应当在评审报告上写明原因。

4.3 口头评审

如果评审时报考人的口语能力有限,评审员应加以辅助的解释,解释的程度与有关的工作及设备问题相适应,而不应放弃评审。

4.4 结论

要取得"资格"认可,报考人应在各方面和各部分得到表明能力的足够的分数。如果报考人未达到这一标准,他将被判为"不合格"并做相应记录。

4.5 复审

如果评审试卷的某一方面或某部分"不合格"时,那么报考人可以仅就这一方面或部分经再培训后重新评审。

5 资格要求

5.1 概述

在5.2、5.3和5.4中给出了起重机司机(操作员)、吊装工及指挥人员的相应技能和知识评审的详细指标。

5.2 起重机司机(操作员)的资格要求

5.2.1 概述

资格要求可划分为以下资格单元:

a) 资格单元1——评价、安全装置及作业现场
——制定工作计划;
——例行检查和检验;
——控制及安全装置的调试;
——起重机停机。

b) 资格单元2——载荷的固定及搬运
——固定载荷;
——实施试起升;
——搬运载荷。

c) 资格单元3——由起重机司机进行的起重机的架设、安装及拆卸作业
——制定安装/拆卸工作计划;
——安装起重机;
——拆卸起重机。

d) 资格单元4——特种操作的实施
——移动起重机;
——实施多机联合起升。

5.2.2 资格单元1——评价、安全装置及作业现场

5.2.2.1 资格要素——制定工作计划

行为规范:

a) 现场作业计划应与经授权的有关厂内工作人员协商制定。工作计划应包括作业要求、重点项目、工厂守则及作业程序、确定的危险及事故防控措施。

b) 应确认下列的现场危险因素,并按照相关标准制定有效的事故防控措施:
——高架动力线;
——树木;
——高架公用线路,例如蒸汽管线、天然气管线、水管、电话线等;
——地下设施;
——不平和/或不坚实地面;
——必要时允许的地面载荷;
——在场的工作人员和其他人员;
——周围的建筑物/容器/工程结构/设备;
——危险品;
——腐蚀性物品;
——路障;
——不合格的照明设备;

——无线电干扰；
——恶劣天气；
——其他设施。

c) 制定应急预案时应考虑急救及灭火设施的存放地点，在工作场所以及为应急车辆和救援人员提供的宜人化的设施及进/出地点。应急预案应包括：在必要时，如果照明条件不具备，可以取消起重机作业。

d) 应根据有关标准，对气候条件的影响制定防御措施。该措施应包括：在必要情况下，如果气候条件超过允许限制，可以取消起重机作业。

e) 在作业计划中应确保作业现场具有良好的照明，且仅限于被授权人员留在作业现场。

f) 在作业计划中应考虑起重机载荷图表，还应注明额定起重量、工作幅度、载荷重量、臂架以及起重臂结构等参数。

g) 应由有关人员根据相关标准确定所用的信号及信号发送系统。

h) 应在电气开关/绝缘体（与此有关的）上使用安全标记，应与主管人员协商制定恰当的事故防控措施。

5.2.2.2 资格要素——例行检查和检验

行为规范：

a) 应按照检查表对起重机进行日常开机前的检查，检查内容为起重机整机及起重机上的所有起升装置。

b) 应核对起重机的检修日志，以保证达到所有的检修要求和必要时所采取的措施。

c) 在作业之前，应对设备和作业场地进行外观检查，是否存在任何损坏、结构强度降低或障碍物等现象。应将任何故障报告给主管人员以便采取改正措施。所有的故障都应在检修日志中正确记录。

5.2.2.3 资格要素——控制及安全装置的调试

行为规范：

a) 应按照设备工作程序起动起重机并对任何异常噪声或动作进行检查。任何操作异常都应向主管人员报告，以便采取修复措施。

b) 应设置应急预案及安全装置、正确的操作方法并加以标记，应按照预定的程序检查它们能否正常启动。

c) 应检查所有的通讯设备、照明设备及报警系统工作是否正常。

d) 已损坏或工作不正常的控制装置、通讯设备、安全装置、防护设备、照明设备或报警装置等，都应向主管人员报告以便采取修复措施，所有故障都应记录在起重机检修日志中。

e) 为预期的起重作业作准备，应测量并核实起重机的工作幅度，还应考虑由于起重臂变形可能引起工作幅度增加的情况。以设计的工作幅度转动起重臂，检查是否有意料之外的复杂情况或起重臂/载荷或端部回转设备的受阻情况出现。

5.2.2.4 资格要素——起重机停机

行为规范：

a) 根据制造商说明书，采取正确的操作顺序关闭起重机。

b) 应按照检查表对起重机进行作业后的日常检查。

c) 应使用相关的运动锁定装置和制动器。

d) 应与有关人员协商，按照相关标准检查所有的起升设备是否有磨损或损坏现象。所有缺陷都应准确记录到相关的工作日志中。

e) 应将所有已损坏的设备封存起来，并向主管人员报告，以便修复或更换；所有缺陷都应准确地记录到相关的工作日志中。

f) 应根据制造商说明书及相关标准正确停放和保存起重机和起重设备。

5.2.3 资格单元2——载荷的固定及搬运

5.2.3.1 资格要素——固定载荷

行为规范：

a) 应与有关人员协商、正确估计载荷及所用索具的质量。

b) 应与有关人员协商检查吊具结构及起升装置的选择，以保证：

——满足安全作业的要求；

——不会损坏载荷；

——符合相关标准的要求；

——必要时采用矫正措施；

——所有缺陷应准确地记录在有关的工作日志中。

c) 应同有关人员协商，检查为保护载荷或便于起升机构联结的包装材料及防撞垫料的使用情况；必要时应采取矫正措施。

d) 起重机配用的吊具(例如抓斗、货叉、夹具)应按照制造商的说明书进行操作。

5.2.3.2 资格要素——实施试起升

行为规范：

a) 应按照作业程序进行试起升，特别是在接近额定起重量或载荷的重量分布异常或载荷形状不规则时的试起升。

b) 当载荷刚好被吊离起升平面时，应与有关人员协商检查下列内容：

——载荷是否正确吊起；

——所有起重设备的功能是否正常；

——液压系统或气动系统(与此有关的)是否达到要求的工作压力。

c) 如果试起升表明作业情况不合格，那么应将载荷放下，采取适当的改正措施。

d) 在安装了载荷称量装置的场合，应校验估算载荷重量并按要求修正载荷/工作幅度的计算值。

e) 按计划执行事故防控措施。

5.2.3.3 资格要求——搬运载荷

行为规范：

a) 应按照有关标准利用起重机所有相关的动作起升或下降载荷到适当位置。

这些必要动作可以包括：

——变幅；

——回转；

——起吊(上升和下降)；

——伸缩起重臂；

——运行。

b) 起重臂定位，以保证要起吊的载荷位于吊钩正下方。

c) 应同有关人员协商，估计每个载荷是否需要使用稳索器，在载荷控制要求严格的情况下，应给载荷系上适当的稳定索。

d) 应根据有关标准，准确无误地给出所需信号及其解释。

e) 应按计划执行事故防控措施。

5.2.3.4 资格单元5.2.2和5.2.3的适用范围

本范围适用于资格单元5.2.2和5.2.3。

在正常的工厂环境或同等环境下，所有要素均得到满足。

这些资格单元的行为规范适用于下列所有结构类型的起重机：

——塔式起重机；

——桅杆起重机；

——回转起重机；

——桥式起重机或门式起重机；

——随车起重机；

——非全回转流动式起重机；

——全回转流动式起重机。

5.2.4 资格单元3——由起重机司机进行的起重机架设、安装及拆卸作业

5.2.4.1 资格要素——制定安装/拆卸工作计划

行为规范：

a) 在工厂内选择无障碍的较为平坦的场地安装起重臂或臂架；

b) 应正确选择和准备坚实而平坦的地面作为起重机的安放位置；

c) 应检查监督起重机安装/拆卸工作的主管人员的资格，说明并确认他们是否持有相关证书/实践经验；

d) 应按照有关标准和其他法令法规制定起重机的安装/拆卸程序。

5.2.4.2 资格要素——安装起重机

行为规范：

a) 应按照制造商的说明书以及有关标准和其他法令法规的要求制定起重臂/臂架的架设程序；

b) 应按照制造商说明书以及有关标准和其他法令法规的要求正确布置外伸支腿和稳定器；

c) 起重机底板下面应正确使用垫板，适当分布载荷以保证起重机立起之后不超载；

d) 应按照制造商说明书安装滑轮组件，竖立起重臂；

e) 为操作员配备助手，并批准他们完成起重机架设。

5.2.4.3 资格要素——拆卸起重机

行为规范：

a) 应按照制造厂所提供的说明书、相关标准和其他法令法规的要求制定起重臂/起重臂架的拆卸工序；

b) 应按照制造厂所提供的说明书收回和安置外伸支腿及稳定器；

c) 应按计划执行事故防控措施。

5.2.4.4 资格要素5.2.4.1至5.2.4.3的适用范围

本范围适用于要素5.2.4.1至5.2.4.3。

在正常的工厂环境或同等条件的环境下，所有要素均应得到满足。

这些能力要素的行为规范适用于所有类型的起重机。有关的安装/拆卸作业由起重机司机/操作人员进行或由他们监督执行。

5.2.4.5 资格要素——塔式起重机的架设及拆卸

行为规范：

a) 塔式起重机的架设、顶升及拆卸计划的制定和/或说明应同有关人员一起依照相应标准进行；

b) 应核实从事塔式起重机架设的有关人员的资格证书/操作能力；

c) 应与有关人员合作，依据制造商提供的说明书和有关要求来制定塔式起重机的架设、顶升及拆卸工序；

d) 应按计划执行灾害防控措施。

5.2.4.6 资格要素5.2.4.5的适用范围

本范围适用于要素5.2.4.5。

在正常的工厂环境或同等环境下，所有要素都应得到满足。

本资格要素的行为规范适用于所有类型的塔式起重机。

5.2.5　资格单元4——流动式或塔式起重机特种操作的实施

5.2.5.1　资格要素——带载或空载起重机的行驶

行为规范：

a）应制定起重机的行驶路线计划，以保证起重机在坚实和平整的路面上行驶。

b）遇有避不开的斜坡时，应与主管人员协商以保证操作的可行性，并保证必要的安全防控措施到位。

c）应根据相关标准转移起重机。包括以下内容：

——保持最低的行驶速度；

——缓慢加速和制动，最大程度减小载荷摆动幅度；

——所带载荷应靠近地面；

——使用牵引绳。

5.2.5.2　资格要素——实施多机联合起升

行为规范：

a）多机联合起升的操作应得到有关主管部门的许可。

b）应由主管人员制定多机联合起升的工作计划并经该主管人员许可，具体包括：

——每台起重机所承受载荷的评估；

——确定适用的起重机类型；

——起升使用的安全裕度及事故防控措施；

——操作流程。

c）预定的作业计划应在主管人员的监督下，按照相关标准、作业规范及其他法规的要求实施。

5.2.5.3　资格单元5.2.5的适用范围

该范围适用于资格单元5.2.5。

在正常的工厂环境或同等环境下，所有要素均应得到满足。

本资格单元中的行为规范适用于所有类型的起重机。

5.2.5.2不适用于塔式起重机。

5.2.6　起重机操作的资格证明

起重机操作的资格证明还应满足下列要求：

——现行的法规、标准及操作规范；

——事故防控措施等级体系，涉及到排除、置换、隔离以及在安全作业开始和人员防护设备启用之前所选择的工程管理方案。

5.3　吊装工的资格要求

5.3.1　概述

资格要求可划分为以下资格单元：

a）资格单元1——制定工作计划、准备工作

——制定工作计划；

——选择和检查吊装物品及工具。

b）资格单元2——完成吊装作业

——搬运载荷。

5.3.2　资格单元1——制定工作计划和准备工作

5.3.2.1　资格要素——制定工作计划

行为规范：

a）应意识到与使用起重机和其他载荷搬运设备有关的潜在危险，并制定措施以消除或控制这些

危险因素。

b) 必要时应得到现场资料。

c) 应考虑潜在的危险因素，例如：

——高架动力线；

——树木；

——高架公用线路，例如蒸汽管线、天然气管线，水管，电话线；

——地下设施；

——不平和/或不坚实地面；

——必要时允许的地面载荷；

——在作业现场的其他工人和人员；

——周围建筑物/容器/工程结构/设备；

——危险品；

——腐蚀性物品；

——障碍物；

——照明不足；

——无线电干扰；

——恶劣天气。

d) 应选择最佳预防突发事件和事故的防控措施。

e) 现场出入口应有足够的场地并加以标识。

f) 应确认与其他现场人员的合作要求。

g) 应确认或核实重物的质量、重心及尺寸，以便制定吊装方案。

h) 应选用适当的吊具，包括：

——吊链；

——钢丝绳；

——卸扣；

——吊环螺栓；

——集装箱吊梁。

i) 应检查作业人员及工作的有关认可情况。

j) 所制定的工作方案和流程应包含险情的排除，防控措施及安全程序。

k) 必要时应和当事人及其他人员一起检查工作的可行性及进度表。

l) 按照现行标准、操作规范及设备制造商的规定，制定包括灾害防范/防控措施的工作计划。

m) 应核查现存的载荷设计人员的有关说明书。更复杂的载荷搬运作业的相应指导应咨询设计人员，此时不必提供书面指导书。

5.3.2.2 资格要素——选择和检查吊装物品及工具

行为规范：

a) 应根据 5.3.2.1 中的 g) 和 h) 选择合适的吊具。

b) 应检查相应的吊具及工具。已损坏或磨损了的部件应贴上标签并禁止使用。

c) 应按照有关标准及操作规范选择和组装吊具。

d) 在适当场合，应按照标准计算额定起重量。

5.3.3 资格单元——2 完成吊装作业

5.3.3.1 资格要素——搬运载荷

行为规范：

a) 应按照已制定的可保证安全作业的险情排除及防控措施、相关标准、操作规范、说明书及制造商的规定进行载荷的搬运作业。

b) 应按照制造商的规定、说明书及相关标准,连接吊具和载荷。

c) 应使用适当的技术和正确的吊具把载荷连接到搬运设备上,吊具包括下列型式:

——吊链;

——钢丝绳;

——卸扣;

——吊环螺栓;

——集装箱吊梁。

d) 应采用适当的通讯及信号指挥载荷安全移动,各种信号包括:

——停止/紧急停止;

——起升;

——下降;

——向左和向右回转;

——动臂升降;

——伸出起重臂;

——缩回吊臂。

起重机司机/操作员视线内外的载荷搬运都要用信号控制。

e) 搬运载荷时应适当考虑载荷的重心、出入口、障碍物、风载荷状况及最终停放位置。

f) 应遵循设计人员提出的与载荷有关的任何规定。

g) 在载荷搬运的整个过程中应保证载荷的稳定性。

5.3.4 吊装工资格范围陈述

该范围陈述适用于整个单元。

在正常的工厂环境或同等环境下,所有要素均应满足。

设备只涉及吊装工的作业,即吊装技术的应用,包括吊具的选择和检查;在搬运载荷时起重机/起重设备的操作员的指令;包括载荷位于司机(操作员)视线以外时的指令。

载荷搬运信号应以下列任意方式给出:

——使用正确的语言表达;

——按照标准使用手势信号;

——按照标准打旗语;

——按照标准吹哨/鸣笛;

——使用双向无线电话/有线电话,并且

——按照标准使用灯光信号。

5.3.5 吊装工的资格证明

吊装工资格证明应包括下列各项要求达到满意的实施:

——现行的法规、标准及操作规范;

——在安全作业和人员防护装备就绪之前,选择包括排除、置换、隔离以及工程管理方案在内的事故防控措施等级。

5.4 指挥人员的资格要求

5.4.1 制定工作计划及准备工作

5.4.1.1 资格要素——制定工作计划

行为规范:

a) 应同厂内有关主管人员协商制定厂内作业计划。该计划应考虑工作要求、工作重点、工厂守则及工作流程,识别各种危险因素并确认事故防控措施。

b） 应按照相关标准验明以下各类现场危险物并确定灾害防控方案：

——高架动力线；

——树木；

——高架公用线路，例如蒸汽管线、天然气管线、水管、电话线；

——地下设施；

——桥梁；

——周围建筑物；

——障碍物；

——工程结构；

——设施；

——其他设备；

——危险品；

——刚注满雨水的壕沟。

c） 制定应急预案时应考虑急救场所位置以及灭火设施的存放地点，以及在工厂内为急救车辆和救援人员准备的便利设施及进/出地点。

d） 应根据相关标准制定预防措施以适应气候条件的影响。该措施应包括：在必要情况下，如果气候条件超过允许范围，可以放弃起重机操作。

e） 作业计划应确保作业现场照明良好。

f） 所使用的信号及信号发送系统应由有关人员依据相关标准确定。

5.4.1.2 资格要素——检查通讯设施

行为规范：

应检查所有通讯设备灯，报警设备灯，警报器及报警系统，还有安全防护系统等的正常工作情况。

有故障的设备应向主管人员报告以便采取修复措施，所有的故障均应记录在工厂日志中。

5.4.1.3 资格要求——搬运载荷

行为规范：

应采用适当的通讯及信号方式保证载荷的安全搬运。信号包括：

——停止/紧急停止；

——起升；

——下降；

——向左和向右回转；

——动臂升降；

——伸出起重臂；

——缩回起重臂。

起重机司机/操作员视线内外的载荷搬运都要用信号控制。

5.4.2 指挥人员资格的范围陈述

本能力范围陈述适用于整个单元。

在正常的工厂环境及同等环境下，所有要素均应得到满足。

设备只涉及指挥人员的工作，即在搬运载荷时指挥起重机司机/操作员，也包括当载荷位于司机/操作员视线之外时的情况。

载荷移动信号应采用以下任意方式给出：

——使用正确的语言表达；

——按照标准使用手势信号；

——按照标准打旗语；

——按照标准吹哨/鸣笛；

——使用双向无线电话/有线电话，并且

——按照标准使用灯光信号。

5.4.3 **指挥人员职责的资格证明**

指挥人员职责的资格证明应包括下列各项要求达到满意的实施：

——现行法规、标准及操作规范；

——在安全作业及人员防护装备就绪之前，选择包括排除、置换、隔离及工程管理方案在内的事故防控措施等级。

5.5 **评审证明**

5.5.1 **概述**

5.5.1.1 每一部分的评审结果都应归入评审总结。

5.5.1.2 发现有任何欠缺之处，应同报考人针对该评审总结进行商议。

5.5.1.3 评审员和报考人应在评审总结上签字。

5.5.1.4 评审员和报考人应保留评审总结的复印件。另一份复印件应报送资格认定机构，以便在获取相关资格时作为发布资格公告的依据。

5.5.2 **发布公告**

5.5.2.1 获得资格之后，资格认定机构发布的公告将声明：评审工作符合本标准的要求，报考人获得了相应的资格。

5.5.2.2 在未获得资格的情况下，不发布公告。

5.5.3 **复评**

5.5.3.1 自评审工作最后一天起21天后，应对报考人就评审总结中记录的未合格部分作复评。

5.5.3.2 在请求作复评时，报考人应向评审员递交一份评审总结复印件以及按要求所进行的补充培训证明。

5.5.4 **评审范围**

5.5.4.1 评审的目的是对实际操作进行评价以及对获取资格的陈述。

5.5.4.2 资格认定机构(见6.2)应在评审文件中规定评审范围，该评审范围应适用于所有与之相关的评审。该评审文件中应包含完成评审工作所依据的评审方法及规范。

注：参见附录A(吊装工资格评审总结)和附录B(臂架起重机操作员评审总结)。

5.5.4.3 评审技术内容应包括直接观察力、现场操作、笔试和口试，以及这些技能的模拟与综合考评。

注：起重机司机/操作员、吊装工及指挥人员的行为评审准则参见附录C。

5.5.4.4 评审工作通常应在一对一的环境下进行(评审员对报考人)。

5.5.4.5 现场操作部分应尽可能在工厂环境或类似环境下进行，笔试部分应在培训教室进行。

5.5.4.6 评审工作完成后应立即进行评审总结。

6 评审员、资格认定机构及评审结果确认

6.1 评审员

6.1.1 评审员应由资格认定机构从申请人中委派。

6.1.2 在对某专项评审工作选择评审员时，资格认定机构应确保各项技能能充分满足每项评审的要求。

评审员应符合以下条件：

a) 通晓有关法律法规、专业规范、标准及设备安全使用、评审程序及评审要求；

b) 全面掌握相关评审方法和评审文件内容；

c) 具有被评审行为的相应技术知识。该职责也可以由未经特定等级或类别评审的人员完成；

d) 具有相关设备的使用及操作方面的工作经验；

e) 具有良好的综合理解力，以便在其领域内对报考人员的能力做出令人信服而恰当的评审；

f) 具有能用要求的语言进行口头及书面交流的能力；

g) 无利益冲突，得以做出公正的和非歧视性的结论，例如评审员不应参与申请评审人员的培训。

6.2 资格认定机构

资格认定机构可以是对安全标准的一致性感兴趣的任何团体。该机构将按标准对评审员、吊装工、起重机司机(操作员)及指挥人员进行评审，适当的时候，也可以评审其他职业资格。

注：可按照国家法令任命资格认定机构。

6.2.1 资格认定机构的构成

资格认定机构的构成应具有权威性。

资格认定机构特别应具备以下职能：

a) 具有独立性及公正性。

b) 负责对其发布的资格认定进行授权、持有、范围拓展及限定以及中止和撤消等事务。

c) 对全面负责下列各项事务的有关管理部门(协会、团体或个人)进行鉴定：

——本标准以及与所从事的活动有关的标准和规范性文件中定义的评审、鉴定及监督行为；

——与资格认定机构的活动有关的政策内容的系统阐述；

——鉴定结论；

——政策执行情况的监督；

——资格认定机构的资金监管；

——委员会或私人委派的职权代表在需要时从事规定的活动。

d) 持有委派该资格认定机构作为法人实体或法人实体的一部分的相关文件。

e) 具有文件编制组织。该组织应保证有关资格认定体系的内容及功能以及相关的原则发展的所有团体参加其中。

f) 应保证每个认定结论不是由负责评审的人员做出的。

g) 具有稳定的财政支持。

h) 人员配备合理齐全。

i) 具有质量保证体系，该体系可证明其具有运作人员资格认定体系的能力。

j) 具有区分资格认定人员和组织中从事其他活动人员的政策及程序。

k) 确保与之相关的团体的活动不损害资格认定工作的可信性、客观性及公正性。

l) 确保评审及资格认定工作与培训机构无关。

m) 应制定相关政策和程序，解决来自供应商或其他团体关于评审过程或任何其他有关事务的投诉、呼吁和争议等问题。

注：在委员会中占据一定位置的组织，存在方式为利益均等，无特殊优势股权，认为这样的组织是满足要求的。

6.3 评审的查证

6.3.1 评审员应至少每3年1次经资格认定机构审计，或按照有关机构的规定进行审计。

6.3.2 为了审计的需要，评审员应保留评审记录，包括口头的、书面的及必要的操作部分的评审记录，还应保留评审时所做的评审结论。

6.4 对评审员的要求

6.4.1 概述

评审员应证明在其所评审的专业范畴内所具有的资格。见6.1.2。

他们也应满足在6.4.2中所给出的行业评审员资格标准。

6.4.2 评审员技能评审资格规范

6.4.2.1 评审计划

6.4.2.1.1 资格要素——确定评审范围

行为规范：

a) 与报考人一起讨论、确定评审目的；

b) 应根据行业、企业或培训机构的协商，确定与评审有关的现行评审标准、鉴定或执行程序，并告知报考人；

c) 与报考人一起商讨行业、企业或培训机构的计划。

6.4.2.1.2 资格要素——确定所要求的证明

行为规范：

a) 所需的证明应与本资格标准相符；

b) 指定证明的数量及形式应完全保证做出有效的评审决定；

c) 应与报考人讨论并确认所要求的证明。

6.4.2.1.3 资格要素——选择和解释评审程序

行为规范：

a) 所选择的评审方法应与所评审的技能和知识相适应；

b) 应向报考人解释评审要求、规则及准则；

c) 应与报考人讨论并确认评审程序及申诉机制。

6.4.2.1.4 资格要素——组织评审

行为规范：

a) 收集构成评审要求的各种资料；

b) 根据行业、企业或培训的计划通知有关人员参加评审；

c) 如有必要，应估算并提出评审所需费用；

d) 应提供公平、诚信的评审环境；

e) 根据内容、知识和经验与有关人员讨论并确认要执行评审的评审员资格；

f) 应与报考人讨论并确定评审日程安排。

6.4.2.2 进行评审

6.4.2.2.1 资格要素——搜集证明

行为规范：

a) 所收集的证明应与商定的资格标准及操作方式相一致；

b) 所收集的证明应是有效的，可信的，并与商定的要求及所评审的技能相一致；

c) 根据资格认定机构的要求将所收集的证明汇成文件；

d) 承认以前的学历认可证明。

6.4.2.2.2 资格要素——作出评审结论

行为规范：

a) 根据综合证明得出评审结论；

b) 根据评审标准或已认同的行为规范做出评审结论，与报考人商讨并确认；

c) 根据所评审的技能要求做出评审结论。

6.4.2.2.3 资格要素——在评审过程中的反应

行为规范：

a) 使报考人处于符合评审程序的宽松的氛围之中；

b) 评审的任意阶段完成之后，同报考人商讨进展情况；

c) 在评审过程中适当的时候，对报考人所取得的进步予以鼓励。

6.4.2.3 记录评审结果,对评审程序进行复审。

6.4.2.3.1 资格要素——记录评审结果

行为规范:

a) 应按照规定程序记录评审结果,并通知报考人。

b) 应准备评审报告的3份复印件。复印件应是未经涂改的原件。其中一份交给报考人,一份提交给评审机构,第3份由评审员保存。

c) 评审记录应存档,以保证报考人和评审机构主管人员能随时查阅。

6.4.2.3.2 资格要素——向报考人提供反馈意见

行为规范:

a) 应赞扬报考人的良好表现;

b) 应向报考人出示评审结果;

c) 应向报考人提供有关评审程序及结果的明确而又具有建设性的反馈意见;

d) 应鼓励已通过评审的报考人探索有效的途径,克服本评审过程中所表现出来的任何能力缺陷;

e) 应向报考人提供企业要求达到更高目标和更多机会的指导意见。

6.4.2.3.3 资格要素——评审过程复审

a) 应同报考人以及企业、培训机构或资格认定机构的有关人员合作,共同对评审过程进行复审;

b) 在行业或培训机构的现有水平上,根据复审结论对评审过程做出修改。

附 录 A
（资料性附录）
吊装工资格评审总结

评审形式	在规定时间内完成（是，否或不适用）[a]	阶段				结论（C或NYC或NA）[a]
		1	2	3	4	
操作技能						
资格陈述						
相关知识						

[a] C=具备资格；NYC=不具备；NA=不适用。

总结

报考人： 日期：……………………

（在所获得的结果上划圈）

□合 格

□不合格

评审员：…………………… 报考人：……………………

签 字：…………………… 签 字：……………………

评论/反馈意见

（评审员做出的关于评审过程的附加评论）

……………………………………………………

……………………………………………………

……………………………………………………

附 录 B
（资料性附录）
臂架起重机操作员评审总结

评审形式	评审项目总数	打√或不适用项目总数	达到标准要求的项目总数	所有的重要项目均打√或不适用	达到评审标准的要求[a]		
操作	14		11		是	否	—
口试/笔试	31		27		是	否	—
笔试	22		17		是	否	—
在规定时间内完成					是	否	不适用

[a] 操作标准＝达到标准要求的项目总数(包括所有重要项)；
相关知识标准＝达到标准要求的问题总数(包括所有重要项)。

总结

报考人： 日期：
(在所获得的结果上划圈)

□合 格

□不合格

评审员： 报考人：

签 字： 签 字：

评论/反馈意见

(评审员做出的关于评审过程的附加评论)

附 录 C
(资料性附录)
起重机司机(操作员)、吊装工及指挥人员的评审

C.1 评审目的

被任命的评审人员对报考人安全操作指定类型起重机的操作技能和相关知识进行评审。或适当时对吊装工的工作进行评审。

C.2 评审方法

C.2.1 按本标准4.2中的每条进行书面评审。

书面评审可以在教室内进行。

规定的时间应为2.5 h,如果其中的某部分允许不做,时间应适当缩短。

C.2.2 口头评审包括与资格标准有关的口答问题,可有助于评审员掌握报考人的知识面。如果同时有两位报考人参加同一资格的评审,则可以增加一份笔试试卷。

C.2.3 应采取现场操作方式以考核报考人的操作技能及相关知识运用的能力。

C.2.4 口头评审方式及实际操作评审方式通常是在一对一的关系中进行(评审员对报考人)。

C.3 起重机司机(操作员)的评审范围

C.3.1 使用上述三种评审方法之一评审报考人是否具有下列资格单元或资格要素中要求的技能和知识。

C.3.2 试题分数应按以下要点分配。

C.3.2.1 评价、安全装置及工作区域 100分

制定工作计划 25分

例行日常检查及检验 25分

测试控制装置及安全装置 40分

起重机停机 10分

C.3.2.2 将载荷固定在吊具上及搬运载荷 100分

将载荷固定在吊具上 $33\frac{1}{3}$分

实施试起升 $33\frac{1}{3}$分

搬运载荷 $33\frac{1}{3}$分

C.3.2.3 安装和拆卸流动式或塔式起重机 100分

安装/拆卸计划 20分

拆卸起重机 40分

安装和拆卸塔式起重机 40分

C.3.2.4 其他操作 300分

从现场移入/移出计划 30分

移动起重机 70分

流动式起重机起升计划 30分

实施流动式起重机的起升作业 70分

多机联合起升计划 30分

实施多机联合起升作业 70分

C.4 达到资格等级所需分数

达到资格等级所要求的分数应是每一资格要素总分数的80%。如果认可以前的知识并准予作为资格要素时，则应记满分并用“RPL”标记，并应根据该部分的分数减少考评时间。

C.5 起重机司机的实际操作评审准则

C.5.1 概述

在实际操作评审过程中所用的起重机应是评审所要求类型的起重机。

由于报考人的操作而导致发生险情，应终止评审。

C.5.2 操作桥式或门式起重机

C.5.2.1 测试路线

C.5.2.1.1 根据图C.1确定测试路线。

C.5.2.1.2 测试路线的长度不得少于45 m。

C.5.2.1.3 必要时设置下列障碍、更换障碍及线路布置，见图C.2。

a) 6个迂回运行区段；

b) 在每个迂回区段至少设置一面障碍墙；

c) 在线路的两处设置水平障碍物；

d) 在线路改变方向处设置障碍竖杆。

C.5.2.1.4 测试线路应标注清楚，并应用箭头标明运行方向。

C.5.2.1.5 应使用直径为载荷直径的1.5倍的圆圈标明起点和终点。

C.5.2.2 测试载荷

测试载荷应大于500 kg，且为圆柱状载荷。

C.5.2.3 示范操作

为达到评审目的，示范操作应包括下列内容：

a) 确定载荷的质量。

b) 从地面到载荷的底面之间的高度确认为2 m。如果高于2.3 m或低于1.8 m，应让报考人调整到2 m。

c) 在所给定的信号指挥下，让报考人按照下列要求开动起重机在预定路线上运行，然后再回到起点：

  1) 载荷底部高于地面2 m，在障碍竖杆之间通过；

  2) 载荷越过障碍横杆前后各1 m的距离，高度在障碍横杆和立柱顶部之间；

  3) 载荷底部高于障碍墙顶2 m掠过；

  4) 在线路上运行时，如果不需要跨越障碍，应保持载荷高度距地面2 m；

  5) 在迂回区段上运行时，载荷不应被任何障碍物或其他物体包括地面拖曳或触碰。

d) 不允许同时使用3个控制装置。在线路上的迂回段，允许同时使用两个控制装置。

e) 示范操作的计时应从载荷定位于起始点上方2 m处开始，经过测试路线上所有障碍物又回到起始点结束。由于起重机型式间的差别、司机(操作员)的经验、起重机的运行速度以及测试线路布置不尽相同，因此所规定的时间允许有30%的偏差。

f) 报考人应完成操作，并按成绩记分。

C.5.3 操作流动式和塔式起重机

C.5.3.1 测试路线

C.5.3.1.1 应按图C.3确定载荷移动路线，如果有场地要求，可稍做修改。回转弧度应约为起重臂长的两倍，最好为45 m。应清楚标明移动方向。搬运载荷时，起重机作变幅、回转和起升动作时，臂长都应保持不变(包括液压起重机)。

C.5.3.1.2 所安排的路线应按照场地要求，在评审员认为必要的情况下进行改动。应按照图C.2中所示设置下列障碍：

a) 在行进和返回线路上设置水平障碍墙；

b) 3个障碍竖杆；对于液压臂架起重机，在指定位置设置两个障碍，第3个障碍设置在行进和返回线路的折返点。

C.5.3.2 示范操作

应按照C.5.2.2和C.5.2.3中的要求进行示范操作。

C.6 吊装工

C.6.1 吊装工的评审范围

C.6.1.1 概述

按照C.2规定的三种评审方法逐一评审报考人是否具有下列资格单元和资格要素中要求的技能和知识。

C.6.1.2 试题的分数应按下列要点分配：

a)	制定作业计划和准备工作	100分
	制定工作计划	50分
	选择和检查被吊物品及工具	50分
b)	完成吊装作业	100分
	移动载荷	100分

C.6.2 吊装工的评审准则

C.6.2.1 笔试试卷所覆盖的问题应与给定的要点相符。

C.6.2.2 在评审员认为合适时，口头试题可作为实际操作评审的详细内容的补充。

C.6.2.3 实际操作评审应包括最少3个、最多5个起升动作，这些动作应包括吊装作业通常所用到的所有技能、起升物品和工具。

流动式起重机占整个起升操作的主要部分。

桥式或门式起重机操作为剩余的部分。

允许的最长时间为2 h。

C.7 指挥人员

C.7.1 指挥人员评审范围

C.7.1.1 概述

评审方法应为口头和示范操作。评审应按照下列资格单元和资格要素进行。

C.7.1.2 试题的评分比例

试题的分数应按下列各项内容分配。

a)	制定工作计划和准备工作	100分
	制定工作计划	50分
	选择和检查设备	50分
b)	传递信号	100分
	手势信号的使用	25分
	口哨的使用	25分
	以正确的用词使用无线电	25分
	职业安全及健康要求的应用	25分

C.7.2 指挥人员的评审准则

C.7.2.1 口头试题可补充实际示范操作内容。

C.7.2.2 实际操作示范应包括至少3个、最多5个起升动作，这些动作应包括指挥人员工作时通常所用到的所有技能、起升物品和安全装置。

应使用回转起重机和动臂起重机完成某些起升动作。

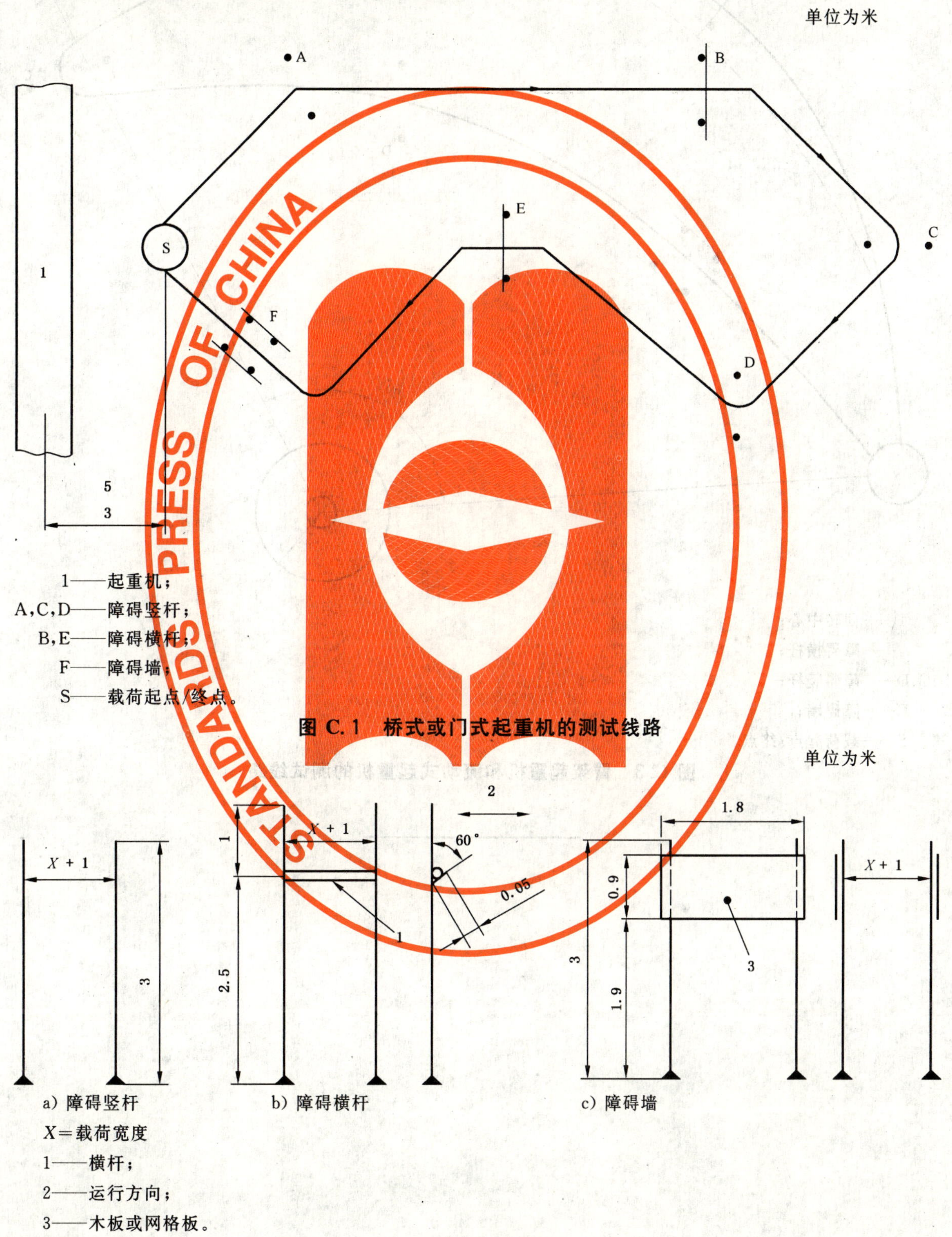

图 C.1 桥式或门式起重机的测试线路

图 C.2 障碍物

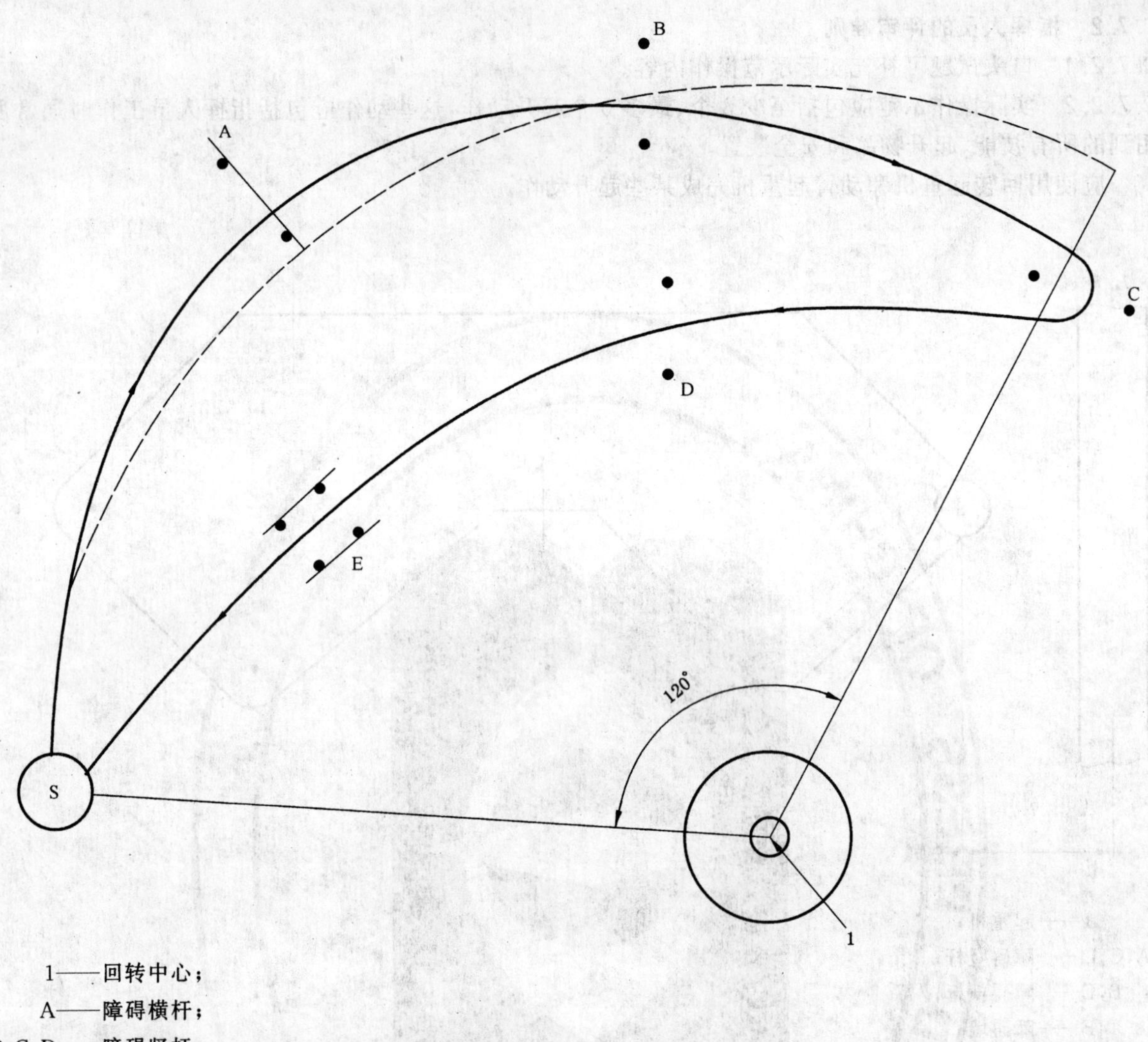

1——回转中心；

A——障碍横杆；

B、C、D——障碍竖杆；

E——障碍墙；

S——载荷起点/终点。

图 C.3 臂架起重机和流动式起重机的测试线路

ICS 53.020.20
J 80

中华人民共和国国家标准

GB/T 23723.1—2009/ISO 12480-1:1997

起重机　安全使用　第1部分:总则

Cranes—Safe use—Part 1:General

(ISO 12480-1:1997,IDT)

2009-04-24 发布　　2010-01-01 实施

中华人民共和国国家质量监督检验检疫总局
中国国家标准化管理委员会　发布

前　言

GB/T 23723《起重机　安全使用》分为以下3个部分：

——第1部分：总则；

——第3部分：塔式起重机；

——第4部分：臂架起重机。

本部分为GB/T 23723的第1部分。

本部分等同采用ISO 12480-1:1997《起重机　安全使用　第1部分：总则》(英文版)。

本部分等同翻译ISO 12480-1:1997。

为了便于使用，本部分做了下列编辑性修改：

——"ISO 12480的本部分"一词改为"GB/T 23723的本部分"；

——删除ISO 12480-1:1997的前言；

——对于ISO 12480-1:1997引用的国际标准中有被等同采用为我国标准的，本部分引用我国的这些国家标准代替对应的国际标准，其余未被等同采用为我国标准的国际标准，在本部分中均被直接引用。

本部分的附录C是规范性附录，附录A、附录B和附录D是资料性附录。

本部分由中国机械工业联合会提出。

本部分由全国起重机械标准化技术委员会(SAC/TC 227)归口。

本部分起草单位：辽宁省安全科学研究院、北京起重运输机械研究所。

本部分主要起草人：赵鑫、高岩。

起重机　安全使用　第1部分:总则

1　范围

GB/T 23723的本部分提出了起重机安全使用方面的要求,包括起重机的安全工作制度、管理、计划、选型、安装和拆卸,起重机的操作和维护以及司机、吊装工和指挥人员的选派。

本部分不适用于人工操作(无动力驱动)或至少部分由人工操作的起重机以及安装在船上的起重机,但陆地用起重机临时在船上使用的情况除外。

2　规范性引用文件

下列文件中的条款通过GB/T 23723的本部分的引用而成为本部分的条款。凡是注日期的引用文件,其随后所有的修改单(不包括勘误的内容)或修订版均不适用于本部分。然而,鼓励根据本部分达成协议的各方研究是否可使用这些文件的最新版本。凡是不注日期的引用文件,其最新版本适用于本部分。

GB/T 5905　起重机　试验规范和程序(GB/T 5905—1986,idt ISO 4310:1981)

GB/T 5972　起重机用钢丝绳　检查和报废实用规范(GB/T 5972—2006,ISO 4309:1990,IDT)

GB/T 6974.1　起重机　术语　第1部分:通用术语(GB/T 6974.1—2008,ISO 4306-1:2007,IDT)

GB/T 6974.3　起重机　术语　第3部分:塔式起重机(GB/T 6974.3—2008,ISO 4306-3:2003,IDT)

GB/T 17908　起重机和起重机械　技术性能和验收文件(GB/T 17908—1999,idt ISO 7363:1986)

GB/T 17909.1　起重机　起重机操作手册　第1部分:总则(GB/T 17909.1—1999,idt ISO 9928-1:1990)

GB/T 18453　起重机　维护手册　第1部分:总则(GB/T 18453—2001,idt ISO 12478-1:1997)

GB/T 18875　起重机　备件手册(GB/T 18875—2002,idt ISO 10973:1995)

GB/T 23720.1　起重机　司机培训　第1部分:总则(GB/T 23720.1—2009,ISO 9926-1:1990,IDT)

GB/T 23724.1　起重机　检查　第1部分:总则(GB/T 23724.1—2009,ISO 9927-1:1994,IDT)

GB/T 23725.1　起重机　信息标牌　第1部分:总则(GB/T 23725.1—2009,ISO 9942-1:1994,IDT)

ISO 12482-1:1995　起重机　状态监控　第1部分:总则

3　术语和定义

GB/T 6974.1、GB/T 6974.3中确立的以及下列术语和定义适用于本部分。

3.1

主管人员　competent person

具有必备的理论与实践知识并且在正确操作起重机和起重设备方面具有相关经验的人员。

3.2

起重机司机(操作员)　crane driver (operator)

操纵起重机进行吊装作业或进行起重机架设作业的人员。

注:对流动式起重机,常用"操作员"这个词来代替"司机",而"司机"则常用于指将起重机从一地开到另一地的驾驶员。

3.3

雇佣组织/雇主　employing organization/employer

要求进行吊运作业的组织或个人。

注：雇佣组织不一定是使用者。

3.4

额定起重量　rated capacity

起重机在制造商规定的条件下所能起吊的最大起重量。

3.5

设备状态　service conditions

3.5.1

工作状态　in-service

起重机在允许的风速下及由标准和(或)制造商规定的其他工作条件下搬运小于或等于额定起重量的工作状态。

3.5.2

非工作状态　out-of-service

起重机处于停用状态，取物装置上无重物以及由标准(或)制造商规定的状态。

3.6

质心　centre of gravity

将物体的全部质量视为集中至一点，或使物体各部分的力矩完全保持平衡的点。

3.7

使用　use

利用起重机或在起重机上的各种操作：运输、安装、拆卸、维护及重物的搬运。

3.8

用户组织/用户　user organization/user

直接使用和管理起重作业的主管人员或组织。

3.9

指派人员　appointed person

经需搬运载荷的组织(雇佣组织)授权全面管理起重机操作的人员。

4　起重机操作管理

4.1　安全工作制度

应建立起重机安全工作制度，无论是进行单项作业还是一组重复性作业，所有起重机作业都应遵守。起重机在某地作业或永久固定(如在厂内或码头)的起重机作业均应遵守此项原则。安全工作制度应包括以下内容：

a)　工作计划。所有起重机都应制定工作计划以确保操作安全并应将所有潜在的危险考虑在内。应由具有丰富工作经验并经指定的人员制定工作计划。对于重复性作业或循环作业，该计划应在首次操作时制定，并定期检查，确保计划内容不变。

b)　起重机和起重设备的正确选用、提供和使用。

c)　起重机和起重设备的维护、检查和检验等。

d)　制定专门的培训计划，并确定明确自身职责的主管人员以及与起重机操作有关的其他人员。

e)　由通过专门培训并拥有必要权限的授权人员实行全面地监督。

f) 获取所有必备证书和其他有效文件。

g) 在未被批准的情况下,任何时候禁止使用或移动起重机。

h) 与起重机作业无关人员的安全。

i) 与其他有关方的协作,目的是在避免伤害事故或安全防护方面达成的共识或合作关系。

j) 设置包括起重操作人员能理解的通讯系统(参见附录D的示例)。

注:所有人员能用同种语言清楚地进行交流、确保安全地操作起重机是基本的要求。起重机操作应包括必需的场地准备、起重机的安装、拆卸以及维护等。

安全工作制度应向所有相关方进行通报。

4.2 起重机操作管理

为确保起重机安全工作制度的实施,应指派专人作为需搬运重物的组织(雇佣组织)的管理代表全面管理起重机操作。指派人员应经过全面地培训和实践,以便能胜任其应尽的职责。

4.3 合同条件

4.3.1 起重机操作合同

雇佣组织可以与代表他们承担起重作业的"用户组织"签订合同。该合同应提出如下内容:

a) 全部工作都应根据GB/T 23723的本部分进行;

b) 用户应按照4.2指派雇佣组织满意的人员;

c) 雇佣组织根据GB/T 23723的本部分提供的所有信息或服务都应以书面形式通知用户。

用户应遵从GB/T 23723的本部分提出的所有其他要求。用户将被赋予充分的权利来履行与GB/T 23723的本部分相关的义务,在适当的场合,包括管理和指挥雇佣组织的人员的权利。

在签订合同之前,雇佣组织有义务满足用户按照GB/T 23723的本部分开展工作的必要权利。

4.3.2 起重机出租方的职责

当用户(用户组织)需租用起重机和司机进行起重作业时,出租方有责任向用户选派合格司机并提供经过维护、检查和检验合格的起重机。

4.3.3 租用起重机的用户的职责

用户组织有根据4.2选派主管人员的义务,负责赋予指派人员明确的职责并遵从GB/T 23723的本部分给出的下列各项要求。尽管起重机机主可能已经提供关于特殊起重机的选择或其他相关事项的某些建议,用户组织仍具有确保起重机具有合适的类型、尺寸和相应工作任务的起重能力以及保障工作计划实施的权利。

5 人员的选择、职责和基本要求

5.1 基本要求

起重机的安全操作取决于主管人员的选择。

某些人员如起重机司机的培训和经验记录将有助于主管人员的选派。合适的选派将会确保所有的相关人员能够被高效地组织起来,以保证工作处于互相协作的良好局面。因酗酒、吸毒或其他不良习惯的影响而削弱其工作效率的人员不允许进入工作人员队伍。所有工作人员都应明确自己的职责(见5.2~5.7)。应对正在接受培训的工作人员进行有效的监督。

注:在某些环境中,某个人承担的职责可能不止一种,正如5.2~5.7中所述。

5.2 被指派管理起重机操作的人员(指派人员)的职责

指派人员应负有以下职责:

a) 对起重机操作相关事项进行审核。包括:提出工作计划;起重机、起升机构和设备的选择;工作指导和监管。这些对保证安全工作是必要的。还应包括与其他责任方的协商以及确保在必要时各相关组织之间的协作。

b) 保证对起重机的全面检查、检验等,以及确认设备已经维护。

c) 保证报告故障和事故的有效程序以及采取必要的正确处理方式。

d) 负有组织和控制起重机操作的责任。保证主管人员的指派要像司机和其他起重作业人员的指派一样。

指派人员应被赋予执行所有职责的必要权力，特别是在其认为继续操作可能产生危险时，指派人员拥有停止操作的权力。

在适当的情况下，指派人员可将工作任务委托给他人，但还要担负其工作职责。

在吊运重物时，起重机司机不适宜管理起重机操作。

也可参见6.3、8.2、8.3.3、9.2、10.3和附录A中关于指派人员的职责。

5.3 起重机司机

5.3.1 职责要求

起重机司机应遵照制造商说明书和安全工作制度(见4.1)负责起重机的安全操作。在任何时候都应只服从吊装工或指挥人员发出的可明显识别的信号(见6.2)，接到停止的信号除外。

5.3.2 基本要求

起重机司机应具备以下条件：

a) 具有资格；

b) 年满18岁，出于培训目的在主管人员的直接监督下的情况除外；

c) 适应该项工作，特别是视力、听力和反应能力；

d) 具有安全操作起重机的体力；

e) 具有判断距离、高度和净空的能力；

f) 在所操作的该类起重机方面受过良好的培训并具有起重机操作和安全装置方面的丰富知识；

g) 具有从事吊装和信号工作的完全能力；

h) 熟知起重机上的灭火设备并经过使用培训；

i) 熟知在各种紧急情况下的逃生手段；

j) 获准操作起重机。

注：适合操作起重机的健康证明年限不宜超过5年。

5.3.3 司机培训

GB/T 23720.1规定了起重机司机的最基本的培训项目，包括提高基本操作技能以及传授正确使用这些技能的必要知识。

5.4 吊装工

5.4.1 职责

吊装工应负责在起重机的吊具上吊挂和卸下重物，并且根据相应的载荷定位的工作计划选择适用的吊具和吊装设备。

吊装工负责按计划实施起重机的移动和重物搬运[见5.4.2 j)]。当吊装工不止一人时，则在任一次操作中，根据他们相对起重机的位置，只应由其中一人负责。当该吊装工处于司机看不见的位置时，为确保操作信号的连续性，指挥人员必须将信号传送给司机，使用视觉或听觉信号均可(见附录D)。

在起重机工作中，如果指挥起重机和载荷移动的职责移交给其他有关人员，吊装工应向司机说明情况。而且，司机和被移交者都应明确各自应负有的责任。

5.4.2 基本要求

吊装工应符合下列条件：

a) 具有资格；

b) 年满18岁，出于培训目的在主管人员的直接监督下的情况除外；

c) 适应该项工作，特别是视力、听力和反应能力；

d) 具备搬动吊具和吊装设备的体力；

e) 具有估计重物质量、平衡重物及判断距离、高度和净空的能力；

f) 经过吊装技术的培训；

g) 具有根据重物的情况选择吊具及吊装设备的能力；

h) 经过起重作业信号的培训，懂得起重作业信号；

i) 使用听觉设备(如无线电)能给出准确、清晰的口头指令并且会使用该设备；

j) 具有控制、指挥起重机和载荷安全移动的能力；

k) 经授权可以担负该项工作。

5.5 指挥人员

5.5.1 职责

指挥人员应负有将信号从吊装工传递给司机的职责。指挥人员可以代替吊装工指挥移动起重机和重物，但在任何时候只能由一人承担。

在起重机工作过程中，当指挥起重机和吊运重物的工作被移交给其他相关人员时，指挥人员应向司机说明情况。而且，司机和新指挥人员都应明确各自应负有的责任。

5.5.2 基本要求

指挥人员应符合下列条件：

a) 具有资格；

b) 年满18岁，出于培训目的在主管人员的直接监督下的情况除外；

c) 适应该项工作，特别是视力、听力和反应能力；

d) 具有判断距离、高度和净空的能力；

e) 经过信号技术的培训并且懂得起重作业信号；

f) 使用听觉设备(如无线电)能给出准确、清晰的口头指令并且会使用该设备；

g) 具有指挥起重机和重物安全移动的能力；

h) 经授权可以担当该项工作。

5.6 起重机安装人员

5.6.1 职责

起重机安装人员负责根据制造商说明书安装起重机(见第9章)。当需要两个或多个安装人员时，必须指定一人作为“安装主管”自始至终监管安装工作。

5.6.2 基本要求

起重机安装人员应符合以下条件：

a) 具有资格；

b) 年满18岁，出于培训目的在主管人员的直接监督下的情况除外；

c) 在视力、听力、反应和灵活性方面适合；

d) 具有安全搬运重物包括对起重机安装的体力；

e) 具有高空作业的能力；

f) 具有估计重物质量、平衡重物及判断距离、高度和净空的能力；

g) 经过吊装及信号技术上的培训；

h) 具有根据重物的情况选择吊具及吊装设备的能力；

i) 在起重机安装、拆卸以及所安装的起重机的操作方面培训合格；

j) 在所安装的起重机上的安全装置的安装和调试方面培训合格。

5.7 维护人员

5.7.1 职责

维护人员的职责是维护起重机以及对起重机的安全使用和正常操作负责。他们应根据制造商的维护手册，在安全工作制度下对起重机进行所有必要的维护(见4.1)。

5.7.2 基本要求

维护人员应符合下列条件：

a) 具有资格；

b) 对所需维护的起重机及其危险性非常熟悉；

c) 受过相应的教育和培训，包括学习特种设备使用的相关课程；

d) 熟悉第 10 章要求的工作程序和安全防护措施。

6 安全性

6.1 通则

正在工作场所进行全面管理的人员或组织以及起重机操作中的雇员对起重机安全都负有责任。为了使责任能有效地被履行，主管人员（见 5.2）应被赋予必要的权力来确保在操作中拥有保证安全的适当体制。与起重机操作安全相关的事项包括起重机的使用、维护、维修和更换安全设备，与设备相关的各类人员的指导和职责分配落实。

6.2 指挥起重机操作的人员的识别

指挥起重机操作的人员（吊装工或指挥人员）应易于为起重机司机所识别，例如穿着明亮色彩的服装或使用无线电传呼信号。

注：采用明亮色彩着装时，应考虑背景、照明形式或其他相关因素。

6.3 人员安全装备

指派人员应确保：

a) 人员安全装备适合工作现场状况，如安全帽、防护眼镜、安全带、防护鞋和听力保护装置；

b) 在工作前后检查安全装备，并在正常工况下维护或在必要时更换；

c) 在需要时保存检查和修理记录。

某些安全装备（例如安全帽和安全带）使用一段时间可能会损坏，因而可考虑定期更换。安全装备由于撞击损坏应立即更换。

6.4 人员安全装备的使用

所有正在工作的人员、现场参观者或起重机附近人员应知晓人员安全要求并且使用为他们提供的安全装备。

应向这些人员传授有关人身安全装备的正确使用方法并要求他们使用这些装备。

6.5 安全通道和紧急逃生

6.5.1 通则

安全通道和紧急逃生装置在起重机运行以及检查、检验、试验、维护、修理、安装和拆卸过程中均应处于良好状态。

6.5.2 登上和离开起重机

未经起重机司机的允许，任何人不准登上和离开起重机，也不准进入起重机机械结构区。在有人登机或离开时，司机应知道所要采取的必要措施并去实施。

若入口或出口地点不在司机的视野内，应采取其他手段确保能使司机掌握其他人员的行踪并在入口处张贴登机注意事项。

6.5.3 人员须知

应在人员须知中规定仅使用（并应该使用）正规安全通道和紧急逃生方式。

6.6 灭火器

关于各种灭火器材的安置，见专用产品标准。

6.7 技术文件

6.7.1 额定起重量图表

某类起重机的各种操作工况下使用的额定起重量图表,见 GB/T 23725.1 和特殊产品标准。

6.7.2 说明书

关于制造商应提供的各种说明书见 GB/T 17909.1、GB/T 18875 和 GB/T 18453。

6.7.3 试验及检验证书和检验报告

所有要求的检查、检验和试验的报告或证书均应妥善地保存。

7 起重机的选用

所需各种类型的起重机的性能和型式均应考虑其工作要求。决定选用某种类型的起重机并了解所有工作要求之后,应选用满足安全工作要求的起重机。

选用起重机应考虑以下各点:

a) 质量、规格和载荷特性;

b) 工作速度、工作半径、起升高度和工作区域;

c) 起重作业的次数、频度和类型;

d) 起重机的工作时间或永久安装的起重机的预期工作寿命;

e) 场地、地面和环境条件或现有建筑物形成的障碍;

f) 起重机通道、安装、运行、操作和拆卸所占用的空间;

g) 其他特殊操作要求或硬性限制。

8 起重机的设置

8.1 通则

起重机的设置应考虑所有影响其安全操作的因素,特别是以下各点:

a) 起重机的架设和支撑条件;

b) 现场和附近的其他危险因素;

c) 在工作或非工作状态下风力的影响;

d) 具备在工作场地竖立或架设起重机以及在起重作业完成之后拆卸和移动起重机的通道。

8.2 起重机竖立或支撑条件

指派人员应确保地面或其他支撑设施能承受起重机施加的载荷,主管人员应对此作出评估。

起重机在工作状态、非工作状态和在安装、拆卸过程中产生的载荷应从起重机的制造商或起重机设计、制造方面的权威机构获得。该载荷应包括下列组合载荷:

a) 起重机(包括配重、平衡重或需要时的基础)的净重;

b) 重物及吊具的净重;

c) 起重机运行引起的动载;

d) 由最大允许风速导致的风载荷,考虑工作场地的暴露程度。

起重机在工作状态下可能产生较大的载荷,但非工作状态和安装/拆卸过程产生的载荷也应加以考虑。

指派人员应负责确保地面或支撑设施能使起重机在制造商规定的工作级别和技术参数下工作。

8.3 起重机周围的障碍物

8.3.1 通则

应考虑起重机周边的障碍物,如附近的建筑、其他起重机、车辆或正在进行装卸船作业的船只、堆垛的货物、公共交通区域包括高速公路、铁道和河道。在起重机及其载荷不能避开这类障碍时,应向有关的政府部门咨询。

不应忽视通向或来自地下设施的危险,如煤气管道或电缆线。应采取措施使起重机避开任何地下设施,如果避不开,应对地下设施实施保护措施,预防灾害事故发生。

8.3.2 高架电气线路和电缆

当操作起重机靠近架空电缆线时,指派人员、操作者和其他现场工作人员应注意以下几点:

a) 在不熟悉的地区工作时,检查是否有架空线。

b) 除非明确知道这些电线不带电,应认为所有电线都带着电。

c) 由于每种类型的起重机具有不同的操作方式/性能,从而对距高架电气导线的安全工作距离要求有所不同。在可能与带电动力线接触的场合,工作开始之前,应首先考虑当地电力主管部门的意见。

起重机和载荷都不应靠近图1所示的动力线危险区域。

d) 如起重机的任意部位、取物装置或起重臂能接触到动力线,未经电力监察工程师的许可,起重机不能在动力线下搬运物料(见图1)。

8.3.3 空港/飞机场附近的起重机管理

当起重机在空港/飞机场附近使用时,指派人员应遵守当地的法规。

单位为米

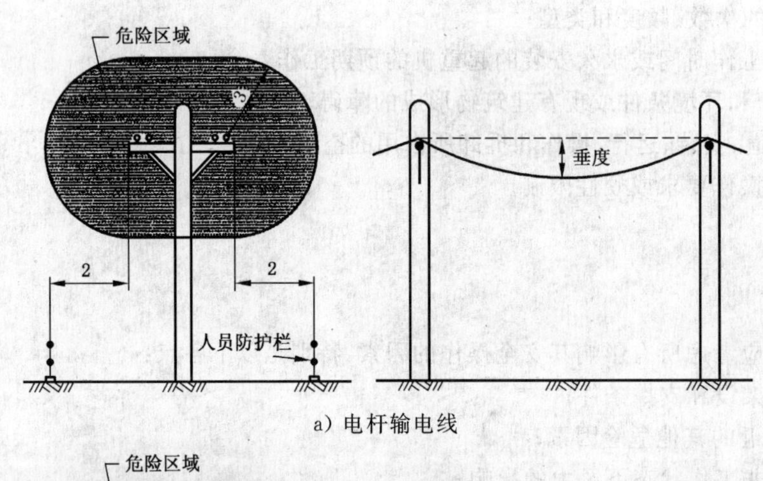

图1 带电架空导线的安全距离

9 安装与拆卸

9.1 工作计划

起重机的安装与拆卸应作出计划并经相应的监督,与起重机操作的程序相同(见第4章)。

正确的安装和拆卸程序应保证:

a) 未完全理解安装人员专用说明书之前,不能进行安装作业;

b) 提供特定类型起重机的安装/拆卸说明书，并提供起重机制造商的系列号和机型号以及机主的标记；
c) 整个安装和拆卸作业应按照说明书进行，并且由安装主管人员负责；
d) 参与工作的所有人员都具有扎实的操作知识；
e) 在必须更换部件和构件时，只能使用合格品；
f) 将起重机从安装地点移至工作地点的方法，可以采用制造商推荐的方法；
g) 起重机的状态应符合制造商所规定的各种限制。

改变任何预定程序或技术参数应经起重机设计者或工程师的同意。

9.2 零部件的识别

运输被拆卸的起重机所有主要部件，特别是那些承重或保证所装配的起重机的稳定性的部件，应该带有明显的标识，以保证在检查和状态监控时能够识别。

9.3 供电

起重机供电应符合国家主管部门的要求。

如果起重机使用外部电源驱动(不考虑设计要求)，应注意下列各点：

——在通电之前应检查电源和起重机设备性能的兼容性；
——应提供电路保险或断路器用于在出现接地故障导致的电路过载时切断电源；
——应严格保证工作过程中或起重机运行中不损坏拖曳电缆；
——除起重机内部的开关保证起重机运行中的断电之外，还应备有明显可见的外部开关用于切断起重机电源。

10 工作程序及安全防护措施

10.1 起重机操作

无论起重机何时移动，也不管它是否起升重物，都只应由指派人员指定的获资格认定的司机操纵起重机。

指派人员可以在授权司机的直接监督下推荐实习司机。

维护人员在维护作业和调试过程中需要移动起重机时应经授权和培训，以便在特殊需要时开动起重机并履行其安全职责。

10.2 在起重机上工作

10.2.1 通则

当需要人员在起重机上进行检查、维护或其他工作时，起重机应停止工作，以保证在起重机上工作的人员不因起重机的移动而受到伤害，为他们提供一个安全工作的场所。

对小型或简单类型的起重机，所有移动部件都在司机的视野中，可采用口头联络的方式，使所有人员都能听清楚并且能完全理解。对大型和较复杂的起重机采用准许工作系统是必要的。

10.2.2 准许工作系统

有效的准许工作系统将保证操作者在得到书面授权之前确实不能(通过拆除保险装置或其他手段)运行起重机。

准许工作系统的承接者应签署有关文件并将其纳入安全监管范围，承接者明确自己对该项目工作和与工作有关人员负有责任。工作完成之后，负责人应签署责任书。确认所有人员已经离开现场；所有设备、工具和散状物料已经移走；所有防护设施已经回复原位；所有安全装置正处于正常工作状态。

接下来是由该系统的制定者签署取消报表或证明书并撤消该系统，然后是取消已采取的安全措施，起重机回到其正常工作状态。

为了实现和坚持安全工作制度，在准许工作系统执行过程方面，需要满足以下几个条件：

a) 建立对准许工作系统的协调、监管、公示、接受、撤消的责任制；

b) 核对清楚起重机及其相关厂家和设备；

c) 利用有效的隔离手段保证远离各种危险因素；

d) 保证厂房和设备的隔离所用的可靠手段，包括停止装置和开关、保险丝或其他基本装置；

e) 划分安全工作区域，并开始采取专门的安全保护措施。

10.2.3 定期检查

应根据 GB/T 23724.1 进行定期检查。制造商将提供几种定期检查内容的示例(参见附录 A 的示例)。

10.2.4 常规检查

应根据 GB/T 23724.1 进行检查。

10.2.5 状态监控

当起重机的设计受到某些制约时，应根据 ISO 12482-1 做专项评估。

10.3 故障及事故报告

指派人员应保证建立有效的故障和事故报告制度。

该制度应包括告知指派人员并记录故障排除的结果以及起重机再次投入使用的许可手续。

该制度还应包括及时通报以下情况：

a) 在每日检查或定期检查中发现的任何故障；

b) 在其他时间发现的故障；

c) 突发事件或意外事件，不论轻重与否；

d) 过载，无论是怎样发生的；

e) 发生的危险情况或事故报告。

10.4 离开无人看管的起重机

当起重机上有吊重时，司机应始终在起重机上。

绝不应将起重机置于无人看管的状态，即使是暂时离开。离开起重机时应将吊具上的重物卸下，并且将吊具置于安全位置，关闭电源停止起重机的一切动作，利用制动器和锁定装置使起重机处于安全状态，将点火钥匙和其他钥匙从起重机拔出，方可离开起重机。

起重机长期处于无人看管或非工作状态时，应使其置于较长期的绝缘状态，例如关闭开关，切断油路，锁上通向起重机通道或司机室的所有通道门，禁止无关人员进入。整个机器应处于非工作状态。

特殊类型起重机的安全防护细则，应参照本标准的其他有关部分。

10.5 维护

10.5.1 通则

用于起重作业的起重机和其他设备应在良好的状态下进行维护。

应利用详细的资料，如制造商说明书。所有的维护都应由经过培训并具有丰富工艺流程经验的人员进行。维护的频度和内容均应将影响起重机工作的所有因素考虑在内。

10.5.2 计划性维护

为确保起重机能安全正常工作，应建立并执行一套严格的维护计划。

应按照制造商说明书推荐的维护周期进行维护，不能超出该期限。说明书中还规定了应注意的润滑点，更换润滑脂和润滑油的周期或频度以及所用润滑脂的等级和质量。说明书中还包括其他基本维护内容，如更换滤油芯片、推荐轮胎压力、检查紧固螺栓牢固度的频度，以及推荐的扭矩和其他控制装置例如离合器、制动器等的维护。

在确认了起重机使用频度和环境条件的情况下，常规检查应在相应的维护周期内进行。

一套有效的维护计划应认可在完成基本维护工作之前，可能需要禁止使用起重机。

10.5.3 更换零部件

更换零部件应按照制造商的规定或相关标准。

10.5.4 维修

如需对起重机结构的任何部件进行大修，基本要求是严格执行制造商指定的正规工作程序。如制造商的工作程序不能实行，则应由经验丰富的工程师提出工作程序。

11 工作状况

11.1 额定起重量

除了对起重机进行试验的明确目的以外，其他情况均不能超过起重机的额定起重量。

应谨慎操作防止载荷过大摆动，并控制载荷的摆动，使其在任何时候都不致失控(见图2)。

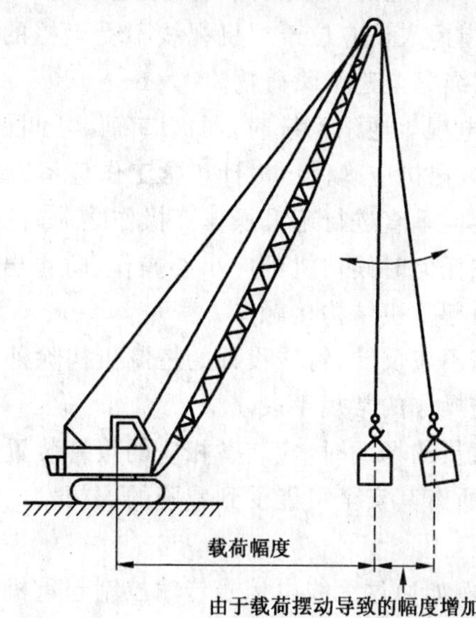

注：起重机应平稳运行，且使载荷缓慢地起升，避免载荷摆动(因载荷摆动会增加起重机的倾覆力矩)。必要时或在风口区应使用稳定线。起重机带载运行时应总是使载荷靠近地面，以控制载荷摆动。

图2 载荷摆动对载荷幅度的不利影响(见11.1)

起重机做起升、回转、变幅或运行等动作时，不能使钢丝绳偏离垂直位置沿地面拖动载荷。起升载荷以前，起重绳应呈铅垂状(见图3)。不注意这些情况可能会严重影响起重机的稳定性或对起重机施加设计外的载荷(应力)，即使安装了超载限制器，在没有任何警报的情况下也可能会发生起重机结构的损坏。

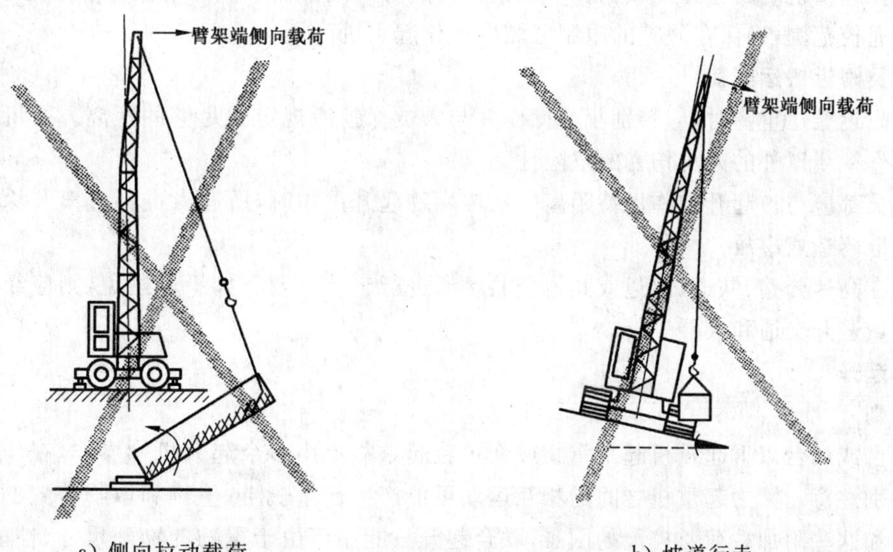

a) 侧向拉动载荷　　b) 坡道行走

注：图中所示为对起重臂强行施加侧向载荷的典型状况。在起重机的设计中起重臂不能承受侧向重载。不应利用起重机的回转运动或起重绳侧向拉动或拖动载荷。起重钢丝绳应总是与起重臂在一平面内并且保持铅垂状态。应避免起重臂的侧向载荷。

图3 起重臂侧向载荷(见11.1)

11.2 操作和管理

11.2.1 通则

在开始任何起升操作之前，应进行以下检查：

a) 司机在开动起重机之前应检查设备或控制机构上的锁定保护装置和紧固装置的状况。

b) 司机应熟悉控制机构及其布置形式。

c) 司机对重物和操作区域的视线应清晰无遮挡。如果达不到，司机应在吊装工或指挥人员的指挥下进行操作，吊装工或指挥人员应位于司机视线不受阻挡的明显位置。司机和(或)指挥人员应确保重物和起重钢丝绳完全避开障碍物。

d) 使用电话、无线电或闭路电视等通讯系统时，司机应确保呼叫信号畅通且口齿清楚。

e) 在使用气动或液压系统时，司机应确保压力计正常工作且系统压力处于正常工作值。

起重钢丝绳或如使用起重环链应垂直进行起升操作。操作之前，将起升重物稍微离开支撑面，停下来检查吊具和重物平衡的情况。在任何时候司机都应小心操作，防止出现震动或起重臂等结构上产生侧向载荷。应特别注意避免吊具与起重机结构接触。

运转中的电机在未停下来之前不应反转，特殊设计的控制机构除外。

起重机安全装置不应作为停止操作的常规手段。

将起重机运移到可能有现场人员的场地时，应装备相应的报警装置。

起重机沿轨道运行之前，应对所有其安全可能受到威胁的人员发出警示。为此可安装警铃或警笛。

11.2.2 遥控起重机

为防止未经许可使用起重机，例如通过无线电信号传输控制起重机的司机应注意：

a) 随身携带遥控器；

b) 短期离开时，拔出钥匙随身携带；

c) 长期离开或不使用起重机时，妥善保管遥控器。

注：起重机不使用时，应有妥善保管遥控器的措施。

如遥控器固定在皮带或背带上，司机在打开遥控器之前就应穿好背带，防止起重机的突然操作。遥控器只能在操作起重机时打开，并且在解开背带之前关闭遥控器。

使用遥控起重机时的遥控区域应在常规范围内进行测试。在每次开始移动起重机时或当司机换人时也应检查遥控范围，确保在规定的限制区域内操作起重机。

11.3 在人员附近搬运载荷

在人员附近搬运重物时，应特别小心操作并与人员保持所规定的足够的距离。司机和指挥人员要特别注意工作视线以外的人身伤害的危险性。

所有人员都应与被起升重物保持距离。从堆垛物起升重物时，所有人员都应离开垛堆避免邻近物料或物体的散落造成事故。

应避免在高速公路、铁道、河边或其他公共场所进行起重作业。如不可避免，则应经过主管部门准许且在该区域避开交通和人群。

11.4 联合起升

11.4.1 通则

使用两台或两台以上起重机起吊重物或在单台起重机上用多个起升机构操作，在作业方案和监督方面更要特别注意。因为起重机之间的相互运动可能产生起重机上、重物和取物装置的附加载荷。由于上述原因和这些附加载荷监控上的困难，联合起升只能用于由于重物的物理尺寸、性能、质量或要求的移动不能用单台起重机执行操作的情况。

联合起升计划的确定应特别慎重(见第4章)，还应包括每台起重机搬运的载荷的精确估算。基本要求是确保起重钢丝绳保持垂直状态。几台起重机所受合力不应超过各台起重机单独起升操作时的额定起重量。

11.4.2 联合起升计划应考虑的主要因素

11.4.2.1 重物的质量

应了解或计算重物的总质量及其分布。如从图纸上获取相关参数，应给出在铸件和轧制件的预留公差和制造公差。

11.4.2.2 质心

由于制造公差和轧制裕度、焊接金属的质量等各种因素的影响，可能确定不了精确的质心，因此分配到每台起重机的载荷比例可能是不确定的。必要时，应采用先进计算方法精确地确定质心。

11.4.2.3 取物装置的质量

取物装置的质量应为起重机起升计算载荷的一部分。当搬运较重或不规则形状的重物时，允许从起重机的安全工作载荷中扣除取物装置的质量可能至关重要。因而应该准确地了解取物装置以及必要的吊钩组件的质量及其分布情况。

11.4.2.4 取物装置的承载能力

应确定在起升操作中取物装置内部产生的力的分布。取物装置应留有超过所需均衡载荷的充分的载荷裕度。除非有针对特殊起升操作的专门要求。为适应联合起升操作过程中产生的载荷或作用力的分布与方向的最大变化，可能有必要使用特殊取物装置。

11.4.2.5 起重机的同步动作

在联合起升过程中，若要使作用在起重机上的各个力的方向和大小的变化降低到最小，起重机保持同步动作是基本要求。应尽可能使用相等承载能力和相同性能的起重机。实际应用中，总是会有某些变化的，这些变化是由动作控制器的作用和制动系统的设置及其效能的差别所致。

起重机的额定起重量是以重物在垂直平面内起升和下降为依据计算的。在起重机的结构设计中，起重机能承受任何因各种运动所产生的加速运动引起的侧向载荷，但是靠这个侧向强度承受非垂直起升的水平分力是不安全的。既然它是不可靠的，特别是各种起重性能不同，两台起重机的运动又将精确同步，所以应将起重钢丝绳的垂直状态下的变化的影响计算在内。该变化可能导致速度不均衡，应将这种不均衡降至最小的方法与变化的影响一起考虑。

11.4.2.6 监控设备

监控设备用于监控载荷的角度和每根起重钢丝绳稳定地通过起升操作的垂直度和作用力。这种监控设备的使用有助于将起重机上载荷控制在规定值之内。

11.4.3 管理

应有被授权人员参加并且全面管理起重机的联合起升操作，而且只有该人能对操作或开动起重机的人发出指令。在突发事件中，目睹险情发生的人可以给出常用停止信号的情况除外。

11.4.4 联合起升操作过程中的承载能力要求

当11.4.2.1～11.4.2.6中的全部有关因素得到准确的认定且正处于监控状态的各个仪器为指派人员所满意时，起重机操作就可达到其额定起重量。

当上述所有因素未经精确计算，所有这些与起重机相关的因素均应采用相应的扣除量。扣除量的大小可为25%或更多。

11.5 特殊职责

11.5.1 通则

包括特殊职责在内的所有情况下，应取得设计人员和其他授权工程师的指导。

任何特殊起重附件的质量应作为起升载荷的一部分。起重附件应经调试、检验认可并带有安全工作载荷和质量的明显标记。起重附件仅限于其设计用途。

11.5.2 抓斗和电磁吸盘

11.5.2.1 通则

当起重机在特殊工况下使用例如抓斗或电磁吸盘搬运重物时，不仅应将抓斗、电磁吸盘或其他取物装置的质量与载荷一同估算，而且还应考虑由于起重机快速移动、抓斗吸附效应、撞击等引起的附加载荷。通常抓斗和抓斗的物料或电磁铁和吸附的物料的总质量应小于起重机在正常工作状态下对应的额定起重量。

起重机设计人员和其他授权工程师应对特殊承载率做周密的考虑。

11.5.2.2 **抓斗装置**

对抓斗起重机，起升载荷应为抓斗和抓取物料的总质量；物料的质量取决于所搬运物料的密度。基本要求是所用抓斗适合搬运的物料，它与起重机的安全工作载荷相关。任何情况下只要存在不确定因素就应进行检查。

11.5.2.3 **电磁吸盘**

电磁吸盘应标记经试验确定的安全工作载荷，试验的方法是使用与起吊重物性质相同的物质，检验电磁吸盘在额定起重量下的功能是否正常。

电磁吸盘未与被起升重物接触时，不应通电。吸盘应小心地下降到重物上，在操作中不允许碰到固体障碍物。炽热金属不应使用电磁吸盘起吊，特殊设计工况除外。

不使用时应断电，防止磁铁过热；磁盘不应搁置在地面上而应放在木制平台上。

11.5.3 **真空吸盘**

11.5.3.1 真空吸盘应定期检查，在使用期间应保证有足够的真空度。

每个真空吸盘都应用一个装置固定，在任何时候起重机司机都应看到真空度的显示数值，当真空度为80％或低于设计工作真空度和(或)在真空泵失效的情况下，地面附近的任何工作人员和司机都能听到音响报警。

11.5.3.2 每个真空吸盘都应具备在真空泵失效时，仍具有足够的真空度支持悬吊重物一段充裕的时间(容许安全裕度)的功能，在这段时间内，重物能被安全地从最大起升高度降至地面。

每个真空吸盘都应装备适用的真空计，真空计的位置和尺寸应适合，在起升和卸下重物的时候读取数字简易。真空计上应刻有明显的红色标记，该标记以下为设备禁用区。

真空吸盘只能起吊表面与真空衬垫相适合的重物。

11.5.3.3 真空设备应按如下标准制造：

a) 每个真空衬垫能承重等同载荷直至整个装置能正常工作；

b) 重物的接触表面保持水平悬垂直至能正常工作；

c) 重物表面无任何松散物质，防止真空衬垫不能有效地接触重物表面。

真空装置特别是真空软管和衬垫在每次或每天起升操作之前都应检查，每周工作开始时应对报警装置进行测试。

11.5.3.4 在首次使用前或大修后，应由授权人员使用试验载荷对真空装置进行调试。试验载荷表面应与最不利的表面型式相似，直至整个装置能正常工作。

真空装置特别是真空软管和衬垫在每次或每天起升操作之前都应检查，每周工作开始时应对报警装置进行测试。

11.5.4 **拆除和其他特殊作业**

正常情况下不允许用起重机进行拆除和其他特殊作业。起重机用于此目的属例外情况，应经国家地方主管部门允许。具体操作参见附录B。

11.6 **天气状况**

11.6.1 **通用条件**

起重机在可能受天气影响的环境下操作应慎重考虑。一些特殊天气状况如狂风、暴雪、冰雹对起重机形成附加载荷，并对起重机操作的安全性造成不利影响。

11.6.2 **风载荷**

当风速超过起重机操作说明书规定的数值时不应运行起重机。疾风会对安全搬运载荷造成不利影响并对起重机的自身安全构成威胁。即使是在微风状态，搬运载荷到强吸风口时，也须格外小心。在安装、调试和拆卸起重机时，对风速的限制应低于起重机正常操作时的限制值。在不易确定的情况下，应听取设计人员或授权工程师的意见。在已知会遭遇反常天气的地区，不能对起重机进行试验。

起重机制造商提出的关于非工作状态的警告应严格执行。

在起重机可能受到风载荷严重影响的场地，必须准确确定风速（风压、风级）。

11.6.3 能见度

在能见度不好的情况下，应提供有效的通讯手段保证起重机的安全操作。在恶劣的天气条件下，起重机应停止工作直到能见度完全改善，保证起重机安全工作。

11.6.4 雨、雪或冰

在恶劣天气条件下，指派人员应保证采取完备的措施防止由于雨、雪或冰对起重机或载荷的影响而发生险情。

12 吊装工和载荷搬运

12.1 载荷估算、质量和质心

12.1.1 重物质量

应采用以下一种或几种方法获得重物的质量。

a) 重物上标注的质量；

b) 技术文件上标注的质量；

c) 从载荷图表上查找；

d) 利用地秤称量；

e) 利用质量数表估计重物的质量。

12.1.2 质心

见3.6定义。

12.1.3 吊钩和吊钩组件

为防止空载的吊具从吊钩上脱落，吊钩应带有安全锁或其他有效装置。另外可将吊钩形状设计成最大程度地降低吊具或载荷脱落的危险性的型式。

13 人员起升和下降

13.1 常规情况下不允许使用起重机提升或下降人员。特殊情况需经过国家或地方主管部门允许，且应遵守附录C给出的程序。

13.2 禁止使用起重机进行娱乐和演出活动。

14 试验、检查和状态监控

为了保证起重机的安全使用，起重机的试验、检查和监控按照以下标准执行：

——GB/T 5972；

——GB/T 5905；

——GB/T 17908；

——GB/T 23724.1；

——ISO 12482-1。

起重机上可能有某些部件需按行政主管部门和国家标准的要求进行检查和试验。

附 录 A
(资料性附录)
周期性检查

A.1 通用要求

指派人员应严格按照下列 A.2,A.3 和 A.4 进行检查。

注:可以授权起重机司机在其权限范围内执行起重机的定期检查。

A.2 日常检查

在每个班次或工作日开始时,对在用起重机或需要时所针对的那类起重机应进行下列例行检查:

a) 根据制造商手册的要求进行检查。

b) 检查所有钢丝绳在滑轮和卷筒上是否缠绕正常,没有错位。

c) 外观检查电气设备,不允许沾染润滑油、润滑脂、水或灰尘。

d) 外观检查有关的台面和(或)部件,无润滑油和冷却剂等液体的洒落。

e) 检查所有的限制装置或保险装置以及固定手柄或操纵杆的操作状态,在非正常工作情况下采取措施进行检查。

f) 检查起重机额定起重量指示器功能是否正常,且该装置要求的日常调试是否执行。

g) 如果臂架与 f)项所提的载荷指示装置是分开的,应检查所用臂架结构与载荷半径的比例设置是否适合。

h) 空载时改变起重臂半径,按 f)项和 g)项检查设备是否运转正常。

i) 检查各气动控制系统内的气压是否处于正常状态,如制动器。

j) 检查照明灯、挡风屏雨刷和清洗装置是否能正常使用。

k) 外观检查起重机车轮和轮胎的安全状况。

l) 空载时检查起重机的所有控制系统是否处于正常状态。

m) 检查所有的听觉报警装置能否正常操作。

n) 出于对安全和防火的考虑,检查起重机是否处于整洁环境,并且远离油罐、废料、工具或物料,已有安全储藏措施的情况除外。检查起重机的出入口,要求无障碍以及相应的灭火设施完备。

o) 检查防风锚定装置(固定时)的安全性以及起重机运行轨道上有无障碍物。

p) 在开动起重机之前,检查制动器和离合器的功能是否正常。

q) 在操作之前,应确定在设备或控制装置上没有插入电缆接头或布线装置。

A.3 周检

正常情况下每周一次(或由制造商方规定其他的安全检查周期,或更接近起重机的使用习惯)。起重机在使用过程中,除了按照 A.2 进行检查之外,还应执行与起重机类型有关的下列检查项目:

a) 根据制造商说明书的要求进行检查。

b) 检查所有钢丝绳外观有无断丝、压扁、笼形畸变或其他明显的破损、严重磨损和表面锈蚀。

c) 检查所有起重绳卡、旋转接头、销轴和其他紧固装置。还需检查所有滑轮有无损坏、绳槽磨损情况及卡绳现象。

d) 检查起重机结构有无损坏,例如桥架和桁架式臂架有无缺损、弯曲、上拱、屈曲以及伸缩臂的过量磨损痕迹、焊缝开裂、螺栓和其他紧固件的松动现象等。

e) 检查吊钩和其他吊具、安全卡和旋转接头有无损坏、异常活动或磨损。检查吊钩柄螺纹和保险螺母有无可能因磨损或锈蚀导致的过度转动。

f) 检查并调整操纵杆的功能。

g) 对液压起重机,检查液压油缸有无渗漏。

h) 检查制动器和离合器的功能。

i) 在轮胎流动式起重机上,检查轮胎的压力以及轮胎是否有损坏,其外壁和轮胎花纹的磨损情况。还需检查轮子螺栓的紧固情况。

j) 对轨道起重机,检查轨道、端部止挡器,如有地锚也需进行检查。检查除去铁轨上异物的安全装置及其状况。

k) 如有防摆锁,要检查。

l) 将检查结果记录在册。必要时,应采用规定的格式。

A.4 不经常使用的起重机

对不经常使用的起重机,有必要在使用前安排一个检查程序。该程序的内容和繁简程度不仅取决于起重机停用的时间长短,还与这段时间中起重机放置地点有关。如置于遮盖物之下或车间内的起重机,除了A.2和A.3中要求做的检查,可能不再有更多要求。但在露天停放的起重机,由于受天气状况的影响和大气腐蚀,可能需要做特殊的评估,使其符合使用的要求。

评估应至少包括以下内容:

a) 可以由制造商推荐检查项目。

b) 检验起重机所有钢丝绳有无锈蚀和损坏的迹象,并应经过润滑。

c) 检查所有的联动控制装置有无卡住或部分卡住的迹象,并确保经过适当的润滑。

d) 对每台起重机在空载时试验运行几分钟,开始时逐个调试,然后必要时两台或多台起重机同时运转。接下来再带载重复上述试验。

e) 检查起重机的所有安全装置是否正常运转。

f) 检查软管、密封件或其他零部件是否老化损坏。

所有检验结果均应做详细记录,包括在起重机投入使用之前排除各种故障所做的检修工作的内容。

附 录 B
（资料性附录）
拆除球的操作

B.1 通则

拆除球是使用一个称为破碎球的圆形或梨形的重物，悬吊在起重机的钢丝绳上砸向建筑物、结构体或其他物体，通过撞击使目标崩塌或断裂。

在使用拆除球操作过程中，起重机的臂架和其他部件由于球的运动和撞击承受动载荷。动载值的大小随拆除球的使用方法、司机操作技巧和被拆除物的撞击阻力等因素产生较大的变化。因而只能将制造商的建议和推荐的工作载荷作为依据。

注：应该注意某些制造商并不推荐使用他们的起重机进行拆除球作业。

使用起重机动臂操作的拆除球绝对不能摆动。

在拆除作业中受聘的起重机司机应经过培训并具有设备使用以及拆除球技术的经验，对在用起重机熟悉并对潜在的危险及其发生的可能性有清醒的认识。

使用的操作方法不能使起重臂过载或威胁起重机的稳定性。

使用摆动技术应限于适合特重或重型工作级别的起重机。球体的质量在要求的工作半径下应总是小于起重机的承载能力。建议最大为额定起重量的50%。

起重机的第2个卷筒上的钢丝绳也应能与球体连接，防止工作时的意外情况致使工作半径增加引起起重机过载。

既然没有任何方法能防止球体转动，拆除球与钢丝绳应用旋转节连接。

应小心谨慎防止拆除球撞击起重机和起重臂或其他非拆除物。为防止臂架弹过司机室抛出拆除球，起重臂水平倾角大于60°就不能使用拆除球。起重臂安全停止器应始终固定于起重机上，并且要有切实的防护设施防止迸射的碎屑伤害司机。

对起重机自然竖立的情况，只有起重机被牢牢地固定在坚硬并水平的地面上时才能使用拆除球。决不允许室内拆除作业。在拆除砖石拱门建筑、悬垂石板等物时，应谨慎操作避免球体被挂住，因为突然的撞击会导致起重机过载。如果球体被挂住，应在将其释放之前落下，因为球体的拖曳或提升作用可能导致被拆结构体与球的顶部相撞，因而拉倒起重机。

实际工作中，使用B.2～B.4所描述的操作技术进行拆除球作业。

在实行本附录B详细描述的那些作业之后以及在起重机回到正常起重作业之前，应对起重机结构和各机构进行检验和试验，以确保起重机完全达到起重作业的各项要求。

B.2 垂直下落球体

垂直起升拆除球到目标上方，通过球体的下落击碎目标，然后利用重力使之落入目标。

拆除球可凭自重悬挂在起重机的钢丝绳下。然后升高一段短距离，用制动器制动，再落下球体直到击碎目标。应避免球体在运动中突然制动以防止起重机的结构损坏或倾覆。只有在打击目标的特征确定后并且认定较猛烈的撞击是安全的情况下，才能允许拆除球下降行程增加。

在高于地面或地坑以上的撞击地点，存在拆除球未命中预定撞击点，掠过目标或弹开的可能性。

在这种情况下应使下降路程为最小，并且在预定撞击点，起重机上应留有足够的绳长使球体由制动器停止，避免对起重机构成威胁。

对于这类拆除作业，通常可取的办法是对目标进行若干次猛烈撞击，使被拆除物产生大量裂纹，随后施加若干次较轻撞击，直到被拆物部分崩裂，然后重复操作。

在不可能或不希望使用带有自由下落功能起重机的场合，可使用快速下降机构下降拆除球，球体应小心对准要撞击的目标。释放装置采用一根细绳或手钓丝连接球体，让其自由下落到撞击点。操作要十分谨慎，确保球体在工作区内，而所有人员位于工作区外，并且对飞溅的碎石块采取防护措施。

其他自由下落手段还有电磁铁和抓斗的使用。

B.3 利用起重臂拉绳摆动球体

起重机第2个卷筒上的附加钢丝绳与球体连接，用来向机身前方拉动球体。

然后将拉绳松开使球体在臂架平面内向外摆动，砸向目标。拉绳还用于控制和限制球体向外摆动。应注意起重机的稳定性会受到球体摆动到最大安全工作半径之外的影响。

此方法限于低矮拆除物，因为当球体被定位在大于一半有效起升高度很多的位置上就不能有力地摆动。但这个方法的确是对起重机损坏最小的最可行的方法。

B.4 通过回转转动球体

通过此项技术拆除球被悬吊在约3 m处或臂架端以下更低处，使之做回转运动，球体沿弧线摆动砸向目标。当球的位置与撞击点在一条线上时，应停止回转运动。用回转制动使臂架停止动作。再使用第2根绳防止球体摆出安全半径。使用此技术会对起重机的其他部件施加相当大的扭动载荷，而优秀的司机的操作几乎能将此载荷降到零。以下各项因素将对控制起重机实际的损伤有关：

a) 起重臂长度和工作半径；

b) 球体距臂架端部的距离；

c) 回转加速度；

d) 球的撞击速度和与被撞物的距离；

e) 撞击时臂架端相对于球的位置；

f) 抑制回转运动的速率；

g) 球的质量。

不建议通过回转操作转动球体。

附 录 C
(规范性附录)
人员的起升或下降

C.1 通则

利用起重机起升或下降人员只能在采用较少伤害的办法仍无通道可行的特殊情况下实行(见图 C.1)。

运送人员只能使用专门设计的平台或吊篮,并采用防止人员和工具坠落的有效手段。应采取措施防止平台或吊篮摇摆(例如通过防止旋转的措施或采用多根绳索的办法)或倾翻,并应在其上标注清晰且永久的载荷量标记以便于安全搬运。平台和吊篮在使用之前应检查以确保能安全运送人员。所有检查记录都应保留。当有人在起重机的吊钩上、起升重物上、起升人员的平台上、起重臂上或其他与起重机起升绳或臂架连接的起升人员装置上时,决不能操作起重机,除非满足下述各条特殊要求。

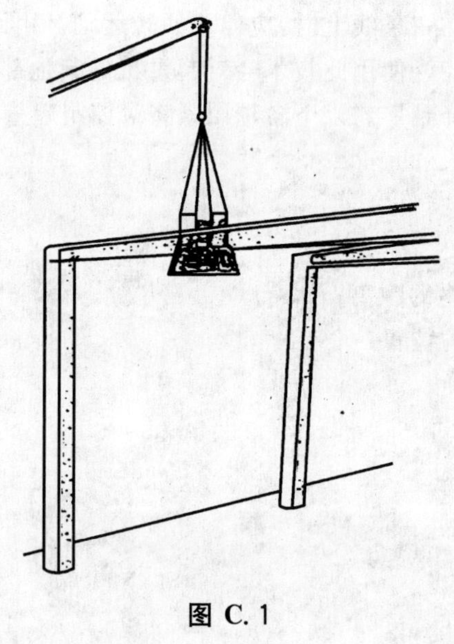

图 C.1

C.2 起重机安全设施

起重机应使用以下安全装置:

a) 起升高度限制器。

b) 自动制动器,当电力控制失效时起重机运行停止(人力控制时可解除制动)。

c) 动力控制载荷下降。注意仅在起重机上自由下降功能闭锁的情况下才允许人员的上升和下降。

d) 对地面以下的操作,应装有下降高度限制器。

C.3 特殊程序

起升人员时,应遵守以下特殊程序:

a) 专门负责全面工作的人应确定开展所需工作的方法或获准进入工作区域具有最小危险性,并批准投入工作。该项目负责人应提出包括操作程序及时间安排的书面资料,经主管人员签署意见之后保存。

b) 对于每次人员的起升操作,项目负责人应确定下列的 c)～t)中的各项要求都能满足。

c) 工作人员应根据本部分中的 8.2.3.2 的要求对起重机进行日常检查。
d) 应在各种控制条件下和专职指挥人员的指挥下进行升降和承载操作。
e) 应召开有起重机司机、吊装工、被起升和承载人员以及监督人员参加的相关工作会议，审查将要进行的工作程序，包括进入和离开平台或吊篮的程序，以及确定进入和离开的人员。
f) 司机和吊装工应对平台或吊篮进行起升试验，起升载荷与将要承载的人员质量相等并且检验是否有足够的立脚点。
g) 起重机司机、吊装工和被起升人员之间应保持联络。
h) 当有人在平台或吊篮上进行焊接操作时，焊钳应避免与平台或吊篮上的金属部件接触。
i) 被起升或承载人员应系上与设计的固定点相连的安全带。
j) 平台在使用时，操作人员应使其保持在控制状态。
k) 工作平台载人移动时，应低速、小心地操纵，禁止工作平台突然运动。起升下降速度不应超过 30 m/min(0.5 m/s)。
l) 流动式起重机的平台或吊篮上有人时，不应开动。
m) 被起升或定位人员应始终在操作者或指挥人员的视线范围之内或一直保持联络。
n) 带支腿的起重机应使支腿伸开并固定。
o) 起升载荷总质量(包括人员)不应超过起重机在计划使用条件下的额定起重量的 50%，起重机应具有至少 1 000 kg 的额定起重量。
p) 承载人员的平台只能用于人员、携带的工具和工作所需的物品的承载。不能用于散状物料的搬运。
q) 在上升、下降和中途定位时，悬吊平台上的人员的全身应在平台之内，防止挤压事故。
r) 如平台不能落地，则人员在离开或登入之前，应将其固定于起重机结构上。
s) 工作平台不应在风速超过 7 m/s(25 km/h)、雷电、雪天、冰冻、冰雹或其他恶劣天气条件下使用，因为这些天气状况会威胁到人员的安全。
t) 平台定位之后，在人员进行任何工作之前，起重机上的所有制动器和安全锁定装置都应准备就绪。

C.4 设计和制造规范

平台的设计与制造应遵循以下各条：
a) 平台应由专业及有经验的人员设计。
b) 平台的承载人数应限为 3 人。
c) 平台及其附属装置的设计安全系数至少应为 5。
d) 平台上应设置说明空载时平台的质量以及能承载的最多人数的标牌。
e) 平台应设有适用的护栏(例如丝网或高度为 1 m 的类似保护装置)。
f) 悬吊工作平台的内侧应设有扶手杆，以最低程度减少手部的暴露。
g) 平台地板至中段扶手的周边应封闭。
h) 如安装出入门，出入门应向里开门。出入门应设有防止误开装置。
i) 当存在高空危险时，平台应设有高空防护，但不能遮住操作者或平台内人员的视线。
j) 平台应采用明亮色彩或明显标记，便于识别。
k) 应采用(但不仅限于)诸如卸扣、吊钩(锁固或断开)或楔形套和球窝连接等附件与平台上的挠性件连接。
l) 应尽量减小由于人员在悬吊平台上走动引起的倾斜。
m) 所有粗糙边缘都应打磨光滑。
n) 所有焊接处都应经过质量检验人员的检验。
o) 所有焊接操作都应由持有资格证书的焊接工进行。

附 录 D
（资料性附录）
通讯系统示例

D.1 一般注意事项

应注意以下各点：

a） 必须使用有限数量的通讯信号；

b） 每种信号必须与其他信号相区别防止误解；

c） 手势信号只用于司机完全理解的情况；

d） 手势信号必须尽可能地接近直观的手势；

e） 单臂手势可由任一手臂给出。

采用听觉或视觉系统作为通讯设备或手段时，一旦发生故障，应能让司机马上察觉到并停止起重机的运行。

D.2 典型示例

a） 电视监控器出现黑屏时，应立即要求司机停止起重机的一切动作。

b） 使用无线电的吊装工应连续指挥司机下降载荷，例如重复："下降、下降、下降…"并且在吊装工的连续指挥中断时，应要求司机停止起重机的所有动作。

c） 在司机未能完全弄懂信号的情况下，不应开动起重机。司机和指挥人员可在进行起重工作之前，商定在现场使用的联络方式。

ICS 53.020.20
J 80

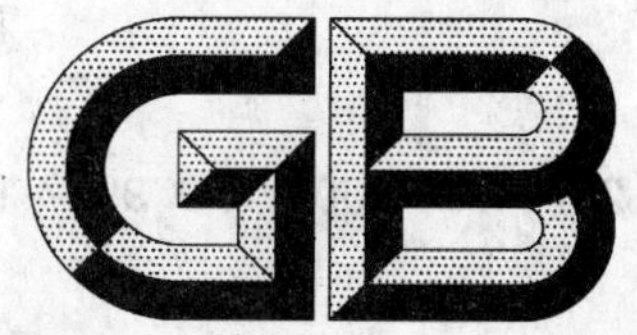

中华人民共和国国家标准

GB/T 23724.1—2009/ISO 9927-1:1994

起重机 检查 第1部分:总则

Cranes—Inspections—Part 1:General

(ISO 9927-1:1994,IDT)

2009-04-24 发布 2010-01-01 实施

中华人民共和国国家质量监督检验检疫总局
中国国家标准化管理委员会 发布

前言

GB/T 23724《起重机　检查》拟分为以下五个部分:

——第1部分:总则;

——第2部分:流动式起重机;

——第3部分:塔式起重机;

——第4部分:臂架起重机;

——第5部分:桥式和门式起重机。

本部分为GB/T 23724的第1部分。

本部分等同采用ISO 9927-1:1994《起重机　检查　第1部分:总则》(英文版)。

本部分等同翻译ISO 9927-1:1994。

为了便于使用,本部分作了下列编辑性修改:

——"ISO 9927的本部分"一词改为"GB/T 23724的本部分";

——删除了ISO 9927-1:1994的前言;

——ISO 9927-1:1994引用的一些国际标准,用已等同采用为我国标准代替对应的国际标准;

——根据GB/T 1.1的要求,在附录A中增加了章号"A.1"和表编号"表A.1",并且把脚注"1)"改为"a"。

本部分的附录A为资料性附录。

本部分由中国机械工业联合会提出。

本部分由全国起重机械标准化技术委员会(SAC/TC 227)归口。

本部分起草单位:北京起重运输机械研究所。

本部分主要起草人:刘涛。

起重机　检查　第1部分:总则

1　范围

GB/T 23724 的本部分规定了按 GB/T 6974.1、ISO 4306-2 和 GB/T 6974.3 定义的各种起重机需进行的定期检查。

2　规范性引用文件

下列文件中的条款通过 GB/T 23724 的本部分的引用而成为本部分的条款。凡是注日期的引用文件,其随后所有的修改单(不包括勘误的内容)或修订版均不适用于本部分,然而,鼓励根据本部分达成协议的各方研究是否可使用这些文件的最新版本。凡是不注日期的引用文件,其最新版本适用于本部分。

GB/T 6974.1　起重机　术语　第1部分:通用术语(GB/T 6974.1—2008,ISO 4306-1:2007,IDT)

GB/T 6974.3　起重机　术语　第3部分:塔式起重机(GB/T 6974.3—2008,ISO 4306-3:2003,IDT)

ISO 4306-2　起重机　术语　第2部分:流动式起重机

3　总则

为保证起重机安全运转,应使其在正常的工况和运转条件下工作。用户必须安排对起重机进行经常性的检查,并对所查明的不符合安全条件的状况进行纠正。

4　运转前检查

运转前,起重机应由起重机司机进行检查。

通常,运转前检查是按使用说明书对安全装置进行功能检验并对明显缺陷作目测检查。

5　定期检查

5.1　检查周期

根据运转时间、工况及工场条件,在必要时由有经验的技师(5.2.1)或专业工程师(5.2.2)对起重机进行检查,但至少每年一次。

5.2　检查人员

5.2.1　有经验的技师——因职业经历和经验,在起重机领域具有丰富的知识并十分熟悉规范,能判定与正常工况偏离的人员(即受过专业训练的人员)。

5.2.2　专业工程师——具有起重机设计、制造或维护经验、熟悉有关规范和标准,拥有进行检查所需设备并能判别起重机的安全性、决定采用何种措施保证更能安全运转的人员。

5.3　检查方式

通常,定期检查包括目测检查、功能和有效性检验。除非有其他条例或制造商的规定,有经验的技师检查时,通常不必拆卸任何零部件。但由专业工程师进行检查时,可能要拆卸零部件,从而对起重机的安全性作出评估。

检查应按下列顺序进行:

——验证起重机标志,包括铭牌;

——根据损坏、磨损、腐蚀或其他变化验证部件和配件的状况；

——机构的功能试验；

——在额定载荷下验证安全装置和制动器的状况和效果。

起重机的各种类型的检查表的示例见附录 A。

5.4 检查结果

定期检查的结果由检查人员作出记录。

由有经验技师写的报告应详细列出所有观测所得。由专业工程师写的报告应包含由观测得出的结论。

检查报告应包括：

——检查范围；

——还要做何局部检查；

——已发现的缺陷；

——对起重机继续使用有无影响因素作出评估。

附 录 A
（资料性附录）
起重机定期检查用检查表示例

A.1 检查细节见表 A.1。

表 A.1 检查表

要素	验证内容
1 零部件和机械设备	
1.1 起重机轨道结构件	
立柱、梁、钢轨、连接件	状况（裂纹、变形、磨损、腐蚀）
1.2 出入口梯子和走道	
台阶、踏杆、梁、走道盖板、平台等	安装、状况
保护装置（扶手、中间横杆、护圈、踢脚板）	
信息标牌和危险区标志牌	
1.3 起重机和小车轨道	
钢轨、止挡器、 锁紧和栓锁装置	安装和状况、轨距、跨度、变形状况、功能
1.4 起重机结构（桥架、门架、臂架、塔架）	
主梁、杆件、连接件、缓冲器、止挡器、加强肋	裂纹、变形、磨损、紧固件、状况、直线性
1.5 小车结构（结构、臂架）	
梁、杆件、连接件、回转支承	状况
1.6 组件	
运行车轮、轴、联轴器、卷筒、滑轮、带销轴补偿滑轮组	活动件的配合和紧固、状况
齿轮、蜗轮	功能
螺钉、螺母、楔块	配合定位
液压和气动元件	对组件的保护功能
机械报警装置、限位停止装置、超载保护装置	状况、功能
1.7 制动器	
制动盘、制动靴、制动带、操纵杆、释放装置、重锤、销、弹簧	状况、功能、带载制动试验（试验载荷不超过额定起重量）
1.8 润滑	
润滑系统和润滑点	润滑充分、可接近性、识别标志
1.9 间隙	符合要求，并考虑以后增加的元件
1.10 地基、锚固装置	状况和安装
2 电气设备	
2.1 开关和致动装置	
总电源开关、绝缘开关、起重机开关、控制装置、接触器、过流保护器、限位开关、超载保护	可接近性、状况、功能、标志
2.2 供电线路	
移动连接线、导电轨、绝缘件、集电器、固定铺设的导线	安装、极性、状况
2.3 耗电装置	
电动机、制动器松闸装置、电阻器、加热器、照明、警报和信号系统、电磁吸盘和其他耗电起重吊具	状况、极性、功能
2.4 防护设施	防止直接接触和间接接触，保护控制系统聚乙烯导线和绝缘体连接状况

表 A.1（续）

要素	验证内容
3 搬运用附件（钢丝绳、吊链、吊带等）[a]	
3.1 钢丝绳	断丝特征和数量，磨损、蚀痕、压折、外层股钢丝变松和钢丝绳结构的其他变化 防止钢丝绳脱离绳槽 钢丝绳固接端状况 吊运熔融金属时对热辐射的防护
3.2 吊链	变形 伸长、磨损、破断，铆钉或链环等的销轴固定处、在链轮上正确转动情况、链保护支架（安装和工作情况）
3.3 起重吊钩、抓斗、夹钳和其他起重附件	变形、钩口变形和压折、裂纹、磨损、锈蚀、吊钩螺母紧固情况、防止载荷脱出的闭锁装置（如已规定）
[a] 为正确评估起重吊具，有必要拆卸各零件。检查时，对起重吊具应作全长范围检查，包括隐蔽部分，例如：补偿滑轮的接触面，钢丝绳绳夹和固定端的夹紧点。	

ICS 53.020.20
J 80

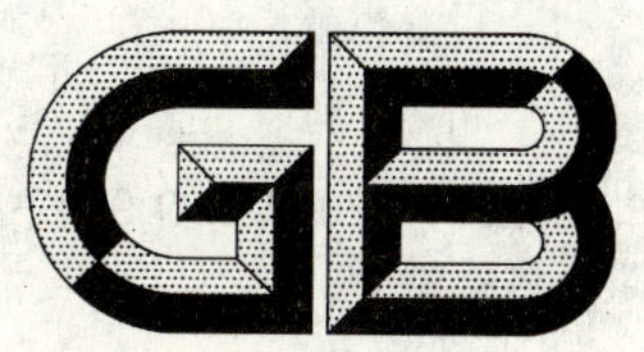

中华人民共和国国家标准

GB/T 23725.1—2009/ISO 9942-1:1994

起重机 信息标牌 第1部分:总则

Cranes—Information Labels—Part 1:General

(ISO 9942-1:1994,IDT)

2009-04-24 发布　　　　2010-01-01 实施

中华人民共和国国家质量监督检验检疫总局
中国国家标准化管理委员会　发布

前言

GB/T 23725《起重机　信息标牌》分为五个部分：

——第1部分：总则；

——第2部分：流动式起重机；

——第3部分：塔式起重机；

——第4部分：臂架起重机；

——第5部分：桥式和门式起重机。

本部分为GB/T 23725的第1部分。

本部分等同采用ISO 9942-1:1994《起重机　信息标牌　第1部分：总则》(英文版)。

本部分等同翻译ISO 9942-1:1994。

为了便于使用，本部分作了下列编辑性修改：

——"ISO 9942的本部分"一词改为"GB/T 23725的本部分"；

——删除国际标准的前言。

本部分由中国机械工业联合会提出。

本部分由全国起重机械标准化技术委员会(SAC/TC 227)归口。

本部分起草单位：北京起重运输机械研究所。

本部分主要起草人：程潞样。

起重机　信息标牌　第1部分:总则

1　范围

GB/T 23725的本部分规定了用于起重机标志(标记)和操作的标牌的基本要求。

2　标志内容

2.1　制造商的信息

作为基本要求,应在起重机上永久性标出下列信息:

——供货商名称;

——制造商名称;

——制造年份;

——系列号;

——型号。

2.2　载荷数据

应在起重机上永久性且清晰易辨地标出额定起重量。

此信息对于避免超载是必要的,见GB/T 23725的其他部分。

3　有关起重机司机操作的信息

3.1　控制设备和指示器

相关信息应张贴在明显可见部位。

更详细信息应能从产品的专用标准中获得。

3.2　起重机司机的任务

起重机司机工作任务的信息应包括操作前、操作中和完成操作之后的各项任务。该信息应以标牌形式永久固定于司机室内的控制设备上或其附近。如无控制台(例如由地面控制的起重机),该标牌应固定在操作站或起重机电源开关附近。

4　起重机工作区内有关人员的信息

为避免起重机运行期间的人员伤害,有必要根据起重机的类型及其使用情况提供附加信息。

ICS 13.280
F 74

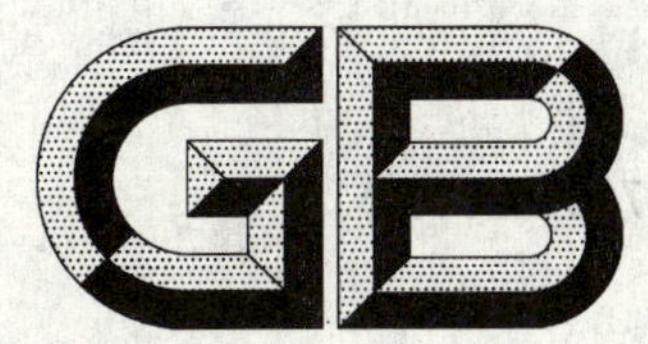

中华人民共和国国家标准

GB 23726—2009

铀矿冶辐射环境监测规定

Regulation for radiation environmental monitoring in uranium mine and mill

2009-05-06 发布　　　　2010-02-01 实施

中华人民共和国环境保护部
中华人民共和国国家质量监督检验检疫总局　发布

前言

本标准的全部技术内容为强制性。

本标准的附录A和附录B均为资料性附录。

本标准由中国核工业集团公司提出。

本标准由全国核能标准化技术委员会(SAC/TC 58)归口。

本标准起草单位:中核金原铀业有限责任公司。

本标准起草人:赵宏圣、王春普、段剑臣。

铀矿冶辐射环境监测规定

1 范围

本标准规定了铀矿冶辐射环境监测、流出物监测、样品采集与处理、测量分析方法、数据处理、质量保证内容与要求以及监测报告与报表的格式和内容。

本标准适用于铀矿山和铀选冶厂辐射环境监测。伴生放射性矿山或选冶厂亦可参照执行。

2 规范性引用文件

下列文件中的条款通过本标准的引用而成为本标准的条款。凡是注日期的引用文件,其随后所有的修改单(不包括勘误的内容)或修订版均不适用于本标准,然而,鼓励根据本标准达成协议的各方研究是否可使用这些文件的最新版本。凡是不注日期的引用文件,其最新版本适用于本标准。

GB/T 4883 数据的统计处理和解释 正态样本离群值的判断和处理

GB/T 6768 水中微量铀分析方法

GB 12379 环境核辐射监测规定

GB 14586 铀矿冶设施退役环境管理技术规定

HJ/T 61 辐射环境监测技术规范

3 术语和定义

下列术语和定义适用于本标准。

3.1

厂矿区 mine and plant areas

铀选冶厂和铀矿山的矿井、排风井、废石场、废水处理间、矿仓、地浸场、堆浸场、矿石转运站、车间、尾矿(渣)库等设施所涵盖的占地范围。

3.2

流出物 effluents

铀矿冶实践中源所造成的以气体、气溶胶、粉尘或液体等形态排入环境的放射性物质,通常状况下可在环境中得到稀释和弥散,如气态中的氡及氡子体、气溶胶等,液态中的铀、镭等。

3.3

环境监测 environmental monitoring

设施运行前、运行中和正常运行期间,对环境中的辐射水平以及环境介质中天然放射性核素活度浓度所进行的定期监测。

3.4

应急监测 emergency monitoring

在事故情况下,为查明环境中放射性污染状况和辐射水平而进行的监测。

4 环境监测的一般要求

4.1 监测目的与要求

4.1.1 监测目的

及时了解、掌握环境污染状况和污染变化趋势;与对照点比较判断环境污染来源和可能造成的危害;积累监测数据,为环境管理提供依据。

4.1.2 监测要求

a) 监测内容应根据工程特点、监测类型、环境特征以及评价三关键而确定；

b) 监测方案应进行优化设计，随着经验的累积，不断改进监测方案；

c) 样品采集、预处理以及监测方法等采用规定的标准方法；

d) 根据工程特点、污染物类型、污染程度以及环境质量状况等因素，有针对性地选择非放射性物质进行监测，如重金属、化学有毒有害物质等。

4.1.3 监测类型

a) 本底调查；

b) 环境监测；

c) 应急监测；

d) 退役监测。

4.2 监测布点与范围

4.2.1 监测布点

4.2.1.1 γ辐射空气吸收剂量率监测布点

a) 厂矿区边界外主要的居民点布设监测点；

b) 在空气取样点处同时布设γ辐射空气吸收剂量率监测点；

c) 尾矿(渣)库、废石场、矿仓、堆浸场、厂(场)址、转运站等边界处可能受污染的地方布点；

d) 运矿公路沿线布设监测点，易撒漏地段适当增加监测点。

4.2.1.2 空气样品监测布点

a) 布点要考虑：风向、风频等气象条件；靠近厂矿区边界污染源的下风向；厂矿区外周围人员居住或经常停留的地方；预计空气污染物浓度最大落地处；

b) 厂矿区内的空气样品布点可按厂矿区大小、地形特点、设施分布等具体情况确定采样点；

c) 对照点应选择离开厂矿区不受污染物影响的位置；

d) 监测点的周围应开阔平整，避开树木及建(构)筑物。

4.2.1.3 地表水样品监测布点

a) 地表水布点应选在厂矿区边界外可能受到污染的地表蓄水水体和江河；

b) 江河采样点选在排放口下游的居民用水点、灌溉取水点以及经济水产、鱼类繁殖和公众游泳场所等处；

c) 地表水样品采样点的疏密可根据水质浓度变化情况合理布点；

d) 对照点采样点位置设在厂矿区边界外不受污染影响的水体位置。

4.2.1.4 地下水监测布点

a) 地下水采样井位置由场址所在地区的岩层地下水分布、流向等因素确定；

b) 地下水样品布点主要考虑矿井流出水、地浸监测孔水；地下堆浸场、地浸场、尾矿(渣)库外地下水；废石场、尾矿(渣)库、地浸场、地下堆浸场地周围的井水；

c) 在场址上游地带适当位置布设一个对照样品的采样井。

4.2.1.5 水体底泥样品布点

按选定的地表水采样点的点位布设。

4.2.1.6 土壤样品布点

预计可能受厂矿外排水污染的农田、土壤布点。

4.2.1.7 陆生和水生生物、饲料植物、食物的采样布点

在厂矿边界外可能受污染影响的地点布采样点，植物样品布点同土壤布点的点位。

4.2.2 监测范围

4.2.2.1 确定原则

a) 根据厂矿特点、环境特征以及预测影响范围；

b) HJ/T 61 标准规定的监测范围；

c) 厂矿运行多年积累的环境监测经验等确定监测范围。

4.2.2.2 监测范围

a) 本底调查和环境监测范围

测量厂矿区边界外 5 km 以内范围。

b) 应急监测范围

测量事故影响范围。

c) 退役(退役前与终态后评估)监测范围

测量退役工程边界外 3 km 以内范围。

4.3 监测方案

a) 环境监测方案见表 1。

表 1 环境监测方案

序号	监测介质	采样点或测量点	采样期及频次	测量分析项目
1	空气	尾矿(渣)库、废石场、排风井的下风向设施边界处；设施周围最近居民点；对照点	1 次/季	^{222}Rn 及其子体
2	气溶胶	排风井外下风向边界处；设施周围最近居民点；对照点	1 次/半年	$U_{天然}$、总 α
3	陆地 γ	空气采样布点处；尾矿(渣)库；废石场；易洒落矿物的公路	1 次/半年	γ 辐射空气吸收剂量率
4	地表水	排放口下游第一个取水点；下游主要居民点；对照点	1 次/半年	$U_{天然}$、^{226}Ra、^{210}Po、^{210}Pb 总 α、总 β；pH 值；有毒有害物质如 Cd、As、Mn 等
5	地下水	尾矿坝下游地下水；矿井水；地浸、地下堆浸含水层水；矿周围饮用水井；对照点	1 次/半年	$U_{天然}$、^{226}Ra、^{210}Po、^{210}Pb
6	土壤	污染的农田或土壤；对照点	1 次/半年或植物生长期	$U_{天然}$、^{226}Ra 等；有毒有害物质如 Cd、As 等
7	底泥	同地表水	1 次/年	$U_{天然}$、^{226}Ra 等
8	陆生生物	受废水污染区；对照点	根据实际情况确定	$U_{天然}$、^{226}Ra、^{210}Po、^{210}Pb
9	水生生物	受废水地表径流影响的湖泊、河流；对照点	1 次/年或捕捞期	$U_{天然}$、^{226}Ra、^{210}Po、^{210}Pb

b) 测量分析方法见第 7 章相关内容。

4.4 监测要求

4.4.1 本底调查

a) 本底调查测量的采样点或测量点、测量分析项目见表 1，增加拟建厂址 ^{222}Rn 析出率，但地下水测量项目酌情确定；

b) 本底调查应不少于一年，监测频次不少于两次；

c) 大气中 ^{222}Rn 的变化规律不少于 2 个测点，每个点至少测 3 d，每天连续监测 24 h。

4.4.2 环境监测

a) 运行期间环境监测方案同表 1；地浸和地下堆浸地下水监测增加酸(或碱)、pH 值等；

b) 运行期间监测频次：除地表水监测频次为 1 次/季外，其他监测频次同表 1。

4.4.3 应急监测

a) 应急监测准备包括资源保障、设备与器材等；配备应急救援、事故处理措施；

b) 应急监测仪器设备及灵敏度应满足监测要求；

c) 监测范围追踪到环境本底数值处。

4.4.4 退役监测

a) 退役治理前监测

按 GB 14586 规定的内容与要求进行监测，监测方案见表 2。

表 2 退役监测方案

序号	监测介质	监测点或采样点	测量分析项目
1	废石	废石场	^{222}Rn 析出率、γ 辐射空气吸收剂量率；$U_{天然}$、^{226}Ra 比活度
2	尾矿（渣）	尾矿（渣）库	^{222}Rn 析出率、γ 辐射空气吸收剂量率；$U_{天然}$、^{226}Ra 比活度
		渗出水	$U_{天然}$、^{226}Ra、pH 值
		尾矿（渣）库边界外	^{222}Rn 及其子体、γ 辐射空气吸收剂量率
3	地下水	矿井水、饮用水井	$U_{天然}$、^{226}Ra
		地浸场、地下堆浸场	$U_{天然}$、^{226}Ra；酸或碱、pH 值等
4	地表水	排放口下游第一取水点、下游主要居民点	$U_{天然}$、^{226}Ra、总 α、总 β；As 或 Cd、pH 值等
5	土壤、底泥	土壤；底泥同地表水	$U_{天然}$、^{226}Ra；As 或 Cd 等
6	生物	同土壤、地表水	$U_{天然}$、^{226}Ra；As 或 Cd 等
7	设备、建（构）筑物	建（构）筑物、设备表面	表面 α、β 放射性
8	工业场地	测量点不少于 3 个	$U_{天然}$、^{226}Ra、γ 辐射空气吸收剂量率
9	废钢铁、车辆	表面	表面 α、β 放射性
10	可燃废物	表面或实物	表面 α、β 放射性或 $U_{天然}$、^{226}Ra

b) 退役终态后评估监测

退役终态后评估监测方案见表 2，但监测介质、项目可酌情减少。

c) 监护期监测

1) 监测介质：主要监测废石场、尾矿（渣）库；矿井或尾矿库流出水等；

2) 监测项目：$U_{天然}$、^{226}Ra、^{226}Rn 析出率、γ 辐射空气吸收剂量率等；

3) 监测频次：退役治理竣工后前 2 年监测频次为 1 次/a；以后每年降低监测频次。

5 流出物监测

5.1 监测目的与原则

a) 监测目的

监测污染物排放浓度及排放量；检验污染物处理设施效果。

b) 监测原则

1) 流出物监测内容应视伴有辐射照射设施的类型、规模、环境特征等因素确定；

2) 流出物监测包括放射性和非放射性监测项目；

3) 在制定流出物监测方案时，应根据流出物的特征等进行优化设计，在经验反馈的基础上不断地改进监测方案。

5.2 监测方案

5.2.1 流出物监测

流出物监测方案见表 3。

表 3 流出物监测方案

序号	监测介质	采样点或监测点	频次	测量分析项目
1	废气	矿山:排风井 选冶厂:排气口	1次/季	^{222}Rn及其子体、$U_{天然}$
		废石、尾矿(渣)	1次/半年	^{222}Rn析出率
2	气溶胶	矿山:排风井 选冶厂:排气口	1次/季	长寿命核素α放射性
3	废水	排放口	1次/月	$U_{天然}$、^{226}Ra、^{210}Po;^{210}Pb、pH值; (重金属、化学有毒有害物质等选择性测量)
4	废石、尾矿(渣)	场(库)边界外	1次/半年	^{222}Rn

5.2.2 监测频次

流出物监测频次见表3。选冶厂:吸附尾液、沉淀母液、尾矿渗出水采用槽式排放,废水中$U_{天然}$、pH值监测频次为每槽排放前监测一次,^{226}Ra每二周监测一次;其他废水排放监测频次同表3。

5.3 测量分析方法

流出物测量分析方法见本规定中第7章内容。

6 样品采集、保管及预处理

6.1 采样原则

a) 采样应在质量控制措施下进行操作;

b) 采集的样品应具有代表性;

c) 根据工程特点、监测目的和环境特性等因素确定监测项目、采样方法及采样量;采集样品应有足够余量,以备复查;

d) 采样器使用前宜经检验。

6.2 采样要求

6.2.1 正常情况下,应根据表1所示内容进行采样。

6.2.2 当出现下列情况之一时,应及时采样:

a) 环境中放射性核素活度浓度变化范围很大;

b) 排放速率变化范围很大;

c) 非常规释放带来严重危害。

6.3 样品采集与保管

6.3.1 样品采集

6.3.1.1 空气

a) ^{222}Rn及其子体

1) 准备采样设备、过滤材料和抽气设备等;

2) 采样口位置距离地面高度约1.5 m;

3) 采样方法:采样器经过计量检定,确认性能良好,方可采样;记录采样条件;采样体积换算为标准状态下的体积。

b) 气溶胶

采样方法同^{222}Rn及其子体采样方法。

6.3.1.2 水

a) 地表水

1） 采样设备：自动采水器或塑料桶；

2） 采样点：在江河控制断面主流中心采样或左、中、右三点采样；湖泊、水库、池塘宜多点采样；采样均在水面下 20 cm 处采集水样；

3） 采样方法：采样前洗净采样设备。采样时用采样水洗涤三次后采集水样。

b） 饮用水、地下水

1） 采样设备：同地表水采样设备；

2） 采样点：自来水采集水管末端水样；井水采自饮水井；泉水采自水量大的泉水；

3） 采样方法：直接采集水样。

c） 底泥

1） 深水底泥采用专用采泥器采集底泥；

2） 浅水用塑料勺直接采集底泥；

3） 采集的底泥置于采样袋内封存。

6.3.1.3 **土壤**

a） 采样设备：土壤采样器或采样铲；

b） 采样方法：在 10 m×10 m 范围内，采用梅花形布点，采样点不少于 5 个，采集垂直深 10 cm 的表层土，除去石块、杂草等；取 2 kg～3 kg 混合样品装袋封存。

6.3.1.4 **陆生生物**

a） 谷类：采集居民消费量多或种植面积大的谷类；在收获季节采集谷类籽实，采集 0.5 kg～1 kg 谷类样品；

b） 蔬菜类：采集普通蔬菜或居民消费量多或种植面积大的蔬菜，在生长均匀的菜地采集 5～7 处样品，采集可食部分 2 kg～3 kg；

c） 肉类：采集普遍食用肉类 1 kg～2 kg；

d） 奶类：采取新鲜原汁奶 1 L～3 L。

6.3.1.5 **水生生物**

a） 鱼类：采集食用鱼类 1 kg～2 kg；

b） 海藻类、浮游生物；

c） 在捕捞季节直接采集样品。

6.3.2 **样品保管**

a） 现场记录

采样人员认真填写采样记录表和样品卡，并签名。

b） 样品保存

1） 水样：采集水样先酸化，再澄清，上清液备用；水样保存期不超过 10 d；

2） 土壤：在 5 d 内测量含水率，晾干保存；

3） 生物样品：采集后及时处理，注意保鲜；

4） 采集的样品分类存放、保管，防止交叉污染。

c） 样品运输

运输前检查样品包装是否符合要求，运输中由专人负责，发生破损或洒漏及时采取措施。

d） 样品交接、验收

质保人员和送样人员均应认真清点样品；验收样品存放实验室，由质保人员保管；分析人员按规定程序领取样品。

6.4 **样品预处理**

6.4.1 **水样**

水样运到实验室后，沉淀澄清或过滤除悬浮物，取上清液蒸发浓缩备用。

6.4.2 土壤及底泥样品

样品运到实验室后，除去沙石杂草等异物，称重、晾干、过筛，恒温干燥备用。

6.4.3 生物样品

6.4.3.1 鲜样处理

a) 谷类：采集谷类籽实，风干、脱壳、去杂物、称重备用。

b) 蔬菜类：采集样品除泥土，取可食部分水洗、晾干、称鲜重备用。

c) 水生生物：

   1) 鱼类：采集鲜样品，水洗、擦干去鳞、除内脏、称重备用；

   2) 藻类：采集样品洗净根部，晾干，取可食部分称重备用。

d) 肉类：猪、鸡等除毛及内脏，取相关部位肌肉，称重备用。

6.4.3.2 样品干燥处理

a) 叶菜、根菜、果实、肉类等切片，烘干至恒重，计算样品失水量，密封保存备用；

b) 奶类移入蒸发皿，加热蒸发至干备用；

c) 土壤等晾干或烘干。

6.4.3.3 样品灰化处理

干样放入蒸发皿中，加热炭化，然后进行灰化，冷却称重，计算灰鲜(干)比，密封保存备用。

6.4.4 气体样品

a) 气溶胶：选定滤膜材质，采样测量；或结合待测项目，将纤维素滤膜进行炭化、灰化处理；

b) 氡：滤膜采样直接测量。

7 测量分析方法与仪器选择

7.1 测量分析方法

7.1.1 选择测量分析方法原则

在选择测量分析方法中，应优先选用国家标准监测方法；没有国家标准监测方法的可选用行业标准监测方法。

7.1.2 测量分析方法

放射性测量分析方法参见附录A；非放射性测量分析方法采用国家规定的标准测量方法。

7.2 仪器选择

根据待测量核素的种类，样品的活度浓度范围及理化状况，选择适宜的测量仪器设备；并应选用灵敏度高，技术性能指标符合要求的仪器设备。

8 数据处理

8.1 监测记录

监测记录包括下述内容：采样地点、采样日期、样品类型；测量分析记录；测量分析方法；仪器设备；测量和分析结果；以及有关的参数和数据(水文、气象的测定结果、采样系统的收集效率、流量率、取样时间和位置、仪器效率、本底计数等)；测量和分析人员签字等。

8.2 有效数字与修约规定

a) 监测数据整理应遵守“有效数字”和“数字修约”的有关规则。测定值经具体分析为可疑值时应按GB/T 4883规定的要求进行剔除。剔除可反复进行，直到剔除所有离群值。

b) 平行样品结果用平均值表示。样品数据低于探测下限的仍应采用实测值表示，而求平均值时可用探测限的1/10参与平均。

c) 对监测结果进行分析评价时，应进行有关的显著性检验和方差分析。

8.3 探测下限

探测下限用于评价某一测量(包括方法、仪器和人员操作等)技术指标。对于计数率、活度浓度的探测下限可由最小可探测样品净计数 LLD_N 算得。一般采用近似满足正态分布的 LLD_N 大多是可以接受的,计算公式:

$$LLD_N=(K_\alpha+K_\beta)S_N$$

式中:

S_N——样品净计数的标准差;

K_α、K_β——见表 4。

表 4 常用 K 值表

α 或 β	$1-\beta$	K(K_α 或 K_β)
0.05	0.95	1.645
0.1	0.90	1.282
0.50	0.50	0

当 $\alpha=\beta=0.05$,$K_\alpha=K_\beta=1.645$;则 $LLD_N=2\sqrt{2}K_\alpha S_b=4.65S_b$,式中 S_b 为本底计数标准差。

当样品与本底测量时间相等时,采用泊松分布标准差,若统计置信水平为 95%,净计数 $LLD_N=4.65\sqrt{n_b/t_b}$,式中 n_b 是 t_b 时间内平均本底计数率。

9 质量保证

9.1 质量保证要求

为使监测结果具有代表性、准确性、完整性和可比性,应对监测全过程实施质量保证。质量保证按 GB 12379 和 HJ/T 61 规定中有关内容执行。

9.2 资源保障

9.2.1 要求

资源保障应满足环境监测和流出物监测的要求。

9.2.2 内容

铀矿冶企业应设置环境监测机构、配备监测人员、提供监测仪器、建立实验室等。

9.3 监测人员资格与培训

从事环境监测的人员应具备相应的专业知识和技术水平,并应通过必要的技术培训、考核合格后持证上岗。

9.4 测量仪器校准与检定

测量仪器应定期校准。

测量仪器一般应每年检定一次;仪器检修后重新检定。

9.5 实验室质量控制

9.5.1 质量保证规章制度

建立的质量保证规章制度应包括:监测人员岗位责任制,实验室安全防护制度,仪器管理与使用制度,放射源管理与使用制度,原始数据、记录、资料管理制度等。

9.5.2 实验室内与实验室间的质量控制

9.5.2.1 实验室内的质量控制

a) 实验室基本要求:建立严格规章制度如岗位责任制;仪器使用与保管制度;原始记录、数据资料管理制度等;

b) 放射性测量仪器性能检验:对低水平测量装置正常工作条件检验;本底计数是否满足泊松分布的检验;仪器长期可靠性检验等;

c） 放化分析过程质量控制：空白实验；平行双样；“盲样”分析等。

9.5.2.2 **实验室间质量控制**

a） 统一分析测量方法；

b） 实验室质量考核；

c） 实验室间的比对等。

10 监测报告及报表

环境监测报告内容和格式参见附录 B。

附 录 A
（资料性附录）
辐射环境测量分析方法

铀矿冶辐射环境测量分析方法见表 A.1。

表 A.1 辐射环境测量分析方法表

监测项目	监测介质	标准编号	标准方法名称及主要技术指标
γ辐射空气吸收剂量率	固体介质	GB/T 14583	标准名称： 《环境地表γ辐射剂量率测定规范》 技术指标： a) 测量天然本底辐射水平、铀厂矿实施活动环境γ辐射水平； b) 量程范围：$(1\times10^{-8}\sim10^{-5})$Gy/h；探测下限 1×10^{-9} Gy/h； c) 能量响应：50 keV～3 MeV，相对误差＜±15%； d) 总不确定度＜20%； e) 即时测量：直接测γ辐射水平。测量仪器：SG-102、BH-3103A 型 X、γ剂量率仪等。
α、β表面污染	污染地面设备	GB/T 14056	标准名称： 《表面污染测定》 技术指标： a) 测量污染地面、设备表面α、β放射性； b) 仪器：FJ-335B、FJ-2203 表面污染测量仪，仪器效率：α＞25%，β＞20%，探测面积 50 cm^2； c) 测量范围：(0.03～40)Bq/cm^2； d) 数字显示，轻便携带。
Rn-222	空气	GB/T 14582	标准名称： 《环境空气中氡的标准测量方法》 技术指标： a) 测定室内外空气中^{222}Rn 及其子体α潜能浓度； b) 探测下限：^{222}Rn：0.3 Bq/m^3，^{222}Rn 子体：5.7×10^{-9} J/m^3； c) 操作 26 min 可得^{222}Rn 及其子体浓度； d) 仪器：FJ-13α 测量仪、抽气泵、采样滤膜等； e) 平行采样数不小于总数的 10%。
Po-210	水	GB/T 12376	标准名称： 《水中钋-210 的分析方法 电镀制样法》 技术指标： a) 适用饮用水、地面水和核工业排放废水中^{210}Po 的测定； b) 测量浓度大于 1×10^{-3} Bq/L； c) 仪器：低本底α测量仪，本底每小时计数小于 0.5；分析天平，水浴锅等； d) 本方法重复性标准差小于 2.5×10^{-2}。

表 A.1（续）

监测项目	监测介质	标准编号	标准方法名称及主要技术指标
$U_{天然}$	水	GB/T 6768	标准名称： 《水中微量铀分析方法》 技术指标： a） 适用于天然水和排放废水中微量铀的测定； b） 固体荧光法测量范围(0.5～100)μg/L，回收率大于90%；相对标准偏差小于20%； c） 仪器：光电荧光光度计、马福炉等； d） 探测下限0.5 μg/L。
	土壤	GB/T 11220.2	标准名称： 《土壤中铀的测定　固体荧光法》 技术指标： a） 测量土壤中铀含量范围值(0.05～100)μg/g； b） 仪器：光电荧光光度计，波长范围(320～570)nm，石墨坩埚、马福炉等； c） 本方法相对标准偏差＜±15%； d） 探测下限：5×10^{-6} g/kg。
	生物	GB/T 11223.1	标准名称： 《生物样品灰中铀的测定　固体荧光法》 技术指标： a） 测量各类动物和植物样品灰中含铀量，测量范围(5×10^{-9}～5×10^{-5})g/g； b） 探测下限：5×10^{-3} μg/kg； c） 仪器：光电荧光光度计，测量范围320 nm～570 nm；马福炉等； d） 相对标准偏差：实验室内小于20%。
	空气	GB/T 12377	标准名称： 《空气中微量铀的分析方法　激光荧光法》 技术指标： a） 适用于环境空气取样体积10 m^3； b） 测量范围(8×10^{-11}～3×10^{-8})g/m^3； c） 仪器：激光铀分析仪，空气采样器流速(50～100)cm/s；铂坩埚，马福炉等； d） 样品重复性偏差小于0.11。
Ra-226	水	GB/T 11214	标准名称： 《水中镭-226的分析测定》 主要技术指标： a） 硫酸钡共沉淀射气闪烁法测量镭； b） 适用天然水、矿坑水、铀矿冶排放水中含镭量(2×10^{-2}～3×10^{3})Bq/L； c） 镭回收率93%～98%； d） 仪器：FD-125(附闪烁室)，定标器等； e） 探测下限2×10^{-3} Bq/L。

表 A.1（续）

监测项目	监测介质	标准编号	标准方法名称及主要技术指标
氡析出率	固体介质	EJ/T 979	标准名称： 《表面氡析出率测定(积累法)》 主要技术指标： a） 适用于土地面和矿石、废石(渣)等表面测量； b） 仪器：闪烁室，α闪烁计数器，集氡罩，真空泵，活性炭管等； c） 测量误差一般不超过10%； d） 探测下限：0.004 Bq/(m^2·s)。
采集水样	水	GB/T 12999	标准名称： 《水质采样 样品的保存和管理技术规定》 技术指标： a） 适用于江河水、池塘水、工业废水等采样； b） 样品保存及管理等。

附 录 B
（资料性附录）
监测报告及报表

B.1 监测报告

B.1.1 要求

a) 根据法规要求，编制监测报告；

b) 报告内容应准确可信。

B.1.2 报告内容格式

a) 前言。

b) 单位概况。

c) 污染物来源与治理措施。

d) 测量点位、项目、频次、时间。

e) 测量方法与仪器设备。

f) 监测结果：

  1) 环境监测结果；

  2) 流出物监测结果。

g) 监测结果分析与结论。

h) 问题与建议。

B.2 监测报表

表 B.1 流出物监测结果

表 B.2 γ辐射环境质量监测结果

表 B.3 水中 $U_{天然}$、^{226}Ra、^{210}Po、^{210}Pb 活度浓度；总 α 和总 β 放射性以及 As、Cd 等监测结果

表 B.4 空气中 ^{222}Rn 及其子体 α 潜能浓度和总 α、总 β 放射性监测结果

表 B.5 生物、土壤、底泥、潮间带土中 $U_{天然}$、^{226}Ra 活度浓度和 Cd、As 等浓度监测结果

单位名称：＿＿＿＿＿＿＿＿　　　　　　　　　　编号：＿＿＿＿＿＿＿＿

表 B.1　流出物监测结果

监测介质	项目或核素	测点位	频次	测量结果			分析测量方法	仪器型号	探测限
				测值范围	平均值	标准差			

填 表 人：

校 核 人：

填表时间：

单位名称：________________　　　　　　　　编号：________________

表 B.2　γ辐射环境质量监测结果

单位为 nGy·h^{-1}

监测介质	监测地点	测量次数	测量结果			仪器型号	备注
			测值范围	平均值	标准差		

填 表 人：

校 核 人：

填表时间：

单位名称：______________　　　　　　　　编号：______________

表 B.3　水中 $U_{天然}$、^{226}Ra、^{210}Po、^{210}Pb 活度浓度，总 α 和总 β 放射性以及 As、Cd 等监测结果

单位为 $Bq \cdot L^{-1}$（$U_{天然}$ 及 As、Cd 等单位为 $mg \cdot L^{-1}$）

样品名称	采样地点	频次	采样点数	监测项目	测值范围	平均值	标准差	备注

填 表 人：
校 核 人：
填表时间：

单位名称：________________　　　　　　编号：________________

表 B.4　空气中^{222}Rn 及其子体 α 潜能浓度和总 α、总 β 放射性监测结果 单位为 Bq/m³

监测地点	频次	点数	氡浓度			氡子体 α 潜能浓度 nJ·m⁻³			总 α 浓度			总 β 浓度		
			测值范围	平均值	标准差	测值范围	平均值	标准差	测值范围	平均值	标准差	测值范围	平均值	标准差

填 表 人：

校 核 人：

填表时间：

单位名称：____________　　　　　　　　编号：____________

表 B.5　生物、土壤、底泥、潮间带土中 $U_{天然}$、^{226}Ra 活度浓度和 Cd、As 等浓度监测结果

单位：$U_{天然}$、^{226}Ra 为 Bq/kg(干重)；Cd、As 等为 mg/kg(干重)

样品名称	采样地点	频次	采样点数	监测项目	测值范围	平均值	标准差	备注

填 表 人：

校 核 人：

填表时间：

ICS 13.280
F 73

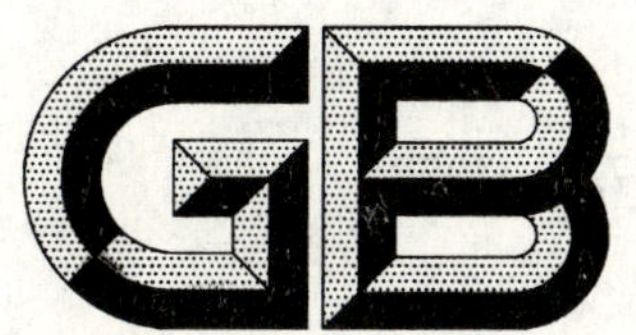

中华人民共和国国家标准

GB 23727—2009

铀矿冶辐射防护和环境保护规定

Regulations for radiation and environment protection in uranium mining and milling

2009-05-06 发布　　　　2010-02-01 实施

中华人民共和国国家质量监督检验检疫总局
中国国家标准化管理委员会　发布

前言

本标准的全部技术内容为强制性。

本标准由中国核工业集团公司提出。

本标准由全国核能标准化技术委员会(SAC/TC 58)归口。

本标准起草单位:核工业北京化工冶金研究院。

本标准主要起草人:李先杰、邓文辉、潘英杰、徐乐昌。

铀矿冶辐射防护和环境保护规定

1 范围

本标准规定了铀矿山和选冶厂的选址、设计、建造、运行、关闭或退役等过程应遵循的辐射防护和环境保护原则与基本要求。

本标准适用于铀矿山和铀选冶厂。含有铀(钍)伴生矿的矿山或选冶厂亦可参照执行。

2 规范性引用文件

下列文件中的条款通过本标准的引用而成为本标准的条款。凡是注日期的引用文件,其随后所有的修改单(不包括勘误的内容)或修订版均不适用于本标准,然而,鼓励根据本标准达成协议的各方研究是否可使用这些文件的最新版本。凡是不注日期的引用文件,其最新版本适用于本标准。

GB/T 4960.3 核科学技术术语 核燃料与核燃料循环

GB/T 4960.5 核科学技术术语 辐射防护与辐射源安全

GB/T 4960.8 核科学技术术语 第8部分:放射性废物管理

GB 11216 核设施流出物和环境放射性监测质量保证计划的一般要求

GB 11806 放射性物质安全运输规程

GB 12379 环境核辐射监测规定

GB 14586 铀矿冶设施退役环境管理技术规定

GB 18871—2002 电离辐射防护与辐射源安全基本标准

3 术语和定义

GB/T 4960.3、GB/T 4960.5、GB/T 4960.8 和 GB 18871 确立的以及下列术语和定义适用于本标准。

3.1

铀(钍)矿冶 mining or milling of uranium/thorium ores

含铀系或钍系放射性核素矿石的开采、选矿和水冶过程或处理活动的简称。

3.2

辐射监测 radiation monitoring

为评价和控制辐射或放射性物质的照射,对剂量或污染所进行的测量及对测量结果的解释。

3.3

环境(辐射)监测 environmental (radiation) monitoring

在源的设施边界以外环境中所进行的辐射监测。

3.4

废石 mining debris

在采掘过程中产生的铀含量达不到可用作矿石的岩石,包括对人类健康或环境不具有显著辐射危害的废岩石和具有化学或辐射特征的矿化废岩石。

3.5

铀尾矿(尾渣) uranium tailings

为提取铀,从矿石加工过程中产生的细碎残渣,包括水冶过程产生的残余物和堆浸处理矿石而产生的残渣。

3.6

铀浓缩物 uranium concentrate

又称铀矿石浓缩物(uranium ore concentrate),用物理或化学的方法处理铀矿石及其他含铀物料制得的含铀量高的粗制产品,包括以重铀酸盐或铀酸盐形式存在的,俗称黄饼。

3.7

堆浸 heap leaching

将矿石或表外矿石破碎或造粒之后,堆积在天然或人造的不透水基底上,将溶浸剂溶液喷淋到筑堆的矿石上面有选择地溶解矿石中的有用成分,经渗透溶浸后,收集浸出液的工艺过程。

3.8

地浸 in situ leaching

将溶浸剂溶液通过注液钻孔注入具有合适渗透性能的含矿层里,在含矿层中渗透和扩散,溶解矿石中有用成分,然后通过抽液钻孔或其他通道收集浸出液的工艺过程。

3.9

原地破碎浸出 stope leaching

将矿石在矿井采场以控制爆破或其他方法就地破碎筑堆,将溶浸剂溶液喷淋到筑堆的矿石上面有选择地溶解矿石中的有用成分,经渗透溶浸后,收集浸出液的工艺过程。

3.10

槽式排放 discharge through storage tank

将拟排放的放射性废液先注入贮槽中,检测其活度浓度,当浓度低于排放管理限值时方可排放,并记录排放总量和排放浓度,当浓度高于排放管理限值时,不准排放,要将其返回再处理直至浓度低于管理限值的一种方式。

3.11

退役 decommissioning

铀矿冶设施利用寿期终了或其他原因停止服役后,在充分考虑保护工作人员和公众健康与安全和保护环境的前提下所进行的各种活动。

3.12

关闭 closure

矿井井下设备、井口工业场地、废石场、尾矿(渣)库、地浸场、水冶设备等设施的停止使用。

3.13

独家使用 exclusive use

由单个托运人独自使用一件运输工具或一个大型货物集装箱,并遵照托运人或收货人的要求进行的运输,包括起点、中途和终点的装载和卸载。

3.14

工作水平月 WLM;working level month

氡子体或Rn-220子体α潜能照射量的一种非SI的单位。一个工作水平月(WLM)是在1个工作水平(1 L空气中氡子体或Rn-220子体的任意组合,它们将最终发射出1.3×10^5 MeV的α粒子能量)浓度下连续照射170 h。与SI的单位的关系为:1 WLM=3.5×10^{-3} J·h/m³。

4 辐射防护和环境保护基本要求

4.1 铀矿山和选冶厂的选址、设计、建造、运行、关闭和退役等实践均应按照有关法规、标准的要求进行,符合审管部门规定的有关辐射防护和环境保护要求。

4.2 铀矿冶生产实践过程中,应遵循实践的正当性、防护与安全的最优化、剂量约束和潜在照射危险约束的要求。

4.3 铀矿冶新建、扩建、改建和退役工程应根据相关规定进行环境影响评价。

4.4 铀矿冶新建、扩建、改建工程的辐射防护和污染防治设施，应执行与主体工程同时设计、同时施工、同时投产使用的“三同时”要求。铀矿冶废物治理应与生产工艺改革、技术改造、综合利用相结合，做到废物最小化。

4.5 铀矿冶企业从始至终应注重生态保护，排弃的剥离表土、废石、尾矿、废渣等应集中堆放在规定的专门存放地，不得向江河、湖泊、水库和专门存放地以外的沟渠倾倒；因采矿和建设使植被受到破坏的，应采取措施恢复表土层和植被，防止水土流失。

4.6 在持续照射情况下，除非铀矿冶设施导致公众住宅和其工作场所中氡(Rn-222)浓度超过GB 18871—2002附录H规定的行动水平，否则一般不需要采取补救行动。

4.7 铀矿冶企业应确定实现辐射防护与环境保护目标所需要的措施和资源，建立辐射防护、环境保护与应急管理机构，配备专业技术人员；贯彻执行国家和行业(部局)颁发的有关辐射防护和环境保护法规和规定，加强对辐射防护、环境保护和辐射应急工作的领导；并保证正确地实施这些措施和提供这些资源；保持对这些措施和资源的经常性审查，并定期核实其目标是否得以实现。

4.8 铀矿冶企业应培植和保持良好的辐射防护与环境保护文化素质，制定辐射防护和环境保护大纲，明确有关人员对辐射防护与环境保护的责任；建立辐射防护、环境保护与应急管理方面的岗位责任制度、教育培训制度、操作规程、资料存档制度、报告制度等规章制度，辐射防护管理机构应监督执行。

4.9 铀矿冶企业应根据厂矿类型、生产规模、服务年限和辐射监测任务设置辐射(剂量)防护室或辐射防护(监测)站。辐射防护(剂量)室或辐射监测站承担本单位的工作场所和环境辐射监测、污染源调查、应急监测以及个人剂量管理等项工作。根据本单位的辐射监测和污染源调查等任务与要求，配齐辐射监测人员和配备辐射监测仪器设备。

4.10 铀矿冶企业应按照有关规定要求向审管部门或主管部门报送有关辐射防护与辐射环境保护的监测数据和有关资料。

4.11 从事辐射防护、环境保护与应急管理的人员应具有相应的资格，并进行教育、培训和定期考核。对一切从事职业照射活动的工作人员进行上岗前的辐射安全教育与培训。

5 剂量限制

5.1 剂量限值

5.1.1 铀矿冶从业人员职业照射剂量限值应符合GB 18871—2002附录B的B.1.1规定。

5.1.2 铀矿山、选冶厂等伴有辐射照射的实践使公众成员所受到的剂量照射限值应符合GB 18871—2002附录B的B.1.2规定。

5.2 剂量约束值

5.2.1 铀矿冶企业应根据辐射防护最优化的原则制定其实践所致职业照射和公众照射的剂量约束值，并应获得审管部门的批准。

a) 一般情况下，职业照射的剂量约束值取连续5年的年平均有效剂量不超过15 mSv/a；

b) 公众照射的剂量约束值取连续5年的年平均有效剂量不超过0.5 mSv/a；

c) 特殊情况下，职业照射的剂量约束值可以大于15 mSv/a，但不得超过剂量限值20 mSv/a。

5.2.2 考虑铀矿冶既受到γ外照射又受到氡子体和铀系长寿命核素α气溶胶的内照射的特殊性，其辐射剂量应满足式(1)的规定：

$$\frac{H_p}{DL}+\frac{I_{\mathrm{RnD}}}{I_{\mathrm{RnD,L}}}+\frac{I_\alpha}{I_{\alpha,\mathrm{L}}}\leqslant 1 \qquad (1)$$

式中：

H_p——该年内贯穿辐射照射所致的个人有效剂量，单位为毫希[沃特](mSv)；

DL——相应的有效剂量的年剂量约束值，单位为毫希[沃特](mSv)；

I_{RnD}——吸入氡子体α潜能的年摄入量，单位为焦[耳](J)；

I_{α}——吸入铀系长寿命核素α气溶胶的年摄入量，单位为贝可[勒尔](Bq)；

$I_{RnD,L}$——吸入氡子体α潜能的年摄入量约束值，单位为焦[耳](J)；

$I_{\alpha,L}$——吸入铀系长寿命核素α气溶胶的年摄入量约束值，单位为贝可[勒尔](Bq)。

5.3 摄入量限值

根据GB 18871—2002附录B的B.1.3.4规定，在不考虑其他照射的情况下，表1对职业照射给出相应的吸入氡(Rn-222)或Rn-220子体和铀系长寿命核素α气溶胶的摄入量约束值。

5.4 导出浓度

5.4.1 考虑年工作时间为2 000 h，在不考虑其他照射的情况下，表2给出了由剂量限值和剂量约束值导出铀矿冶辐射工作场所主要核素的导出空气浓度(DAC)。

5.4.2 导出浓度只是为了设计、管理和监测的方便而给出的参考值，根据工作需要，可允许一次或多次吸入空气中的放射性物质浓度超过5.4.1的规定，但一年内吸入放射性物质不应超过年摄入量约束值$I_{j,inh,L}$。

5.4.3 对于铀矿冶设施所致住宅和非放射性职业工作场所内的氡持续照射，其最优化的行动水平应符合GB 18871—2002附录H中的规定。

表1 摄入量限值和约束值

类 型	核 素	摄入量约束值
职业照射	Rn-222子体α潜能摄入量(照射量)[a]	0.013 J(3 WLM)
	Rn-220子体α潜能摄入量(照射量)[b]	0.038 J(9 WLM)
	铀系长寿命核素α气溶胶摄入量[c]	2 140 Bq

a 职业照射Rn-222子体利用的转换系数为1.4 mSv/(mJ·h·m^{-3})，呼吸率为1.2 m^3/h；

b 职业照射Rn-220子体利用的转换系数为0.47 mSv/(mJ·h·m^{-3})，呼吸率为1.2 m^3/h；

c 对于职业照射考虑天然铀系5个长寿命α核素处于放射性平衡状态下；吸入剂量转换因子(Sv/Bq)分别为(^{238}U)7.30×10^{-6}、(^{234}U)8.50×10^{-6}、(^{230}Th)1.30×10^{-5}、(^{226}Ra)3.20×10^{-6}、(^{210}Po)3.00×10^{-6}。

表2 导出空气浓度

项 目	^{222}Rn子体 μJ/m^3	^{222}Rn Bq/m^3	铀系长寿命核素α气溶胶 Bq/m^3	纯天然铀α气溶胶 Bq/m^3或(mg/m^3)
剂量限值	7.1	3 700[a]	1.2[b]	1.0[c]或(0.04)
剂量约束值	5.4	2 700[a]	0.9[b]	0.8[c]或(0.03)

a 考虑铀矿井下平衡因子为0.35；

b 考虑铀系5个长寿命α核素处于放射性平衡状态下；吸入剂量转换因子(Sv/Bq)分别为(^{238}U)、7.30×10^{-6}、(^{234}U)8.50×10^{-6}、(^{230}Th)1.30×10^{-5}、(^{226}Ra)3.20×10^{-6}、(^{210}Po)3.00×10^{-6}；

c 只考虑天然丰度的^{238}U、^{234}U和^{235}U对剂量的贡献。

5.5 表面污染控制水平

5.5.1 工作场所(不包括井下工作场所)的工作台、设备、墙壁、地面、屋面以及工作人员体表、工作服、内衣等表面的放射性物质污染控制水平见表3。

工作场所设备、墙壁、地面、屋面采取适当的去污措施后，仍超过表3中所列数值时，可视为固定性污染。经审管部门或审管部门授权的部门检查同意后，可以适当提高控制水平，但不得超过表3中所列数值的5倍。

5.5.2 工作场所的设备、用品经去污处理后，其污染水平降低到表3中控制区所列数值的五十分之一以下时，经审管部门或审管部门授权的部门确认同意后，可当作普通物品使用。

5.6 废水排放浓度限值

5.6.1 有稀释能力的受纳水体，各核素排放浓度在废水排放口处和排放口下游第一饮用水取水点处应符合表3的要求；没有稀释能力的受纳水体，各核素排放浓度在废水排放口处应符合表4的要求。

5.6.2 废水中非放射性有害物质的排放浓度应执行国家或地方相关标准的规定。

6 选址与设计的辐射防护和环境保护原则

6.1 选址的一般原则

表3 工作场所的放射性表面污染控制水平 单位为贝可[勒尔]每平方厘米(Bq/cm^2)

污染表面类型		α放射性物质	β放射性物质
工作台、设备、地面、墙壁	水冶厂、化验室、机修间、碎样间等	4	40
	淋浴室、剂量室、空压机房、通风机房等	0.4	4
工作服、手套、工作鞋		0.4	4
手、皮肤、内衣、工作袜		0.04	0.4

注1：该区内的高污染子区除外。

注2：表内所列数值系指固定污染和松散污染的总和。

注3：手、皮肤、内衣、工作袜受污染时，应及时清洗，尽可能清洗到本底水平。其他表面污染水平超过表中所列数据时，应采取去污措施。

注4：表面污染控制水平按一定面积上的平均值计算：皮肤、工作服等取100 cm^2，设备取300 cm^2，地面取1 000 cm^2。

注5：β粒子最大能量小于0.3 MeV，放射性物质表面污染控制水平为表中所列数值的5倍。

表4 放射性核素排放浓度限值

水环境状况	放射性物质或核素	单 位	废水排放口处限值	第一取水点处限值
有稀释能力的受纳水体（稀释倍数5倍以上）	U	mg/L	0.3	0.05
	Ra-226	Bq/L	1.1	1.1
	Th-230	Bq/L	1.85	1
	Pb-210	Bq/L	0.5	0.1
	Po-210	Bq/L	0.5	0.1
没有受纳水体	U	mg/L	0.05	
	Ra-226	Bq/L	1.1	
	Th-230	Bq/L	1	
	Pb-210	Bq/L	0.1	
	Po-210	Bq/L	0.1	

注：槽式排放时各核素浓度是否满足表中所列数据要求，其浓度监测应考虑可快速测量时间；U应每槽监测。

6.1.1 在选择铀矿冶设施建设场址时，必须考虑铀矿冶设施污染源、该区域的地理环境、交通运输及生态状况、水文与水文地质、地质与地质构造、气象、自然灾害、社会经济、工矿企业分布、土地利用与规划等条件，以及生态功能保护区、自然保护区、风景名胜区、饮用水水源保护区、森林保护区、草原保护区、基本农田保护区等国家相关法律法规的规定，经过综合分析、论证、比较后做出选择。

6.1.2 应考虑铀矿冶设施在正常运行期间和意外事件条件下，其放射性流出物释放对环境和公众造成的长远影响，使公众所受剂量符合5.1.2和5.2.1的要求及满足可合理达到的尽量低的原则。意外事件下将工作人员和公众成员遭受照射的大小与可能性限制到可合理达到的尽量低的水平。

6.1.3 应根据当地自然资源、发展规划和自然环境状况，优先考虑近矿建厂，但主要建构筑物、堆浸场和尾矿(渣)库等不宜建在开采影响范围内，否则应采取措施防止开采活动对设施的相互影响。

拟建厂(场)址、废石场、尾矿(渣)库和排风井等应选择在人口密度低、放射性流出物稀释扩散条件好的地点，应尽量少占用耕地，且不宜建在河边。废石、尾渣、尾矿等应有组织集中堆放，防止流失，便于退役最终处置。

在选择废石场、尾矿(渣)库的位置时，除满足上述要求外，还应考虑其安全性、稳定性，泄洪能力，并有利于关闭退役后的环境治理。从水文、地质、地震等考虑不满足长期稳定要求的不宜作为存放场址。

6.1.4 在选择铀矿冶场(厂)址、废石场和尾矿(渣)库等位置时，应进行多个方案比选、安全分析、环境影响分析和最优化分析，经过综合论证评估后择优选定。

6.2 设计的一般原则

6.2.1 铀矿冶设施总体布置应根据其生产运行中污染物排放状况，并结合当地气象、水文、地形、地貌等自然条件和人口分布情况，合理地布置生产区和生活区。各设施既要相对集中布置，也应符合辐射防护的要求，避免相互之间的污染。

6.2.2 根据铀矿冶设施的性质、规模、放射性流出物排放状况和当地的地形条件，生活区应按当地常年较小频率的风向布置在铀矿冶主要污染源(尾矿库、排风井等)的下风侧，其间隔距离应不小于800 m，对不符合要求的应经有关审管部门批准。

6.2.3 尾矿(渣)库、露天采场、排风井口等边界距居民区的间隔距离应不小于800 m，在有山体相隔或采取一定防护措施后，间隔距离可适当缩减。

井口工业场地、选冶厂、实验室、矿仓、堆浸场、废石场等边界距居民区的间隔距离应不小于300 m。

尾矿(渣)库、露天采场、堆浸场、废石场等设施边界距露天饮用水源地的间隔距离应不小于500 m。

对不符合间隔距离要求的铀矿冶设施，应经有关审管部门批准。

6.2.4 铀矿石开采、预选、湿法冶金应采用合适的工艺流程和设备，使产生的废物量最小，减少铀矿冶“三废”排放的数量和降低放射性核素活度浓度。

6.2.5 铀矿冶生产工艺过程中产生的废水、废气、废渣，应采取先进有效的处置或处理措施，减少对环境的影响，满足5.1.2和5.2.1的要求。

a) 采矿废石或尾矿(渣)应优先考虑回填方案。废石应集中堆放于废石场，废石场应采取防止水土流失的措施。

b) 尾矿(渣)库应优先选择库容大、汇水面积小、坝体工程量小的方案。应不占或少占农田。坝址及库区应避免不良地质构造(如滑坡、溶洞、断层和泥石流等)。库区应选在裂隙不发育且具有天然隔水层的地层区域，否则应采取防渗措施，减少尾矿、堆浸渣对地下水的影响。

c) 铀矿冶设施通风方式、通风系统设计应满足防尘降氡的要求，确保工作人员职业照射剂量达到约束值的要求。

d) 铀选冶废水应采用先进成熟的废水处理工艺，排放废水中有害物浓度应满足5.6的要求。工艺废水处理后应采取槽式排放方式，矿井废水和尾矿(渣)库渗出水可采取处理达标后直接排放。

e) 在干旱缺水地区，废水不得漫滩排放，防止渗漏造成地下水污染，工艺废水应优先采用循环利用方式，矿井废水经处理达标后应用于矿区绿化或农林灌溉。

6.2.6 铀选冶厂尾矿输送管道(或槽)、主工艺管道和地浸、堆浸的布液与集液管道应尽量避免通过居民区、河流、农田，若必须通过时，应采取防止喷溅、跑冒滴漏和防治污染等措施。

6.2.7 运输铀矿石、废石或尾矿(渣)的道路应尽量避开人口稠密区、水源地，运输工具应设有防洒漏措施，防止污染。

6.2.8 生活水源地应选在符合饮用水源水质标准的规定之处，并避开铀矿异常地点和放射性污染源。

7 设施建设、运行的辐射防护和环境保护要求

7.1 铀矿山辐射防护和环境保护措施要求

7.1.1 铀矿床开采时，应采取以通风、喷雾洒水、密闭等为主的综合防尘降氡措施。禁止采用自然通风方式，应建立完善的机械通风系统，将工作场所空气中氡及其子体、铀矿尘等有害物质浓度控制在可合理达到尽量低的水平，并满足5.2.1和5.2.2的职业照射剂量控制要求。

7.1.2 铀矿床采取原地破碎浸出采铀工艺时，要充分考虑排除高浓度氡问题，除满足7.1.1的要求外，井下堆浸场底部应采取导流、防渗处理，并有检查渗漏流失的措施和设施，防止对地下水的污染。

7.1.3 地表堆浸场应具有完善的底部防渗结构和检查底部渗漏流失的检漏设施，其周围应设有防止浸出液流失和防洪设施，并考虑防止洪水和地震等自然灾害可能造成的破坏。

7.1.4 地浸矿山在浸出过程中，应采取抽大于注、井场外布置地下水监测钻孔或水力屏障等措施，防止溶浸液扩散到开采单元之外污染地下水环境；对钻孔泥浆应按照普通泥浆和含矿泥浆分类收集，集中存放，并覆盖植被，防止对地表土壤的污染和水土流失。

7.1.5 铀矿井下工作场所风量应根据井下作业情况的变化及时地进行通风系统调整，合理地分配风量，以控制井下工作场所空气中氡及其子体浓度、铀矿尘不超过相应的导出浓度。

7.1.6 铀矿露天开采过程中，应采取喷雾洒水等防尘措施；露天坑较深时还应采取机械通风方式防尘降氡；剥离表土应集中于专用弃土场暂存，并防止水土流失，以利于今后的覆盖治理与植被恢复；废石也应集中堆放和防止水土流失。

7.2 铀选冶厂辐射防护和环保措施要求

7.2.1 铀选冶厂应采取通风、防氡降尘等防护措施；凡产生有害气体的工艺设备应采取密闭、负压等措施，控制生产运行过程中危害因素的产生，减少对操作人员的危害，并满足5.2.1的要求。

选冶厂主进风口与主排风口的距离应不小于100 m。主进风口应按当地常年主导风向布置在主排风口的上风侧，减少对进风风质的污染。

7.2.2 铀选冶厂集中排放废气的主排气筒高度，应根据排放的放射性核素活度，并结合当地气象、地形、人口分布等因素，经过计算后，综合考虑确定。

铀选冶厂分散排放废气的排气筒高度，必须超过周围50 m范围内最高建筑物屋脊3 m以上。

7.2.3 凡产生铀矿尘的设备，应采用密闭抽风、除尘过滤、净化等降尘措施。

7.3 工作人员防护措施要求

7.3.1 工作人员进入工作场所前，必须穿戴相应的个人防护用品。在工作场所入口附近，设置更衣室、淋浴室、个人剂量计发放室、污染监测室。

7.3.2 在辐射工作场所内不得进食、饮水、吸烟和存放食品；辐射工作人员饮食前必须洗手、漱口；所用的防护用品应经常清洗，其表面污染应满足5.4.1的要求，并不得带回生活区。

7.4 废物的污染防治措施要求

7.4.1 污染防治措施的基本要求

铀矿冶废物的污染防治措施应安全有效，使铀矿山、选冶厂等伴有辐射照射的实践对公众成员所受到的平均辐射剂量满足5.2.1的要求。

污染防治措施中，应贯彻“边生产、边治理”的原则，将矿山退役治理与环境整治纳入日常生产管理。

7.4.2 废水治理要求

7.4.2.1 铀矿冶生产产生的废水要做到放射性和非放射性污水分流、分类收集、分别治理。铀矿冶废水应循环利用，尽量提高废水复用率，减少废水外排量。

7.4.2.2 废水治理，应根据辐射防护最优化原则和剂量约束值的要求，经过代价与效益分析，选择最佳废水治理措施，满足5.6或审管部门核准的排放浓度和排放总量要求。

7.4.2.3 应鼓励开发和应用少废水或无废水工艺技术和先进的废水处理工艺。

7.4.3 废气处理要求

7.4.3.1 铀矿采选冶生产运行过程中产生的氡及氡子体、铀矿尘等向环境大气中排放，应根据有害物质的性质、浓度及危害程度，采取机械通风、密闭、过滤净化、喷雾洒水、排气筒排放等有效处理措施，降低排放有害物质浓度及减少排放总量。

7.4.3.2 应使露天采场、裸露矿仓、地表储矿场、堆浸场、尾矿(渣)库、废石场等表面析出的氡容易通过空气自然流动和扩散进入大气中，必要时应采取有效降氡措施。

7.4.3.3 铀矿山和选冶厂废气中非放射性有害物质的排放浓度应执行国家和地方相关标准的规定。

7.4.4 固体废物处置要求

7.4.4.1 应按下列要求对铀矿废石进行处置：

a) 铀矿山采掘出来的围岩废石应尽量回填矿井采空区、废弃巷道或露天采场废墟。

b) 凡具有综合利用价值的废石，宜回收利用，提高资源利用率，但应满足国家和地方辐射防护与环境保护的相关要求，不得造成新的放射性污染。

c) 废石应有组织集中堆放在专用的废石场。废石场应采取拦石和防洪措施，防止废石流失和保证废石场的安全。

d) 废石场停止使用后应尽快进行退役整治，使其达到稳定化和无害化。

7.4.4.2 应按下列要求对铀尾矿(渣)进行处置：

a) 提倡将铀水冶尾矿(渣)回填矿井采空区、废弃巷道或露天采场废墟。但利用尾矿(渣)回填时，应采取妥善措施，防治其对地下水的污染和对井下需风点的风质污染。

b) 冶过程产生的尾矿(渣)应采取有效中和措施并堆放在专用的尾矿(渣)库。

c) 矿(渣)表面应有防止扬尘措施；尾矿(渣)库应设防排洪、拦渣、渗出液收集处理措施，防止尾矿(渣)流失和渗出液漫流。

d) 矿(渣)库停止使用后应进行治理，使其达到稳定、安全和无害化。

7.4.4.3 加强废石场和尾矿(渣)库的运行管理，防止废石、尾矿、堆浸渣流失。严禁使用含铀废石、尾矿或堆浸渣作建筑材料。在废石场、尾矿(渣)库边界人员经常活动处设立电离辐射标志牌。

7.4.4.4 应根据废石、尾矿、堆浸渣长期贮存场地的地质条件，确定采取必要的防渗漏措施，防止地下水被放射性核素污染。

7.4.4.5 应尽量回收利用废旧设备及材料。对受污染的废旧金属设备，应经去污处理后统一送审管部门认可的废旧金属处理中心处理，循环利用。对不能回收使用的污染物品可放入采矿废墟或尾矿(渣)库进行分类处置。

7.5 事故预防与应急管理

7.5.1 铀矿冶企业应加强对放射源及有毒有害危险品的安全管理，制定严格的管理制度，配备相应的安全措施与资源，按照有关规定获得相关审管部门的许可。

7.5.2 铀矿冶企业应严格辐射安全管理，防止事故的发生和减少事故影响，采取的措施有：

a) 应对尾矿(渣)库的安全进行评价，以确保设施的长期安全稳定。

b) 为加强对事故的管理，应严格按照国家有关规定执行事故报告和事故管理制度，并及时填报事故报告表。应建立完整的事故档案、剂量档案和有关记录档案，并存档保留。

c) 发生伴有辐射照射的实践事故，应采取妥善处理措施限制事态的发展，并迅速进行现场调查分析、辐射测量、事故处理和受照剂量估算。

d) 为避免重大事故的发生和最大限度的控制事态扩大，应制定事故应急预案，把事故的损失和危害程度降到最低限度。

7.5.3 编制辐射事故应急预案以及进行相应的应急演练，具体要求为：

a) 辐射事故应急预案应包括尾矿(渣)库溃坝、运输事故、放射源丢失、浸出原液泄漏、放射性废水未处理外排、人员受污染事故和其他引起放射性污染的事故等项内容。

b) 辐射事故应急预案编制内容应包括应急组织、应急准备、应急响应、应急事故处理措施、有效恢复措施、终止行动的准则、报告有关负责部门和发布公众信息的安排等要素。同时还应包括辐射应急与其他综合应急(火、洪水、塌方等)的协调和综合接口。

c) 定期对事故应急预案进行演练与评审,针对实际情况以及预案中暴露的缺陷,不断进行更新、完善和改进。

8 铀矿石或铀浓缩物的安全运输

铀矿石和铀浓缩物的运输,应满足 GB 11806 的审批、管理、安全运输和本标准的要求。

8.1 运输方式

铀矿石或铀浓缩物属于低比活度放射性物质,一般采用独家使用工具(汽车、火车等)进行安全运输。在独家使用工具中运载铀矿石或铀浓缩物的总放射性活度不受限制。

8.2 运输工具辐射水平和表面污染控制值

8.2.1 铀矿石或铀浓缩物的运输车辆应采取辐射防护措施,把辐射照射控制在可合理达到尽量低的水平。

8.2.2 铀矿石或铀浓缩物的运输车辆和包装容器外表面任意点上的辐射水平应不超过 2 mSv/h,距离车辆外表面 2 m 远处的任意点的辐射水平应不超过 0.1 mSv/h。

8.2.3 对独家使用的铀矿石或铀浓缩物的包装容器和运输车辆外表面放射性污染控制值为:

a) α 放射性污染水平:4 Bq/cm^2;

b) β 放射性污染水平:40 Bq/cm^2。

8.2.4 铀矿石或铀浓缩物的运输车辆和包装容器检修时的内外表面污染控制值分别为 8.2.3 中所列数值的十分之一。

8.3 运输管理

8.3.1 应采用专用车辆运输铀矿石、废石、尾矿(渣)和铀浓缩物,运输车辆应尽量采用容易去污染的材料制造,车厢表面应平整光滑容易去污。

8.3.2 铀浓缩物应采用专用的密封金属容器包装。包装容器必须坚固耐用、表面平整光滑容易去污,其质量、体积和形状应满足安全运输要求。包装容器装卸铀浓缩物后,其外表面必须进行清洗去污,符合规定要求时,才能装车运输。运输车辆应采取车斗加盖或篷布等措施防止矿石、废石、尾矿(渣)撒漏。

8.3.3 铀矿石、废石、堆浸渣和铀浓缩物的运输车辆应停放在专用的停车场。运输车辆装卸矿石、废石或铀浓缩物后,其外表面应进行去污处理。送检修的车辆经过认真去污处理,符合 8.2.4 规定要求时,才能送厂检修。

运矿车辆冲洗时产生的废水和矿泥应进行收集与处理。

8.3.4 铀矿石或铀浓缩物的运输车辆和包装容器的外表面应有电离辐射标志。

8.3.5 铀矿冶企业的运输组织机构、安全管理、辐射测量、运输评价等应符合 GB 11806 等有关规定的要求。

8.3.6 铀矿石或铀浓缩物零担运输时,应遵守铁路、交通等部门的有关规定。

9 设施关闭、退役与环境整治

9.1 在铀矿冶设施关闭期间,其设施应处于受控状态,气液态流出物中有害物质或放射性核素应符合有关规定的要求。

9.2 铀矿地浸、井下堆浸工程关闭后,如果地下水受到污染,应采取治理措施,使地下水水质基本恢复至开采前水平或满足当地地下水水质标准要求;对有坑道溢出水超过 5.6 要求的情况,也应采取处理措施,直至其溢出水恢复到满足 5.6 要求方可停止处理。

9.3 铀矿冶设施退役治理必须认真执行 GB 14586 中有关铀矿冶设施退役治理管理与审批程序,及时做好退役治理工作。

9.4 铀矿冶设施退役治理与标准应执行GB 14586中的有关内容和要求，明确各退役设施有限制开放或无限制开放的退役治理目标；坚持因地制宜，采取有效治理措施，进行多方案比较，使退役治理和环境整治后的工程达到稳定、安全和无害化；给公众成员造成的辐射剂量约束值应小于0.3 mSv/a，并在此基础上做进一步的优化。

9.5 铀矿冶废石场、尾矿(渣)库、露天废墟等设施，经退役治理与环境整治后，所有场址表面氡析出率应不大于0.74 Bq/(m^2·s)；土地去污整治后，对镭-226的最高比活度要求为任何平均100 m^2范围内，土层中平均值不高于0.18 Bq/g；对于移走尾矿(渣、废石)后的土地，可按0.56 Bq/g控制；放射性废渣不得用作建筑材料。

9.6 铀矿冶退役单位应建立退役治理管理机构，配备专业技术人员，分工负责共同作好退役前期准备工作、退役治理实施工作和退役后的监督管理工作；退役治理与环境整治设计、施工与监理单位应具有相应的资质；企业应保留完整齐全的退役治理工程文件和有关资料，并建立档案，永久保存。

9.7 退役治理工程竣工验收移交后，应对封闭矿井、覆盖层、废石场、尾矿(渣)库坝体和排洪等有限制开放设施的安全稳定性与有效性进行长期监护。

10 辐射监测

10.1 铀矿冶辐射监测要求

铀矿冶各单位应根据GB 18871、GB 11216、GB 12379规定的要求，按辐射防护最优化原则制定相应的辐射监测计划，开展辐射监测工作。辐射监测布点、监测频率、采样原则、测量分析方法及数据处理等应执行有关规定的内容和要求。

10.2 工作人员辐射监测

10.2.1 应按照本标准的要求对铀矿冶工作人员进行个人监测。

10.2.2 对于职业照射剂量可能大于5 mSv/a的工作人员，应进行个人监测；职业照射剂量预计在1 mSv/a～5 mSv/a范围内的工作人员，应尽可能进行个人监测；对于受照剂量始终不可能超过1 mSv/a的工作人员，可不进行个人监测。

10.2.3 铀矿井下工作人员(包括采掘工人、辅助工人及现场管理人员)以及铀矿山地面和水冶厂控制区的工作人员，应佩带个人剂量计进行个人监测。

铀矿山地面、水冶厂和其他监督区的工作人员以及退役治理工作场所的工作人员，应尽可能佩带内外照射个人剂量计进行个人监测。在所有人员佩带个人剂量计不现实的情况下，可按不少于30%的比例选择有代表性的工作人员佩带个人剂量计进行个人监测。

偶尔进入控制区的人员，视其工作性质和接触放射性程度，在可能的情况下，可佩带个人剂量计进行个人监测。

10.2.4 个人剂量计可以采用被动式个人剂量计或主动式个人剂量计，测量时间和测量不确定度应满足有关标准的要求。

10.2.5 应对从事放射性工作人员的手、皮肤、内衣的表面α、β放射性污染水平进行测量。

10.2.6 对特殊情况下工作人员的内照射监测可考虑测定尿铀和尿中Po-210。

10.2.7 铀矿冶设施发生辐射事故时，应及时进行辐射应急监测，并估算受照人员的摄入量和受照剂量，必要时应进行追踪测量。

10.3 工作场所辐射监测

10.3.1 应制定铀矿冶工作场所辐射监测计划，开展常规辐射监测工作。

10.3.2 井下工作场所放射性核素监测项目主要包括：空气中氡及其子体浓度、粉尘浓度、γ辐射水平。

地表工作场所放射性核素监测项目主要包括：空气中氡及其子体浓度、粉尘浓度、铀系长寿命核素α气溶胶浓度、γ辐射水平、表面α、β放射性污染水平等。

10.4 流出物监测

10.4.1 铀矿冶生产运行过程中排放的流出物必须进行辐射监测，及时掌握和控制气、液流出物对环境影响的程度。

10.4.2 气载流出物中放射性核素监测项目主要包括：废气中氡及其子体浓度、粉尘浓度、铀浓度和长寿命核素α气溶胶浓度；同时测量废气排放量。尾矿库、尾渣库、废石场、污染工业场地等表面氡析出率。

10.4.3 液态流出物中放射性核素监测项目主要包括：废水中 $U_{天然}$、Ra-226、Th-230、Pb-210、Po-210含量，同时测量液态流出物的流量或排放量。根据工程特点，确定需要监测的其他非放射性项目。

10.5 固体废物及工业场地监测

10.5.1 固体废物监测项目主要包括：固体废物排放量；固体废物中 $U_{天然}$ 和 Ra-226 含量；废旧设备等表面α、β放射性污染水平；废石、堆浸渣、尾矿等表面的γ辐射水平。

10.5.2 工业场地监测项目主要包括：γ辐射水平、表面α、β放射性污染水平、表面氡析出率和土壤中的 Ra-226 含量。

10.6 环境辐射监测

10.6.1 环境监测包括铀矿冶设施运行前的天然放射性本底调查、生产运行期间常规辐射环境监测、退役监测和事故应急监测。

10.6.2 铀矿冶企业应依据对关键人群、关键核素和关键照射途径的分析制定环境监测大纲，监测范围与监测频度应符合相关标准要求。

10.6.3 天然放射性本底调查和常规环境监测的监测介质和监测项目主要包括：空气中氡及其子体浓度、铀系长寿命核素α气溶胶浓度；陆地γ辐射水平；水体、河底泥、土壤、生物中U、Th、Ra-226、Pb-210、Po-210含量；土壤表面氡析出率。

10.6.4 铀矿冶设施退役监测包括退役治理前监测、退役终态后评估监测和保护与监护期的监测；监测介质和监测项目应根据退役设施的具体情况和不同监测期的目的确定。

10.6.5 事故应急监测的监测介质和监测项目主要包括：γ辐射水平；或水体、河底泥、土壤中U、Th、Ra-226、Pb-210、Po-210含量；或α、β放射性表面污染水平。

10.6.6 天然放射性本底调查和常规辐射监测应设置同一个对照点。

10.7 辐射监测质量保证

10.7.1 为使辐射监测结果具有代表性、准确性和可比性，根据 GB 11216 规定的要求，监测布点、采样、测量、数据处理等过程必须实施质量控制和采取相应的质量保证措施；编制生产运行、退役等各阶段的辐射监测计划、质量保证措施和实施细则；从事辐射监测人员必须进行技术培训，取得资质后，方能上岗操作。

10.7.2 制定辐射监测计划和采取的质量保证措施等应有书面执行程序；辐射监测分析方法应采用国家规定或推荐的标准分析测量方法；辐射监测仪器使用推荐的可靠的探测效率高的仪器设备，并应按国家标准规定的检定周期定期到国家计量授权单位进行仪器检定。

10.7.3 质量保证机构的职责权限包括审查辐射监测计划和质量保证计划的书面程序，监督实施辐射监测过程的质量保证措施，复查辐射监测数据，建立完整的文件档案等项任务。

11 辐射环境影响评价

11.1 铀矿冶设施新建、扩建、改建以及退役等可行性研究阶段应进行环境影响评价；铀矿冶设施正式投产前，应进行竣工环境保护“三同时”验收；退役整治后应进行环境影响后评估。

11.2 环境影响评价工作应委托具有相应评价资质的机构承担，并满足环境影响评价法的相关要求。

11.3 辐射环境影响评价主要包括辐射剂量评价、辐射防护技术措施评价和辐射防护管理评价。

11.4 铀矿冶设施环境影响评价还应包括清洁生产分析、生态环境与水土保持影响分析和评价、公众参与等内容;铀矿冶设施退役项目环境影响评价还应包括工程的长期稳定性分析评价内容。

11.5 铀矿冶设施环境影响评价报告书的格式和内容应符合有关规定的要求。

12 职业健康管理

12.1 从事辐射照射实践的人员,应进行工作前的适任性和持续适任的健康检查,并在从业期间进行定期医学检查。医学检查项目应以职业医学的一般原则为基础,频率一般为不少于两年检查一次,特殊情况下,可将检查周期缩短或延长,高粉尘环境下作业的人员应每年检查一次。

12.2 铀矿冶企业应建立铀矿冶工作人员个人剂量和健康档案管理制度。涉及职业照射工作的一般资料、医学检查和个人剂量数据等资料,在工作人员年满75岁之前,应为他们保存职业照射记录。在工作人员停止辐射工作后,其照射记录至少要保存30年。

12.3 从事辐射照射实践的工作人员从一个辐射工作单位调入另一个辐射工作单位工作时,有关健康档案与剂量档案应提供复制件给调入单位;调到非辐射工作单位工作时,有关健康档案与剂量档案应由调出单位留存,以备查用。

ICS 13.280
F 73

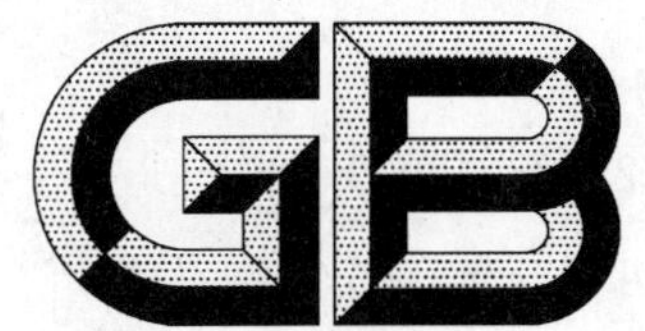

中华人民共和国国家标准

GB/T 23728—2009

铀矿冶辐射环境影响评价规定

Regulation for radiation environmental impact assessment in uranium mine and mill

2009-05-06 发布 2009-12-01 实施

中华人民共和国环境保护部
中华人民共和国国家质量监督检验检疫总局 发布

前 言

本标准的附录 A 和附录 B 为资料性附录。

本标准由中国核工业集团公司提出。

本标准由全国核能标准化技术委员会归口。

本标准起草单位：中核金原铀业有限责任公司。

本标准主要起草人：潘英杰、薛建新、陈仲秋、崔满生、赵宏圣。

铀矿冶辐射环境影响评价规定

1 范围

本标准规定了铀矿冶设施环境影响评价的分类，各类环境影响评价的内容和评价程序，以及各类环境影响评价报告书的编制要求。

本标准适用于建设、生产运行和退役整治铀矿冶设施的所有辐射环境影响评价。

对伴生放射性矿物的其他矿山以及加工带有放射性矿物的工业场所，其放射性物质含量超过有关标准规定限量的，其辐射环境影响评价工作亦可参照执行。

2 规范性引用文件

下列文件中的条款通过本标准的引用而成为本标准的条款。凡是注日期的引用文件，其随后所有的修改单(不包括勘误的内容)或修订版均不适用于本标准，然而，鼓励根据本标准达成协议的各方研究是否可使用这些文件的最新版本。凡是不注日期的引用文件，其最新版本适用于本标准。

GB/T 4960(所有部分) 核科学技术术语

GB 14586 铀矿冶设施退役环境管理技术规定

GB 18871 电离辐射防护与辐射源安全基本标准

GB 23727 铀矿冶辐射防护和环境保护规定

NEPA-RG2 铀矿冶退役环境影响报告书编制格式和内容

EJ/T 1090 铀矿冶设施所造成的气态(载)放射性与有毒性源项的确定

3 术语和定义

GB/T 4960 和 GB 18871 确立的以及下列术语和定义适用于本标准。

3.1

铀矿冶设施 uranium mine and mill facilities

具有一定规模的从事铀矿开采、选冶的设施，主要包括：

——铀矿生产、冶炼的实验设施和场所；

——铀矿山(露天矿、地下矿)场所；

——铀选矿厂和水冶厂；

——铀矿堆浸场地和原地浸出采铀井场；

——铀矿冶放射性废物处理、处置设施；

——铀废石场、尾矿(渣)库等。

3.2

环境影响评价 environmental impact assessment

对新、改、扩建铀矿冶工程、试验项目和退役治理项目在实施过程中和实施后，可能对环境造成的影响所进行的预测和估计，包括对源或实践的规模与特性的概述，对厂址或场所环境现状的分析，以及正常条件下和事故情况下可能造成的环境影响或后果的分析。

3.3

运行阶段环境质量现状评价 environmental quality present assessment

在役铀矿冶设施在正常生产运行过程中对环境现状进行的评价。

3.4

事故环境影响评价　accident environmental impact assessment

在役铀矿冶设施发生事故或非正常工况下排放放射性污染物造成周围环境的污染和影响，是根据事故的特点、性质、污染范围、危害程度等进行特定条件下的特殊性的监测和评价。

4　建设项目环境影响评价

4.1　环境影响评价文件

铀矿冶设施新建、改建、扩建工程可行性研究阶段和铀矿冶现场工业试验阶段，应按有关法律的要求，编制相应的环境影响报告文件，报国务院环境保护行政主管部门审批。

4.2　评价标准和分析指标

4.2.1　评价标准

4.2.1.1　个人剂量限值

个人剂量限值与剂量约束值应符合 GB 23727 的要求。

4.2.1.2　公众照射的限制原则

在天然本底辐射水平基础上增加的所有增加值，都应进行正当性和最优化评价及审定。对每个设施，应在最优化的基础上，提出自己的剂量约束值和管理目标值。

4.2.2　环境指标分析

对有关指标进行对比和分析：

a）排放在环境中的有害物质的浓度与按照国家标准导出的浓度以及当地天然本底值进行比较分析；

b）与同类或类似的设施类比分析；

c）个人有效剂量与剂量限值进行比较分析；

d）集体有效剂量分析。

4.3　评价范围及子区划分

4.3.1　评价范围

评价范围一般以对周围居民影响最大的污染源为圆心，半径为 20 km 的范围。

4.3.2　子区划分

以对周围居民最大的污染源为圆心，在评价半径为 20 km 内按 1 km、2 km、3 km、5 km、10 km、20 km 划分为同心圆，再将这些同心圆划分成 22.5°扇形段，以正北 N 向左右各划分 11.25°为起始段，共分 96 个评价子区。

各评价子区的人口数按年龄划分为三个组：

幼儿：<7 岁；少年：7～17 岁；成人：≥18 岁。

4.4　评价内容

4.4.1　对新建、扩建、改建的铀矿冶设施的生产性质、规模、主要工艺流程进行必要的描述(应针对所采用的常规采冶、地表堆浸、原地爆破浸出、原地浸出采铀等不同工程具体特点进行详细论述)。

4.4.2　明确阐述所有设施的污染物来源、种类、数量(排放量)、成分、比活度(浓度)。

4.4.3　分析和评价拟采取的污染防治措施及效果是否满足环境保护要求。

4.4.4　铀矿冶设施对生态、自然环境造成的影响和破坏程度。

4.4.5　估算周围公众可能的受照射剂量。

4.4.6　铀矿冶设施对周围环境可能产生影响的评价结论。

4.4.7　编写环境影响报告书的内容

a）概述环境影响评价的目的、依据、原则、标准和要求；

b）铀矿冶设施所在地区的自然环境、社会环境和经济状况；

c) 环境现状和本底调查、铀矿冶设施的基本概况（主要原材料和生产工艺流程、放射性和非放射性污染源分析，主要污染物治理措施与效果）；

d) 源项、评价标准及评价范围；

e) 大气环境影响评价（气象条件、评价模式、环境影响分析、结论和建议）；

f) 水环境影响评价（水体渗流、扩散条件、评价模式、环境预测分析、结论和建议）；

g) 生态环境影响评价（大气和水中污染物对生态的影响、分析和结论）；

h) 固体废物对环境的影响，以及对固体废物安全稳定性分析；

i) 剂量估算：选择剂量评价模式、参数，计算职业照射剂量、周围公众照射剂量；确定关键途径、关键核素、关键居民组；

j) 环境效益、经济效益和社会效益分析；

k) 事故影响分析与评价、退役治理设想、监测计划和质量保证；

l) 公众参与；

m) 评价结论、存在问题和承诺；

n) 附件和附图（立项批文、委托书、地方环保部门出具的环境质量评价执行标准、评价范围图、区域位置图、总平面图、取样监测布点图等）。

4.5 评价源项和评价因子

4.5.1 评价源项

主要源项包括：

a) 气态流出物；

b) 液态流出物；

c) 固态放射性物质。

4.5.2 评价因子

4.5.2.1 评价主要核素包括：

a) 气态流出物中主要核素有：^{238}U、^{234}U、^{230}Th、^{226}Ra、^{210}Po、^{210}Pb、^{222}Rn 及其子体等；

b) ^{222}Rn 析出量；在没有任何数据资料的情况下，可按 EJ/T 1090 进行估算；

c) 液态流出物中主要核素有：^{238}U、^{234}U、^{230}Th、^{226}Ra、^{210}Pb、^{210}Po 等；

d) 水体淤泥、土壤和陆水生物中主要核素有：$U_{天然}$、^{230}Th、^{226}Ra、^{210}Po、^{210}Pb 等；

e) 固体废物中主要核素有：$U_{天然}$、$Th_{天然}$、^{226}Ra、^{222}Rn 等。

4.5.2.2 评价主要非放射性因子包括：

a) 水体：Mn^{2+}、$SO_4{}^{2-}$、$NO_3{}^{-}$、pH 值等；

b) 大气：粉尘、SO_2、CO、NO_2 等。

4.6 评价方法

4.6.1 收集铀矿冶设施周围的地形、地貌、气象、水文、地质、社会、生态、人文、水土保持等资料。

4.6.2 在分析所采用的生产工艺的基础上，通过模拟实验，或采用与同类设施类比的方法，预计本工程可能向环境中排放的源项及排放量。

4.6.3 选用合适的环境评价模式、确定合理的参数，进行环境影响评价。

5 运行阶段环境影响评价

5.1 评价内容

环境质量现状评价应根据生产工艺本身（常规采冶、地表堆浸、原地爆破浸出、原地浸出采铀等）的特点，对三废排放量及污染源进行详细调查分析；对近几年实际环境监测数据进行评价；对环境保护和辐射防护设施的有效性进行评价；对突发环境事件和事故进行评价；以及三废处理设施代价效益分析和改善环境质量的对策建议等。

5.2 评价标准和分析指标

相关内容见4.2。

5.3 评价源项和评价因子

相关内容见4.5。

5.4 评价方法

5.4.1 实地剂量监测,通过仪器实测环境公众的受照剂量。

5.4.2 利用从污染物排放口定时、定点监测采集到的数据、环境监测点的观测数据、专项调查的监测数据和资料进行评价。

5.4.3 采用合适的评价模式、参数进行剂量估算。

5.5 环境质量现状评价报告书的内容

编写环境质量现状评价报告书的主要内容有:

a) 铀矿冶生产设施变化概况(主要原材料、生产工艺流程和污染源分析,主要污染物治理措施与效果);
b) 三废排放和污染源项以及环境监测数据范围;
c) 大气环境影响情况分析;
d) 水环境影响情况分析;
e) 生态环境影响分析;
f) 固体废物对环境的影响、安全性分析;
g) 剂量实测或估算结果分析,给出周围公众年有效剂量当量和集体年有效剂量当量,并给出作业场所工作人员年有效剂量;
h) 分析评价结论、存在问题和建议;
i) 附件。

6 事故环境影响评价

6.1 发生重大环境污染事故时,应立即开展环境监测和评价工作。应根据对事故性质,影响程度的判断,确定事故环境影响评价和监测范围。

6.2 事故环境影响评价报告书主要内容有:

a) 铀矿冶事故概况描述(发生事故的主要部位,泄露出的主要污染物的种类、数量)和原因分析;
b) 发生环境污染事故时所采取的主要措施以及环境监测数据;
c) 事故对大气环境影响的情况分析;
d) 事故对水环境影响情况分析;
e) 事故后公众受照剂量估算结果分析,给出关键居民组在事故中有效剂量;
f) 对事故的分析评价结论、存在问题和措施;
g) 附件。

7 退役整治环境影响评价

7.1 环境影响报告书

铀矿冶退役整治工程可行性研究阶段,应编制退役整治环境影响报告书。退役整治环境影响评价应按GB 14586执行。

退役整治工程结束后和竣工验收前,要编制退役终态环境影响后评估报告。

报告书应按NEPA-RG2进行编制。

7.2 退役终态环境后评估报告书

在铀矿冶设施退役整治工程竣工完成后,应按第5章规定的要求,用实际监测数据、资料,编制退役治理终态环境后评估报告。其终态环境后评估报告内容主要包括：退役工程实际实施方案，退役工程是否达到了预期的治理目标及效果、补救措施和长期监护。退役工程实施方案有变化的，还应对其进行必要的说明或补充评价。

8 质量保证

8.1 环境影响评价工作应符合国家有关法律、法规的规定，各阶段的环境影响评价文件由具有相应资质的单位和人员编写。

8.2 环境质量现状评价、事故环境影响评价工作根据实际情况，由具有环境影响评价资质的评价机构承担。

8.3 环境监测执行有关标准和规定，提供的文件、数据、资料等应有代表性、可靠性、完整性。

8.4 各种监测技术、手段应经过技术鉴定，所使用的仪器设备应经过国家计量授权部门进行检定合格。

评价单位提供的评价模式、选用的参数、计算方法应具有针对性、科学性和先进性；评价结论应正确；所提出的措施应符合实际。

ICS 27.120.01
F 88

中华人民共和国国家标准

GB/T 23729—2009/IEC 62088:2001

闪烁探测器用光电二极管　试验方法

Photodiodes for scintillation detectors—Test procedures

(IEC 62088:2001 Nuclear instrumentation—
Photodiodes for scintillation detectors—Test procedures,IDT)

2009-05-06 发布　　2009-12-01 实施

中华人民共和国国家质量监督检验检疫总局
中国国家标准化管理委员会　发布

前　　言

本标准等同采用 IEC 62088:2001《核仪器——闪烁探测器用光电二极管——试验方法》(Nuclear instrumentation—Photodiodes for scintillation detectors—Test procedures,英文第1版)。

为便于使用,本标准做了下列编辑性修改:

——删去 IEC 62088:2001 的前言和目次;

——调整了少数参量符号的上、下标,并用小数点符号“.”代替作为小数点的逗号“,”;

——在计算公式的参量说明中,用长破折号“——”代替“是”;

——第8章标题“一般要求——数据表”改为“供应商应提供的数据”,并在“工作温度范围 T_{max}～T_{min}和贮存温度范围”一项后增加“工作湿度范围 H_{max}～H_{min}和贮存湿度范围”以及“工作气压范围 P_{max}～P_{min}和贮存气压范围”(在4.2中增加相应符号)。

本标准由中国核工业集团公司提出。

本标准由全国核仪器仪表标准化技术委员会归口。

本标准起草单位:核工业标准化研究所、中国原子能科学研究院、北京核仪器厂。

本标准主要起草人:熊正隆、何高魁、肖晨、姚秋果、严陈昌。

引　言

光电二极管闪烁探测器是采用半导体光电二极管(通常是硅 PD)的闪烁探测器,当入射辐射(带电粒子、γ射线、X射线)在闪烁体中放出能量时,用于探测在闪烁体(通常是晶体)中产生的闪烁光(见图1)。

光电倍增管(PMT)通常已经用于这个目的(对十进制计数),但随着低噪声和相对大面积光电二极管的最新出现,后者在增加应用数量、取得某些固有性能的优点等方面正在与光电倍增管激烈竞争:

——小体积;

——对磁场不敏感;

——低工作电压和很低的功率消耗;

——稍高的抗震能力。

闪烁探测器用光电二极管 试验方法

1 范围

本标准适用于在闪烁探测器或切伦科夫探测器中使用的固态光电二极管(PD)或光电二极管阵列(PDA)。本标准推荐的试验方法也适用于雪崩二极管(APD),但需要附加本标准描述的特殊试验方法。

本标准中描述的试验不是强制性的,但宜按这里描述的程序进行规定性能的试验。

本标准的目的是为闪烁探测器中使用的光电二极管建立标准试验方法,同时规定了供应商应提供的每种型号光电二极管的数据。

2 一般原则

硅光电二极管容易得到并广泛用于闪烁探测器。然而,它们围绕 900 nm 的峰响应与常用闪烁体[NaI(TI)、CsI(TI)、BGO、$CdWO_4$、ZnSe(Te)]在较短波长的最大发射不相匹配。正在进行的研究是开发具有较长波长光发射的闪烁体和较宽带隙的半导体。

光电二极管闪烁探测器没有内部放大器(APD 的情况除外),因而需要耦合到类似用于半导体探测器的低噪声前置放大器。光电二极管/前置放大器组合的噪声限制它在低能 γ 射线和 X 射线能谱测定中的使用。这个噪声由随其面积而增加的 PD 电容的串联噪声以及前置放大器的漏电流和输入阻抗的并联噪声来确定。为优选光电二极管/前置放大器的组合,有时将前置放大器与 PD 集成在一起。在这种情况下,这里描述的某些试验可能难于执行。

固态光电二极管也能用作直接电离的半导体探测器,但本标准不适用于已由 IEC 60333 包括的这种应用。

本标准不适用于混合光电探测器,即带有常规光阴极、加速电场和固态器件的真空管。

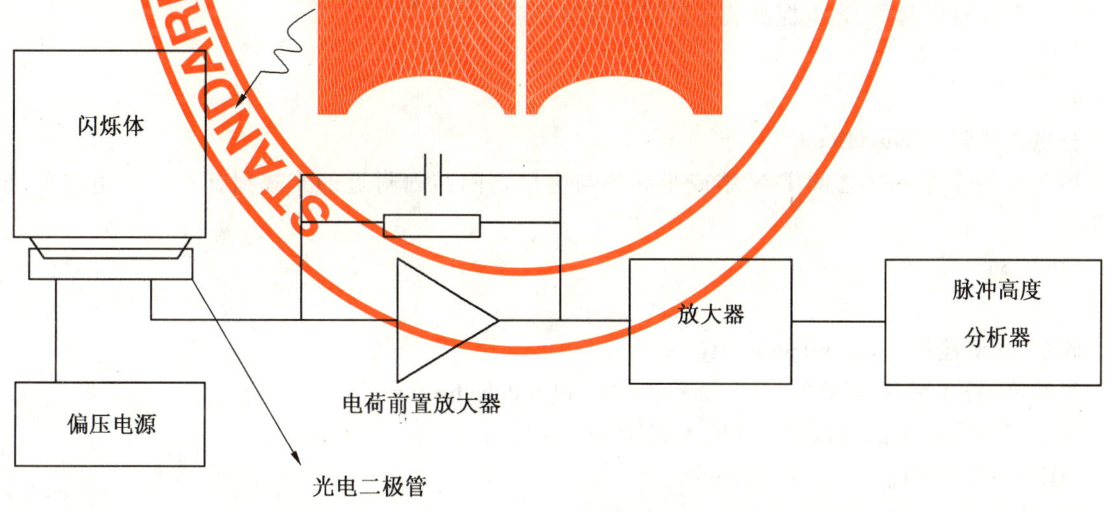

图 1 光电二极管闪烁探测器系统方框图

3 规范性引用文件

下列文件中的条款通过本标准的引用而成为本标准的条款。凡是注日期的引用文件,其随后所有的修改单(不包括勘误的内容)或修订版均不适用于本标准,然而,鼓励根据本标准达成协议的各方研究是否可使用这些文件的最新版本。凡是不注日期的引用文件,其最新版本适用于本标准。

IEC 60050 (731):1991 国际电工词汇 731 章:光缆通信(International Electrotechnical Vocabulary—Chalter 731:Optical firbe communication)

IEC 60050 (845):1987 国际电工词汇 845 章:照明(International Electrotechnical Vocabulary—Chalter 845:Lighting)

IEC 60333:1993 核仪器 半导体带电粒子探测器 试验方法(Nuclear instrumentation—Semiconductor charged-particle detector—Test procedures)

IEC 61151:1992 核仪器 用于电离辐射探测器的放大器和前置放大器 试验方法(Nuclear instrumentation—Amplifies and preamplifies used with detector of ionization radiation—Test procedures)

4 定义、符号和缩略语

4.1 定义

下列定义适用于本标准。

4.1.1

雪崩光电二极管(APD) avalanche photodiode (APD)

带偏压工作,初始光电流通过在半导体结的雪崩击穿而放大的光电二极管。

[IEV 845-05-40]

4.1.2

噪声等效功率(光电二极管的) noise equivalent power (of photodiode)

在其输出端对给定的波长、调制频率和等效噪声带宽产生等于1的信号噪声比时光探测器输入端的光辐射功率值。

[IEV 731-06-40]

4.1.3

光电流(I_{ph}) photocurrent (I_{ph})

由入射辐射引起的、光电探测器输出的那部分电流。

[IEV 845-05-52]

4.1.4

光电二极管 photodiode

由吸收两个半导体之间P-N结或半导体与金属之间结内附近的光辐射而产生光电流的光电探测器。

[IEV 845-05-39]

4.1.5

响应(探测器的)(s) responsivity (s)

灵敏度/敏感度(探测器的)(s) sensitivity (of a detector)(s)

探测器的输出Y除以探测器的输入X之商($s=Y/X$)。

[IEV 845-05-54]

4.1.6

光谱响应 spectral response

作为波长函数的响应。

注:响应通常以A/W为单位,波长以nm为单位。

4.2 符号

A 有效面积

APD	雪崩光电二极管
C	电容
G	APD的增益
$h\upsilon$	光子能量
I_{ph}	光电流
I_{r}	漏电流
I_{max}	最大允许光电流
$I(U)$	电流-电压特性
λ	波长
λ_{p}	峰值响应波长
η	量子效率
NEP	噪声等效功率
P_{opt}	光功率
PD	光电二极管
PDA	光电二极管阵列
s	响应/灵敏度
T	温度
T_{max}/T_{min}	光电二极管工作的最高/最低温度
H_{max}/H_{min}	光电二极管工作的最高/最低湿度
P_{max}/P_{min}	光电二极管工作的最高/最低气压
U_{b}	工作偏压
U_{bn}	正常偏压
U_{bmax}	最大允许工作偏压
X_{u}	(有效面积测量用)扫描路径的有用长度或直径

5 物理特性

5.1 有效面积,*A*

光电二极管的有效面积,即有用面积,通常稍小于半导体晶片的总面积。这是由于结边沿的封装材料、电极和保护层的缘故,为最大限度减少漏电流(以及必然的噪声),它们可能是需要的。应测量有效面积,其方法如图2所示,即采用来自高稳定参考光源的准直入射光束,对放置在全黑暗环境的光电二极管的总面积进行扫描。

光电二极管应采用如同半导体探测器漏电流测量或绘制电流-电压特性一样的常规装置来配置偏压并与皮安表连接(见IEC 60333)。

在光电二极管表面的点尺寸和任何方向的扫描间隔均应小于半导体晶片最大尺寸的1/20,同时,在任何情况下,应小于0.5 mm(见图2右边的例子)。

对每个描述路径,所测量光电二极管的光电流如图2所示绘图,而当光电流至少等于其最大值的90%时,有用长度 X_{u} 按路径长度确定。有效面积,即按光电流至少等于其最大值的90%时所规定的面积,由为每个扫描路径确定的所有单个 X_{u} 进行计算。应指明计算的细节。

有效面积可能取决于扫描光的波长。因此,应对光电二极管有用光谱范围中的几个波长测定有效面积。至少应对峰值响应波长 λ_{p}、使用在 $\lambda_{p}\pm 50$ nm发射的单色光源和过滤光源完成测量。

有效面积可能随偏压而稍微变化。至少应在正常偏压 U_{bn} 下完成一次测量。所有测量均应指明偏压。

对雪崩光电二极管,有效面积可能随采用电压而显著变化,正如增益(放大系数)在器件不同工作点可能稍微变化一样。因此,也应测定和说明 G 等于 1 的有效面积。

这个测量通过扫描光电二极管的基本有效面积也能适用于光电二极管阵列。

一个替代的方法是使用脉冲光和光电二极管闪烁探测器的常规放大系统以测量脉冲光电流(见 6.7.2.1)。对集成设备,包括在同一封装中的光电二极管和前置放大器或甚至计算放大系统,应使用这个方法。正比于光电流脉冲的、放大脉冲的幅度对每个像素(图元)绘图,然后以上面描述的相同方法获取 X_u 和有效面积。

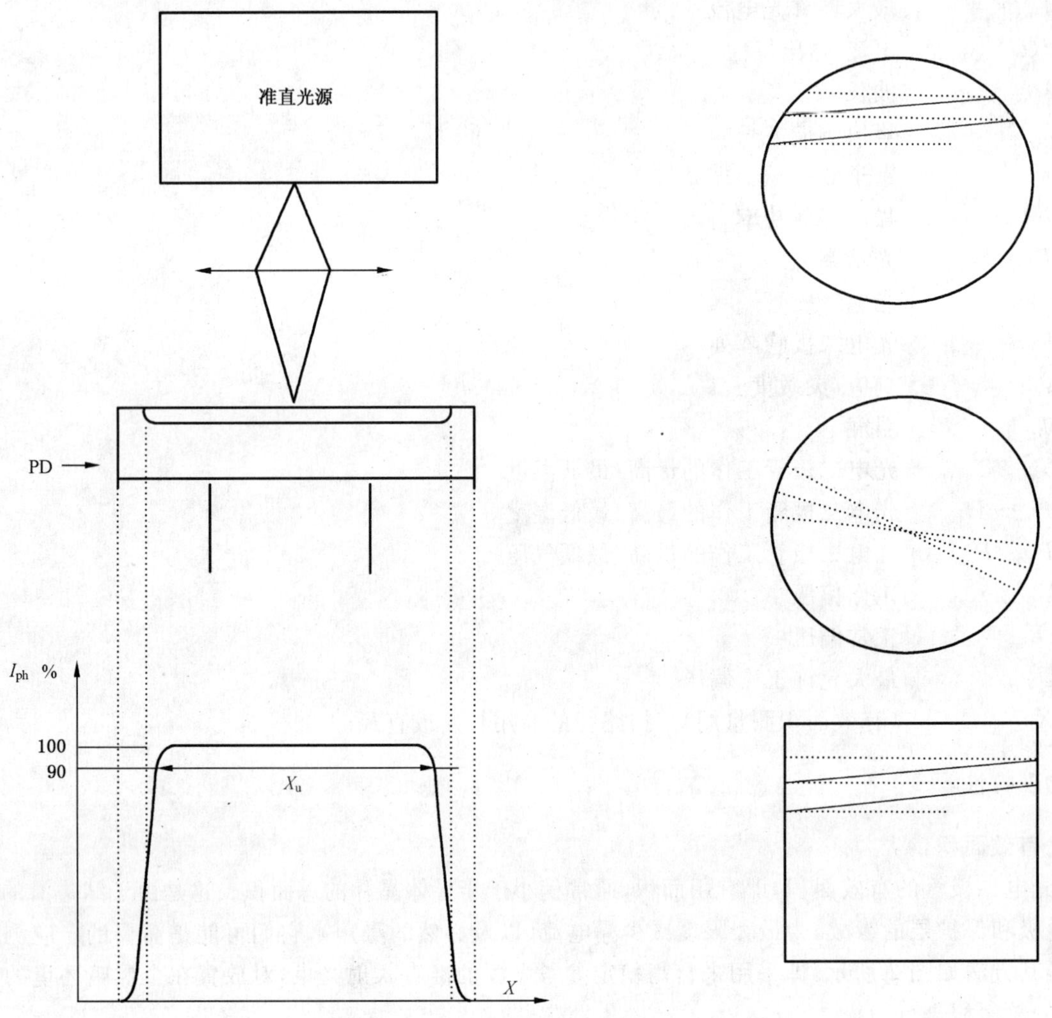

图 2 有效面积测量的装置(上左)和扫描例子

5.2 窗

尽管无窗光电二极管也是有用的,但光电二极管通常由保护层(窗)覆盖以防止闪烁体的机械应力、操作期间擦伤表面或光耦合剂污染表面。

制造商应指明(见第 8 章,数据表)窗的材料和折射率以及清洁光电二极管表面的可能性。如果允许清洁,则应指明能够擦去任何污染的严格条件以及填料和溶剂的类型。

6 电特性

6.1 概述

光电二极管电特性的测量在大多数情况下与 IEC 60333 中描述的直接电离半导体探测器的测量相同。这也是如同探测 IEC 60333 中描述的能量分辨率或噪声以及光电二极管/闪烁体/放大器系统的分辨力等参数一样的情况。

6.2 电容(量)

IEC 60333 中描述方法适用于电容(量)的测量。

由有效面积 A 和电容量 C 按式(1)计算耗尽层 d：

$$C = \varepsilon_r \varepsilon_0 A/d \quad \cdots\cdots(1)$$

式中：

ε_r——半导体的相对介电常数(电容率)；

ε_0——真空介电常数。

ε_r、ε_0、A、d 和 C 均以国际单位制表示。

6.3 漏电流 I_r 和电流-电压特性曲线 $I(U)$

6.3.1 测量

IEC 60333 中描述的测量方法适用。

注：由于光电二极管仅需要低的或中等的偏压，这个测量能使用特定配备的示波器方便完成，以绘制二极管和晶体管的电流-电压特性曲线。该设备具有进行直流或脉冲测量 $I(U)$ 的功能。当在击穿电压区域绘制 $I(U)$ 特性曲线时，推荐脉冲测量方法。对雪崩光电二极管，该方法特别可靠。

6.3.2 温度相关性

半导体光电二极管的漏电流 I_r 随温度呈指数增加，而光电二极管的并联噪声在最高工作温度(60 ℃)附近可成为光电二极管/放大器组合的总噪声的主要贡献。所以，宜在整个工作温度范围内给出漏电流与温度的相关性。

对正常偏压 U_{bn}，至少应指明正常温度下的漏电流 I_r，还应指明最高温度 T_{max} 下的漏电流 I_r。

6.4 上升时间

IEC 60333 中描述的测量方法适用。

注：为避免混乱，在给出上升时间时宜指明是哪个上升时间：

a) 单纯光电二极管；

b) 光电二极管闪烁探测器；

c) 耦合到放大器的光电二极管；

d) 耦合到放大器的光电二极管闪烁探测器。

6.5 光电二极管闪烁探测器使用的前置放大器和放大器

为核辐射探测而与光电二极管闪烁探测器配合使用的前置放大器和放大器，相同于与半导体探测器配合使用的前置放大器和放大器。

IEC 61151 中描述的测量方法适用。

6.6 噪声和分辨力测量

噪声可用测能量分辨力的方法测量，此时 IEC 60333 和 IEC 61151 中描述的测量方法适用。

6.7 雪崩光电二极管的增益(G)

6.7.1 概述

雪崩光电二极管的增益，对恒定入射的光强度，是在给定电压发生倍增时测量的光电流与在低电压无倍增时测量的光电流之比值。

雪崩光电二极管的增益与偏压密切相关，也与温度有关，特别是靠近击穿电压时。

雪崩光电二极管的制造商应给出(见第 8 章数据表)：

a) 雪崩光电二极管能工作的最大电压 U_{bmax}(或最大增益)；

b) 增益作为偏压函数的曲线，或如果推荐正常偏压 U_{bn} 时，U_{bn} 附近的斜率 $\Delta G/\Delta U$；

c) 至少在 U_{bn} 和 U_{bmax} 增益与温度的相关性。

6.7.2 测量

为测量闪烁探测器的雪崩光电二极管增益，可使用两个方法测量作为电压函数的光电流：

a) 测量恒定照度的直流光电流的一般方法；

b) 使用传统的核谱测定、脉冲放大器和分析系统的脉冲光方法。

6.7.2.1 脉冲光方法

雪崩光电二极管光谱测定系统(见图 3)包括滤波和高稳定度的偏压电源、电荷前置放大器、线性成形放大器和模-数变换器(ADC)。

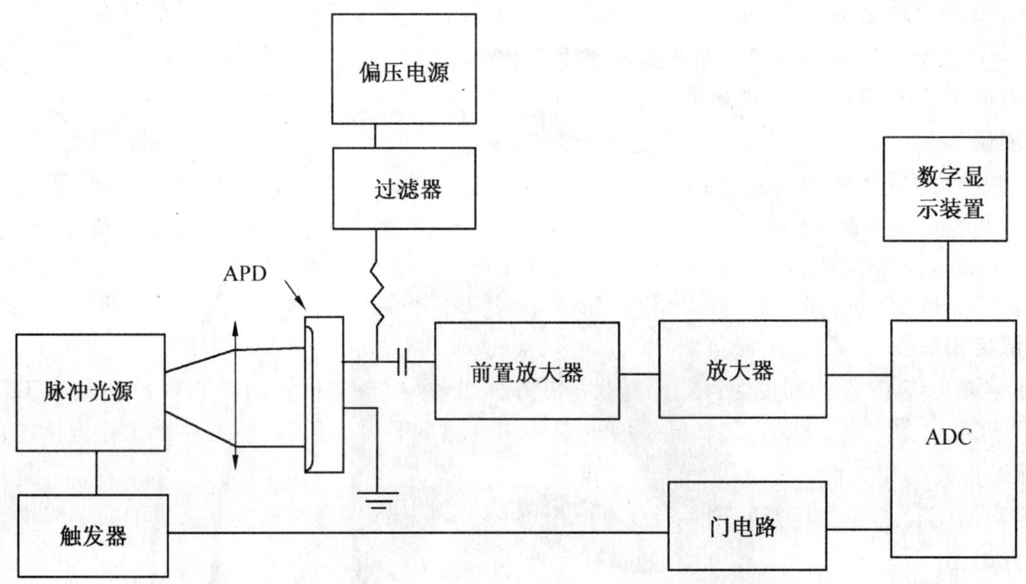

图 3 脉冲法雪崩光电二极管增益测量装置的方框图

在这个测量中推荐使用交流 AC 耦合到前置放大器，以避免带偏压的直流电荷。

来自带启动装置的稳定光源的快光脉冲直接加到光电二极管。光斑应覆盖雪崩光电二极管的整个有效面积，以保证测量足以代表闪烁计数器中所遇到的状态。

应指明光脉冲的波长，其响应并应在高于峰值响应 λ_p 的 50%波长范围内(见第 7 章)。

光脉冲的上升时间应小于前置放大器上升时间的 1/10。

雪崩光电二极管的信号脉冲由电荷灵敏前置放大器和主线性放大器放大和成形，并给出与光电流 I_{ph}成正比的脉冲电压。成形放大器输出脉冲的高度由 ADC 数字化，并按半对数标尺以适宜单位(图 4 左边的标尺)绘制出作为偏压函数的曲线图(见图 4)。

注：某些 ADC 可能需要门控(选通)(接收进入的脉冲)；这能容易使用脉冲光源的触发器实现。

这个曲线的低偏压部分表明一个平坦的水平部分(图 4 的 *ab* 段)，这是没有发生放大时的偏压范围。一个 1 的增益指定给那个范围，因而半对数标尺被换档(右标尺)以直接给出"增益-偏压"关系。

入射光强度(入射光功率)应位于雪崩光电二极管的线性范围，对恒定的偏压和温度，光强度降低或增高 10 倍，则光电流也应同样减少或增加 10 倍。

放大系统和 ADC 的线性度范围应比输出脉冲的动态范围高 1 个数量级，也就是比被测增益的动态范围高十倍(例如对 1 000 的增益线性范围为 4 个数量级)。

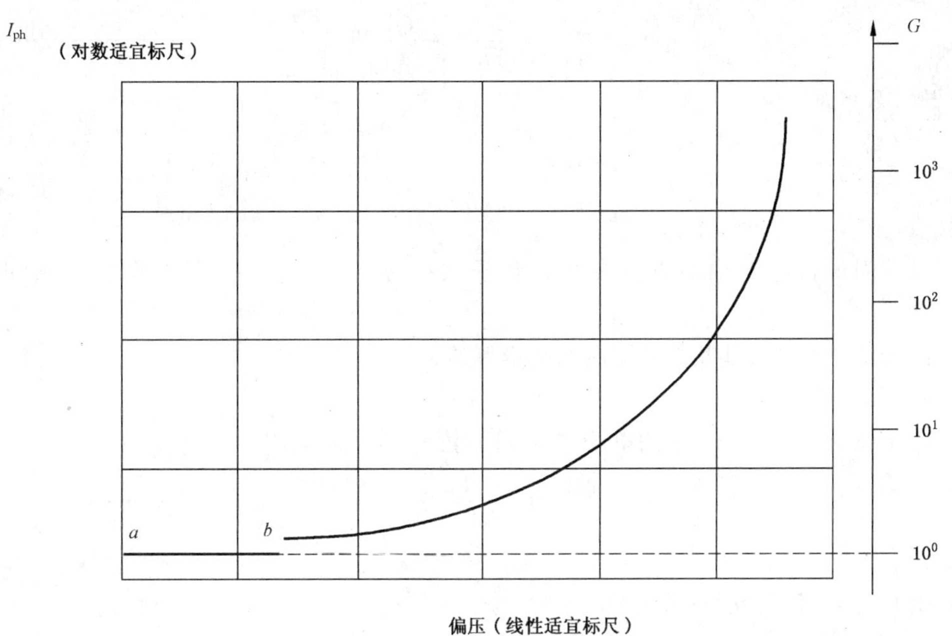

图 4　雪崩光电二极管光电流和增益与偏压的关系

6.7.2.2　直流(DC)耦合方法

测量系统包含一个高稳定的偏压电源和一个与雪崩光电二极管串联的宽动态范围的电流表(如图 6 所示,除光电二极管宜由雪崩光电二极管替代外)。

如 6.7.2.1 一样测量光电流,将光电流(对恒定的入射光)作为所采用偏压值的函数绘图,并按同样的方法测定增益。

6.7.2.1 的大多数要求对本方法也是有效的:

——光斑应覆盖雪崩光电二极管的整个有效面积,以保证测量代表闪烁计数中遇到的状态;

——应指明光脉冲的波长,其响应应当在高于峰值响应 50%的波长范围内;

——入射光强度(入射光功率)应位于雪崩光电二极管的线性范围内:对恒定的偏压和温度,光强度降低或增高 10 倍,光电流也增加或减少同样的 10 倍;

——电流表的线性范围至少应比被测增益高 1 个数量级(例如,对 1 000 的增益线性范围为 4 个数量级)。

6.7.3　增益的温度相关性

正如 6.7 中所指出,雪崩光电二极管的增益对温度很敏感,特别是当雪崩光电二极管的偏压靠近击穿电压工作时,其高增益值对温度更敏感。因为击穿电压随温度变化而改变,当温度升高时,在固定偏压工作的雪崩光电二极管可能永久损坏。因此,在进行这种测量时,宜足够小心。

用于测量的装置与 6.7.2 相同。增添加热和制冷系统以改变整个工作范围内的温度。这个系统(例如小加热炉或耦合到热电冷却器的加热设备)不是本标准的一部分。宜仔细设计,以避免附加到雪崩光电二极管和前置放大器的任何噪声分量,例如由于雪崩光电二极管与前置放大器之间的超长电缆引起的脉动和增加的串联噪声。

由于新近的问题或在雪崩光电二极管和前置放大器集成在单个组件时,雪崩光电二极管和前置放大器总是不能分开测量。在这种情况下,前置放大器也将加热或冷却,这应予以说明。

应按 6.7.2 描述的程序至少对工作温度范围的最高温度值 T_{max} 和最低温度值 T_{min} 进行测量。

从在 T_{max} 和 T_{min} 时 G 与偏压的关系曲线,对给定偏压值 U_b,测定 $G_{T,max}$ 值和 $G_{T,min}$ 值。增益在 U_b 下随温度变化的平均值由式(2)给出:

$$\frac{\Delta G}{\Delta T}=\frac{G_{T,max}-G_{T,min}}{T_{max}-T_{min}} \quad \cdots\cdots(2)$$

$\Delta G/\Delta T$ 以 K^{-1} 为单位。

7 光特性

7.1 概述

光电二极管闪烁探测器中的重要参数是量子效率 η、响应 s（也称为灵敏度）和噪声等效功率（NEP）。

这些取决于波长的参数能从光谱响应的测量得到。

7.2 量子效率（η）

量子效率是每个入射光子产生的电子-空穴对的数量，见式(3)：

$$\eta=\frac{I_{ph}/e}{P_{opt}/hv} \quad \cdots\cdots(3)$$

式中：

I_{ph}——光电流，单位为安培(A)；

e——电子电荷数，单位为库仑(C)；

P_{opt}——入射光功率，单位为瓦(W)；

hv——光子能量，单位为焦耳(J)。

量子效率也可表示为式(4)：

$$\eta=\frac{I_{ph}}{P_{opt}/hv} \quad \cdots\cdots(4)$$

式中 hv 的单位为电子伏特(eV)。

注：式(4)中 I_{ph} 的实际是 I_{ph}(A)/1(C)，单位为安培/库仑(A/C)，或认为 η 是无量纲的(本标准说明)。

量子效率的测量相当复杂，因为它要求知道作为波长函数的反射率，也要求知道可能如光子透射率一样取决于 λ 的电荷收集效率。

对闪烁应用，由于响应是包含许多因子的全局参数，所以它是较贴切的品质因数。

7.3 响应

响应是光电流与入射光功率之比值，见式(5)：

$$s=\frac{I_{ph}}{P_{opt}}=\frac{\eta e}{hv}=\frac{\eta\lambda}{1\ 240} \quad \cdots\cdots(5)$$

式中：

s——响应，单位为安培每瓦(A/W)；

λ——波长，单位为纳米(nm)。

其他符号如式(4)所定义。

7.4 光谱响应

光电二极管的光谱响应(4.1.6)由测量作为波长(nm)函数的响应(A/W)来测定。典型光电二极管的光谱响应如图5所示。

在响应曲线的左边部分(区域Ⅰ)出现短波长(高能量)响应降低，因为短波长的光吸收系数值很大(大于或等于 $10^{-5}\ cm^{-1}$)，而辐射在接近复合时间很短的表面时被吸收。于是光电荷载流子在收集到p-n或p-i-n区域前就这样复合。

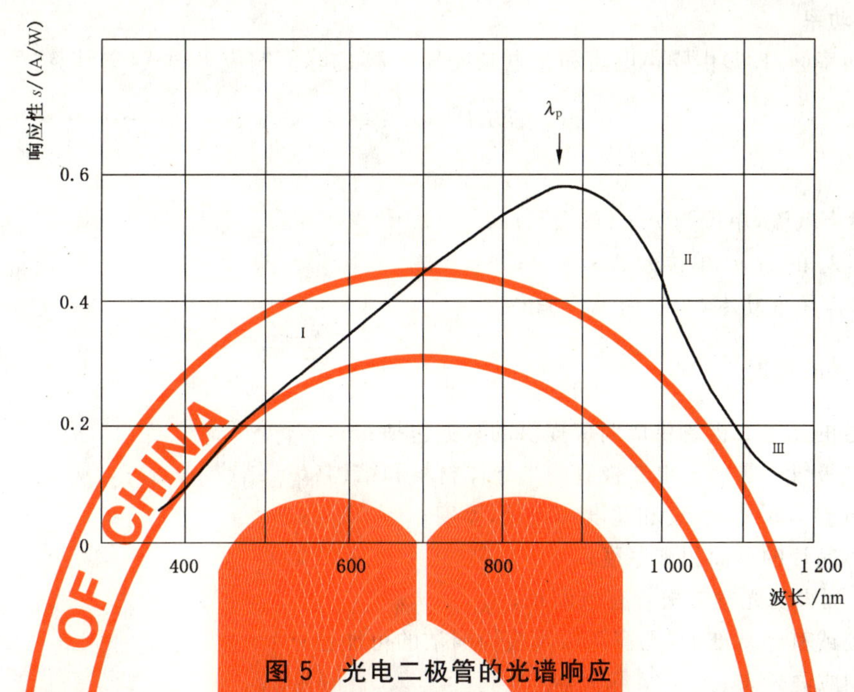

图 5 光电二极管的光谱响应

峰值响应波长 λ_p 后的较长波长处(区域Ⅱ)由半导体能带宽度确立,例如对硅为大约 1 100 nm。

对大于相应能带宽度波长的波长,吸收系数在理想的半导体中宜是"0"。但深俘获程度的出现可引起某些非固有(外来)光电流,同时曲线可出现一个尾部(区域Ⅲ)。该尾部的存在与光电二极管由于俘获/反俘获过程定时特性的劣化相关联。

测量装置的方框图见图 6。

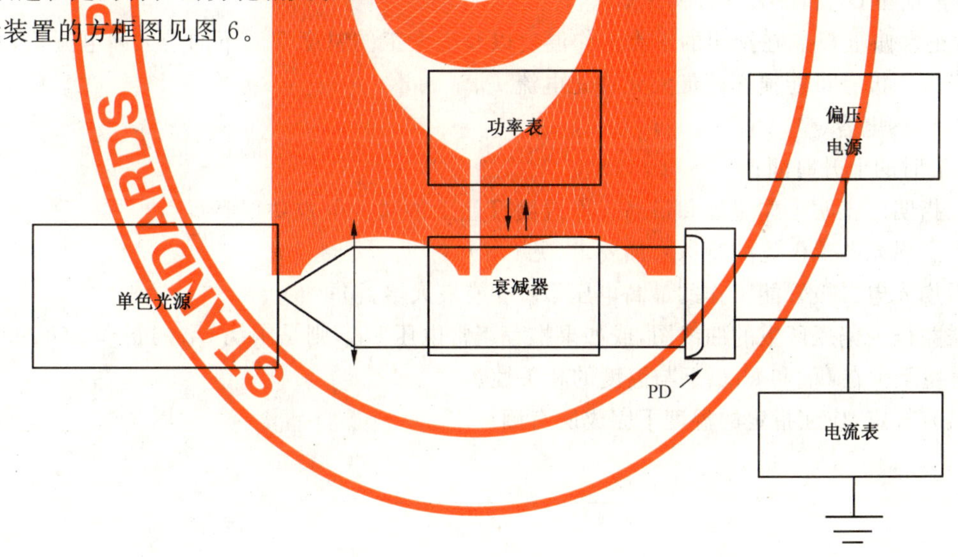

图 6 光电响应测量装置

来自稳定光源的单色光平行束直接对准光电二极管照射。光斑范围应全部包含在有效面积内,但至少应布满该有效面积的 90%,以得到整个光电二极管的光谱响应表达式。

功率表布置在光束中以测量光功率 P_{opt},然后移去功率表并用与光电二极管和偏压电源串联的皮安表或纳安表测量光电流。

对光电二极管有用范围的几个波长重复使用该程序测量光功率和光电流。

为确保光电二极管在线性范围内工作,带校准衰减系数的光过滤器装置应布置在光束中。光电流应按相同的系数减小。

光电响应 I_{ph}/P_{opt} 作为波长的函数绘图(图 5),同时测定对应峰值响应的波长 λ_p。

7.5 噪声等效功率

噪声等效功率(4.1.2)由噪声电流和光电二极管在 λ_p 的峰值响应采用式(6)计算：

$$NEP = \frac{I_{noise}}{s(\lambda_p)} \quad \cdots\cdots(6)$$

式中：

I_{noise}——噪声电流,单位为 $A \cdot Hz^{-(1/2)}$；

$s(\lambda_p)$——在 λ_p 的响应,单位为 $A \cdot W^{-1}$；

NEP——噪声等效功率,单位为 $W \cdot Hz^{-(1/2)}$。

8 供应商应提供的数据

对每种型号的光电二极管供应商应提供的数据包括：

a) 光电二极管或雪崩光电二极管的半导体材料和结构(p-n 结或 p-i-n)；
b) 器件的整体尺寸,长度和宽度或直径,厚度；
c) 半导体晶片的总面积和厚度；
d) 在 U_{bn} 测得的光电二极管有效面积；
e) 窗材料或其他基准的"无窗",以及表面清洁的可能性；
f) 峰值响应波长 λ_p；
g) 在 λ_p 和 500 nm(CsI(Tl)发射光谱的最大值)的响应；
h) 工作温度范围 $T_{max} \sim T_{min}$ 和贮存温度范围,工作湿度范围 $H_{max} \sim H_{min}$ 和贮存湿度范围,工作气压范围 $P_{max} \sim P_{min}$ 和贮存气压范围；
i) 正常偏压 U_{bn} 和最大允许偏压 U_{bmax}；
j) 对正常偏压 U_{bn},在指明的正常工作温度以及最大工作温度 T_{max} 下的最大漏电流 I_r；
k) 光电二极管可能损坏的最大允许光电流 I_{max}；
l) U_{bn} 时的电容(量)；
m) U_{bn} 时的上升时间；
n) 在指明的正常工作温度和最高工作温度 T_{max} 下的噪声等效功率 NEP；
o) 对雪崩光电二极管的特殊附加要求(见 6.7)：
p) 雪崩光电二极管能工作的最高电压 U_{bmax}(或最大增益)；
q) 增益作为偏压函数的曲线图,或如果推荐正常电压 U_{bn},则是围绕 U_{bn} 的斜率 $\Delta G/\Delta U$；
r) 增益至少在 U_{bn} 和 U_{bmax} 下与温度的相关性。

除非另有规定,应在指定的温度下完成所有测量。

ICS 01.140.20
A 14

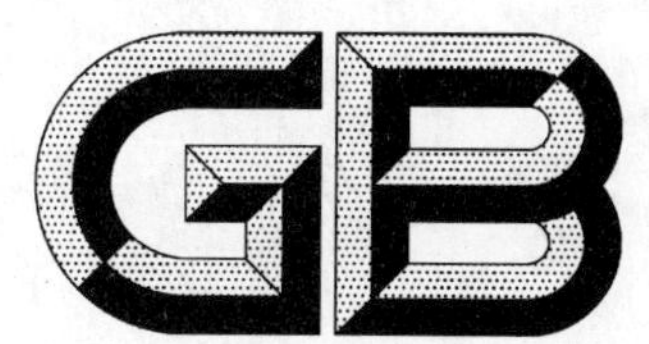

中华人民共和国国家标准

GB/T 23730.1—2009

中国标准视听作品号 第1部分:视听作品标识符

China standard audiovisual number—Part 1:Audiovisual work identifier

(ISO 15706-1:2002 Information and documentation—International Standard Audiovisual Number (ISAN)—Part 1:Audiovisual work identifier,MOD)

2009-05-06 发布　　　　2009-11-01 实施

中华人民共和国国家质量监督检验检疫总局
中国国家标准化管理委员会　发布

前　　言

中国标准视听作品号国家标准由以下两部分构成：

——GB/T 23730.1—2009《中国标准视听作品号　第1部分：视听作品标识符》；

——GB/T 23730.2—2009《中国标准视听作品号　第2部分：版本标识符》。

本部分结合我国实际情况，修改采用国际标准ISO 15706.1：2002《信息与文献　国际标准视听作品号(ISAN)　第1部分：视听作品标识符》。

本部分在修改采用ISO 15706.1：2002时，主要做了以下修改(包括编辑性修改)：

——删除该国际标准第8章收费的内容；

——删除该国际标准附录C.2国际ISAN机构和附录C.3国际ISAN注册办理机构；

——增加了附录A.1查验注册登记者身份号码的规定；

——增加了附录C.2中国ISAN机构；

——内容条款上将一些国际标准的表述改为适用于国家标准的表述；

——根据ISO 15706.1：2002/Amd 1：2008，即"信息与文献　国际标准视听作品号(ISAN)修订案1：替换编码和编辑性修改"文件中所规定的替换编码和编辑性修改对ISO 15706.1：2002进行了修改。

本部分的附录A、附录B、附录C、附录E、附录F为规范性附录，附录D为资料性附录。

本部分由全国信息与文献标准化技术委员会提出并归口。

本部分起草单位：北京师范大学、中国标准化研究院、文化部文化市场发展中心、中央电视台总编室、中央人民广播电台图书音像资料馆、北京大学、北京创源编码研究院。

本部分主要起草人：耿骞、刘植婷、袁力、武金鑫、王亚平、王亚、沈正华、邵珂、白阳。

引　言

中国标准视听作品号是国际标准视听作品号(International Standard Audiovisual Number,简称国际标准视听作品号)系统的组成部分。国际标准视听作品号系统创建于2002年,它是国际上视听作品通用的标识编码系统。

中国标准视听作品号为唯一、持久地识别中国境内原创视听作品提供了一种国际通用的编码方法,中国标准视听作品号将对作品进行全生命周期的认证,其目的是在任何时间都能准确、唯一地实现视听作品的认证。作为一个标识,中国标准视听作品号可以用于不同的目的,可以帮助权利持有者分配专用权使用费,可以跟踪视听作品的使用状况;也可以用于信息检索和反盗版,例如检验题名注册情况。中国标准视听作品号也可以在需要版本或者产品信息时,为辅助认证系统提供基础信息,支持自动播放控制和自动存储和检索系统的应用。

中国标准视听作品号
第1部分:视听作品标识符

1 范围

GB/T 23730的本部分规定了中国标准视听作品号的结构、分配和使用规则、显示位置和方式以及相关元数据和系统的管理和维护。

本部分适用于由动态影像构成的抽象的智力或艺术创作。

本部分不适用于具有具体表现形式或载体形态的视听作品。

附录A给出了本部分适用的或不适用的视听作品实例。

注册中国标准视听作品号与版权登记不具有同一性,也不自然成为视听作品知识产权的法律凭证。

2 规范性引用文件

下列文件中的条款通过GB/T 23730的本部分的引用而成为本部分的条款。凡是注日期的引用文件,其随后所有的修改单(不包括勘误的内容)或修订版均不适用于本部分。然而,鼓励根据本部分达成协议的各方研究是否可使用这些文件的最新版本。凡是不注日期的引用文件,其最新版本适用于本部分。

GB/T 2659 世界各国和地区名称代码(GB/T 2659—2000,eqv ISO 3166-1:1997)

GB/T 4880.2 语种名称代码 第2部分:3字母代码(GB/T 4880.2—2000,eqv ISO 639-2:1998)

GB 11643 公民身份号码

GB 11714 全国组织机构代码编制规则

GB/T 17710 信息技术 安全技术 检验字符系统(GB/T 17710—2008,ISO/IEC 7064:2003,IDT)

3 术语和定义

下列术语和定义适用于本部分。

3.1

视听作品 audiovisual work

由一系列相关的附带或者没有附带声音的图像组成,通过使用设备,无论是最初的还是随后使用的媒介,都要作为动态的影像可视。

3.2

校验码 check character

通过编码数字之间的数学关系来保证数字准确的附加码。

3.3

复合视听作品 composite audiovisual work

包含一个或多个其他视听作品或者视听作品的部分,这些视听作品或者视听作品的部分在整个组成的视听作品中的关系是非实体的。

示例:一个包含动画卡通片或者其他影像剪辑的长片,或一个包含以前生产的长片中、电视剧剧集或者其他视听作品中一系列镜头的电视节目。

3.4

注册登记者 registrant

向中国 ISAN 机构申请分配中国标准视听作品号的组织或个人。包括视听作品的制作者、制作者的授权办理机构或代理人。

3.5

中国 ISAN 机构 registration agency

负责中国标准视听作品号的注册、管理和维护的机构。

3.6

连续视听作品 serial audiovisual work

连续视听作品所产生的单个剧集或部分相互之间具有关系，通常整个系列拥有一个共同的题名。

4 中国标准视听作品号的结构

4.1 视听作品的中国标准视听作品号由 64 个二进制位组成，当以人工可读形式(人工可读格式与主要借助于数据加工设备不同，主要是指由人来阅读和书写的一种格式)呈现时，表现为由阿拉伯数字 0～9 和拉丁字母 A～F 组成的 16 个十六进制字符。这 16 个字符可分为 12 个字符的根字段和 4 个字符的用于标识连续性视听作品的剧集字段两部分(见 A.11)。无论中国标准视听作品号是否以人工可读格式呈现，都需要在 16 个字符后附加一个校验码(见附录 B)。

示例：ISAN RRRR-RRRR-RRRR-EEEE-X

有关中国标准视听作品号的进一步编码信息详见附录 E 和附录 F。

4.2 如果所要注册的作品不是一个连续视听作品的一个剧集或部分，中国标准视听作品号中的剧集字符部分使用 4 个 0 填充。

示例：ISAN 2B1A-FF17-3E20-0000-3

4.3 为了避免可能出现的重复，任何一个分配给连续视听作品的剧集或者部分的中国标准视听作品号中代表剧集部分的代码都不应当是 4 个 0(0000)。

示例：ISAN 0123-1230-3210-2310-1

4.4 中国标准视听作品号是一个不表示其他更多含义的号码。除了在 4.1 中所描述的两个组成部分外，中国标准视听作品号不应再包含任何代码或者有意义的组成部分。

5 中国标准视听作品号的分配

5.1 中国标准视听作品号由中国 ISAN 机构根据注册登记者的申请进行分配。

5.2 一个中国标准视听作品号只能分配给一个视听作品，而一个视听作品只能通过分配得到一个中国标准视听作品号 。

5.3 一个中国标准视听作品号被永久地分配给一个视听作品，并且不能被改变、替换或者重新分配使用。

5.4 对于中国标准视听作品号分配和使用的进一步规范说明见附录 A。

6 中国标准视听作品号的显示位置和方式

6.1 无论视听作品采用何种格式(数字或模拟)或物理介质(电影胶片或光盘)，中国标准视听作品号都要永久性地嵌入或者贴附到视听作品中。视听作品的制作应从技术上保证这一点是可行的。中国标准视听作品号与数字内容关联公示数据库由中国 ISAN 机构进行维护。

6.2 视听作品的文献、宣传和包装均应包含中国标准视听作品号。

6.3 当中国标准视听作品号被打印或者以其他人工可读形式显示(例如在标签、物理载体、技术文档等)时，应先显示中国标准视听作品号的 16 位字符，而且在其后面附加准确的校验码(见附录 B)。

6.4 作为一种准确抄录人工可读形式的中国标准视听作品号的辅助措施，一个中国标准视听作品号应以四组字符附加一个校验码的形式呈现。其中每组由四个十六进制字符组成，同时，每一组字符和校验码之间要用连字符或者空格隔开。分组所产生的字符组合不具有任何内在的含义。

示例：

ISAN 1881 66C7 3420 6541 9

ISAN 1881-66C7-3420-6541-9

6.5 当以人工可读格式出现时，中国标准视听作品号中的字符 A～F 及其校验码中出现的字符 A～Z 应以大写形式显示。当使用机器进行处理时，大小写应视为等同。

6.6 如果一个视听作品已经具有了特定格式的产品编码，例如国际标准书号(ISBN)或国际商品编码(UPC)等，那么该作品的中国标准视听作品号应在其外包装上紧邻其他编码的下方位置，以明显区别于其他编码的方式出现。

6.7 视听作品的中国标准视听作品号显示方法的更多详细内容在用户指南中给予解释。

7 中国标准视听作品号系统的管理

中国 ISAN 机构(Registration Agency)[1] 执行本部分的规定，统一负责中国境内 ISAN 编码的注册、管理和维护。

中国 ISAN 机构的职责见附录 C。

1) 是国际标准 ISO 15706 规定的 ISAN 区域性注册机构。

附 录 A
（规范性附录）
中国标准视听作品号的分配及使用规则

A.1 中国标准视听作品号只能发放给由中国ISAN机构确认的注册登记者。注册登记者申请中国标准视听作品号，应根据中国ISAN机构的要求提交身份号码以备查验。注册登记者是组织机构的，应提交组织机构代码。组织机构的名称和代码按照GB 11714执行。注册登记者是自然人的，其姓名和公民身份号码按照GB 11643执行。对注册登记者的注册要求和程序可以从中国ISAN机构所提供的用户指南中获得。

A.2 中国标准视听作品号只能唯一地分配给一个视听作品。中国标准视听作品号通过中国ISAN机构申请和接收。

A.3 一旦一个中国标准视听作品号被分配给一个视听作品，就不能再发放给任何其他的视听作品。

A.4 注册登记者应为注册中国标准视听作品号的视听作品提供相关的著录信息（参见附录D）。

A.5 根据规定提供了必需的著录信息（参考附件D）后，注册登记者可以在视听作品生产期间或者之后的任何时间申请分配中国标准视听作品号。中国标准视听作品号也可以分配给本标准实施之前生产的视听作品。

A.6 中国标准视听作品号的发放不作为视听作品所有权的证明。不论所有权发生什么变化，中国标准视听作品号都保持不变。

A.7 以下是一些可以向其发放中国标准视听作品号的视听作品例子：

——电影（例如，长片）；

——短片；

——电影预告片（例如，预览）；

——电视或者其他传播方式的产品，包括连续视听作品（例如，电视剧）的单个剧集；

——工业、教育或者培训影片；

——商业片；

——广播和录音的现场活动（例如：体育赛事和新闻报道等）；

——含有重要视听成分，包括非线性（例如交互成分）的复合视听以及多媒体作品。

A.8 以下是一些中国标准视听作品号不予发放的作品举例：

——视听作品的非视听元素，（例如一个视听作品中的声道、电影剧本或者是一个单独的图像）；

——声音录音；

——静态照片，幻灯片集或者类似的静态图像；

——不包含重要视听成分的多媒体作品。

A.9 视听作品的不同版本可以通过与该视听作品中国标准视听作品号相关联的辅助标识或编码进行识别。

以下是一些视听作品版本或者其他类型变化的例子，对于这些变化产生的作品不能分配一个新的中国标准视听作品号：

——不同语言的版本，无论是字幕或者是配音；

——视听作品权利或者所有权的变化；

——不同格式或者解决方案，例如模拟或者数字，宽屏或者是遥摄及扫描屏幕模式；

——为电视广播进行的剪辑；

——视听作品物理载体的变化。

关于版本识别的进一步认证可以从中国标准视听作品号办理机构获得。

A.10　复合视听作品

复合视听作品可以拥有自己的中国标准视听作品号,并独立于已经获得中国标准视听作品号的组成部分。

一个分配给复合视听作品的中国标准视听作品号不应取代该复合视听作品组成部分已经获得的中国标准视听作品号。

A.11　连续视听作品

连续视听作品的每一剧集或者部分都可以有它自己的中国标准视听作品号。

根据剧集被委任、生产或者显示的顺序产生的连续的中国标准视听作品号没有任何含义。

中国 ISAN 机构应依据附录 D.3 规定的著录信息,采用简化申请程序注册连续视听作品中单个剧集的中国标准视听作品号。

附 录 B
（规范性附录）
中国标准视听作品号的校验码

B.1 校验码的目的是要防范中国标准视听作品号的不当抄录导致的错误。

B.2 中国标准视听作品号的校验码是一个字符，它可以是0到9的阿拉伯数字，也可以是A到Z的拉丁字母。校验码以中国视听作品编码标准的16位十六进制字符为基础，根据MOD 37,36系统计算得出。MOD 37,36系统的内容在GB/T 17710中规定。

B.3 无论何时以人工可读形式显示中国标准视听作品号，均应在其字符串尾端添加第十七位校验码字符。

示例1：ISAN 153C-7365-B36F-844C-N

示例2：ISAN 083A 3317 3E20 0000 6

示例3：ISAN 2B1A-FF17-3E20-6541-7

B.4 中国标准视听作品号被人工输入或从数据库（或其他机器可读形式的设备）检索输出时，需要使用校验码进行正确性验证。

B.5 当以人工形式将中国标准视听作品号输入系统时，系统的接收程序应：

a） 能够自动排除那些既不是十六进制数字也不是合法的校验码的字符（例如中国标准视听作品号中用于进行分离的空格或者连字符）；

b） 确保刚好有16位十六进制数字和一位包括字母或数字的校验码；

c） 将第17位字符作为校验码并根据前16位确认其正确性。

B.6 涉及中国标准视听作品号数据录入和检索的应用系统应使用中国ISAN机构所提供的公用软件进行校验码的计算。

附 录 C
（规范性附录）
中国标准视听作品号系统的管理

C.1 总则

中国标准视听作品号系统是国际标准视听作品号系统的组成部分，它由国际ISAN机构和其授权的区域性机构分级管理。

中国ISAN机构依据国际ISAN机构制定的有关规则和本部分的规定，负责中国标准视听作品号的管理。

C.2 中国ISAN机构的职责

C.2.1 遵照本部分的规定，推动在中国境内实施中国标准视听作品号的应用。

C.2.2 统一受理注册登记者要求分配中国标准视听作品号的申请。

C.2.3 建立并维护全国标准视听作品号的注册系统。

C.2.4 处理注册登记者身份数据和对中国标准视听作品号的申请，并且为中国标准视听作品号注册人提供关于中国标准视听作品号系统所推荐的实践活动的指导。

C.2.5 公示分配中国标准视听作品号的结果。

C.2.6 通知注册登记者相关的中国标准视听作品号的分配状况。

C.2.7 在被提供相关错误的合理证据时，纠正错误的著录信息。

C.2.8 维护注册登记者的注册数据，以及注册登记者被拒绝或取消的申请记录，并与国际ISAN机构交换这些信息。

C.2.9 维护中国标准视听作品号发放和申请中国标准视听作品号被拒绝的记录，并与国际ISAN机构交换这些信息。

C.2.10 以安全可靠的方式管理和维护与注册登记者和中国标准视听作品号有关的数据，并遵从国际ISAN机构制定的规范。

C.2.11 汇编和维护在运行中的统计和财务数据，并且将结果报告给国际ISAN机构。

C.2.12 保证用户可以获得中国标准视听作品号和相关的著录信息。

C.2.13 遵从本部分所定规范，对使用中国标准视听作品号系统的公众进行宣传、教育和培训。

附 录 D
（资料性附录）
视听作品注册的描述信息

D.1 一般原则

为了充分地描述申请中国标准视听作品号的特定视听作品的著录信息，注册登记者应向中国ISAN机构提供规定数量的有关该正在进行申请的视听作品的著录信息，对著录信息的规定参见下边的内容。注册登记者被允许在合适的时候更新著录信息。

著录信息的类型和格式规范由中国ISAN机构依据程序规则和本部分的规范进行修改。

D.2 注册新的视听作品的著录信息

表D.1展示了一个新的视听作品注册要提供的著录数据元素。

注：参考D.3和表D.2中有关连续视听作品中剧集的著录信息。

表 D.1 新的视听作品注册要提供的著录数据元素

数据元素	状态[a]	说 明
视听作品的题名	R	使用其在作品中出现的形式
视听作品的原始语言	R	使用GB/T 4880.2语种编码中描述的分类
在原始语言中的交替题名（如果可用）	R	
有关年份	R	使用作品中出现的可用年份
首次向公众出版或者交流的年份	O	
主要导演的全名	R	包括姓和名，如果知道并且姓和名是可用的
主要演员和参与者[b]的全名	R	最少应有三个演员，如果这三个演员是可用和可获得的。参考脚注b。 包括姓和名，如果知道并且姓和名是可用的
其他语种版本（如果已知）	O	使用GB/T 4880.2语言编码描述的分类
其他语种版本的题名（如果已知）	O	
是否是复合视听作品？	R	如果是复合视听作品，提供每一个组成部分的题名和它们的中国标准视听作品号，如果这些内容是适用的和可获得的
大约持续的时间（分和/或秒为单位）	R	如果在最初注册的时候不知道，那么在其后应尽可能补充该数据项。 如果有多个版本，该数据项可能会取不同的值。它为进行对比提供一般性的指示，而不是要进行准确的测量。 对于非线性（例如交互式的）视听作品，持续时间不作要求
类型	R	例如：长片、连续剧、商业片、现场事件的录音带等。 使用中国标准视听作品号机构具体说明的分类
实况转播还是动画制作	R	具体说明作品是动画制作，还是实况转播，还是二者皆有的
是否为合作制作	O	
主要生产者的全名	O	包括姓和名，如果知道并且姓和名是可用的

表 D.1（续）

数据元素	状态[a]	说明
主要生产公司	O	
有关国家	O	使用 GB/T 2659 国家编码描述的分类。 具体说明产品的国家或者拍摄的地点
剧本作者的全名	O	包括姓和名，如果知道并且姓和名是可用的
其他补充信息	O	

[a] R＝必备项；O＝可选择项。

[b] 在需要的情况下（例如，如果主要演员的不能被确定），主要角色的姓名可以在主要演员名字出现的地方出现。中国标准视听作品号注册办理机构要在注册时被告知这种替代。

D.3 注册连续视听作品中剧集的著录信息

为了方便注册，一旦一个剧集群中的最初剧集的著录信息已经根据 D.2 和表 D.1 注册过，那么该连续集或者其他连续视听作品中剧集所需提供的著录信息数量就应减少。在这种情况下，第一次已经注册的剧集应在同组随后的中国标准视听作品号注册中成为相关的剧集。

在进行注册判断时，剧集的新组合可以在任何时间被建立，但是每一个组合都应有它自已的剧集引用。每一个剧集的新组合都应是对中国标准视听作品号数据库中的首次组合的交叉引用。

表 D.2 注册剧集的著录数据元素

数据元素	状态[a]	备注
整个连续视听作品的题名	R	使用其在作品出现的形式
有关剧集的中国标准视听作品号	R	通常是首次注册剧集的中国标准视听作品号
剧集的题名	R	如果可用就是必需的，如果没有剧集的题名，那么必须提供它的剧集序号
剧集的序号	R	如果可用就是必需的，如果没有剧集的序号，那么必须提供它的题名
剧集的有关年份	R	使用剧集中出现可用的年份
剧集首次向公众出版或者交流的年份	O	
剧集主要导演的全名	O	包括姓和名，如果知道并且姓和名是可用的
剧集主要演员和参与者[b] 的全名	O	参考脚注 b 包括姓和名，如果知道并且姓和名是可用的
剧集剧本作者的全名	O	包括姓和名，如果知道并且姓和名是可用的
剧集大约的持续时间（以分或者秒为单位）	O	如果在最初注册的时候不知道，那么在其后应尽可能补充该数据项 如果有多个版本，该数据项可能会取不同的值。它为进行对比提供一般性的指示，而不是要进行准确的测量 对于非线性（例如交互式的）视听作品，持续时间不作要求
需要说明的有关剧集补充信息	O	包括任何在表 D.1 中所列出的数据，不同于单个剧集（例如，生产的不同国家）

[a] R＝必备项；O＝可选择项。

[b] 在需要的情况下（例如，如果演员不能被确定），主要角色的姓名可以在主要演员名字出现的地方出现。中国标准视听作品号注册办理机构要在注册时被告知这种替代。

D.4 注册连续视听作品中以前库存的著录信息

对于在ISAN注册实施以前生产的以前库存或者其他视听作品的注册，作为必备项具体说明的著录信息只是在注册时有效才是必须的。一个注册登记者或者是中国ISAN机构可以提供在作品首次注册时遗漏的数据。

附 录 E
（规范性附录）
中国标准视听作品号的二进制代码

E.1 中国标准视听作品号的人工可读格式由 16 个十六进制的字符组成，如第 4 章所定义的。它的机读格式是用二进制形式表示的，由 64 个二进制的位来编码，并且其前方以“ISAN”字符开始，结尾处的在人工可读格式中使用的校验字符被省略。以最高有效位优先的方式，这 64 个二进制位作为一个无符号整数进行编码和传输，如图 E.1 所示。

```
msb                                                     lsb
R R R R R R R R R R R R E E E E
msb=最高有效位
lsb=最低有效位
```

图 E.1 视听作品 ISAN 的二进制编码

附 录 F
（规范性附录）
中国标准视听作品号的 XML 编码

F.1 XML 编码

中国标准视听作品号的人工可读取格式由 16 个十六进制的字符组成，如第 4 章所定义。在 XML 文档中进行描述时应根据在 F.2 中定义的模式来编码。在中国标准视听作品号的 XML 描述中省略了前方的“ISAN”字样。

示例 1：〈ISAN root=“rrrr-rrrr-rrrr” episodeOrPart=“eeee” check1=“x”/〉

示例 2：〈ISAN root=“rrrr-rrrr-rrrr” episodeOrPart=“eeee”/〉

示例 3：〈ISAN root=“rrrr-rrrr-rrrr”/〉

rrrr-rrrr-rrrr 是根字段的值，eeee 是剧集字段的值，x 是校验码。

注：示例 3 没有完全定义一个中国标准视听作品号，但是在特殊情况下，如果仅能知道中国标准视听作品号的根字段的值，则可以这样使用。

除非 XML 编码只在机器之间单独使用，否则所有的属性都是必备的。

如果 XML 编码中出现*check1* 属性，则也应出现*episodeOrPart* 属性。例如，以下这种方式是不被允许的：〈ISAN root=“rrrr-rrrr-rrrr” check1=“x”/〉

F.2 中国标准视听作品号数据项的 XML 模式

以下模式定义了中国标准视听作品号的 XML 编码。当在 XML 文档中描述视听作品的中国标准视听作品号时，应按下边的符合 W3C 规范的 XML 模式进行编码。

```
〈?xml version="1.0"?〉
〈xsd:schema xmlns:xsd="http://www.w3.org/2001/XMLSchema"
    targetNamespace="http://www.isan.org/ISAN"
    xmls="http://www.isan.org/ISAN"〉

    〈xsd:simpleType name="rootType"〉
        〈xsd:restriction base="xsd:string"〉
            〈xsd:pattern value="[\dA-Fa-f]{4}-[\dA-Fa-f]{4}-[\dA-Fa-f]{4}"/〉
        〈xsd:restriction〉
    〈xsd:simpleType〉

    〈xsd :simpleType name="episodeOrPartType"〉
        〈xsd :restriction base="xsd:string"〉
            〈xsd:pattern value="[\dA-Fa-f]{4}"/〉

        〈/xsd:restriction〉
    〈/xsd:simpleType〉

    〈xsd :simpleType name="CheckType"〉
        〈xsd :restriction base="xsd:string"〉
```

```
        <xsd:pattern value="[\dA-Za-z]{1}"/>
      </xsd:restriction>
    </xsd:simpleType>

    <xsd:attributeGroup name="isanGroup">
      <xsd:attribute name="root"type="rootType"use="required"/>
      <xsd:attribute name="episodeOrPart"type="episodeOrPartType"use="optional"/>
      <xsd:attribute name="check1"type="checkType"use="optional"/>
    </xsd:attributeGroup>

    <xsd:complexType name="isanGroup">
      <xsd:attributeGroup ref="isanGroup"/>
    </xsd:complexType>

    <xsd:element name="ISAN"type="isanType"/>

</xsd:schema>
```

ICS 01.140.20
A 14

中华人民共和国国家标准

GB/T 23730.2—2009

中国标准视听作品号 第2部分:版本标识符

China standard audiovisual number—
Part 2:Version identifier

(ISO 15706-2:2007 Information and documentation—
International Standard Audiovisual Number (ISAN)—
Part 2:Version identifier,MOD)

2009-05-06 发布　　2009-11-01 实施

中华人民共和国国家质量监督检验检疫总局
中国国家标准化管理委员会　发布

前　言

中国标准视听作品号国家标准由以下两部分构成：

——第一部分：GB/T 23730.1—2009《中国标准视听作品号　第1部分：视听作品标识符》；

——第二部分：GB/T 23730.2—2009《中国标准视听作品号　第2部分：版本标识符》。

本部分结合我国实际情况，修改采用国际标准ISO 15706.2:2007《信息与文献——国际标准视听作品号(ISAN)　第2部分：版本标识符》。

本部分在修改采用ISO 15706-2:2007时，主要做了以下修改(包括编辑性修改)：

——删除该国际标准第3章术语3.3“方案服务提供者”、3.7“V-ISAN授权机构”、3.8“V-ISAN分布式查询系统”和3.12“V-ISAN注册办理机构”；

——删除该国际标准第7章有关国际V-ISAN授权机构、注册办理机构、方案提供者的内容；

——删除该国际标准第8章有关分配标准视听作品号版本号适当收费的内容；

——增加了中国V-ISAN机构职责的内容；

——根据中国国情，增加7.3.2，规定中国标准视听作品号版本号的注册登记者需提交公民身份号码或组织机构代码以备查验；

——内容条款上将一些国际标准的表述改为适用于国家标准的表述。

本部分的附录A、附录B、附录C、附录D和附录E为规范性附录。

本部分由全国信息与文献标准化技术委员会提出并归口。

本部分起草单位：北京师范大学、中国标准化研究院、文化部文化市场发展中心、中央电视台总编室、中央人民广播电台图书音像资料馆、北京大学、北京创源编码研究院。

本部分主要起草人：耿骞、刘植婷、袁力、武金鑫、王亚平、王亚、沈正华、邵珂、白阳。

引　　言

中国标准视听作品号版本号为视听作品的内容构成建立了统一、自愿的标识方法。

中国标准视听作品号版本号可以标识视听作品生命期内各要素的演变(如:艺术内容、语种、编辑和技术格式),它独立于该版本传播过程中的物理形态而存在。

中国标准视听作品号版本号是对GB/T 23730.1视听作品标识符的补充规定,提供了中国标准视听作品号的版本识别机制。

中国标准视听作品号
第2部分:版本标识符

1 范围

GB/T 23730 的本部分规定了中国标准视听作品号版本号的结构、分配和使用规则、显示位置和方式以及相关元数据和系统的管理和维护。

本部分是以 GB/T 23730.1 规定的视听作品标识符为基础,适用于精确、唯一标识视听作品在生命期内所产生的作品或其他内容中的任一版本。

注册中国标准视听作品号版本号与版权登记不具有同一性,也不自然成为视听作品知识产权的法律凭证。

2 规范性引用文件

下列文件中的条款通过 GB/T 23730 的本部分的引用而成为本部分的条款。凡是注日期的引用文件,其随后所有的修改单(不包括勘误的内容)或修订版均不适用于本部分,然而,鼓励根据本部分达成协议的各方研究是否可使用这些文件的最新版本。凡是不注日期的引用文件,其最新版本适用于本部分。

GB/T 4880.2 语种名称代码 第2部分:3字母代码(GB/T 4880.2—2000,eqv ISO 639-2:1998)

GB/T 7408 数据元和交换格式 信息交换 日期和时间表示法(GB/T 7408—2005,ISO 8601:2000,IDT)

GB 11643 公民身份号码

GB 11714 全国组织机构代码编制规则

GB/T 17710 信息技术 安全技术 检验字符系统(GB/T 17710—2008,ISO/IEC 7064:2003,IDT)

GB/T 23730.1 中国标准视听作品号 第1部分:视听作品标识符(GB/T 23730.1—2009,ISO 15706.1:2002,MOD)

3 术语和定义

GB/T 23730.1 确立的以及下列术语和定义适用于本部分。

3.1

中国标准视听作品号 ISAN

遵照 GB/T 23730.1 的规定,由中国 ISAN 机构为中国境内的视听作品所分配的、在全球范围内唯一的号码标识。中国标准视听作品号使用与国际标准视听作品号相同的前置符“ISAN”。

3.2

内部编号 private number

中国标准视听作品号版本号预留的编码空间,供注册登记者内部编号使用。内部编号不需进行注册登记,只适用于系统内部,且不能作为外部系统之间互换的依据。

3.3

版本 version

影响视听作品内容的一组元素集。指可能影响视听作品内容的改变,或在利用、宣传时需要单独标识该内容,都将视为新的版本的产生,分配一个中国标准视听作品号版本号。见附录 A。

3.4

版本字段　version segment

根据本部分的规定,用于标识视听作品不同版本的字段。

3.5

中国标准视听作品号版本号　V-ISAN

由在经过注册的中国标准视听作品号的基础上附加版本字段组成。

3.6

中国 V-ISAN 机构　V-ISAN registration agency

负责中国标准视听作品号版本号的注册、管理和维护的机构。该机构与 GB/T 23730.1 规定的中国 ISAN 机构为同一机构。

3.7

中国标准视听作品号版本号元数据　V-ISAN metadata

通过中国标准视听作品号版本号标识的与作品版本相关的信息。中国标准视听作品号版本号元数据包括关联中国标准视听作品号的信息,中国标准视听作品号版本号注册信息,与视听作品制品相关的描述信息,视听作品唯一的版本信息。

3.8

中国标准视听作品号版本号注册与登记库　V-ISAN register

存储中国标准视听作品号版本号及其元数据的数据库,保证中国标准视听作品号版本号系统正常运转。

3.9

中国标准视听作品号版本号注册登记者　V-ISAN registrant

与特定中国标准视听作品号版本号注册相关的实体。注册登记者可能是最初应用者或当前负责注册信息以及元数据更新的实体。

3.10

中国标准视听作品号版本号注册信息　V-ISAN registration information

唯一识别中国标准视听作品号版本号注册的中国标准视听作品号版本号管理元数据集合和提供中国标准视听作品号版本号系统管理要求的相关信息。

4　中国标准视听作品号版本号的结构

4.1　视听作品或相关内容的版本号应当包含该作品的中国标准视听作品号。

4.2　中国标准视听作品号版本号前面是由遵照 GB/T 23730.1 注册过的 64 个二进制位的中国标准视听作品号,后面是 32 个二进制位的版本字段。若用十六进制字符表示,等同于 16 个字符后面跟着 8 个字符的版本字段,十六进制字符取值范围是阿拉伯数字 0～9 和拉丁字母 A～F,详见图 1。

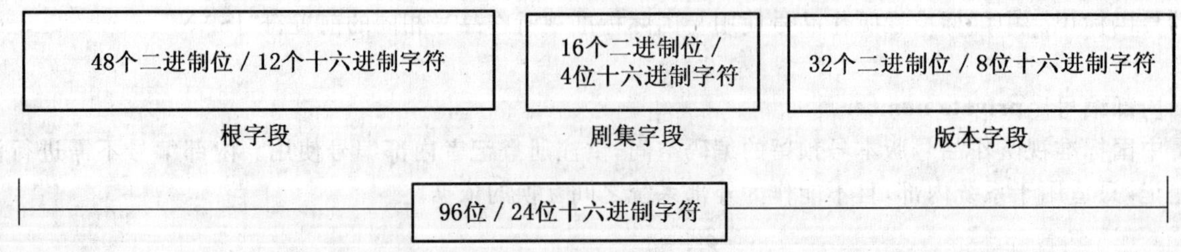

图 1　中国标准视听作品号版本号的结构

4.3 为了将中国标准视听作品号版本号精确地转换为人工可读的格式(由人来识读或者书写的格式,如标签、物理载体、技术文档等,而非由数据处理器识读或书写),版本号前应当标明"ISAN"字样,包含中国标准视听作品号的校验码和中国标准视听作品号版本号所有字段的校验码。另外,每四个十进制字符或校验码写为一组,组间用空格或连字符连接,空格或连字符不被赋予任何含义。

示例:

ISAN RRRR-RRRR-RRRR-EEEE-X-VVVV-VVVV-Y

ISAN RRRR RRRR RRRR EEEE X VVVV VVVV Y

上述示例中:

——"RRRR-RRRR-RRRR-EEEE"表示视听作品的中国标准视听作品号;

——"X"表示该中国标准视听作品号的校验码,根据中国标准视听作品号校验码算法计算得出;

——"VVVV-VVVV"表示与中国标准视听作品号链接的版本标识字段(中国标准视听作品号和版本标识字段共同构成中国标准视听作品号版本号);

——"Y"表示中国标准视听作品号版本号的校验码。它通过计算标有"R"、"E"、"V"的字段得到,不计算标有"X"的字段。图 C.1 显示了每个验证码涵盖的范围。

其他中国标准视听作品号版本号编码详见附录 B、附录 D 和附录 E。

4.4 为避免混乱,中国标准视听作品号版本号的版本字段不能注册为 0(十六进制值为 0000-0000)。版本字段为 0 的中国标准视听作品号版本号将等同于一个中国标准视听作品号没有版本号字段。

4.5 中国标准视听作品号版本号的版本字段的公用取值范围为 1(十六进制值为 0000 0001)至 4 026 531 839(十六进制值为 EFFF FFFF),该号码由中国标准视听作品号版本号登记库发放并进行跟踪。

4.6 中国标准视听作品号版本号的版本字段规定取值范围 4 026 531 840(十六进制值为 F000 0000)至 4 294 967 295(十六进制值为 FFFF FFFF)为内部编号,这些号码不被中国标准视听作品号版本号登记库发放,而是预留供中国标准视听作品号版本号注册登记者内部编号使用。这些号码对应版本字段前 4 位二进制数的取值为 1111(十六进制值为 F)。内部编号只用于内部应用(如,跟踪在公开发放准备中的内部编辑过程),中国标准视听作品号版本号注册登记者可自主决定这些号码的使用而无需进行注册。如果带有内部编号的中国标准视听作品号版本号在产生该号码的组织外部出现,将等同于没有版本号(如,被当作没有版本字段的中国标准视听作品号)。

4.7 中国标准视听作品号版本号应当以中国标准视听作品号为基础,版本字段只能与该视听作品的中国标准视听作品号相结合,并以中国标准视听作品号版本号的形式一起出现。

4.8 中国标准视听作品号版本号只有在经过中国 V-ISAN 机构认证保证其在全球范围内的唯一性才有重要意义。

5 中国标准视听作品号版本号的分配

5.1 对可能影响视听作品内容的改变,或在利用、宣传时需要单独标识该内容,都将视为新的版本的产生,而分配一个中国标准视听作品号版本号。见附录 A。

5.2 中国标准视听作品号版本号根据 GB/T 23730.1 规定的中国标准视听作品号的有效注册登记进行分配。

5.3 注册登记者应当向中国 V-ISAN 机构提出申请才能获取中国标准视听作品号版本号。

5.4 注册登记者需按照本部分的规定,向中国 V-ISAN 机构提供注册数据,由中国 V-ISAN 机构将与每个分配的中国标准视听作品号版本号相关的注册数据(见附录 B)记录在中国标准视听作品号版本号注册与登记库中。

5.5 中国标准视听作品号版本号可以在该视听作品产生之前、生产过程中或是生产之后的任何时间分配,前提是作品已经拥有一个有效的中国标准视听作品号。

6 中国标准视听作品号版本号的显示位置和方式

6.1 只要技术上可以实现，中国标准视听作品号版本号都应当融入表现视听作品版本或内容的实体中，与它在任何场合一起出现。

6.2 在表现视听作品的某版本或内容的实体的文档、广告、包装中需包含其中国标准视听作品号版本号。

6.3 中国标准视听作品号版本号在表现视听作品的某版本或内容的实体中的使用方法应当遵从GB/T 23730.1 中有关中国标准视听作品号的规定。

6.4 在以人工可读的形式出现时，中国标准视听作品号版本号的组成字符 A～F、校验码的组成字符 A～Z 应当大写。当使用机器进行处理时，大小写应视为等同。

6.5 如果视听作品的某一版本以一种特别的产品形式发行，而该产品形式有自己的产品编码系统(如，EAN/UCC 系统)，中国标准视听作品号版本号应当在其外包装上紧邻产品编码的下方位置，以明显区别于其他编码的方式出现。

6.6 关于中国标准视听作品号版本号使用的详细信息可从中国 V-ISAN 机构编制的用户指南中获取。

7 中国标准视听作品号版本号系统的管理

7.1 总则

中国 V-ISAN 机构依据国际 V-ISAN 机构制定的有关规则和本部分的规定，负责中国标准视听作品号版本号的管理。

7.2 中国 V-ISAN 机构的职责

7.2.1 遵照本部分的规定，推动在中国境内实施中国标准视听作品号版本号。

7.2.2 保证对中国标准视听作品号版本号编码空间进行有效管理。

7.2.3 统一受理注册登记者要求分配中国标准视听作品号版本号的申请。

7.2.4 建立并维护全国标准视听作品号的注册系统，维护中国标准视听作品号版本号注册与登记库，以及所有支持性系统和记录。主要内容包括：

7.2.4.1 开发各种程序和电子系统，至少支持以下操作：

a) 注册新的中国标准视听作品号版本号；

b) 新增或编辑注册信息(见附录 B)；

c) 注册登记者能够得到自己的所有注册记录。

7.2.4.2 提供电子系统，至少能精确、有效地对以下查询做出反应：

a) 与中国标准视听作品号版本号绑定的中国标准视听作品号的描述性信息；

b) 中国标准视听作品号版本号当前注册信息的指定部分；

c) 与中国标准视听作品号绑定的中国标准视听作品号版本号的数量；

d) 与中国标准视听作品号绑定的中国标准视听作品号版本号清单。

7.2.4.3 提供认证系统保证：

a) 只有注册登记者或其继任者才能更改已有注册信息的管理元数据；

b) 只有注册登记者或其继任者能更改已有注册信息的描述数据。

7.2.5 在被提供相关错误的合理证据时，纠正错误的著录信息。

7.2.6 汇编和维护在运行中的统计和财务数字，并且将结果报告给国际 V-ISAN 机构。

7.2.7 保证用户可以获得中国标准视听作品号和相关的著录信息。

7.2.8 遵从本部分所定规范，对使用中国标准视听作品号系统的公众进行宣传、教育和培训。

7.3 注册登记者

7.3.1 注册登记者可以是任何法律实体，包括个人和组织。

7.3.2 注册登记者申请中国标准视听作品号，应当根据中国 V-ISAN 机构要求提交身份号码以备查验。注册登记者是组织机构的，应当提交组织机构代码。组织机构的名称和代码按照 GB 11714 执行。注册登记者是自然人的，其姓名和公民身份号码按照 GB 11643 执行。对注册登记者的注册要求和程序可以从中国 V-ISAN 机构所提供的用户指南中获得。

7.3.3 注册登记者需履行以下职责：

a) 向中国 V-ISAN 机构提供完整、准确的注册信息；

b) 保证由中国 V-ISAN 机构为注册登记者维护的中国标准视听作品号版本号注册信息完整、准确和及时。

附 录 A
（规范性附录）
中国标准视听作品号版本号的分配及使用规则

A.1 视听作品的版本

A.1.1 为了分配中国标准视听作品号版本号，视听作品的不同版本由以下元素中的一个或几个共同决定：

a) 一种特定的语言轨迹或语言轨迹的结合；

b) 用特定的语言显示的字幕；

c) 特定的图像、声音或广播格式（例如：宽屏或“pan & scan”；NTSC；PAL 或 SECAM）；

d) 为了特定目的而进行的视听作品的剪辑（如：电视广播）；

e) 影响视听作品内容的技术数据流变化（如：产生背景图像的不同软件程序；关闭字幕的垂直空白间隔）。

A.1.2 以下变化不是视听作品不同版本的因素，不应分配新的中国标准视听作品号版本号：

a) 视听作品版权或所有权的变化；

b) 相同格式的备份以及录音媒介（如磁带到磁带的备份）；

c) 与视听作品的使用相关的价格的变化。

描述性材料或包装的改变以及未发生内容改变的存储或传输的变化都不能看成是新版本。

A.1.3 关于组成视听作品版本变化要素的进一步内容可从中国 V-ISAN 机构获得。

A.2 与视听作品相关的其他内容

如果视听作品的内容是广播或其他大众发行物，或者如果有必要在更广泛的应用现有中国标准视听作品号或中国标准视听作品号版本号的环境中管理这些内容，那么也为视听作品派生的或与其直接相关的其他内容分配中国标准视听作品号版本号。能分配给中国标准视听作品号版本号的相关内容的例子包括：

a) 当视听作品作为一个独立的声音实体被提取并被广播出来时，视听作品的声音轨迹；

b) 视听作品的描述性声音轨迹，关闭的字幕轨迹或者双重系统的声音轨迹；

c) 传输 MPEG-4 压缩格式的动态图像的数据流，并通过广播自动化系统解码及通过接收设备显示。

附 录 B
（规范性附录）
中国标准视听作品号版本号注册记录

B.1 注册数据的职责

中国V-ISAN机构要对他们所负责的注册中国标准视听作品号版本号信息进行维护，包括B.2中描述的数据。中国V-ISAN机构要弄清楚注册记录的原始持有者和其继承者的变更请求。

B.2 所需的注册信息

表B.1显示了中国标准视听作品号版本号注册记录的必备的最少数据元素。这个表中的数据元素名称只是描述性的标签。中国V-ISAN机构将为这些数据元素定义描述性界面并可能使用不同的标签或数据结构。应使用UTF-8单独字节子集来保存所有的注册信息(8字节UCS转换格式，通常以拉丁字母的形式出现)，而且应该从其他必要的字符集中直译过来，以下描述的除外。所有在中国标准视听作品号版本号注册记录中的数据归中国V-ISAN机构所有。

中国V-ISAN机构应编制中国标准视听作品号版本号相关元数据指南，表B.1中所列条目应为它的子集。

表B.1 中国标准视听作品号版本号注册记录必备的最小数据元素

管理性元数据		
数据元素	描 述	备 注
中国标准视听作品号	与此中国标准视听作品号版本号相关的中国标准视听作品号	
中国标准视听作品号版本号版本字段	此中国标准视听作品号版本号的版本字段	
当前注册登记者的名称	公司名称以及/或者现行中国标准视听作品号版本号注册登记者的姓名	
当前注册登记者的联系信息	街道地址，邮政地址，国家，电子邮件地址，电话号码，传真号码等	
中国标准视听作品号版本号注册联系人	遵循为当前注册登记者确定的格式	
中国标准视听作品号版本号注册联系人联系方式	遵循为当前注册登记者确定的格式	
初始注册登记者的名称	公司名称以及/或者现中国标准视听作品号版本号注册登记者的姓名	
初始注册登记者的联系信息	街道地址，邮政地址，国家，电子邮件地址，电话号码，传真号码等	

表 B.1(续)

管理性元数据		
数据元素	描 述	备 注
中国标准视听作品号版本号分配日期	根据中国 V-ISAN 机构服务器上的时间标志确定中国标准视听作品号版本号最初被分配的日期及时间。 请使用 GB/T 7408 格式来规范日期和时间	
记录更新日期	根据中国 V-ISAN 机构服务器上的时间标志确定中国标准视听作品号版本号最新变更的日期及时间 请使用 GB/T 7408 格式来规范日期和时间	当第一次创建记录时,更新的记录和分配中国标准视听作品号版本号的时间标志是一致的;如果最新和变化发生在注册数据部分,那么更新的记录与注册中国标准视听作品号版本号的时间标志是一致的
已注册模式标签	在中国 V-ISAN 机构中已注册的指定元数据模式的证明	此数据元素是必选的,在不提供已注册数据模式时设置为 FALSE
描述性元数据		
版本描述名称	作品版本的免费的文本描述,通常该版本的名称是注册登记者已知的	
题名[a]	已知作品版本的任何题名。每一题名单独登陆	至少有一题名可用拉丁字母登陆(必要时可音译)。附加题名可用 UFT-8 支持的任何字母
题名语言[a]	题名的 GB/T 4880.2 的语言编码,每个题名一个语言编码。如果列举的题名超过一个,那么每个题名将有其自己的语言编码	
口语[a]	音频轨道中大量听的到的字词的 GB/T 4880.2 的语言编码。每一语言单独登陆	
书面语言[a]	指以下两种字词的 GB/T 4880.2 的语言编码:附加到书面字词里,用不同的语言去翻译听的到的字词;或屏幕上已有的书面字词。每一语言单独登陆	
Codified 版本描述	XML 文档。包括中国标准视听作品号版本号注册模式规定的三个数据元素,提供该版本的独特特征的进一步说明	此数据元素可选

表 B.1（续）

管理性元数据		
数据元素	描 述	备 注
Codified 描述模式	中国标准视听作品号版本号注册模式中用于 Codified 版本描述的名称和位置(只有该模式在中国标准视听作品号版本号授权机构注册后才可用)	只有在提供 Codified 版本描述时，该字段为应当字段
[a] 这些数据元素可多次重复使用,但在每个中国标准视听作品号版本号记录中至少出现一次。多个实体记录之间没有暗含的先后次序。每个中国标准视听作品号版本号记录的所有其他数据元素都只出现一次。		

附　录　C
（规范性附录）
中国标准视听作品号版本号的校验码

C.1　校验码的目的是防止由中国标准视听作品号版本号的错误传递导致的错误发生。

C.2　中国标准视听作品号版本号的校验码应该为0～9中的一个阿拉伯数字或A～Z中的一个拉丁字母。完整的中国标准视听作品号版本号应由代表其中国标准视听作品号元素的16个十六进制的字符和代表其版本的8个十六进制字符以及校验码组成，与GB/T 17710的规定保持一致。

C.3　在中国标准视听作品号版本号字符串校验码的计算过程中，应省略中国标准视听作品号字符串的校验码。

C.4　每当中国标准视听作品号版本号以人工可读取的格式显示时，在其字符串的末尾处第26个字符的位置上应添加正确的校验码。在这种情况下，中国标准视听作品号的校验码也应出现，所以在最终的26个字符中应包括两个校验码：

——是中国标准视听作品号的校验码(在第17个字符的位置上)；

——中国标准视听作品号版本号的校验码(在第26个字符的位置上)。

图C.1显示了中国标准视听资料号版本号字符串中这些校验码的计算及位置。

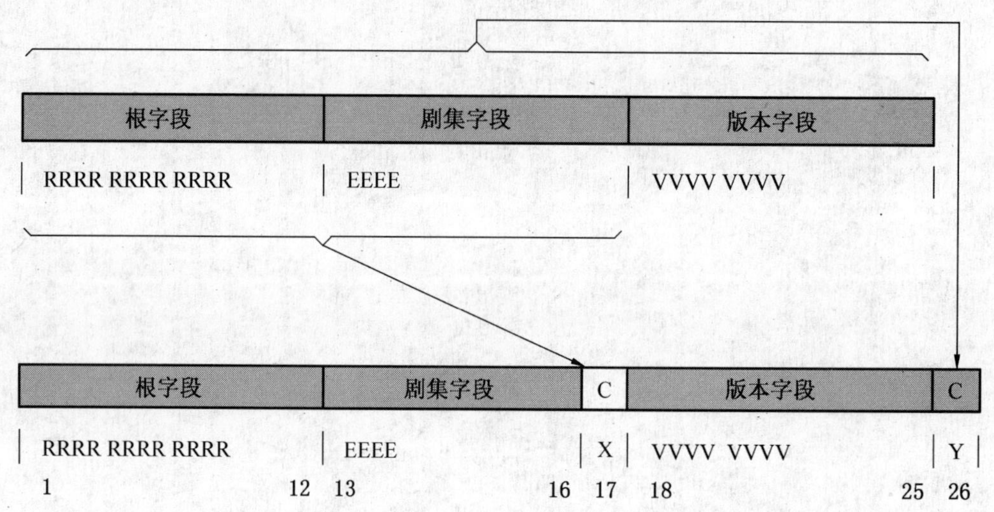

图C.1　中国标准视听资料号版本号中校验码的计算

C.5　正在输入中国标准视听作品号版本号，或由人们从数据库或其他机读格式中检索出来的中国标准视听作品号版本号，应该有经过修改或描述的校验码(包括中国标准视听作品号部分的和中国标准视听作品号版本号整体的校验码)。

C.6　包括中国标准视听作品号版本号输入和检索在内的应用系统要使用由指定的中国ISAN机构公共软件来计算中国标准视听作品号版本号的校验码。

附 录 D
(规范性附录)
中国标准视听作品号版本号的二进制编码

D.1 当使用二进制机读的形式描述中国标准视听作品号版本号时，应该用 96 个二进制位进行编码。当用人工可读取的格式来描述中国标准视听作品号版本号时，应该省略前方的“ISAN”字样和校验码。以最高有效位优先的方式，这 96 个二进制位作为一个无符号整数进行编码和传输，如图 D.1 所示。

msb lsb

R R R R R R R R R R R R E E E E

msb＝最高有效位

lsb＝最低有效位

图 D.1 中国标准视听作品号版本号的二进制编码

附　录　E
（规范性附录）
中国标准视听作品号版本号的 XML 编码

E.1　XML 编码

当在 XML 文档中描述中国标准视听作品号版本号时，应根据 E.2 中给出的模式进行编码。示例：

〈ISAN root="rrrr-rrrr-rrrr" episodeOrPart="eeee" check1="x" version="vvvv-vvvv" check2="y"/〉

〈ISAN root="rrrr-rrrr-rrrr" episodeOrPart="eeee" version="vvvv-vvvv"/〉

〈ISAN root="rrrr-rrrr-rrrr" episodeOrPart="eeee"/〉

〈ISAN root="rrrr-rrrr-rrrr"/〉

rrrr-rrrr-rrrr 是根字段的值，eeee 是剧集字段的值，check1 是第一个校验码，check2 是第二个校验码。所有的编码都与人工可读取的格式相同，要省略前方的"ISAN"字样和校验码。而且，这种编码要与中国标准视听作品号的 XML 编码一致，包括版本部分和第二个校验码。

除了在 E.2XML 模式中给出的限制外，编码还受到以下因素的限制：

a)　如果第一个校验码的属性出现了的话，剧集字段的属性也应出现；

b)　如果版本的属性出现了的话，剧集字段的属性也应出现；

c)　如果第二个校验码的属性出现了的话，第一个校验码的属性也应出现；

d)　除非 XML 编码应当严格在机器间使用，否则所有的属性都不可或缺。

示例：以下这种格式是不被允许的

〈ISAN root="rrrr-rrrr-rrrr" check1="x"/〉

〈ISAN root="rrrr-rrrr-rrrr" version="vvvv-vvvv"/〉

〈ISAN root="rrrr-rrrr-rrrr" episodeOrPart="eeee" version="vvvv-vvvv" check2="y"/〉

E.2　XML 模式

以下模式定义了中国标准视听作品号版本号的 XML 编码，这与 W3C XML 模式 1.0 版本是一致的。

```
〈? xml version="1.0" ?〉
〈xsd:schema xmlns:xsd="http://www.w3.org/2001/XMLSchema"
targetNamespace="http://www.isan.org/ISAN" xmlns="http://www.isan.org/ISAN"〉
    〈xsd:simpleType name="rootType"〉
      〈xsd:restriction base="xsd:string"〉
          〈xsd:pattern value="[\dA-Fa-f]{4}-[\dA-Fa-f]{4}-[\dA-Fa-f]{4}" /〉
    〈/xsd:restriction〉
〈/xsd:simpleType〉
〈xsd:simpleType name="episodeOrPartType"〉
    〈xsd:restriction base="xsd:string"〉
          〈xsd:pattern value="[\dA-Fa-f]{4}" /〉
    〈/xsd:restriction〉
〈/xsd:simpleType〉
〈xsd:simpleType name="versionType"〉
  〈xsd:restriction base="xsd:string"〉
```

```
            〈xsd：pattern value="[\dA-Fa-f]{4}-[\dA-Fa-f]{4}" /〉
        〈/xsd：restriction〉
    〈/xsd：simpleType〉
    〈xsd：simpleType name="checkType"〉
        〈xsd：restriction base="xsd：string"〉
            〈xsd：pattern value="[\dA-Za-z]{1}" /〉
        〈/xsd：restriction〉
    〈/xsd：simpleType〉
    〈xsd：attributeGroup name="isanGroup"〉
        〈xsd：attribute name="root" type="rootType" use="required" /〉
        〈xsd：attribute name="episodeOrPart" type="episodeOrPartType" use="optional" /〉
        〈xsd：attribute name="check1" type="checkType" use="optional" /〉
        〈xsd：attribute name="version" type="versionType" use="optional" /〉
        〈xsd：attribute name="check2" type="checkType" use="optional" /〉
    〈/xsd：attributeGroup〉
    〈xsd：complexType name="isanType"〉
        〈xsd：attributeGroup ref="isanGroup" /〉
    〈/xsd：complexType〉
    〈xsd：element name="ISAN" type="isanType" /〉
〈/xsd：schema〉
```

ICS 35.240.30
A 14

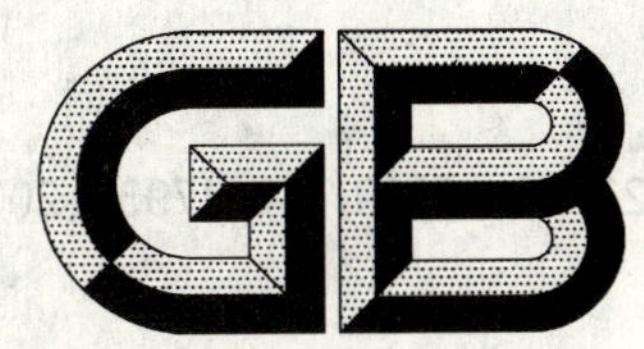

中华人民共和国国家标准

GB/T 23731—2009/ISO 17933:2000

GEDI—通用电子文档交换

GEDI—Generic Electronic Document Interchange

(ISO 17933:2000,IDT)

2009-05-06 发布 2009-11-01 实施

中华人民共和国国家质量监督检验检疫总局
中国国家标准化管理委员会 发布

前　言

本标准等同采用国际标准 ISO 17933:2000《GEDI　通用电子文档交换》(英文版)。

本标准对 ISO 17933:2000 在文字上做了某些适合国情的修改,技术内容未作变动。

本标准的附录 A 和附录 B 是资料性附录。

本标准由全国信息与文献标准化技术委员会提出并归口。

本标准起草单位:中国化工信息中心。

本标准主要起草人:蔡志勇、张蓓、齐明、魏刚。

GEDI—通用电子文档交换

1 范围

本标准规定了在计算机系统之间交换电子文档拷贝的格式,既包括 GEDI 文件头定义,其中包含请求方和提供方信息,也包括文件的格式以及有关的书目信息。

本标准适用于支持馆际互借和文件传输请求的计算机系统。

2 规范性引用文件

下列文件中的条款通过本标准的引用而成为本标准的条款。凡是注日期的引用文件,其随后所有的修改单(不包括勘误的内容)或修订版均不适用于本标准,然而,鼓励根据本标准达成协议的各方研究是否可使用这些文件的最新版本。凡是不注日期的引用文件,其最新版本适用于本标准。

GB/T 2659—2000 世界各国和地区名称代码

GB/T 7408—2005 数据元和交换格式 信息交换 日期和时间表示法

GB/T 23270.1—2009 信息和文献 开放系统互联 馆际互借应用协议规范 第1部分:协议说明书

GB/T 23270.2—2009 信息和文献 开放系统互联 馆际互借应用协议规范 第2部分:协议实施一致性声明 (PICS) 条文

ISO 2108:2005 信息和文献 国际标准书号(ISBN)

ISO 3297:2007 信息和文献 国际标准连续出版物编号(ISSN)

RFC 959 文件传输协议(FTP),1985 年 10 月

3 术语和定义

下列术语和定义适用于本标准。

3.1

接收方 consumer

指以下应用进程:接收 GEDI 记录、处理 GEDI 文件头信息、使一个电子文档拷贝对最终用户可用。

3.2

域 domain

彼此之间可以进行电子文档交换事务的一个或多个提供方与一个或多个接收方的集合,相互之间存在一个共同的协议,包括:1) 电子文档交换格式和压缩规则,2) 电子文档传输机制,3) 网络技术。

3.3

电子文档拷贝 electronic document copy

包含电子文档拷贝的 GEDI 记录部分。

3.4

电子文档交换事务 electronic document interchange transaction

进行电子文档拷贝交换的完整周期,从电子文档储存于提供方开始,到该文档完全发送给接收方结束。

3.5

GEDI 域 GEDI domain

所包含的通用协议与本标准相一致的域。

3.6

GEDI 文件头　GEDI header;GEDI cove

GEDI 记录的第一部分,包括:1) GEDI 记录部分的格式和版本;2) 电子文档交换事务;3) 电子文档的书目信息描述;4) 电子文档拷贝的格式。

3.7

GEDI 记录　GEDI record

完整的 GEDI 信息,包括 GEDI 文件头和电子文档拷贝。

3.8

中继方　relay

指以下应用进程:在一个域内从提供方接收 GEDI 记录,在第二个域内传输给接收方。

3.9

提供方　supplier

指以下应用进程:获取一个电子文档拷贝,产生一个 GEDI 记录,将此记录传输给一个接收方,有可能通过一个或多个中继方。

4　符号和缩略语

FTP:文件传输协议(File Transfer Protocol)

JFIF:JPEG 文件交换格式(JPEG File Interchange Format)

JPEG:静止图像压缩标准(Joint Photographic Experts Group)

MIME:多用途因特网邮件扩充协议(Multipurpose Internet Mail Extensions)

PDF:便携式文档格式(Portable Document Format)

POP:邮局协议(Post Office Protocol)

RFC:请求注释(Request for Comment);Internet 标准或建议

SMTP:简单邮件传输协议(Simple Mail Transfer Protocol)

TIFF:标识图像文件格式(Tagged Image File Format)

5　服务模式和拓扑结构

5.1　概述

通用电子文档交换(GEDI)是电子形式的文档交换,本标准的重点在于以下两个方面:

a)　电子文档格式的定义;

b)　交换机制的描述。

交换仅仅是电子文档发送服务全过程中的一部分,因此 GEDI 的范围不如电子文档发送服务广泛。除了以上两个 GEDI 要素外,为了提供完整的发送服务,电子文档完整发送还包括以下相关要素:

a)　识别与定位:识别文档并确认原始资料的位置。可以通过在线访问联合目录(例如利用 ISO 23950),或者通过脱机服务如光盘或纸介质的目录实现;

b)　订购:请求发送所要求的文档。其功能与发出馆际互借请求一致。在第 7 章所描述的 GEDI 文件头信息中,把馆际互借标准(GB/T 23270)作为文档识别的基础;

c)　数字化:通过扫描设备将原始文档转换为电子数据;

d)　交换:实现电子拷贝的实际转移;

e)　原始文档再现:通过打印设备,图像文档被重新转回到纸或其他介质上;

f)　编制帐单、结帐和其他管理程序。

所有要素在实际情况下可能以几种形式发生;在特殊情况下有些可能不发生。

其中交换是一个关键要素,因为它有效地完成了一个文档拷贝的物理移动。其他要素在以下特定情况下不发生:

——基于普通常识进行识别和定位;

——在主动发送原文时不产生订购请求;

——通过直接的电子出版物,或通过扫描并存储,文档已经被数字化时不必再进行数字化;

——当电子拷贝被保存到存储介质中,略过原始文档再现;

——在参与者费用共享的合作服务中不发生编制帐单和结帐。

GEDI 协议主要集中于交换要素,为电子文档发送服务的发展提供通用基础,使不同的电子文档发送服务之间易于连接,其他要素的发展也将受益于交换部分所达成的国际协议。

在文档发送服务交换要素的范围内,形成本标准基础的全部模型是一个全球性模型:与 GEDI 相关的源信息(即文档图像)定位于全世界的各个地方;文档发送服务的目标客户分布也非常广泛。这个模型适合所有的资源和对象。

对于专用的解决方案,该模型认可参与文档发送的各组织之间的职责。一般来说,专用的解决方案反映了组织中各团体之间为优化彼此间服务而存在的协议。GEDI 模型不限制这种协议的可行性和自由度。而这个全部模型的目标是为它们的进一步发展提供通用基础和指导方针,提供这些不同团体之间互相工作的可能性。

5.2 一般模型

电子文档发送交换过程的一般模型如图 1。这个模型最主要的特征如下:

a) 交换包括两方:提供方和接收方;

b) 提供方和接收方之间通过必要设备连接,保证电子文档从提供方向接收方传输;

c) 传输过程一次处理一个文档。

完整的交换循环,从电子文档存储于提供方开始,到该文档完全发送到接收方为止,称为通用电子文档交换事务。

图 1 所示的输入和输出功能并没有包括在通用电子文档交换事务中,这些功能确切的特性不属于本标准范畴。实际情况中,以下一些输入和输出形式是可用的:

——输入可以是来自经过扫描(目前是最简单的方式)的原始文档、存储的文档图像文件或电子出版物;

——输出可以采取把电子文档写入存储文件或打印的形式。执行这些可能的形式,有一些需要依法律和版权而定。

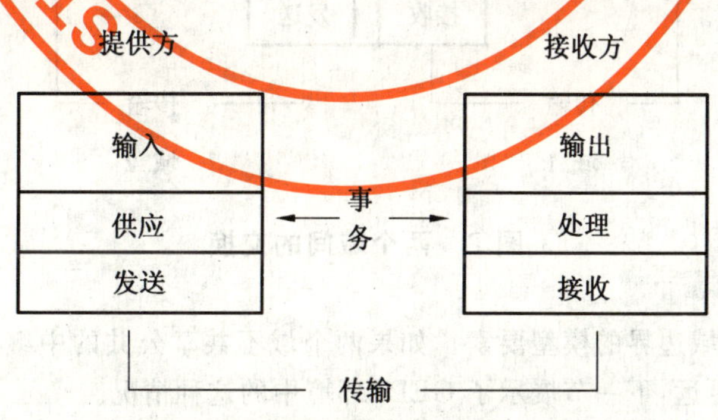

图 1 电子文档交换的一般模型

5.3 域的概念

域的概念将模型分成更小的部分,它承认专用域中、非公开职责之内的特殊解决方案,这种特殊解决方案或多或少的独立于公共的、国际的、GEDI 域的解决方案。仅在 GEDI 域内要求公共的协议;在专用域内可以遵循、也可以不遵循 GEDI 的规定。

各种专用域通过 GEDI 域中的服务相连接。在反映专用域域内组织结构的多种功能性网络模型基础上，专用服务一般是可用的。可以根据本标准的定义，规定在专用域和 GEDI 域交界处的中继方功能。

域的定义：彼此之间可以进行电子文档交换事务的一个或多个提供方与一个或多个接收方的集合，相互之间存在一个共同协议，用于：

a) 电子文档交换格式和压缩算法；

b) 电子文档传输机制；

c) 网络技术。

域的协议不仅规定了采用的标准和机制，而且提供了适当的选择供其成员使用。在这一点上，域的成员达成了共识，这减少了域组成系统发展的复杂性。

实际上，无论域的协议是否遵照国际标准和 OSI 模型，它都覆盖了所有的通讯层。例如，某个特定域中的协议可能规定在 TCP/IP 之上的以 FTP 为基础的通讯，而另一个域也许会采用在 TCP/IP 之上的 MIME。

在应用层中，文档格式的协议与通讯一样，对域同等重要，它使提供方和接收方共享同一个电子文档图像，并且不需要转换和重新格式化。

利用域的概念，同一个域内的提供方和接收方就能够直接互联。相反，如果他们属于不同的域，根据两个域是否共享同一个协议，他们可能不能直接互联，但这两个被分开管理的域可能共享一个公用配置文件。

如果两个域不共享相同的协议，互联将通过应用中继方的功能来实现。应用中继方将在第一个域的协议下，采用传输机制接收 GEDI 记录，然后在第二个域的协议下把这个记录传输到第二个域。图 2 概述了应用中继方的任务。

在图 2 的模型中，通用电子文档交换事务仍然存在于提供方和接收方之间，中继方作为配角。

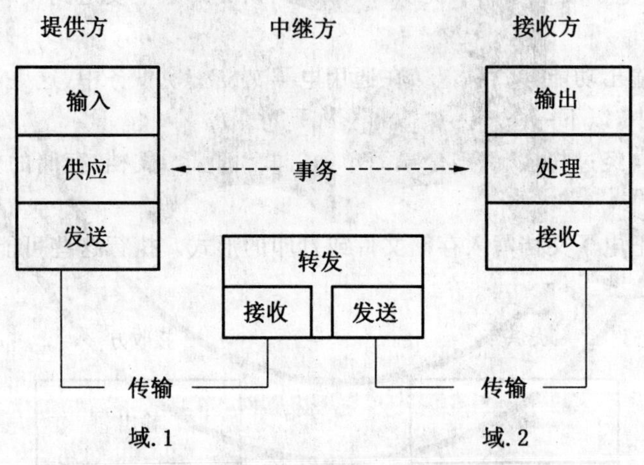

图 2 两个域间的交换

5.4 功能性要素

图 2 指出了所有跨越域边界的模型要素。如果两个域不共享公共的中继方，但都与第三个域有一个中继方，模型可以延伸更远，下一节展示了 GEDI 环境中的这种情况。

图 2 给出了功能性要素总的概况，以下是这些要素的特征：

a) 输入

负责生成提供方可用的电子文档拷贝。提供方仅仅采用协议的图像格式处理电子文档拷贝，在域电子文档拷贝格式协议范围内生成电子文档拷贝。例如：扫描原始文档；从存储设备中读取电子文档。

b) 供应

采用输入生成的电子文档拷贝，增加事务相关信息，生成将被传输的数据结构。增加的信息被称为 GEDI 文件头信息，包括事务的标识(可能涉及馆际互借事务)、电子文档拷贝的鉴定，以及提供方和接收方的信息。供应功能还可以在实际传输电子文档拷贝之前将其临时保存，例如批量制作电子文档拷贝便于晚上进行传输。

c) 发送

通过网络完成电子文档拷贝和 GEDI 文件头信息的实际发送。传输功能包括整个通讯栈，其中包括全部的应用程序以及发起方的更低层协议服务。

d) 接收

与传输功能相对，从网络接收 GEDI 记录。采用与传输功能相同的通讯界面来执行，充当目标或应答者的角色。

e) 处理

接收 GEDI 记录，通过分析 GEDI 文件头信息的内容决定应该采取的行动。一般来说，将把电子文档拷贝进行适当的输出，同时可以把 GEDI 文件头信息传给其他的应用程序，例如管理目的。

f) 输出

负责所接收电子文档拷贝最后的再现或电子化归档。例如：在激光和其他打印机上打印电子文档拷贝；永久存储以备后用。

g) 转发

提供两个域之间通讯的可能性，具有在两个域的协议之间转换的能力。实际上，它位于两个域的交界处，从一个域获得 GEDI 记录，向另一个域中发送 GEDI 记录。

上述功能要素在模型内部可以组合成下列主要模型实体：

——提供方：包括输入、供应和发送功能的应用进程；

——接收方：包括接收、处理和输出功能的应用进程；

——中继方：包括在一个域内接收、转发和在另一个域内传输功能的应用进程。

5.5 GEDI 拓扑结构

在 GEDI 环境中存在一些专用域，这些专用域可以进一步细分为子域，例如地方性的服务连接起来形成全国性的服务。

可以在本标准的基础上发展专用域与 GEDI 域之间的中继方。

图 3 描述了通过两个中继方、分属两个不同专用域的提供方和接收方之间的通讯。

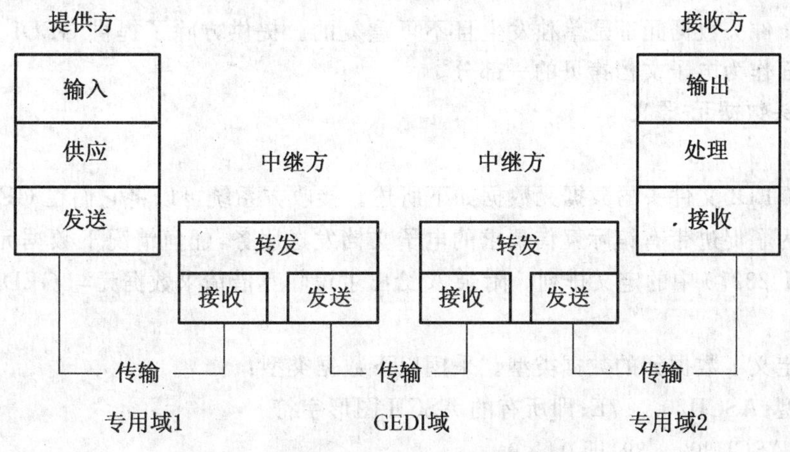

图 3 通过 GEDI 域之间的通信

前一小节描述了所有与电子文档交换有关的实体和功能要素，在实际情况下，这些功能要素将通过计算机系统的程序来执行，通过物理网络连接进行通讯。

6 GEDI 记录格式的结构

文档将以 GEDI 记录的形式进行交换，GEDI 记录格式包括两部分：

a) GEDI 文件头(指示信息)；

b) 电子文档拷贝。

通过把 GEDI 文件头信息与电子文档拷贝分开，中继方不必读取文档的图像格式，这也使将来提供新的文档格式变得更容易，见图 4。

GEDI 文件头： 文档交换格式信息(类型 1) 目标和存储信息(类型 2) 事务信息(类型 3) 文档描述(类型 4) 填充(类型 5)
电子文档拷贝

图 4 GEDI 记录交换格式

GEDI 记录在不同的域中可以通过几种不同的机制进行传输，例如：文件传输协议(如 FTP)或者电子邮件协议(如 MIME)。不同域之间中继方的存在，意味着单个 GEDI 记录在从一个域中的提供方转到另一个域中接收方的过程中，可以通过几种不同的机制进行传输。GEDI 记录的格式与传输机制无关，也没有假定任何的传输机制，但必须可以处理 8 位数据和进行错误探测。

7 GEDI 文件头信息

7.1 概述

GEDI 文件头信息分成 5 种类型。

——类型 1：文档交换格式本身的辨认信息。

——类型 2：命名、时间、目标文件和传输机制的存储信息。

——类型 3：特殊电子文档发送事务的其他信息。

——类型 4：文档的详细信息，包含简短的表述。

——类型 5：在不改变 GEDI 文件头长度的情况下，考虑 GEDI 文件头将来的变化而进行的补充(可选)。

所有 GEDI 文件头数据元都是单独发生且不可重复的。提供方除了提供 GEDI 文件头数据元，还可以把实际的封面作为电子文档拷贝的一部分。

7.2 GEDI 文件头数据元-语义

7.2.1 简介

组成传输用 GEDI 文件头的数据元数据如下所述。接收方系统可以将它们在 GEDI 记录的封面上进行适当打印。为了促进带有馆际互借请求的电子文档发送服务，任何情况下数据元尽可能按馆际互借协议标准 GB/T 23270 中的定义排列。附录 A 给出了馆际互借请求数据元与 GEDI 标号之间的映射信息，作为参考。

“结构”字段定义了数据元的数据类型。采用以下数据类型：

——字符串型：ASCII20...7E；即所有的 ASCII 图形字符

——数值型：ASCII30...39；即 0...9

——字母数字型：ASCII 30...39 41...5A 61...7A；即 0...9 A...Z a...z

在服务字符串建议(SSAD)中,保留了一些专门用于结构标号的字符。

7.2.2 类型 1——文档交换格式信息

名称:交换格式标识符(interchange-format-id)
标号:IFID
语义:文件交换格式的明确标识符。既可以识别抽象句法,也可以识别编码。
结构:字符串型
状态:必备
最大长度:20
例如:GEDI

名称:交换格式版本(interchange-format-version)
标号:IFVR
语义:交换格式标号的版本号。
结构:字符串型
状态:必备
最大长度:20
例如:3.0

名称:文件头信息长度(cover-information-length)
标号:CILN
语义:GEDI 文件头信息的长度(包括 IFID 和 IFVR)。作为电子文档拷贝与 GEDI 记录的分界点。它是一个十进制的数字,指定 GEDI 文件头信息的所有字节数。
结构:数值型
状态:必备
最大长度:10(包括可能的补充部分)
例如:123

名称:文档格式标识符(document-format-id)
标号:DFID
语义:GEDI 记录中电子文档拷贝格式的明确标识符。可能包括 OIDs 和 MIME 类型的值。最近注册的标识符见附录 B。
结构:字符串型
状态:必备
最大长度:20
例如:TIFF-5.0,TIFF-6.0,PDF-1.1

名称:服务字符串建议(service-string-advice)
标号:SSAD
语义:建议采用哪些字符作为类型 2、类型 3 和类型 4 数据元中的分隔符和指示符,以结构化的方式提供数据元信息。每个字符必须放在字符串的指定位置,次序如下:
第一个字符:释放指示符
第二个字符:各项之间的分隔符
第三个字符:新字段的前缀,在"="之前总有占一个位置的、预先定义好的字母数字型字符

第四个字符:开括号,开始嵌套结构

第五个字符:闭括号,结束嵌套结构

4 个字符用作划分子段且必须放在服务字符串内:

“;”在构造标号时作为项目的分隔符

“=”作为新子段的前缀,在“=”前总是有占一个位置的已定义的字母数字型字符

“(”作为开括号,开始嵌套结构

“)”作为闭括号,结束嵌套结构

注:这些字符取自 EDIFACT 编码

结构:字符串型

状态:必备

最大长度:50

例如:?;=()

7.2.3 类型 2——目标和存储信息

名称:接收方名称(Consumer-name)

标号:CNSN

语义:指定 GEDI 记录目标。包括首选传输机制和系统地址。是首选目标顺序列表,要求至少有一个值。

结构:字母数字型,结构化。名称(N=)、电子邮件(E=)、FTP 地址/目录(F=)、传真号(X=)。FTP 必须细分成地址(A=)和目录(D=),通过重复子标号序列表示接收方名称的多次出现。

状态:必备

最大长度:250

例如:F=(A=12911004352;D=LGR.DOC);N=PICA

名称:记录名称(record-name)

标号:RCNM

语义:GEDI 记录的名称,由提供方指定明确的名称,必须遵守 9.2 所述的文件名称规则。

结构:字符串型

状态:必备

最大长度:32

例如:RUGOPC2232

名称:提供方名称(supplier-name)

标号:SPLN

语义:指定 GEDI 记录的来源,要求至少有一个值。

结构:字母数字型,结构化。名称(N=)、电子邮件(E=)、FTP 地址/目录(F=)、传真号(X=)。FTP 必须细分成地址(A=)和目录(D=)。

状态:必备

最大长度:250

例如:F=(A=12911004352;D=LGR.DOC);N=RLG

名称:服务日期时间(service-date-time)

标号:SVDT

语义:提供方创建传输 GEDI 记录的日期和时间。

结构:数值型 YYYYMMDDHHMMSS(遵照 GB/T 7408)。

最大长度:14

例如:19930204122436

名称:系统服务标识符(system-service-id)

标号:SYID

语义:电子文档拷贝发送系统的标识。

结构:字符串型,非结构化。

状态:可选

最大长度:50

例如:DIS12.12

名称:系统服务地址(system-service-address)

标号:SYAD

语义:发送 GEDI 记录的系统地址;GB/T 23270 的系统地址。

结构:字符串型,结构化。电子邮件(E=)、打印位置(P=)、传真号(X=)。打印位置必须细分成部门(D=)、房间(R=)、打印机名称(P=)。

状态:可选

最大长度:100

例如:E=Devries@ubg.nl;P=(D=development;R=123;P=oakprntr)

名称:发送服务(delivery-service)

标号:DLVS

语义:发送服务或用于传送电子文档拷贝方法的名称或代码。

结构:字符串型,结构化。名称(N=)、电子邮件(E=)、FTP 地址/目录(F=)、传真号(X=)。FTP 必须进一步结构化,分成地址(A=)和目录(D=)。

状态:可选

最大长度:50

例如:F=(A=12911004352;D=LGR.DOC)

[GB/T 23270 定义:发送服务或用于传送文献方法的名称或代码(无变化)。]

名称:确认地址(conformation-address)

标号:CNFA

语义:用于确认 GEDI 记录在两个发送系统之间的传输地址。

结构:字符串型,结构化。名称(N=)、电子邮件(E=)、FTP 地址/目录(F=)、传真号(X=)。FTP 必须细分成地址(A=)和目录(D=)。

状态:可选

最大长度:50

例如:F=(A=12911004352;D=LGR.DOC)

7.2.4 类型 3——事务信息

名称:优先级(priority)

标号:PRTY

语义:给予电子文档发送事务的优先级;0 为最低,9 为最高。
结构:数值型;数字 0-9。
状态:可选
最大长度:1
例如:0

名称:一般注释(general-note)
标号:GNLN
语义:从提供方到接收方的自由文本信息。
结构:字符串型,非结构化。
状态:可选
最大长度:600
例如:文章末页不确定

名称:客户名称(client-name)
标号:CLNT
语义:请求电子文档拷贝的读者名称。
结构:字符串型,结构化。电子邮件(E=)、名称(N=)。
状态:可选
最大长度:50
例如:E=devries@pica.nl;N=De Vries
[GB/T 23270 定义:请求项目的个人或机构的名称。]

名称:客户标识符(client-id)
标号:CLID
语义:请求电子文档拷贝读者的标号(例如图书馆读者编号)。
结构:字符串型,非结构化。
状态:可选
最大长度:25
例如:LIB1234567
[GB/T 23270 定义:用于唯一标识客户的数字或代码。]

名称:客户身份(client-status)
标号:CLST
语义:请求电子文档拷贝读者的身份。
结构:字符串型,结构化。国家代码遵照 GB/T 2659—2000 世界各国和地区名称代码(L=)、身份(S=)。
状态:可选
最大长度:25
例如:L=NL;S=Ing
[GB/T 23270 定义:客户的专业级别或职位。]

名称:个人或机构名称(name-of-person-or-institution)
标号:NPOI
语义:电子文档拷贝目的邮件地址中的名称。
结构:字符串型,非结构化。
状态:可选
最大长度:150
例如:中国国家图书馆
[GB/T 23270 定义:机构名称:表示一个图书馆、机构或公司的单词、短语或缩略语;个人名称:某个人常为人知的或被指定的一个单词或短语和/或姓名首字母,在馆际互借事务中,以此表示其人。]

名称:扩展的邮递地址(extended-postal-delivery-address)
标号:XPDA
语义:目的邮件地址中的附加信息。
结构:字符串型,非结构化。
状态:可选
最大长度:100
例如:馆际互借部门

名称:街道及门牌号(street-and-number)
标号:STNM
语义:目的邮件地址中的街道及门牌号。
结构:字符串型,非结构化。
状态:可选
最大长度:128
例如:Zhongguancun Nandajie99
[GB/T 23270 定义:表示城市或乡村中某一建筑物位置的号码和/或短语。]

名称:邮政信箱(post-office-box)
标号:POBX
语义:目的邮件地址中的邮政信箱。
结构:字符串型,非结构化。
状态:可选
最大长度:40
例如:北京 101 信箱
[GB/T 23270 定义:邮局分配的邮政信箱号。]

名称:城市(city)
标号:CITY
语义:目的邮件地址中的城市。
结构:字符串型,非结构化。
状态:可选
最大长度:128
例如:Beijing
[GB/T 23270 定义:用来表示城市、城镇或乡村的短语。]

名称:地区(region)
标号:REGN
语义:目的邮件地址中的地区。
结构:字符串型,非结构化。
状态:可选
最大长度:128
例如:朝阳区
[GB/T 23270 定义:表示省、州、地区或地点的短语。]

名称:国家(country)
标号:CNTR
语义:目的邮件地址中的国家。
结构:字符串型,非结构化。
状态:可选
最大长度:50
例如:中国
[GB/T 23270 定义:用来表示国家的短语。]

名称:邮政编码(postal-code)
标号:POCD
语义:目的邮件地址中的邮政编码。
结构:字符串型,非结构化。
状态:可选
最大长度:40
例如:100083
[GB/T 23270 定义:表示某个城市或其他地理区域里一个指定区域的代码。]

名称:请求方标识符(requester-id)
标号:RQID
语义:生成馆际互借请求的图书馆(系统)的标识信息,典型的是馆际互借办公室。
结构:字符串型,非结构化。
状态:可选
最大长度:25
例如:0019/0000
[GB/T 23270 定义:馆际互借事务请求方的确认信息。注意:请求方不总是一个图书馆!]

名称:请求方名称(requester-name)
标号:RQNM
语义:生成文档请求的图书馆(系统)的名称。
结构:字符串型,结构化。名称(N=);电子邮件(E=);FTP 地址/目录(F=);传真号(X=)。FTP 必须细分成地址(A=)和目录(D=)。
状态:可选
最大长度:150

例如:N=RUU;E=webmaster@nlc.gov.cn

[GB/T 23270 定义:请求方标号:馆际互借事务请求方的确认信息。]

名称:应答方标识符(responder-id)

标号:RSID

语义:满足文档请求的图书馆(系统)的确认信息。

结构:字符串型,非结构化。

状态:可选

最大长度:25

例如:0019/0000

[GB/T 23270 定义:馆际互借事务应答方的确认信息。]

名称:应答方名称(responder-name)

标号:RSNM

语义:满足文档请求的图书馆(系统)的名称。

结构:字符串型,结构化。名称(N=)、电子邮件(E=)、FTP 地址/目录(F=)、传真号(X=)。FTP 必须细分成地址(A=)和目录(D=)。

状态:可选

最大长度:150

例如:F=(A=12900045;D=KGH.DOC)

[GB/T 23270 定义:应答方标号:馆际互借事务应答方的确认信息。]

名称:版权许可(copyright-compliance)

标号:CPRT

语义:请求方符号,请求方指明他所坚持的适用版权规范或法律。

结构:字符串型,结构化。代码(C=)、注释(N=)。

状态:可选

最大长度:150

例如:C=1;N=仅私人用

[GB/T 23270 定义:请求方指明他所坚持的适用版权规范或法律。]

名称:馆际互借事务标识符(ILL-transaction-id)

标号:ILTI

语义:与电子文档发送事务相关的馆际互借事务信息的唯一标识。

结构:字符串型,结构化。符号(S=)、名称(N=)、组限定语(G=)、限定语(Q=)、子限定语(B=)。

状态:可选

最大长度:25+150+25+25+25+(5*4)=270

例如:S=1200/0000;N=RUU;G=ION;Q=1234;B=1

[GB/T 23270 定义:事务限定语:确认与某个馆际互借事务相关的所有服务和消息的字母数字型字符串。它是由馆际互借事务的初始请求方赋值的唯一字符串,并由馆际互借合作者应用于所有与馆际互借事务相关的服务和消息。与请求方标号和事物组限定语结合,提供了馆际互借事务通用的唯一标识。]

名称:应答方注释(responder-note)

标号:RSNT

语义:来自馆际互借请求应答方的自由文本信息。

结构:字符串型,非结构化。

状态:可选

最大长度:600

例如:最后页遗失

[GB/T 23270 定义:馆际互借事务应答方提供的注释。]

名称:接收控制(receive-control)

标号:RCON

语义:控制接收者对接收项目所采取行动的信息。

结构:字符串型,结构化。D(只能打印或删除)、F(禁止转发)、P(只能打印)、V(只能浏览)、X(如果转发则删除)。

状态:提供方可选,若存在则接收者必备。

最大长度:1

例如:D

7.2.5 类型 4——文档描述

名称:著者(author)

标号:ATHR

语义:

结构:字符串型,非结构化。

状态:可选

最大长度:125

例如:James,E. R

[GB/T 23270 定义:对文献的知识内容或艺术内容负责的个人或机构的名称,包括文献的设计者、创作者、或原创者。]

名称:题名(title)

标号:TTLE

语义:指系列出版物、专著或其他各种文献的题目,文档取自这些文献。

结构:字符串型,非结构化。

状态:可选

最大长度:250

例如:Journal of the American Chemical Society

[GB/T 23270 定义:一个或一组单词,用来表示文献名称。]

名称:卷期(volume-issue)

标号:VLIS

语义:

结构:字符串型,结构化。卷(V=);期(I=);结合的(B=)。

状态:可选

最大长度:25

例如:V=1.2

[GB/T 23270 定义:连续出版物或多卷专著的一个物理单元的标识符/文献或文献各卷(分部)的一个单元的数字元、字母或单词。]

名称:文章著者(author-of-article)

标号:AART

语义:

结构:字符串型,非结构化。

状态:可选

最大长度:125

例如:Jones,Q. X.

[GB/T 23270 定义:文章的著者,该文章是另一文献的组成部分。]

名称:文章题名(title-of-article)

标号:TART

语义:正在传输文档的题目。

结构:字符串型,非结构化。

状态:可选

最大长度:250

例如:From Babel to EDIL-the evolution of a standard

[GB/T 23270 定义:文献一个组成部分的题名。]

名称:ISBN

标号:ISBN

语义:国际标准书号,定义见 ISO 2108:2005。

结构:字母数字型

状态:可选

最大长度:17

例如:978-89-92963-12-1

[GB/T 23270 定义:按照 ISO 2108:2005 分配给专著的国际标准书号。]

名称:ISSN

标号:ISSN

语义:国际标准连续出版物号,定义见 GB/T 9999—2001 中国标准连续出版物号。

结构:字母数字型

状态:可选

最大长度:8

例如:10504648

[GB/T 23270 定义:按照 ISO 3297:2007 分配给连续出版物的国际标准连续出版物号。]

名称:国内出版物号

标号:CSSN

语义:国内出版物的编号,可以是国内统一连续出版物号,也可以是其他编号。

结构:字母数字型

状态:可选

最大长度:8

例如:CN113163

名称:页码(page-numbers)

标号:PGNS

语义:文档电子拷贝中包含原始文档的页码范围。

结构:字符串型,非结构化。

状态:可选

最大长度:100

例如:1-23,36

名称:扫描日期(date-scanned)

标号:DTSC

语义:文档电子拷贝制作的日期;不同于电子拷贝放在文档交换格式记录中的日期,后者是必备的。

结构:数值型;年月日时分秒 YYYYMMDDHHMMSS(GB/T 7408—2005)。

状态:可选

最大长度:14

例如:19930101123554

名称:页数(number-of-pages)

标号:NMPG

语义:电子文档拷贝中的总页数。

结构:数值型

状态:可选

最大长度:5

例如:123

名称:索取号(call-number)

标号:CLNO

语义:见馆际互借请求的文献标号(索取号)。

结构:字符串型,结构化的。期刊(J=)、书(B=)、报告(R=)和未知的(U=)。

状态:可选

最大长度:5

例如:J=12.9

名称:分卷(册)出版日期(publication-date-of-component)

标号:PDOC

语义:见馆际互借请求的文献标号(分卷(册)出版日期)。

结构:字符串型,非结构化。

状态:可选
最大长度:25
例如:1992

名称:出版日期(publication-date)
标号:PUBD
语义:见馆际互借请求的文献标号(出版日期)。
结构:字符串型,非结构化。
状态:可选
最大长度:25
例如:2-03-93

名称:出版地点(place-of-publication)
标号:PLPB
语义:见馆际互借请求的文献标号(出版地点)。
结构:字符串型,非结构化。
状态:可选
最大长度:128
例如:北京

名称:出版者(publisher)
标号:PUBL
语义:见馆际互借请求的文献标号(出版者)。
结构:字符串型,非结构化。
状态:可选
最大长度:60
例如:北京图书馆出版社

名称:版本(edition)
标号:EDIT
语义:见馆际互借请求的文献标号(版本)。
结构:字符串型,非结构化。
状态:可选
最大长度:25
例如:12A

名称:原始请求(request-as-quoted)
标号:RQAQ
语义:请求方所请求的详细信息。
结构:字符串型,非结构化。
状态:可选

最大长度:600

例如:Jnl Am Chem Soc. 1993 642(3)3412-3417 Smith and Jones

名称:版权声明(copyright-statement)

标号:STAT

语义:来自提供方的自由文本信息,详细描述了由于版权问题使用所发送文献的限制。

结构:字符串型,非结构化。

状态:可选,但是一旦包括,就必须将声明与文献一起打印或一起在屏幕上显示

最大长度:600

例如:除了版权法允许的情况,未经版权人或其授权许可机构的许可,不允许对该文献进行进一步复制(包括通过电子方式存储于任意介质)。

名称:文献标识符(Item Id)

标号:ITID

语义:文献的标准标识符,例如 BICI,DOI,SICI,URN。

结构:字符串型。标识符的类型(T=)、标识符的值(V=)。

状态:可选

最大长度:200

例如:T=SICI;V=0002-8231(199412)45:10＜737:T10DIM＞2.33tx;2-m

7.2.6 类型 5——填充

名称:填充(zpadding)

标号:ZPAD

语义:该字段是为整理 GEDI 文件头保留的空间,通过填充允许系统改变 GEDI 文件头中的个别数据元长度,同时保持整个文件头长度不变。填充的长度根据个别数据元的长度变化引起的必须补偿的位数进行变化,取值没有实际意义。

结构:无

状态:可选

最大长度:8K

7.3 GEDI 文件头数据元-句法

每个数据元的结构为:〈标号〉〈长度〉〈值〉。"标号"是易于记忆的字母形式的 8 位 ASCII 字符串,长度固定,为 4 个 8 位字符串,大小写均可。"长度"为十进制的整数,用 4 个 ASCII 数值型字符表示,长度固定。"值"是 8 位 ASCII 符号型字符。"标号"、"长度"、与"值"相互之间均不能插入任何字符或空格。

表 1 至 5 列出了 5 种不同的类型。

表 1 类型 1——文档交换格式信息

标 号	名 称	必备/可选	最大长度	结 构
IFID	交换格式标识符	必备	20	字符串型
IFVR	交换格式版本	必备	20	字符串型
CILN	文件头信息长度	必备	10	数值型
DFID	文档格式标识符	必备	20	字符串型
SSAD	服务字符串建议	必备	50	字符串型

表 2　类型 2——目标和存储信息

标号	名　　称	必备/可选	最大长度	结　　构
CNSN	接收方名称	必备	250	字符串型,结构化。名称(N=);电子邮件(E=);FTP 地址/目录(F=);传真号(X=)。FTP 必须细分成地址(A=)和目录(D=)
RCNM	记录名称	必备	32	字符串型
SPLN	提供方名称	必备	250	字符串型,结构化。名称(N=);电子邮件(E=);FTP 地址/目录(F=);传真号(X=)。FTP 必须细分成地址(A=)和目录(D=)
SVDT	服务日期时间	必备	14	数值型 YYYYMMDDHHMMSS(遵照 GB/T 7408)
SYID	系统服务标识符	可选	50	字符串型,非结构化
SYAD	系统服务地址	可选	100	字符串型,结构化。电子邮件(E=);打印位置(P=);传真号(X=);打印位置必须细分成部门(D=),房间(R=),打印机名称(P=)
DLVS	发送服务	可选	50	字符串型,结构化。名称(N=);电子邮件(E=);FTP 地址/目录(F=);传真号(X=)。FTP 必须细分成地址(A=)和目录(D=)
CNFA	确认地址	可选	50	字符串型,结构化。名称(N=);电子邮件(E=);FTP 地址/目录(F=);传真号(X=)。FTP 必须细分成地址(A=)和目录(D=)

表 3　类型 3——事务信息

标号	名　　称	必备/可选	最大长度	结　　构
PRTY	优先级	可选	1	数值型;数字 0-9
GNLN	一般注释	可选	600	字符串型,非结构化
CLNT	客户名称	可选	50	字符串型,非结构化。电子邮件(E=);名称(N=)
CLID	客户标识符	可选	25	字符串型,非结构化
CLST	客户身份	可选	25	字符串型,结构化。国家代码遵照 GB/T 2659—2000 世界各国和地区名称代码(L=);身份(S=)
NPOI	个人或机构名称	可选	150	字符串型,非结构化
XPDA	扩展的邮递地址	可选	100	字符串型,非结构化
STNM	街道及门牌号	可选	128	字符串型,非结构化
POBX	邮政信箱	可选	40	字符串型,非结构化
CITY	城市	可选	128	字符串型,非结构化
REGN	地区	可选	128	字符串型,非结构化
CNTR	国家	可选	50	字符串型,非结构化
POCD	邮政编码	可选	40	字符串型,非结构化
RQID	请求方标识符	可选	25	字符串型,非结构化
RQNM	请求方名称	可选	150	字符串型,结构化。名称(N=);电子邮件(E=);FTP 地址/目录(F=);传真号(X=)。FTP 必须进一步结构化,分成地址(A=)和目录(D=)

表 3（续）

标号	名　称	必备/可选	最大长度	结　构
RSID	应答方标识符	可选	25	字符串型，非结构化
RSNM	应答方名称	可选	150	字符串型，结构化。名称(N=)；电子邮件(E=)；FTP 地址/目录(F=)；传真号(X=)。FTP 必须进一步结构化，分成地址(A=)和目录(D=)
CPRT	版权许可	可选	150	特征字符串，结构化。代码(C=)；注释(N=)
ILTI	馆际互借事务标识符	可选	270	字符串型，结构化。符号(S=)；名称(N=)；组限定语(G=)；限定语(Q=)；子限定语(B=)
RSNT	应答方注释	可选	600	字符串型，非结构化
RCON	接收控制	可选	1	字符串型，结构化。D(只能打印或删除)，F(禁止转发)，P(只能打印)，V(只能浏览)，X(如果转发则删除)

表 4　类型 4——文档描述

标号	名　称	必备/可选	最大长度	结　构
ATHR	著者	可选	125	字符串型，非结构化
TTLE	题名	可选	250	字符串型，非结构化
VLIS	卷期	可选	25	字符串型，结构化。卷(V=)；期(I=)；结合的(B=)
AART	文章著者	可选	125	字符串型，非结构化
TART	文章题名	可选	250	字符串型，非结构化
ISBN	ISBN	可选	17	字母-数值型
ISSN	ISSN	可选	8	字母-数值型
CSSN	国内出版物号	可选	8	字母-数值型
PGNS	页码	可选	100	字符串型，非结构化
DTSC	扫描日期	可选	14	数值型，年月日时分秒 YYYYMMDDHHMMSS(遵从 GB/T 7408)
NMPG	页数	可选	5	数值型，非结构化
CLNO	索取号	可选	50	字符串型，非结构化
PDOC	分卷(册)出版日期	可选	25	字符串型，非结构化
PUBD	出版日期	可选	25	字符串型，非结构化
PLPB	出版地点	可选	128	字符串型，非结构化
PUBL	出版者	可选	50	字符串型，非结构化
EDIT	版本	可选	25	字符串型，非结构化
RQAQ	原始请求	可选	600	字符串型，非结构化
STAT	版权声明	可选	600	字符串型，非结构化
ITID	文献标识符	可选	200	字符串型，标识符的类型(T=)；标识符的值(V=)

表 5 类型 5——填充

标　　号	名　　称	必备/可选	最大长度	结　　构
ZPAD	填充	可选	8k	无

7.4 按字母顺序排列的标号列表

表 6

标　　号	类　　型	名　　称
AART	4	文章著者(author-of-article)
ATHR	4	著者(author-of-article)
CILN	1	文件头信息长度(cover-information-length)
CITY	3	城市(city)
CLNO	4	索取号(call-number)
CLID	3	客户标识符(client-id)
CLNT	3	客户名称(client-name)
CLST	3	客户身份(client-status)
CNFA	2	确认地址(confirmation-address)
CNSN	2	接收方名称(Consumer-name)
CNTR	3	国家(Country)
CPRT	3	版权许可(copyright-compliance)
CSSN	4	国内出版物号
DFID	1	文档格式标识符(document-format-id)
DLVS	2	发送服务(delivery-service)
DTSC	4	扫描日期(date-scanned)
EDIT	4	版本(Edition)
GNLN	3	一般注释(general-note)
IFID	1	交换格式标识符(interchange-format-id)
IFVR	1	交换格式版本(interchange-format-version)
ILTI	3	馆际互借事务标识符(ILL-transaction-id)
ISBN	4	ISBN
ISSN	4	ISSN
ITID	4	文献标识符(Item-id)
NMPG	4	页数(number-of-pages)
NPOI	3	个人或机构名称(name-of-person-or-institution)
PDOC	4	分卷(册)出版日期(publication-date-of-component)
PGNS	4	页码(page-numbers)
PLPB	4	出版地点(place-of-publication)
POBX	3	邮政信箱(post-office-box)
POCD	3	邮政编码(postal-code)

表 6（续）

标号	类型	名称
PUBD	4	出版日期(publication-date-of-component)
PUBL	4	出版者(Publisher)
PRTY	3	优先级(Priority)
RCNM	2	记录名称(record-name)
RCON	3	接收控制(receive-control)
REGN	3	地区(Region)
RQAQ	4	原始请求(request-as-quoted)
RQID	3	请求方标识符(requester-id)
RQNM	3	请求方名称(requester-name)
RSID	3	应答方标识符(responder-id)
RSNM	3	应答方名称(responder-name)
RSNT	3	应答方注释(responder-note)
SPLN	2	提供方名称(supplier-name)
SSAD	1	服务字符串建议(service-string-advice)
STAT	4	版权声明(copyright-statement)
STNM	3	街道及门牌号(street-and-number)
SVDT	2	服务日期时间(service-date-time)
SYAD	2	系统服务地址(system-service-address)
SYID	2	系统服务标识符(system-service-id)
TART	4	文章题名(title-of-article)
TTLE	4	题名(Title)
VLIS	4	卷期(volume-issue)
XPDA	3	扩展的邮递地址(extended-postal-delivery-address)
ZPAD	5	填充(Zpadding)

7.5 GEDI 文件头的例子

IFID0004GEDIIFVS00032.0CILN00042048DFID0008TIFF-6.0SSAD0005?;=()CNSN0006N=PICARCNM0008RLG00001SPLN0005N - RLGSVDT0014199108021406OOTTLE0012PC/ComputingAART0013Paul TomersonTART0031The DOS you've been waiting forZPAD1860

表 7

标号	IFID
长度	0004
值	GEDI
标号	IFVS
长度	0003
值	2.0

表 7（续）

标号　CILN
长度　0004
值　2048

标号　DFID
长度　0008
值　TIFF-6.0

标号　SSAD
长度　0005
值　?;=()

标号　CNSN
长度　0006
值　N=PICA

标号　RCNM
长度　0008
值　RLG00001

标号　SPLN
长度　0005
值　N=RLG

标号　SVDT
长度　0014
值　19910802140600

标号　TTLE
长度　0012
值　PC/Computing

标号　AART
长度　0013
值　Paul Somerson

标号　TART
长度　0031
值　The DOS you've been waiting for

标号　ZPAD
长度　1860
值　[空白]

8 电子文档格式

8.1 概述

GEDI 支持各种格式的电子形式文档，例如 TIFF、PDF 和 JPEG。GEDI 记录结构的设计易于适应将来附加的文件表达格式，例如 ODA 或 SGML。

8.2 文档格式标识符

GEDI 文件头中的文档格式标识符(DFID)字段规定了任意给定 GEDI 记录中电子文档拷贝的格式。注册的文档格式及相应的 DFID 值见附录 B。

9 文件传输机制

9.1 概述

本标准的目的是使文档以单个文件("GEDI 记录")在传输者和接收者之间交换成为可能。为此，GEDI 支持已存在的标准、协议和选自现有国内、国际标准团体的量表，用于简单文件传输。

选择的文件传输机制是 Internet FTP 协议。

标准应该尽可能独立于所采用的特定传输机制，但选择机制时还必须规定某些附加特性，便于为正在讨论中的协议定义一个纲要。以下详细说明 FTP 的这种纲要。

9.2 文件名

为避免可能的冲突，文件必须用唯一的文件名进行交换。从提供方到接收方，都应该一直使用这些文件名。因此，他们必须可用于多数计算机。

文件名必须符合以下规则：

——8 个字符长度，后面可以跟分隔符"."及 3 个字符的扩展名；

——除了分隔符，只能包含大写字母(A,B,C.....Z)和数字(0,1,2...9)；

——由唯一的系统 ID 后接 1 个序号组成，序号由提供方进行选择，保证在一段时期内的唯一性，避免不明确的重复使用。

可接受一种基于 IP 地址形式的文件名，这种类型文件名必须满足以下条件：

——12 字符长度；

——前 8 个字符是十六进制的 IP 地址；

——第九个字符是分隔符"."；

——最后 3 个字符是序号。

9.3 FTP 介绍

传输者作为客户端，初始化控制连接并发送文件。接收者作为服务器，监测外来的控制连接，包括接收存储命令(STOR)和从客户端接收文件。

9.4 FTP 传输纲要

以下黑体表示的部分对 GEDI 应用进程是非常重要的。

使用 RFC 959 文件传输协议 5.1 中的最小实施方案、3.1.1.3 中的图像数据类型和口令(PASS)及分配(ALLO)命令。GEDI 文件总是以图像(IMAGE)类型、流(STREAM)传输模式和文件式(FILE)结构被发送。

类型-非打印 ASCII、图像[1)]

模式-流

结构-文件式，记录

命令-

1) 对 RFC 959 条款 5.1 中所定义的最小实施方案的补充。

用户名(USER)

退出登录(QUIT)

数据端口(PORT)

非打印 ASCII 和图像的表示类型(TYPE)

传输模式(MODE)

文件式和记录的文件结构(STRU)

获取(RETR)

保存(STOR)

空操作

口令(PASS)

分配(ALLO)

9.5 支持 FTP 的协议栈

FTP 以 TCP/IP 为基础运行。

9.6 FTP 的命名和选址

在各个系统的主机地址,FTP 使用通用端口,命令使用端口 21,数据使用端口 20。

10 邮件传输机制

10.1 概述

当 GEDI 记录通过电子邮件发送时,整个 GEDI 记录包含在一个简单的邮件消息中。在此消息内,机读 GEDI 文件头作为一个单独部分,与可选人工可读 GEDI 文件头部分及文档拷贝部分相互分离。

表 8

A 部分	GEDI 文件头(必备)
A'部分	人工可读 GEDI 文件头(可选)
B 部分	文档拷贝(必备)

采用这种建议的格式,消息中原始的内容类型(Content-type)GEDI 文件头可明确指明这是一条 GEDI 记录,有助于接收方利用专门的 GEDI 浏览软件来显示/打印/处理文档。

当一个请求不能识别新的 GEDI MIME 类型时,它将按 multipart/mixed 型消息处理;对任意一个组成部分不理解时,允许接收方指定一个文件存储它们。

10.2 MIME 传输配置表

总体消息内容类型 GEDI 文件头如下:

内容类型: multipart/gedi-record

没有定义参数。

10.2.1 必备 GEDI 文件头部分

第一部分是机读 GEDI 文件头,它是如第 6 章和第 7 章所定义的句法形式的 GEDI 文件头。机读形式是一种新的 MIME 内容类型:application/gedi-header,它允许使用 GEDI 特定软件,并规定采用 GEDI 文件头句法形式。

内容传输编码(Content-transfer-encoding):由于不使用换字符,因此在 GEDI 文件头句法中使用"可打印引语(quoted-printable)"编码,由此生成大于 76 个字符的行。该部分中内容类型的行可以有一个参数"CHARSET=";如果本部分包含 US-ASCII 字符集以外的字符,该参数是必备的。

如果不存在可选人工可读 GEDI 文件头,MIME 消息的形式如表 6 所示。

表 9 无人工可读 GEDI 文件头的 GEDI 记录 MIME 结构

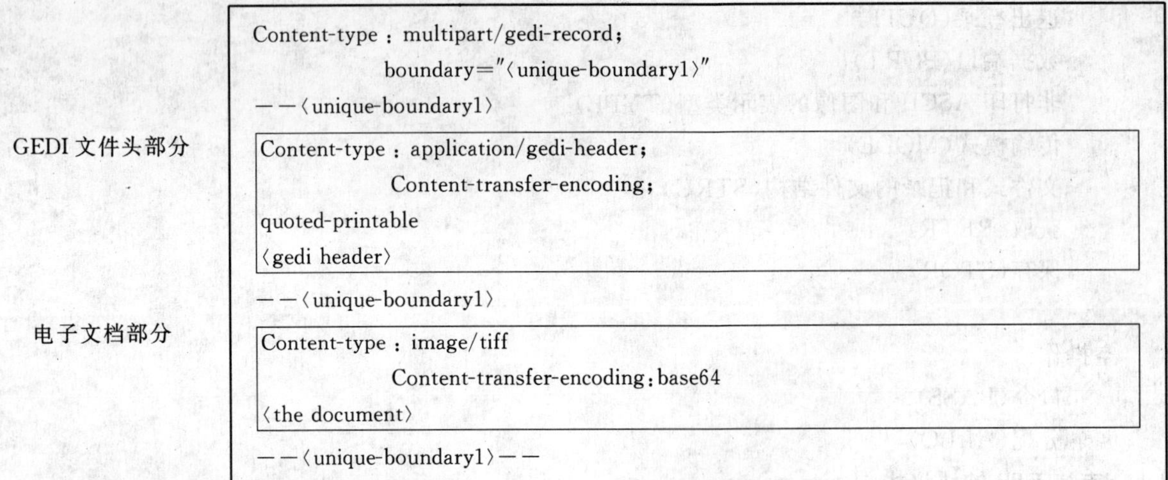

Content-type：multipart/gedi-record;
boundary="〈unique-boundary1〉"
——〈unique-boundary1〉

GEDI 文件头部分

Content-type：application/gedi-header;
Content-transfer-encoding;
quoted-printable
〈gedi header〉

——〈unique-boundary1〉

电子文档部分

Content-type：image/tiff
Content-transfer-encoding:base64
〈the document〉

——〈unique-boundary1〉——

10.2.2 可选人工可读 GEDI 文件头部分

人工可读部分是可选的，如果存在的话，采用与内容相匹配的 MIME 媒体类型，也就是说由消息的发布者决定。最有可能是带有适宜字符集的文本/无格式(text/plain)型，因此仅以文本/无格式型为例子。如果使用非 US-ASCII 字符和/或其中有超过 76 个字符的行，则需要采用“可打印引语”而不是“基础 64(base64)”进行编码，保证人工可读形式最好的显示。

与 GEDI 文件头不同，本标准没有规定人工可读 GEDI 文件头的内容和格式，而是留待实践去判断，也无法对其作出任何假定。

如果出现可选人工可读 GEDI 文件头，GEDI 文件头和人工可读 GEDI 文件头都将包含在内容类型为 multipart/mixed 的部分中，如表 7 所示。

表 10 带有人工可读封面的 GEDI 记录 MIME 结构

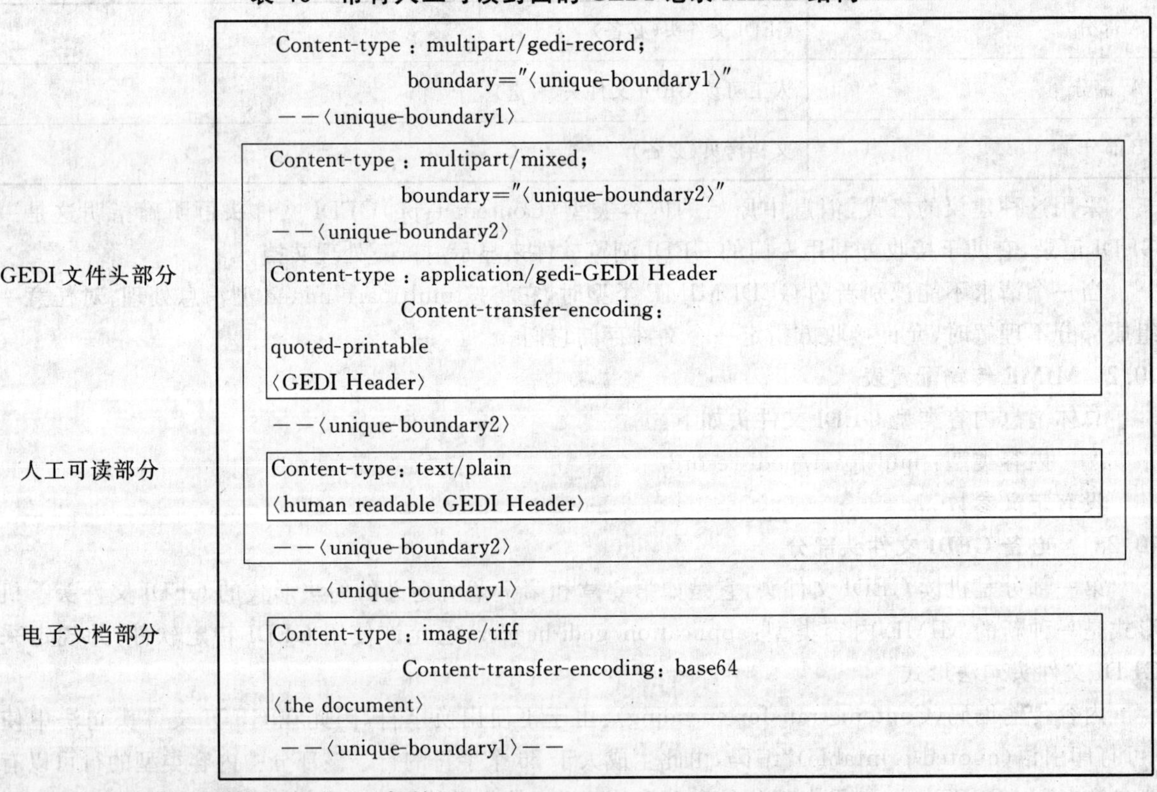

Content-type：multipart/gedi-record;
boundary="〈unique-boundary1〉"
——〈unique-boundary1〉

GEDI 文件头部分

Content-type：multipart/mixed;
boundary="〈unique-boundary2〉"
——〈unique-boundary2〉

Content-type：application/gedi-GEDI Header
Content-transfer-encoding:
quoted-printable
〈GEDI Header〉

——〈unique-boundary2〉

人工可读部分

Content-type: text/plain
〈human readable GEDI Header〉

——〈unique-boundary2〉

——〈unique-boundary1〉

电子文档部分

Content-type：image/tiff
Content-transfer-encoding: base64
〈the document〉

——〈unique-boundary1〉——

10.2.3 必备电子文档拷贝部分(必备的)

传输电子文档拷贝的消息由一个或多个部分组成。

可以通过一个单独的部分传输整个文件,文件片断也可以包含在多个部分中。

有些格式,例如多页的 TIFF 格式,其中包含页码的确定和组织的创建,所以无需每一部分都要求页码。

内容类型和内容交换编码与文件的格式相匹配,如 TIFF、JPEG、PDF。

虽然多数情况下所有的页都用相同的内容类型,但并不是绝对的。

包括人工可读 GEDI 文件头的例子:

```
Content-Type: multipart/gedi-record;
              boundary="unique-boundary1"

--unique-boundary1
Content-type: multipart/mixed;
              boundary="unique-boundary2"

--boundary2
Content-Type: application/gedi-GEDI Header
              Content-Transfer-Encoding: quoted-printable

IFID 0004GEDIIFVS00033.0CILN00042048DFID0008TIFF-6.0SSAD0005?;=()CNSN0006N=
    PICARCNM0008RLG00001SPLN0005N = RLGSVDT00141991080214060 0TTLE0012PC/
    ComputingAART0013Paul SomersonTART0031The DOS you've been waiting forZPAD1860
--unique-boundary2
     Content-Type : text/plain
          interchange-format-id          GEDI
          interchange-format-version     3.0
          document-format-id             TIFF-6.0
          Consumer-name                  PICA
          record-name                    RLG00001
          Supplier-name                  RLG00001
          service-date-time              1991/08/02 14:06:00
          title                          PC/Computing
          author-of-article              Paul Somerson
          title-of-article               The DOS you've been waiting for

--unique-boundary2--
--unique-boundary1
Content-Type:image/tiff
Content-Transfer-Encoding: base64

〈multi-page TIFF image〉
--unique-boundary1--
```

10.3 支持 MIME 的协议栈

SMTP 协议用于发送，SMTP 或 POP3 协议用于接收，均以 TCP/IP 为基础。

11 一致性

11.1 发送/接收角色

一个系统可以声明与以下一方一致：

a) 发送系统（提供方）；

b) 接收系统（接收方）；

c) 发送系统（提供方）和接收系统（接收方）双方。

11.2 GEDI 文件头数据元一致性

声明与发送系统（提供方）一致的系统必须能够发送 7.2 中定义的所有必备数据元，包括 7.2.2 中定义的所有类型 1 数据元和 7.2.3 中定义的类型 2 必备数据元。

声明与接收系统（接收方）一致的系统必须能够接收第 8 章说明的所有 GEDI 文件头数据元。广义上说，假定系统忽略任何未知数据元，接收系统（接收方）必须可以接收未知的 GEDI 文件头数据元。

11.2.1 作为提供方，如果声明与 GEDI 文档交换格式 GEDI-3.0 一致，系统必须能够传输本标准定义的所有必备 GEDI 文件头数据元。标号不可重复，除了 IFID 放在第一位、ZPAD 放在最后一位，没有规定其他标号的顺序。

11.2.2 作为接收方，如果声明与 GEDI 文档交换格式 GEDI-3.0 一致，系统必须能够

a) 接收和处理本标准定义的所有可选要素，

b) 接收和处理附录 B 中规定的 TIFF-6.0 图像。

为了扩展性的目的，接收方系统必须能够忽略所接收到的未知数据元，只要这些未知数据元符合 7.3 中规定的〈4 字符标号〉〈4 字符长度〉〈值〉结构。

11.2.3 作为中继方，如果声明与 GEDI 文档交换格式 GEDI-3.0 一致，系统必须能够

a) 透明的并且没有任何变化的接收和传输 GEDI 记录。

b) 创建和传输如附录 B 所规定的 TIFF-6.0 图像。

11.3 电子文档拷贝的一致性

声明与发送系统（提供方）一致的系统必须能够发送如附录 B.1 所定义的 TIFF 图像格式电子文档拷贝。

声明与接收系统（接收方）一致的系统必须能够接收如附录 B.1 所定义的 TIFF 图像格式电子文档拷贝。

11.4 协议一致性

一个系统可以声明与以下任一系统一致：

a) FTP 系统。

b) MIME 系统。

c) FTP 系统和 MIME 系统。

11.4.1 FTP 一致性

声明与 FTP 系统一致的系统必须遵守第 9 章的规则/说明。

11.4.2 MIME 一致性

声明与 MIME 系统一致的系统必须遵守第 10 章的规则/说明。

附 录 A
(资料性附录)
馆际互借 APDU 到 GEDI 的映射

表 A.1

馆际互借数据元	组成/要素	GEDI 标号	注　释
协议版本号			
事务标识符			
	最初请求方标识符		
	个人或机构代码	ILTI(S=)	
	个人或机构名称	ILTI(N=)	
	事务组限定语	ILTI(G=)	
	事务限定语	ILTI(Q=)	
	子事务限定语	ILTI(B=)	
服务日期时间			
	本次服务日期时间		
	日期	—	
	时间	—	
	最初服务日期时间		
	日期	—	
	时间	—	
请求方标识符	个人或机构代码	RQID	
	个人或机构名称	RQNM(N=)	
应答方标识符	个人或机构代码	RSID	
	个人或机构名称	RSNM(N=)	
事务类型			
发送地址	邮政地址		
	个人或机构名称	NPOI	
	扩展的邮递地址	XPDA	
	街道及门牌号	STNM	
	邮政信箱	POBX	
	城市	CITY	
	地区	REGN	
	国家	CNTR	
	邮政编码	POCD	
	电子地址		
	电讯服务标识符	SYID	
	电讯服务地址	SYAD	
发送服务	物理发送	—	
	电子发送		
	电子发送服务	CNSN	
	电子发送模式		
	电子发送参数		

表 A.1（续）

馆际互借数据元	组成/要素	GEDI 标号	注　释
发送服务	文档类型		
	文档类型标识符		
	文档类型参量		
	电子发送细节	CNSN	存在一个电子发送地址或电子发送标识符
	电子发送地址		
	电讯服务标识符		
	电讯服务地址		
	电子发送标识符		
	个人或机构代码		
	个人或机构名称		
	名称或代码	—	
	发送时间	—	
帐单地址	邮政地址		
	名称	—	
	扩展的邮递地址	—	
	街道及门牌号	—	
	邮政信箱	—	
	城市	—	
	地区	—	
	国家	—	
	邮政编码	—	
	电子地址		
	电讯服务标识符	—	
	电讯服务地址	—	
馆际互借服务类型		—	
应答方特定服务		—	
请求方可选消息		—	没有合适的映射可转到 GEDI 文件头，但有可能应用于某些 GEDI
	能发送 RECEIVED	—	
	请求方 CHECK-IN		
	能发送 RETURNED	—	
	请求方 SHIPPED	—	
	需要	—	
	希望	—	
	两者都不	—	
检索类型	服务水平	—	
	某日期前需要	—	
	终止标志	—	
	终止日期	—	
供应媒体信息类型	供应媒体类型	—	
	媒体特征	—	

表 A.1（续）

馆际互借数据元	组成/要素	GEDI 标号	注　释
预定		—	
客户标识符	客户名称 客户身份 客户标识符	CLNT CLST CLID	
文献标识符	文献类型 拥有媒体类型 索取号 著者 题名 副题名 主办者 出版地 出版者 丛书名与号码 卷期 版本 出版日期 分卷(册)出版日期 文章著者 文章题名 页码 国家书目编号 ISBN ISSN 系统号 附加号字母 校验参照源	— — CLNO ATHR TTLE TTLE ATHR PLPB PBL VLIS VLIS EDIT PUBD PDOC AART TART PGNS&NMPG — ISBN ISSN — — —	 * 附加题名 * ? 附加作者 * 附加
补编说明		—	
费用信息类型	帐号 最高费用 互惠协议 拟付费 已付费	— — — — —	
版权许可		CPRT	
第三方信息类型	允许转发 允许链接 允许分区 允许改变发送名录 初始请求方地址 　电讯服务标识符 　电讯服务地址 优先级 发送名录	— — — — — — — —	

表 A.1（续）

馆际互借数据元	组成/要素	GEDI 标号	注　释
第三方信息类型	系统标识符	—	
	个人或机构代码	—	
	个人或机构名称	—	
	帐号	—	
	系统地址		
	电讯服务标识符	—	
	电讯服务地址	—	
	已试名录		
	个人或机构代码	—	
	个人或机构名称	—	
		—	
重试标志		—	
转发标志		—	
请求方注释		RSNT	
转发注释		—	
馆际互借请求扩展		—	可能需要在执行协议或量表中说明

附 录 B
（资料性附录）
电子文档拷贝格式注册

B.1 TIFF 注册

B.1.1 TIFF 基本信息

文档扫描图像将以B类图像文件格式(TIFF)进行传送，满足TIFF-6.0中对二值图像和灰度图像的所有要求，整个图像包含在一个单独的多页TIFF文件中。

下面的DFID值可以用来确定TIFF

TIFF-5.0

TIFF-6.0

下面的MIME媒体格式将用来确定TIFF

image/TIFF; class=B

image/TIFF; class=G

B.1.2 TIFF 图形文件的 GEDI 文件头

表 B.1

字节	描述	写	读
0-1	字节顺序	11	11或MM
2-3	TIFF标记号	42	42
4-7	图像文件目录指针偏移量	—	任意

在表B.1到B.5中使用以下标记

粗体： 所有TIFF类要求的字段

粗斜体： TIFF要求的附加字段

M： 必备

O： 可选

v： 可变内容

—： 不适用

表 B.2

TIFF基准字段				GEDI要求			
	标号	类型	值	类型	值	写	读
图像文件建立的相关信息	13B.H	ASCII	—	ASCII	—	O	接收
每个采样点的位数	102.H	短整型	1	短整型	1	M	M
图像数据点的长度	109.H	短整型	—	短整型	—	?	?
图像数据点的宽度	108.H	短整型	—	短整型	—	?	?
色彩映像	140.H	短整型	—	短整型	—	?	?

表 B.2(续)

TIFF 基准字段				GEDI 要求			
	标号	类型	值	类型	值	写	读
压缩	103.H	短整型	1,2 或 32773 缺省=1	短整型	1,2,4 或 32773[a]	M	M
版权声明	8298.H	ASCII	—	ASCII	—	?	?
日期时间	132.H	ASCII	—	ASCII	—	O	接收
额外的样本点	152.H	短整型	0,1 或 2 缺省=无字段	短整型	?	?	?
排列方向	10A.H	短整型	1 或 2 缺省=1	短整型	?	?	?
空字节数目	121.H	长整型	—	长整型	?	?	?
自由偏移量	120.H	长整型	—	长整型	?	?	?
灰度响应比值	123.H	短整型	—	短整型	?	?	?
灰度响应	122.H	短整型	1…5 缺省=2	短整型	?	?	?
机器说明	13C.H	ASCII	=	ASCII	—	O	接收
图像描述	10E.H	ASCII	—	ASCII	—	O	接收
图像长度	101.H	短整型 长整型[b]	v	短整型 长整型[b]	v	M	M
图像宽度	100.H	短整型 长整型[b]	v	短整型 长整型[b]	v	M	M
制造商	10F.H	ASCII	—	ASCII	—	O	接收
最大值	119.H	短整型	缺省=2** (每采样点 位数)[e]-1	短整型	?	?	?
最小值	118.H	短整型	缺省=0	短整型	?	?	?
型号	110.H	ASCII	—	ASCII	?	O	接收
子文件类型	OFE.H	长整型	缺省=1	长整型	v[c]	M	M
原点位置	112.H	短整型	1…6 缺省=1	短整型	?	?	?
测光度	106.H	短整型	0…4	短整型	0…4	M	M
图像存储各式的平面配置	11C.H	短整型	1 或 2 缺省=1	短整型	1 或 2 缺省=1	M	M
分辨率单位	128.H	短整型	1…3 缺省=2	短整型	1…3 缺省=2	M	M
每数据带位数	116.H	短整型, 长整型[d]	缺省=2** 32[e]-1	短整型 长整型[d]	?	M	M
像素样本点数	115.H	短整型,	缺省=1	短整型	缺省=1	M	M
软件	131.H	ASCII	—	ASCII	—	O	接收
数据带字节数	117.H	短整型, 长整型[d]	v	短整型, 长整型[d]	v	M	M

表 B.2（续）

TIFF 基准字段	标号	类型	值	GEDI 要求			
				类型	值	写	读
数据带偏移量	111.H	短整型， 长整型[d]	v	短整型， 长整型[d]	v	M	M
子文件类型（废止）	OFF.H	短整型	1…3 无缺省值	短整型	?	不使用	?
域值	107.H	短整型	1…3 缺省=1	短整型	?	?	?
X 分辨率	11A.H	有理数	v	有理数	v	M	M
Y 分辨率	11B.H	有理数	v	有理数	v	M	M

[a] 压缩字段数值含义

1=无压缩

2=CCITT 压缩方法（版本 3）——一维改进的霍夫曼行程长度编码压缩方法

4=传真机相容使用的 CCITT 组 4

32773=紧缩位压缩方法

[b] 优先使用长整型

[c] 新子文件类型字段的数值

Bit 0

Bit 1

Bit 2

[d] 优先使用短整型

[e] 表示幂

表 B.3

TIFF 二值图像要求的字段	二值图像的要求			GEDI 要求			
	标号	类型	值	类型	值	写	读
压缩	103.H	短整型	1、2 或 32773 缺省=1	短整型	1、2、4 或 32773[a]	M	M
图像长度	101.H	短整型 长整型[b]	v	短整型， 长整型[b]	v	M	M
图像宽度	100.H	短整型 长整型[b]	v	短整型， 长整型[b]	v	M	M
测光度	106.H	短整型	0…4	短整型	0…4	M	M
每数据带位数	116.H	短整型 长整型[c]	缺省值=2** 32[d]−1	短整型， 长整型[c]	v	M	M
数据带字节数	117.H	短整型 长整型[d]	v	短整型， 长整型[d]	v	M	M
数据带偏移量	111.H	短整型 长整型[c]	v	短整型， 长整型[c]	v	M	M
X 分辨率	11A.H	有理数	v	有理数	v	M	M
Y 分辨率	11B.H	有理数	v	有理数	v	M	M

注：接收方应用程序必须能够接收这些字段，但允许舍弃接收的数值。

表 B.3（续）

TIFF 二值图像要求的字段	二值图像的要求			GEDI 要求			
	标号	类型	值	类型	值	写	读

[a] 压缩字段数值含义

1＝无压缩

2＝CCITT 压缩方法(版本 3)——一维改进的霍夫曼行程长度编码压缩方法

4＝传真机相容使用的 CCITT 组 4

32773＝紧缩位压缩方法

[b] 优先使用长整型

[c] 优先使用短整型

[d] 表示幂

表 B.4

TIFF 传真字段	CCITT 二值编码的 B 级要求			GEDI 要求			
	标识符	类型	值	类型	值	写	读
压缩	103.H	短整型	3 或 4	短整型	1、2、4 或 32773[a]	M	M
T4 选项(CCITT 组 3)	124.H	长整型	缺省＝0	不写这些字段，准备接收它们；允许舍弃接收的数值			
T6 选项(CCITT 组 4)	125.H	长整型	缺省＝0				

[a] 压缩字段数值含义

1＝无压缩

2＝CCITT 压缩方法(版本 3)——一维改进的霍夫曼行程长度编码压缩方法

4＝传真机相容使用的 CCITT 组 4

32773＝紧缩位压缩方法

表 B.5

TIFF 文献存储和检索字段	存储和检索要求			GEDI 要求			
	标识符	类型	值	类型	值	写	读
文件名	10D.H	ASCII		ASCII		O	接收
页名	11D.H	ASCII		ASCII		O	接收
页码[a]	129.H	短整型	v	短整型	v	O	接收
***X* 分辨率**	11A.H	有理数	v	有理数	v	M	接收
***Y* 分辨率**	11B.H	有理数	v	有理数	v	M	接收

注：接收方应用程序必须能够接收这些字段，但允许舍弃接收的值。

[a] 该字段用来为多页文档标明页码(例如传真)。页码[0]表示页码；页码[1]表示文档的总页数。如果页码[1]是 0，则文件的总页数不可用，第一页页码标为 0。

B.1.3 TIFF 压缩规则

GEDI 支持以下几种压缩算法，这些算法在 TIFF 6.0 说明书中进行了详细说明。

表 B.6

压缩算法	值	写	读
无压缩	1	可选	必备
CCITT 压缩方法(版本 3)——一维改进的霍夫曼行程长度编码压缩方法	2	可选	可选
传真机相容使用的 CCITT 组 4	4	可选	必备
紧缩位压缩方法	32773	可选	必备

一维改进的霍夫曼运行长度编码 CCITT 组 3 与 B 类 TIFF 兼容。

B.2 PDF 注册

可以在 Adobe 公司 1999 年 3 月 11 日发布的 PDF 参考手册(1.3 版)中找到 PDF 说明。

Adobe 公司拥有该说明的版权。

GEDI 没有详细说明 PDF 文件的制作过程,也没有指定使用哪种 Adobe Acrobat 产品查看和打印 PDF 文档。

PDF 作为一个 MIME 主体部分由 IANA 注册。注册信息可以在以下站点获得:

ftp://ftp.isi.edu/in-notes/iana/assignments/media-types/application/pdf

下面的 DFID 值用来识别 PDF:PDF

下面的 MIME 媒体类型用来识别 PDF:application/pdf

B.3 JFIF/JPEG 注册

除了 TIFF,GEDI 也识别 JFIF(JPEG 文件交换格式),它是一种低级别的像素传输格式。JFIF 通常是指涉及到的"JEPG 文件",该格式通常被 WWW 浏览器所支持。它不会与 TIFF/JPEG 混淆,后者并没有包括在 GEDI 说明书中。

关于 JFIF 的详细信息可以在以下站点获得:

www.cis.ohio.-state.edu/hypertext/faq/usenet/jpet-faq/part1/faq-doc-14.html

下面的 DFID 值用来识别 JFIF/JPEG:JIFF

下面的 MIME 媒体类型用来识别 JFIF/JPEG:JPEG

参 考 文 献

[1] ISO/IEC 8859-1:1998 信息技术 8位单字节编码图形字符集 第1部分:拉丁字母第1号

[2] ISO 9735-1:1998 管理、商业和运输业用电子数据交换(EDIFACT).应用层语法规则(语法版本号:4).第1部分:与各部分语法使用目录一起使用的所有部分通用语法规则

[3] ISO 10160:1997 信息与文献 开放系统互联 馆际互借应用服务定义

[4] ISO 23950:1998 信息和文献工作 信息检索(Z39.50).应用服务定义和协议规范

[5] RFC 822 ARPA网际通讯格式标准,1982.8.13

[6] RFC 1512 FDDI管理信息基础,1993.9

[7] RFC 1522(被RFC 2045替代)

[8] RFC 1524 多媒体邮件格式信息的用户代理配置机制,N. Borenstein,1993.9.9

[9] RFC 1939 互联网电子邮件协议—版本3,J. Myers & M. Rose,May 14,1996

[10] RFC 2045 多用途网际邮件扩充协议(MIME) 第1部分:网际通讯体格式,N. Freed & N. Borenstein,1996.11

[11] RFC 2046 多用途网际邮件扩充协议(MIME) 第2部分:媒体类型,N. Freed & N. Borenstein, 1996.11

[12] RFC 2047 多用途网际邮件扩充协议(MIME) 第3部分:非ASCII文本的信息标题扩展,K. Moore,1996.11

[13] RFC 2048 多用途网际邮件扩充协议(MIME) 第4部分:注册程序,N. Freed,J. Klensin & J. Postel,1996.11

[14] RFC 2049 多用途网际邮件扩充协议(MIME) 第5部分:一致性准则及例子 Freed & N. Borenstein,1996.11

[15] PDF参考手册.版本1.3,Adobe系统公司,1999.3.11

[16] JPEG文件交换格式.1.02版本,Eric Hamilton,1992.9.1

[17] TIFF 6.0最终版—Aldus Developer's Desk,Aldus公司(1992.6.3西雅图,华盛顿州)

ICS 01.140.20
A 14

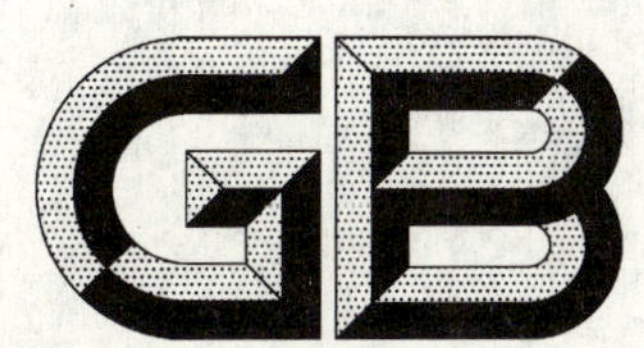

中华人民共和国国家标准

GB/T 23732—2009

中国标准文本编码

China standard text code

2009-05-06 发布　　　　2009-11-01 实施

中华人民共和国国家质量监督检验检疫总局
中国国家标准化管理委员会　发布

前　言

本标准根据 ISO/FDIS 21047《信息与文献　国际标准文本编码(ISTC)》的技术内容制定，对 ISO/FDIS 21047 主要做了以下修改(包括编辑性修改)：

——删除术语 3.12“注册授权机构”和 3.13“注册办理机构”；

——删除附录 B2“ISTC 注册授权机构”和附录 B3“ISTC 注册办理机构”；

——根据 GB/T 20000.2—2001 中规定，将国际标准前言改为中国标准前言；

——增加引言。在引言中对制定本标准的意义、作用进行说明；

——将规范性引用文件从国际标准改为对应的国家标准，并根据中国境内 ISTC 注册管理的需要增加有关内容，如：GB 11643 公民身份号码和 GB 11714 全国组织机构代码编制规则；

——增加术语 3.12“国际 ISTC 机构”和 3.13“中国 ISTC 机构”；

——增加附录 B.2“中国 ISTC 机构”；

——在附录 A.1.1 中规定中国标准文本作品编码的注册者需根据中国 ISTC 机构的要求提交公民身份号码或组织机构代码，以备查验；

——在正文及参考文献中引用的国际标准，凡已有国家标准的则代之以国家标准。

本标准的附录 A、附录 B、附录 C、附录 D 为规范性附录，附录 E 为资料性附录。

本标准由全国信息与文献标准化技术委员会提出并归口。

本标准主要起草单位：北京大学、中国标准化研究院、文化部文化市场发展中心、新华通讯社通信技术局、中央电视台总编室、中央人民广播电台图书音像资料馆、北京创源编码研究院。

本标准主要起草人：沈正华、邵科、刘植婷、袁力、武国卫、武金鑫、王亚平、石村、季弘、白阳。

引　言

中国标准文本编码是国际标准文本编码系统(International Standard Text Work Code,简称ISTC)的组成部分,它为唯一、持久地识别中国境内各类文本作品提供了一种国际通用的编码方法,ISTC贯彻国际图联(IFLA,International Federation of Library Associations and Institutions)组织专家起草的《书目记录的功能需求》(Functional Requirements for Bibliographic Records,简称FRBR)的理念,旨在建立全球文本作品的编码标识系统,通过该系统可以唯一识别每一部文本作品。国际标准化组织(International Standardization Organization)授权国际ISTC机构(Registration Authority)负责国际标准文本编码注册等事务的管理。

在网络化时代,文本供应链“数字化”的程度不断提高。无论文本作品最终采用何种载体形式发布、发表、出版或发行,都需要在其转变为具体的载体形式之前就给予一个国际范围内唯一的、始终不变的编码标识。ISTC可以广泛应用于文本作品的身份辨别、信息检索、信息交换、信息管理以及权属管理等领域,为文本作品的创建者、授权代理机构等提供可以在商业交易中有效管理文本作品有关信息的手段。

虽然ISTC是由作者或其授权代理机构自愿采用的编码识别系统,国际上也没有提出强制性的应用要求,但ISTC作为一个标准化的工具将为作者、代理人、出版者、零售商、收藏团体、图书馆、新闻媒体以及各类文学社团之间的信息交流提供便利,并减少数据在交换时的错误和重复,提高对文本作品的使用和管理效率。随着社会各方面对其规范管理作用认识的逐步加深,它的使用和推广也会进一步加强。

ISTC适用于所有虚拟文本对象,它不用于基于文本作品所形成的各种载体形式。例如:一个作家新创作了一部小说,在该小说进入商业发布前,他就可以申请注册ISTC,通过这个在国际范围内唯一的、始终不变的编码标识,使该小说的身份在世界范围内得到承认,无论这部小说以后将以何种形式发表或出版。比如,当小说正式出版时,出版社将为这部小说的印刷本图书分配国际标准书号(ISBN)。文本作品的衍生品可根据不同情况纳入不同的标识系统。如:一位作家创作了一首歌词,他可以申请国际文本作品编码(ISTC);歌词被谱曲后,可以申请国际音乐作品编码(ISWC);该歌曲的演唱录音制品,可被分配国际音像制品编码(ISRC);该歌曲的演唱被制作成MTV后,还可申请国际视听作品编码(ISAN)。

中国标准文本编码

1 范围

本标准规定了中国标准文本编码的结构、分配和使用原则、相关元数据和管理维护。

本标准适用于所有由词语组合构成的抽象的智力或艺术创作。

本标准不适用于文本作品的任何物理产品,包括各种印刷型出版物或基于作品内容的电子格式。如打印的文章、电子书等。文本作品的内容表达和载体表现应分属于不同的编码标识系统。

中国标准文本编码与其他标准编码标识系统之间的关系将在附录E中详细说明。

注册中国标准文本编码与版权登记不具有同一性,自然也不成为文本作品知识产权的法律凭证。

2 规范性引用文件

下列文件中的条款通过本标准的引用而成为本标准的条款。凡是注日期的引用文件,其随后所有的修改单(不包括勘误的内容)或修订版均不适用于本标准,然而,鼓励根据本标准达成协议的各方研究是否可使用这些文件的最新版本。凡是不注日期的引用文件,其最新版本适用于本标准。

GB/T 4880.2 语种名称代码 第2部分:3字母代码(GB/T 4880.2—2000,idt ISO 639-2:1998)

GB 11643 公民身份号码

GB 11714 全国组织机构代码编制规则

GB/T 17710 数据处理 校验码系统(GB/T 17710—1999,idt ISO 7064:1983)

3 术语和定义

下列术语和定义适用于本标准。

3.1

管理元数据 administrative metadata

与管理中国标准文本编码注册有关的数据(包括关于注册者的数据)。

3.2

作者 author

对一部文本作品的知识内容负全部或部分责任的创作者。

3.3

校验码 check digit

通过比较与标准号中其他数位的数学关系来校验标准号准确性的数码。

3.4

贡献者 contributor

对一部文本作品的制作做出全部或部分贡献的个人或组织。

3.5

创作者 creator

对一部作品的原创性内容负有责任的贡献者。

3.6

衍生作品 derivation

从其他一部或多部作品的素材中衍生出来的另一部或多部(文本)作品。

3.7

中国标准文本编码　China standard text code

在中国境内分配的与国际标准文本编码(ISTC)编码结构、句法和定义一致的文本作品编码。

3.8

中国标准文本编码元数据　China standard text code metadata

在中国标准文本编码注册过程中申报和记录下来的信息,它是中国标准文本编码注册过程的一个组成部分。通过这些元数据和中国标准文本编码,可将一部文本作品与另一部文本作品区别开来。

3.9

(文本)载体表现　(Textual)manifestation

文本作品可以呈现为实体或非实体的形式,可以是一个或多个复本,并以各种物理形态存在。

示例:手稿、印刷型出版物、电子文本文件和口述录音等。

3.10

编码注册　register

对中国标准文本编码及其相关元数据进行登记的结构化记录。

3.11

注册者　registrant

向中国 ISTC 机构申请获得文本作品编码的个人或组织。

3.12

国际 ISTC 机构　registration authority

由国际标准化组织(ISO)指定的旨在管理 ISTC 系统及其体系配置的组织。

3.13

中国 ISTC 机构　registration agency

依据国际 ISTC 机构制定的有关规则和本标准的规定,负责中国标准文本编码的注册、管理和维护的机构。

3.14

(文本)作品　(textual)work

一种独特、抽象的知识或者艺术创作,主要由词语组合构成,它的存在可以通过一种或多种表现形式体现出来。

就中国标准文本编码注册的目的而言,"文本作品"这一术语也包括各种已经以文本形式存在的知识或艺术作品的内容表达(例如:小说、戏剧、译文等无形创作),但是不包括这些内容表达的载体表现(例如:各种印刷型出版物或电子出版物)。见 3.9(文本)载体表现。

3.15

题名　title

通常出现在一部文本作品的表现形式中,为文本作品命名并且使其区别于其他作品的词语、短语、字符或字符串。

4　中国标准文本编码的编码结构和句法

4.1　基本结构和句法

中国标准文本编码由标识符"ISTC"和 16 位数字字母混合字符组成,数字使用 0～9,字母使用 A～F。其中 16 位数字字母混合字符划分为以下四个部分:

——注册机构标识;

——年份;

——作品序号；

——校验码。

在书写或印刷中国标准文本编码时，必须将标识符“ISTC”置于编码前。为了便于准确抄写，应该用连字符或空格隔开每个部分，如下所示：

示例1：ISTC 0A9 2002 12B4A105 7

示例2：ISTC 0A9-2002-12B4A105-7

4.2 注册机构标识

中国标准文本编码的第一部分是注册机构标识，由3位十六进制数组成，表示中国标准文本编码的注册机构。

4.3 年份

中国标准文本编码的第二部分是年份，由4位十六进制数组成，表示分配中国标准文本编码的年份。

4.4 作品序号

中国标准文本编码的第三部分是作品序号，由8位十六进制数组成，统一由中国ISTC机构负责分配。

4.5 校验码

中国标准文本编码的第四个部分是校验码，按照GB/T 17710中定义的MOD 16-3的方法执行。详细说明见附录C。

5 中国标准文本编码和中国标准文本编码元数据的结合

中国标准文本编码应与中国标准文本编码元数据相结合（见附录D），它是中国ISTC机构核查文本作品信息、分配文本作品编码的依据，也是对注册数据进行管理和维护的基础。

采用适当技术（例如加密与水印），中国标准文本编码应与该文本作品的数字表现形式和载体形态相关联，以便对作品使用情况进行追踪。

6 中国标准文本编码的分配与管理

6.1 中国标准文本编码的分配和使用原则详见附录A。

6.2 中国ISTC机构是国际ISTC机构规定的ISTC区域性注册机构，负责中国境内ISTC编码的注册、管理和维护。

6.3 中国ISTC机构的职责见附录B.2。

附 录 A
（规范性附录）
中国标准文本编码的分配和使用原则

A.1 中国标准文本编码的分配

A.1.1 中国 ISTC 机构根据作品的作者、创作者（对文本作品的创作负责的个人或组织），或任何被授权代表创作者的个人或组织的要求给文本作品分配中国标准文本编码。注册者应按照中国 ISTC 机构的要求提交身份号码，以备查验。注册者是自然人的，按照 GB 11643 规定提交公民身份号码。注册者是组织机构的，按照 GB 11714 规定提交组织机构代码。对无法确定创作者或创作者授权代理的作品，由中国 ISTC 机构按国家相关规定分配中国标准文本编码。

A.1.2 相同的中国标准文本编码只能分配给一部文本作品。

A.1.3 同一部文本作品的中国标准文本编码不能超过一个。

A.1.4 注册者应提供符合中国 ISTC 机构规定的关于所注册文本作品的元数据。见 A.2 和附录 D。

A.1.5 一个符合中国标准文本编码资格的文本作品可包括任何清楚的由词语组合构成的特定、抽象的实体名称，对这些词语的描述要满足中国标准文本编码元数据的要求。为了能被赋予中国标准文本编码，在注册文本作品时，上报的元数据中至少应包括一个属于该文本作品的、并可区别于其他任何已被赋予中国标准文本编码文本作品的要素。如果两个实体共享同一条元数据，则它们将被视为是同样的文本作品，并具有相同的中国标准文本编码。

A.1.6 中国标准文本编码可以随时分配给一部文本作品，包括在本标准实施之前就已存在的作品也可以回溯性地为其分配中国标准文本编码。

A.1.7 任何文本作品的衍生品，只要依据中国标准文本编码元数据能够将它与其所参照的文本作品区别开来，就可以被赋予中国标准文本编码。

A.1.8 中国标准文本编码一经分配，不得被其他任何文本作品重复使用，即使最终发现所分配的编码有误亦不得变更。

A.2 中国标准文本编码元数据

每个中国标准文本编码注册登记所需的基本元数据至少应包括以下元素：

a） 至少有一个符合题名类型规定的作品题名（见附录 D.2）；

b） 至少有一位记录在案的作品作者或其他创作者的姓名，如果没有记录在案的作者或创作者，则至少有一位作品其他贡献者的姓名及关于其责任方式的说明（见附录 D.3）；

c） 当作品衍生自其他作品时，需要说明衍生的类型（见附录 D.4.1）；

d） 在衍生品的情况下，需要提供来源作品的中国标准文本编码；若来源作品没有中国标准文本编码，需要提供来源作品的题名、作者或其他创作者（见附录 D.4.2）；

e） 作品的语言（见附录 D.5）；

f） 中国标准文本编码的注册者，注册者的作用以及注册登记时间（见附录 D.6）；

g） 由中国 ISTC 机构为作品分配中国标准文本编码。

A.3 管理元数据

中国 ISTC 机构应获取对注册过程进行有效管理所必需的管理元数据。

附 录 B
（规范性附录）
中国标准文本编码体系的管理

B.1 通则

ISTC是唯一、永久标识文本作品的国际识别体系，它由国际ISTC机构和其授权的区域性机构分级管理。

中国ISTC机构依据国际ISTC机构制定的有关规则和本标准的规定，负责中国标准文本编码的管理。

B.2 中国ISTC机构的职责

B.2.1 遵照本标准的规定，推动在中国境内实施中国标准文本编码。

B.2.2 受理注册者要求分配中国标准文本编码的申请。

B.2.3 公示分配中国标准文本编码的结果。

B.2.4 当新申请的文本作品衍生自另一个已经被分配了ISTC的作品时，将中国标准文本编码通知以下人员：

a) 新作品源自之文本作品的注册者；

b) 国际ISTC机构要求的其他需要通告的个人或组织。

B.2.5 更正被证实不准确的中国标准文本编码元数据。

B.2.6 登记中国标准文本编码的分配以及与之关联的元数据和管理元数据的详细情况。

B.2.7 按照国际ISTC机构所规定的安全方式管理并维护中国标准文本编码、元数据、管理元数据的注册登记。

B.2.8 执行国际ISTC机构的相关政策，为其他ISTC注册机构及ISTC系统用户提供所注册的中国标准文本编码及相关元数据信息。

B.2.9 编制并维护与中国标准文本编码业务有关的统计数据，并向国际ISTC机构报告。

B.2.10 对中国境内中国标准文本编码系统的使用者进行宣传、教育和培训。

B.2.11 执行国际ISTC机构依照ISO 2108制定的有关政策和规则，为国际和国内用户提供服务。

B.3 中国标准文本编码的分配

B.3.1 中国ISTC机构根据文本作品当前主创人员（例如：作者、改编者或编纂者）、代理机构或版权中介组织等的申请为该作品分配中国标准文本编码。

B.3.2 与境外合作的作品，主创人员分别来自不同的ISTC注册机构管辖区域，如在中国境内提出中国标准文本编码的注册申请，只要能够确定该作品尚未被其他国外ISTC机构分配ISTC，中国ISTC机构可以给该作品分配中国标准文本编码。

B.3.3 在作品被分配中国标准文本编码后，中国ISTC机构应立刻将该中国标准文本编码登记注册信息连同其背景信息及时通告相关各方。

B.3.4 不得把同一个中国标准文本编码分配给不同的文本作品。

B.3.5 如果无意间为一部文本作品分配了多个中国标准文本编码，则每个中国标准文本编码都要保留下来。

B.3.6 中国标准文本编码一经分配,始终不变。即使发现分配错误,也不得将其分配给其他文本作品。

B.4 机构手册

关于中国标准文本编码分配与使用的具体细节在中国 ISTC 机构手册中予以说明。

附 录 C
（规范性附录）
中国标准文本编码校验码的计算方法

C.1 十六进制校验码的算法

中国标准文本编码校验码采用 GB/T 17710 中 MOD 16-3 的方法处理其十六进制字符，如表 C.1 所示。

表 C.1 十六进制(MOD 16-3)中国标准文本编码校验码算法

	中国标准文本编码组成要素															
	代理机构要素			年份要素				作品要素								校验码
n＝ISTC 号======>	0	A	9	2	0	0	2	1	2	2	3	F	3	3	2	0
i＝位置索引	16	15	14	13	12	11	10	9	8	7	6	5	4	3	2	1
wi＝MOD 16-3 权重，采用纯系统权重	11	9	3	1	11	9	3	1	11	9	3	1	11	9	3	1
h＝n 的十六进制转换	0	10	9	2	0	0	2	1	2	2	3	15	3	3	2	0
p＝(h×wi)的乘积	0	90	27	2	0	0	6	1	22	18	9	15	33	27	6	
s＝乘积总和	256															
cd＝十进制的校验码(MOD 16 of 256)	0															
c＝基于 cd 十六进制的中国标准文本编码校验码	0															

注 1：“======>”符号表示输入值

注 2：MOD ======> 16

注 3：r＝根，或一个几何级数的基础。

注 4：在 MOD 16-3 中，根的输入值是 3。

附 录 D
（规范性附录）
文本作品注册的中国标准文本编码元数据

D.1 通则

按照A.2的规定，在给文本作品分配中国标准文本编码之前，中国ISTC机构应按本标准的规定获取该作品的基本元数据。

关于中国标准文本编码元数据的详细说明，可参见中国ISTC机构的手册。

D.2 题名信息

每一个文本作品的中国标准文本编码元数据至少应有一个可供识别的题名，但有时也会有不止一个可供识别的题名。题名的类型和代码必须符合国际ISTC机构的规定。以下题名类型可供采纳。

表D.1 题名类型及定义

题名类型	标题类型的定义
原题名	作者或机构在创作时赋予作品的题名
表现形式的区别性题名	赋予一种表现形式的题名，包括任何系列题名或丛编题名，以及可起到区别作用的一个系列中的编号等。此数据要素不属于文本作品本身，但对于识别文本作品有重要作用，应该尽可能获取
并列题名	由对作品的创作负有责任的个人或团体提供的另一种语言或文字的作品题名（尤其是双语作品或是摘要语种与正文语种不同的作品）
统一题名	（一部作品）题名的统一形式，用于图书馆对馆藏的汇集、区别和识别
文本的首词	文本起始部分的前十个词。取自正文本身，而非取自前言等正文前资料
未定义题名	未定义类型的题名

任何题名都有可供选择的编号要素作为补充，它应由下列编号类型加以限定。

表D.2 日期类型及定义

列举类型	定　义
作品题名日期	作品题名的日期（作品题名和日期的结合，用以区别具有同一题名的原作品和之后的作品）
出版日期	作品首次出版的日期。此数据要素不属于文本作品本身，但对于识别文本作品有重要作用，应该尽可能获取
版本或版本标识	用数字或者其他（与日期无关的）的标志表示的、用以区别一部作品与其后续修订版的格式

D.3 贡献者信息

中国标准文本编码的基本元数据至少应记录文本作品的作者或其他创建者的姓名。作者或其他创建者是组织机构的，则应记录组织机构名称。如果无法记录作品的作者或其他创建者，则至少应该包括贡献者的姓名。贡献者是组织机构的，则应记录组织机构名称。对每位贡献者所起到的作用应该依照中国ISTC机构确定的类别和附带的编码规则给予说明。本标准采用下述类别：

表 D.3 贡献者职责及定义

贡献者职责	定义
作者	对文本作品的知识内容负全部或部分责任的创作者
增补文本作者	文本增补内容(例如,注释,评论)的创作者
其他内容创作者	文本作品中所包含的非文本补充内容(例如:插图)的创作者
编者	对文本作品改编(修改或扩充)或对非出版草稿进行出版前准备等负有责任的个人或组织
译者	对文本作品译文负责的个人或组织
编纂者	对文本作品的选择与排序、删节或创建文本链接负有责任的个人或组织;或负责对原文本作品或原文本作品的某些部分进行编辑,但并不修改作品内容的个人或组织
引用者	引用但不修改已有文本作品内容的个人或组织
出版者	对文本作品的生产或发行,或对文本作品的一种或多种表现形式的发行和/或销售负有责任的个人或组织。此数据要素不属于文本作品本身,但对于识别文本作品有重要作用,应该尽可能获取,尤其是当作品的创作者或者其他贡献者无法确定时
不确定	作用不明确的贡献者

D.4 作品来源信息

D.4.1 作品类型

中国标准文本编码的基本元数据必须能够识别该作品是否由其他作品衍生而来。作品衍生的类型应根据中国ISTC机构建立的类型及附带编码规范加以说明。本标准提供以下作品类型:

表 D.4 作品类型及定义

作品类型	定义
原版	作品首次创建的形式
删节版	原作品的内容已被缩短
评注版	通过增加注释的方式对原作品的内容加以评注
评论	在正文中增加了对原作品内容的评点和评论
清洁版	从原作品中删除一些具有攻击性的或不被认可的内容
添加非文本内容	为原作品增加了一些重要的非文本要素
翻译版	将原作品翻译成另一种语言的作品
修订版	对原作品的内容进行修订、改编和/或扩充
编纂版	作品由一部或多部已有的文本作品组成
引用版	作品内容引自一个已有的文本作品
未知	作品原始状态未知
未说明的修改	对作品内容已做的修改没有详细说明

D.4.2 关于作品来源的信息

对于衍生作品,来源作品的中国标准文本编码应被记录在中国标准文本编码的基本元数据中。如果来源作品没有中国标准文本编码,若有可能,要将它的作者或其他创建者,以及上述D.2和D.3中说明的所有要素都记录下来,以支持对来源作品的明确识别。

D.5 作品语言

中国标准文本编码的基本元数据应根据 GB/T 4880.2 的规定确定作品的语种。对于多语种的作品,需要对所有语种分别进行标识。

D.6 注册者信息

中国标准文本编码的基本元数据应记录中国标准文本编码的注册者姓名、注册者的作用以及注册日期。注册者对文本作品的作用应遵循中国 ISTC 机构建立的类型及附带的编码规范给予说明。本标准提供以下注册者类型:

表 D.5 注册者类型及定义

注册者类型	定义
作者	对文本作品的知识内容负全部或部分责任的创作者
衍生作品创作者	对制作新的文本作品(或一部文本作品的一部分),其中主要素材均来自一部或多部已有作品,负有责任的个人或组织(如:一个译者,一个编纂者)
代理	由贡献者授权代理其处理与本人作品有关事物的个人或组织。 注:这一类型不包括著作权集体管理组织和不同注册类型的出版者
著作权集体管理组织	代表作者和出版者集中管理版权的组织机构
出版者	对文本作品的一种或多种载体表现发行和/或销售负责的个人或组织
图书馆	负责文本文件的收集、选择、拥有,并为预先约定的目标人群的使用提供服务的机构
其他	上述类型中均未涉及的注册者

附 录 E
（资料性附录）
中国标准文本编码的功能

下列图表举例说明了中国标准文本编码和其他标准编码系统之间的相互关系。列举这些图例的目的是提供信息而不是进行规范，所涉及的情况不可能完全详尽。图例试图说明在某些情况下可以在两种结构中选择其中的一种。例如，图 E.5 展示了当三部文本作品作为一本书的一个版本出版时，三个 ISTC 与一个 ISBN 编码之间的结构关系；而图 E.7 展示的是三部文本作品构成一部新的文本作品后又注册了一个新的 ISTC 编码，在出版汇编本时分配了一个 ISBN 编码。采取何种方式处理取决于注册者是否愿意强调作品的知识产权自治，是偶尔汇集成一种载体表现还是采取全部/部分结构将其统一在一起。

E.1 国际标准文本编码和出版标识符的关系

E.1.1 专著作品（ISTC 与 ISBN）

图 E.1 举例说明了一部只发表一次、只有一种格式、非衍生作品、亦非其他衍生作品之来源作品专著的 ISTC 编码和一个 ISBN 编码之间的关系。

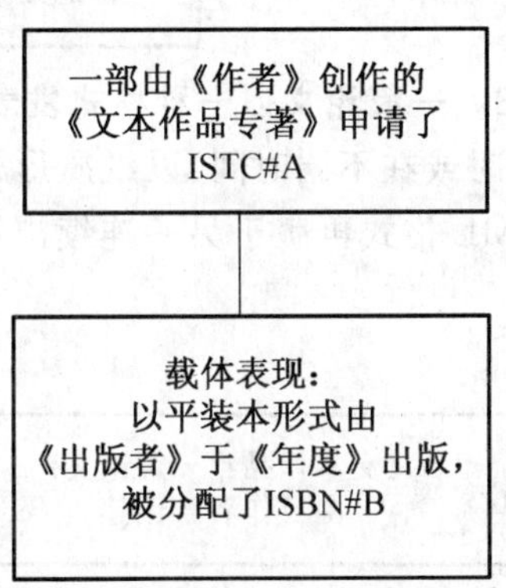

图 E.1 一部作品（专著）以一种载体表现出版了一次

图 E.2 举例说明了一部文本作品（在同一时间或不同时间）以两种印刷形式（平装本和精装本）及两种电子格式（HTML 格式，PDF 格式）出版时，该文本作品的一个 ISTC 编码和多个 ISBN 编码之间的关系。

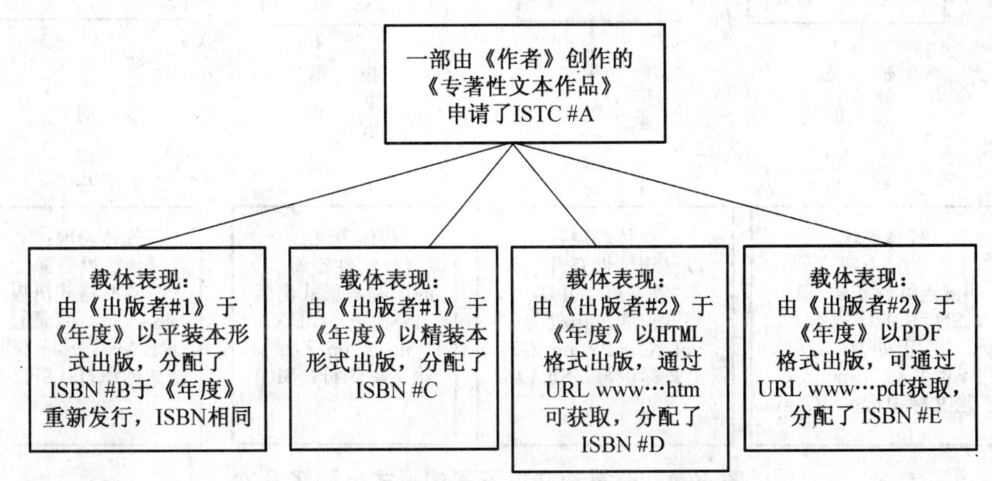

图 E.2 一部专著以不同的形式出版多次

E.1.2 连续性资源中的一篇文章(ISTC 与 ISSN 及 SICI 之间的关系)

图 E.3 举例说明了一篇只在连续性资源(例如期刊或其他连续性出版物)上发表一次的论文,其 ISTC 编码与 ISSN 编码以及 SICI 编码之间的关系。

注:一个 SICI(Serial Issue and Contribution Identifier,期刊发行和发布标识)是不论采用何种介质发行一种期刊题名或在一种期刊上发表一篇论文的一个唯一性标识符。

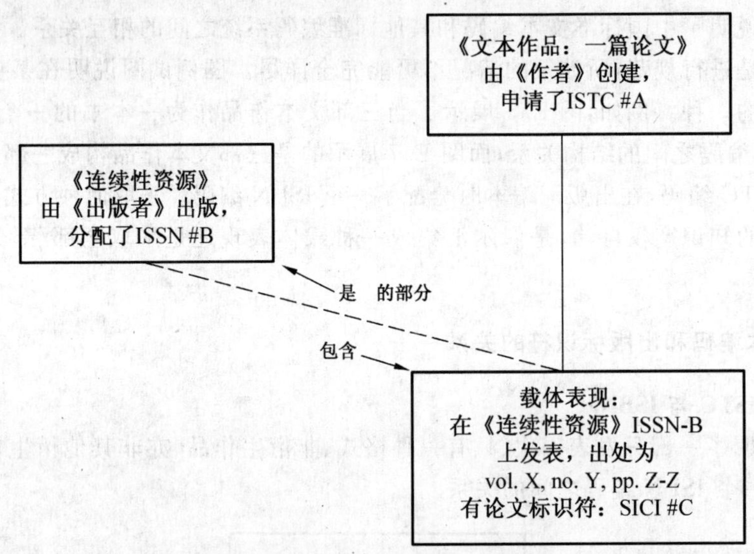

图 E.3 一篇论文以一种格式发表了一次

图 E.4 举例说明了一篇论文(同时或在不同时间)以纸质形式及 PDF 格式发表在一种连续出版物上,同时又以纸质形式及在线的 HTML 格式再版于另一连续出版物上时,该论文的 ISTC 编码与多个 ISSN 编码和 SICI 编码之间的关系。

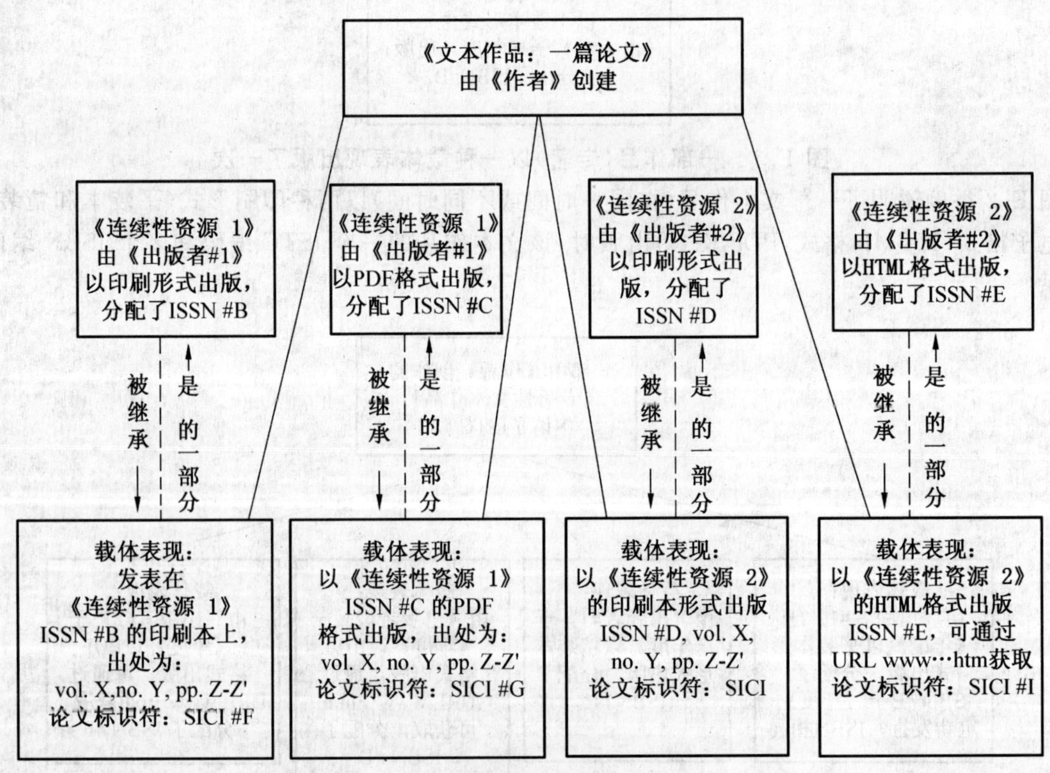

图 E.4 一篇论文以不同的形式出版了几次

E.1.3 多个 ISTC 编码与一个出版标识符的关系

图 E.5 举例说明了当 3 部文本作品作为一本书的一个版本一起出版的情况下，几个 ISTC 编码和一个 ISBN 编码的关系。

注：与图 E.7 中显示的情况相同，但当涉及文本作品的全部/部分关系时，结构可供选择。

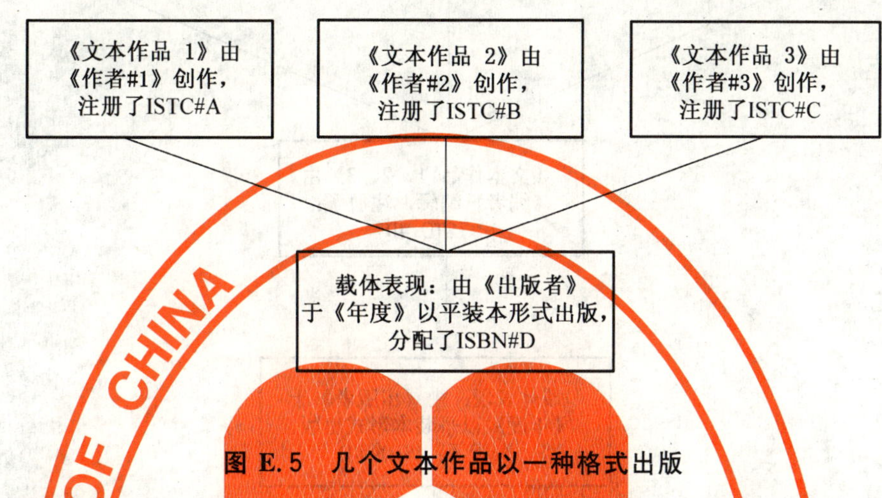

图 E.5 几个文本作品以一种格式出版

E.2 文本作品间的全部或部分关系

图 E.6 举例说明了在一部文本作品由其他多部文本作品(且这些文本作品之一也由其他多部文本作品组成)构成的情况下，几个 ISTC 编码之间的关系。

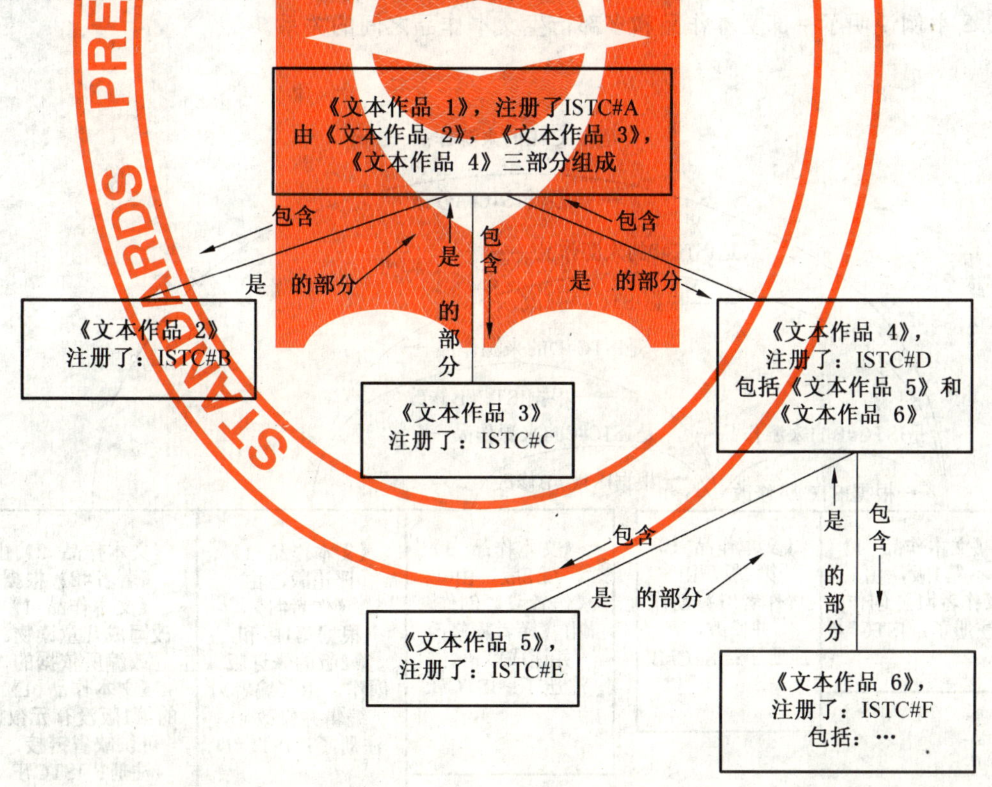

图 E.6 一部文本作品中包含多部文本作品

图 E.7 举例说明了当多部文本作品构成了一部新的文本作品并以单一版本出版的情况下，几个 ISTC 编码和一个 ISBN 编码之间整体和部分的关系。

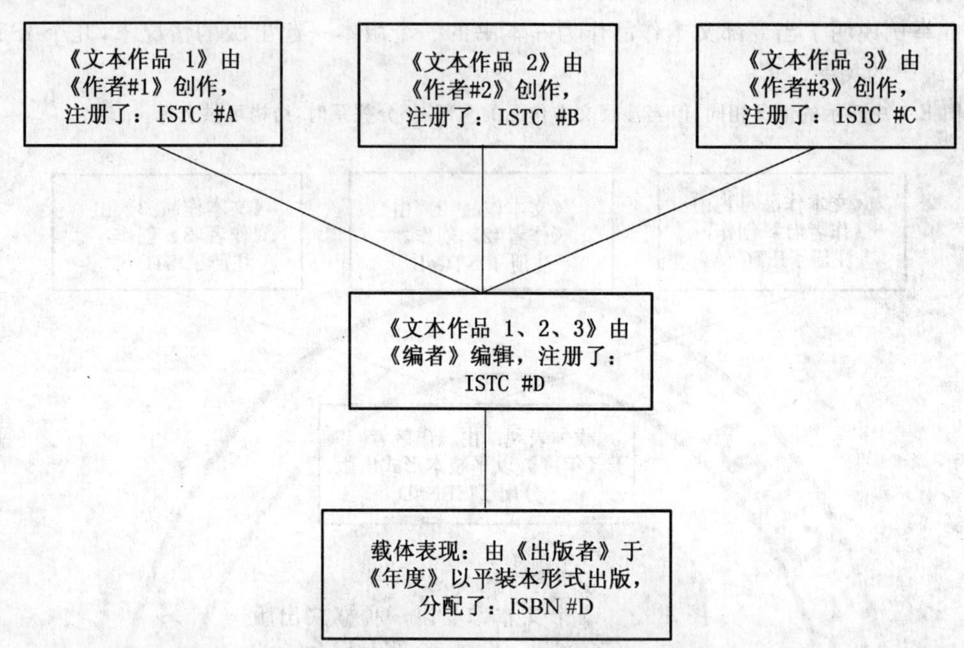

图 E.7 几部文本作品编纂成一部新的文本作品以一种形式出版

E.3 文本作品间的修改关系

图 E.8 举例说明了一部文本作品和多部衍生文本作品之间的关系。

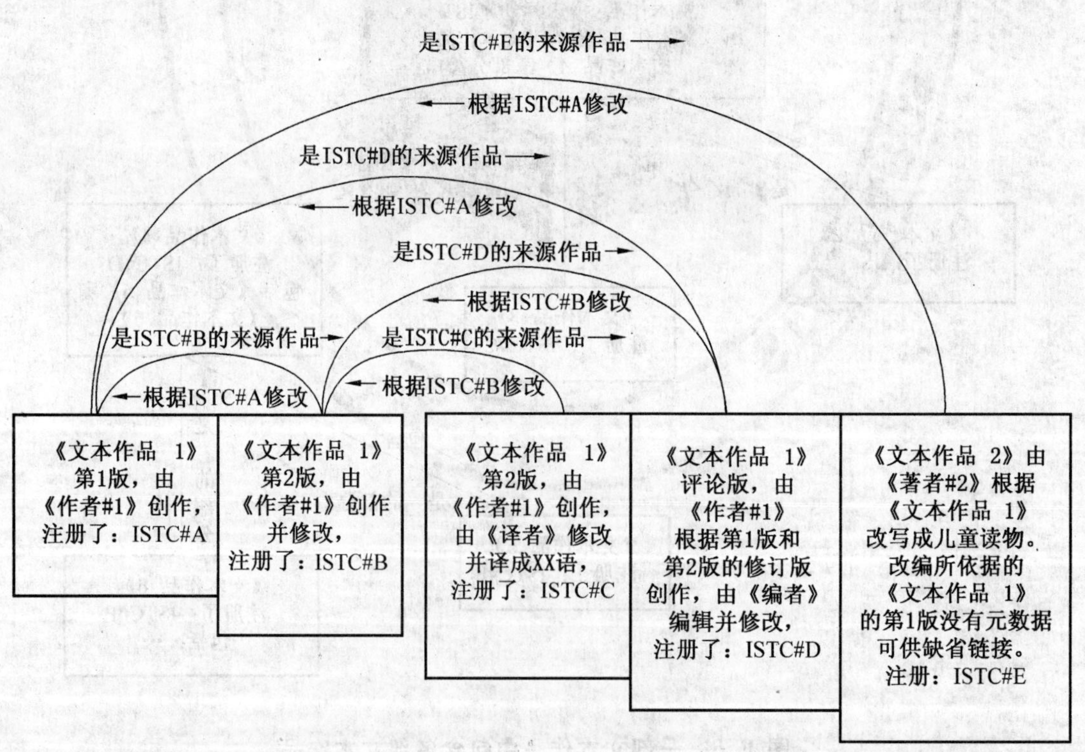

图 E.8 一个文本作品和几个由之衍生而来的文本作品之间的关系

E.4 中国标准文本编码和其他类型标识符的关系

E.4.1 录音、音乐作品和相关表现形式

图 E.9 举例说明了当一部文本作品的口述录音以盒式录音带、光盘和 MP3 文件格式发行的情况下，一个 ISTC 编码与一个录音带及其相关表现形式的标识符之间的关系。

注：根据 ISO 3901 的规定，一个 ISRC（国际标准录音编码）是一部特定录音作品的唯一性国际标识符。

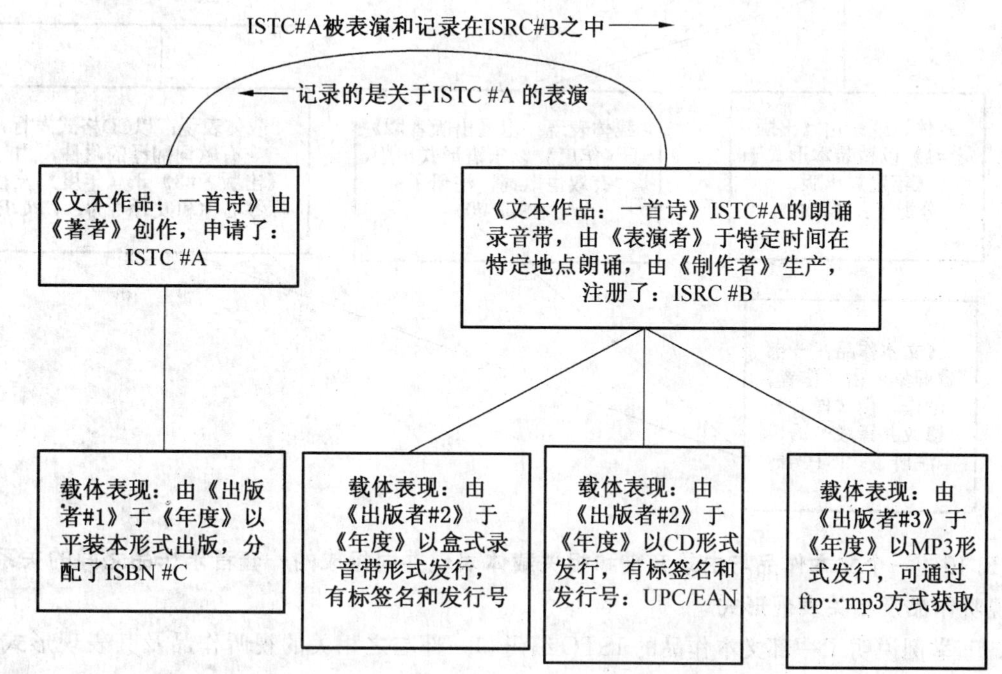

图 E.9 一个文本作品和一个录音带及其相关载体表现之间的关系

图 E.10 举例说明了当一部文本作品属于一套音乐作品（该套音乐作品包括原始文本作品的印刷本、朗诵表演的光盘和录音带），并作为其附件资料一起发行的情况下，作为该套音乐作品附件的一部文本作品的 ISTC 编码与音乐作品标识号之间的关系。

注 1：按照 ISO 15707 的规定，一个 ISWC（国际标准音乐作品编码）是特定音乐作品的唯一性国际标识符。

注 2：按照 ISO 10957 的规定，一个 ISMN（国际标准音乐编码）是一部音乐作品的唯一性国际标识符。

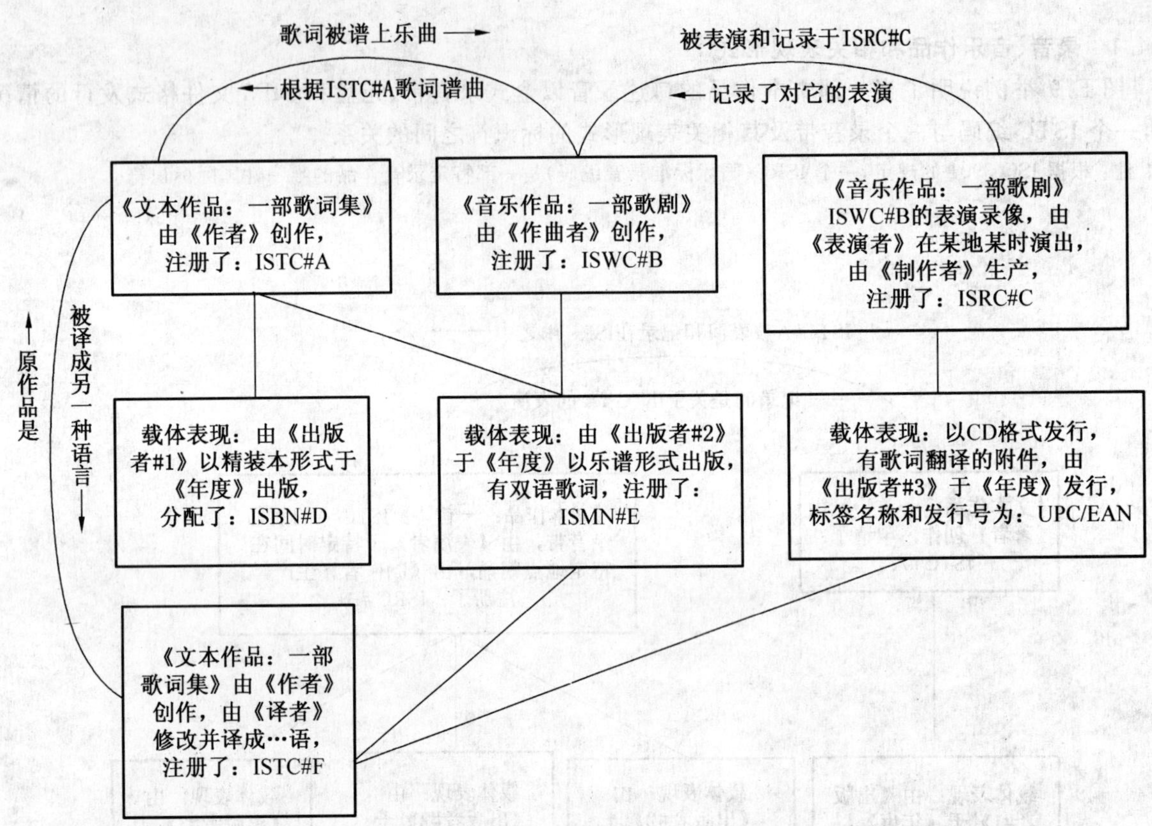

图 E.10　一个文本作品与由录音带和相关载体表现共同组成的一套音乐作品之间的关系

E.4.2　视听作品及相关表现形式

图 E.11 举例说明了一部文本作品的 ISTC 编码和一部与之相关的视听作品及其表现形式的标识符之间的关系。

注：按照 ISO 15706 的规定，一个 ISAN（国际标准视听编码）是一部特定视听作品唯一的国际标识符。

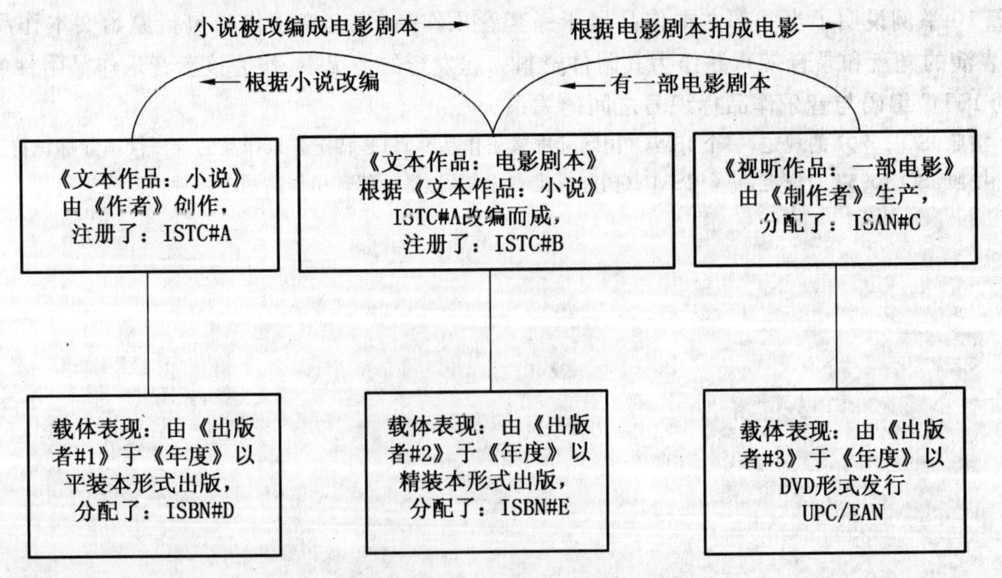

图 E.11　一部文本作品与一个视听作品以及相关载体表现之间的关系

E.4.3 图像作品(及其他没有认证体系的作品类型)

图 E.12 和 E.13 举例说明了一部具有 ISTC 编码的文本作品和图像作品(例如照片或其他插图)相结合的混合作品,它没有标准的识别体系。其结果是,该混合作品既可以被当作一部不同的文本作品分配一个新的 ISTC 编码,也可以不被看作一部新的文本作品,不再分配新的 ISTC 编码。

图 E.12 举例说明了当一部文本和绘画作品所构成的混合作品不被作为一部新作品看待、也未分配新的 ISTC 编码时,该文本作品与绘画作品的关系。

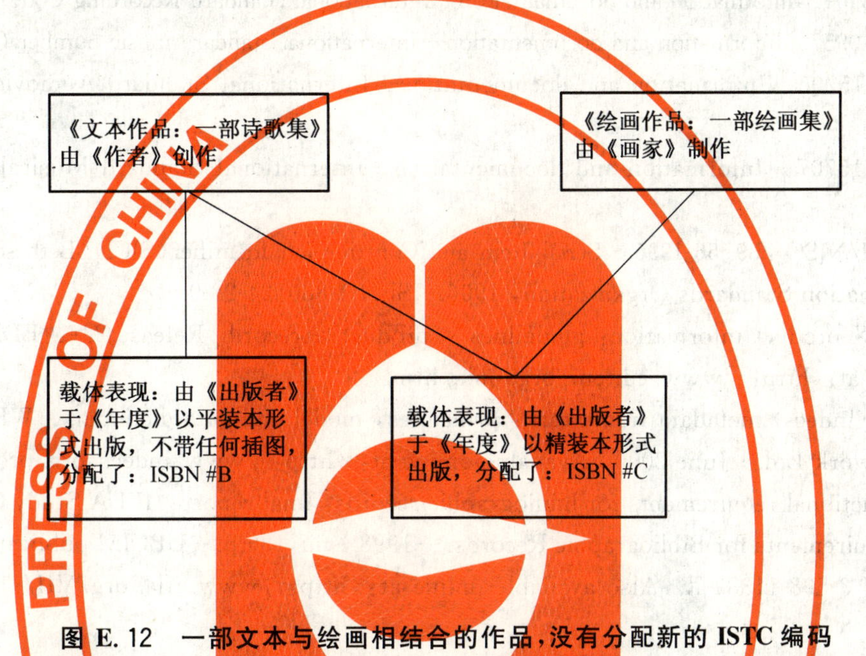

图 E.12 一部文本与绘画相结合的作品,没有分配新的 ISTC 编码

图 E.13 举例说明了当一部由文本作品和绘画作品所组成的新的混合作品被分配了自己的 ISTC 编码时,该文本作品与绘画作品之间的关系。

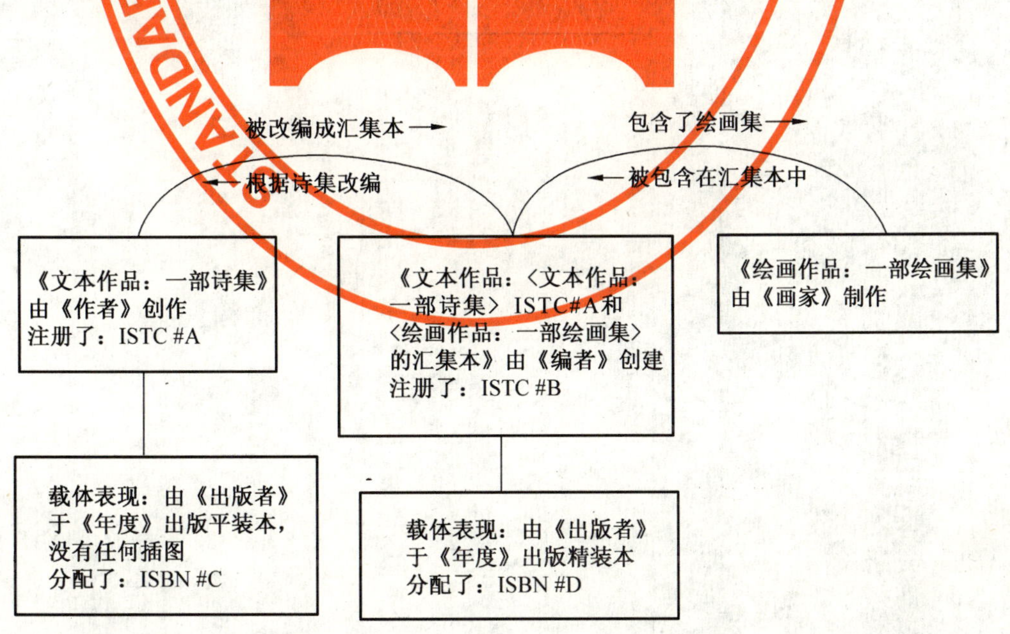

图 E.13 一部文本作品和一部绘画作品组合后被分配了自己的 ISTC 编码

参 考 文 献

［1］ 中国标准书号 GB/T 5795—2006.

［2］ ISO 3297：2007 Information and documentation—International standard serial number (ISSN).

［3］ ISO 3901 Information and documentation—International Standard Recording Code (ISRC).

［4］ ISO 10957 Information and documentation—International standard music number (ISMN).

［5］ ISO 15706 Information and documentation—International Standard Audiovisual Number (ISAN).

［6］ ISO 15707 Information and documentation—International Standard Musical Work Code (ISWC).

［7］ ANSI/NISO Z39. 56-1996 Serial Item and Contribution Identifier(SICI). Bethesda, U. S. A.: National Information Standards Organization, 1996. ISBN 1-880124-28-9.

［8］ ONIX product information: guidelines <product> record. Release 2. 0. EDItEUR, July 2001. Available at:〈http://www. editeur. org/onix. html〉.

［9］ The 〈indecs〉 metadata framework: principles, model and data dictionary. WP1a-006-2. 0. 〈indecs〉Framework Ltd., June 2000. Available online at: 〈http://www. indecs. org/project. htm〉.

［10］ Functional requirements for bibliographic records: final report / IFLA Study Group on the Functional Requirements for Bibliographic Records. —1998. -viii, 136 p. -(UBCIM publications; N. S., Vol. 19) ISBN 3-598-11382-X. Also available online at:〈http://www. ifla. org/VII/s13/frbr/frbr. htm〉.

［11］ ISO TR 21449 Content delivery and rights management: functional requirements for identifiers and descriptors for use in the music, film, sound recording, and publishing industries.

ICS 01.140.20
A 14

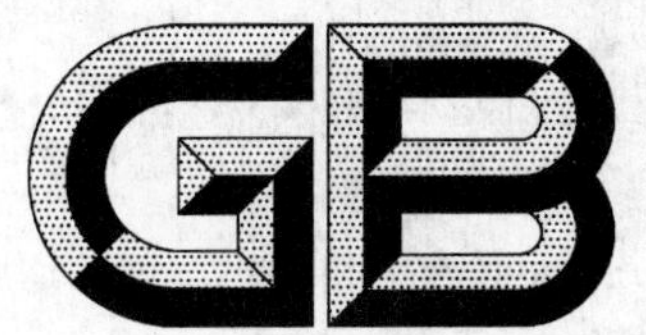

中华人民共和国国家标准

GB/T 23733—2009

中国标准音乐作品编码

China standard musical work code

(ISO 15707:2001,Information and documentation—
International Standard Musical Work Code (ISWC),MOD)

2009-05-06 发布　　2009-11-01 实施

中华人民共和国国家质量监督检验检疫总局
中国国家标准化管理委员会　发布

ICS 01.140.20
A 14

中华人民共和国国家标准

GB/T 23732—2009

中国标准音乐作品编码

China standard musical work code

(ISO 15707:2001, Information and documentation—International Standard Musical Work Code (ISWC), MOD)

2009-05-06 发布　　　　2009-11-01 实施

中华人民共和国国家质量监督检验检疫总局
中国国家标准化管理委员会　发布

前　言

本标准修改采用 ISO 15707:2001《信息与文献——国际标准音乐作品编码》。与 ISO 15707:2001 相比,本标准主要做了以下改动(包括编辑性修改):

1) 增加第 2 章规范性引用文件;
2) 将国际标准第 2 章术语与定义中 2.2 音乐作品与 2.3 作品排序互换;
3) 将国际标准第 4 章有关对国际标准音乐作品编码系统管理的规定,改为国家标准第 5 章对中国标准音乐作品编码管理的规定;
4) 在第 7 章明确了有关建设中国标准音乐作品编码公示数据库的责任;
5) 删除了附录 A.2.1 国际 ISWC 机构和附录 A.2.2 地区与部门 ISWC 机构之内容;
6) 增加了附录 A.2.1 通则和附录 A.2.2 中国 ISWC 机构的职责;
7) 在附录 A.3 中增加了关于中国标准音乐作品编码的申请者提交公民身份号码或组织机构代码的规定;
8) 内容条款上将一些对原国际标准的表述改为适用于国家标准的表述。

本标准的附录 A 是规范性附录,附录 B 和附录 C 是资料性附录。

本标准由全国信息与文献标准化技术委员会提出并归口。

本标准主要起草单位:北京大学、中国标准化研究院、文化部文化市场发展中心、中央电视台总编室、中央人民广播电台图书音像资料馆、北京创源编码研究院。

本标准主要起草人:邵珂、沈正华、刘植婷、罗洪涛、袁力、武金鑫、王亚平、彭明、白阳。

引　言

中国标准音乐作品编码为唯一、持久地识别中国境内的音乐作品提供了一种国际通用的编码方法。中国标准音乐作品编码与ISO 15707国际标准音乐作品编码(ISWC)定义一致，是国际标准音乐作品编码(International Standard Musical Work Code简称ISWC)系统的组成部分。

中国标准音乐作品编码提供了一种在计算机数据库及相关文献中识别音乐作品的有效方法，是政府部门建设全国文化市场监控平台的重要技术条件，并有助于版权协会、出版商、录制公司和其他相关团体之间进行国际层面的信息交流。

中国标准音乐作品编码

1 范围

本标准规定了中国标准音乐作品编码的结构、编码对象、管理维护机构、分配规则以及与中国标准音乐作品编码相关的元数据。

本标准适用于完全由声音汇集而成的抽象的智力或艺术创作。

本标准不适用于音乐作品的表现形式或其载体形态。音乐作品的表现形式或载体形态应当归属其他专门的标识系统。

注册中国标准音乐作品编码与版权登记不具有同一性,也不自然成为提供音乐作品知识产权的法律凭证。

中国标准音乐作品编码的使用指南见附录A。

2 规范性引用文件

下列文件中的条款通过本标准的引用而成为本标准的条款。凡是注日期的引用文件,其随后所有的修改单(不包括勘误的内容)或修订版均不适用于本标准,然而,鼓励根据本标准达成协议的各方研究是否可使用这些文件的最新版本。凡是不注日期的引用文件,其最新版本适用于本标准。

GB 11643 公民身份号码

GB 11714 全国组织机构代码编制规则

3 术语和定义

下列术语和定义适用于本标准。

3.1

校验符 check digit

专门添加用来检测一个标准编号准确与否的数码,其数值可由特定的数学公式来计算。

3.2

作品 work

一种独特的抽象的智力或者艺术创作,其存在可以通过一种或多种表达(如表演)或载体形态(如某种实体)来体现。

3.3

音乐作品 musical work

完全由声音汇集而成的作品,无论其是否伴有乐谱或歌词。

4 中国标准音乐作品编码的结构

4.1 基本结构

中国标准音乐作品编码由标识符“ISWC”和编码本体构成。编码本体由一个前缀元素后跟九位数字再加上一个校验符三部分组成。如下所示:

——前缀元素(一位字母);

——作品识别符(九位数字);

——校验符(一位数值)。

书写或印刷表达中国标准音乐作品编码时,标识符“ISWC”应当置于编码本体的前方。为方便阅读，采用连字符和下圆点分隔各段。

例如：ISWC T-034.524.680-1

4.2 前缀元素

中国标准音乐作品编码的第一个元素应当为字母“T”。如果必要，国际ISWC机构可以另行推出一个字母取代“T”，以扩展ISWC体系的容纳范围。

4.3 作品识别符

中国标准音乐作品编码的第二个元素应当是作品识别符。作品识别符是一个九位的数字编码，取值范围在000000001～999999999之间。

中国标准音乐作品编码的作品识别符统一由中国ISWC机构负责编制。

4.4 校验符

中国标准音乐作品编码的第三个元素是校验符。中国标准音乐作品编码的校验符是采用模数10加权算法计算得出。

附录B展示了计算校验符的公式。

5 中国标准音乐作品编码的管理

中国ISWC机构(Registration Agency)是国际标准ISO 15707规定的ISWC区域性注册机构，执行本标准的规定统一负责中国境内ISWC编码的注册、管理和维护。

中国ISWC机构的职责见附录A.2。

6 中国标准音乐作品编码与描述性元数据的关联

依靠数据库存储技术，中国标准音乐作品编码应该与它所代表的那部音乐作品的描述性元数据(见附录C)相关联，该数据库由中国ISWC机构进行维护。

7 中国标准音乐作品编码与数字内容的关联

采用适当技术(例如加密与水印)，中国标准音乐作品编码应当与该音乐作品的数字表现形式和载体形态相关联，以便对作品使用情况进行追踪。中国标准音乐作品编码与数字内容关联公示数据库由中国ISWC机构进行维护。

附　录　A
（规范性附录）
中国标准音乐作品编码使用指南

A.1　中国标准音乐作品编码的对象

A.1.1　适用作品

中国标准音乐作品编码可以用于任何已出版、未出版、新创作或原已问世的音乐作品，不论其版权状况如何。

凡进行改编、节选或合成的音乐作品，都应当采用与原作品不同的中国标准音乐作品编码，以示区别。

A.1.1.1　作品改编的例子

——改变音乐作品内容，微小改动除外；

——改编音乐作品为一种新的表现形式（如巴赫的钢琴创意曲改编为室内交响乐）；

——音乐作品文字内容的翻译版。

A.1.1.2　作品节选的例子

——一部音乐作品的几个乐章或主要选段已经可以脱离主体以其特有的名称被人们所知（例如“欢乐颂”是贝多芬第九交响曲的最后一个乐章）；

——任何的节选作品，哪怕不知道其节选类型，它都被认定源自于一个比它大的作品。

A.1.1.3　作品合成的例子

——在已有作品或其节选作品基础上集成的系列曲目；

——含有已问世作品内容成分的作品，例如一首旧歌新唱，采用说唱歌词代替原作品中的旋律节奏。

A.2　中国标准音乐作品编码系统的管理

A.2.1　通则

ISWC 是唯一、永久标识音乐作品的国际识别系统，它由国际 ISWC 机构和其授权的区域性机构分级管理。

中国 ISWC 机构依据国际 ISWC 机构制定的有关规则和本标准的规定，负责中国音乐作品编码的管理。

A.2.2　中国 ISWC 机构的职责

中国 ISWC 机构的主要职责是：

A.2.2.1　遵照本标准的规定，推动在中国境内实施中国标准音乐作品编码的应用。

A.2.2.2　受理要求分配中国标准音乐作品编码的申请。

A.2.2.3　登记中国标准音乐作品编码的分配以及与之关联的元数据的详细情况。

A.2.2.4　按照国际 ISWC 机构所规定的安全方式管理并维护中国标准音乐作品编码、元数据、数字内容的注册登记。

A.2.2.5　公示中国标准音乐作品编码的分配结果。

A.2.2.6　更正被证实不正确的中国标准音乐作品编码元数据。

A.2.2.7　编制并维护与中国标准音乐作品编码业务有关的统计数据，并向国际 ISWC 机构报告。

A.2.2.8　对中国境内中国标准音乐作品编码系统的使用者进行宣传、教育和培训。

A.3 中国标准音乐作品编码的分配

A.3.1 中国ISWC机构根据音乐作品当前主创人员(例如:作曲者、编剧或乐曲改编者)、代理机构或版权中介组织等的申请为该作品分配中国标准音乐作品编码。申请者应当根据中国ISWC机构的要求,提交身份号码以备查验。申请者是自然人的,按照GB 11643规定提交公民身份号码。申请者是组织机构的,按照GB 11714规定提交组织机构代码。

A.3.2 一部与境外合作的作品,主创人员分别来自不同的ISWC机构管辖区域,在中国境内提出中国标准音乐作品编码申请,在能够确定该作品尚未被境外其他ISWC机构分配ISWC时,中国ISWC机构可以给该作品分配中国标准音乐作品编码。

A.3.3 对于作品享誉全球的创作者,中国ISWC机构可根据国际ISWC机构的指定为其音乐作品分配中国标准音乐作品编码。

A.3.4 在一部作品被分配中国标准音乐作品编码后,中国ISWC机构应当立刻将该中国标准音乐作品编码登记注册信息连同其背景信息进行公示,及时通告相关各方。

A.3.5 不得把同一个中国标准音乐作品编码分配给不同的音乐作品。

A.3.6 如果无意间为一部音乐作品分配了多个中国标准音乐作品编码,则每个中国标准音乐作品编码都要保留下来,不得将其分配给其他的音乐作品。

一个中国标准音乐作品编码一旦被分配,即便是错了,也不能再把它分配给另一个音乐作品。

A.4 描述性元数据

申请中国标准音乐作品编码应当向中国ISWC机构提交音乐作品的描述性元数据。

该描述性元数据的元素至少应当包含以下方面:

a) 至少有一个该作品的原始题名(见C.2的定义);

b) 该作品的所有创作者以及他们各自所承担的职责(见C.3);

c) 该作品是否源自其他已有作品,如果答案肯定,要标出其来源类型(见C.4);

对于一部改编作品,应当说明来源作品的中国标准音乐作品编码。如果来源作品没有中国标准音乐作品编码,则要列出其题名。

A.5 中国标准音乐作品编码数据库

中国ISWC机构应当为其所分配中国标准音乐作品编码的所有音乐作品以及与其相关联的描述性元数据建立数据库。在国际范围内使用的音乐作品,应当按照国际ISWC机构的规定将其中国标准音乐作品编码信息输入国际ISWC机构的数据库。

A.6 机构手册

关于中国标准音乐作品编码分配与使用的具体细节在中国ISWC机构提供的机构手册中予以说明。

附　录　B
（资料性附录）
中国标准音乐作品编码校验符的计算

校验符根据中国标准音乐作品编码模数10和由左至右按照排列顺序依次分别乘以从1到9的权重计算得出。为进行校验符计算，首个元素的值与权重应当为1。校验符的权重为1。

中国标准音乐作品编码的每位数值（包括校验符本身）按照排列顺序依次与对应位的权重相乘。各项乘积的总和加上校验符的数值后，应能被10整除。

用计算机计算校验符的方法如下所示：

a）　各项乘积和的计算公式：

$$S = 1 + \sum_{i=1}^{i=9} d_i w_i$$

b）　选择校验数，使满足条件：

$S + d_c$ 能被10整除（即余数是0）

其中：

d_i——作品识别符中处在 i 位置的数值（i=从1到9，从左至右）；

w_i——d_i 对应的权重（例如，在序列中的位置）；

d_c——校验符。

例如：

ISWC	T	0	3	4	5	2	4	6	8	0	1	
权重	1	1	2	3	4	5	6	7	8	9	1	
乘积	1	+0	+6	+12	+20	+10	+24	+42	+64	+0	+1	=180

在本例中，$S=179$。

确定校验数使满足：$S+d_c=180$，例如 $d_c=1$。

附 录 C
(资料性附录)
音乐作品注册的描述性元数据

C.1 总则

在把中国标准音乐作品编码分配给一部音乐作品前,中国 ISWC 机构应当获取该作品重要的描述性元数据,如 C.2～C.4 中所述。

这些数据元素是根据国际 ISWC 机构和中国 ISWC 机构的有关规定确定的。有关音乐作品注册描述性元数据的更多细节可以参阅中国 ISWC 机构手册。

C.2 题名信息

应当提供音乐作品的题名,同时应当根据表 C.1 提供的信息指出题名的类型(例如原题名、翻译题名等),并使用国际 ISWC 机构规定的准则。

表 C.1 音乐作品的标题信息

标题类型	标题类型的定义
交替题名[a]	原题名的另一个名称
附加检索题名 (规范题名?)	创建一个替代题名用以辅助数据库检索(例如,当原题名中有特殊字符、双关语或俚语等成分时,用规范名称取代之)
首行文字	正文的起始部分
正式题名[b]	按规定顺序排列元素的规范题名,例如为经典作品拟定的题名
错误题名	有时被错误用作标识的伪造或不被接受的题名
原文题名	一个由创作者采用原创语言赋予其作品的题名
原题名的译名	将原题名翻译成不同语言的题名
有限标题	去除了原题名中所有首冠词和标点符号的题名

a 相当于 UNIMARC 格式中的“变异题名”(见参考书目[4])。

b 相当于 UNIMARC 格式中的“统一题名”(见参考书目[4])。

C.3 创作者信息

应当提供每部音乐作品的创作者及其所承担的角色(例如作曲家、作者、乐曲改编者、译者等等)。并记录申请分配中国标准音乐作品编码的申请者姓名。

表 C.2 音乐作品创作者的信息

角色类型	定义
文本改编者	对音乐作品的文本进行改编的责任者或责任者之一
曲改编者	对音乐作品的音乐元素进行改编的人
作者	音乐作品文本的创作者或创作者之一
作曲者	音乐作品中音乐元素的创作者或创作者之一
作曲者/作者	音乐作品中文本与音乐元素的创作者或创作者之一
改编作词者	对已有音乐作品的文本进行替代或修改的作者
译者	将音乐作品的文本译成不同语言的翻译者

C.4 作品来源信息

C.4.1 类型

描述性元数据应当记录作品是否源自一部已有作品。根据国际 ISWC 机构的规定，并按表 C.3 中所给的类别（版本、节选、组合）指明作品的类型。

表 C.3 音乐作品的类型信息

类 型	值	定 义
版本类型	原版	一部作品首次创作的形式
	改编版	在对其他作品进行改动后形成的作品
合成型	合成作品	含有一个或多个原作和新资料的复合作品
	集成曲目	对已有作品或其节选作品进行连续性组合而形成的系列作品
	混合型	在原材料的基础上增加内容，并以合成新作品的形式出版发行
	合成类型不明	类型不明的合成作品
	非合成型	非合成作品
节选型	乐章	一部音乐作品的主要章节选段
	节选类型不明	未知类型的节选作品
	非节选型	并非是其他作品的一部分

C.4.2 来源作品信息

对于衍生作品，应当在其描述性元数据中记录来源作品的中国标准音乐作品编码。如果来源作品没有注册中国标准音乐作品编码，应当在其元数据的特定字段中记录来源作品的题名。

参 考 文 献

[1] ISO 3901 Information and documentation—International Standard Recording Code (ISRC). 国际标准录音录像资料编码(ISRC).

[2] ISO 7064:1983 Data processing—Check character systems.

[3] ISO 10957 Information and documentation—International standard music number (ISMN). 国际标准乐谱号(ISMN).

[4] International Federation of Library Associations and Institutions. UNIMARC Manual. Bibliographic Format. 2nd edition. Munich: Saur, 1994. Looseleaf with updates. (UBCIM Publications New Series). ISBN 3-598-11211-4.

[5] GB 13396—1992 中国标准音像制品编码.

[6] GB/T 5795—2006 中国标准书号[S].北京:中国标准出版社,2006.

[7] ISO 21047 Information and documentation—International Standard Text Code(ISTC). 国际标准文本编码(ISTC).

[8] ISO 15706 Information and documentation—International Standard Audiovisual Number (ISAN). 国际标准视听作品号 (ISAN).

ICS 67.040
X 00

中华人民共和国国家标准

GB/T 23734—2009

食品生产加工小作坊质量安全控制基本要求

Basic requirements for quality and safety control of food workshop

2009-05-12 发布

2009-09-01 实施

中华人民共和国国家质量监督检验检疫总局
中国国家标准化管理委员会
发布

前　言

本标准由中国标准化研究院提出。

本标准由全国食品安全管理技术标准化技术委员会(SAC/TC 313)归口。

本标准起草单位:中国标准化研究院、河北省质量技术监督局、陕西省质量技术监督局、山东省质量技术监督局、湖南省标准化研究院、山东省标准化研究院。

本标准主要起草人:马爱进、刘文、许建军、金东海、张立平、李庆文、高胜普、吉维、谢启军、刘运富、刘丽梅。

食品生产加工小作坊质量安全控制基本要求

1 范围

本标准规定了食品生产加工小作坊质量安全控制基本要求，包括生产与加工场所、设施与设备、加工过程控制、人员、质量安全管理、包装、贮存与运输和食品标识要求等内容。

本标准适用于食品生产加工小作坊质量安全控制，也适用于管理部门对食品生产加工小作坊的质量安全监管。

2 规范性引用文件

下列文件中的条款通过本标准的引用而成为本标准的条款。凡是注日期的引用文件，其随后所有的修改单(不包括勘误的内容)或修订版均不适用于本标准，然而，鼓励根据本标准达成协议的各方研究是否可使用这些文件的最新版本。凡是不注日期的引用文件，其最新版本适用于本标准。

GB 2760 食品添加剂使用卫生标准

GB 5749 生活饮用水卫生标准

3 术语和定义

下列术语和定义适用于本标准。

3.1

食品生产加工小作坊 food workshop

依照相关法律、法规从事食品生产，有固定生产场所，从业人员较少，生产加工规模小，无预包装或者简易包装，销售范围固定的食品生产加工(不含现做现卖)的单位或个人。

4 总要求

应遵守相关法律、法规和标准中的规定和要求，提高食品质量安全意识，完善管理制度，改善厂房、设施设备、过程控制等条件，保证所生产经营的食品卫生、无毒、无害，不得生产危害人体健康和生命安全的食品。

5 生产与加工场所要求

5.1 生产场所周围应与有毒、有害场所以及其他污染源保持规定的距离，保证不受污染源污染。

5.2 加工场所面积应与生产能力相适应，有足够的空间和场地放置设备、物料和产品，并满足操作和安全生产要求；加工场所布局应符合相应的生产加工流程要求，生食区与熟食区、原辅料和成品的存放场所应分开，避免交叉污染；加工场所与生活区应保持规定距离。

5.3 加工场所地面、墙面应平整，应采用水泥或瓷砖等硬质材料；墙面、地面应便于清洗、消毒；墙壁应有高度不低于 1.5 m 的墙裙，且平整，防止污垢积存，便于清洗；窗户内窗台应便于清洁；顶部建造应防漏雨，防止灰尘积累、碎片脱落，并且容易清洁。

5.4 生产场所应清洁、干净、通风，不应有积水、泥泞、废弃物等易造成食品污染的因素。

5.5 应对厕所等污染源采取有效隔离措施，防止污染食品。

5.6 应采取有效措施防止生产场所和周围区域内害虫滋生。进行杀虫、杀菌操作时，不得污染原辅料、食品及与食品生产直接接触的物品。

6 设施与设备要求

6.1 应具备良好的供水设施。

6.2 应具备符合生产要求的污水排放设施，排水良好。

6.3 应设必要的洗手设施，并配备洁净的毛巾或干手器；应具备带盖、防渗漏的垃圾和污物暂存设施；应具备清洗剂、消毒剂、杀虫剂等物质的保存设施，并单独存放，且应明确标识。

6.4 应具备食品添加剂的保存设施，并单独存放。

6.5 应根据生产需要设置紫外灯等消毒杀菌设施。

6.6 加工场所及库房应有良好的防鼠、蚊、蝇、昆虫等设施。

6.7 加工场所及库房应具备满足食品加工操作需要的通风、照明等设施。

6.8 应根据食品原料和产品保存需要配备必要的冷藏、冷冻设施。

6.9 应具备与生产相适应的设备和器具，所选用的食品加工设备和器具应便于清洗和消毒。

6.10 直接接触食品的生产设备、器具应采用无毒、无害、耐腐蚀、不易生锈、不易于微生物滋生和符合卫生要求的材料制造。

6.11 应具备适当的称量和测量设备，并保持清洁和定期检定或校准。

6.12 生产设备表面应清洁、无积垢。

6.13 直接与食品接触的设备、器具和生产用管道，在使用前、加工后或因中断操作，应清洗干净，必要时消毒，防止污染食品。

6.14 生产中涉及生、熟料的工具应分开使用。

6.15 应选用食品用清洁剂清洗食品加工设备和器具。

6.16 运输工具应保持干净，并及时清洗，必要时进行消毒，保持运输工具清洁卫生。

7 加工过程控制要求

7.1 使用的原辅料应符合国家有关规定和相关标准的要求；不得使用过期的、失效的、变质的、污秽不洁的、回收的、受污染的原材料或非食品用原辅料生产食品；应采取措施确保采购的原辅料符合要求。列入食品生产许可证管理的，应使用获证产品。

7.2 原辅料贮存时，应根据贮存要求采取措施确保原辅料的质量安全。盛装容器应保持清洁。应采用先进先出原则对库存合理周转。

7.3 原辅料在使用前，应经过检查，确保原料干净卫生，适合加工要求。

7.4 食品添加剂的使用应符合 GB 2760 及相应的标准和有关规定。

7.5 食品生产用水应符合 GB 5749 的要求；与食品接触的冰或水蒸气等应采用生活饮用水制成。

7.6 应采取有效措施使原辅料、半成品与成品有效分离，并确保与食品接触的设备、工具等表面清洁，防止交叉污染。

7.7 食品添加剂的称量应使用天平或秤等称量工具。

7.8 应按照确定的生产工艺程序进行食品生产，应采取有效控制食品热处理时间和温度的措施。

8 人员要求

8.1 应取得健康体检证明后方可上岗，并每年体检一次。凡患有痢疾、伤寒、病毒性肝炎等消化道传染病的人员，以及患有活动性肺结核、化脓性或者渗出性皮肤病以及其他有碍食品卫生的疾病的人员，不得从事接触直接入口食品的工作。

8.2 应保持个人整洁，不留长指甲、不涂指甲油、不配戴外露饰物，在加工场所内应禁止吸烟和吐痰。

8.3 在食品加工操作时应穿戴洁净的工作衣、帽，头发应置于帽内。进入生产区应保持良好的个人卫生。应采取必要的措施防止生熟食品及其他原辅料间的交叉污染。

8.4 负责人和主要生产人员应学习和熟悉食品质量安全相关法律、法规和标准知识，应通过食品质量安全相关培训，提高其对产品和质量安全的认识，明确其责任。

9 质量安全管理要求

9.1 应实施质量安全承诺制度。负责人应对食品质量安全负责，并明确承诺不滥用食品添加剂、不使用非食品原料生产加工食品，不用有毒有害物质加工食品，不生产假冒伪劣食品，并向社会公开食品质量安全承诺书。

9.2 应建立管理台账，包括原料进货来源及相关信息、各类食品添加剂使用详细记录、产品送检抽检情况和产品销售情况等台账。记录应保存一定期限。

9.3 应遵守食品添加剂使用备案制度。

9.4 应进行开业自查，保证生产与加工场所、设施与设备、包装、贮存与运输等各方面的情况符合相关规定。

10 包装、贮存与运输要求

10.1 应使用食品用包装材料和容器包装食品，包装材料应保持清洁卫生，不得对食品造成污染。

10.2 贮存食品的场所应保持整洁卫生，场所内不得存放影响产品质量安全的物品；应根据贮存食品的要求提供适宜的温度和湿度等贮存条件。应采取有效措施确保贮存的食品不受污染。

10.3 运输食品时，应根据运输食品的要求提供保护措施。

10.4 变质食品应按相应规定进行处理。

11 食品标识要求

11.1 应采取适当的方式对销售的食品提供产品名称、生产地址、生产者、生产日期等必要的信息，以使消费者能够正确地处理、食用、贮存其产品。

11.2 应采取适当的方式明确标注产品的销售范围。

ICS 65.120
B 46

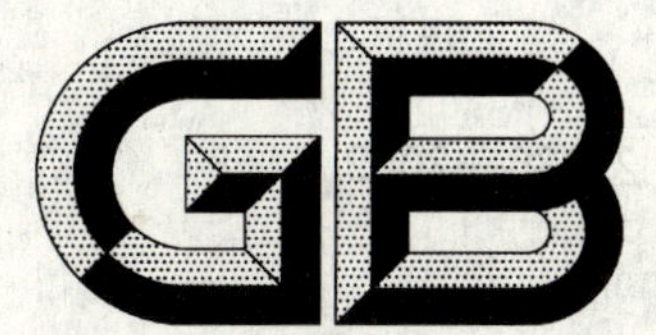

中华人民共和国国家标准

GB/T 23735—2009

饲料添加剂　乳酸锌

Feed additive—Zinc lactate

2009-05-12 发布　　　　2009-09-01 实施

中华人民共和国国家质量监督检验检疫总局
中国国家标准化管理委员会
发布

前　言

本标准由全国饲料工业标准化技术委员会提出并归口。

本标准起草单位：四川省畜科饲料有限公司、全国饲料评审委员会办公室。

本标准主要起草人：张纯、邝声耀、杜伟、唐凌、张冀、胡翊坤、刘汉琼、黄崇波、钟呈波。

饲料添加剂 乳酸锌

1 范围

本标准规定了饲料添加剂乳酸锌的要求、试验方法、检验规则及标签、包装、运输、贮存和保质期。

本标准适用于由氧化锌和乳酸反应生成的乳酸锌。

化学名称：α-羟基丙酸锌

分子式：$C_6H_{10}O_6Zn \cdot 3H_2O$

结构式：$[CH_3—\underset{\displaystyle OH}{\underset{|}{CH}}—COO]_2Zn \cdot 3H_2O$

相对分子质量：297.58(依据2007年国际相对原子质量)

2 规范性引用文件

下列文件中的条款通过本标准的引用而成为本标准的条款。凡是注日期的引用文件，其随后所有的修改单(不包括勘误的内容)或修订版均不适用于本标准，然而，鼓励根据本标准达成协议的各方研究是否可使用这些文件的最新版本。凡是不注日期的引用文件，其最新版本适用于本标准。

GB/T 601 化学试剂 标准滴定溶液的制备

GB/T 602 化学试剂 杂质测定用标准溶液的制备(GB/T 602—2002,ISO 6353-1:1982,NEQ)

GB/T 603 化学试剂 试验方法中所用制剂及制品的制备(GB/T 603—2002,ISO 6353-1:1982,NEQ)

GB/T 6435 饲料中水分和其他挥发性物质含量的测定(GB/T 6435—2006,ISO 6496:1999,IDT)

GB/T 6682 分析实验室用水规格和试验方法(GB/T 6682—2008,ISO 3696:1987,MOD)

GB 6781—2007 食品添加剂 乳酸亚铁

GB/T 9738 化学试剂 水不溶物测定通用方法(GB/T 9738—2008,ISO 6353-1:1982,NEQ)

GB 10648 饲料标签

GB/T 13079—2006 饲料中总砷的测定

GB/T 13080 饲料中铅的测定 原子吸收光谱法

GB/T 13082 饲料中镉的测定方法

GB/T 14699.1 饲料 采样(GB/T 14699.1—2005,ISO 6497:2002,IDT)

中华人民共和国药典(2005年版二部)

3 要求

3.1 感官性状

本品为白色结晶性粉末，无异臭。略溶于水，不溶于乙醇。

3.2 技术指标

饲料添加剂乳酸锌技术指标应符合表1要求。

表 1　技术指标

项　　目		指　　标
乳酸锌($C_6H_{10}O_6Zn \cdot 3H_2O$)含量/%	≥	98.0～102.4
锌(Zn)含量/%	≥	21.5～22.5
乳酸盐(以 $C_3H_5O_3^-$ 计)含量/%	≥	58.7
干燥失重/%	≤	18.5
水不溶物/%	≤	0.5
砷(As)/(mg/kg)	≤	3
铅(Pb)/(mg/kg)	<	10
镉(Cd)/(mg/kg)	<	10
细度(通过 300 μm 孔径标准筛)/%	≥	95.0

4　试验方法

警告:试验所用部分试剂具有毒性或腐蚀性,操作要小心谨慎,溅到皮肤上立即用水冲洗,严重者立即治疗。

4.1　一般规定

除非另有说明,在分析中仅使用确认为分析纯的试剂和符合 GB/T 6682 规定的用水。标准溶液的制备应符合 GB/T 601、GB/T 602,试验方法中所用制剂及制品的制备应符合 GB/T 603。

4.2　感官指标

将样品放置在清洁、干燥的白瓷盘内,在非直射日光、光线充足、无异味和异臭的环境中,用眼观的方法观察其色泽,用鼻嗅的方法检查其异臭。

4.3　鉴别

4.3.1　试剂和溶液

4.3.1.1　亚铁氰化钾溶液:100 g/L。本试剂临用时现配。

4.3.1.2　盐酸溶液:1+4。

4.3.1.3　硫酸铜溶液:1 g/L。

4.3.1.4　硫氰酸汞铵试液:取硫氰酸铵 5 g 与二氯化汞 4.5 g,加水溶解成 100 mL,即得。

4.3.2　鉴别方法

4.3.2.1　锌盐

a)　取 2%试样溶液 10 mL,加亚铁氰化钾溶液(4.3.1.1)2 mL,即产生白色沉淀,分离所得沉淀在稀盐酸(4.3.1.2)中不溶解。

b)　取 2%试样溶液 5 mL,以稀盐酸(4.3.1.2)酸化,加硫酸铜溶液(4.3.1.3)2 滴及硫氰酸汞铵试液(4.3.1.4)2 mL,即生成紫色沉淀。

4.3.2.2　乳酸盐

按 GB 6781—2007 中乳酸盐的鉴别方法进行。

4.4　乳酸锌含量及锌含量的测定

4.4.1　试剂和溶液

4.4.1.1　抗坏血酸。

4.4.1.2　硫酸溶液:1+1。

4.4.1.3　氟化铵溶液:200 g/L。

4.4.1.4　硫脲溶液:100 g/L。

4.4.1.5 乙酸-乙酸钠缓冲液(pH≈5.5):称取 200 g 乙酸钠,溶于水,加 10 mL 冰乙酸,用水稀释至 1 000 mL。

4.4.1.6 乙二胺四乙酸二钠标准滴定溶液:c(EDTA)=0.05 mol/L。

4.4.1.7 二甲酚橙指示液:2 g/L,使用不超过一周。

4.4.2 测定方法

称取试样 0.3 g(精确到 0.000 2 g),置于 250 mL 锥形瓶中,加少量水润湿,滴加两滴硫酸溶液(4.4.1.2)使试样溶解,加水 50 mL、氟化铵溶液(4.4.1.3)10 mL、硫脲溶液(4.4.1.4)5 mL、抗坏血酸(4.4.1.1)0.2 g,摇匀溶解后加入 15 mL 乙酸-乙酸钠缓冲液(4.4.1.5)和 3 滴二甲酚橙指示液(4.4.1.7),用乙二胺四乙酸二钠标准滴定液(4.4.1.6)滴定至溶液由红色变为亮黄色即为终点。

同时做空白试验。

4.4.3 结果计算

4.4.3.1 试样中乳酸锌含量以质量分数 X_1 计,数值以%表示,按式(1)计算:

$$X_1=\frac{(V_1-V_0)\times c_1\times 0.2976}{m_1}\times 100 \quad\cdots\cdots(1)$$

式中:

X_1——试样中乳酸锌含量,%;

V_1——滴定试验溶液消耗乙二胺四乙酸二钠标准滴定溶液的体积,单位为毫升(mL);

V_0——滴定空白溶液消耗乙二胺四乙酸二钠标准滴定溶液的体积,单位为毫升(mL);

c_1——乙二胺四乙酸二钠标准滴定溶液的实际浓度,单位为摩尔每升(mol/L);

0.297 6——与 1.00 mL 乙二胺四乙酸二钠标准滴定溶液[c(EDTA)=1.000 mol/L]相当的乳酸锌质量,单位为克(g);

m_1——试样质量,单位为克(g)。

计算结果保留到小数点后两位。

4.4.3.2 试样中锌含量以质量分数 X_2 计,数值以%表示,按式(2)计算:

$$X_2=\frac{(V_1-V_0)\times c_1\times 0.06539}{m_1}\times 100 \quad\cdots\cdots(2)$$

式中:

X_2——试样中锌含量,%;

V_1——滴定试验溶液消耗乙二胺四乙酸二钠标准滴定溶液的体积,单位为毫升(mL);

V_0——滴定空白溶液消耗乙二胺四乙酸二钠标准滴定溶液的体积,单位为毫升(mL);

c_1——乙二胺四乙酸二钠标准滴定溶液的实际浓度,单位为摩尔每升(mol/L);

0.065 39——与 1.00 mL 乙二胺四乙酸二钠标准滴定溶液[c(EDTA)=1.000 mol/L]相当的锌质量,单位为克(g);

m_1——试样质量,单位为克(g)。

计算结果保留到小数点后两位。

4.4.4 允许误差

取两次平行测定结果的算术平均值为测定结果,两次平行测定结果的绝对差值乳酸锌不大于 0.5%,锌不大于 0.2%。

4.5 乳酸盐含量的测定

4.5.1 试剂

4.5.1.1 碘化钾。

4.5.1.2 硫酸溶液:1+1。

4.5.1.3 重铬酸钾标准溶液:$c(1/6K_2Cr_2O_7)$=0.4 mol/L。

4.5.1.4 硫代硫酸钠标准滴定溶液：$c(Na_2S_2O_3)=0.05$ mol/L。

4.5.1.5 淀粉指示液：10 g/L，使用期为两周。

4.5.2 测定方法

称取试样 0.15 g（精确到 0.000 2 g），置于 250 mL 具塞锥形瓶中，用移液管加入 25 mL 重铬酸钾标准溶液（4.5.1.3）和 25 mL 硫酸溶液（4.5.1.2），加塞放入水浴锅中，80 ℃开始计时，在此温度下保持 35 min。取出冷却至室温，定量转入 100 mL 容量瓶中，加新沸冷水稀释至刻度，摇匀。用移液管移取 20 mL 于 250 mL 碘量瓶中，加碘化钾（4.5.1.1）2 g，密塞，置于暗处放置 10 min 后加新沸冷水至 100 mL。用硫代硫酸钠标准滴定溶液（4.5.1.4）滴定至黄色，加淀粉指示液（4.5.1.5）1 mL，继续滴定至蓝色消失变成亮绿色，5 min 内不变色，即为终点。

同时做空白试验。

4.5.3 结果计算

试样中乳酸盐含量以质量分数 X_3 计，数值以%表示，按式(3)计算：

$$X_3=\frac{(V_2-V_3)\times c_2\times 0.02227}{m_2\times D}\times 100 \qquad (3)$$

式中：

X_3——试样中乳酸盐含量，%；

V_2——滴定空白溶液消耗硫代硫酸钠标准滴定液的体积，单位为毫升（mL）；

V_3——滴定试验溶液消耗的硫代硫酸钠标准滴定液的体积，单位为毫升（mL）；

c_2——硫代硫酸钠标准滴定溶液的实际浓度，单位为摩尔每升（mol/L）；

0.022 27——1/8 乳酸根的摩尔质量，单位为克每摩尔（g/mol）；

m_2——试样质量，单位为克（g）；

D——分取倍数，20/100。

计算结果保留到小数点后两位。

4.5.4 允许误差

取两次平行测定结果的算术平均值为测定结果，两次平行测定结果的绝对差值不大于 0.6%。

4.6 干燥失重的测定

按 GB/T 6435 中规定的方法测定。

4.7 水不溶物含量的测定

按 GB/T 9738 中规定的方法测定。

4.8 砷的测定

按 GB/T 13079—2006 中第 5 章规定的方法测定。

4.9 铅的测定

按 GB/T 13080 中规定的方法测定。

4.10 镉的测定

按 GB/T 13082 中规定的方法测定。

4.11 细度测定

按《中华人民共和国药典》（2005 年版二部）附录Ⅸ E“粒度和粒度分布测定法第二法（筛分法）”的规定执行。

5 检验规则

5.1 采样方法

按照 GB/T 14699.1 规定进行。

5.2 出厂检验

5.2.1 批

以同原料、同配方、同一连续生产周期中生产的一定数量的产品为一批。

产品应由生产企业的质量检验部门按本标准规定进行检验，生产企业应保证所有出厂产品都符合本标准的要求，经检验合格并附有一定格式的质量证明书。

5.2.2 出厂检验项目

本标准规定感官指标、乳酸锌含量、干燥失重、细度、净含量为出厂检验项目。

使用单位有权按照本标准的规定对所收到的产品进行验收。

5.3 型式检验

5.3.1 正常生产者，每半年至少进行一次型式检验。有下列情况之一时，应进行型式检验：

a) 产品批量投产前；

b) 原料、工艺、设备有较大变动时；

c) 停产三个月以上，重新恢复生产时；

d) 出厂检验结果与上次型式检验结果有较大差异时；

e) 国家质量安全监督机构提出型式检验要求时。

5.3.2 型式检验项目

本标准第3章中全部项目。

5.4 判定规则

以本标准的有关试验方法为依据，对抽取样品按出厂(或型式)检验项目进行检验。所检项目全部合格，则判该批产品为合格品；检验结果如出现不合格项目，应重新自同批产品中两倍样品量抽样进行复验，复验结果中仍有不合格项目，则判定该批产品为不合格产品。

6 标签、包装、运输、贮存、保质期

6.1 标签

应符合GB 10648中的规定。

6.2 包装

本品内包装采用聚乙烯薄膜，外包装采用聚丙烯塑料编制袋、纸箱、纸桶(或根据用户要求，按合同执行)。

6.3 运输

本品在运输过程中应避免日晒雨淋，严禁与有毒有害物质混装、混运。

6.4 贮存

本品应包装完好，贮存于通风、阴凉、干燥处，防止污染，远离火源。

6.5 保质期

产品自生产之日起，在符合上述贮运条件、原包装完好的情况下，保质期12个月。

ICS 65.120
B 46

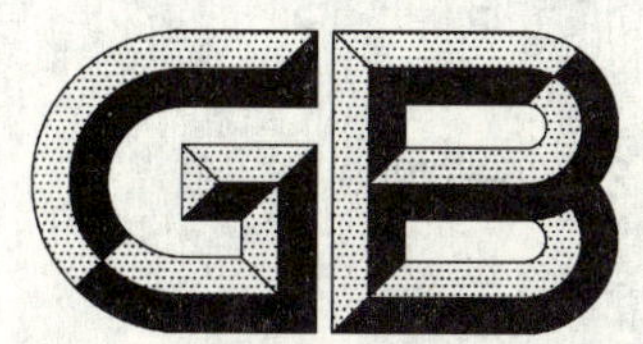

中华人民共和国国家标准

GB/T 23736—2009

饲料用菜籽粕

Rapeseed meal (solvent) for feedstuff

2009-05-12 发布　　　　2009-09-01 实施

中华人民共和国国家质量监督检验检疫总局
中国国家标准化管理委员会　发布

前　言

本标准由全国饲料工业标准化技术委员会提出并归口。

本标准负责起草单位:国家粮食局科学研究院。

本标准参加起草单位:中国农业科学院油料作物研究所。

本标准主要起草人:李爱科、郝淑红、栾霞、黄凤洪、潘雷、钮琰星。

饲 料 用 菜 籽 粕

1 范围

本标准规定了饲料用菜籽粕的技术指标、质量分级、检验方法、检验规则以及对标签、包装、运输、贮存的要求。

本标准适用于以菜籽为原料，以预榨浸出或直接浸出法取油后所得菜籽粕。

2 规范性引用文件

下列文件中的条款通过本标准的引用而成为本标准的条款。凡是注日期的引用文件，其随后所有的修改单(不包括勘误的内容)或修订版均不适用于本标准，然而，鼓励根据本标准达成协议的各方研究是否可使用这些文件的最新版本。凡是不注日期的引用文件，其最新版本适用于本标准。

GB/T 6432 饲料中粗蛋白测定方法

GB/T 6433 饲料中粗脂肪的测定

GB/T 6434 饲料中粗纤维的含量测定 过滤法

GB/T 6438 饲料中粗灰分的测定

GB/T 10358 油料饼粕 水分及挥发物含量的测定

GB/T 10647 饲料工业术语

GB 10648 饲料标签

GB 13078 饲料卫生标准

GB/T 13087 饲料中异硫氰酸酯的测定方法

GB/T 14698 饲料显微镜检查方法

GB/T 14699.1 饲料 采样

GB/T 18246 饲料中氨基酸的测定

3 术语和定义

GB/T 10647 中规定的术语和定义适用于本标准。

4 要求

4.1 感官

褐色、黄褐色或金黄色小碎片或粗粉状，有时夹杂小颗粒，色泽均匀一致，无虫蛀、霉变、结块及异味、异臭。

4.2 夹杂物

不得掺入饲料用菜籽粕以外的物质(非蛋白氮等)，若加入抗氧剂、防霉剂、抗结块剂等添加剂时，要具体说明加入的品种和数量。

4.3 技术指标及分级

菜籽粕产品的技术指标及分级见表1。

表 1 技术指标及分级标准

<table>
<tr><th rowspan="2" colspan="2">指标项目</th><th colspan="4">等　级</th></tr>
<tr><th>一级</th><th>二级</th><th>三级</th><th>四级</th></tr>
<tr><td>粗蛋白质/%</td><td>≥</td><td>41.0</td><td>39.0</td><td>37.0</td><td>35.0</td></tr>
<tr><td>粗纤维/%</td><td>≤</td><td>10.0</td><td colspan="2">12.0</td><td>14.0</td></tr>
<tr><td>赖氨酸/%</td><td>≥</td><td colspan="2">1.7</td><td colspan="2">1.3</td></tr>
<tr><td>粗灰分/%</td><td>≤</td><td colspan="2">8.0</td><td colspan="2">9.0</td></tr>
<tr><td>粗脂肪/%</td><td>≤</td><td colspan="4">3.0</td></tr>
<tr><td>水分/%</td><td>≤</td><td colspan="4">12.0</td></tr>
<tr><td colspan="6">注：各项质量指标含量除水分以原样为基础计算外，其他均以 88% 干物质为基础计算。</td></tr>
</table>

4.4 菜籽粕卫生指标及按异硫氰酸酯含量范围对产品的分级

4.4.1 菜籽粕产品各项卫生指标应符合 GB 13078 和国家有关规定。

4.4.2 菜籽粕产品按异硫氰酸酯(ITC)的含量范围分为低异硫氰酸酯菜籽粕、中含量异硫氰酸酯菜籽粕及高异硫氰酸酯菜籽粕。其相应的分级见表 2。

表 2 产品中异硫氰酸酯的含量及分级

<table>
<tr><th rowspan="2">项　目</th><th colspan="3">分　级</th></tr>
<tr><th>低异硫氰酸酯菜籽粕</th><th>中含量异硫氰酸酯菜籽粕</th><th>高异硫氰酸酯菜籽粕</th></tr>
<tr><td>异硫氰酸酯/(mg/kg)</td><td>≤750</td><td>750<ITC≤2 000</td><td>2 000<ITC≤4 000</td></tr>
<tr><td colspan="4">注：质量指标以 88% 干物质为基础计算。</td></tr>
</table>

5 检验方法

5.1 水分及挥发物的检验

按 GB/T 10358 的规定进行。

5.2 粗蛋白质的检验

按 GB/T 6432 的规定进行。

5.3 粗纤维素的检验

按 GB/T 6434 的规定进行。

5.4 粗灰分的检验

按 GB/T 6438 的规定进行。

5.5 粗脂肪的检验

按 GB/T 6433 的规定进行。

5.6 异硫氰酸酯的检验

按 GB/T 13087 的规定进行。

5.7 卫生指标的检验

按 GB 13078 的规定进行。

5.8 夹杂物的检验

按 GB/T 14698 的规定进行。

5.9 氨基酸的检验

按 GB/T 18246 的规定进行。

6 检验规则

6.1 产品组批与采样

同种产品,每天生产的为一个批次,每批随机抽取 500 g 作为样品。

采样按照 GB/T 14699.1 规定进行。

6.2 出厂检验

本标准中的感官、粗蛋白质、粗灰分、水分、异硫氰酸酯为出厂检验指标。

6.3 型式检验

本标准第 4 章中所要求的全部指标为型式检验项目。

有下列情况之一时,应进行型式检验:

a) 工艺、设备或原料改变时;

b) 质量监督部门提出要求时;

c) 投产时或停产 6 个月以上恢复生产时;

d) 正式生产后,每 12 个月进行一次。

6.4 判定规则

6.4.1 检验结果全部符合本标准要求的判为合格。若有一项指标不符合标准要求,应重新自两倍数量的包装单元进行采样复检。复检结果如仍有一项指标不符合本标准的要求,则该批产品判为不合格。

6.4.2 若不符合表 1 和表 2 中某一等级指标要求时,按指标值最低的项目进行等级判断。

7 标签、包装、运输、贮存

7.1 标签

产品的标签应符合 GB 10648 的规定。

7.2 包装

饲料用菜籽粕可以散装、袋装,或按用户要求包装。

7.3 运输

产品运输时应有防雨、防晒措施,避免产品在运输中遭曝晒、雨淋及剧烈震动和撞击,且不得与有毒、有害物质或其他有污染的物品混合运输。

7.4 贮存

产品应贮存在阴凉、通风、干燥的地方,防潮、防霉变、防虫蛀。严禁与有毒、有害物质混放。

ICS 65.120
B 46

中华人民共和国国家标准

GB/T 23737—2009

饲料中游离刀豆氨酸的测定
离子交换色谱法

**Determination of free canavanine in feeds—
Ion exchange chromatography**

2009-05-12 发布 2009-09-01 实施

中华人民共和国国家质量监督检验检疫总局
中国国家标准化管理委员会 发布

前　言

本标准附录A为资料性附录。

本标准由全国饲料工业标准化技术委员会提出并归口。

本标准起草单位：中国农业科学院北京畜牧兽医研究所、中国农业科学院农业质量标准与检测技术研究所[国家饲料质量监督检验中心(北京)]。

本标准主要起草人：佟建明、吴莹莹、董晓芳、张琪、苏晓鸥。

饲料中游离刀豆氨酸的测定 离子交换色谱法

1 范围

本标准规定了用离子交换色谱法测定饲料中游离刀豆氨酸的含量。

本标准适用于单一饲料及配合饲料中游离刀豆氨酸的测定。

定量限为 15 mg/kg。

2 规范性引用文件

下列文件中的条款通过本标准的引用而成为本标准的条款。凡是注日期的引用文件,其随后所有的修改单(不包括勘误的内容)或修订版均不适用于本标准,然而,鼓励根据本标准达成协议的各方研究是否可使用这些文件的最新版本。凡是不注日期的引用文件,其最新版本适用于本标准。

GB/T 603 化学试剂 试验方法中所用制剂及制品的制备

GB/T 6682 分析实验室用水规格和试验方法

GB/T 14699.1 饲料 采样

GB/T 20195 动物饲料 试样的制备

3 原理

试样中的游离刀豆氨酸经磺基水杨酸振荡提取,过滤并定容。该提取液经离子交换色谱柱分离并以茚三酮柱后衍生后在波长为 570 nm 下测定。

4 试剂和溶液

除特殊注明外,本标准所用试剂均为分析纯,水符合 GB/T 6682 中二级用水规定,色谱用水符合 GB/T 6682 中一级用水规定,溶液按照 GB/T 603 配制。

4.1 盐酸溶液:移取 1.7 mL 浓盐酸用水稀释到 1 L。

4.2 磺基水杨酸溶液:50 g/L。取 5.0 g 磺基水杨酸用水稀释到 100 mL。

4.3 不同 pH 和离子强度的洗脱用柠檬酸钠缓冲液:按仪器说明书配制。

4.4 茚三酮溶液:按仪器说明书配制。

4.5 刀豆氨酸($C_5H_{12}N_4O_3$)标准品:纯度≥98%。

4.6 刀豆氨酸标准溶液:称取 0.001 g 刀豆氨酸,精确到 0.000 1 g,用盐酸溶液(4.1)溶解定容至 10 mL,此溶液浓度为 100 μg/mL,置 4 ℃冰箱中保存。

4.7 刀豆氨酸标准工作液:分别吸取刀豆氨酸标准溶液(4.6)0.1 mL、0.2 mL、0.5 mL、1.0 mL、2.0 mL、4.0 mL 于 10 mL 容量瓶中,用盐酸溶液(4.1)定容至 10 mL,混匀,配制成 1.0 μg/mL、2.0 μg/mL、5.0 μg/mL、10.0 μg/mL、20.0 μg/mL、40.0 μg/mL 的刀豆氨酸标准工作液。现用现配。

5 仪器和设备

5.1 旋转蒸发器。

5.2 实验室用样品粉碎机。

5.3 样品筛:孔径 0.25 mm。

5.4 分析天平:感量 0.000 01 g。

5.5 振荡器:往复 250 次/min。

5.6 离心机:15 000 r/min。

5.7 微孔滤膜:孔径 0.45 μm。

5.8 氨基酸自动分析仪。

6 采样

按照 GB/T 14699.1 的规定执行。

7 试样制备

按照 GB/T 20195 制备试样,磨碎,全部通过 0.25 mm 孔筛,混匀,装入密闭容器中,避光低温保存备用。

8 分析步骤

8.1 试样溶液的制备

称取 1 g~2 g 试样(精确至 0.1 mg),置于 50 mL 离心管中,加入 20 mL 磺基水杨酸溶液(4.2),振荡器(5.5)振荡提取 30 min,15 000 r/min 离心 10 min,过滤到 50 mL 容量瓶中。再对过滤后的试样用 20 mL 磺基水杨酸溶液(4.2)重复提取一次,合并两次滤液。最后用磺基水杨酸溶液(4.2)定容至 50 mL。取 1.0 mL 定容后的滤液,置旋转蒸发器(5.1)中、50 ℃水浴下减压蒸发至干,加入 1.0 mL 盐酸溶液(4.1)后用 0.45 μm 滤膜过滤,上机测定。

8.2 定量测定

用刀豆氨酸标准工作液(4.7),按仪器说明书,调整仪器操作参数和(或)洗脱用柠檬酸钠缓冲液的 pH,注入试样溶液(8.1)和相应浓度的刀豆氨酸标准工作液(4.7),得到色谱峰面积值,用外标法定量测定,参见附录 A。

9 结果计算

试样中刀豆氨酸的含量 X 以毫克每千克(mg/kg)表示,按式(1)计算:

$$X = \frac{c \times A_i \times V}{A_s \times m} \qquad \cdots\cdots(1)$$

式中:

c——标准工作液(4.7)中刀豆氨酸的浓度,单位为微克每毫升(μg/mL);

A_i——试样溶液(8.1)中刀豆氨酸的峰面积值;

V——试样的定容体积,单位为毫升(mL);

A_s——标准工作液(4.7)中刀豆氨酸的峰面积值;

m——试样的质量,单位为克(g)。

平行测定结果用算术平均值表示,保留三位有效数字。

10 重复性

同一分析者对同一试样同时两次平行测定所得结果的相对偏差不大于 10%。

附 录 A
（资料性附录）
刀豆氨酸标准色谱图

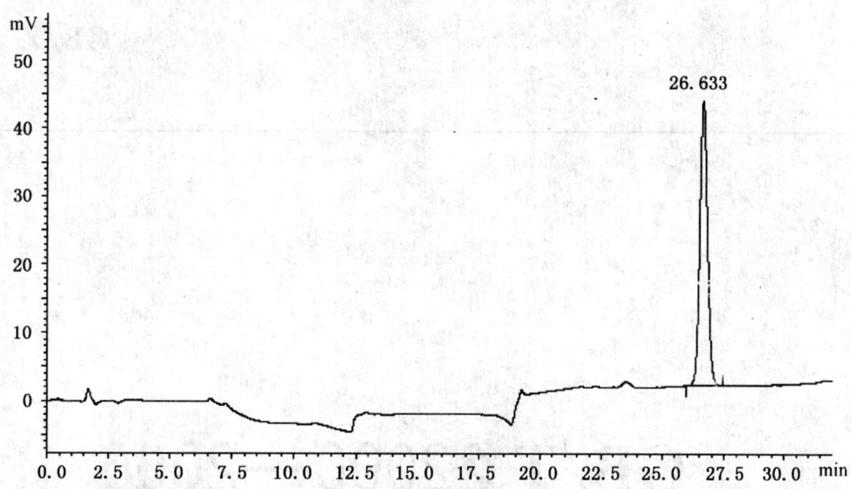

图 A.1 刀豆氨酸标准色谱图(20 μg/mL)

ICS 65.120
B 00

中华人民共和国国家标准化指导性技术文件

GB/Z 23738—2009

GB/T 22000—2006 在饲料加工企业的应用指南

Guidance on the application of GB/T 22000—2006 in feed industry

2009-05-12 发布　　2009-09-01 实施

中华人民共和国国家质量监督检验检疫总局
中国国家标准化管理委员会　发布

前　言

本指导性技术文件参考 GB/T 22004《食品安全管理体系　GB/T 22000—2006 的应用指南》制定。

本指导性技术文件的附录 A 为规范性附录，附录 B 为资料性附录。

本指导性技术文件由全国饲料工业标准化技术委员会(SAC/TC 76)提出并归口。

本指导性技术文件起草单位：中国饲料工业协会、北京华思联认证中心。

本指导性技术文件主要起草人：沙玉圣、辛盛鹏、李燕松、胡广东、王黎文、秦玉昌、王冬冬、王峰、赵之阳、刘今玉、张逸平、张淑清、罗世文、杨海华。

引 言

0.1 总则

食品安全管理体系应用于从农作物种植到零售商、食品服务者和餐饮提供者整个食品链。饲料加工企业通过采用该体系,可以确保产品符合法律、法规和(或)顾客规定的要求。

饲料加工企业的食品安全管理体系的设计和实施受诸多因素的影响,特别是饲料安全危害、所提供的产品、采用的过程及饲料加工企业的规模和结构。本指导性技术文件提供了 GB/T 22000—2006 在饲料加工企业的应用指南。

0.2 食品链和过程方法

饲料加工企业位于食品链上游,因此,饲料加工企业在建立和实施食品安全管理体系时,需考虑单一饲料、饲料添加剂生产企业与初级食品生产企业对其活动的影响,并确保进行有效的相互沟通。

为使饲料加工企业有效且高效地运作,应识别和管理众多相互关联的活动。通过使用资源和管理,将输入转化为输出的活动可视为过程。

在饲料加工企业内过程的系统应用,连同过程的识别和相互作用及其管理,称为"过程方法"。

过程方法的优点是对过程系统中各个过程的联系及其组合和相互作用进行实时的控制。

在食品安全管理体系中应用过程方法时,强调以下方面的重要性:

a) 理解并符合要求;

b) 需要考虑与食品安全和可追溯有关的过程;

c) 获得过程实施的结果及有效性;

d) 在客观测量的基础上持续改进过程。

图 1 是一个基于过程的食品安全管理体系模式,阐明了 GB/T 22000—2006 第 4 章至第 8 章提出的过程之间的关系。图 1 的模型并未详细地反映所有的过程。

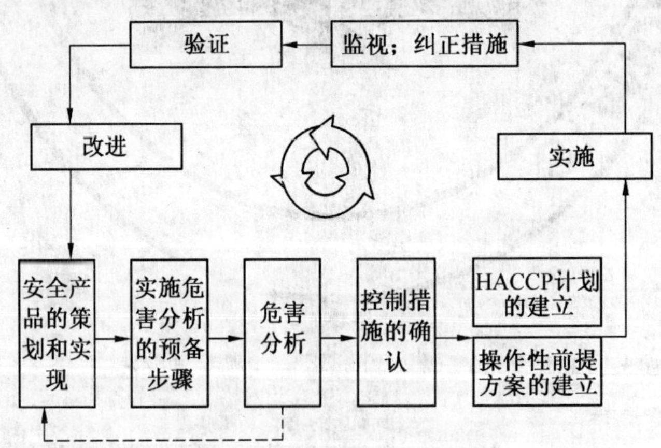

图 1 持续改进的概念

GB/T 22000—2006
在饲料加工企业的应用指南

1 范围

本指导性技术文件为添加剂预混合饲料、浓缩饲料、配合饲料和精料补充料等饲料加工企业按照GB/T 22000—2006 的要求建立和实施食品安全管理体系提供了指南。

2 规范性引用文件

下列文件中的条款通过本指导性技术文件的引用而成为本指导性技术文件的条款。凡是注日期的引用文件，其随后所有的修改单(不包括勘误的内容)或修订版均不适用于本指导性技术文件，然而，鼓励根据本指导性技术文件达成协议的各方研究是否可使用这些文件的最新版本。凡是不注日期的引用文件，其最新版本适用于本指导性技术文件。

GB/T 10647 饲料工业术语

GB 10648—1999 饲料标签

GB 13078 饲料卫生标准

GB/T 16764 配合饲料企业卫生规范

GB/T 20803 饲料配料系统通用技术规范

GB/T 22000—2006 食品安全管理体系 食品链中各类组织的要求

NY 5027 无公害食品 畜禽饮用水水质

NY 5071 无公害食品 渔用药物使用准则

NY 5072 无公害食品 渔用配合饲料安全限量

饲料添加剂和添加剂预混合饲料生产许可证管理办法(中华人民共和国农业部 24 号令)

饲料生产企业审查办法(中华人民共和国农业部 73 号令)

3 术语和定义

GB/T 10647、GB/T 22000—2006 确立的以及下列术语和定义适用于本指导性技术文件。

3.1

饲料安全危害 feed safety hazard

可能存在或出现于饲料产品中，通过动物采食转移至食品中，并由此可能导致人类不良健康后果的因素。

[GB/T 22000—2006 定义 3.3 注 4]

4 GB/T 22000—2006 中“4 食品安全管理体系”的应用指南

4.1 总要求

饲料加工企业建立食品安全管理体系时，首先要明确体系覆盖的范围。饲料加工企业可以自由选择实施体系的界限和范围，可选择整个组织范围，如某集团公司总部及下属各分公司，也可选择组织内部的某特定区域和生产场所，如某分公司；可将组织的全部产品纳入体系覆盖的范围，也可只选择覆盖所有产品中的一部分。

若饲料加工企业将能够对终产品产生影响的过程外包给外部组织实施，如将产品运输委托给货运公司，将除虫灭鼠委托给专业除虫害公司等，饲料加工企业应识别出这些外包过程，予以控制，并用文字描述外包过程的责任部门和控制方法。

GB/T 22000—2006 允许饲料加工企业，特别是小型饲料加工企业实施由外部制定和建立的前提方案、操作性前提方案和 HACCP 计划的组合。但应满足如下要求：

a) 已制定的组合符合 GB/T 22000—2006 中对危害分析、前提方案和 HACCP 计划的要求；

b) 采取了具体措施使外部制定的组合适用于本企业；

c) 该组合已得到实施，并且按照 GB/T 22000—2006 的其他要求运行。

4.2 文件要求

饲料加工企业应制定、形成、实施、评审和保持食品安全管理体系文件。构成体系的文件通常包括产品规范、HACCP 计划、操作性前提方案和前提方案以及其他要求的运行程序，包括任何源于外部过程的合同（例如：运输、虫害控制、产品检测）。饲料加工企业使用的文件应保证在需要的时间和地点获得，并以任何有效形式提供（例如：书面形式，电子版或图片）。

由于饲料加工企业的规模、产品复杂程度，人员能力存在差异，企业使用外部制定的前提方案、操作性前提方案和 HACCP 计划组合的程度不同，因此每个饲料加工企业的文件类型和范围可能不同。

如果饲料加工企业使用外部制定的前提方案、操作性前提方案和 HACCP 计划的组合，则其对本组织的适宜性情况应形成文件，该文件作为食品安全管理体系的一部分。

饲料加工企业在生产、经营等活动中应使用与饲料安全有关的外部文件，例如：满足法律法规和顾客的要求。在某些情况下，电子文档也应符合法规要求。

在规定的期限以及受控条件下，保持适当的记录是饲料加工企业的一项关键活动。在考虑产品预期用途以及产品在整个食品链中预期保质期的情况下，饲料加工企业应依据保持的记录做出决策。

5 GB/T 22000—2006 中“5 管理职责”的应用指南

5.1 管理承诺

包括确定与体系建立和实施有关的意识和领导的积极行动等在内的方式，可以作为饲料加工企业提供最高管理者对食品安全管理体系承诺的证据。

在饲料行业，考虑保持经济性的同时，生产安全、有效、不污染环境的饲料产品，将饲料产品危害降低到可接受水平是非常重要的。

管理层应当承诺建立、保持和持续运行食品安全管理体系并配备必要的资源。最高管理者首要任务就是确定食品安全小组成员，并支持他们的活动。

5.2 食品安全方针

食品安全方针是每个饲料加工企业食品安全管理体系的基本原则。食品安全方针应规定可测量的目标和指标。可测量的活动可以包括识别和实施，以改进体系任何方面的活动（例如：杜绝盐酸克伦特罗、三聚氰胺等违禁物质，重大饲料产品安全事件为零等）。

目标应是具体的、可测量的、可达到的、相关的和有时限的。

确保目标和方针符合饲料加工企业的经营目标，法律法规要求和任何来自顾客特定的补充的安全要求。

5.3 食品安全管理体系策划

策划确保饲料加工企业明确各种要求（输入）并能很好地满足这些要求（输出）。同时，饲料加工企业应建立一套策划机制，当食品安全管理体系（例如：产品、工艺、生产设备、人员等）发生变更时需要进行再策划,确保变更不会给饲料安全带来负面影响,不影响实现食品安全方针与目标,并且确保体系的完整性。

5.4 职责和权限

饲料安全管理应依赖于整个饲料加工企业各个环节职能的发挥。每位员工都应知道其职责以达到既定的方针和目标,满足顾客对饲料安全和质量的要求。

5.5 食品安全小组组长

食品安全小组组长是饲料加工企业食品安全管理体系的核心,应是饲料加工企业的成员并了解饲料加工企业的饲料安全事项。当食品安全小组组长在饲料加工企业中另有职责时,不应与食品安全的职责相冲突。

食品安全小组组长的职责可以包括与外部相关方就食品安全管理体系的有关事宜进行联系。

建议食品安全小组组长具备饲料卫生管理和 HACCP 原理应用方面的基本知识。

5.6 沟通

沟通的目的是确保发生必要的相互作用。

外部沟通旨在交换信息,以确保危害在食品链的某一环节通过相互作用得到控制,例如:

a) 对于可不由饲料加工企业控制或饲料加工企业无法控制而必需在食品链的其他环节得到控制的食品安全危害,与农作物种植者、饲料添加剂生产者等饲料原料供方,畜禽、水产养殖者以及初级食品(肉、禽、蛋、乳与鱼制品)生产者交换信息;

b) 与顾客交换信息,作为相互能接受的食品安全水平(顾客要求的)的依据;

c) 与立法和执法部门以及其他组织的沟通。

外部沟通是指饲料加工企业和外部组织以合同或其他方式,就要求的食品安全水平和按照协商要求交付能力达成一致的方法。饲料加工企业应建立与立法、执法部门以及其他组织沟通的渠道,以作为提供公众可接受的食品安全水平以及确保饲料加工企业可信度的基础。

指定人员在沟通技巧方面的培训也是一个重要方面。

饲料加工企业内部的沟通体系宜确保参与各类操作和程序的人员获得充分的、相关的信息和数据。食品安全小组组长在饲料加工企业内部就食品安全问题的沟通方面发挥着主要作用。对于新产品开发和投放市场,以及原料与辅料、生产系统与过程和(或)顾客及顾客要求的未来变化,饲料加工企业内部人员的沟通宜清晰且及时。应特别注意沟通法律法规要求发生的变化、新的或正在出现的食品安全危害以及这些新危害的控制方法。

饲料加工企业的任何成员在发现可能影响饲料安全的情况时应知道如何汇报。

5.7 应急准备和响应

饲料加工企业应意识到潜在的突发事件,例如:火灾、洪水、生物恐怖主义和蓄意破坏、能源故障、车辆事故、环境污染和动物疫情等。

5.8 管理评审

管理评审为管理提供机会,以评估组织在满足有关食品安全方针的目标方面的绩效,以及食品安全管理体系的整体有效性。

食品安全管理体系应当确保在饲料加工企业内所有对饲料安全有影响的活动得以不断的界定(通常指文件化)和有效实施。

6 GB/T 22000—2006 中"6 资源管理"的应用指南

6.1 资源提供

最高管理者应充分识别饲料行业相关法律法规对资源配置的要求,根据企业的方针、规模、性质、产品特性和相关方的要求确保提供所要求的充足资源。资源可包括：人员、信息、基础设施、工作环境，甚至文化环境。为了实施和改进饲料安全管理体系的各过程，满足饲料安全和顾客的要求，最高管理者应在确保生产安全产品的情况下，协调资源，确保资源的合理搭配，改进资源的分配状况，提高资源的利用效率。

6.2 人力资源

饲料加工企业应确保满足相关法律法规对人员方面的要求（见附录 A.1.2）。食品安全小组成员和其他从事影响饲料安全活动的人员应具有适当的教育、培训、技能和经验，能够胜任其工作，确保其活动不会对所生产的产品造成任何不良的健康风险。

关键岗位人员，如化验员、中央控制室操作员、设备维修人员等应满足农业部规定的职业准入制度的要求，取得职业资格证书。

对于从事影响饲料安全活动的人员，如配料员、投料员、评审潜在不合格品人员、CCP 监控人员、内审员等进行必要的培训，使其充分了解他们在体系中的职责和过程控制要求。

饲料加工企业在建立、实施或运行食品安全管理体系时，当人员在某些方面能力欠缺或缺乏特定专业知识时，可以通过聘请外部的专家来满足要求，但应以协议或合同的方式对专家的职责和权限予以规定。

6.3 基础设施

企业应确保提供建筑物、设施布局、生产设备以及支持性服务等基础设施，应给予必要的维护和保养以持续满足实现安全饲料产品的要求。企业应识别相关法律法规对基础设施的要求并予以遵守，如生产添加剂预混合饲料企业应有两台不锈钢混合机（见附录 A.2.1.1～A.2.1.4）。

6.4 工作环境

企业应识别相关法律法规对工作环境的要求，根据产品特性和企业规模等要求确保提供符合要求的工作环境。工作环境可以包括防止交叉污染的措施、工作空间的要求、防护工作服的要求以及员工设施的可用性和位置。

7 GB/T 22000—2006 中“7 安全产品的策划和实现”的应用指南

7.1 总则

饲料加工企业应采用动态和系统的过程方法建立食品安全管理体系。这是通过有效的建立、实施、监视策划的活动，保持和验证控制措施，更新饲料加工过程和加工环境，以及一旦出现不合格产品而采取适当措施来实现的。

GB/T 22000—2006 第 7 章阐明了策划（见图 2）和运行阶段，而第 8 章阐述了体系的检查和改进阶段。体系的保持和改进是通过第 7 章和第 8 章所要求的策划、确认、监视、验证和更新等若干循环来体现的。在运行的体系中，任何一个阶段的变化都可能导致体系的变更。

为了建立、实施和控制食品安全管理体系，GB/T 22000—2006 按照逻辑顺序，重新界定了控制措施分为两个部分（即分为前提条件和应用于关键控制点的措施）的传统概念。控制措施分为如下三组：

a) 管理基本条件和活动的前提方案；前提方案的选择不以控制具体确定的危害为目的，而是为了保持一个清洁的生产、加工和操作环境（见 GB/T 22000—2006 7.2）；

b) 操作性前提方案，管理那些通过危害分析识别的，对于确定的危害控制到可接受水平是必要的，但不通过 HACCP 计划来管理的控制措施；

c) HACCP 计划，管理那些通过危害分析识别并确定有必要予以控制的危害，应用关键控制点的方法使其达到可接受水平的控制措施。

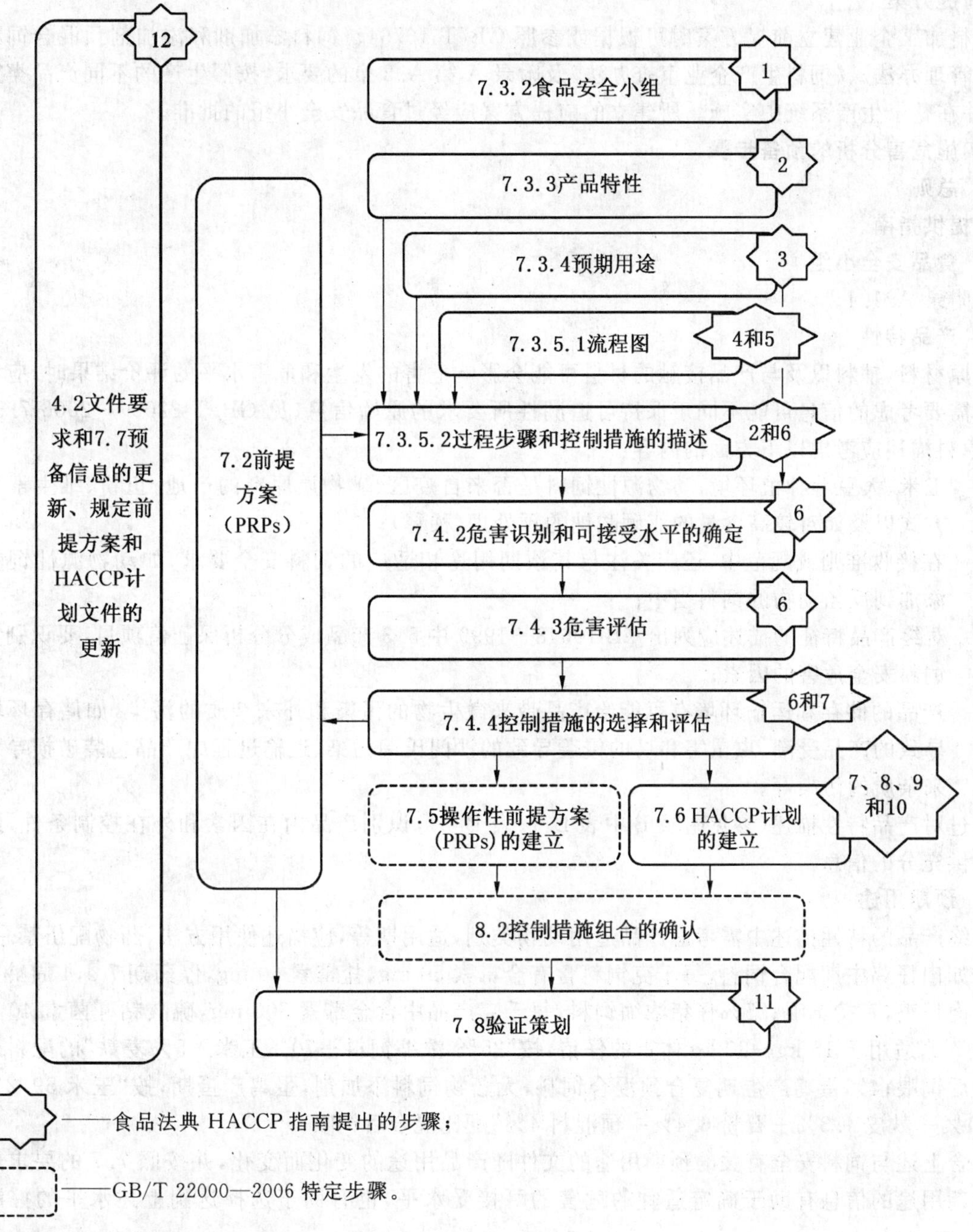

注：本图相关条款参见 GB/T 22000—2006。

图 2 安全饲料的策划

控制措施的分组有助于将不同的管理策略用于对控制不符合的措施(包括对受影响产品的处置)进行确认、监视和验证。

策划的核心要素是实施危害分析，以确定需要控制的危害(见 GB/T 22000—2006 的 7.4.3)、达到可接受水平所需的控制程度和可实现要求的控制措施组合(见 GB/T 22000—2006 的 7.4.4)。为确保实现上述目的，预备步骤是必要的(见 GB/T 22000—2006 的 7.3)，以提供和汇集相关的信息。

危害分析确定了适宜的控制措施，并对这些措施进行分类，分别由 HACCP 计划和(或)操作性前提方案来管理，这将有助于随后对有关控制措施如何实施、监视、验证和更新等内容的设计(见 GB/T 22000—2006 的 7.5～7.8)。

如果外部的控制措施组合能力满足 GB/T 22000—2006 中 7.2～7.8 的要求，则饲料加工企业可以利用外部能力建立控制措施组合。

7.2 前提方案

饲料加工企业建立前提方案时可根据或参照 GB/T 16764、《饲料添加剂和添加剂预混合饲料生产许可证管理办法》、《饲料生产企业审查办法》及附录 A 第 A.2 章的要求，按照生产的不同产品类别具体制定，并在整个生产系统中实施。所建立的前提方案应经过食品安全小组的批准。

7.3 实施危害分析的预备步骤

7.3.1 总则

未提供指南。

7.3.2 食品安全小组

见附录 A.1.1。

7.3.3 产品特性

当原材料、辅料以及与产品接触的材料可能会影响危害的发生和危害水平的评价结果时，应考虑其来源。需要考虑的信息可能不同于保持可追溯性所要求的原始信息（见 GB/T 22000—2006 7.9）。适宜时，原料描述应考虑以下方面的内容：

a) 玉米、大豆等种植环境、动物源性饲料是否来自疫区、矿物质原料的产地；鱼粉、维生素的生产方式以及如对较高含量的亚硒酸钠的预处理（稀释）；

b) 在接收准则或规范中，还应关注与其预期用途相适应的饲料安全要求，如动物源性饲料禁止添加到反刍动物的饲料当中；

c) 对终产品特征的描述应列出 GB 10648—1999 中 5.3 产品成分分析保证值项目，要识别其有关饲料安全危害的因素；

d) 产品的储存和运输环境有可能给产品带来微生物的污染和外来杂质的污染，如储存环境不当导致的产品受潮、虫鼠害和鸟的侵袭导致的沙门氏菌污染、运输过程中产品包装破损导致的外来杂质的污染等。

通过对产品特性描述（参见附录 B 中表 B.1、表 B.2），识别产品内在因素和外在控制条件，给危害分析提供充分的信息。

7.3.4 预期用途

在终产品的特性描述中需考虑产品适用动物类别，适用期等，应描述使用方法、药物配伍禁忌、停药期等。如肉仔鸡中期配合饲料，每千克饲料含有金霉素 50 mg、盐霉素 60 mg，停药期 7 d，4 周龄至出栏前 1 周肉仔鸡，直接饲喂；25%仔猪浓缩饲料，每千克产品中含金霉素 300 mg，硫酸粘杆菌素 40 mg，停药期为 7 d，适用于 15 kg～30 kg 体重的仔猪，按“25% 浓缩饲料＋70%玉米＋5%麦麸”的配料比例混合均匀后饲喂；4%蛋鸡产蛋期复合预混合饲料，无药物饲料添加剂，蛋鸡产蛋期，按“玉米 59.2%＋豆粕 26.1%＋麸皮 4.3%＋石粉 6.4%＋预混料 4%”配比混合后饲喂。

包含上述与饲料安全有关的预期用途的文件随产品用途的变化而变化，并按照 7.7 的要求进行更新。预期用途的信息有助于确定适宜的危害的可接受水平，也有助于选择达到上述水平的控制措施组合。

7.3.5 流程图、过程步骤和控制措施

7.3.5.1 流程图

饲料加工企业应绘制其体系范围内产品和过程的流程图，用于获得食品安全危害可能产生、引入和增加的信息。饲料加工企业的产品和过程流程图包括：厂区平面图、产品工艺流程图、人流图、物流图等，绘制的流程图应准确、详细和清晰，便于危害识别、危害评价和控制措施的识别，并表明控制措施的来源、相关位置和饲料安全危害可能引入及其重新分布的情况。

如果企业生产过程中具有源于外部的过程或分包过程，应在工艺流程图中标明，工艺流程图还应包括原料、辅料和中间产品的投入点（如复合预混料生产过程可能包括三级混合过程），以及返工点和循环点，如制粒过程中不合格粒度产品的返工过程。流程图中还应包括终产品、中间产品的放行点。

7.3.5.2 过程步骤和控制措施的描述

食品安全小组应组织相关人员对过程流程图中的所有步骤进行描述，适用时，这些描述可包括：过程步骤的目的、过程的变异性、过程步骤的作用和过程步骤所要满足的参数等。过程参数包括物料重量、混合时间、调质与制粒温度等，其中各步骤所引入、增加或控制的每种危害及其控制措施（见附录A第A.3章关键过程控制）应尽量详细描述，以便所提供的信息能评价和确认控制措施应用强度的效果。

针对控制措施的描述包括但不限于如下内容：

a） 有些控制措施存在于生产过程的工序中，如配料工序、投料过程控制等；

b） 有些控制措施则拟包含或已包含于操作性前提方案中，如已经包含于操作性前提方案中的预防交叉污染的方案等；

c） 有些控制措施，需要由食品链中其他环节（例如：原料供应商、分包方和顾客）和（或）通过社会方案实施（例如：环保一般措施）而控制，如原料中的农药残留控制。

应识别有关控制措施描述的变化，如顾客和饲料行业主管部门要求的变化，并将之用于上述描述的更新，更新应按照7.7的要求进行。

7.4 危害分析

7.4.1 总则

未提供指南。

7.4.2 危害识别和可接受水平的确定

7.4.2.1 危害识别时可基于如下获得的信息：

a） 根据7.3预备步骤中所获得的信息，包括原料、辅料及饲料接触材料本身的饲料安全危害及其控制措施，生产过程中引入、增加和控制的饲料安全危害，以及企业控制范围外的饲料安全危害控制措施；

b） 依据本企业获得的历史性经验和外部信息。例如，通过本企业在以往的生产活动中危害发生的实际情况和历史数据获取的信息，包括查询主管部门、同行业、农作物种植者、饲料添加剂生产者与初级食品生产者与本产品相关的食品安全危害、顾客抱怨或投诉和相关文献获得的饲料安全信息。可考虑如下方面：

——原料、配料或饲料接触物中饲料安全危害的流行状况；

——来自设备、加工环境和生产人员的直接或间接污染；

——可能滋生微生物的产品残渣；

——微生物的繁殖（例如：有些原料或饲料产品水分超标发霉变质或产生毒素）；

——化学品的残留（例如：药物饲料添加剂的残留）。

7.4.2.2 针对所识别的饲料安全危害，在描述该危害（参见附录B中表B.3）时，应明确描述到具体的种类，如：混合工序中由于设备清理不到位而导致的霉菌的污染、批次间清理不当导致的药物饲料添加剂的残留等。

7.4.2.3 可接受水平是饲料加工企业的终产品进入食品链下一环节时，为确保食品安全，某特定危害需要被控制的程度。通常可接受水平是终产品标准。终产品的可接受水平可通过以下一个或多个来源获得的信息来确定。

——终产品标准（例如：GB 13078）或由产品生产国或消费国政府立法或执法部门制定的目标、指标；

——与初级食品生产者进行沟通所获得的有关食品安全的信息；

——当缺乏国家法规或标准时，或企业的自身要求高于国家的要求时，可以是企业标准或饲料行业的标准。

考虑与顾客达成一致的可接受水平和（或）法律法规的标准，当同一批产品在多个消费国家出售时，食品安全小组可将最严格的标准确定为可接受水平。当缺乏法律规定的标准时，可通过科学文献和专业经验获得。

可接受水平确定的依据应作为证据加以保存，并将可接受水平的结果作为记录保存。

7.4.3 危害评估

企业应将7.4.2中已识别的危害进行评估，以确定需企业进行控制的饲料安全危害。

在进行危害评价时,可考虑以下方面:

a) 危害的来源,如危害可能从“哪里”和“如何”引入到产品中(例如:饲料原料中含有霉菌毒素、设备中药物饲料添加剂的残留或添加的矿物质重金属超标等);

b) 危害发生的概率;

c) 危害的性质(例如:致病菌繁殖、产生或污染,产生毒素的能力等);

d) 危害可能导致的不良健康影响的严重程度(例如:大致可分为:“灾难性”、“严重”、“中度”和“可忽略”)。

食品安全小组根据产品特性和沟通获得的信息,进行危害评估。当危害评估所需的信息不充分时,可通过科学文献、行业主管部门的数据库、专家和专业咨询机构获得更多的信息。

企业可采用风险评估表(参见附录 B 中表 B.4)对已识别的危害进行分类,确定风险的性质,然后将危害按照风险分级表(参见附录 B 中表 B.5)进行分级,从而确定企业需要控制的危害。

企业根据其确定的可接受水平,结合制定的食品安全方针和目标,确定在何种级别的饲料安全危害应由企业进行控制。企业根据危害评估的结果,制定出需要控制的饲料安全危害清单(参见附录 B 中表 B.6)。

危害分析可以确定不需要饲料加工企业控制的危害。例如,在不需要饲料加工企业干预的情况下,引入或发生确定的饲料安全危害就可达到规定的可接受水平。也可能在农作物种植者、饲料添加剂生产者与初级食品生产者已经实施了充分控制和(或)饲料加工企业中不可能引入或产生危害,或者可接受水平相当低,饲料加工企业无论怎样都能达到。

7.4.4 控制措施的选择和评估

7.4.4.1 控制措施的选择:可以从 GB/T 22000—2006 的 7.2.3(起草的或者先前应用的操作性前提方案),7.3.3.1a)、d)、e)和 f),7.3.3.2 b)~g),7.3.5.1(过程步骤)和 7.3.5.2(外部组织对控制措施的要求)中选择控制措施。

7.4.4.2 控制措施的评估和组合:特定的食品危害通常需要由一种以上的控制措施来控制,一种以上的食品安全危害也可以由同一种控制措施控制(但要求达到相同的程度)。因此对于依据 GB/T 22000—2006 的 7.4.3 确定的每个危害,建议首先选择适当的控制措施组合来控制,然后确定控制所有危害需要的全套控制措施。

GB/T 22000—2006 的 8.2 要求通过确认证实控制措施组合能够达到预期的控制水平,如果不能证实这种能力,则应修改控制措施组合。

当控制措施不能被确认时,不能将其包括在 HACCP 计划或操作性前提方案中,但能应用在前提方案中。

评估和确认过程可能产生这样的结果,即由于先前采用的或草拟的控制措施被证实超过了实际需要而进行必要控制的要求。如果希望(持续的)采用这些控制措施,可根据这些控制措施与饲料加工企业食品安全管理体系总体相关性来考虑这些控制措施,或将这些控制措施整合到前提方案中。

7.4.4.3 控制措施的分类:饲料加工企业可能希望尽可能多的控制措施由操作性前提方案管理,而将少量的控制措施由 HACCP 计划中管理,或者相反。需要提及的是,在某些情况下无法确定关键控制点,例如:因为在足够的时间框架内不能提供监视结果。

由于在分类之前已经确认了控制措施组合的效果,即使所有控制措施完全都由操作性前提方案管理,也能达到食品安全。

以下可以在分类过程中为饲料加工企业提供指南:

——控制措施对危害水平和危害发生频率的影响(影响越大,控制措施越可能属于 HACCP 计划);

——措施所控制的危害对消费者健康影响的严重性(越严重,控制措施越可能属于 HACCP 计划);

——监视的需要 (需要越迫切,控制措施越可能属于 HACCP 计划)。

7.5 操作性前提方案(PRPs)的建立

通过 7.4.4 对控制措施选择和评价结果,需要通过操作性前提方案管理的危害,操作性前提方案的制定格式(参见附录 B 中表 B.7)。

通常对操作性前提方案中所管理的控制措施采用较低的监控频率，例如相关参数每周检查一次。由于危害分析输入和输出的变化，可导致最初通过操作性前提方案所管理的控制措施的评价结果和分类发生变化，或先前通过HACCP计划管理的控制措施也发生变化，因此随着变化应更新操作性前提方案。此外，终产品的可接受水平的变化，以及需控制的产品的安全危害及其他环境变化，都可能影响管理控制措施的方案或计划发生变化。

当操作性前提方案中所管理的控制措施失控时，所规定的监控方法和频次应能够对这种情况及时反应，以便及时采取纠正措施。

7.6 HACCP计划的建立

7.6.1 HACCP计划

本条款给出了HACCP计划的格式要求（参见附录B中表B.8）。

由于多个因素影响可接受水平，确定的需控制的饲料安全危害也受到企业的食品安全方针、目标和顾客饲料安全要求以及法律法规的影响，这些因素的变化都可能导致HACCP计划的变化，因此，HACCP计划也需要更新。

7.6.2 关键控制点（CCPs）的识别

关键控制点是HACCP计划中的控制措施所在的那些步骤（见图3）。

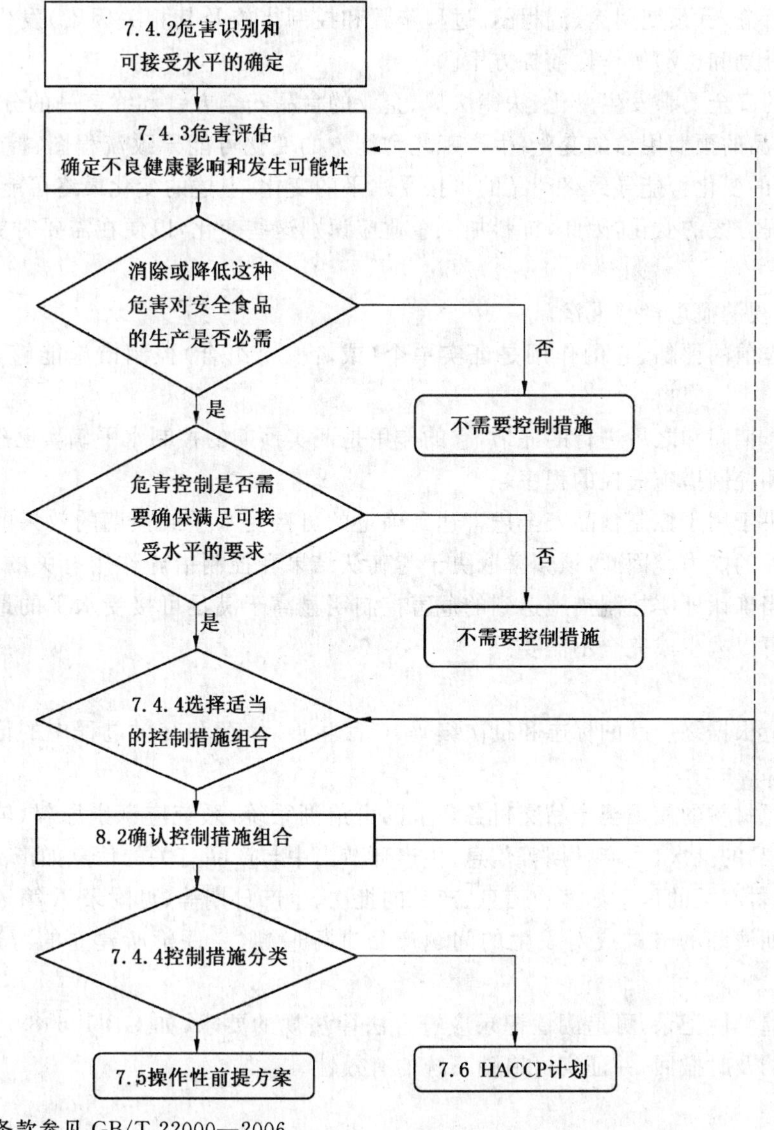

注：本图相关条款参见GB/T 22000—2006。

图3　判断树

7.6.3 关键控制点的关键限值的确定

应设计关键限值,确保控制所针对的食品安全危害。对于用于控制一个以上食品安全危害的关键控制点,则应针对每个食品安全危害建立关键控制限值。

7.6.4 关键控制点的监视系统

大多数关键控制点的监视程序应提供与在线过程有关的实时信息。此外,监视应及时提供信息,做出调整,以确保过程受控,防止偏离关键限值。因此,可能没有时间做耗时的分析检验。由于物理和化学测量操作迅速,通常他们在提供微生物控制程度的信息方面更优于微生物检验。当确认和验证这些测量方法时,可以采用微生物检验方法。如对于药物残留的控制,通常由指定人员对配方中药物饲料添加剂的合法性进行确认,对配料、投料过程进行监控,以此即可实现用药合理性的在线监控。可以采用检验饲料中药物残留的方法。

7.6.5 监视结果超出关键限值时采取的措施

关键限值设定于产品变为不安全的临界点。因此在实际中,通常按照过程可能发生失控的提前预警限值操作。当超出警戒限值时,饲料加工企业可以选择是否采取任何措施。

7.7 预备信息的更新、规定前提方案和 HACCP 计划文件的更新

当影响危害分析输入(预期用途、流程图、过程步骤和控制措施及其相关因素)发生变化时,应更新已制定的 HACCP 计划和(或)操作性前提方案。

当顾客对产品的安全要求发生变化、法律法规、企业的食品安全方针和终产品的分销方式等发生变化时,有可能导致产品的预期用途的变化,生产工艺和配方的变化可能导致流程图、控制措施和过程步骤地变化,产品特性的变化可能导致终产品的可接受水平的变化,上述的变化最终可能导致 HACCP 计划和(或)操作性前提方案的变化,因此,饲料加工企业应识别这些变化,以便在需要时更新这些信息。

7.8 验证策划

确认、验证和监视的概念经常混淆。

——确认是操作前的评估,它的作用是证实单个(或者一个组合)控制措施能够达到预期的控制水平;

——验证是操作期间和之后进行的评估,它的作用是证实预期的控制水平确实已经达到;

——监视是探测控制措施失控的程序。

验证的频率取决于用于控制食品安全危害达到确定的可接受水平或预期的效果的不确定程度,以及监视程序查明失控的能力。因此,该频率取决于与确认结果和控制措施作用有关的不确定度(例如:过程变化)。例如,当确认证实控制措施达到的危害控制明显高于满足可接受水平的最低要求时,控制措施的有效性验证可以减少或完全不需要。

7.9 可追溯性系统

饲料加工企业应根据终产品的标志和批次编码、产品生产、储存和交付过程中的记录,确保产品的可追溯性。

企业应建立从原材料的使用至产品交付各环节的可追溯系统,系统应识别原料、辅料、包装材料的直接供应方、使用产品的批次、生产日期等信息;生产环节当中与产品有关的信息如产品的班次(批次)、设备运行数据等;交付有关的信息如客户信息、产品的批次、生产日期等(见附录 A 第 A.5 章)。

企业可采用定期演练的方式或对发生的问题产品进行追溯,来评价所建立的可追溯系统的完善程度。

企业应保持可追溯性记录,可追溯性记录应符合法律法规的要求,如 GB 10648—1999、顾客要求,以确保不安全产品的及时撤回,并证实可追溯系统的有效性。

7.10 不符合控制

7.10.1 纠正

企业应制定文件化的程序,规定不符合关键限值或操作性前提方案失控时所生产的产品如何处置。

程序应包括并规定如下内容:负责纠正人员的职责和权限;如何根据可追溯性系统识别受影响的终产品;哪个部门或人员负责受影响终产品的评估;评估的标准和方法;纠正方案批准人员的职责和权限等。同时,程序中还可规定对终产品评估后的相关响应。纠正的记录应包括:产品的批次信息、不符合的性质、原因及其后果,记录应由负责人签字。

7.10.2 纠正措施

监控结果,包括关键控制点超出和操作性前提方案不符合的结果,以及顾客投诉、验证结果中的不符合都需要采取纠正和纠正措施。

应在形成文件的程序中规定,采取纠正措施的人员的职责和权限;评审的内容;不符合原因的分析要求;确定所采取的纠正措施;所采取纠正措施的评价及跟踪验证要求;对所采取纠正措施的结果的记录要求等。

7.10.3 潜在不安全产品的处置

7.10.3.1 总则

受不符合关键限值或不符合操作性前提方案影响的产品均为潜在不安全产品。企业应编制形成文件的程序,在程序中规定潜在不安全产品的评审及处置人员的职责和权限;评审及处置的方法;潜在不安全产品的控制及其响应等。

7.10.3.2 放行的评价

潜在不安全产品在评价安全前,应在饲料加工企业的控制之下。只有受影响的产品符合如下条件之一时,才能作为安全产品放行:

a) 除监视系统外的其他证据证实控制措施有效;

b) 证据显示,针对特定产品的控制措施的组合作用达到预期效果(即符合 7.4.2 确定的可接受水平);

c) 充分抽样、分析和(或)其他验证活动的结果证实受影响批次的产品符合确定的食品安全危害的可接受水平。

7.10.3.3 不合格品的处理

当按照 7.10.3.1 条和 7.10.3.2 条评价后,应在形成文件的程序中规定为不安全的产品按照如下方式进行处理:

a) 在饲料加工企业内或饲料加工企业外重新加工或进一步加工,以保证食品安全危害消除或降至可接受水平;

b) 销毁和(或)按废物处理。

7.10.4 撤回

企业应建立形成文件的程序,以控制交付后不安全产品所发生的饲料安全危害,识别和评价待撤回产品,并通知相关方,防止饲料安全危害的扩散。

在形成文件的程序中规定:撤回产品的类别、产品撤回的途径、通知相关方的途径及撤回产品的处置方法等。

产品撤回的原因可能是顾客的投诉、可能是主管部门检查时发现,也可能是企业自身发现,还可能是媒体报道。

在获得产品撤回的信息后企业应对该批次的产品留样,甚至扩大批次产品的留样进行复查,以查明产品是否不安全及其不安全的原因,同时通知相关方,通过适当途径进行撤回。

企业应通过模拟撤回、实际撤回等形式,验证撤回程序的有效性。

8 GB/T 22000—2006 中“8 食品安全管理体系的确认、验证和改进”的应用指南

8.1 总则

本章的要求是证实所策划的食品安全管理体系活动是可靠的,能够达到并确实达到了所期望的对

饲料安全危害的控制要求。

饲料加工企业管理者的职责是确保策划的食品安全管理体系运行，并发挥预期的控制作用，以及在提供新信息时对控制措施及管理体系进行更新。

食品安全小组最重要的职责之一就是有计划的实施对食品安全管理体系进行确认、验证和改进。食品安全小组应首先明确确认方法、验证程序及方法等活动，如统计技术的应用，变换方法计算等，以保证确认、验证及改进活动顺利进行。通过确认和验证，找到改进及更新体系的机会。

8.2 控制措施组合的确认

控制措施组合是指操作性前提方案和 HACCP 计划中的控制措施，两者的共同使用具有协同效应。对于相同产品的饲料生产企业，如预混料生产企业，如使用了不同的原料、不同的饲料配方及不同的设备，或者产品面对不同的客户，操作性前提方案和 HACCP 计划中的控制措施要求可能是不一样的。

确认过程为控制措施组合实现满足可接受水平的产品提供保证，确认通常包括以下活动：

a) 参考其他饲料加工企业实施的确认、科学文献、经验知识；

b) 模拟过程条件的实验室试验；

c) 在正常操作条件下收集的生物性、化学性和物理性危害数据；

d) 设计的调查统计学调查；

e) 数学模型；

f) 采用权威机构提供的指导。

如果采取其他饲料加工企业实施的确认，应注意预期应用的条件要与所参考的确认条件一致，可以采用普遍认可的行业作法。确认可以由外部相关方进行，微生物检验或分析检测能有效验证过程处于受控并生产可接受的产品。

如果出现附加的控制措施、新技术和设备，控制措施的变更，产品(配方)变更，识别出新的或正在显现的危害，危害发生的频率的变化，或体系发生未知原因的失效等，体系就需要重新确认。

8.3 监视和测量的控制

对于大宗饲料原料及产品，感官检验非常重要。这种感官测试的工作可视为“检验设备”，这种行为应被定期检查，即为一种特殊的校准，以保证感官检验的结果符合要求，最终保证通过感官检验的原料符合要求。

需要特别注意并定期校准的监测装置包括用于称量维生素、微量元素、药物添加剂使用的电子秤、大料配料称，混合时使用的时间继电器，用于监测制粒温度的温度计等。

8.4 食品安全管理体系的验证

食品安全管理体系验证是为了保证它同策划的一样发挥作用，并按最新获得的信息及时更新。正常发挥作用的食品安全管理体系可以减少大量产品抽样和检验的需要。验证大致可以分为日常和定期验证两个阶段。

日常验证活动采用的方法、程序或检验区别于甚至多于监视体系时所用的方法、程序或检验。验证报告应包括以下信息：

——体系；

——管理和更新验证的人员；

——与监视活动有关的记录状况(对关键控制点监控及操作性前提方案的监控记录等是否符合规定的要求)；

——证明监视设备已检定或校准，并处于正常工作状态中(如：药物添加剂称量用的电子秤是否已得到检定或校准，量程和精度是否合理)；

——记录评审和样品分析的结果。

人员培训的记录应评审，评审的结果也应形成文件。

验证活动的计划是食品安全管理体系的一部分(按照 GB/T 22000—2006 的 7.8 策划，根据 8.4.2

评估）。计划应包括使用的方法和程序，频率和活动负责人员。作为食品安全管理体系一部分的验证活动应包括，例如：

——评审监视记录；

——评审偏离及其解决或纠正措施，包括处理受影响的产品；

——校准温度计或者其他重要的测量设备；

——直观地检查操作来观察控制措施是否处于受控；

——分析测试或审核监视程序；

——随机收集和分析半成品或终产品样品（如混合均匀度的测定等）；

——环境和其他关注内容的抽样；

——评审顾客的投诉来决定其是否与控制措施的执行有关，或者是否揭示了未经识别的危害存在和是否需要附加的控制措施。

在进行验证活动的内部审核时（见 GB/T 22000—2006 的 8.4.1），宜遵守合理的审核原则。审核员应有能力完成审核，并独立于被审核的工作或过程，尽管他们可能来自相同的工作区域或部门。例如，在一家小的饲料加工企业的管理机构中可能仅有一个或者两个人员，这项要求就不能达到。在这种情况下要行使审核员的职责，建议管理者尝试从直接管理运行中退出来，进行客观的审核。

另一种方法是寻求与另外一家小的企业合作，互相进行内部的审核。如果两个饲料加工企业间的关系很好的话，那么这种方法是很有吸引力的。另外，外部的相关方（例如：行业协会、咨询师和检验机构）也能提供独立审核。

定期验证活动涉及整个体系的评估（见 GB/T 22000—2006 的 8.4.3）。通常是在管理或验证的小组会议中完成，并评审一定阶段内所有的证据以确定体系是否按策划有效实施，以及是否需要更新或改进。应保持会议记录，包括所有与体系有关的任何决定。应每年至少一次用此方法来验证整个体系。

8.5 改进

本条款提出了持续改进食品安全管理体系有效性的途径和方法，包括以下方面：

——内、外部充分沟通（见 5.6）；

——建立食品安全管理体系自我完善机制：管理评审、内部审核（见 5.8、GB/T 22000—2006 的 8.4.1）；

——策划、实施验证活动，并对验证结果及验证活动做好分析、评价（见 GB/T 22000—2006 的 8.4.2、8.4.3）；

——对出现的潜在不符合，进行纠正并采取纠正措施，防止再次发生（见 7.10.2）；

——根据变化的情况及时对体系实施更新（见 GB/T 22000—2006 的 8.5.2）。

最高管理者对于及时更新体系负有领导责任，更新的具体执行由食品安全小组落实，并向最高管理者报告。

附　录　A
（规范性附录）
饲料加工企业要求

A.1　人力资源

A.1.1　食品安全小组

a）食品安全小组成员应具备多学科的知识和建立与实施食品安全管理体系的经验，包括从事饲料卫生质量控制、配方设计、原辅料采购、生产控制、实验室检验、设备维护、仓储运输、产品销售等工作人员；

b）食品安全小组人员应理解 HACCP 原理、前提方案和食品安全管理体系的标准；

c）食品安全小组知识和经验证实性记录和接受培训的记录应保持。

A.1.2　人员能力、意识与培训

A.1.2.1　饲料加工企业负责人应熟悉饲料相关法律法规，了解饲料相关专业知识。质量负责人专职工作经验根据企业产品类型达到规定年限要求，具有大专学历或中级以上职称，熟悉质量控制和检化验技术。生产负责人具有 2 年以上专职工作经验，具有大专学历或中级以上职称，熟悉生产工艺和生产管理技术。技术负责人具有 2 年以上专职工作经验，具有大专学历或中级以上职称，熟悉饲料相关专业知识和配方技术。

A.1.2.2　具有满足需要的熟悉动物营养、饲料配方技术及生产工艺的人员。

A.1.2.3　检化验员、中央控制室操作工、设备维修工应经过行业主管部门培训并考核鉴定。检化验人员和中央控制室操作工均应持证上岗，至少各 2 人。

A.2　前提方案

A.2.1　工厂设计、厂区环境、厂房及设施和设备

A.2.1.1　厂区

A.2.1.1.1　工厂应设置在无有害气体、烟雾、灰尘和其他污染源的地区。厂址应与饲养场、屠宰场保持安全防疫距离。

A.2.1.1.2　厂区主要道路及进入厂区的主干道应铺设适于车辆通行的硬质路面（沥青或混凝土路）。路面平坦，无积水。厂区应有良好的排水系统。厂区内非生产区域应绿化。

A.2.1.1.3　工厂的建筑物及其他生产设施、生活设施的选址、设计与建造应满足饲料原料及成品有条理的接收和贮存，并在其加工过程中得以进行有控制的流通。生产区与生活区分开。废弃物临时存放点应远离生产区。

A.2.1.1.4　严禁使用无冲水的厕所，避免使用大通道冲水式厕所。厕所门不应直接开向车间，并应有排臭、防蝇、防鼠设施。

A.2.1.1.5　厂内禁止饲养家禽、家畜。

A.2.1.2　厂房与设施

A.2.1.2.1　厂房与设施的设计要便于卫生管理，便于清洗、整理。要按生产工艺合理布局。

A.2.1.2.2　厂房内应有足够的加工场地和充足的光照，以保证生产正常运转，并应留有对设备进行日常维修、清理的通道及进出口。

A.2.1.2.3　原料仓库或存放地、生产车间、包装车间、成品仓库的地面应具有良好的防潮性能，应进行日常保洁。地面不应堆有垃圾、废弃物、废水及杂乱堆放的设备等物品。

A.2.1.3　生产车间

A.2.1.3.1　生产车间面积应与设计生产能力相匹配。

A.2.1.3.2　生产设备齐全、完好，能满足生产产品的需要。设施与设备的布局、设计和运行应将发生错误的风险降到最低，并可进行有效的清洁与维护，以避免交叉污染、残留及任何对产品质量不利的影响。

生产配合饲料、浓缩饲料、精料补充料的企业应具有原料接收、初清、粉碎、配料、混合(制粒、冷却、破碎、筛选)、计量打包、除尘等工序及相应设备。为了确保产品混合均匀，用于配合饲料、浓缩饲料、精料补充料的混合机混合均匀度变异系数 $CV\leqslant 7\%$。有预混合工艺的，应有单独的不锈钢混合机，混合均匀度变异系数 $CV\leqslant 5\%$。

生产添加剂预混合饲料的企业应有 2 台以上混合机，其中混合机规格应与生产工艺相配套，为不锈钢制造，混合均匀度变异系数 $CV\leqslant 5\%$、物料自然残留率低，密封性好，无粉尘外溢现象。

A.2.1.3.3　车间内应具有通风、照明设施。

A.2.1.4　贮存仓库和设备

A.2.1.4.1　仓库：仓库应牢固安全，不漏雨、不潮湿，门窗齐全，能通风、能密闭；有防潮、防虫、防鼠、防鸟设施；有一定空间，便于机械作业；库内不准堆放化肥、农药、易腐蚀、有毒有害等物资。

A.2.1.4.2　器具、仪器设备：配备清扫、运输、整理等仓用工具和材料；配备测温设备、测湿设备、通风设备及准确的衡器；配备抽样工具。散装立筒仓应配备有测温、通风、清理设备。

A.2.1.5　维修、保养

厂房、设备、排水系统和其他机械设施，应保持良好的状态，发现问题时应及时检修，正常情况下，每年至少进行一次全面检修。

A.2.2　其他方面前提方案管理

其他前提方案包括但不限于以下几个方面：

A.2.2.1　水的安全(适用时)

应确保生产用水符合 NY 5027 的要求。用于贮水和输水的水槽和水管及其他设备应当采用不会产生不安全污染的材料制备。

A.2.2.2　饲料接触面的状况和清洁度

用于包装、盛放原料的包装袋和包装容器，应无毒、干燥、洁净。

预混料生产企业的微量组分的料仓宜采用不锈钢材料制作。

选用的销售包装材料应符合保障产品的安全和保护产品的要求。一切包装材料都应符合有关卫生标准的规定，不应带有任何污染源，并保证材料不应与产品发生任何物理和化学作用而损坏产品。

A.2.2.3　防止交叉污染

A.2.2.3.1　生产含有药物饲料添加剂的饲料时，应根据药物类型，先生产药物含量低的饲料，再依次生产药物含量高的饲料。同一班次应先生产不添加药物饲料添加剂的饲料，然后生产添加药物饲料添加剂的饲料。

A.2.2.3.2　为防止饲料产品在生产过程中的交叉污染，在生产不同饲料产品时，对所用的生产设备、工具、容器应进行彻底清理。

A.2.2.3.3　用于清洗生产设备、工具、容器的物料应单独存放和标识，或者报废，或者回放到下一次同品种的饲料中。

A.2.2.4　防止掺杂物的污染

保护饲料、饲料包装材料和饲料接触面免受润滑油、燃料、杀虫剂、清洁剂和其他污染物的污染。

A.2.2.5　有毒化合物的标记、贮藏和使用

工厂应设置专用的危险品库，存放杀虫剂和一切有毒、有害物品，这些物品应贴有醒目的警示标志，并应制定各种危险品的使用规则。使用危险品应经专门部门批准，并有专门人员严格监督使用，严禁污

染饲料。

A.2.2.6 药物饲料添加剂的管理

药物饲料添加剂存放间隔合理，避免交叉污染。应建立药物饲料添加剂接收和使用的程序和记录。

A.2.2.7 虫害鼠害的控制

应有包括描述定期检查在内的书面虫害鼠害控制计划。定期检查的结果应予以记录。任何熏蒸或类似杀虫剂化学品的使用细节应予以记录。

A.2.2.8 贮存与运输的管理

A.2.2.8.1 贮存

a) 饲料原料及饲料添加剂应贮存在阴凉、通风、干燥、洁净，并有防虫、防鼠、防鸟设施的仓库内。同一仓库内的不同饲料原料应分别存放，并挂标识牌，避免混杂；
b) 饲料添加剂、药物饲料添加剂应单独存放，并应挂明显的标识牌；
c) 饲料原料存放在室外场地时，场地应高于地面，干燥，并且应有防雨设施和防止霉烂变质措施；
d) 新建仓库在使用前应彻底清扫和密闭消毒，旧仓库要轮流清扫和消毒；
e) 在饲料的贮存期间，应注意温、湿度的变化，定期进行抽样检测，防止霉变。

A.2.2.8.2 运输

运输工具应干燥、清洁，无异味，无传染性病虫害，并有防雨、防潮、防污染设施。饲料不应与有毒、有害、有辐射等物品混装、混运。饲料、饲料添加剂、尤其是动物源性饲料原料运输工具应定期清洗和消毒。

A.3 关键过程控制

A.3.1 配方设计

配方设计应考虑饲料的安全性，满足法律法规的要求。所使用的饲料原料应在《单一饲料产品目录》和《动物源性饲料产品目录》内，禁止在反刍动物饲料中使用除乳及乳制品外的动物源性饲料产品。所添加的营养性饲料添加剂、一般饲料添加剂应在农业部公告《饲料添加剂品种目录》内。用于畜禽饲料的药物添加剂的使用应遵守农业部公告《饲料药物添加剂使用规范》，及《饲料药物添加剂使用规范公告的补充说明》、《禁止在饲料和动物饮用水中使用的药物品种目录》、《食品动物禁用的兽药及其他化合物清单》等农业部有关公告的规定；用于水产饲料的药物添加剂的使用应符合 NY 5071 的要求。

A.3.2 原料验收

应依据每种饲料原料的标准(国家或行业标准)及 GB 13078 的要求制定企业的原料接收标准，按原料接收标准对原料进行验证(检验)。对饲料添加剂应核准其有效批准文号。对药物饲料添加剂应核准其产品标签的“药添字”产品批准文号，并填写药物饲料添加剂接收和使用记录。所采购的动物源性饲料应有《动物源性饲料产品生产企业安全卫生合格证》，兼产反刍动物饲料的企业，应建立并保存动物源性饲料的接收和使用的程序和记录。

A.3.3 限量物质的添加

严格按配方进行称量、配料。当使用人工配料时，应一人称量，一人复核并记录，为了降低配料误差，应使用精度相对较高的电子秤进行称量；当使用自动配料时，配料系统应符合 GB/T 20803。确保限量物质的添加准确无误。

A.3.4 混合

对已按配方要求进行称量配制的饲料原料、饲料添加剂进行充分的混合，以避免混合不均匀(如局部产品中药物添加剂浓度过高)。混合时间的确定应根据产品的品种、混合机的性能、混合机的装料量进行测试，确定出合理的混合时间，特别是预混料应进行分级预混。应通过定期对混合均匀度变异系数进行检测，验证混合的效果。混合均匀度变异系数(CV)要求：配合饲料、浓缩饲料≤7%；添加剂预混料≤5%。

A.3.5 制粒/膨化

颗粒饲料或膨化饲料的生产应根据饲料配方中主要原料的理化特性来确定适宜的调质参数(蒸汽压力、温度、时间)。通过制粒/膨化前的调质(畜禽料)或制粒/膨化后的后熟化(鱼虾料)来消除或减少可能存在于饲料中的致病微生物。另外,应对制粒后的高温高湿颗粒饲料立刻进行冷却,使产品在接近室温时进行包装,避免水分过高而在贮存期间发生霉变。

A.3.6 产品标签

对产品标签进行检验以确保符合 GB 10648—1999 的规定。应规定产品标签管理的职责与权限,制定标签管理办法,内容包括但不限于:标签的设计、技术审查、批准、归口、标签的贮存、领用和销毁等。标签的管理和使用各环节均应具备相关的交接手续,建立档案记录,以供核查。

A.4 产品检验

A.4.1 饲料生产企业应当有必要的质量检验机构,设有精密仪器室、操作室、留样室(区)。每批次产品都应留样,留样柜能满足各种样品的存放,样品保留时间应超过保质期至少 2 个月。

A.4.2 应配有常规项目的检测仪器、设备。配合饲料、浓缩饲料及精料补充料生产企业符合审查登记证的要求,添加剂预混合饲料的检测仪器和设备应符合生产许可证管理的要求。使用的检验仪器应按规定进行校准、检定。

A.4.3 现有仪器设备无法满足要求的,应与有资质的检测机构签订委托检验协议。委托检测项目应明确(含卫生指标)。

A.4.4 应按照企业标准、国家标准或行业标准对产品进行检验,确保产品符合产品标签中产品成分分析保证值、GB 13078、NY 5072 及相关法规的要求。

A.5 产品追溯与撤回

A.5.1 企业应建立和实施可追溯性系统,以确保能够识别产品批次及其与原料批次、生产和交付记录的关系。主要包括原料、辅料的验收、半成品、成品入(出)库规定;标签的管理;产品批次管理;成品检测报告等,实现从原料验收到产品出厂全过程的标识及产品出厂后的追溯。

A.5.2 企业应建立产品撤回程序。接到客户投诉时,相关部门应收集证明性资料和图片,按照可追溯性系统确认责任并制定处理方式,对于进入流通领域且确实需要撤回的产品应采用合适的方式及时、完全的撤回。

A.5.3 对反映产品卫生质量情况的有关记录,应制定其标记、收集、编目、归档、存储、保管和处理的程序,并贯彻执行;所有质量记录应真实、准确、规范,记录应至少保存 3 年,备查。

附 录 B
（资料性附录）
格 式 范 例

表 B.1 原辅料、接触材料描述

加工/产品类型名称：		生产方式	交付方式	接收准则	产地	使用前处理	包装、贮存形式
原料、接触材料名称	产品特性						
	1） 感官特性： 2） 理化指标： 3） 卫生指标：						

表 B.2 终产品描述

加工/产品类型名称：	
1. 主要配料	
2. 产品重要特征	1）感官特性： 2）理化指标： 3）卫生指标：
3. 饲喂方法	
4. 包装形式和规格	1）形式： 2）规格：
5. 储存条件	
6. 保质期	
7. 销售地点	
8. 标签说明	
9. 特殊销售控制	
10. 预期用途	

表 B.3 饲料安全危害识别清单

过程流程步骤	饲料安全危害	危害来源	本步骤属于引入、增加或控制危害	信息来源

表 B.4 风险评估表

危害的严重性		危害的可能性				
		频繁	经常	偶尔	很少	不可能
		A	B	C	D	E
灾难性	Ⅰ	极高风险				
严重	Ⅱ			高风险		
中度	Ⅲ		中等风险			
可忽略	Ⅳ				低风险	

表 B.5 风险分级表

危害的严重性		危害的可能性				
		频繁	经常	偶尔	很少	不可能
		A	B	C	D	E
灾难性	Ⅰ	1	2	6	8	12
严重	Ⅱ	3	4	7	11	15
中度	Ⅲ	5	9	10	14	16
可忽略	Ⅳ	13	17	18	19	20
注：数字越小，风险越高。						

表 B.6 需要控制的饲料安全危害清单(执行清单)

过程流程步骤	本步骤是否引入、增加或产生已识别的危害	危害的来源	危害的性质	危害发生的概率	危害发生的严重性	危害的级别

表 B.7 操作性前提方案

确定的食品安全危害	控制措施	管理控制措施的方案或计划	监 视					纠正和纠正措施
			对象	方法	频率	人员	记录	

表 B.8 HACCP 计划表

公司名称： 产品描述：
公司地址： 储存和销售方式：
预期用途和消费者：

1	2	3	4	5	6	7	8	9	10
关键控制点	所控制的饲料安全危害	控制措施	关键限值	监　控				纠正措施	监控记录
				对象	方法	频率	人员		

ICS 13.080.05
Z 18

中华人民共和国国家标准

GB/T 23739—2009

土壤质量　有效态铅和镉的测定 原子吸收法

Soil quality—Analysis of available lead and cadmium contents in soils—Atomic absorption spectrometry

2009-05-12 发布　　2009-11-01 实施

中华人民共和国国家质量监督检验检疫总局
中国国家标准化管理委员会　发布

前　言

本标准由中华人民共和国农业部提出并归口。

本标准主要起草单位：农业部环境保护科研监测所。

本标准主要起草人：刘凤枝、刘铭、蔡彦明、杨艳芳、徐亚平、刘岩、刘保峰、战新华。

土壤质量　有效态铅和镉的测定 原子吸收法

1　范围

本标准规定了土壤中有效态铅和镉的原子吸收光谱测定方法。

本标准适用于土壤中有效态铅和镉的测定。土壤中的有效态铅适用于火焰原子吸收分光光度法；土壤中的有效态镉含量在0.5 mg/kg以上适用于火焰原子吸收分光光度法；土壤中的有效态镉含量在0.5 mg/kg以下适用于石墨炉原子吸收分光光度法。

2　原理

用DTPA(二乙三胺五乙酸)提取剂浸提出土壤中铅和镉，其含量与作物对铅和镉的吸收有较高的相关性。DTPA能迅速与铅、镉等离子生成水溶性化合物，在特制的空心阴极灯照射下，气态中基态金属原子吸收特定波长的能量而跃迁到较高能级状态，光路中基态原子的数量越多，对其特征辐射能量的吸收就越大，且与该原子的密度成正比，最后根据标准系列进行定量计算。

3　试剂

本标准所使用的试剂除另有说明外，均为分析纯试剂，实验用水为符合GB/T 6682中规定的一级水，所用玻璃器皿使用前应用稀硝酸浸泡2 h～4 h，然后用水冲洗干净并晾干。

3.1　盐酸(HCl)：ρ=1.19 g/mL，优级纯。

3.2　硝酸(HNO_3)：ρ=1.42 g/mL，优级纯。

3.3　硝酸溶液(1+1)：用硝酸(3.2)配制。

3.4　硝酸溶液(体积分数为3%)：用硝酸(3.2)配制。

3.5　盐酸溶液(6 mol/L)：用盐酸(3.1)配制。

3.6　镉标准贮备溶液：称取1.000 0 g(精确至0.000 2 g)光谱纯金属镉于50 mL烧杯中，加入20 mL硝酸溶液(3.3)，微热溶解，冷却后转移至1 000 mL容量瓶中，用水定容至标线，摇匀，此溶液镉的含量为1 000 mg/L(有条件的单位可以到国家认可的部门直接购买标准贮备溶液)。

3.7　铅标准贮备溶液：称取1.000 0 g(精确至0.000 2 g)光谱纯金属铅于50 mL烧杯中，加入20 mL硝酸溶液(3.3)，微热溶解，冷却后转移至1 000 mL容量瓶中，用水定容至标线，摇匀，此溶液铅的含量为1 000 mg/L(有条件的单位可以到国家认可的部门直接购买标准贮备溶液)。

3.8　镉标准工作溶液(火焰法)：吸取1 000 mg/L镉标准贮备溶液(3.6)，用硝酸溶液(3.4)逐级稀释至10 mg/L，此溶液作为镉的标准工作液。

3.9　铅标准工作溶液(火焰法)：吸取1 000 mg/L铅标准贮备溶液(3.7)，用硝酸溶液(3.4)逐级稀释至50 mg/L，此溶液作为铅的标准工作液。

3.10　镉标准工作溶液(石墨炉法)：吸取1 000 mg/L镉标准贮备溶液(3.6)，用硝酸溶液(3.4)逐级稀释至0.05 mg/L，此溶液作为镉的标准工作液，临用前配制。

3.11　DTPA提取剂(0.005 mol/L DTPA-0.1 mol/L TEA(三乙醇胺)-0.01 mol/L $CaCl_2$)：称取1.967 g DTPA溶于14.92 g(13.3 mL)TEA和少量水中，再将1.11 g氯化钙($CaCl_2$)溶于水中，一并转入1 000 mL容量瓶中，加水至约950 mL，用6 mol/L盐酸溶液(3.5)调节pH至7.30(每升提取剂需加6 mol/L盐酸溶液约8.5 mL)，最后用水定容，贮存于塑料瓶中。

4 仪器和设备

4.1 原子吸收分光光度计。

4.2 铅、镉空心阴极灯。

4.3 往复振荡器。

4.4 离心机(50 mL～100 mL 离心管)。

5 分析步骤

5.1 试液的制备

称取 5.00 g 通过 2 mm 孔径筛的风干土壤样品，置于 100 mL 具塞锥形瓶中，用移液管加入 25.00 mL DTPA 提取剂(3.11)，在室温(25 ℃±2 ℃左右)下放入水平式往复振荡器上，每分钟往复振荡 180 次，提取 2 h。取下，离心或干过滤，最初滤液 5 mL～6 mL 弃去，再滤下的滤液上机测定。

5.2 空白试验

采用与 5.1 相同的试剂和步骤，每批样品至少制备 2 个以上空白溶液。

5.3 标准曲线

5.3.1 镉的标准曲线(火焰法)：分别吸取 0.00 mL、0.50 mL、1.00 mL、2.00 mL、3.00 mL、5.00 mL 镉标准工作液(3.8)于 50 mL 容量瓶中，用 DTPA 提取剂(3.11)稀释至刻度，摇匀。此标准系列，相当于镉的质量浓度分别为 0.00 mg/L、0.10 mg/L、0.20 mg/L、0.40 mg/L、0.60 mg/L、1.00 mg/L，适用一般样品测定。

5.3.2 铅的标准曲线(火焰法)：分别吸取 0.00 mL、0.50 mL、1.00 mL、2.00 mL、3.00 mL、5.00 mL 铅标准工作液(3.9)于 50 mL 容量瓶中，用 DTPA 提取剂(3.11)稀释至刻度，摇匀。此标准系列，相当于铅的质量浓度分别为 0.00 mg/L、0.50 mg/L、1.00 mg/L、2.00 mg/L、3.00 mg/L、5.00 mg/L，适用一般样品测定。

5.3.3 镉的标准曲线(石墨炉法)：分别吸取 0.00 mL、0.50 mL、1.00 mL、2.00 mL、3.00 mL、5.00 mL镉标准工作液(3.10)于 50 mL 容量瓶中，用 DTPA 提取剂(3.11)稀释至刻度，摇匀。此标准系列，相当于镉的质量浓度分别为 0.00 μg/L、0.50 μg/L、1.00 μg/L、2.00 μg/L、3.00 μg/L、5.00 μg/L，适用一般样品测定(带自动进样器的，标准曲线可由仪器自行完成)。

5.4 仪器参考条件

5.4.1 铅、镉火焰原子吸收法仪器参考条件，见表 1。

表 1 铅、镉火焰原子吸收法仪器参考条件

元素	Pb	Cd
测定波长/nm	283.3	228.8
通带宽度/nm	1.3	1.3
灯电流/mA	7.5	7.5
测量方法	标准曲线	
火焰性质	空气-乙炔火焰	

5.4.2 镉石墨炉原子吸收法仪器参考条件，见表 2。

表 2　镉石墨炉原子吸收法仪器参考条件

元素	Cd	元素	Cd
测定波长/nm	228.8	原子化/(℃/s)	1 500/2
通带宽度/nm	1.3	清除/(℃/s)	2 400/3
灯电流/mA	7.5	原子化阶段是否停气	是
干燥/(℃/s)	85-130/30		
灰化/(℃/s)	500/20	进样量/μL	15

5.5　测定

将仪器调至最佳工作条件，上机测定，测定顺序为先标准系列各点，然后样品空白、试样。

6　结果表示

6.1　火焰法测定土壤样品中有效态铅、镉含量，以质量分数 w 计，数值以毫克每千克(mg/kg)表示，按式(1)计算：

$$w=\frac{(\rho-\rho_0)\times V}{m} \quad \cdots\cdots(1)$$

式中：

ρ——从校准曲线上查得有效态铅、镉的质量浓度，单位为毫克每升(mg/L)；

ρ_0——试剂空白溶液的质量浓度，单位为毫克每升(mg/L)；

V——样品所使用提取液的体积，单位为毫升(mL)；

m——试样质量，单位为克(g)。

重复试验结果以算术平均值表示，保留 3 位有效数字。

6.2　石墨炉法测定土壤样品中有效态镉含量，以质量分数 w 计，数值以毫克每千克(mg/kg)表示，按式(2)计算：

$$w=\frac{(\rho-\rho_0)\times V}{m\times 1\,000} \quad \cdots\cdots(2)$$

式中：

ρ——从校准曲线上查得有效态镉的质量浓度，单位为微克每升(μg/L)；

ρ_0——试剂空白溶液的质量浓度，单位为微克每升(μg/L)；

V——样品所使用提取液的体积，单位为毫升(mL)；

m——试样质量，单位为克(g)；

1 000——将 μg 换算为 mg 的系数。

重复试验结果以算术平均值表示，保留 3 位有效数字。

7　精密度

本方法测定土壤样品中有效态铅、镉的允许精密度，见表 3。

表 3　土壤中有效态铅、镉测定结果允许精密度

元素	测定值范围/(mg/kg)	实验室内绝对偏差/(mg/kg)	实验室内相对标准偏差/%	实验室间相对标准偏差/%
Cd	<0.1	0.03	±30	±40
	0.1～0.4	0.08	±20	±30
	>0.4	0.1	±10	±20
Pb	<20	1	±20	±30
	20～40	1.5	±10	±20
	>40	2	±5	±15

ICS 67.040
X 01

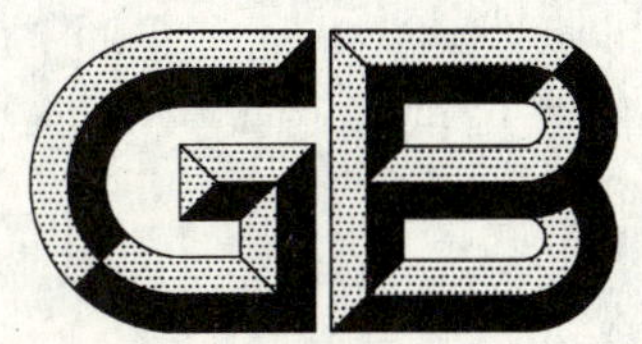

中华人民共和国国家标准化指导性技术文件

GB/Z 23740—2009

预防和降低食品中铅污染的操作规范

Code of practice for the prevention and reduction of lead contamination in foods

2009-05-13 发布 2009-09-01 实施

中华人民共和国国家质量监督检验检疫总局
中国国家标准化管理委员会 发布

前　言

本指导性技术文件修改采用 CAC/RCP 56—2004《预防和降低食品中铅污染的操作规范》(英文版)。本指导性技术文件与 CAC/RCP 56—2004 无技术性差异。

本指导性技术文件根据 GB/T 20000.2—2001 重新起草。在附录 A 中列出了本指导性技术文件章条编号与 CAC/RCP 56—2004 章条编号的对照一览表。

本指导性技术文件根据 GB/T 1.1—2000 增加了范围。

为便于使用,本指导性技术文件还做了下列编辑性修改:

a) “本国际标准”一词改为“本指导性技术文件”;

b) 根据 GB/T 1.1—2000 修改了章节编号。

本指导性技术文件的附录 A 为资料性附录。

本指导性技术文件由全国食品安全管理技术标准化技术委员会(SAC/TC 313)提出并归口。

本指导性技术文件主要起草单位:国家质量监督检验检疫总局国际检验检疫标准与技术法规研究中心、广东检验检疫局、北京安普生化科技有限公司。

本指导性技术文件主要起草人:李建军、高东微、蒲民、刘中勇、李志勇、邹志飞、张喆、刘津、凌莉、谢力。

引　言

0.1　铅是一种有毒的重金属,具有广泛的工业用途,但是没有已知的营养价值。FAO/WHO联合食品添加剂专家委员会(JECFA)已经对食品中铅的毒性效应进行了数次评估。相对低水平地长期暴露于铅环境下可导致肾脏和肝脏的损坏,破坏生殖系统、心血管系统、免疫系统、造血系统、神经系统和胃肠系统。短时间暴露于大量的铅会引起胃肠疼痛、贫血、脑部疾病甚至死亡。低水平铅暴露最严重的影响是导致儿童认知和智力发展水平的降低。

0.2　铅暴露可以通过食品和水源发生,也可以在工作场所、通过业余活动或者通过暴露于铅污染的土壤和空气而发生。

0.3　食品中的铅污染来源众多,包括空气和土壤。来自工业污染或含铅汽油的大气铅可以通过在农作物植株上的沉积污染食品。土壤中铅的来源包括存放于以往军火仓库的含铅军火、气枪或其他军械使用的弹药、杀虫剂和化肥的不当施用,以及污水污泥。土壤中铅可以通过土壤在植株表面沉积或摄入污染农作物植株。被污染的植株和土壤随后又成为家畜的污染源。

0.4　水也是食品铅污染的来源之一。地表水源可以通过地表径流(排水)、大气沉积而被污染,局部地区地表水源的铅污染可能是由于打猎子弹或钓鱼铅锤中的铅溶出造成的。被污染的地表水是水生食用动物的潜在污染源。对于饮用水和食品加工中使用的水,管道系统中使用铅管或含有铅的装置是污染的主要来源。

0.5　食品加工、处理和包装过程也可能造成食品中的铅污染。食品加工领域的铅来源包括含铅涂料和含铅设备,例如管道系统和铅焊设备。在食品包装领域,铅焊食品罐已经被确认为非常重要的食品中铅污染源。其他食品包装材料方面的潜在污染源包括本身含铅或以含铅染料上色的彩色塑料袋和包装纸、带铅衬的酒瓶盖,以及用于包装或贮藏食品的铅釉陶器、铅玻璃或含铅金属容器。

0.6　全世界都在致力于减少食品中的铅污染。采取的措施集中在以下方面:对食品和食品添加剂实施铅允许限量标准,停止使用铅焊食品罐(尤其是用于婴儿食品),控制水源中的铅水平,减少含铅容器中的铅溶出或对出于装饰目的而使用的含铅容器限制使用,研究并应对食品或膳食营养补充剂中其他的铅污染源。尽管为降低环境中的铅污染源而采取的措施(如减少铅的工业释放和限制含铅汽油的使用)并非专门针对食品,不过这些措施也对降低食品中的铅水平有所帮助。

0.7　国际食品法典委员会、政府间合作组织和许多国家都对不同的食品设立了铅允许限量标准。由于现代工业社会中铅无处不在,食品中低水平的铅也许是不可避免的。不过,遵循良好农业规范和良好生产规范可以将食品中的铅污染尽量降低。由于许多降低铅污染的有效措施有赖于消费者的行为,因此本指导性技术文件中也单独设立了章节,对调整消费行为给出了建议。

预防和降低食品中铅污染的操作规范

1 范围

本指导性技术文件规定了预防和降低食品中铅污染的操作规范。

本指导性技术文件适用于饮食供应链上农业生产、饮用水供应、食品配料及加工、食品包装/贮藏材料的生产和使用、食品消费行为中铅污染的预防和降低。

2 以良好农业规范和良好生产规范为基础的推荐操作要点

2.1 农业生产

2.1.1 含铅汽油是大气中铅污染的一个主要来源。国家政府部门应采取措施在农业地区减少或禁止使用含铅汽油。

2.1.2 靠近工厂设施、高速公路、军火仓库、气枪打靶场和军事射击场的农用土地会比远离上述区域的地区含有更高水平的铅。外墙涂料风化的建筑物附近的土地也会含有高水平的铅,当牲畜或小农场附近坐落有这样的建筑物时应给予特别关注。如果可能,农场经营者应对靠近铅源或怀疑铅水平上升的土地进行铅含量的检测,以确定铅含量是否超过当地政府部门对种植用地铅含量的推荐值。

2.1.3 农场经营者应避免在使用过砷酸铅杀虫剂的土地上(例如以前的果园)种植那些会在内部(例如胡萝卜或其他根类作物)或表面(例如叶菜类蔬菜)蓄积铅的农作物。

2.1.4 处理过污水污泥的土地,如果污水污泥不符合国家政府部门设立的铅最大允许限量,农场经营者应避免使用上述土地种植农作物。

2.1.5 叶菜类蔬菜比非叶菜类蔬菜或根菜类蔬菜更容易受到空气中沉积的铅的影响。据报道,粮谷类农作物也会以可观的速率从空气中吸收铅。在空气中铅水平较高的地区,农场经营者应考虑选择种植相对不易受到空气中铅沉积影响的农作物。

2.1.6 农场经营者应避免在农业地区使用含铅化合物(例如砷酸铅杀虫剂)或可能被铅污染的化合物(例如不正确配制的铜盐类杀真菌剂或磷酸盐化肥)。

2.1.7 以含铅汽油驱动的干燥装置会对所干燥的农作物造成铅污染。农场经营者和从事干燥操作的工人应避免使用以含铅汽油驱动的干燥装置或其他设备来处理采收的农作物。

2.1.8 农作物在运输到加工设施的过程中应做好保护措施,以避免受到铅污染(例如暴露于大气中的铅、土壤、灰尘)。

2.1.9 家庭式或小型的商业园圃也应采取措施降低铅污染。应避免在高速公路和涂有含铅涂料的建筑物附近进行种植。如果农场所在地区可能有高水平的含铅量,应对土壤进行测试之后再进行种植。对于铅水平轻微上升的土壤,可以采取的良好农艺措施包括:在土壤中混入有机物质、调节土壤 pH 以减少铅对植物的可利用度、选择对铅污染较不敏感的植物,以及利用衬套减少土壤在植株上的接触沉积。有些地区铅水平过高不适宜用作园圃种植。可以在这些地区用无铅土壤修建苗床。如有可能,园圃经营者应咨询当地农业服务机构,就何谓对园圃种植过高的铅水平、以及如何在铅污染的土壤上进行安全的园圃种植获取建议。

2.1.10 农业灌溉用水应受到保护,远离铅污染源,得到铅水平监测,以预防或降低农作物受到铅污染。例如,用作灌溉的井水应得到适当的保护,以避免受到污染,并得到日常监测。

2.1.11 地方和国家政府部门应让农民知晓预防农田铅污染应采取的适当措施。

2.2 饮用水

2.2.1 国家政府部门应考虑设立饮用水中铅允许限量,或建立饮用水中适当的铅含量控制处理技术。

WHO已经对饮用水中铅最高水平制定了一个指导值0.010 mg/L。

2.2.2 高铅水平的水力系统,其管理者应考虑采用处理技术减少水力输送系统的腐蚀和降低铅的溶出,例如提高酸性水的pH。

2.2.3 水力系统的管理者应考虑适当更换有问题的铅管和其他含铅设备。

2.3 食品配料及加工

2.3.1 国家政府部门应考虑设立包括本国传统食品在内的食品和食品配料中铅允许限量标准。应对特殊食品和膳食营养补充剂进行监测,以确保其中的铅水平不会超过正常的本底水平。

2.3.2 食品加工者应尽可能选择铅水平最低的食品和食品配料,其中包括用于膳食营养补充用途的配料。食品加工者还应考虑用于生产农作物的土地是否曾经使用过含铅杀虫剂或处理过污水淤泥。

2.3.3 在食品加工过程中,应尽最大限度去除植株表面的铅,例如,在适当情况下,彻底清洗蔬菜,尤其是叶菜类蔬菜;摘掉叶菜类蔬菜外层的叶片;以及削去根菜类蔬菜的表皮。(家庭式园圃的土壤如果铅水平较高,其经营者也应遵循上述操作步骤。)

2.3.4 食品加工者应确保食品加工用水符合国家或地方政府部门设定的铅最大允许限量。

2.3.5 食品加工者应对设施中的管道进行检查,以确保设施中陈旧的管道没有增加供水中的铅。这些管道除铅焊管道外还应包括黄铜材质的管道设备。

2.3.6 食品加工者应对所有接触食品和饮料的金属表面采用食品级金属材料。

2.3.7 食品加工者不应使用铅焊维修食品加工设施中破损的设备。食品加工者也不应使用非食品级设备替换食品加工设施中破损的食品级设备。

2.3.8 食品加工者应确保含铅涂料的剥落不会成为食品加工设施中的铅污染源。如果食品加工者采取措施废除含铅涂料的使用,还应确保随后采取适当的清洁程序,以防止含铅涂料和尘埃的进一步扩散,从而造成更大的危险。

2.3.9 食品加工者应不定期地对引进的食品原料和加工后的成品进行铅含量检测,以确保所实施的控制措施行之有效。

2.4 食品包装/贮藏材料的生产和使用

2.4.1 为针对铅污染提供最大程度的防护,食品加工者不应使用铅焊食品罐。铅焊食品罐的替代选择,包括使用两片罐(无侧缝)而不使用三片罐,以粘接和焊接方式替代软铅焊来接合边缝,使用无铅焊料(锡),以及使用玻璃之类的其他容器。

2.4.2 对于无法避免使用铅焊食品罐的情况,应采取减少焊溅和焊尘形成的方法降低铅焊食品罐中的铅暴露。铅可以从焊料表面自行释放,也可以从食品罐制造过程中沉积在罐内的焊尘或焊溅屑中释出。减少焊溅和焊尘形成的方法包括:避免过量使用焊剂,控制工作区域的排气以减少尘埃沉积,控制焊熔的罐身和焊料的温度,软铅焊后对罐内表面或内边缝进行上漆,仔细擦净成品罐上剩余的焊料,以及使用前对焊接的食品罐进行清洗。

2.4.3 食品罐中使用的马口铁应符合国际标准对铅最大允许含量的规定。ASTM国际组织规定"A级"马口铁中铅最高含量为0.010%。

2.4.4 含铅染料和含铅印刷油墨不得用于食品包装,例如颜色鲜艳的糖果包装纸。即使这些包装纸不与食品直接接触,儿童也可能有兴趣将颜色鲜艳的包装纸放入口中。

2.4.5 内表面使用了含铅染料或含铅印刷油墨的塑料袋或盒子不得用于食品包装。烹饪过程中使用这些物品或消费者为保存其他食品材料重复使用这些物品会造成铅污染。

2.4.6 应避免使用传统的铅釉陶瓷进行售卖食品包装,因为这些陶瓷会溶出数量可观的铅进入食品。

2.4.7 酒瓶上不得使用铅衬瓶盖,因为这种做法会造成瓶口周围的铅残留,倒酒时污染酒。

2.4.8 国家政府部门应考虑对可能被消费者用于食品保存或加工的铅釉陶器、铅玻璃器和其他含铅物品设立铅迁移量标准。

2.4.9 装饰用途的陶器,如果溶出铅的数量可能无法满足要求,应清楚标明不能用于食品。

2.4.10 陶器生产者应采取降低铅溶出的制造程序和质量控制机制。

2.5 消费行为

2.5.1 地方和国家政府部门应考虑对消费者进行降低花园和住宅铅污染的正确行为教育。

2.5.2 消费者应避免使用装饰用途的陶器、铅玻璃器或其他可以溶出铅的容器保存食品，尤其是酸性食品或婴幼儿食品。不应使用打开的铅焊食品罐或重复使用含铅染料染色的袋子和容器保存食品。消费者应避免频繁使用陶瓷杯饮用咖啡或茶之类的热饮料，除非已知杯子的铅釉是正确烧制或者采用了无铅釉。

2.5.3 消费者应彻底清洗掉蔬菜和水果上可能含铅的尘埃和土壤。准备食品之前先洗手也有助于除去手上被铅污染的尘土。

2.5.4 如果当地水力供应管道系统中的铅存在安全问题，消费者应在用水前从龙头中放掉一部分水，以便将系统的管道中蚀出的铅冲走，在为婴幼儿准备食品时尤其应这样做。龙头中流出的热水不应用于烹饪或准备食品。

附 录 A
（资料性附录）
本指导性技术文件章条编号与CAC/RCP 56—2004章条编号对照

表A.1给出了本指导性技术文件章条编号与CAC/RCP 56—2004章条编号对照一览表。

表A.1 本指导性技术文件章条编号与CAC/RCP 56—2004章条编号对照

本指导性技术文件章条编号	对应的国际标准章条编号
0.1	1
0.2	2
0.3	3
0.4	4
0.5	5
0.6	6
0.7	7
1	—
2	1
2.1	1.1
2.1.1	8
2.1.2	9
2.1.3	10
2.1.4	11
2.1.5	12
2.1.6	13
2.1.7	14
2.1.8	15
2.1.9	16
2.1.10	17
2.1.11	18
2.2	1.2
2.2.1	19
2.2.2	20
2.2.3	21
2.3	1.3
2.3.1	22
2.3.2	23
2.3.3	24
2.3.4	25

表 A.1（续）

本指导性技术文件章条编号	对应的国际标准章条编号
2.3.5	26
2.3.6	27
2.3.7	28
2.3.8	29
2.3.9	30
2.4	1.4
2.4.1	31
2.4.2	32
2.4.3	33
2.4.4	34
2.4.5	35
2.4.6	36
2.4.7	37
2.4.8	38
2.4.9	39
2.4.10	40
2.5	1.5
2.5.1	41
2.5.2	42
2.5.3	43
2.5.4	44
注：表中本指导性技术文件章条编号 1 为增加的内容，无对应 CAC/RCP 56—2004 章条。	

ICS 65.120
B 46

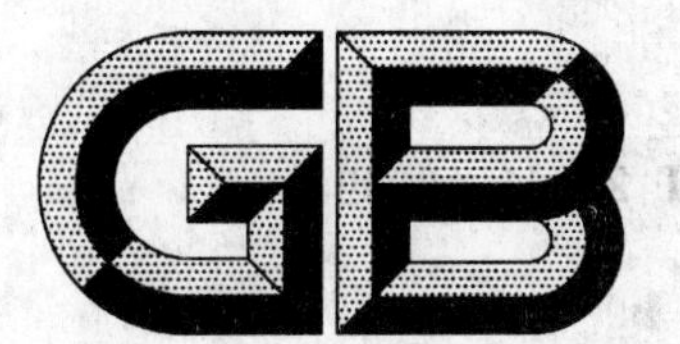

中华人民共和国国家标准

GB/T 23741—2009

饲料中4种巴比妥类药物的测定

Determination of four kinds of barbiturates in feeds

2009-05-12 发布　　　　2009-09-01 实施

中华人民共和国国家质量监督检验检疫总局
中国国家标准化管理委员会　发布

前　言

本标准的附录 A 为资料性附录。

本标准由全国饲料工业标准化技术委员会(SAC/TC 76)提出并归口。

本标准主要起草单位:农业部饲料质量监督检验测试中心(济南)。

本标准主要起草人:李俊玲、李会荣、强莉、刘继明、门晓冬、李宏、杨志强。

饲料中4种巴比妥类药物的测定

1 范围

本标准规定了饲料中巴比妥、苯巴比妥、异戊巴比妥和司可巴比妥的高效液相色谱测定方法和液相色谱-串联质谱测定法。

本标准适用于配合饲料、浓缩饲料和添加剂预混合饲料中4种巴比妥类药物的测定。高效液相色谱测定方法定量限为1 mg/kg,液相色谱-串联质谱方法定量限为0.05 mg/kg。

2 规范性引用文件

下列文件中的条款通过本标准的引用而成为本标准的条款。凡是注日期的引用文件,其随后所有的修改单(不包括勘误的内容)或修订版均不适用于本标准,然而,鼓励根据本标准达成协议的各方研究是否可使用这些文件的最新版本。凡是不注日期的引用文件,其最新版本适用于本标准。

GB/T 6682 分析实验室用水规格和试验方法(GB/T 6682—2008,ISO 3696:1987,MOD)

GB/T 14699.1 饲料 采样(GB/T 14699.1—2005,ISO 6497:2002,IDT)

GB/T 20195 动物饲料 试样的制备(GB/T 20195—2006,ISO 6498:1998,IDT)

3 方法原理

试样中的4种巴比妥类药物用三氯甲烷提取、过滤,滤液吹干后溶解过固相萃取小柱净化,洗脱液蒸干后用甲醇水溶解,在高效液相色谱仪上分离、测定,或在高效液相色谱-串联质谱仪上测定,外标法定量。

4 试剂和材料

除非另有说明,在分析中仅使用确认为分析纯的试剂,实验室用水符合GB/T 6682一级水的规定。

4.1 甲醇:色谱纯。

4.2 乙腈:色谱纯。

4.3 三氯甲烷。

4.4 二氯甲烷。

4.5 2%甲醇水溶液:取2 mL甲醇与98 mL水混合。

4.6 甲醇水溶液:1+1。

4.7 乙腈水溶液:30+70。

4.8 磷酸盐缓冲液:$c(Na_2HPO_4+NaH_2PO_4\cdot 2H_2O)=0.1$ mmol/L.pH=6.0。称取14.2 g的无水磷酸氢二钠(Na_2HPO_4),加水定容至1 000 mL,摇匀;另称取15.6 g的磷酸二氢钠($NaH_2PO_4\cdot 2H_2O$),加水定容至1 000 mL,摇匀。取上述两种溶液按123+877的比例混匀即可。

4.9 流动相:甲醇+水=45+55。

4.10 巴比妥、苯巴比妥、异戊巴比妥和司可巴比妥标准品:纯度≥99.0%。

4.11 标准贮备液:准确称取巴比妥、苯巴比妥、异戊巴比妥和司可巴比妥标准品各25 mg,分别用甲醇(4.1)溶解,定容至25 mL,配成浓度为1 mg/mL的标准贮备液。2 ℃~8 ℃冷藏保存,有效期三个月。

4.12 混合标准中间液:准确移取巴比妥、苯巴比妥、异戊巴比妥和司可巴比妥贮备液(4.11)各5 mL,用甲醇(4.1)定容至50 mL,该混合溶液中巴比妥、苯巴比妥、异戊巴比妥和司可巴比妥的浓度均为100 μg/mL。2 ℃~8 ℃冷藏保存,有效期一个月。

4.13 固相萃取小柱:亲水亲脂平衡固相萃取柱,3 mL(60 mg)。

4.14 滤膜:0.22 μm。

4.15 滤纸:快速,12.5 cm。

5 仪器和设备

5.1 高效液相色谱仪:配有紫外检测器或二极管阵列检测器。

5.2 液相色谱-串联质谱仪:配电喷雾离子源。

5.3 天平:感量为 0.000 1 g。

5.4 氮吹仪。

5.5 涡旋振荡器。

5.6 固相萃取仪。

6 试样制备

按 GB/T 14699.1 采样。选取有代表性饲料样品至少 500 g,按 GB/T 20195 规定,制备通过 0.45 mm 实验筛的试样。

7 试样处理

7.1 提取

称取试料 2 g(精确至 0.000 1 g)于 100 mL 离心管中,准确加入 25 mL 三氯甲烷(4.3),涡旋振荡 2 min,过滤。准确移取滤液 15 mL 于具塞试管中,40 ℃氮吹至干,加入磷酸盐缓冲液(4.8)3 mL,涡旋溶解,备用。

7.2 净化

固相萃取小柱分别用 5 mL 甲醇(4.1)、5 mL 水、5 mL 磷酸盐缓冲液(4.8)活化。取上述提取液(7.1)过柱,再分别用 5 mL 磷酸盐缓冲液(4.8)、5 mL 甲醇水溶液(4.5)淋洗,空气抽干 30 min,用 10 mL 二氯甲烷(4.4)洗脱,收集洗脱液,40 ℃氮吹至干,准确移取 1 mL 甲醇水溶液(4.6)溶解残渣,过 0.22 μm 滤膜后待测。

8 液相色谱测定

8.1 液相色谱条件

色谱柱:C_8 柱长 250 mm,内径 4.6 mm,粒径 5 μm,或其他效果等同的 C_8 柱。

柱温:室温。

进样量:20 μL。

流动相:甲醇+水=45+55。

检测器:紫外检测器或二极管阵列检测器。

检测波长:215 nm。

流速:1.0 mL/min。

8.2 标准曲线的绘制

取混合标准中间液(4.12)适量逐步稀释,用甲醇(4.1)定容,配制成浓度分别为 0.5 μg/mL、1.0 μg/mL、5.0 μg/mL、10.0 μg/mL、20.0 μg/mL、50.0 μg/mL 的混合标准工作液,浓度由低到高进样,根据峰面积和浓度计算回归方程。4 种巴比妥类药物液相色谱条件下标准样品图谱参见图 A.1。

8.3 定量测定

试料溶液(7.2)上机测定,用单点或多点校准法进行定量。多点校准法定量,根据峰面积的响应值,从标准曲线中得到待测样中 4 种巴比妥类药物的浓度(c_{i1});单点定量,根据样品峰面积的响应值与标准溶液峰面积的响应值比值与标准溶液浓度的乘积得到待测样中 4 种巴比妥类药物的浓度(c_{i1})。

8.4 结果计算

试料中 4 种巴比妥类药物的含量 X_{i1},以质量分数计,单位为毫克每千克(mg/kg),按式(1)计算:

$$X_{i1}=\frac{c_{i1}\times V\times V_2\times 1\,000}{m\times V_1\times 1\,000} \qquad (1)$$

式中:

c_{i1}——试料中某种巴比妥药物色谱峰面积对应的浓度,单位为微克每毫升(μg/mL);

V——加入提取液的总体积,单位为毫升(mL);

V_2——氮吹至干后溶解残渣用甲醇水溶液的体积,单位为毫升(mL);

m——试料的质量,单位为克(g);

V_1——移取滤液的体积,单位为毫升(mL)。

计算结果保留三位有效数字。

8.5 重复性

在同一实验室、由同一操作人员完成的两个平行测定结果,相对偏差不大于 10%,以两次平行测定结果的算术平均值为测定结果。

9 液相色谱-串联质谱法(仲裁法)

9.1 液相色谱条件

色谱柱:C_{18} 柱长 100 mm,内径 2.1 mm,粒径 1.7 μm,或其他效果等同的 C_{18} 柱;

柱温:40 ℃;

进样量:5 μL;

流动相:乙腈+水,梯度洗脱,见表 1;

表 1 液相色谱-串联质谱流动相梯度洗脱表

时间/min	水/%	乙腈/%
0.0	70	30
0.5	70	30
1.0	50	50
4.0	20	80
4.01	70	30
10.0	70	30

流速:0.4 mL/min。

9.2 质谱条件

离子源:电喷雾离子源;

扫描方式:负离子扫描;

检测方式:多反应监测(MRM);

毛细管电压:4.0 kV;

干燥气温度:350 ℃;

干燥气流速:10 L/min;

雾化气压力:0.241 MPa(35 psi);

定性离子、定量离子及对应的保留时间、毛细管出口端电压和碰撞能量见表 2。

表 2　4 种巴比妥类药物的定性、定量离子对及碰撞能量

<table>
<tr><th>被测物名称</th><th>定性离子对
(m/z)</th><th>定量离子对
(m/z)</th><th>保留时间/
min</th><th>毛细管出口端电压/
V</th><th>碰撞能量/
eV</th></tr>
<tr><td rowspan="2">巴比妥</td><td>183.2>84.9</td><td rowspan="2">183.2>140.1</td><td rowspan="2">0.933</td><td rowspan="2">80</td><td>20</td></tr>
<tr><td>183.2>140.1</td><td>5</td></tr>
<tr><td rowspan="2">苯巴比妥</td><td>231.0>84.9</td><td rowspan="2">231.0>188.1</td><td rowspan="2">1.615</td><td rowspan="2">80</td><td>10</td></tr>
<tr><td>231.0>188.1</td><td>5</td></tr>
<tr><td rowspan="2">异戊巴比妥</td><td>225.2>84.9</td><td rowspan="2">225.2>182.2</td><td rowspan="2">3.179</td><td rowspan="2">80</td><td>10</td></tr>
<tr><td>225.2>182.2</td><td>10</td></tr>
<tr><td rowspan="2">司可巴比妥</td><td>237.2>84.9</td><td rowspan="2">237.2>194.2</td><td rowspan="2">3.750</td><td rowspan="2">80</td><td>20</td></tr>
<tr><td>237.2>194.2</td><td>5</td></tr>
</table>

9.3　巴比妥类药物定性、定量离子对及碰撞能量

4 种巴比妥类药物定性、定量离子对及碰撞能量见表 2。

9.4　标准曲线的绘制

取混合标准中间液（4.12）适量逐步稀释，用乙腈水（4.7）稀释定容，配制成浓度分别为 0.01 μg/mL、0.025 μg/mL、0.050 μg/mL、0.075 μg/mL、0.100 μg/mL、0.200 μg/mL 的混合标准工作液，浓度由低到高进样，根据峰面积和浓度计算回归方程。4 种巴比妥类药物液相色谱-串联质谱条件下标准样品图谱参见图 A.2。

9.5　试液准备

取 7.2 项下的待测液，根据药物的浓度用乙腈水溶液（4.7）适当稀释。

9.6　定性测定

根据试样中各种化合物的保留时间和特征选择离子定性，试样中待测物质的保留时间与混合标准品工作液中对应的保留时间偏差在±2.5%之内，且样品谱图中各组分定性离子的相对离子丰度与浓度接近的标准品工作液中对应的定性离子的相对离子丰度进行比较，若相差不超过表 3 规定的范围，则可判定为试样中存在对应的待测物。

表 3　定性确证时相对离子丰度的最大相差

%

相对离子丰度	>50	>20～50	>10～20	≤10
允许的最大相差	±15	±20	±25	±30

9.7　定量测定

以定量离子的色谱峰面积进行单点或多点校正定量。多点校准法定量，根据峰面积的响应值，从标准曲线中得到待测样中 4 种巴比妥类药物的浓度（c_{i2}）；单点定量，根据样品峰面积的响应值与标准溶液峰面积的响应值比值与标准溶液浓度的乘积得到待测样中 4 种巴比妥类药物的浓度（c_{i2}）。

9.8　结果计算

试料中 4 种巴比妥类药物的含量 X_{i2}，以质量分数计，单位为毫克每千克（mg/kg），按式（2）计算：

$$X_{i2} = \frac{c_{i2} \times V \times V_2 \times V_4 \times 1\,000}{m \times V_1 \times V_3 \times 1\,000} \quad \cdots\cdots\cdots\cdots(2)$$

式中：

c_{i2}——试料中某种巴比妥药物色谱峰面积对应的浓度，单位为微克每毫升（μg/mL）；

V——加入提取液的总体积，单位为毫升（mL）；

V_2——氮吹至干后溶解残渣用甲醇水溶液的体积，单位为毫升（mL）；

V_4——吸取 7.2 项下试液的体积,单位为毫升(mL);

m——试料的质量,单位为克(g);

V_1——移取滤液的体积,单位为毫升(mL);

V_3——吸取 7.2 项下试液定容的体积,单位为毫升(mL)。

计算结果保留三位有效数字。

9.9 重复性

在同一实验室、由同一操作人员完成的两个平行测定结果,相对偏差不大于 20%,以两次平行测定结果的算术平均值为测定结果。

附　录　A
（资料性附录）
4种巴比妥类药物标准样品谱图

A.1　图A.1给出了4种巴比妥类药物液相色谱图谱。

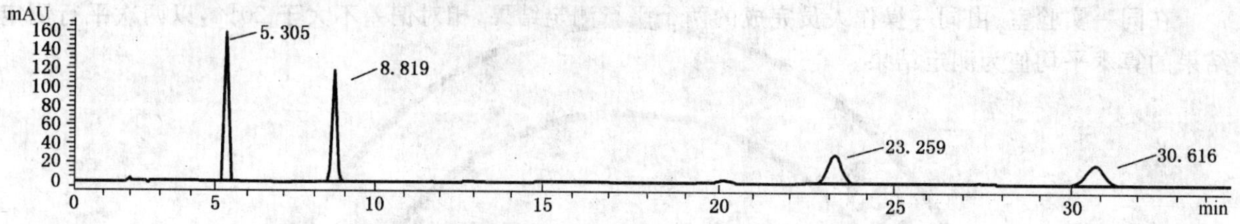

图A.1　4种巴比妥类药物液相色谱条件下标准样品图谱

A.2　图A.2给出了4种巴比妥类药物液相色谱-串联质谱图。

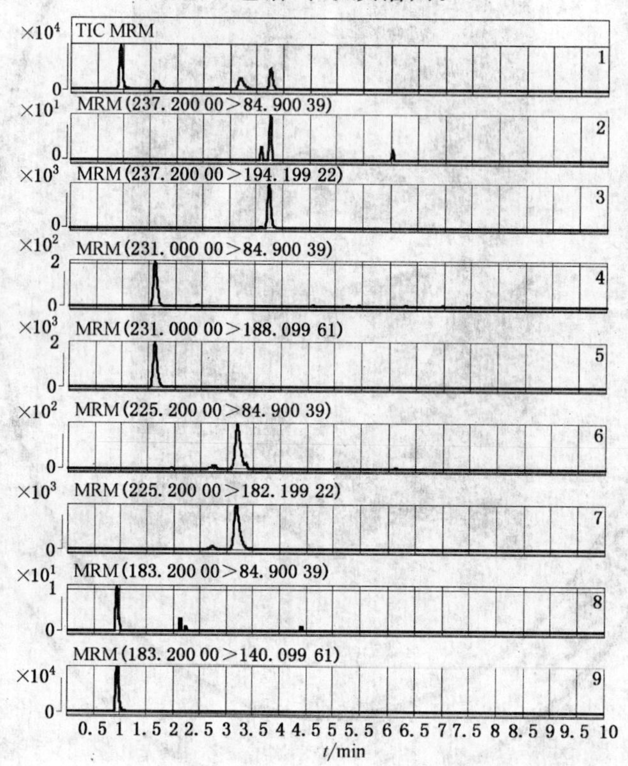

1——总离子流色谱图；

2——司可巴比妥定性离子；

3——司可巴比妥定量离子；

4——苯巴比妥定性离子；

5——苯巴比妥定量离子；

6——异戊巴比妥定性离子；

7——异戊巴比妥定量离子；

8——巴比妥定性离子；

9——巴比妥定量离子

图A.2　4种巴比妥类药物液相色谱-串联质谱图（MRM色谱图）(200 ng/mL)

ICS 65.120
B 46

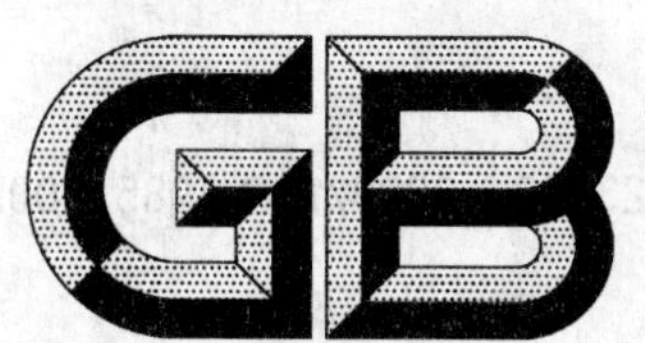

中华人民共和国国家标准

GB/T 23742—2009/ISO 5985:2002

饲料中盐酸不溶灰分的测定

Animal feeding stuffs—Determination of ash insoluble in hydrochloric acid

(ISO 5985:2002,IDT)

2009-05-12 发布 2009-09-01 实施

中华人民共和国国家质量监督检验检疫总局
中国国家标准化管理委员会 发布

前　言

本标准等同采用 ISO 5985:2002《动物饲料中盐酸不溶灰分的测定》(英文版)。

为便于使用,本标准做了下列编辑性修改:

——“本国际标准”一词改为“本标准”;

——用小数点“.”代替作为小数点的“,”;

——删除国际标准的前言;

——增加国家标准的前言;

——把“动物饲料”改为“饲料”;

——将“ISO 6497:2002”替换为“GB/T 14699.1”;

——将“ISO 6498:1998”替换为“GB/T 20195”;

——将“ISO 5984”替换为“GB/T 6438”;

——国际标准中“方法 A”和“方法 B”的表示,用“灼烧处理法”和“酸处理法”代替;

——8.2.1 中增加空煅烧器皿的恒重;

——6.4 中加入电炉;

——第 9 章中增加了公式的编号。

本标准的附录 A 为资料性附录。

本标准由全国饲料工业标准化技术委员会(SAC/TC 76)提出并归口。

本标准起草单位:中国农业科学院农业质量标准与检测技术研究所[国家饲料质量监督检验中心(北京)]。

本标准主要起草人:李丽蓓、饶正华、张苏。

饲料中盐酸不溶灰分的测定

1 范围

本标准规定了饲料中盐酸不溶灰分的测定方法。

因试样的种类而确定适用的处理方法。

a) 灼烧处理法适用于有机的单一饲料和配合饲料(酸处理法提到的除外)。

b) 酸处理法适用于矿物质、矿物质混合物和用灼烧处理法测定的盐酸不溶灰分大于1%的配合饲料。

2 规范性引用文件

下列文件中的条款通过本标准的引用而成为本标准的条款。凡是注日期的引用文件,其随后所有的修改单(不包括勘误的内容)或修订版均不适用于本标准,然而,鼓励根据本标准达成协议的各方研究是否可使用这些文件的最新版本。凡是不注日期的引用文件,其最新版本适用于本标准。

GB/T 6438 饲料中粗灰分的测定(GB/T 6438—2007,ISO 5984:2002,IDT)

GB/T 14699.1 饲料 采样(GB/T 14699.1—2005,ISO 6497:2002,IDT)

GB/T 20195 动物饲料 试样的制备(GB/T 20195—2006,ISO 6498:1998,IDT)

3 术语和定义

下列术语和定义适用于本标准。

3.1

盐酸不溶灰分 ash insoluble in hydrochloric acid

在本标准规定的条件下,不溶于稀盐酸的那一部分灰分。

注:盐酸不溶灰分用质量分数表示。

4 原理

4.1 灼烧处理法:通过灰化将试样中的有机物分解,获得的灰分用盐酸处理,过滤混合物,然后干燥,称其残渣的质量。

4.2 酸处理法:用盐酸处理过的试样,过滤后干燥,再烧成灰。获得的灰分按4.1处理。

5 试剂

除非另有说明,在分析中仅使用确认为分析纯的试剂和蒸馏水或去离子水或相当纯度的水。

5.1 盐酸溶液:3 mol/L。

5.2 三氯乙酸溶液:200 g/L。

5.3 三氯乙酸溶液:10 g/L。

6 仪器设备

实验室常用设备以及以下设备。

6.1 分析天平:感量0.001 g。

6.2 马弗炉:电加热,自动控温,配有高温计。马弗炉中摆放煅烧器皿的地方,在550 ℃时温差不会超过20 ℃。

6.3 干燥箱:温度控制在 103 ℃±2 ℃。

6.4 电热板、燃烧器或电炉。

6.5 沸水浴。

6.6 煅烧器皿:铂或铂金制品(如 10%铂,90%金)或在实验条件下不受影响的其他材质(如 50 mL 瓷坩埚)。器皿为矩形,底面积约 20 cm^2,高度约 2.5 cm。对易于膨胀的碳水化合物试样,器皿底面积约 30 cm^2,高度约 3 cm。

6.7 干燥器:盛有有效的干燥剂。

7 采样

重要的是实验室收取的试样具有代表性,在运输或储存过程中未被损坏或改变。

储存试样时不应使成分变质或改变。

采样按 GB/T 14699.1 执行。

8 测定步骤

8.1 试样的准备

试样制备按 GB/T 20195 执行。

8.2 灼烧处理法

8.2.1 试样称量

8.2.1.1 将煅烧器皿(6.6)放入马弗炉(6.2)中,于 550 ℃灼烧至少 30 min,移入干燥器(6.7)中冷却至室温,称重,准确至 0.001 g。

8.2.1.2 称量 5 g 试样(8.1)至恒重的煅烧器皿(6.6),准确至 0.001 g。

8.2.2 测定

8.2.2.1 将盛有试样的煅烧器皿(8.2.1.2)放于电热板、燃烧器或电炉上(6.4),逐渐加热至试样炭化,转入马弗炉(6.2)中,设定温度为 550 ℃灼烧 3 h。仔细观察灰分中是否有碳粒,如果无碳粒,将煅烧器皿(6.6)继续放于马弗炉(6.2)中灼烧 1 h。如果有碳粒或怀疑有碳粒,让煅烧器皿冷却并用蒸馏水润湿,在 103 ℃±2 ℃的干燥箱(6.3)中将其小心蒸发至干,再将煅烧器皿放入马弗炉(6.2)中灼烧 1 h,取出置于干燥器(6.7)中冷却至室温。

注:此条件下得到的灰分符合 GB/T 6438 中规定的要求。

8.2.2.2 将得到的灰分用 75 mL 稀盐酸(5.1)转移到 250 mL～400 mL 烧杯中,在电热板、燃烧器或电炉(6.4)上小心加热沸腾 15 min,用不含灰分滤纸过滤,热水冲洗滤纸与残渣,直至洗液中不呈酸性。将带有残渣的滤纸置于煅烧器皿(6.6)上,置于干燥箱(6.3)中,103 ℃±2 ℃烘 2 h,将煅烧器皿放入 550 ℃马弗炉(6.2),灼烧 30 min。取出煅烧器皿放入干燥器(6.7)内冷却后称重,准确至 0.001 g。再次放于马弗炉(6.2)内 550 ℃灼烧 30 min。将煅烧器皿(6.6)放入干燥器(6.7)内冷却至室温,迅速称量,准确至 0.001 g。

8.2.2.3 同一试样应取两份进行平行测定。

8.3 酸处理法

8.3.1 试样称量

称量 5 g 试样(8.1)于 250 mL～400 mL 烧杯中,准确至 0.001 g。

8.3.2 测定

8.3.2.1 在含有试样的烧杯(8.3.1)中依次加入 25 mL 水与 25 mL 稀盐酸(5.1)。混匀后静置至泡沫消失。再加入 50 mL 盐酸,如果还有泡沫,静置至泡沫消失。于微沸水浴锅(6.5)中加热烧杯 30 min 或更长时间,直至所有淀粉完全水解。

用不含灰分滤纸过滤溶液,用 50 mL 热水冲洗滤纸与残渣。

8.3.2.2 如果溶液很难过滤，重新取样测定，但是要用 50 mL 三氯乙酸溶液(5.2)代替 50 mL 盐酸。冲洗滤纸和残渣时，先用热三氯乙酸溶液(5.3)冲洗，再用热水冲洗。

8.3.2.3 将带有残渣的滤纸置于煅烧器皿(6.6)上，在干燥箱(6.3)内，103 ℃±2 ℃烘 2 h。再放于马弗炉(6.2)内 550 ℃灼烧 3 h。让煅烧器皿(6.6)在干燥器(6.7)中冷却至室温。

8.3.2.4 继续 8.2.2.2 的步骤操作。

8.3.2.5 同一试样应取两份进行平行测定。

9 结果计算

试样中盐酸不溶灰分 w，用质量分数(%)表示，按式(1)计算：

$$w = \frac{m_2 - m_0}{m_1 - m_0} \times 100\% \quad \cdots\cdots(1)$$

式中：

m_2——煅烧器皿与盐酸不溶灰分的总质量，单位为克（g）；

m_0——空煅烧器皿质量，单位为克（g）；

m_1——煅烧器皿与试样的总质量，单位为克（g）。

取两次测定的算术平均值作为测定结果，重复性限(见 10.2)满足要求，结果表示至 0.1%(质量分数)。

10 精密度

10.1 实验室间试验

附录 A 中详细列出了本方法精密度的实验室间试验结果，从该试验得出的结果可能不适用附录 A 中列出以外的物质和浓度范围。

10.2 重复性

在同一实验室，同一试样，由同一操作人员使用同一设备获得的两个独立的测定结果的绝对差值不能超过表 1 中给出的重复性限(r)的 5%。

表 1 重复性限(r)和再现性限(R) 单位为克每千克

样品名称	盐酸不溶灰分	r	R
鱼粉	8.2	0.8	2.3
木薯粉	34.6	2.8	5.2
肉粉	8.6	0.8	1.9
小猪饲料	2.6	0.3	1.0
肉鸡饲料	1.7	0.3	1.0
大麦	2.6	0.5	1.7
挤压棕榈粕	6.0	0.8	1.2

10.3 再现性

在不同实验室，用同样的方法，对同一试样，由不同的操作人员，用不同的设备得到的两个独立的测定结果的绝对差值不能超过表 1 中给出的再现性限(R)的 5%。

11 试验报告

试验报告应详细说明下列信息：

a) 完成样品检测所需的所有信息；

b) 如果已知采样方法，应说明使用的采样方法；

c) 采用的测定方法,附本标准的参考文献;

d) 所有标准未规定的,或认为是非强制性的,以及可能影响测定结果的全部细节;

e) 获得的测定结果;

f) 如果检查了重复性则提供两个测定结果,应提供得到的最终结果。

附 录 A
（资料性附录）
实验室间试验的结果

根据 ISO 5725-1 和 ISO 5725-2 进行实验室间试验，以确定本方法的精密度，其中用格拉布斯(Grubbs)试验代替狄克逊(Dixon)试验确定高峰值。本试验有 20 个～30 个实验室参加，样品有鱼粉、木薯粉、肉粉、小猪饲料、肉鸡饲料、大麦、挤压棕榈粕。实验室间试验结果见表 A.1。

表 A.1 实验室间测试结果

参数	样品[a]						
	1	2	3	4	5	6	7
实验室数	29	30	23	22	20	24	25
单独结果数	29	30	23	22	20	24	25
承认结果的数	28	29	22	20	19	23	23
盐酸不溶灰分平均值/(g/kg)	8.2	34.6	8.6	2.6	1.7	2.6	6.0
重复性标准偏差(S_r)/(g/kg)	0.3	1.0	0.3	0.1	0.1	0.2	0.3
重复性变异系数/%	9.5	8.0	8.9	12.2	17.6	18.3	13.3
重复性限(r)/(g/kg)	0.8	2.8	0.8	0.3	0.3	0.5	0.8
再现性标准偏差(S_R)/(g/kg)	0.8	1.7	0.7	0.3	0.3	0.6	0.4
再现性变异系数/%	28.1	14.9	22.5	39.1	56.9	64.7	20.7
再现性限(R)/(g/kg)	2.3	5.2	1.9	1.0	1.0	1.7	1.2

[a] 1：鱼粉；2：木薯粉；3：肉粉；4：小猪饲料；5：肉鸡饲料；6：大麦；7：挤压棕榈粕。

参 考 文 献

［1］ ISO 5725-1 测试方法与结果的准确度(正确度与精密度) 第1部分:基本原理与定义

［2］ ISO 5725-2 测试方法与结果的准确度(正确度与精密度) 第2部分:确定标准测试方法重复性和可再现性的基本方法

ICS 65.120
B 46

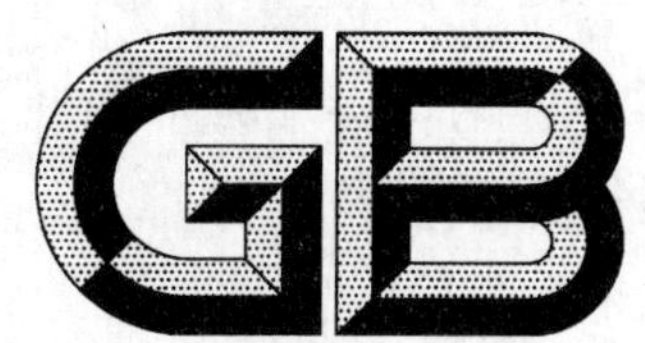

中华人民共和国国家标准

GB/T 23743—2009

饲料中凝固酶阳性葡萄球菌的微生物学检验 Baird-Parker 琼脂培养基计数法

Microbiological examination of the enumeration of coagulase-positive staphylococci in feeds—Technique using Baird-Parker agar medium

(ISO 6888-1:1999/AMD.1:2003, Microbiology of food and animal feeding stuffs—Horizontal method for the enumeration of coagulase-positive staphylococci (Staphylococcus aureus and other species)—Part 1: Technique using Baird-Parker agar medium; Amendment 1: Inclusion of precision data, MOD)

2009-05-12 发布　　2009-09-01 实施

中华人民共和国国家质量监督检验检疫总局
中国国家标准化管理委员会 发布

前　言

本标准修改采用 ISO 6888-1:1999/AMD.1:2003《食品和饲料微生物学　凝固酶阳性葡萄球菌(金黄色葡萄球菌及其他种)的平行计数方法　第1部分:Baird-Parker 琼脂培养基法　修订1:包含精密度》(英文版)。

本标准根据 ISO 6888-1:1999/AMD.1:2003 重新起草。除删除了前言和参考文献外,本标准的顺序编号与 ISO 6888-1:1999/AMD.1:2003 完全一样。

ISO 6888 的三个部分是平行的三个方法,本标准只规定了 Baird-Parker 琼脂培养基法。

考虑到本标准的适用范围和我国对标准编写的具体要求,在采用 ISO 6888-1:1999/AMD.1:2003 时,本标准作了一些编辑性修改。由于 ISO 6888-1:1999/AMD.1:2003 的范围是食品和饲料,本标准删除了仅涉及食品的部分内容。有关技术性差异已编入正文中并在它们所涉及的条款的页边空白处用垂直单线标识。在附录 A 中给出了这些技术性差异及其原因的一览表以供参考。

为了便于使用,对于 ISO 6888-1:1999/AMD.1:2003 还作了下列编辑性修改:

a) “本国际标准”一词改为“本标准”;

b) “稀释液和培养基”中的表格改为文字描述;

c) 用小数点“.”代替作为小数点的“,”;

d) 正文中的公式增加序号。

本标准的附录 A 为资料性附录。

本标准由全国饲料工业标准化技术委员会(SAC/TC 76)提出并归口。

本标准起草单位:中国农业科学院农业质量标准与检测技术研究所[国家饲料质量监督检验中心(北京)]。

本标准主要起草人:饶正华、李丽蓓、马东霞、张苏、苏晓鸥。

饲料中凝固酶阳性葡萄球菌的微生物学检验 Baird-Parker 琼脂培养基计数法

1 范围

本标准规定了凝固酶阳性葡萄球菌在固体培养基(Baird-Parker 培养基)上、36 ℃±1 ℃好氧条件下培养后进行菌落计数的技术要求。

本标准适用于饲料中凝固酶阳性葡萄球菌的检测。

2 规范性引用文件

下列文件中的条款通过本标准的引用而成为本标准的条款。凡是注日期的引用文件,其随后所有的修改单(不包括勘误的内容)或修订版均不适用于本标准,然而,鼓励根据本标准达成协议的各方研究是否可使用这些文件的最新版本。凡是不注日期的引用文件,其最新版本适用于本标准。

GB/T 4789.1 食品卫生微生物学检验 总则

GB/T 14699.1 饲料 采样(GB/T 14699.1—2005,ISO 6497:2002,IDT)

GB/T 20195 动物饲料 试样的制备(GB/T 20195—2006,ISO 6498:1998,IDT)

ISO 5725-2 测试方法与结果的准确度(正确度与精密度) 第 2 部分:确定标准测试方法重复性和可再现性的基本方法

ISO 16140 食品和动物饲料微生物学 替代方法确认草案

3 术语和定义

下列术语和定义适用于本标准。

3.1

凝固酶阳性葡萄球菌 coagulase-positive staphylococci

在本标准规定的检验条件下,在选择性固体培养基中培养可形成典型或/和非典型菌落且血浆凝固酶试验为阳性的一群细菌。

3.2

凝固酶阳性葡萄球菌的计数 enumeration of coagulase-positive staphylococci

按本标准规定的方法,每毫升或每克试样中凝固酶阳性葡萄球菌的数量。

4 原理

4.1 用表面接种法在固体选择性培养基上进行定量接种,同时接种两个平皿。液体样品直接接种,其他样品需用 1:10 稀释液接种。

在其他稀释度,同上法用稀释液接种。每个稀释度接种两个平皿。

4.2 培养皿在 36 ℃±1 ℃好氧培养,在培养 24 h 和 48 h 时均要进行检查。

4.3 选择合适的稀释度水平,数平皿中生长的菌落数,计算每克(每毫升)样品中含有凝固酶阳性葡萄球菌的数量。

5 稀释液和培养基

5.1 总则

除非另有说明,在分析中仅使用确认为分析纯的试剂,实验室用水采用蒸馏水或去离子水或相当纯度的水。

5.2 稀释液

生理盐水：

氯化钠	8.5 g
水	1 000 mL

溶解后，分装到加有玻璃珠的锥形瓶内，每瓶 225 mL，121 ℃灭菌 15 min。

5.3 Baird-Parker 琼脂培养基

注：可以使用商品培养基。使用时，严格按照使用说明操作。

5.3.1 基础培养基

5.3.1.1 成分

胰蛋白胨	10.0 g
酵母膏	1.0 g
肉膏	5.0 g
丙酮酸钠	10.0 g
L-甘氨酸	12.0 g
氯化锂	5.0 g
琼脂	12 g～22 g[1]
水	终体积为 1 000 mL

5.3.1.2 制备

将上述成分煮沸溶解，商品基础培养基则按使用说明配制。必要时校正 pH，使培养基灭菌后在 25 ℃下 pH 为 7.2±0.2。然后分装 100 mL 到三角瓶或其他合适的容器中。121 ℃灭菌 15 min。

5.3.2 溶液

5.3.2.1 亚碲酸钾溶液

5.3.2.1.1 成分

亚碲酸钾[2](K_2TeO_3)	1.0 g
水	100 mL

5.3.2.1.2 制备

稍微加热，使亚碲酸钾在水中完全溶解。

亚碲酸钾应当是易溶的，如果在水中有白色不溶物，此试剂不可再用。

用 0.22 μm 的滤膜过滤除菌。

此溶液在 3 ℃±2 ℃最多可保存一个月。

溶液中形成白色沉淀时，应弃之不用。

5.3.2.2 卵黄乳液

浓度约为 20%或遵照厂家规定。

注：可使用商品培养基。

取外壳完好的新鲜鸡蛋，用刷子蘸液体清洁剂刷洗蛋壳，再在流水中冲洗。然后将它们浸入 70% 酒精 30 s 消毒后风干或用酒精喷洒之上，采用火焰灭菌。

在无菌条件下，打破鸡蛋，不断吸出卵黄，从而把蛋白和卵黄分开。将卵黄放入灭菌三角瓶中，加入四倍体积的水，充分搅匀。47 ℃水浴中加热 2 h，然后置于 3 ℃±2 ℃下保持 18 h～24 h 以形成沉淀。无菌操作，将上清液转入另一灭菌三角瓶中。

---

1 琼脂的添加量取决于凝胶的强度。

2 建议在使用之前，检查用于本试验的亚碲酸钾的有效性(见 5.3.2.1.2)。

此液在 3 ℃±2 ℃最多可保存 72 h。

5.3.2.3 **磺胺二甲嘧啶溶液**

注：此溶液仅在试样中怀疑有变形杆菌时用。

5.3.2.3.1 **成分**

磺胺二甲嘧啶	0.2 g
氢氧化钠溶液，$c(NaOH)=0.1$ mol/L	10 mL
水	90 mL

5.3.2.3.2 **制备**

将磺胺二甲嘧啶溶解于氢氧化钠(NaOH)溶液中。用水稀释到 100 mL，用 0.22 μm 的滤膜过滤除菌。

此溶液在 3 ℃±2 ℃最多可保存一个月。

5.3.3 **完全培养基**

5.3.3.1 **成分**

基础培养基(5.3.1)	100 mL
亚碲酸钾溶液(5.3.2.1)	1.0 mL
卵黄乳液(5.3.2.2)	5.0 mL
磺胺二甲嘧啶(5.3.2.3)(必要时加入)	2.5 mL

5.3.3.2 **制备**

熔化基础培养基，然后在水浴中凉至约 47 ℃。

将亚碲酸钾和磺胺二甲嘧啶溶液(试样中怀疑有变形杆菌时加入)水浴加热至 47 ℃左右，无菌操作加入到基础培养基中，混合均匀。

5.3.4 **琼脂平板制备**

将合适量的完全培养基倒入平皿中，使平皿内琼脂厚度约为 4 mm，然后让其凝固。

这些平板干燥之前，可在 3 ℃±2 ℃保存 24 h。

注：使用商品培养基制备平板时，应注意厂家说明书中的保质期。

使用平板前，应在 25 ℃～50 ℃的干燥箱中倒置干燥，直到培养基表面没有小滴水珠出现为止。

5.4 **脑心浸液肉汤**

5.4.1 **成分**

动物组织消化汤	10.0 g
脱水牛脑浸液	12.5 g
脱水牛心浸液	5.0 g
葡萄糖	2.0 g
氯化钠	5.0 g
磷酸氢二钠(Na_2HPO_4)	2.5 g
水	1 000 mL

5.4.2 **制备**

将完全培养基溶于水中，必要时加热。

校正 pH 值，使培养基灭菌后在 25 ℃时 pH 为 7.4±0.2。

将培养基定量转移 5 mL～10 mL 到试管或合适容量的瓶中。

121 ℃灭菌 15 min。

5.5 **兔血浆**

使用商家脱水兔血浆并根据商品说明进行重新水化。

若没有脱水血浆，可用三倍体积的灭菌水对一倍体积的新鲜灭菌兔血浆进行稀释。

若柠檬酸钾或柠檬酸钠被用作血浆抗凝血剂，加 0.1% EDTA 到重新水化或稀释的血浆中。

若无厂家规定，经重新水化和稀释的血浆应立即使用。

使用前，分别用凝固酶阳性和阴性葡萄球菌对血浆进行验证。

6 仪器与玻璃器皿

注：如果有相配的规格，可用一次性仪器代替可重复使用的玻璃仪器。

常规微生物室用仪器，见 GB/T 4789.1。其他如下：

6.1 干热及湿热灭菌器。

6.2 培养箱：36 ℃±1 ℃。

6.3 干燥箱：温度范围为 25 ℃±1 ℃到 50 ℃±1 ℃之间。

6.4 水浴锅：47 ℃±2 ℃。

6.5 试管、三角瓶和带螺帽的瓶子。

6.6 灭菌平皿：直径为 90 mm 或 140 mm。

6.7 接种针和移液管。

6.8 刻度管：容积分别为 1 mL、2 mL 和 10 mL，最小分刻度分别为 0.1 mL、0.1 mL 和 0.1 mL。

6.9 刮铲：需灭菌，由玻璃或塑料制成。

6.10 pH 计：要求此 pH 仪在 25 ℃最小检测单位为 0.01。测定时 pH 精确到±0.1 个单位。

7 采样

实验室样品真实、具有代表性、在运输和贮存过程中没有发生损失或改变是非常重要的。在采样过程中，采样工具，如探子、铲子、匙、采样器、试管、广口瓶、剪子等，应是灭菌的。样品包装为袋、瓶和罐装者，就取完整的未开封的。样品是固体粉末，应边取边混和；是流体的，通过振摇即可混匀。样品送到微生物检验室应越快越好，一般应不超过 3 h。如果路途遥远，可将试样于 0 ℃～5 ℃中保存（如冰壶）。采样数量和方式按 GB/T 14699.1 执行。

8 试样的制备

按照 GB/T 20195 的规定制备试样（制备工具应是灭菌的），在密闭瓶中低温保存。

9 操作步骤

9.1 1∶10 稀释液和更高稀释液的制备

以无菌操作将经过充分混匀的试样 25 g（或 25 mL）放入含有 225 mL 灭菌生理盐水的灭菌瓶内配成 10^{-1}稀释液。若需配制 10^{-2}可取 10^{-1}稀释液 1 mL 加入到 9 mL 无菌生理盐水试管中，更高稀释度可按此方法操作。

9.2 接种

9.2.1 用灭菌移液管将 0.1 mL 试样原液（液态样）或 10^{-1}稀释液（固态样）分别转入两个琼脂平板中。必要时做 10^{-2}或做更高适宜稀释度。

9.2.2 对含凝固酶阳性葡萄球菌量较少的样品，可增加接种量至 1.0 mL。接种方式用表面接种，涂在一个大的平皿（140 mm）或三个小的平皿（90 mm）上，三个小的平皿的接种量分别为 0.3 mL、0.3 mL、0.4 mL。

9.2.3 用刮铲在琼脂平板表面接种时，应仔细而迅速，尽量不要接触平皿边缘。盖上盖，在室温下保持 15 min，使平板干燥。

9.3 培养

将 9.2.3 中接种的平板置于 36 ℃±1 ℃培养箱中培养 24 h±2 h，观察后，继续培养 24 h±2 h。

9.4 平板的选择与解释

9.4.1 培养 24 h±2 h 后，在平板底部标上典型菌落的位置。将所有的平板在 36 ℃±1 ℃继续培养 24 h±2 h，标记新出现的典型菌落。同时也标记所有不典型的菌落。

仅仅挑选同一稀释度中、两个平行中菌落数在最多 300 个（含有 150 个典型或不典型菌落）最少 15 个的平板用来计数。若一个平板中只有典型（或不典型）菌落时，通常挑选 5 个典型（或不典型）菌落做鉴定；若平板中既有典型又有不典型菌落时，应各选 5 个做鉴定。

如果液态样原液或固态样 10^{-1} 稀释度的平板上菌落数小于 15 个，按 9.4.3 和 10.2 对菌落数进行计算。

注 1：典型菌落呈黑色或灰色，光滑，凸起，菌落直径在培养 24 h 后为 1 mm～1.5 mm，培养 48 h 后为 1.5 mm～2.5 mm，菌落周围为一透明带，也可能部分是不透明的。在培养至少 24 h 后，透明带可能会表现为乳白色的圈。

注 2：非典型菌落与典型菌落大小相当，可能会表现出如下形态之一：

——光滑，黑色，具有或不具有狭窄的白色边缘，透明带不显现或者刚刚可见，乳白色的圈不显现或者很难观察；

——没有透明带的灰色菌落。

非典型菌落主要由来自牛奶、虾、杂碎制品中污染的凝固酶阳性葡萄球菌产生，其他制品的污染则比较少见。

注 3：平板上生长的其他菌落可能并未表现出注 1 和注 2 中所描述的典型或非典型的形态，可把它们当作背景菌群。

9.4.2 如果接种量为 1.0 mL(9.2.2)，涂在三个平板上(9.2.2)，把这些平板当作一个进行随后的计数和鉴定。

9.4.3 若凝固酶阳性菌数小于 15 个，进行估计时，应保留所有典型和非典型菌落。挑取所有的菌落进行确证。

9.5 确证（凝固酶试验）

将挑取的菌落用灭菌接种针接种至脑心浸液肉汤中，在 36 ℃±1 ℃培养 24 h±2 h。

无菌操作，将每个培养液接种 0.1 mL 至含 0.3 mL（除非厂家规定用其他量）兔血浆的灭菌溶血管中，36 ℃±1 ℃培养 24 h±2 h。

培养 4 h～6 h 后，倾斜试管，检查血浆是否凝结。如果没有凝结，应培养 24 h 或按厂家规定的时间进行检查。

若凝块体积超过原液体积的一半，则可认为凝固酶试验阳性。

阴性对照：加 0.1 mL 灭菌脑心浸液肉汤到一定量兔血浆中，不接种，培养。对照血浆应呈现出无凝块。

注：本标准测定的是凝固酶阳性葡萄球菌，但必须认识到，有些金黄色葡萄球菌的菌株凝固酶阳性反应较弱而很难区分，需要补充进行本标准中未包括的试验，如溶葡菌酶灵敏性试验、产溶血素试验、核酸酶热稳定性试验和甘露醇产酸试验。

10 结果表示

10.1 总则

10.1.1 每个平板中凝固酶阳性葡萄球菌的数量 a 的计算见式(1)：

$$a = \frac{b_c}{A_c} \times c_c + \frac{b_{nc}}{A_{nc}} \times c_{nc} \qquad \cdots\cdots (1)$$

式中：

a——每个平板中凝固酶阳性葡萄球菌的数量，个；

b_c——凝固酶试验阳性的典型菌落数，个；

A_c——用来做凝固酶试验的典型菌落数，个；

c_c——平板中典型菌落总数,个;

b_{nc}——凝固酶试验阳性的不典型菌落数,个;

A_{nc}——用来做凝固酶试验的不典型菌落数,个;

c_{nc}——平板中不典型菌落总数,个。

10.1.2 试样中凝固酶阳性葡萄球菌的含量 N 的计算见式(2):

$$N = \frac{\Sigma a}{V \times (n_1 + 0.1n_2) \times d} \qquad \cdots\cdots(2)$$

式中:

N——试样中凝固酶阳性葡萄球菌的含量,CFU/g;

Σa——所有挑选平板中含有的凝固酶阳性葡萄球菌菌落总数,个;

V——每个平皿的接种量,mL;

n_1——在挑选的平板第一个稀释度的平皿数,个;

n_2——在挑选的平板第二个稀释度的平皿数,个;

d——挑选的第一个稀释度。

计算每克(每毫升)样品中含凝固酶阳性葡萄球菌的数量,按科学计数法报告结果,保留两位有效数字。

示例:

如接种量为0.1 mL,第一个被选择的稀释度为10^{-2},两个平行中含典型菌落数分别为65、85,没有不典型菌落;第二个被选择的稀释度为10^{-3},两个平行中含典型菌落数分别为3、7,没有不典型菌落。其中65个菌落中有5个菌落被鉴定且均为凝固酶阳性,即$a=65$;85个菌落中有5个菌落被鉴定且3个为凝固酶阳性,即$a=51$;3个菌落中有3个菌落被鉴定且均为凝固酶阳性,即$a=3$;7个菌落中有5个菌落被鉴定且均为凝固酶阳性,即$a=7$。

则 $N=\frac{65+51+3+7}{0.22\times10^{-2}}=57\ 272$

报告结果即为:5.7×10^4。

10.2 低菌数量的计算方法

10.2.1 若液体样品或固体样品的10^{-1}稀释度的两个平皿中,含有鉴定的菌落数小于15,报告如下:

a) 液态样

$$Ne = \frac{\Sigma a}{V \times 2} \qquad \cdots\cdots(3)$$

式中:

Ne——每毫升试样含凝固酶阳性葡萄球菌的数量,CFU/mL;

Σa——两个被选择平板中确定为凝固酶阳性葡萄球菌的总数,个;

V——每个平板的接种量,mL。

b) 固态样

$$Ne = \frac{\Sigma a}{V \times 2 \times d} \qquad \cdots\cdots(4)$$

式中:

Ne——每克试样含凝固酶阳性葡萄球菌的数量,CFU/g;

Σa——两个被选择平板中确定为凝固酶阳性葡萄球菌的总数,个;

V——每个平板的接种量,mL;

d——稀释度,10^{-1}。

10.2.2 若试样(液态样)或10^{-1}稀释液(固态样)的两个平皿无任何凝固酶阳性葡萄球菌生长且接种量为0.1 mL,结果报告如下:

a) 液态样:每毫升含凝固酶阳性葡萄球菌小于10 CFU;

b) 固态样：每克含凝固酶阳性葡萄球菌小于 10/d CFU，式中 d 为稀释度 10^{-1}。

若液态样或固态样的 10^{-1} 稀释度的两个平皿均无凝固酶阳性葡萄球菌生长且接种量为 1 mL，结果报告如下：

a) 液态样：每毫升含凝固酶阳性葡萄球菌小于 10 CFU；

b) 固态样：每克含凝固酶阳性葡萄球菌小于 10/d CFU，式中 d 为稀释度 10^{-1}。

11 精密度

11.1 总则

定量方法的精密度可如 ISO 5725-2 中规定的一样，用重复性和再现性来表示。但是，ISO 5725-2 是基于平均值的计算方法，并不总是适合于微生物检测，因为微生物并不总是表现出正态分布。因而，在 ISO 16140 中，专门制定了适合于微生物的对重复性和再现性的计算方法。这种统计法的优点在于对极值更不灵敏，因而可以保留对偏离值的统计。统计者可以使用本章的内容。

11.2 重复性

11.2.1 重复性限

同一个操作者使用同一仪器，对相同的试验基质用同一种方法在尽可能短的间隔时间里重复做出的两个单独的测试结果（每克或每毫升中凝固酶阳性葡萄球菌数量的对数值），绝对相差或者在正常范围内的两个结果中高值与低值的比值，应当不超过重复性限(r)的 5%。

11.2.2 总体值

通常情况下，检测饲料样品时，是用下面的重复性限(r)，r 值通常适用于所有的基质：

$r=0.28$（表示检验结果对数值的绝对相差）；

$r=1.9$（表示在正常范围内的两个检验结果中高值与低值的比值）。

示例：观察到饲料中凝固酶阳性葡萄球菌的第一个检测结果为 10 000 CFU/g 或 1.0×10^4 CFU/g，按重复性要求，高值与低值的比例不超过 1.9，因此，第二个结果应在 5 263（=10 000/1.9）CFU/g～19 000（=10 000×1.9）CFU/g 之间。

11.3 再现性

11.3.1 再现性限

不同的操作者在不同的实验室用不同的仪器，对相同的试验基质用同一种方法做出的两个单独的测试结果（每克或每毫升中凝固酶阳性葡萄球菌数量的对数值），绝对相差或者在正常范围内的两个结果中高值与低值的比值，应当不超过再现性限(R)的 5%。

11.3.2 总体值

通常情况下，检测饲料样品时，是用下面的再现性限(R)，R 值通常适用于所有的基质：

$R=0.43$（表示检验结果对数值的绝对相差）；

$R=2.7$（表示在正常范围内的两个检验结果中高值与低值的比值）。

示例 1：第一个实验室得到饲料中凝固酶阳性葡萄球菌的检测结果为 1.0×10^4 CFU/g，按再现性要求，第一个检测结果与第二个实验室结果的比值不超过 2.7，因此，第二个实验室凝固酶阳性葡萄球菌的检测值应在 3.7×10^3（$=1.0\times10^4/2.7$）CFU/g～2.7×10^4（$=1.0\times10^4\times2.7$）CFU/g 之间。

示例 2：实验室想知道符合预设限（如 10^5 或以 10 为底对数为 5）的最大水平，应用 R 值（取对数）×0.59。结果的对数差是 0.25（=0.43×0.59），结果比值在 $10^{0.25}$。因此，结果高于 $\log_{10}5.25$（$=\log_{10}5+\log_{10}0.25$）或 1.8×10^5 并不表明不符合此限。0.59 这个因子反映在单边 95% 置信度下检测是否超出了再现性限。0.59 因子由下面的公式获得：

$$0.59=\frac{1.64}{1.96\times\sqrt{2}}$$

12 检验报告

检验报告应包括完整的样品鉴定所需的全部详细内容。

检验报告应包括采样方法、检验方法和检验结果，它应阐明在标准中规定的条件或可供选择的条件，以及所有可能影响结果的细节。

附 录 A
（资料性附录）
本标准与 ISO 6888-1:1999/AMD.1:2003 的技术性差异及其原因

表 A.1 给出了本标准与 ISO 6888-1:1999/AMD.1:2003 的技术性差异及原因的一览表。

表 A.1 本标准与 ISO 6888-1:1999/AMD.1:2003 技术性差异及原因

本标准的章条编号	技术性差异	原因
1	删除 ISO 6888-1 标准范围中“适用于人类消费品”。	本标准范围只针对饲料。
2 5.1 5.2 6 7 8 9.1	用 GB/T 4789.1、GB/T 14699.1 和 GB/T 20195 和文字描述替换 ISO 6887-1 和 ISO 7218。	为了与我国的标准相一致，并方便标准使用者查询。
4.2 9.3 9.4.1 9.5.1	将温度定为 36 ℃±1 ℃，同时删除脚注。	进行统一，便于实验人员操作。
9.1	增加了更高稀释度的配制方法。	便于实验人员操作。
9.2.2	增加了对三个小的平皿上接种量的规定。	便于实验人员操作。
9.4.3	增加了对低菌数的数量规定。	便于实验人员操作。
9.5	增加“注”。	原国际标准前言中的内容，比较重要。
11.2.2 11.3.2	删去对胶囊食品的特殊规定。	饲料通常没有胶囊状的。
附录 A	删除 ISO 6888-1 标准中的附录 A。按规定增加我国标准的附录 A。	ISO 6888-1 附录 A 中实验室间试验结果针对干酪、肉、蛋粉等食品类，与饲料无关。

ICS 65.120
B 46

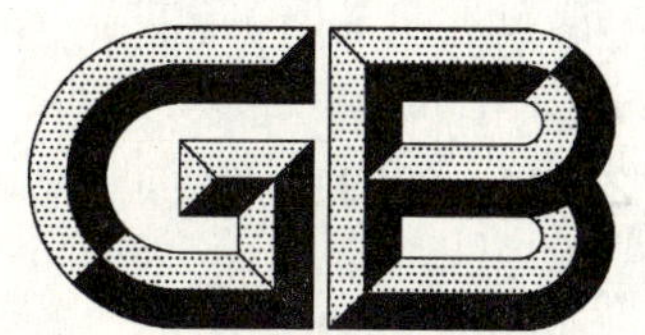

中华人民共和国国家标准

GB/T 23744—2009

饲料中36种农药多残留测定 气相色谱-质谱法

Determination of 36 pesticide residues in feedstuffs—GC-MS

2009-05-12 发布 | 2009-09-01 实施

中华人民共和国国家质量监督检验检疫总局
中国国家标准化管理委员会 发布

前　言

本标准的附录 A、附录 C 为资料性附录，附录 B 为规范性附录。

本标准由全国饲料工业标准化技术委员会(SAC/TC 76)提出并归口。

本标准起草单位：上海市兽药饲料检测所。

本标准主要起草人：黄士新、商军、潘娟、华贤辉、陆淳、吴剑平。

饲料中36种农药多残留测定 气相色谱-质谱法

1 范围

本标准规定了饲料中36种农药残留量气相色谱-质谱的测定方法。

本标准适用于配合饲料、浓缩饲料、单一饲料中36种农药残留的测定。

本标准的方法检出限为0.012 5 mg/kg～0.1 mg/kg;方法定量限为0.037 5 mg/kg～0.5 mg/kg。

2 规范性引用文件

下列文件中的条款通过本标准的引用而成为本标准的条款。凡是注日期的引用文件,其随后所有的修改单(不包括勘误的内容)或修订版均不适用于本标准,然而,鼓励根据本标准达成协议的各方研究是否可使用这些文件的最新版本。凡是不注日期的引用文件,其最新版本适用于本标准。

GB/T 14699.1　饲料　采样(GB/T 14699.1—2005,ISO 6497:2002,IDT)

GB/T 20195　动物饲料　试样的制备(GB/T 20195—2006,ISO 6498:1998,IDT)

3 原理

试样经乙腈提取浓缩后,用乙腈定容,加入PSA试剂(乙二胺-*N*-丙基硅烷)净化,采用气相色谱-质谱法测定。

4 试剂和溶液

除非另有说明,在分析中仅使用确认为分析纯的试剂。

4.1　乙腈:色谱纯。

4.2　正己烷:色谱纯。

4.3　丙酮:色谱纯。

4.4　正己烷+丙酮混合溶剂:1+1。

4.5　PSA试剂:乙二胺-*N*-丙基硅烷。

4.6　无水硫酸镁:在500 ℃下灼烧3 h,冷却后使用。

4.7　氯化钠。

4.8　农药标准物质:纯度≥90%(胺硫磷:纯度≥75%)。

4.8.1　标准贮备溶液:准确称取25 mg～100 mg(精确至0.02 mg)农药各标准物质(4.8)分别用正己烷+丙酮混合溶剂(4.4)溶解并稀释成0.5 mg/mL～1 mg/mL浓度的标准贮备溶液。

4.8.2　混合标准溶液:按照各农药在仪器上的响应灵敏度,确定其在混合标准溶液中的浓度。移取一定量的单个农药标准贮备液于100 mL容量瓶中,用正己烷+丙酮混合溶剂(4.4)定容至刻度。混合标准溶液的浓度参见附录A。

4.8.3　混合标准工作溶液:取4.8.2混合标准溶液用正己烷+丙酮混合溶剂(4.4)逐级稀释成混合标准工作溶液。

5 仪器和设备

5.1　气相色谱-质谱仪:配有电子轰击源(EI)。

5.2 分析天平:感量 0.01 mg 和 0.01 g 各一台。

5.3 旋转蒸发器。

5.4 样品粉碎机。

5.5 恒温振荡提取器。

5.6 离心机:5 000 r/min、15 000 r/min。

5.7 涡旋混合器。

5.8 鸡心瓶:150 mL。

5.9 单标线移液管:1 mL、10 mL、20 mL。

6 试样制备与保存

6.1 试样的制备

按照 GB/T 14699.1 及 GB/T 20195 的规定,选其有代表性的实验室样品,四分法浓缩至约 200 g,粉碎过 1.00 mm 的筛,混合均匀,装入磨口瓶备用。在采样和制备过程中,应注意不使样品污染。

6.2 试样的保存

储于磨口瓶中,密封保存备用。

7 测定步骤

7.1 提取与净化

称取 5 g 试样(精确至 0.01 g),置 50 mL 离心管中,精密加入 20.00 mL 乙腈(4.1),加 1 g 氯化钠(4.7)与 2 g 无水硫酸镁(4.6),混匀,用恒温振荡提取器(5.5)于 40 ℃下提取 30 min,置离心机(5.6)中,以 5 000 r/min 离心 5 min。精密量取上清液 10.00 mL,置鸡心瓶(5.8)中,于 40 ℃水浴旋转蒸发至干,精密加入 1.00 mL 乙腈(4.1)溶解,转移至离心管中,加入 100 mgPSA 试剂(4.5)与 200 mg 无水硫酸镁(4.6),于涡旋混合器(5.7)上涡旋 30 s,置离心机(5.6)中,以 15 000 r/min 离心 5 min,取上清液,供气相色谱-质谱的测定。

7.2 测定

7.2.1 仪器条件

色谱柱:DB-17MS(30 m×0.25 mm×0.25 μm)石英毛细管柱或相当者;

色谱柱温度:50 ℃保持 2 min,然后以 25 ℃/min 升温至 150 ℃,以 1.8 ℃/min 升温至 206 ℃,以 1.6 ℃/min 升温至 224 ℃,以 25 ℃/min 升温至 280 ℃,保持 10 min;

载气:氦气,纯度≥99.999%,流速 1.5 mL/min;

溶剂延迟:5 min;

进样口温度:280 ℃;

进样量:1 μL;

进样方式:无分流进样,2 min 后打开分流阀和隔垫吹扫阀;

电子轰击源:70 eV;

离子源温度:230 ℃;

GC-MS 接口温度:280 ℃;

选择离子监测:每种化合物分别选择 1 个定量离子,1 个~3 个定性离子。按离子出峰顺序,分时段分别检测,定量离子及定性离子选择见附录 B,化合物出峰顺序参见附录 C。

7.2.2 定性测定

混合标准溶液和样品溶液按照气相色谱-质谱测定条件测定,如果检出的色谱峰的保留时间与标准品的保留时间一致,允许限为±0.2 min,所选择的离子均出现,而且所选择的离子相对丰度比与标准品的离子相对丰度比相一致(相对丰度比大于 50%,允许限为±10%;大于 20%且小于等于 50%,允许限为±15%；大于10%且小于等于20%，允许限为±20%；小于等于10%，允许限为±50%），则可判断样品中存在这种农药化合物。

7.2.3　**定量测定**

本标准采用定量离子定量测定，若被测物存在同分异构体，则以各同分异构体峰定量离子的强度总和计算。标准溶液的浓度应与待测化合物的浓度相近。

8　结果计算和表述

试样中被测物的含量 X_i，以质量分数表示，单位为毫克每千克（mg/kg），按式（1）计算：

$$X_i = \frac{A_i \times c \times V_0 \times V_1}{A_0 \times m \times V} \quad \cdots\cdots(1)$$

式中：

A_i——样品溶液中被测物的峰面积或是样品溶液中被测物各同分异构体峰总面积；

c——混合标准工作溶液中被测物的浓度，单位为毫克每升（mg/L）；

V_0——分取试样提取液的体积，单位为毫升（mL）；

V_1——试样最终定容的体积，单位为毫升（mL）；

A_0——混合标准工作溶液中被测物的峰面积或是混合标准工作溶液中被测物各同分异构体峰总面积；

m——样品溶液所代表试样的质量，单位为克（g）；

V——加入提取液的量，单位为毫升（mL）。

测定结果用平行测定的算术平均值表示，保留3位有效数字。

9　精密度

9.1　重复性

实验室内平行测定间的相对偏差不大于15%。

9.2　再现性

实验室间平行测定间的相对偏差不大于25%。

附 录 A
（资料性附录）
36 种农药中英文名称、方法检出限、定量限、混合标准溶液浓度

表 A.1 36 种农药中英文名称、方法检出限、定量限、混合标准溶液浓度

序号	农药中文名称	农药英文名称	方法检出限/(mg/kg)	方法定量限/(mg/kg)	混合标准溶液浓度/(mg/L)
1	仲丁威	fenobucarb	0.012 5	0.062 5	2.5
2	灭草灵	swep	0.1	0.5	20.0
3	甲胺磷	methamidophos	0.075	0.25	10.0
4	克草敌	pebulate	0.025	0.062 5	2.5
5	杀虫丹	ethiofencarb	0.025	0.162 5	6.5
6	速灭威	metolcarb	0.025	0.05	2.0
7	甲硫威	methiocarb	0.025	0.05	2.0
8	α-六六六	α-HCH	0.012 5	0.062 5	2.5
9	胺丙畏	propetamphos	0.012 5	0.05	2.0
10	γ-六六六	γ-HCH	0.025	0.062 5	2.5
11	四氟菊酯	transfluthrin	0.012 5	0.062 5	2.5
12	乐果	dimethoate	0.05	0.112 5	4.5
13	β-六六六	β-HCH	0.012 5	0.075	3.0
14	δ-六六六	δ-HCH	0.025	0.075	3.0
15	艾氏剂	aldrin	0.025	0.05	2.0
16	胺硫磷	formothion	0.075	0.337 5	13.5
17	杀螟硫磷	fenitrothion	0.05	0.075	3.0
18	马拉硫磷	malathion	0.05	0.075	3.0
19	对硫磷	palathion	0.05	0.125	5.0
20	溴硫磷	bromofos-methyl	0.025	0.062 5	2.5
21	氯硫磷	chlorthion	0.05	0.137 5	5.5
22	除草定	bromacil	0.025	0.087 5	3.5
23	4,4′-滴滴伊	4,4′-DDE	0.012 5	0.037 5	1.5
24	抑草磷	butamifos	0.037 5	0.112 5	4.5
25	丙溴磷	profenofos	0.075	0.262 5	10.5
26	2,4-滴滴滴	2,4-DDD	0.012 5	0.037 5	1.5
27	2,4′-滴滴涕	2,4′-DDT	0.012 5	0.062 5	2.5
28	乙硫磷	ethion	0.025	0.137 5	5.5
29	4,4′-滴滴涕	4,4′-DDT	0.05	0.125	5.0

表 A.1（续）

序号	农药中文名称	农药英文名称	方法检出限/（mg/kg）	方法定量限/（mg/kg）	混合标准溶液浓度/（mg/L）
30	甲氰菊酯	fenpropathrin	0.025	0.05	2.0
31	胺菊酯	tetramethrin	0.025	0.062 5	2.5
32	伏杀硫磷	phosalone	0.05	0.175	7.0
33	氯菊酯	permethrin	0.025	0.087 5	3.5
34	氟氯氰菊酯	cyfluthrin	0.075	0.237 5	9.5
35	α-氯氰菊酯	α-cypermethrin	0.05	0.112 5	4.5
36	氰戊菊酯	fenvalerate	0.05	0.112 5	4.5

附　录　B
（规范性附录）
36 种农药的定量离子及定性离子

表 B.1　36 种农药的定量离子及定性离子

序号	农药名称	定量离子	定性离子
1	仲丁威	121	77,103,150
2	灭草灵	187	124,159,189
3	甲胺磷	94	64,95,141
4	克草敌	128	132,161,203
5	杀虫丹	107	77,79,168
6	速灭威	108	77,79,107
7	甲硫威	168	91,109,153
8	α-六六六	217	181,183,219
9	胺丙畏	138	110,194,236
10	γ-六六六	183	181,183,219
11	四氟菊酯	163	91,165,335
12	乐果	87	93,125,229
13	β-六六六	217	181,183,219
14	δ-六六六	217	181,183,219
15	艾氏剂	263	66,265,293
16	胺硫磷	125	93,170,224
17	杀螟硫磷	277	125,260
18	马拉硫磷	173	93,125,158
19	对硫磷	291	97,125,139
20	溴硫磷	331	125,329,333
21	氯硫磷	297	125,299
22	除草定	205	188,190,231
23	4,4′-滴滴伊	246	248,316,318
24	抑草磷	286	200,232,258
25	丙溴磷	339	139,208,374
26	2,4-滴滴滴	235	165,199,237
27	2,4′-滴滴涕	235	165,199,237
28	乙硫磷	231	97,153,384
29	4,4′-滴滴涕	235	165,199,237
30	甲氰菊酯	181	97,265,349

表 B.1（续）

序号	农药名称	定量离子	定性离子
31	胺菊酯	164	107,123
32	伏杀硫磷	182	97,121,367
33	氯菊酯	183	91,163,165
34	氟氯氰菊酯	226	163,199,206
35	α-氯氰菊酯	181	163,165,209
36	氰戊菊酯	167	152,225,419

附　录　C
（资料性附录）
36 种农药标准品选择性离子监控图

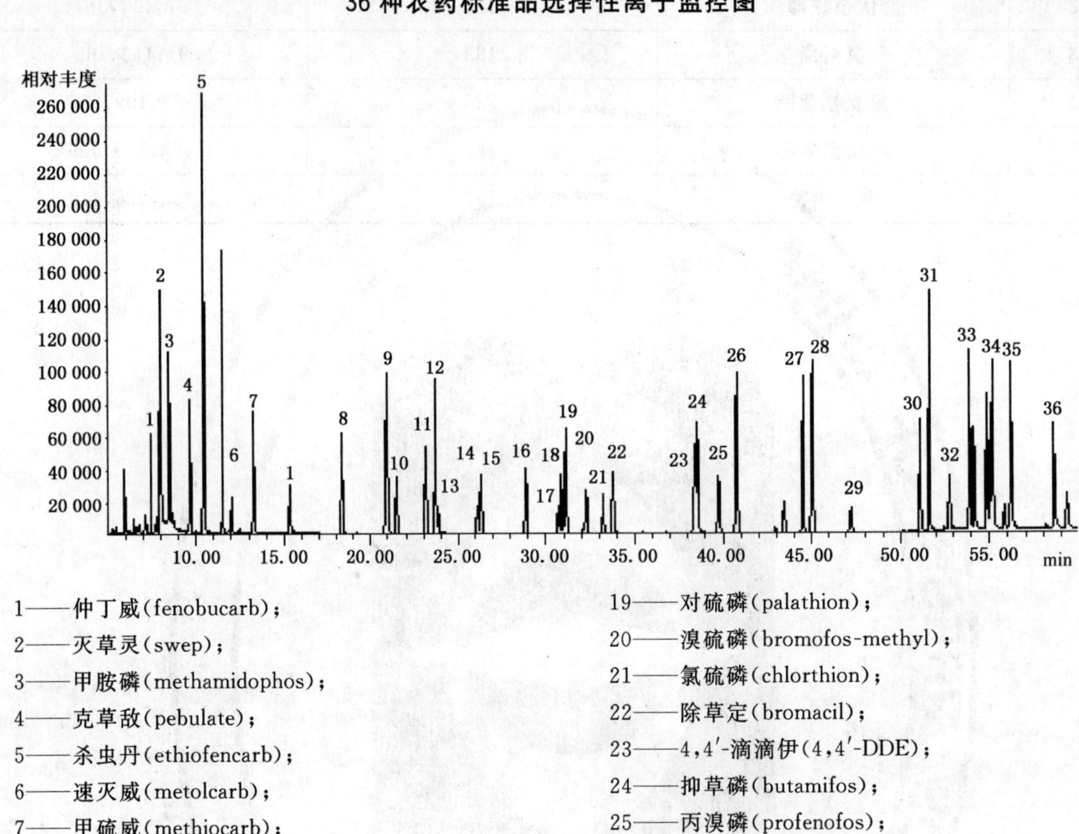

1——仲丁威(fenobucarb)；
2——灭草灵(swep)；
3——甲胺磷(methamidophos)；
4——克草敌(pebulate)；
5——杀虫丹(ethiofencarb)；
6——速灭威(metolcarb)；
7——甲硫威(methiocarb)；
8——α-六六六(α-HCH)；
9——胺丙畏(propetamphos)；
10——γ-六六六(γ-HCH)；
11——四氟菊酯(transfluthrin)；
12——乐果(dimethoate)；
13——β-六六六(β-HCH)；
14——δ-六六六(δ-HCH)；
15——艾氏剂(aldrin)；
16——胺硫磷(formothion)；
17——杀螟硫磷(fenitrothion)；
18——马拉硫磷(malathion)；
19——对硫磷(palathion)；
20——溴硫磷(bromofos-methyl)；
21——氯硫磷(chlorthion)；
22——除草定(bromacil)；
23——4,4′-滴滴伊(4,4′-DDE)；
24——抑草磷(butamifos)；
25——丙溴磷(profenofos)；
26——2,4-滴滴滴(2,4-DDD)；
27——2,4′-滴滴涕(2,4′-DDT)；
28——乙硫磷(ethion)；
29——4,4′-滴滴涕(4,4′-DDT)；
30——甲氰菊酯(fenpropathrin)；
31——胺菊酯(tetramethrin)；
32——伏杀硫磷(phosalonc)；
33——氯菊酯(permethrin)；
34——氟氯氰菊酯(cyfluthrin)；
35——α-氯氰菊酯(α-cypermethrin)；
36——氰戊菊酯(fenvalerate)。

图 C.1　36 种农药标准品选择性离子监控图

ICS 65.120
B 46

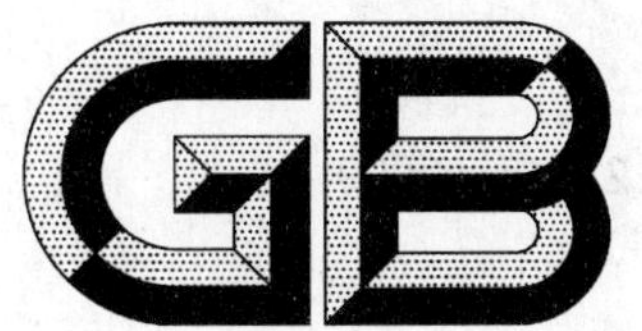

中华人民共和国国家标准

GB/T 23745—2009

饲料添加剂　10%虾青素

Feed additive—10% Astaxanthin

2009-05-12 发布　　2009-09-01 实施

中华人民共和国国家质量监督检验检疫总局
中国国家标准化管理委员会　发布

前　言

本标准附录 A 为资料性附录。

本标准由全国饲料工业标准化技术委员会(SAC/TC 76)提出并归口。

本标准起草单位:全国饲料工业标准化技术委员会、浙江新和成股份有限公司、浙江皇冠科技有限公司。

本标准主要起草人:杨金枢、盛翠凤、胡建权、洪文刚、胡向东、章良英、郑乐友、梁新乐。

饲料添加剂 10%虾青素

1 范围

本标准规定了饲料添加剂10%虾青素的范围、要求、试验方法、检验规则、标签、包装、运输、贮存及保质期。

本标准适用于以含量不低于96%的合成虾青素为主要原料,以淀粉、明胶、蔗糖等为辅料,以喷雾法工艺生产的10%虾青素。

化学名称:3,3'-二羟基-4,4'-二酮-β-胡萝卜素

分子式:$C_{40}H_{52}O_4$

相对分子质量:596.84(2007年国际相对原子质量)

化学结构式:

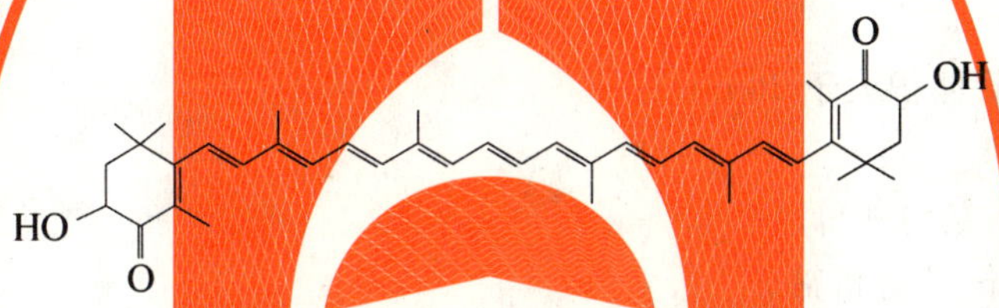

2 规范性引用文件

下列文件中的条款通过本标准的引用而成为本标准的条款。凡是注日期的引用文件,其随后所有的修改单(不包括勘误的内容)或修订版均不适用于本标准,然而,鼓励根据本标准达成协议的各方研究是否可使用这些文件的最新版本。凡是不注日期的引用文件,其最新版本适用于本标准。

GB/T 5009.74 食品添加剂中重金属限量试验

GB/T 6435 饲料中水分和其他挥发性物质含量的测定(GB/T 6435—2006,ISO 6496:1999,IDT)

GB/T 6682 分析实验室用水规格和试验方法(GB/T 6682—2008,ISO 3696:1987,MOD)

GB 10648 饲料标签

GB/T 13079 饲料中总砷的测定

3 要求

3.1 性状

本产品为紫红色至紫褐色的流动性微粒或粉末,无明显异味,易吸潮,对空气、热、光敏感。

3.2 技术要求

饲料添加剂10%虾青素技术要求应符合表1的规定。

表1 技术要求

项 目	指 标
虾青素的含量/%	≥10
粒度	100%通过孔径为0.84 mm的分析筛
	≥85%通过孔径为0.425 mm的分析筛
干燥失重/%	≤8.0
重金属(以Pb计)/(mg/kg)	≤10
总砷(以As计)/(mg/kg)	≤3

4 试验方法

警告——本产品对光敏感，在操作过程中应避光操作。三氯化锑-三氯甲烷溶液有强腐蚀性，在操作过程中应注意避免与皮肤接触，如不慎接触到皮肤，应立即用清水冲洗。

本标准所用的试剂和水，除非另有说明，均指分析纯试剂和符合 GB/T 6682 中规定的三级水。

4.1 试剂和溶液

4.1.1 三氯甲烷。

4.1.2 无水乙醇。

4.1.3 BHT(2,6-二叔丁基-4-甲基苯酚)。

4.1.4 三氯化锑-三氯甲烷溶液：称取 1 g 三氯化锑用 4 mL 三氯甲烷溶解即得(现配现用)。

4.2 仪器和设备

4.2.1 紫外-可见分光光度计。

4.2.2 分析天平。

4.2.3 超声波清洗器。

4.2.4 恒温水浴装置。

4.2.5 离心机(离心试管体积大于 20 mL)。

4.2.6 氮气吹干装置。

4.2.7 孔径为 0.84 mm 的分析筛。

4.2.8 孔径为 0.425 mm 的分析筛。

4.3 鉴别

4.3.1 取试样约 10 mg 于试管中，加 50 ℃～60 ℃热水 1 mL，于 50 ℃～60 ℃热水浴中超声 5 min。冷至室温后，加入三氯甲烷(4.1.1)10 mL 并振摇 30 s，静置分层后，取三氯甲烷层溶液 3 mL 与三氯化锑-三氯甲烷溶液(4.1.4)1 mL 反应，溶液应立即显蓝紫色。

4.3.2 取含量测定项(4.4.1)下的待测液，以三氯甲烷为空白，使用 1 cm 的比色皿，于分光光度计上扫描波长 200 nm～600 nm 之间的吸收光谱，其最大吸收波长应在波长 484 nm～490 nm 之间，光谱图参见附录 A。

4.4 含量

4.4.1 测定

待测液：称取试样 0.15 g(精确至 0.000 2 g)，置于 250 mL 棕色容量瓶中，加入 BHT(4.1.3)约 10 mg，加入蒸馏水 10 mL，在 50 ℃～60 ℃热水浴中超声 5 min，流水冷却至室温，加入无水乙醇(4.1.2)100 mL 和三氯甲烷 100 mL，于室温水浴中超声 5 min，用三氯甲烷稀释至刻度摇匀。取该溶液适量，置于具塞离心管中离心 5 min(转速为 3 000 r/min)，精密移取上层清液 2 mL 于 50 mL 棕色容量瓶中，将容量瓶置于约 45 ℃的水浴中，用氮气流吹干，用三氯甲烷溶解并稀释至刻度，摇匀，即为待测液，应立即测定(于 20 min 内完成测定)。

以三氯甲烷为空白，使用 1 cm 的比色皿，在分光光度计上测定待测液在 487 nm 附近最大吸收波长处的吸光度。

4.4.2 计算

试样中虾青素的含量 X_1 以质量分数(%)表示，按式(1)计算：

$$X_1 = \frac{A_{max} \times 6\,250}{m_1 \times 1\,830} \qquad \cdots\cdots(1)$$

式中：

A_{max}——待测液在 487 nm 附近最大吸收处的吸光度；

6 250——试样稀释的总体积，单位为毫升(mL)；

m_1——称取试样的质量，单位为克(g)；

1 830——试样中虾青素的标准百分消光系数($E_{1\,cm}^{1\%}$)。

4.4.3 允许差

取两次测定结果的算术平均值为测定结果，两次平行测定结果相对偏差应不大于3%。

4.5 粒度

4.5.1 试验

称取试样50 g，倾入分析筛中，振摇5 min，取筛下物称量。

4.5.2 计算和结果的表示

粒度X_2以筛下物占试样的质量分数(%)表示，按式(2)计算：

$$X_2 = \frac{m_2}{m_3} \times 100 \qquad \cdots\cdots(2)$$

式中：

m_2——筛下物的试样质量，单位为克(g)；

m_3——称取试样的质量，单位为克(g)。

计算结果表示至小数点后一位。

4.6 干燥失重

干燥失重按GB/T 6435规定的方法测定。

4.7 重金属

按GB/T 5009.74规定的方法测定。

4.8 总砷

按GB/T 13079规定的方法测定。

5 检验规则

5.1 出厂检验

本产品应由生产厂的质量检验部门按规定进行质量检查合格后方可出厂，每批出厂的产品都应带有质量证明书。

5.2 取样方法

取样需备有清洁、干燥、具有密闭性和避光性的样品瓶。瓶上贴有标签，注明生产厂名称、产品名称、批号及取样日期。

取样时，应用清洁适用的取样工具，将所取样品充分混匀，以四分法缩分，每批样品分两份，每份样品应为检验所需量的3倍量，装入两个样品袋(或瓶)中。一件送化验室检验，另一件密封保存备查。

5.3 判定规则

若检验结果有一项指标不符合本标准要求时，应重新自2倍量包装单元中抽样进行复检，复检结果仍有一项指标不符合本标准要求时，则整批产品判为不合格。

5.4 仲裁

如供需双方对产品质量发生争议时，可由双方商请仲裁单位按照本标准的检验规则和方法进行仲裁。

6 标签、包装、运输和贮存

6.1 标签

标签应按GB 10648执行。

6.2 包装

本产品应采用铝薄膜袋或其他适宜的避光密闭容器包装。

6.3 运输

本产品在运输过程中应避免日晒雨淋，受热及撞击，严禁碰撞，防止包装破损，严禁与有毒有害物质或其他有污染的物品以及具有氧化性的物质混放、混运。

6.4 贮存

本产品应贮存在阴凉、通风、干燥、无污染、无有害物质的地方。

7 保质期

在符合本标准规定的贮存条件下，原包装自生产之日起，保质期为 24 个月(开封后应尽快使用)。

附　录　A
（资料性附录）
虾青素的光谱扫描图

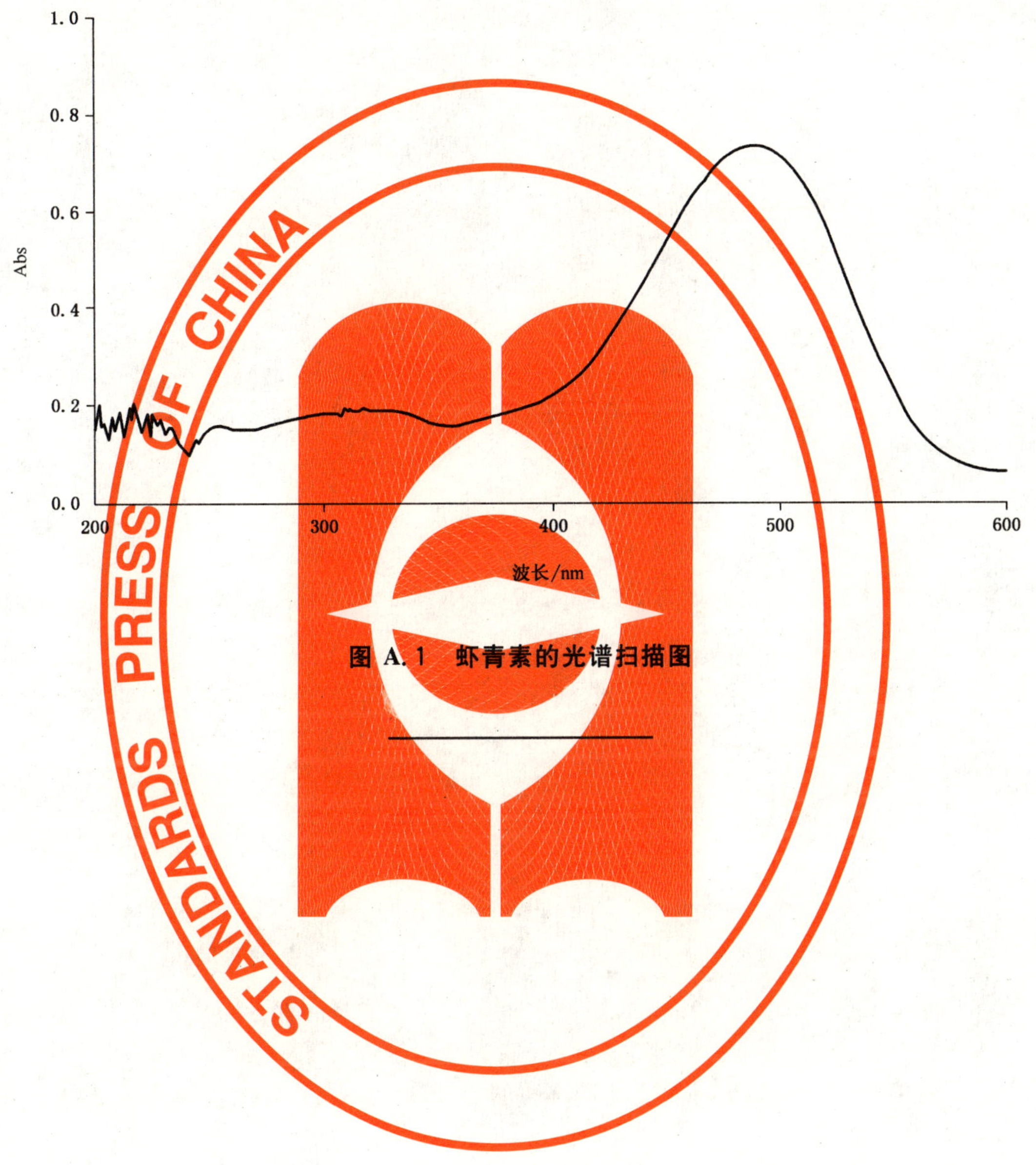

图 A.1　虾青素的光谱扫描图

ICS 65.120
B 46

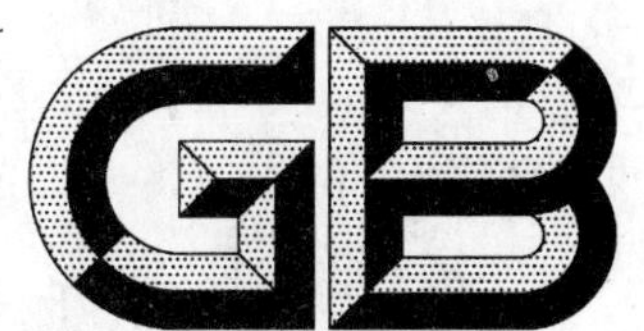

中华人民共和国国家标准

GB/T 23746—2009

饲料级糖精钠

Feed grade saccharin sodium

2009-05-12 发布　　　　2009-09-01 实施

中华人民共和国国家质量监督检验检疫总局
中国国家标准化管理委员会　发布

前　言

本标准由全国饲料工业标准化技术委员会(SAC/TC 76)提出并归口。

本标准起草单位:北京昕大洋科技发展有限公司。

本标准主要起草人:郭宝林、宋春玲、杨威、苏俊兵、王倩、赵剑、周良娟。

饲料级糖精钠

1 范围

本标准规定了饲料级糖精钠的技术要求、试验方法、检验规则和标签、包装、运输与贮存的要求。

本标准适用于在饲料工业中作为饲用甜味剂使用的、以甲苯或苯二甲酸酐为原料经化学合成制得的糖精钠。

糖精钠 saccharin sodium

化学名：1,2-苯并异噻唑-3(2H)-酮 1,1-二氧化物钠盐二水合物

分子式：$C_7H_4NNaO_3S \cdot 2H_2O$

相对分子质量：241.20(按 2007 年国际相对原子质量)

结构式：

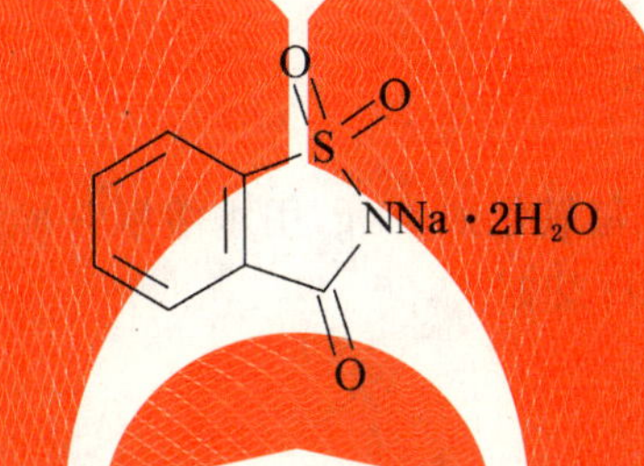

2 规范性引用文件

下列文件中的条款通过本标准的引用而成为本标准的条款。凡是注日期的引用文件，其随后所有的修改单(不包括勘误的内容)或修订版均不适用于本标准，然而，鼓励根据本标准达成协议的各方研究是否可使用这些文件的最新版本。凡是不注日期的引用文件，其最新版本适用于本标准。

GB/T 191 包装储运图示标志(GB/T 191—2008,ISO 780:1997,MOD)

GB/T 601 化学试剂 标准滴定溶液的制备

GB/T 602 化学试剂 杂质测定用标准溶液的制备(GB/T 602—2002,ISO 6353-1:1982,NEQ)

GB/T 603 化学试剂 试验方法中所用制剂及制品的制备(GB/T 603—2002,ISO 6353-1:1982,NEQ)

GB/T 5009.74 食品添加剂中重金属限量试验

GB/T 6435 饲料中水分和其他挥发性物质含量的测定(GB/T 6435—2006,ISO 6496:1999,IDT)

GB/T 6682 分析实验室用水规格和试验方法(GB/T 6682—2008,ISO 3696:1987,MOD)

GB/T 8946 塑料编织袋

GB 10648 饲料标签

GB/T 14699.1 饲料 采样(GB/T 14699.1—2005,ISO 6497:2002,IDT)

中华人民共和国药典(2005 年版二部)

3 要求

3.1 性状

本品为无色结晶或白色结晶性粉末。无臭或微有香气，味浓甜带苦；易风化。在水中易溶，在乙醇中略溶。

3.2 技术指标

饲料级糖精钠技术指标应符合表 1 的规定。

表 1 技术指标

项 目		指 标
干燥失重/%	≤	15.0
$C_7H_4NNaO_3S$ 含量(以干燥品计)/%		99.0～101.0
铵盐(以 NH_4^+ 计)/%	≤	0.002 5
砷盐(以 As 计)/%	≤	0.000 2
重金属(以 Pb 计)/%	≤	0.001

4 试验方法

4.1 试剂和水

本标准所用试剂和水，未注明其要求时，均指分析纯试剂和 GB/T 6682 中规定的三级水。

4.2 鉴别

4.2.1 试剂和溶液

4.2.1.1 间苯二酚。

4.2.1.2 硫酸。

4.2.1.3 氢氧化钠溶液：40 g/L。取氢氧化钠 40 g，用水溶解并稀释至 1 000 mL，摇匀。

4.2.1.4 10%盐酸溶液：按 GB/T 603 配制。

4.2.2 仪器和设备

一般实验室仪器和设备。

4.2.3 测定步骤

4.2.3.1 取试样约 20 mg，加间苯二酚约 40 mg，混合后，加硫酸 0.5 mL，用小火加热至显深绿色，放冷，加水 10 mL 与过量的氢氧化钠溶液，即显绿色荧光。

4.2.3.2 取铂丝，用盐酸湿润后，蘸取试样，在无色火焰中燃烧，火焰即显鲜黄色。

4.2.3.3 按照《中华人民共和国药典》2005 年版二部规定的熔点测定方法进行熔点测定。取试样约 0.3 g，加水 5 mL 溶解后，加稀盐酸 1 mL，即析出糖精晶体沉淀，过滤，沉淀用冷水洗净，在 105 ℃下干燥后，测其熔点应为 226 ℃～230 ℃。

4.3 干燥失重的测定

按 GB/T 6435 规定的方法测定。

4.4 糖精钠含量测定

4.4.1 试剂和溶液

4.4.1.1 冰乙酸。

4.4.1.2 乙酸酐。

4.4.1.3 结晶紫指示液：5 g/L。取 0.5 g 结晶紫，加 100 mL 冰乙酸溶解，摇匀。

4.4.1.4 无水乙酸：取冰乙酸适量，按含水量计算，1 g 水加乙酸酐 5.22 mL 即得。

4.4.1.5 高氯酸标准滴定溶液：$c(HClO_4)=0.1$ mol/L 标准溶液，按 GB/T 601 配制。

4.4.2 仪器和设备

一般实验室仪器。

4.4.3 测定步骤

取干燥失重测定后试样 0.3 g，称准至 0.000 2 g，加入无水乙酸 20 mL、乙酸酐 5 mL，溶解后，加 2 滴结晶紫指示液，用 0.1 mol/L 高氯酸标准溶液滴定至蓝绿色，并将滴定的结果用空白试验校正。

4.4.4 计算

$C_7H_4NNaO_3S$ 含量 X_1 以质量分数计，数值以%表示，按式(1)计算：

$$X_1 = \frac{c \times V \times 0.2052}{m} \times 100 \quad \cdots\cdots(1)$$

式中：

c——高氯酸标准滴定溶液浓度，单位为摩尔每升(mol/L)；

V——滴定消耗高氯酸标准滴定溶液的体积，单位为毫升(mL)；

0.205 2——与 1.00 mL 高氯酸标准滴定溶液[$c(HClO_4)=0.1$ mol/L]相当的、以克表示的 $C_7H_4NNaO_3S$ 的克数；

m——试样质量，单位为克(g)。

计算结果表示至小数点后一位。

4.5 铵盐的测定

4.5.1 试剂和溶液

4.5.1.1 碱性碘化汞钾溶液：取碘化钾 10 g 与碘化汞 13.5 g，加水溶解并稀释至 100 mL，临用前与等容的 25%氢氧化钠溶液(取氢氧化钠 250 g，用水溶解并稀释至 1 000 mL，摇匀)混合。

4.5.1.2 稀硫酸：取硫酸 5.7 mL，加水稀释至 100 mL。

4.5.1.3 高锰酸钾溶液：取高锰酸钾 0.33 g，加水 100 mL，煮沸 15 min，密塞，静置 2 d 以上，用垂熔玻璃滤器过滤，摇匀。

4.5.1.4 无氨水：取蒸馏水 1 000 mL，加稀硫酸 1 mL 与高锰酸钾溶液 1 mL，蒸馏即得，取 50 mL，加碱性碘化汞钾溶液 1 mL，不应显色。

4.5.1.5 铵标准溶液：按 GB/T 602 配制。

4.5.2 仪器和设备

一般实验室仪器和纳氏比色管(50 mL)。

4.5.3 测定步骤

取试样 0.4 g，称准至 0.01 g，加无氨水 20 mL，溶解后，加碱性碘化汞钾溶液 1 mL，摇匀，静置 5 min，如显色，与铵标准溶液 0.1 mL、无氨水 19.9 mL 及碱性碘化汞钾溶液 1 mL 制成的对照液比较，所显颜色不应更深。

4.6 砷盐的测定

4.6.1 试剂和溶液

4.6.1.1 无水碳酸钠。

4.6.1.2 盐酸。

4.6.1.3 碘化钾溶液：150 g/L。取碘化钾 150 g，用水溶解并稀释至 1 000 mL，摇匀。

4.6.1.4 40%氯化亚锡盐酸溶液：按 GB/T 603 配制。

4.6.1.5 无砷金属锌粒。

4.6.1.6 乙酸铅棉花：按 GB/T 603 配制。

4.6.1.7 溴化汞试纸：按 GB/T 603 配制。

4.6.1.8 砷标准溶液：按 GB/T 602 配制后，稀释 100 倍，制得的溶液 1 mL 中含砷 1 μg。

4.6.2 仪器装置

测砷装置，按《中华人民共和国药典》2005 年版二部“砷盐检查法”第一法执行。

4.6.3 测定步骤

取无水碳酸钠 1 g 铺于坩埚底部与四周，再取试样 1 g，称准至 0.1 g，置无水碳酸钠上，用水少量湿润。干燥后，先用小火灼烧炭化，再在约 600 ℃炽灼使完全炭化，放冷，加盐酸中和并酸化，加水 23 mL 溶解，并移入 100 mL 三角烧瓶中加碘化钾溶液 5 mL 与酸性氯化亚锡溶液 5 滴，在室温中放置 10 min 后，加无砷金属锌 1.5 g，立即将已装好乙酸铅棉花及溴化汞试纸的定砷管装上，于 25 ℃～40 ℃放置 1 h 后，取出溴化汞试纸，将生成的砷斑与精密量取标准砷溶液 2 mL，加盐酸 5 mL、水 21 mL，再加碘化钾溶液 5 mL、酸性氯化亚锡溶液 5 滴后照上法同样处理后所得的标准砷斑相比，不应更深。

4.7 重金属的测定

按 GB/T 5009.74 规定的方法测定。

5 检验规则

5.1 出厂检验:产品出厂时应检验感官性状、干燥失重、主成分含量、铵盐含量、砷盐含量和重金属含量。

5.2 型式检验:本标准规定的全部要求为型式检验项目,当产品投产、原材料更换、监督抽查或停产半年以上重新生产时,应进行型式检验。

5.3 本品应由生产企业的质量监督部门按本标准进行检验,生产企业应保证所有产品均符合本标准规定的要求。每批出厂的产品都应附有质量证明书。

5.4 使用单位有权按照本标准的规定对所收到的产品进行质量检验,检验其指标是否符合本标准的要求。

5.5 采样方法:按照 GB/T 14699.1 执行。

5.6 留样:各个批次生产的产品均应保留样品。样品密封后留置专用样品室或样品柜内保存。样品室和样品柜应保持阴凉、干燥。留样应设标签,标明品种、生产日期、批次、生产负责人和采样人等事项,并建立档案由专人负责保管。样品应保留至该批产品保质期满后 3 个月。

5.7 判定规则:若检验结果有一项指标不符合本标准要求时,应加倍抽样进行复检,复检结果仍有一项指标不符合本标准要求时,则整批产品判为不合格品。

6 包装、标签、贮存和运输

6.1 包装

6.1.1 本产品内包装应采用聚乙烯薄膜袋,外包装采用塑料编织袋。包装物应符合 GB/T 8946 的规定。

6.1.2 包装物的图示标志应符合 GB/T 191 的要求。

6.2 标签

标签按 GB 10648 执行。

6.3 贮存

本产品应贮存在干燥、避光处,严禁与有毒有害物质混贮。

本产品在规定的贮存条件下,原包装保质期 36 个月。

6.4 运输

本品在运输过程中应防止包装破损,应有遮盖物,避免日晒、雨淋、受潮,不应与有毒有害物质混运。

ICS 65.120
B 46

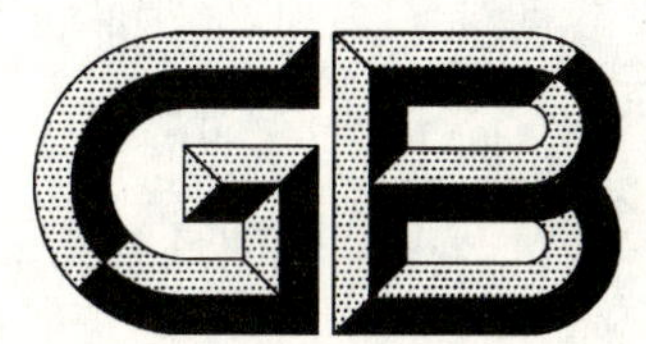

中华人民共和国国家标准

GB/T 23747—2009

饲料添加剂 低聚木糖

Feed additive—Xylo-oligosaccharides

2009-05-12 发布 2009-09-01 实施

中华人民共和国国家质量监督检验检疫总局
中国国家标准化管理委员会 发布

前言

本标准的附录 A 为资料性附录。

本标准由全国饲料工业标准化技术委员会(SAC/TC 76)提出并归口。

本标准起草单位:中国农业科学院饲料研究所、国家饲料质量监督检验中心(北京)、江苏康维生物有限公司、山东龙力生物科技有限公司。

本标准主要起草人:石波、梁平、冯忠华、樊霞、朱汉静、勇强、徐勇、肖琳、黄娟、王绍云。

饲料添加剂　低聚木糖

1　范围

本标准规定了饲料添加剂低聚木糖的定义、技术要求、试验方法、检验规则、标签、包装、运输、贮存和保质期。

本标准适用于以富含半纤维素的植物(如玉米芯等)为原料,经木聚糖酶酶解,添加以允许作为载体(或助剂)使用的物质如玉米芯、石粉、二氧化硅粉等复配而成的低聚木糖产品,作为饲料添加剂。

2　规范性引用文件

下列文件中的条款通过本标准的引用而成为本标准的条款。凡是注日期的引用文件,其随后所有的修改单(不包括勘误的内容)或修订版均不适用于本标准,然而,鼓励根据本标准达成协议的各方研究是否可使用这些文件的最新版本。凡是不注日期的引用文件,其最新版本适用于本标准。

GB/T 602　化学试剂　杂质测定用标准溶液的制备(GB/T 602—2002,ISO 6353-1:1982,NEQ)

GB/T 603　化学试剂　试验方法中所用制剂及制品的制备(GB/T 603—2002,ISO 6353-1:1982,NEQ)

GB/T 5917.1　饲料粉碎粒度测定　两层筛筛分法

GB/T 6435　饲料中水分和其他挥发性物质含量的测定(GB/T 6435—2006,ISO 6496:1999,IDT)

GB/T 6438　饲料中粗灰分的测定(GB/T 6438—2007,ISO 5984:2002,IDT)

GB/T 6682　分析实验室用水规格和试验方法(GB/T 6682—2008,ISO 3696:1987,MOD)

GB 10648　饲料标签

GB/T 13079　饲料中总砷的测定

GB/T 13080　饲料中铅的测定　原子吸收光谱法

GB/T 13091　饲料中沙门氏菌的检测方法(GB/T 13091—2002,ISO 6579:1993,MOD)

GB/T 13092　饲料中霉菌总数的测定

GB/T 13093　饲料中细菌总数的测定

GB/T 14699.1　饲料　采样(GB/T 14699.1—2005,ISO 6497:2002,IDT)

3　术语和定义

下列术语和定义适用于本标准。

3.1

低聚木糖　xylo-oligosaccharides

由 2 个～7 个 D-木糖以 β-1,4 糖苷键连接成主链的碳水化合物。

4　要求

4.1　感官性状

本品为白色、微黄色、棕色的流动性粉末或颗粒,无异味、无结块、无发霉、无变质现象。

4.2　鉴别

试样水提取物经薄层层析检测,其显示出的试样中各组分的比移值与标准品相一致。

4.3　粉碎粒度

过 0.5 mm 孔径分析筛,筛上物质量不应大于总质量的 2%。

4.4 技术指标

技术指标应符合表1规定。

表1 技术指标

项　目	指　标
低聚木糖含量(以干物质计)/%	≥35.0
水分/%	≤8.0
pH值	3.0～6.0
灼烧残渣/%	≤15.0
砷(以As计)/(mg/kg)	≤1.0
铅(以Pb计)/(mg/kg)	≤5.0
细菌总数/(CFU/g)	≤10 000
霉菌总数/(CFU/g)	≤500
沙门氏菌	不应检出

5 试验方法

除特殊说明外，所用试剂均为分析纯，水为蒸馏水，色谱用水符合GB/T 6682中一级用水规定，标准溶液和杂质溶液的制备应符合GB/T 602和GB/T 603；仪器、设备为一般实验室仪器和设备。

5.1 感官性状的检验

5.1.1 颜色、外观

取适量试样，在自然光线下，用肉眼观察试样的颜色和形态，有无结块、发霉和变质。

5.1.2 气味

称取试样20.0 g(精确至0.1 g)，放入100 mL瓶中，加入50 ℃的蒸馏水50 mL，加盖，振摇30 s，倾出上清液，嗅其气味，判断是否已存在异味。

5.2 鉴别试验

5.2.1 薄层板：硅胶60。

5.2.2 展开剂：体积分数为正丁醇：冰乙酸：水=2：1：1。

5.2.3 标准试样溶液的制备：称取适量含有聚合度分别为2～7的低聚木糖混合而成的低聚木糖标准物质，用蒸馏水配制成1%浓度。

5.2.4 试样溶液的制备：称取适量的试样，用蒸馏水配制成1%浓度的试样溶液，10 000 r/min条件下离心10 min，取上清液。

5.2.5 点样量：10 μL。

5.2.6 展开方式：上行展开一次。

5.2.7 显色剂及显色方法：5%硫酸乙醇溶液，110 ℃保持5 min。

5.3 低聚木糖含量的测定

5.3.1 原理

本方法基于低聚木糖组分可溶于水，并在一定的稀硫酸水解条件下转化成木糖，同时与水解生成的木糖之间存在相对固定的系数关系的特性，检测其含量。

具体方法为：采用稀硫酸水解法将样品中的低聚糖转化成木糖（单糖）。由于低聚木糖在水解过程中 β-1,4-糖苷键断裂与水分子结合生成糖苷羟基，因此生成的木糖含量比水解前的木糖含量高。用“平均转化系数”表示水解生成的木糖与水解前的低聚木糖含量之比，其数值因低聚木糖的聚合度而异，均值约为 1.06（以木二糖计）。采用高效液相色谱法定量测定样品中原有木糖的质量含量和样品中低聚木糖经稀酸水解后的木糖的质量含量，二者之差除以低聚木糖和木糖的平均转换系数即得到样品中低聚木糖的质量含量。

5.3.2 试剂和溶液

5.3.2.1 木糖：纯度应为 99% 以上。

5.3.2.2 硫酸（98%）：分析纯。

5.3.2.3 氢氧化钠（固体）：分析纯。

5.3.2.4 质量分数为 12% 稀硫酸溶液：称取 14.0 g 硫酸（5.3.2.2）（精确至 0.1 g），加入到 100 mL 蒸馏水中，混匀。

5.3.2.5 质量分数为 10% 氢氧化钠溶液：称取 10.0 g 氢氧化钠（5.3.2.3）溶于 90 mL 蒸馏水中，混匀。

5.3.2.6 木糖标准溶液：准确称取 0.40 g 木糖（精确到 0.000 1 g），用超纯水溶解，并定容至 100 mL，摇匀。然后分别吸取此溶液用超纯水配制成木糖浓度分别为 0.10 g/L、0.50 g/L、1.00 g/L、2.00 g/L、4.00 g/L 的系列标准溶液。

5.3.3 仪器和设备

5.3.3.1 超声波水浴。

5.3.3.2 超纯水装置。

5.3.3.3 高效液相色谱仪（带示差折光检测器）。

5.3.4 分析步骤

5.3.4.1 试样溶液 1 的制备

准确称取绝干试样（105 ℃±1 ℃下烘 5 h）2.0 g（精确至 0.000 2 g），在 50 ℃±1 ℃ 恒温水浴条件下以 80 mL 超纯水充分溶解后，转入 100 mL 容量瓶中，冷却至室温，用超纯水定容至刻度，混匀，于 3 000 r/min 的条件下离心 10 min 后得试样溶液 1。取少量试样溶液 1 于 10 000 r/min 的条件下离心 10 min 后得到上清液，用 0.45 μm 滤膜过滤上清液，供高效液相色谱仪分析。

5.3.4.2 试样溶液 2 的制备

准确吸取 10 mL 试样溶液 1（5.3.4.1），置于 100 mL 三角瓶中，加入质量分数为 12% 硫酸溶液（5.3.2.4）10 mL，加盖封口膜，于 100 ℃下反应 90 min 后冷却至室温，用质量分数为 10% 的氢氧化钠溶液（5.3.2.5）中和水解液至 pH6～7，转入 50 mL 容量瓶，用超纯水定容至刻度，混匀后得试样溶液 2。取少量试样溶液 2 于 10 000 r/min 的条件下离心 10 min 得到上清液，用 0.45 μm 滤膜过滤，供高效液相色谱仪分析。

5.3.4.3 色谱条件

色谱柱预柱：氢离子型阳离子交换树脂柱，聚苯乙烯二乙烯苯树脂填装，长 30 mm，内径 4.6 mm，粒度 9 μm，交联度 8%，pH1～3。

色谱柱：聚苯乙烯二乙烯苯树脂填装糖分析柱，长 300 mm，内径 7.8 mm，粒度 9 μm，交联度 8%，pH1～3。

流动相：0.005 mol/L 硫酸溶液。

柱温:55 ℃。

流速:0.6 mL/min。

检测器:示差折光检测器。

衰减:4 ×。

进样量:10 μL。

5.3.4.4 木糖标准方程的确定

按高效液相色谱仪说明书调整仪器操作参数,向色谱柱中注入系列木糖标准溶液(5.3.2.6),得到色谱峰面积响应值。

5.3.4.5 定量测定

按高效液相色谱仪说明书调整仪器操作参数,向色谱柱中注入试样溶液1(5.3.4.1)和试样溶液2(5.3.4.2),分别得到色谱峰面积响应值 P_1 和 P_2,用外标法定量。

5.3.4.6 结果计算

5.3.4.6.1 采用线性回归法计算木糖浓度 c 与峰面积 P 的关系,得到以下标准方程:

$$c = aP + b \qquad \cdots\cdots(1)$$

式中:

c——木糖浓度,单位为克每升(g/L);

a、b——标准方程的系数;

P——木糖峰的面积。

要求标准方程的线性相关系数值 $R \geqslant 0.9990$。

5.3.4.6.2 试样水解前试样中木糖含量,按式(2)计算。

$$X_1 = \frac{(aP_1 + b) \times 0.1 \times N}{m} \times 100 \qquad \cdots\cdots(2)$$

式中:

X_1——试样水解前试样中木糖含量的质量分数,%;

a、b——标准方程的系数;

P_1——试样溶液1(5.3.4.1)的峰面积;

0.1——试样溶液1(5.3.4.1)的总体积,单位为升(L);

N——清液稀释倍数;

m——样品的绝干质量,单位为克(g)。

5.3.4.6.3 试样水解后试样中木糖含量,按式(3)计算。

$$X_2 = \frac{(aP_2 + b) \times 0.1 \times 5 \times N}{m} \times 100 \qquad \cdots\cdots(3)$$

式中:

X_2——试样水解后试样中木糖含量的质量分数,%;

a、b——标准方程的系数;

P_2——试样溶液2(5.3.4.2)的峰面积;

0.1——试样溶液2(5.3.4.2)的总体积,单位为升(L);

5——试样溶液2(5.3.4.2)在制备过程中的稀释倍数;

N——清液稀释倍数;

m——样品的绝干质量,单位为克(g)。

5.3.4.6.4 试样中低聚木糖含量,按式(4)计算。

$$X = \frac{X_2 - X_1}{1.06} \qquad \cdots\cdots(4)$$

式中：

X——试样中低聚木糖含量的质量分数，%；

X_2——试样溶液2(5.3.4.2)中以质量分数(%)表示的木糖含量；

X_1——试样溶液1(5.3.4.1)中以质量分数(%)表示的木糖含量；

1.06——低聚木糖和木糖的平均转化系数。

计算结果表示至小数点后一位。

5.3.5 允许误差

两次测定结果的相对偏差不大于5%。

5.4 水分的测定

按GB/T 6435中规定的方法测定。

5.5 粉碎粒度

按GB/T 5917.1中规定的方法测定。

5.6 总砷的测定

按GB/T 13079中规定的方法测定。

5.7 铅的测定

按GB/T 13080中规定的方法测定。

5.8 灼烧残渣的测定

按GB/T 6438中规定的方法测定。

5.9 产品的pH值测定

称取350.0 g试样溶于1 L水中，用pH计测定所得的数值。

5.10 细菌总数

按GB/T 13093的规定执行。

5.11 霉菌总数

按GB/T 13092的规定执行。

5.12 沙门氏菌

按GB/T 13091的规定执行。

6 检验规则

6.1 采样方法

按GB/T 14699.1进行。

6.2 出厂检验

6.2.1 组批

以最后一道工序能均匀混合在一起后经包装的一批成品，为一个生产批号。

6.2.2 检验项目

感官性状、低聚木糖含量、pH值、水分、灼烧残渣、细菌总数，每批必检，沙门氏菌至少每季度抽检一批。

6.2.3 判定规则

以本标准的有关试验方法和要求为判断方法和依据，对抽取样品按出厂检验项目进行检验。检验结果如有一项指标不符合本标准要求时，应重新加倍抽样进行复检，复检结果如仍有任何一项不符合标准要求，则判定该批产品为不合格产品，不能出厂。

6.3 型式检验

6.3.1 有下列情况之一时，应进行型式检验：

6.3.1.1 改变配方或生产工艺。

6.3.1.2 正常生产每半年或停产3个月后恢复生产。

6.3.1.3 国家技术监督部门提出要求时。

6.3.2 型式检验项目

为本标准"4 要求"项目下的全部项目。

6.3.3 判定方法

以本标准的有关试验方法和要求为依据,对抽取样品按型式检验项目进行检验。检验结果如有一项指标不符合本标准要求时,应重新加倍抽样进行复检,复检结果如仍有任何一项不符合标准要求,则判型式检验不合格。

7 标签、包装、运输、贮存和保质期

7.1 标签

标签按 GB 10648 执行。

7.2 包装

本品装入适当的容器内,封存。包装为复合纸袋、铝塑复合袋、纸桶装三种。袋装外层为牛皮纸,内由单层食品级塑料袋套装;桶装内也由单层食品级塑料袋套装。每件包装量可根据实际需要而定。

7.3 运输

运输过程中应避免日晒雨淋,不应与有毒有害或其他有污染的物品以及具有氧化性的物质混装、混运。

7.4 贮存

本品应贮存在室温、通风、阴凉、干燥、无污染、无有害物质的地方。

7.5 保质期

符合以上包装、运输、贮存条件,从产品生产日期起,保质期为12个月(若原包装分次使用,用完及时密封,防止吸潮结块)。

附 录 A
（资料性附录）
木糖标准品高效液相色谱图

图 A.1 木糖标准品高效液相色谱图

ICS 67.050
X 04

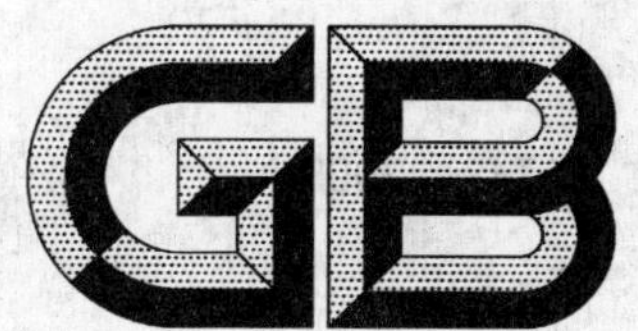

中华人民共和国国家标准

GB/T 23748—2009

辐照食品的鉴定　DNA 彗星试验法 筛选法

Detection of irradiated foodstuffs—DNA comet assay—Screening method

2009-05-13 发布　　2009-08-01 实施

中华人民共和国国家质量监督检验检疫总局
中国国家标准化管理委员会　发布

前　言

本标准参照 BS EN 13784—2002《食品　DNA 彗星试验法鉴定辐照食品　筛选法》(英文版)制定。

本标准的附录 A、附录 B 为资料性附录。

本标准由中国标准化研究院提出并归口。

本标准起草单位:国家环保产品质量监督检验中心、河北师范大学生命科学学院、中国标准化研究院、湖北出入境检验检疫局检验检疫技术中心。

本标准主要起草人:张岩、李玉国、李挥、吕品、崔海容、周正、王丽霞、刘敬泽、郭丽敏、谢乐、刘东、闫蕴力、李丛芬、周巍。

辐照食品的鉴定 DNA 彗星试验法 筛选法

1 范围

本标准规定了含 DNA 辐照食品的 DNA 彗星试验筛选方法。

本标准适用于生鲜肉类、原粮、干果、蔬菜以及香辛料是否辐照的筛选。

2 规范性引用文件

下列文件中的条款通过本标准的引用而成为本标准的条款。凡是注日期的引用文件，其随后所有的修改单（不包括勘误的内容）或修订版均不适用于本标准，然而，鼓励根据本标准达成协议的各方研究是否可使用这些文件的最新版本。凡是不注日期的引用文件，其最新版本适用于本标准。

GB/T 6682 分析实验室用水规格和试验方法(GB/T 6682—2008,ISO 3696:1987,MOD)

3 术语和定义

下列术语和定义适用于本标准。

3.1

辐照食品 irradiated foodstuffs

以保鲜、防霉、延长保存期为目的，经 γ 射线或电子束照射的食品。

3.2

DNA 彗星试验 DNA comet assay

单细胞凝胶电泳 single cell gel electrosis;SCGE

一种将电泳、显微成像和光度分析等多种技术相结合的，在单细胞水平进行 DNA 链断裂损伤检测的方法，具有简便、灵敏、快捷、重复性好、样品用量小等优点。

4 原理

含有 DNA 的食品经过辐照处理后，这些食品中所携带的 DNA 分子就会发生变化，包括发生 DNA 单链或者双链的断裂。将这些细胞包埋在琼脂中，采用裂解试剂融解细胞膜，然后在一定的电压下进行电泳。DNA 片断会被拉长、移动，并在电场中按电极的方向形成尾状分布，那些已经发生 DNA 受损的细胞就会呈现出彗星状的电泳图谱。未受辐射的细胞的图谱接近圆形或者轻微脱尾。

5 试剂

除非另有说明，试剂均为分析纯，水为 GB/T 6682 规定的一级水。

5.1 盐酸。

5.2 二甲基亚砜(DMSO)。

5.3 氯化钠(NaCl)。

5.4 氯化钾(KCl)。

5.5 磷酸氢二钠($Na_2HPO_4 \cdot 12H_2O$)。

5.6 磷酸二氢钾(KH_2PO_4)。

5.7 琼脂糖。

5.8 低熔点琼脂糖。

5.9 乙二胺四乙酸二钠($EDTANa_2$)。

5.10 氢氧化钠(NaOH)。

5.11 Tris(Tris base)。

5.12 硼酸。

5.13 十二烷基磺酸钠(SDS)。

5.14 吖啶橙。

5.15 磺化吡啶。

5.16 溴化乙锭。

5.17 三氯乙酸。

5.18 硫酸锌。

5.19 甘油。

5.20 碳酸钠。

5.21 硝酸铵。

5.22 硝酸银。

5.23 钨硅酸。

5.24 甲醛。

5.25 冰醋酸。

6 仪器设备

6.1 水平电泳槽。

6.2 电泳电源:0 V～200 V。

6.3 秒表或计时器。

6.4 天平:精确至 0.001 g。

6.5 电加热磁力搅拌器。

6.6 微波炉。

6.7 微孔滤膜:孔径 100 μm、200 μm、500 μm。

6.8 显微镜载玻片(76 mm×26 mm),带磨砂边。

6.9 盖玻片(24 mm×60 mm)。

6.10 荧光显微镜:荧光染色用,100 倍～400 倍,蓝色激发波长 460 nm～485 nm 用于吖啶橙染色观察,绿色激发波长 515 nm～560 nm 用于磺化吡啶或溴化乙锭染色观察。

6.11 显微镜:银染用,100 倍～400 倍。

7 实验步骤

7.1 样品制备

7.1.1 动物组织

7.1.1.1 骨髓

切开骨头,取出约 50 mg 骨髓置于试管中,加入 3 mL 冰预冷的 PBS。用玻璃棒将细胞悬起,用 100 μm的微孔滤膜过滤细胞悬液,将滤液置于冰上,取上清液作进一步分析。(细胞悬液可置于冰上,时间不超过 10 min。在下面加入 5%～10% DMSO 作为防冻剂后,细胞可置于－20 ℃保存 24 h。)

7.1.1.2 肌肉组织

刮取肌肉组织(不能有可见脂肪),或者用解剖刀将肌肉组织切成薄片,取 1 g 置于小烧杯中,加入 5 mL 冰预冷的 PBS。将该小烧杯置于另一个较大装有碎冰的烧杯中预冷,500 r/min 搅拌 5 min,依次用 500 μm 和 200 μm 的微孔滤膜过滤，冰上放置 5 min，取上清液提取细胞。

7.1.2 植物组织

7.1.2.1 原粮、坚果和调味料

取样品 0.25 g，用研钵碾碎(如除去外壳，可在研磨前泡水)，置于小烧杯中，加入 3 mL 冰预冷的 PBS。将该小烧杯置于另一个较大装有碎冰的烧杯中预冷，500 r/min 搅拌 5 min，依次用 500 μm 和 200 μm 的微孔滤膜，冰上放置 15 min～60 min，取上清液作进一步分析。

7.1.2.2 草莓

采摘草莓瘦果，或用水冲下草莓瘦果的混合物，称取 0.25 g 瘦果，实验步骤同 7.1.2.1。

7.1.2.3 蔬菜(不包括食用菌)

将蔬菜的可食组织用解剖刀切成薄片，取 4 g 置于小烧杯中，加入 5 mL 冰预冷的 PBS，实验步骤同 7.1.2.1。

7.2 预涂载玻片

涂布前，载玻片应用甲醇浸泡过夜以除去表面的油脂，风干。预涂载玻片一定保证干净无尘，滴一滴(约 50 μL)涂层琼脂糖溶液于载玻片上，立即取另一个载玻片盖在滴有琼脂糖的载玻片上，使琼脂糖溶液散开，取下上层载玻片，风干 30 min。也可直接将载玻片浸入到琼脂糖溶液中，然后用纸巾擦掉一面琼脂糖。预涂载玻片可置于干净无尘环境中保存 1 周。

7.3 包埋凝胶

取 100 μL 细胞悬液与 1 mL 包埋凝胶溶液混匀，取 100 μL 该混合液用枪头轻轻地涂布在预涂载玻片上，立即盖上盖玻片，注意防止气泡产生。然后将载玻片置于冰上 5 min。用解剖刀尖将盖玻片移开，慢慢地从琼脂糖上剥落下来。(琼脂糖凝胶中的细胞应分布均匀，不能重叠。如果细胞数量太少，应增加组织量，反之亦然。)

7.4 溶解细胞

将载玻片放进染缸，完全浸入裂解缓冲液中(至少 30 min)，使细胞溶解，整个过程不要碰到琼脂糖。

7.5 回湿

将细胞已溶解的载玻片浸入电泳缓冲液 5 min。

7.6 电泳

将载玻片并排放入水平电泳槽，剩余的空间和磨砂边缘朝向阴极。电泳槽中加入电泳缓冲液，直至没过载玻片 2 mm～4 mm(其间不要移开载玻片)。室温下，调节电压至 2 V/cm，电泳 20 min。关掉电源后，将载玻片从电泳槽中取出放入水中 5 min，取出风干(室温约 1 h)。

7.7 染色

7.7.1 荧光染色

7.7.1.1 吖啶橙

将载玻片浸入吖啶橙染色液 3 min～5 min，然后浸入水中清洗 0.5 min～1 min。荧光显微镜观察前，擦干载玻片下多余的水分。(荧光染料易淬灭，观察前染色应迅速；观察要迅速，因为载玻片干燥后会减弱细胞的观察视野；染色液具有一定的毒性，实验结束后，应对废液进行净化处理再行弃置，以避免污染环境和危害人体健康。)

7.7.1.2 碘化吡啶

将载玻片浸入碘化吡啶染色液 5 min～10 min，后续步骤同 7.7.1.1。

7.7.1.3 溴化乙锭

步骤同碘化吡啶。

7.7.2 硝酸银染色

将载玻片浸入混合液 A 10 min，然后水洗 1 min。40 ℃～50 ℃烘箱干燥 1 h 或室温风干(可过夜)。然后将载玻片浸入混合液 D 10 min～20 min,重复该步骤 1 次～2 次,染色时间 5 min～10 min,直至载玻片呈现棕色。水洗 1 min,用停止液 E 浸泡 5 min 停止染色反应,再用水洗 1 min。然后把载玻片室温放置,自然风干。染色后的载玻片不会退色,可长期保存用于观察。

7.8 观察鉴别

7.8.1 荧光染色

吖啶橙染色后的载玻片须用荧光显微镜(460 nm～485 nm,蓝光激发)观察,染色 DNA(双链)发出绿色荧光,而背景和碎片呈现桔黄色。

碘化吡啶或溴化乙锭染色后的载玻片须用荧光显微镜(515 nm～560 nm,绿光激发)配合 590 nm 滤光片使用观察,染色 DNA(双链)发出红色荧光。

7.8.2 硝酸银染色

银染的载玻片可使用普通显微镜观察。

7.8.3 显微镜观察

辐照能引起 DNA 断裂,因此辐照过的食品可看到大量的 DNA 碎片,辐照样品几乎没有完整细胞,全都是彗星图像(见图 B.1、图 B.2)。未受损的细胞有完整的细胞核,不脱尾或者轻微脱尾(见图 B.3)。彗星图像和载玻片上细胞的散布情况可在低倍镜下(100 倍)看到全貌,高倍镜下可以看到细节。

8 结果报告

通过显微镜观察,细胞未出现彗星现象者,结果报告为阴性;细胞出现彗星现象的结果为阳性结果,阳性结果应依据相关标准进行确证。

附 录 A
（资料性附录）
试 剂 配 制

A.1 盐酸（1 mol/L）

量取 90 mL 盐酸，加适量水稀释到 1 000 mL。

A.2 PBS 缓冲液（pH7.4）

称取 8.0 g 氯化钠（NaCl）、0.2 g 氯化钾（KCl）、2.94 g 磷酸氢二钠（$Na_2HPO_4 \cdot 12H_2O$）、0.24 g 磷酸二氢钾（KH_2PO_4）溶于 900 mL 水中，混合均匀，用盐酸（A.1）调 pH=7.4，然后定容到 1 000 mL，高压灭菌后备用。

A.3 涂层琼脂糖溶液（0.5%）

10 mL 蒸馏水中加入 50 mg 琼脂糖，加热或微波煮沸，45 ℃水浴待用。

A.4 包埋凝胶溶液（0.8%）

10 mL PBS（A.2）中加入 80 mg 低熔点琼脂糖，加热或微波煮沸，45 ℃水浴待用。

A.5 氢氧化钠溶液（40%）

称取 40 g 氢氧化钠，溶于 60 mL 水中。

A.6 EDTA 贮存液（0.5 mol/L）

称取 93.05 g $EDTANa_2$（乙二胺四乙酸二钠）溶于 300 mL 蒸馏水中，混合均匀，用氢氧化钠溶液（A.5）调 pH=8.0，然后稀释至 500 mL，高压灭菌后备用。

A.7 TBE 贮存液

称取 54 g Tris（Tris base）和 27.5 g 硼酸溶于 20 mL EDTA 贮存液（A.6），用蒸馏水稀释至 1 000 mL。该 TBE 贮存液置于玻璃瓶中，室温保存。使用时若有沉淀，应重新配制。

A.8 电泳缓冲液

准确量取 10 mL TBE 贮存液（A.7）和 90 mL 水，调 pH=8.4，混匀后备用。

A.9 裂解缓冲液

称取 25 g 十二烷基磺酸钠（SDS）用电泳缓冲液溶解稀释定容至 1 000 mL，混匀后备用。

A.10 荧光染色试剂

A.10.1 吖啶橙贮存液

称取 100 mg 吖啶橙溶于 100 mL 水中，4 ℃～6 ℃避光保存。

A.10.2 吖啶橙染色液

量取 0.5 mL 吖啶橙贮存液（A.10.1），用 PBS 缓冲液（A.2）稀释至 100 mL，4 ℃～6 ℃可保存一周。

A.10.3 磺化吡啶贮存液

称取 100 mg 磺化吡啶溶于 100 mL 水中，4 ℃～6 ℃避光保存。

A.10.4 磺化吡啶染色液

量取 1 mL～5 mL 磺化吡啶贮存液(A.10.3)，用 PBS 缓冲液稀释至 100 mL，混匀后备用。

A.10.5 溴化乙锭贮存液

称取 1 g 溴化乙锭溶于 100 mL 水中，转移至棕色瓶或铝箔包裹容器中，室温避光保存。

A.10.6 溴化乙锭染色液

量取 2 mL 溴化乙锭贮存液(A.10.5)，用水稀释至 100 mL，混匀后备用。

A.11 银染试剂

A.11.1 混合液 A

准确称取 150 g 三氯乙酸，50 g 硫酸锌，50 g 甘油用水溶解并稀释到 1 000 mL，混匀后备用。

A.11.2 染色液 B

准确称取 12.5 g 碳酸钠，用水溶解并稀释至 250 mL，混匀后备用。

A.11.3 染色液 C

准确称取 100 mg 硝酸铵，100 mg 硝酸银，500 mg 钨硅酸溶于水，加入 250 μL 甲醛(37%)，用水稀释至 500 mL，混匀后备用。

A.11.4 染色液 D

准确量取 68 mL 染色液 C 加入到 32 mL 染色液 B 中，加液同时要不断用力搅拌混合液。染色液 D 应现用现配。

A.11.5 停止液 E

准确量取 10 mL 冰醋酸，加水稀释至 1 000 mL。

附 录 B
（资料性附录）
DNA 彗星试验图谱

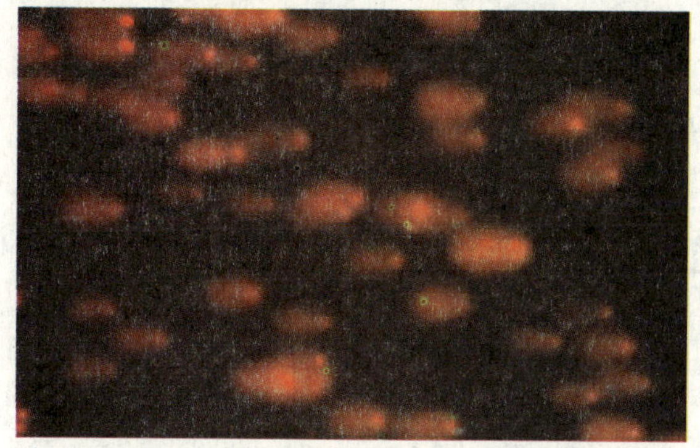

（辐照剂量 5 kGy，溴化乙锭染色，放大倍数 150 倍）

图 B.1 辐照动物组织细胞 SCGE 图

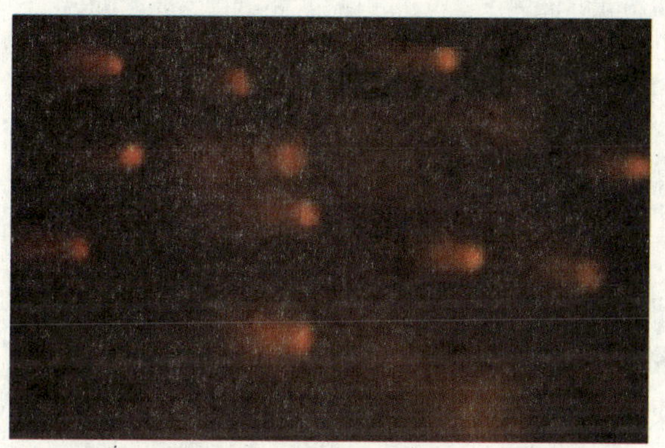

（辐照剂量 5 kGy，溴化乙锭染色，放大倍数 200 倍）

图 B.2 辐照植物组织细胞 SCGE 图

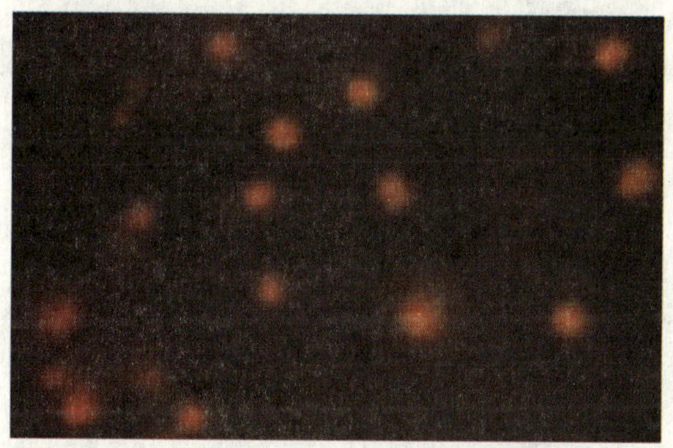

（辐照剂量 0 kGy，溴化乙锭染色，放大倍数 200 倍）

图 B.3 未辐照植物组织细胞 SCGE 图

ICS 67.050
X 04

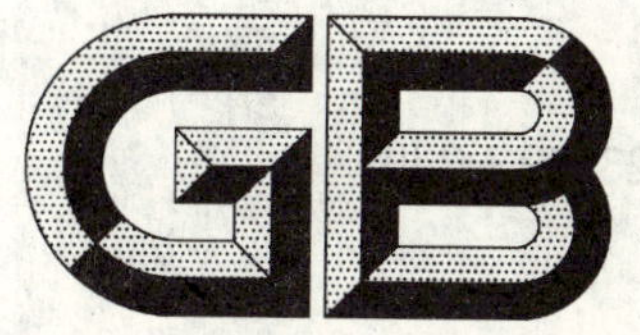

中华人民共和国国家标准

GB/T 23749—2009

食品中叶绿素铜钠的测定 分光光度法

Determination of sodium copper chlorophyllin in foods—Spectrophotometric method

2009-05-13 发布

2009-08-01 实施

中华人民共和国国家质量监督检验检疫总局
中国国家标准化管理委员会 发布

前　言

本标准由中国标准化研究院提出并归口。

本标准起草单位:国家农业标准化监测与研究中心(黑龙江)。

本标准主要起草人:孔鲁裔、彭丽萍、汪发文、王志强、王世琨、牟钰。

食品中叶绿素铜钠的测定
分光光度法

1 范围

本标准规定了果蔬汁(肉)饮料、碳酸饮料、风味饮料、配制酒、糖果、罐头食品中叶绿素铜钠的测定分光光度方法。

本标准适用于果蔬汁(肉)饮料、碳酸饮料、风味饮料、配制酒、糖果、罐头食品中叶绿素铜钠的测定。

本标准检出限为 0.001 g/kg,定量限为 0.005 g/kg。

2 规范性引用文件

下列文件中的条款通过本标准的引用而成为本标准的条款。凡是注日期的引用文件,其随后所有的修改单(不包括勘误的内容)或修订版均不适用于本标准,然而,鼓励根据本标准达成协议的各方研究是否可使用这些文件的最新版本。凡是不注日期的引用文件,其最新版本适用于本标准。

GB/T 6682—2008 分析实验室用水规格和试验方法(ISO 3696:1987,MOD)

3 原理

试样中的叶绿素铜钠在酸性条件下经聚酰胺粉吸附,解吸液洗脱,分光光度计测定,标准曲线法定量。

4 试剂与材料

以下试剂除有特殊说明外,均为分析纯,用水均为 GB/T 6682—2008 中规定的三级水。

4.1 无水甲醇。

4.2 冰乙酸。

4.3 聚酰胺粉:80 目~100 目。

4.4 0.1 mol/L 氢氧化钠溶液:称取 0.400 g 氢氧化钠,加水至 100 mL,溶解混匀。

4.5 4 mol/L 氢氧化钠溶液:称取 16.0 g 氢氧化钠,加水至 100 mL,溶解混匀。

4.6 0.2 mol/L 乙酸铵缓冲液:称取 7.708 g 乙酸铵,加水至 500 mL,溶解混匀。

4.7 解吸液:0.1 mol/L 氢氧化钠溶液+无水甲醇溶液=1+10(体积比)。

4.8 叶绿素铜钠标准品:大于等于 99.7%。

4.9 标准储备溶液:精确称取经 105 ℃干燥至恒重并按其纯度折算为 100%质量的叶绿素铜钠标准品 0.050 0 g,用蒸馏水溶解并定容至 100 mL 棕色容量瓶中,此溶液浓度为 500 μg/mL,当天配制,避光保存。

5 仪器与设备

5.1 分光光度计。

5.2 天平:感量 0.000 1 g、0.001 g 和 0.1 g。

5.3 G3 砂芯漏斗。

5.4 抽滤装置:真空泵、抽滤瓶。

6 分析步骤

6.1 标准曲线的绘制

6.1.1 标准工作溶液的配制

准确移取500 μg/mL标准溶液10 mL至100 mL烧杯中，加入0.2 mol/L的乙酸铵溶液30 mL，用4 mol/L氢氧化钠溶液和冰乙酸调pH至5～6。加入3.0 g聚酰胺粉，充分搅拌2 min，避光静置5 min，用约20 mL蒸馏水转移至G3砂芯漏斗中抽滤，弃去滤液。用75 mL解吸液分三次解吸色素：每次倒入约25 mL解吸液，浸泡2 min，再摇匀2 min，抽滤并用10 mL解吸液洗净抽滤瓶中残液。收集滤液，用解吸液定容至100 mL，配制成浓度为50 μg/mL的标准溶液，此溶液临用时配制。

6.1.2 标准系列的绘制

分别吸取标准工作液0 mL、5.0 mL、10.0 mL、20.0 mL、30.0 mL、40.0 mL、50.0 mL，至50 mL容量瓶中，用解吸液稀释至刻度，配制成浓度为0 μg/mL、5 μg/mL、10 μg/mL、20 μg/mL、30 μg/mL、40 μg/mL、50 μg/mL的标准系列。以0 μg/mL溶液为空白，用分光光度计以1 cm比色杯于404 nm波长下测定其吸光值。

6.2 样品处理

6.2.1 饮料、酒样品的处理

将样品摇匀，准确称取5 mL～10 mL(精确至0.1 mL)样品至100 mL烧杯中，加入0.2 mol/L的乙酸铵溶液30 mL，在55 ℃～60 ℃的水浴中加热3 min～5 min，去除酒精。用4 mol/L氢氧化钠溶液和冰乙酸调pH至5～6。再加入3.0 g聚酰胺粉，充分搅拌2 min。将样品溶液用约20 mL蒸馏水转移至G3砂芯漏斗中抽滤，弃去滤液。用45 mL解吸液分三次解吸色素(同6.1.1)，收集滤液，用解吸液定容至50 mL。

6.2.2 糖果样品的处理

将样品置于瓷研钵中研细、混匀，准确称取5 g～10 g(精确至0.001 g)至100 mL烧杯中。加入0.2 mol/L的乙酸铵溶液30 mL，用4 mol/L氢氧化钠溶液和冰乙酸调pH至5～6。再加入3.0 g聚酰胺粉，充分搅拌2 min。将样品溶液用约20 mL 60℃蒸馏水转移至G3砂芯漏斗中抽滤，弃去滤液。再用45 mL解吸液分三次解吸色素(同6.1.1)，收集滤液，用解吸液定容至50 mL。

6.2.3 罐头样品的处理

取有代表性的样品置于捣碎机中充分捣碎，精确称取1 g～5 g(精确至0.001 g)混匀浆液至100 mL烧杯中，加入0.2 mol/L的乙酸铵溶液30 mL。充分搅匀后，用4 mol/L氢氧化钠溶液和冰乙酸调pH至5～6，分数次转移到G3漏斗中抽提。用约100 mL蒸馏水洗残渣数次，直至色素全部被抽提完为止。将抽出的色素液合并于250 mL烧杯中，加入3.0 g聚酰胺粉，充分搅拌2 min，避光静置2 min。将样品溶液用约20 mL蒸馏水转移至G3砂芯漏斗中抽滤，弃去滤液。再用45 mL解吸液分三次解吸色素(同6.1.1)，收集滤液，用解吸液定容至50 mL。

6.3 样品测定

取以上样品的制备液，以标准曲线的0 μg/mL溶液为空白，用分光光度计以1 cm比色杯于404 nm波长下测定其吸光值(24 h内完成测定)。

7 结果计算

样品中叶绿素铜钠的含量(g/kg或g/L)按式(1)计算：

$$c = \frac{c_i \times V}{m \times 1\,000} \qquad \cdots\cdots(1)$$

式中：

c——样品中叶绿素铜钠的含量，单位为克每千克或克每升(g/kg或g/L)；

c_i——从标准曲线上查得的叶绿素铜钠的含量，单位为微克每毫升(μg/mL)；

V——样品定容体积，单位为毫升(mL)；

m——称取样品量，单位为克或毫升(g 或 mL)。

结果精确至小数点后两位。

8 精密度

在重复性条件下获得的两次独立测定结果的绝对差值不得超过算术平均值的10%。

ICS 67.050
X 10

中华人民共和国国家标准

GB/T 23750—2009

植物性产品中草甘膦残留量的测定 气相色谱-质谱法

Determination of glyphosate residues in plant products—GC-MS method

2009-05-13 发布　　2009-08-01 实施

中华人民共和国国家质量监督检验检疫总局
中国国家标准化管理委员会　发布

前言

本标准等同采用了 AOAC 官方方法 2000.05《作物中草甘膦及氨甲基膦酸的测定》。本标准在技术内容上与该方法一致，经验证后，按 GB/T 20001.4—2001《标准编写规则 第4部分：化学分析方法》对 AOAC 官方方法 2000.05 的个别内容作了编辑性修改。

本标准的附录 A 和附录 B 均为资料性附录。

本标准由中国标准化研究院提出并归口。

本标准起草单位：中华人民共和国上海出入境检验检疫局、上海市质量技术监督局、中华人民共和国辽宁出入境检验检疫局。

本标准主要起草人：李波、郭德华、卫锋、陈家华、谢燕、杨锡全、倪旦红、韩丽。

植物性产品中草甘膦残留量的测定
气相色谱-质谱法

1 范围

本标准规定了植物性产品中草甘膦(PMG)及其降解产物氨甲基膦酸(AMPA)残留量的气相色谱-质谱测定方法。

本标准适用于粮谷(大豆、小麦)、水果(甘蔗、柑橙)等植物产品中草甘膦及其降解产物氨甲基膦酸残留量的检测和确证。

本标准的定量限(LOQ):0.05 mg/kg。

2 规范性引用文件

下列文件中的条款通过本标准的引用而成为本标准的条款。凡是注日期的引用文件,其随后所有的修改单(不包括勘误的内容)或修订版均不适用于本标准,然而,鼓励根据本标准达成协议的各方研究使用这些文件的最新版本。凡是不注日期的引用文件,其最新版本适用于本标准。

GB/T 5009.3—2003 食品中水分的测定

3 原理

样品用水提取,经阳离子交换柱(CAX)净化,与七氟丁醇(HFB)和三氟乙酸酐(TFAA)衍生化反应后,用气相色谱-质谱联用仪测定,外标法定量。

4 试剂和材料

除另有规定外,所用试剂均为分析纯,水为去离子水。

4.1 乙酸乙酯:色谱纯。

4.2 甲醇:色谱纯。

4.3 二氯甲烷。

4.4 盐酸。

4.5 磷酸二氢钾(KH_2PO_4)。

4.6 三氟乙酸酐(TFAA):纯度≥99%。

4.7 七氟丁醇(HFB):纯度≥98%。

4.8 柠檬醛:纯度≥95%,色泽呈深棕色时弃用。

4.9 酸度调节剂:称取 16 g 磷酸二氢钾溶于 160 mL 水中,加入 13.4 mL 盐酸和 40 mL 甲醇,混匀。

4.10 CAX 洗脱液:分别量取 160 mL 水、2.7 mL 盐酸和 40 mL 甲醇,混匀。

4.11 0.2%柠檬醛乙酸乙酯溶液:100 mL 乙酸乙酯中加入 200 μL 柠檬醛,混匀,避光冷藏,有效期为 1 个月。

4.12 衍生试剂:三氟乙酸酐(TFAA)-七氟丁醇(HFB)(2+1,体积比),临用前配制,并于-40 ℃以下的低温冰箱中冷冻保存。

4.13 草甘膦标准品:纯度≥98.0%。

4.14 氨甲基膦酸标准品:纯度≥98.0%。

4.15 草甘膦、氨甲基膦酸标准储备溶液:分别准确称取适量的草甘膦、氨甲基膦酸标准品于聚乙烯或聚丙烯塑料瓶中，用水溶解，加2滴盐酸，充分振摇，确保其全部溶解，配制成浓度为1.0 mg/mL的标准储备溶液，0 ℃～4 ℃保存，有效期为1年。

4.16 草甘膦、氨甲基膦酸混合标准中间溶液：用水将标准储备溶液(4.15)分别稀释成1.0 μg/mL、10.0 μg/mL、100 μg/mL的混合中间溶液，存放于聚乙烯或聚丙烯塑料瓶中，0 ℃～4 ℃保存，有效期为6个月。

4.17 草甘膦、氨甲基膦酸混合标准工作溶液：用CAX洗脱液(4.10)稀释混合标准中间溶液(4.16)，分别配制成2.5 ng/mL、5 ng/mL、25 ng/mL、50 ng/mL、100 ng/mL、200 ng/mL、400 ng/mL各级混合标准工作溶液，存放于聚乙烯或聚丙烯塑料管中，0 ℃～4 ℃保存，有效期为3个月，但出现谱峰异常时应考虑重新配制。

4.18 CAX交换柱：AG 50W-X8(200目～400目)，H^+，0.8 cm×4 cm。使用时不采用真空泵抽气，且不得使其干涸。

注：可采用商品化的CAX小柱[Bio-Rad Poly-Prep No. 731-6214 CA 94547，USA]，或同等性能的其他小柱。

5 仪器和设备

5.1 气相色谱-质谱仪：四极杆质谱仪，配有EI源并具有选择离子功能。

5.2 分析天平：感量0.1 mg和0.01 g各一台。

5.3 旋涡振荡器。

5.4 均质器。

5.5 旋转蒸发器。

5.6 恒温箱或其他恒温加热器。

5.7 固相萃取装置。

5.8 离心机：转速≥4 000 r/min，配有50 mL聚乙烯或聚丙烯离心管、150 mL或250 mL聚乙烯或聚丙烯离心瓶。

5.9 氮气吹干仪。

5.10 聚乙烯或聚丙烯具塞刻度试管：15 mL。

5.11 玻璃衍生瓶：4 mL，瓶盖内衬聚四氟乙烯垫。

6 测定步骤

6.1 试样制备

6.1.1 大豆、小麦

将样品按四分法缩分出约1 kg，全部磨碎并通过20目筛，混匀，均分成两份试样，装入洁净的容器内，密封，标明标记，常温保存。

6.1.2 甘蔗

去皮、切成小段，称取500 g，速冻后取出切成细末，混匀，均分成两份试样，装入洁净的容器内，密封，标明标记，0 ℃～4 ℃保存。

6.1.3 柑橙类

去皮或核，取可食部分500 g，匀浆，均分成两份试样，装入洁净的容器内，密封，标明标记，0 ℃～4 ℃保存。

6.1.4 水分测定

以上制备后的试样先按GB/T 5009.3—2003直接干燥法进行水分测定，并记录水分含量。

6.2 试样提取

称取25 g试样(精确到0.01 g)于150 mL或250 mL聚乙烯或聚丙烯塑料离心瓶中，加水至含水量达到125 mL。混匀后浸泡0.5 h，高速均质5 min，于3 500 r/min离心10 min。取上清液20 mL至

50 mL 聚乙烯或聚丙烯离心管中(高蛋白质样品,如大豆,加入 100 μL 盐酸,旋涡振荡 1 min,于 3 500 r/min 离心 5 min,取上清液 15 mL 至另一 50 mL 聚乙烯或聚丙烯离心管中),加入 15 mL 二氯甲烷,旋涡振荡 2 min,于 3 500 r/min 离心 5 min(高脂肪样品再用二氯甲烷重复 1 次～2 次),取上清液 4.5 mL 置于 15 mL 聚乙烯塑料具塞刻度试管中,加入 0.5 mL 酸度调节剂(4.9),混匀,待净化。

6.3 净化

CAX 小柱(4.18)经 10 mL 水活化后,加入 1.0 mL 提取液(6.2),用 0.7 mL CAX 洗脱液(4.10)淋洗两次,再用 13 mL CAX 洗脱液(4.10)洗脱并收集,洗脱液于 40 ℃旋转浓缩至约 1 mL 后用 CAX 洗脱液(4.10)定容至 2.0 mL,待衍生。

6.4 衍生化

取 1.6 mL 衍生试剂(4.12)于 4 mL 衍生瓶中,加盖后放入－40 ℃以下的低温冰箱中冷冻 0.5 h 后取出,用移液枪在衍生剂液面下缓慢加入 50 μL 净化提取液(混合标准工作溶液进行同步同体积衍生),加盖小心混匀后于 90 ℃衍生 1 h(每 15 min 小心振摇一次)。取出冷却至室温,用氮气吹干,并继续氮吹 0.5 h。加 250 μL0.2%柠檬醛乙酸乙酯溶液(4.11)溶解残渣,混匀后供 GC-MS 分析。

6.5 气相色谱-质谱测定

6.5.1 气相色谱-质谱条件

a) 色谱柱:DB-5MS,30 m×0.25 mm(内径)×0.25 μm(膜厚),或相当者;
b) 升温程序:80 ℃保持 1.5 min,以 30 ℃/min 升至 260 ℃,保持 1 min,再以 30 ℃/min 升至 300 ℃;
c) 载气:氦气,纯度≥99.999%,流速 1.0 mL/min;
d) 进样口温度:200 ℃;
e) 进样方式:无分流进样,0.75 min 后开阀;
f) 进样量:2 μL;
g) 电离方式:EI,70 eV;
h) 接口温度:270 ℃;
i) 离子源温度:250 ℃;
j) 溶剂延迟:3.5 min;
k) 调谐方式:用 PFTBA 在 350 m/z～650 m/z 范围,对 414 m/z、502 m/z、614 m/z 进行手动调谐,使 1.0 ng/mL 标准溶液的色谱信噪比≥10∶1;
l) 测定方式:选择离子监测方式(SIM);
m) 监测离子:见表 1。

表 1 草甘膦和氨甲基膦酸的监测离子及其丰度比

名称	监测离子(m/z)	监测离子丰度比/%
草甘膦(PMG)	612(定量离子)、611、584、460	100∶92∶66∶34
氨甲基膦酸(AMPA)	446(定量离子)、372、502	100∶45∶38

6.5.2 气相色谱-质谱测定

根据样液中被测组分含量,选定浓度相近的标准工作溶液,其响应值均应在仪器检测的线性范围内。对标准工作溶液与样液等体积参插进样测定,外标法定量。在上述色谱条件下,草甘膦和氨甲基膦酸标准品对应的衍生物选择离子色谱图参见附录 A 中图 A.1。

定性测定,样液如果检出色谱峰的保留时间与标准溶液相一致,并且被测样品与标准品的质谱图相似,所选择的全部监测离子均出现;而且之间的丰度比也相一致,相似度在±20%之内时,则可确证此待测物。在上述气相色谱-质谱条件下,氨甲基膦酸的保留时间约为 4.5 min,草甘膦的保留时间约为 5.2 min,质谱图参见附录 B 中图 B.1 至图 B.2。

6.6 空白试验

除不加试样外,其余均按上述测定步骤进行。

6.7 结果计算和表述

按式(1)分别计算样品中草甘膦和氨甲基膦酸的残留含量(计算结果需扣除空白值)：

$$X_i = \frac{A_i \times c_s}{A_s \times c \times 1\,000} \qquad \cdots\cdots (1)$$

式中：

X_i——试样中草甘膦或氨甲基膦酸的残留含量，单位为毫克每千克(mg/kg)；

A_i——样液的选择离子色谱图中草甘膦或氨甲基膦酸的峰面积；

c_s——标准工作溶液中草甘膦或氨甲基膦酸的浓度，单位为纳克每毫升(ng/mL)；

A_s——标准工作溶液的选择离子色谱图中草甘膦或氨甲基膦酸的峰面积；

c——最终样液中所代表样品的量，单位为克每毫升(g/mL)。

最终样液中所代表样品的量按式(2)计算：

$$c = \frac{m \times 4.5 \times V_1 \times V_2}{125 \times 5.0 \times V_3 \times V_4} \qquad \cdots\cdots (2)$$

式中：

m——样品的取样质量，单位为克(g)；

V_1——提取液中取出进行CAX柱净化的溶液体积，单位为毫升(mL)；

V_2——CAX柱净化后取出进行衍生的溶液体积，单位为毫升(mL)；

V_3——CAX柱净化后的定容体积，单位为毫升(mL)；

V_4——衍生化后最终的定容体积，单位为毫升(mL)。

测定结果以草甘膦和氨甲基膦酸之和表示，保留两位有效数字。

7 回收率和精密度

7.1 回收率

本方法添加回收率实验数据如下：

——0.05 mg/kg：草甘膦，70.0%～101%；氨甲基膦酸，72.6%～101%；

——0.50 mg/kg：草甘膦，74.2%～106%；氨甲基膦酸，74.6%～108%；

——2.0 mg/kg：草甘膦，75.0%～103%；氨甲基膦酸，80.5%～108%。

7.2 精密度

本方法的相对标准偏差≤15%。

附　录　A
（资料性附录）
标准品衍生物选择离子色谱图

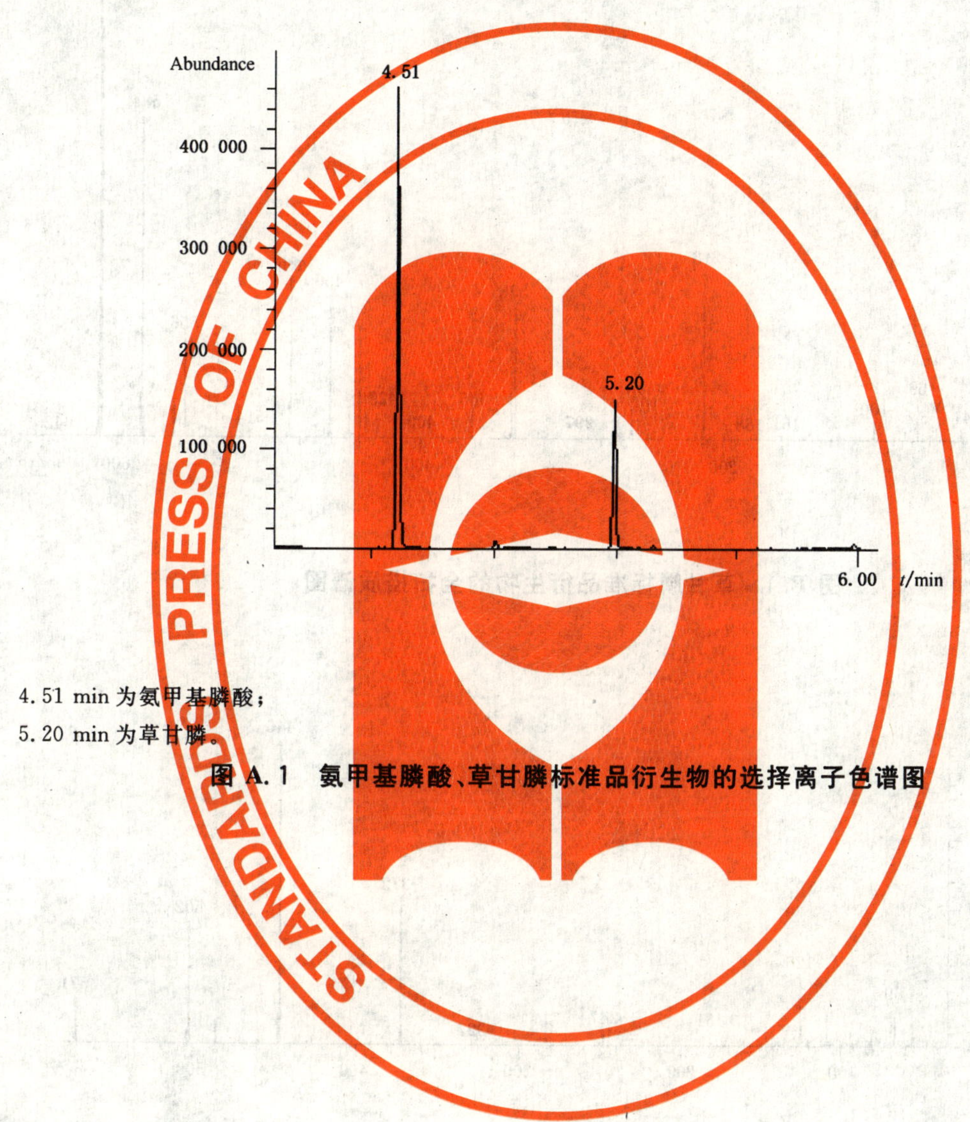

4.51 min 为氨甲基膦酸；

5.20 min 为草甘膦。

图 A.1　氨甲基膦酸、草甘膦标准品衍生物的选择离子色谱图

附　录　B
（资料性附录）
标准品衍生物质谱图

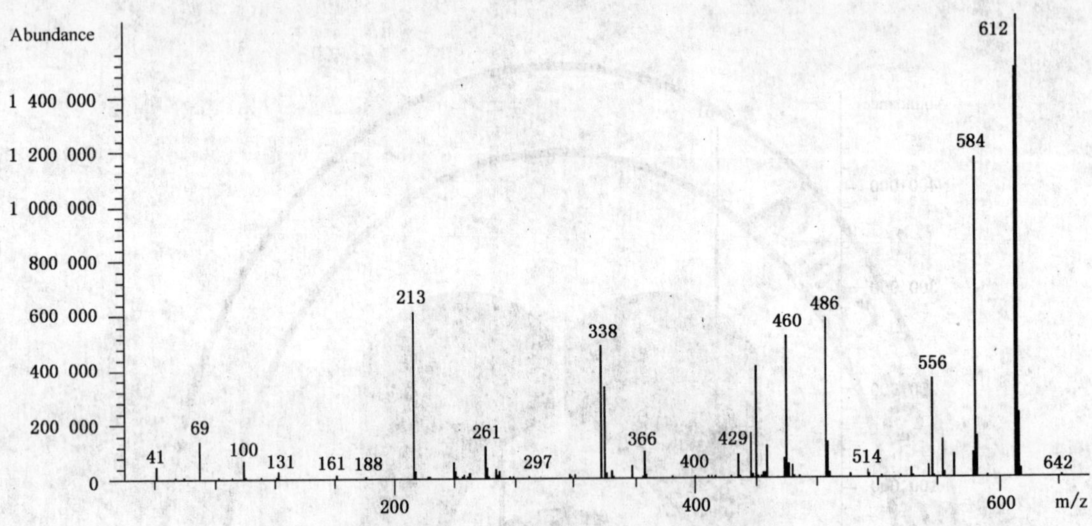

图 B.1　草甘膦标准品衍生物的全扫描质谱图

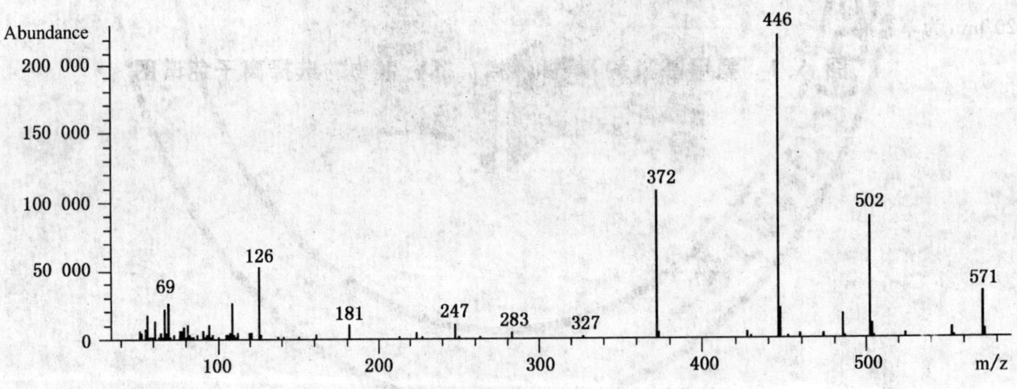

图 B.2　氨甲基膦酸标准品衍生物的全扫描质谱图

ICS 27.070
K 82

中华人民共和国国家标准

GB/T 23751.1—2009

微型燃料电池发电系统 第1部分：安全

Micro fuel cell power systems—
Part 1:Safety

(IEC 62282-6-100:2007,MOD)

2009-05-06 发布　　2009-11-01 实施

中华人民共和国国家质量监督检验检疫总局
中国国家标准化管理委员会　发布

前　言

GB/T 23751《微型燃料电池发电系统》包括以下3个部分：

——第1部分：安全；

——第2部分：性能试验方法；

——第3部分：互换性。

本部分是GB/T 23751《微型燃料电池发电系统》的第1部分。

本部分修改采用IEC 62282-6-100：2007《微型燃料电池发电系统　第1部分：安全》。

本部分与IEC 62282-6-100：2007相比，主要修改如下：

——删除了国际标准的前言，增加国家标准的前言；

——IEC 62282-6-100：2007引用的国际标准中凡被采用为我国标准的，本部分用引用我国的这些国家标准代替对应的国际标准；

——国际标准的引用标准遗漏了IEC 60812，已做了更正；增加了引用标准：GB/T 7829和GB/T 20042.1—2005；

——取消了燃料电池、燃料电池发电系统、微型燃料电池发电系统、燃料电池堆、微型燃料电池模块、原电池、额定功率、燃料、泄漏、不可接触液体、正常工作工况等术语；

——为便于参考引用，本部分的附录修改采用IEC 62282-6-100的CDV文件，列出附录A、附录B、附录C和附录D，考虑到硼氢化物和丁烷固体氧化物两种微型燃料电池发展的局限性，未采用附录E、附录F、附录G和附录H；

——型式试验中将7.3.12排放试验改为可选择性型式试验；

——个别的编辑性修改。

本部分附录A、附录B、附录C和附录D均为规范性附录。

本部分由中国电器工业协会提出。

本部分由全国燃料电池标准化技术委员会(SAC/TC 342)归口。

本部分起草单位：北京飞驰绿能电源技术有限责任公司、机械工业北京电工技术经济研究所、中科院大连化学物理研究所等。

本部分主要起草人：张立芳、卢琛钰、张黛、郭丽平、王素力、涂颖等。

微型燃料电池发电系统
第1部分:安全

1 范围

1.1 概述

a) 本部分适用于便携式的、输出直流电压不超过60 V、输出功率不超过240 W的微型燃料电池发电系统、微型燃料电池动力单元和燃料容器。便携式燃料电池发电系统若输出电压超出该限制,则参考IEC 62282-5-1。

b) 本部分中的外部安全电路是指GB 4943—2001中1.2.8.6所定义的安全特低电压(SELV)电路和2.5中所指的受限制电源。内部电路直流电压超过60 V或输出功率超过240 W的微型燃料电池发电系统或单元参照GB 4943—2001中单独的标准要求。

c) 本部分规定了所有微型燃料电池发电系统、微型燃料电池动力单元和燃料容器在正常使用、发生可预见性误操作和用户运输等情况下的安全性要求。由制造商或经过培训的技术人员进行再充装后的燃料容器应满足本部分中的所有要求,本部分所指的燃料容器不能由用户进行再充装。

d) 本部分中的产品不适用于GB 2900.35—2008第3章所定义的危险场所。

e) 微型燃料电池发电系统框图见图1。

1.2 燃料和技术

a) 本部分包括附录在内的所有部分适用于1.1定义的微型燃料电池发电系统、微型燃料电池动力单元和燃料容器。

b) 本部分第1章至第8章包括使用甲醇或甲醇水溶液作为燃料的直接甲醇燃料电池。第1章至第8章包括针对使用质子交换膜技术的直接甲醇燃料电池的特定要求。第1章至第8章也包括针对附录A至附录D定义的所有燃料电池和燃料的通用要求。

c) 附录A至附录D包括如下燃料和燃料电池技术:

——附录A包括使用甲酸水溶液作为燃料的微型燃料电池发电系统、微型燃料电池动力单元和燃料容器,其中甲酸质量分数不超过85%。这些系统和单元使用直接甲酸燃料电池技术。

——附录B包括以储氢合金中的氢气作为燃料的微型燃料电池发电系统、微型燃料电池动力单元和燃料容器。这些系统和单元使用质子交换膜燃料电池技术。

——附录C包括将甲醇和水通过重整器转化为重整氢(之后被直接注入燃料电池堆)作为燃料的微型燃料电池发电系统、微型燃料电池动力单元和燃料容器。这些系统和单元使用质子交换膜燃料电池技术。

——附录D包括使用由甲醇类化合物得到的甲醇或甲醇水溶液作为燃料的微型燃料电池发电系统、微型燃料电池动力单元和燃料容器。这些系统和单元使用直接甲醇燃料电池技术。

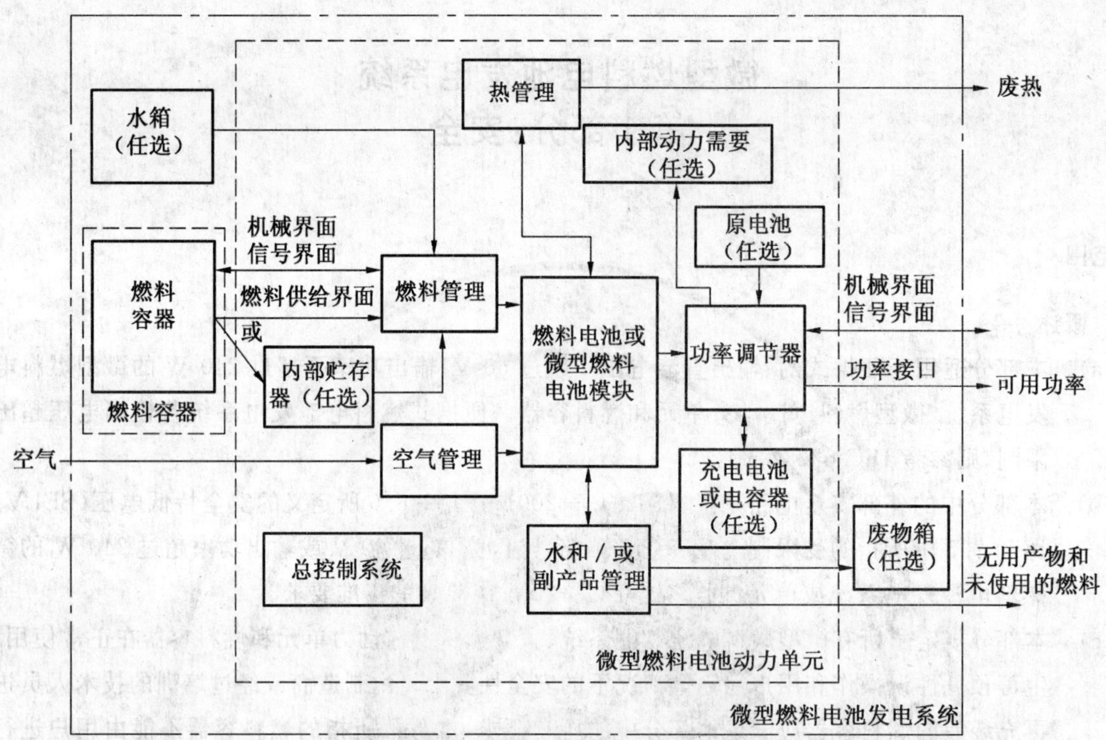

图1 微型燃料电池发电系统框图

1.3 等效安全要求

a) 本部分中的要求不限制技术发展。在文件中没有明确提到的燃料、原料、设计和结构等问题是可选择性的，在选择时应当评估是否能达到本部分规定的要求。

b) 符合本部分的微型燃料电池发电系统、微型燃料电池动力单元和燃料容器都应遵守国家和地方法律法规要求，包括但不限于运输、防止儿童接触和储存等必要的方面。

1.4 如何使用本标准

a) 对于第1章至第8章涉及到的甲醇及甲醇水溶液，所有的要求都在第1章至第8章中给出。附录不适用于这些燃料。

b) 对于附录A至附录D所涉及的特定的燃料和技术，每个附录都概括了与第1章至第8章中的要求相对应的额外的或改进的要求，以便证明这种微型燃料电池发电系统、微型燃料电池动力单元和它们相对应的燃料容器都包括在此特定的附录中。

c) 第1章至第8章及其各条中提及但附录中未特别提及的要求，适用于特定附录中所包括的燃料和技术。

d) 当附录中有用附录字体表示的特殊条时，表示此附录对燃料和技术有额外的或改进的要求，并且这些要求要满足此附录。任何额外的条款都用顺序的新编号表示。

e) 正文第1章至第8章中修改或替换过的图表都给出了图表修正标识。附录中新的图表都按顺序给出了新图表标识。

2 规范性引用文件

下列文件中的条款通过GB/T 23751的本部分的引用而成为本部分的条款。凡是注日期的引用文件，其随后所有的修改单(不包括勘误的内容)或修订版均不适用于本部分，然而，鼓励根据本部分达成协议的各方研究是否可使用这些文件的最新版本。凡是不注日期的引用文件，其最新版本适用于本部分。

GB/T 1690　硫化橡胶或热塑性橡胶耐液体试验方法(GB/T 1690—2006,ISO 1817:2005,MOD)

GB 2900.35—2008　电工术语　爆炸性环境用设备(IEC 60050-426:2008,IDT)

GB/T 3512　硫化橡胶或热塑性橡胶　热空气加速老化和耐热试验(GB/T 3512—2001,eqv ISO 188:1998)

GB 3836.8—2003　爆炸性气体环境用电气设备　第8部分:"n"型电气设备(IEC 60079-15:2001,MOD)

GB 4943—2001　信息技术设备的安全(idt IEC 60950-1:1999)

GB/T 5169.2　电工电子产品着火危险试验　第2部分:着火危险评定导则　总则(GB/T 5169.2—2002,IEC 60695-1-1:1999,IDT)

GB/T 5169.11　电工电子产品着火危险试验　第11部分:灼热丝/热丝基本试验方法　成品的灼热丝可燃性试验方法(GB/T 5169.11—2006,IEC 60695-2-11:2000,IDT)

GB/T 5169.16　电工电子产品着火危险试验　第16部分:试验火焰　50 W 水平与垂直火焰试验方法(GB/T 5169.16—2008,IEC 60695-11-10:2003,IDT)

GB/T 7826　系统可靠性分析技术　失效模式和效应分析(FMEA)程序(GB/T 7826—1987,idt IEC 60812:1985)

GB/T 7829　故障树分析程序

GB 8897.4　原电池　第4部分:锂电池的安全要求(GB 8897.4—2002,idt IEC 60086-4:2000)

GB 8897.5　原电池　第5部分:水溶液电解质电池的安全要求(GB 8897.5—2006,IEC 60086-5:2005,MOD)

GB 14536.1—2008　家用和类似用途电自动控制器　第1部分:通用要求(IEC 60730-1:2003,IDT)

GB/T 16842—2008　外壳对人和设备的防护　检验用试具(IEC 61032:1997,IDT)

GB/T 20042.1—2005　质子交换膜燃料电池　术语

GB/T 20801.1　压力管道规范　工业管道　第1部分:总则(GB/T 20801.1—2006,ISO 15649:2001,NEQ)

ISO 175　塑料　测定液体化学品对塑料影响的试验方法

ISO 9772　泡沫塑料　小火焰小试样的水平燃烧特性的测定

ISO 16000-3　室内空气　第3部分:甲醛和其他羟基化合物的测定　激活取样法

ISO 16000-6　室内空气　第6部分:通过在泰纳克斯吸收剂上活性取样、热解吸和 MS/FID 气相色谱法测定室内和试验室空气中挥发性有机化合物的含量

ISO 16017-1　室内、环境和工作场所空气　用吸附管/热解吸/毛细管气相色谱法作挥发性有机化合物的取样及分析　第1部分:泵取样

ISO/TS 16111　移动式气体存储设备　可逆金属氢化物中的氢吸收

IEC 62133—2002　含碱性或其他非酸性电解液的蓄电池和蓄电池组　便携式密封蓄电池和蓄电池组的安全要求

IEC 62281—2004　运输途中原电池和二次锂电池及蓄电池组的安全

3　术语和定义

GB/T 20042.1—2005 确立的以及下列术语和定义适用于 GB/T 23751 的本部分。

3.1

附加燃料容器　attached cartridge

安装在由微型燃料电池发电系统驱动的设备外部的、有独立外壳的燃料容器。

3.2

电气防护外壳　electrical enclosure

微型燃料电池发电系统中用于限制与可能带危险电压或达到危险能量等级的零部件接触的部件。

3.3

外置燃料容器　exterior cartridge

安装在由微型燃料电池发电系统驱动的设备外部的、有独立外壳且此外壳是设备外壳一部分的燃料容器。

3.4

防火防护外壳　fire enclosure

微型燃料电池发电系统中用于将内部的火或火焰向外蔓延减小到最低限度的部件。

3.5

燃料容器　fuel cartridge

为燃料电池动力单元或内部储罐提供燃料的、不能由用户进行二次充装的、可移动的存储容器。

3.6

危险性液体燃料　hazardous liquid fuel

指任何应避免人体吸入和皮肤接触的液体燃料。如浓度大于或等于 4%或浓度小于 4%但总量超过 5 mL 的甲醇。其他危险性液体燃料的定义见附录。

3.7

插入式燃料容器　insert cartridge

安装在由微型燃料电池发电系统驱动的设备内部的、有独立外壳的燃料容器。

3.8

内部存储容器　internal reservoir

微型燃料电池动力单元内部用于存储燃料且不可移动的一种结构。

3.9

受限制电源　limited power sources

与主电源隔离，或使用蓄电池或其他装置(如燃料电池动力单元)供电，电压、电流和功率等级需固有或非固有被限定以防止电流冲击或火灾发生的供电设备。

注：尽管固有型受限制电源可能依靠阻抗来达到限制输出的目的，但它不依靠限流设备来满足限制功率的要求。而非固有型受限制电源依靠限流设备来满足限制功率的要求，比如保险丝等。

3.10

毒性材料　toxic material

毒性材料是指在萨克斯(Sax)工业材料的危险特性参考手册第 11 版或相关的参考指南中危险级别为大于或等于 2 的任一材料。

3.11

机械防护外壳　mechanical enclosure

微型燃料电池中用于防护、屏蔽和控制接触内部元件或材料的部件。

3.12

微型燃料电池　micro fuel cell

输出直流电压不超过 60 V 且输出功率不超过 240 W 的便携式燃料电池。

3.13

微型燃料电池动力单元　micro fuel cell power unit

可提供直流电压输出不超过 60 V 且连续功率输出不超过 240 W 的发电装置。如图 1 所示。微型燃料电池动力单元不包括燃料容器。

3.14

无燃料蒸气损失　no fuel vapor loss

燃料容器或非运行的微型燃料电池发电系统中泄漏的燃料蒸气小于或等于 0.08 g/h。对于运行系统,见 7.3.12。

3.15

部分充装的燃料容器　partially filled fuel cartridge

大约装满一半(45%～55%)燃料的燃料容器。

3.16

辅助燃料容器　satellite cartridge

一种可以和微型燃料电池动力单元进行自由连接和分开的、用于向微型燃料电池动力单元内部的燃料储罐输送燃料的燃料容器。

3.17

补充燃料阀　refill valve

非用户自充装的燃料容器上用于只允许培训过的技术人员进行充装操作的部件。

3.18

关闭阀　shut-off valve

燃料容器上用于控制燃料释放的部件。

3.19

废物箱　waste cartridge

用于储存微型燃料电池动力单元的废弃物和副产品的容器。

3.20

水箱　water cartridge

用于存放调节液体燃料电池燃料浓度的水(不含添加剂)的容器。

3.21

燃料管理　fuel management

当需要支持微型燃料电池发电系统的运行而用来控制燃料性能(如:流动、浓度、清洁度、温度、湿度和压力)的部件。不是所有的微型燃料电池发电系统都包括此种功能,但有些系统还包括其他功能。

3.22

空气管理　air management

当需要支持微型燃料电池发电系统的运行而用来控制空气性能(如:流动、浓度、清洁度、温度、湿度和压力)的部件。不是所有的系统都包括此种功能,有些系统还包括其他功能。

3.23

总控制系统　total control system

通过机电元器件控制管理微型燃料电池发电系统工作状态和化学反应物状态的系统,以实现微型燃料电池发电系统正常与非正常工作状态的控制。

4　微型燃料电池发电系统、微型燃料电池动力单元及燃料容器的材料和结构

4.1　概述

a)　FMEA 安全检查及/或按第 7 章进行型式试验时需确认与第 4 章要求的一致性。

b)　与燃料容器相联的微型燃料电池动力单元常被设计制造成可以避免泄漏、燃烧或爆炸危险的结构,所谓的危险来自微型燃料电池发电系统自身或气体、蒸气、液体或其他微型燃料电池发电系统产生或使用的物质。

c)　为阻止微型燃料电池发电系统内部发生燃烧或爆炸,制造商应清除燃料存放(或可能泄漏)区域内存在的潜在火源。

d) 可燃性、毒性和腐蚀性的液体要置于密闭容器系统内，比如燃料管道、贮存盒、燃料容器或类似的容器。

4.2 失效模式和效应分析(FMEA)/危害性分析

4.2.1 制造商应当实施失效模式和效应分析(Failure Modes and Effects analysis，FMEA)或等效的可靠性分析，用以确定与安全性有关的失效模式和可以修正这些失效的设计特点。分析应当包括由于泄漏引起的失效。如果非用户自充装型可充装燃料容器由制造商或经过培训的技术人员进行过预处理，分析中也要包括与此种燃料容器相关的失效模式。

4.2.2 GB/T 7829 和 GB/T 7826 中有相应的指导。

4.2.3 制造商应确保来自微型燃料电池发电系统中的排放在正常使用或发生可预见性误操作(防误操作系统)和用户运输情况中不会对用户产生危险。

4.3 材料概述

在制造商规定的产品使用期限内，要求材料和涂层在正常运输和正常使用条件下抗老化。

4.4 材料的选择

4.4.1 微型燃料电池发电系统和单元在制造商规定的使用期限内应能够暴露在如振动、撞击、不同湿度等级和腐蚀等各种环境下，用于微型燃料电池发电系统或单元中的材料要求能抵抗这些环境。如果微型燃料电池发电系统或单元需要在超出本部分规定的环境下使用，则需对新环境状况进行有针对性的试验，以确保此类环境下的安全性。

4.4.2 和用于密封或连接的材料，比如焊接用料一样，用于构建微型燃料电池发电系统或单元外部和内部的金属和非金属材料(特别是那些直接或间接暴露在湿气、燃料和气相或液相的副产品中的材料)要适用于设备在制造商规定的使用期限内所有可能出现物理的、化学的和热工作状态，特别还要适用于试验状态。在正常使用条件下，材料要能保持机械稳定性。

——材料要能抵抗所装纳的气相或液相燃料的化学的和物理的作用，还要能抵抗外界的环境质量恶化。

——在制造商规定的设备使用期限内，与运行安全性相关的化学的和物理的特性不应受到较大的影响。特别是当选择材料和制造方法时，要考虑到材料的耐腐蚀和磨损性、导电性、冲击强度、抗老化性、温度变动的影响、当材料放在一起时会出现的影响(比如电偶腐蚀)和紫外线的影响。

——当可能出现侵蚀、磨蚀、腐蚀或者其他化学侵害的条件时，要采取如下适当的方法：

- 采用适当的设计(比如增加厚度)或者适当的保护措施(比如使用衬套、包覆金属材料或表面涂层)将影响降到最低，在正常使用时要给予适当的考虑。
- 受影响最多的部件要有备件。
- 在第6章中推荐的手册中，注意检查的类型和频率和用于持续安全使用的必要的维护方法；应指出哪些部件易受磨损和替换的标准。

4.4.3 垫圈和与燃料接触的管道系统的弹性材料在与燃料接触时要能抗变质，并且要适用于正常使用情况下的环境温度。弹性形变可按 GB/T 3512 和 GB/T 1690 确定。

4.4.4 与燃料接触的聚合材料要能抗变质，并且要适用于正常使用情况下的环境温度。弹性形变可按 ISO 175 确定。

4.5 一般构造

4.5.1 在正常使用、可预见的误操作和用户运输等情况下，微型燃料电池发电系统和单元应当有抗跌落、抗振动、抗挤压、耐受温度和大气压等环境变化的安全结构。

4.5.2 包括可拆卸的燃料容器与微型燃料电池动力单元之间的连接、微型燃料电池发电系统或单元和设备之间的电连接在内的连接机构应设计成在容易引起泄漏和电击危险的错误位置或不完整状态下不能实现连接。

4.5.3 微型燃料电池动力单元和燃料容器的边缘或角不能尖锐到在使用或维护过程中会引起人身伤害。

4.5.4 在FMEA程序中需考虑潮湿和相对湿度的影响。

4.6 燃料阀

4.6.1 适用于所有的闭锁阀、加注阀、减压阀、再充装阀和所有燃料容器类型。

4.6.2 闭锁阀和减压阀的配件部分在正常压力、操作和使用条件下,要能够达到制造商规定的使用期限。

4.6.3 阀门要有防止燃料容器在正常使用、合理可预见误用和贮存时泄漏的方法。

4.6.4 阀门不允许能引起燃料泄漏的意外开动或操作者未使用工具的手工开动。按GB/T 16842—2008中的探针11和9.8 N压力来检查是否符合要求。

4.6.5 在贮存、连接、断开或从燃料容器向微型燃料电池动力单元供应燃料时不能有燃料或燃料蒸气泄漏。

4.7 材料和构造系统

4.7.1 微型燃料电池动力单元中存储的燃料最大量不得超过200 mL。

4.7.2 将微型燃料电池发电系统或单元设计成即使在有燃料泄漏时也不会发生爆炸。这些方法的设计标准(比如:需要的通风率)由微型燃料电池发电系统或单元的制造商提供。方法由微型燃料电池发电系统或单元的制造商或者由用微型燃料电池发电系统或单元驱动的设备的制造商提供。

4.7.3 微型燃料电池发电系统内部的组件和材料应尽量采用可阻燃的材料,使断电后以及燃料和氧化剂供应停止后无法继续燃烧。根据GB/T 5169.2和GB/T 5169.16,这些材料可分为FV0级、FV1级或FV2级。

4.7.4 豁免条款

4.7.4.1 微型燃料电池堆的膜不需要有可燃比率。

4.7.4.2 微型燃料电池堆内占总质量低于30%的其他材料可以认为是有限量,可以没有可燃比率。

4.8 火源

为防止微型燃料电池发电系统或单元内的火灾或爆炸危险,制造商应当消除供应区域内的着火隐患,确保催化反应的氧化反应可控,消除潜在火灾爆炸。

消除着火隐患的方法如下:

——表面温度不应超过燃料气体或蒸气的自燃温度的80%(用摄氏温度表示)。

——催化层结构应当有良好的密封性能,防止参加反应的燃料气体或液体外泄。

——容易接触燃料的电气设备应符合防爆等级。

——要有良好的抗静电措施,以防止潜在的危险发生。

——诸如保险丝、其他过流保护装置、传感器、电动阀和螺线管之类的电子元件在预期条件下运行时,不应产生热效应、电弧或足以点燃可燃气体的火花。

确保迅速控制氧化的方法如下:

微型燃料电池发电系统或单元应设置自动控制措施,当工作温度达到燃料自燃温度的80%时,能自动断开部分负载或自动增加降温措施。

4.9 外壳和验收策略

当位于故障状态下的部件的温度足以点火时,需要有一个防火防护外壳。

4.9.1 需要防火防护外壳的部件

除了使用GB 4943—2001中4.7.1的方法2和4.7.2.2中许可的情况以外,下列是认为有点火的危险而需要防火防护外壳的情况:

——未满足表3或表4要求的电源电路(非受限制电源电路)。

——由符合GB 4943—2001中2.5要求的受限制电源供电、但未安装在可燃性等级V-1或V-0(GB/T 5169.16)的材料上的电路中的部件。

——按照 GB 4943—2001 中 2.5 的规定限制功率输出的电源或组件内的元器件，包括无弧过流保护装置、限制阻抗、调整网络和配线。

材料可燃性要求见表 1。

通过检查和评估制造商提供的数据来确定是否满足 GB 4943—2001 中的 4.7.1 和 4.7.2.2。如果没有提供数据，则由试验确定。

4.9.2 不需要防火防护外壳的部位

以下部位不需要防火防护外壳：

——符合 GB 4943—2001 中附录 B 的相关要求的电动机；

——符合 GB 4943—2001 中 5.3.5 要求的机电元件；

——带有聚氯乙烯(PVC)、四氟乙烯(TFE)、聚四氟乙烯(PTFE)、氟化乙丙烯(FEP)、氯丁橡胶或者聚酰胺绝缘的导线和电缆；

——满足 GB 4943—2001 中 4.7.3.2 的要求、装在防火防护外壳开孔中的元器件，包括连接器；

——由符合 GB 4943—2001 中 2.5 要求的受限制电源供电的电路中的连接器；

——其他由符合 GB 4943—2001 中 2.5 要求的受限制电源供电、安装在可燃性等级 V-1 或 V-0 (GB/T 5169.16)的材料上的电路中的部件；

——其他满足 GB 4943—2001 中 4.7.1 的方法 2 的部件；

——设备或设备的一部分，有瞬间接触开关，用户应连续不断地启动开关，这种瞬间释放转移走了设备或设备的一部分的能量；

——故障状态下不包含能点火的电路的燃料容器。

表 1 材料可燃性要求一览表

部 件		要 求
防火防护外壳	外壳	V-1(GB/T 5169.16)，或者 GB 4943—2001 的试验 A.2，或者 GB/T 5169.11 的灼热线试验(如果与点火源空气距离＜13 mm)
	装在开孔中的部件	V-1(GB/T 5169.16)，或者 GB 4943—2001 的试验 A.2，或者 部件的国家标准
防火防护外壳的外部	包括机械的和电气的防护外壳在内的部件和组件	HB40(GB/T 5169.16)用于厚度＜3 mm，或者 HB75(GB/T 5169.16)用于厚度＜3 mm，或者 HBF(泡沫)(ISO 9772)，或者 GB/T 5169.11 的 550 ℃灼热丝试验，或者 见 4.9.3 的特例
防火防护外壳的内部	包括机械的和电气的防护外壳在内的部件和组件	V-2，或者 HF-2(泡沫)(ISO 9772)，或者 GB 4943—2001 的试验 A.2，或者 部件的国家标准，或者 见 4.9.4 的特例
任何位置	空气过滤部件	V-2 (GB/T 5169.16)，或者 HF-2(泡沫)(ISO 9772)，或者 GB 4943—2001 的试验 A.2，或者 见 GB 4943—2001 的 4.7.3.5

4.9.3 用于防火防护外壳外部的元器件和其他部分的材料

4.9.3.1 除下面提到的外，用于元器件和其他部分的材料(包括机械防护外壳、电气防护外壳和装饰部件)，凡是位于防火防护外壳外的，如果材料的最薄有效厚度小于 3 mm 需满足可燃性等级 HB75；如果材料的最薄有效厚度大于 3 mm 需满足可燃性等级 HB40；或满足可燃性等级 HBF 的材料。

注：当机械防护外壳或电气防护外壳同时也作为防火防护外壳使用时，则防火防护外壳的要求适用。

4.9.3.2 对空气过滤器中材料的要求按 GB 4943—2001 中的 4.7.3.5 的规定，对高压元器件材料的要求按 GB 4943—2001 中的 4.7.3.6 的规定。

4.9.3.3 连接器至少要满足下列中的一条：

——由可燃性等级为 V-2 的材料制成；或者

——通过 GB 4943—2001 的 A.2 的试验；或者

——符合有关元器件国家标准中的可燃性要求；或者

——安装在可燃性等级为 V-1 或 V-0(GB/T 5169.16)的材料上，并且相对尺寸很小。

4.9.3.4 对元器件和其他零部件的材料的可燃性的要求(HB40、HB75 或 HBF)不适用于下述情况：

——非正常使用条件下不用于有着火危险部位的电气元器件在根据 GB 4943—2001 中的 5.3.7 进行试验时。

——材料和组件在不大于 0.06 m^3 外壳内，外壳完全由金属组成而且没有通风口，或者在包含惰性气体的密封单元内。

——满足元器件国家标准中可燃性要求的组件，其中该标准包含此类要求。

——电子元器件，如集成电路组件、光耦组件、电容以及其他安装于可燃性等级 V-1 或 V-0 (GB/T 5169.16)材料上的微小组件。

——使用 PVC、TFE、PTFE、FEP、氯丁橡胶或聚酰胺进行绝缘的导线、电缆及连接器。

——单个的夹钳(不包括螺旋型或其他连续形态)、编织带、合股线以及带有线束的扎带。

——齿轮、凸轮、皮带、轴承等不易助燃的微小部件、标签、脚架、键帽以及旋钮等。

4.9.3.5 根据对设备和材料数据资料的检查检验是否符合要求。如必要的话，通过恰当的试验或 GB 4943—2001 附录 A 中的试验检验。

4.9.4 防火防护外壳以内元器件与其他零部件所用材料

4.9.4.1 对空气过滤器中材料的要求见 GB 4943—2001 中的 4.7.3.5，对高压元器件材料的要求见 GB 4943—2001 中的 4.7.3.6。

4.9.4.2 在防火防护外壳内，元器件和其他零部件的材料(包括置于防火防护外壳内的机械防护外壳，电气防护外壳)应该满足下列之一：

——可燃性等级为 V-2 或 HF-2；或者

——通过 GB 4943—2001 的 A.2 的可燃性试验；或者

——满足包括这些要求的相关的元器件国家标准中的可燃性要求。

4.9.4.3 以上要求不适用于下述情况：

——非正常运行条件下不存在火灾危险的电器元器件在根据 GB 4943—2001 中的 5.3.7 进行试验时；

——材料和组件在不大于 0.06 m^3 外壳内，外壳完全由金属组成而且没有通风口或者在包含惰性气体的密封单元内；

——一层或多层薄绝缘材料，诸如直接用于防火防护外壳内部表面，包括载流部分表面上的胶带，如果薄绝缘材料和应用表面的结合符合可燃性等级 V-2 或 HF-2 的要求；

注：如果上面提到的薄绝缘材料处于防火防护外壳的内表面，则防火防护外壳应符合 GB 4943—2001 中 4.6.2 的要求。

——电子元器件，如集成电路组件、光耦组件、电容以及其他安装于可燃性等级 V-1 或 V-0（GB/T 5169.16）的材料上的微小组件；

——使用 PVC、TFE、PTFE、FEP、氯丁橡胶或聚酰胺进行绝缘的导线、电缆及连接器；

——单个的夹钳（不包括螺旋型或其他连续形态）、编织带、合股线以及带有线束的扎带；

——标记为符合或高于 VW-1/FT-1 标准的电线；

——下列所有部件，当其与电子部件（绝缘线缆除外）被至少 13 mm 空气或符合可燃性等级 V-1 或 V-0（GB/T 5169.16）的材料隔离时（由于电子部件在出错的情况下可能升温至易燃点）。

- 齿轮、凸轮、皮带、轴承等不易助燃的微小部件、标签、脚架、键帽以及旋钮等；
- 空气或其他液体管道系统，粉末类或液体容器以及泡沫塑料部件，如果材料的最薄有效厚度小于 3 mm 需满足可燃性等级 HB75；如果材料的最薄有效厚度大于 3 mm 需满足可燃性等级 HB40；或满足可燃性等级 HBF 的材料。

4.9.4.4 根据对设备和材料数据资料的检查检验是否符合要求。如必要的话，通过恰当的试验或根据 GB 4943—2001 附录 A 中的试验检验。

4.9.5 机械防护外壳

4.9.5.1 机械防护外壳应满足强度的需要，以承受或抵御由于损坏或其他原因松动、或从运动物件上脱落的部件。

4.9.5.2 通过对结构和有效数据的检查检验是否符合要求，必要时，亦可采取 GB 4943—2001 中 4.2.2、4.2.3、4.2.4 和 4.2.7 的相关试验以及第 7 章中的型式试验。

4.9.5.3 通过 GB 4943—2001 中 4.2.2、4.2.3、4.2.4 和 4.2.7 的相关试验后，样品还需符合 GB 4943—2001 中 2.1.1 和 4.4.1 中的要求，且在进行安全特性相关装置运行时（如热熔断路、过流保护装置或互锁装置等），不应对试验产生干扰。

4.9.5.4 对于破坏涂层、裂缝、凹痕或碎片等不影响安全性的情况可以忽略。

注：如果单独外壳或外壳的一部分被用于试验，则需要对设备重新装配以满足一致性检测。

4.10 防火、防爆、防腐和防毒害

4.10.1 易燃、有毒以及腐蚀性液体应使用密闭容器盛装，例如燃料管道内、贮存盒、密封盒或者类似的容器。按照第 7 章中的型式试验来检验是否符合要求。

4.10.2 微型燃料电池发电系统或单元中应满足表 7 中检测液体浓度等级的方法并且能够在达到浓度限定之前关闭微型燃料电池发电系统或单元。

4.10.3 内部配线及绝缘部分不应与燃料、油、油脂或其他类似物质接触，除非该绝缘经过鉴定可与其接触。

4.11 预防电类危害

微型燃料电池发电系统或单元内的电压应是在 SELV 限制以内，根据 GB 4943—2001 的 2.2 进行检查。如果内部电压超过直流电压 60 V，则需根据 GB 4943—2001 对微型燃料电池发电系统或单元进一步试验。超过 SELV 的电路必须符合包含电路间距规定的危险电路标准，以及根据 GB 4943—2001 规定的经过试验后有可能暴露在外的电路接触标准。

置于危险电压电路的元器件同样需要另外评估。

4.12 燃料供给结构

4.12.1 燃料容器结构

燃料容器应满足以下要求：

4.12.1.1 在 −40 ℃～+70 ℃温度之间不得泄漏。按 7.3.3 和 7.3.4 检验是否符合要求。

4.12.1.2 应保证在 22 ℃下，95 kPa 内表压加正常工作压力的内压力或 55 ℃下两倍于燃料容器的压力下均不能有泄漏。按 7.3.1 检验是否符合要求。

4.12.1.3 最大水容积不能超过 1 L。

4.12.1.4　对于用户的正常使用、可预见的合理错误使用，以及带有微型燃料电池动力单元的燃料容器的正常运输过程中，应采取必要的措施，以保证在连接前、中、后和燃料运输途中，没有燃料的泄漏。按7.3.11检测是否符合要求。

4.12.1.5　在使用环境下能够抵抗腐蚀。

4.12.1.6　将燃料容器安装在微型燃料电池发电系统内时，燃料容器应有能预防会导致燃料泄漏的错误连接的方法。按7.3.11检验是否符合要求。

4.12.1.7　在正常使用、可预见的合理误操作和用户运输期间，当燃料未附着在微型燃料电池动力单元上时，燃料容器上的燃料供给连接器需有能预防燃料泄漏的结构。按7.3.5和7.3.11检验是否符合要求。

4.12.1.8　在提供安全阀或类似方法时，此类压力释放阀需满足全部型式试验的性能要求，即这些阀门应无泄漏通过所有的型式试验。

4.12.1.9　燃料容器连接处的结构不能允许燃料泄漏。

4.12.1.10　燃料容器，包括燃料容器与微型燃料电池动力单元之间的界面，包括阀门，须有能力充分承受由于振动、热量、压力、跌落或被机械撞击产生的正常使用和可预见的合理误操作的结构。按以下检测是否符合要求：

——压差试验，7.3.1；

——振动试验，7.3.2；

——温度循环试验，7.3.3；

——高温暴露试验，7.3.4；

——跌落试验，7.3.5；

——压力载荷试验，7.3.6；

——长期贮存试验，7.3.9；

——高温连接试验，7.3.10；

——连接循环试验，7.3.11。

4.12.1.11　燃料容器阀能够在不使用工具情况下连接和断开，正常运行。

4.12.2　燃料容器填充要求

不论是单独放置，还是与系统组合安装放置燃料容器的设计应达到在充满燃料后放置在70 ℃环境中无燃料外泄情况。

4.13　预防机械类危害

4.13.1　燃料管路以外的管道系统

微型燃料电池发电系统或单元以内除了燃料管道以外的管路、管道和装置的结构要求如下：

4.13.1.1　当微型燃料电池发电系统或单元用于内压大于100 kPa表压时，应符合GB/T 20801.1的规定。

4.13.1.2　工作压力在100 kPa以下的微型燃料电池发电系统或单元，或者依照不同地区或国家规范与标准设计的但不属于压力系统的情况，如低压水管，塑料管，或其他连接大气、低压储罐及类似容器的连结器，应该采用合适的材料制造，同时它们的接口及装置应满足强度的要求并避免泄漏。

4.13.1.3　接口应采用密封措施处理以抵御内部流体及外部环境。

4.13.1.4　管路结构应能够承受足够的压力和其他负载重量的能力，并且管路应无污染或渗漏的危险。按7.3.1和7.3.6检验是否符合要求。

4.13.1.5　应设计适当的结构，以预防冻结、破损、腐蚀等。冻结按7.3.3检验，破损按7.3.5检验。

4.13.2　外表面及组件温度限定

4.13.2.1　概述

微型燃料电池发电系统和动力单元在正常运行情况下不应超过温度限值的规定，通过在制造商规定的预期运行条件下检验不同组件的温度是否符合要求。微型燃料电池发电系统和动力单元应运行到达到最高温度或燃料供给完全耗尽为止。在试验步骤中,热熔断路和超载装置不运行。温度不能超过表2中显示的值。

4.13.2.2 外表面

为排除因为与微型燃料电池发电系统或单元接触而导致烧伤的任何危险,外壳的温度不能超过表2中规定的温度限值。

4.13.2.3 手柄、旋钮、握柄及类似部件

用户为运行微型燃料电池发电系统或动力单元而触摸手柄、旋钮、握柄及类似部件。被触摸的手柄、旋钮、握柄及类似部件的温度不能超过表2中规定的温度限值。

4.13.2.4 组件

4.13.2.4.1

表2规定了各种外部组件的正常最高温度值。此类组件的温度不能超过表2的规定。

4.13.2.4.2

对于未列入表2中的装在微型燃料电池发电系统或单元中的组件和电气配线,其温度不能超过那些组件的额定温度。

表2 温度限值

组 件	温度/℃
外壳,把手,旋钮、夹子等通常手持的:	
——金属	50
——烤瓷、玻璃材料	60
——模制材料、橡胶或木头	70
直接接触潜在易燃气体或蒸气的组件及材料特例——因其使用高温过程,需单独评估	[a]

[a] 易燃气体或蒸气自燃温度的80%。

4.13.3 电动机

4.13.3.1 无论是在正常条件下或是在诸如运行超载或止转转子条件下,电动机的温度不会增加到足以点燃释放的气体。

4.13.3.2 如电刷、热保护器或其他接通/断开组件等功能为断开电路的电动机部件,即使断路时间极短,也不可产生电弧或其他会点燃可燃气体的热效应,因此应采用无刷电机。

4.14 电子设备元件的构造

4.14.1 受限制电源

受限制电源应满足以下条件之一:

a) 输出固有限制在与表3一致;或
b) 电阻限制输出与表3一致,若使用了正温度系数装置,它应通过GB 14536.1—2008第15章、第17章规定的试验;或
c) 使用无火花过流保护装置并且输出限制在与表4一致;或
d) 调节网络限制输出与表3一致,包括在调节网络正常运行情况和任一单一错误之后(见GB 4943—2001的1.4.14)(打开电路或短路);或
e) 在正常运行情况下,调节网络限制输出,使之与表3一致;调节网络中发生任一错误后(见GB 4943—2001的1.4.14)(断路或短路),无火花过流保护装置限制输出,使之与表4一致。这里所使用的无火花过流保护装置,应该是适当的保险丝或者是不可调整的,非自动复位的机电装置。

通过检查与测量验证是否符合要求，适当的时候，检测制造商的电池数据。当根据表4和表5对V_{oc}和I_{sc}进行测量时，电池应充满电。

表3　固有型受限制电源的限定

输出直流电压[a](V_{oc}) V	输出电流[b](I_{sc}) A	额定功率[c](S) W
≤20	≤8.0	≤5×V_{oc}
20<V_{oc}≤30	≤8.0	≤100
30<V_{oc}≤60	≤150/V_{oc}	≤100

[a] V_{oc}：所有负载断开情况下的输出电源。电压为开路电压。

[b] I_{sc}：最大输出电流，于加负载后60 s测量。

[c] S：带有任意非电容性负载情况下的最大输出伏安值，于加负载后60 s测量。

表4　对非固有型受限制电源的限定(需过流保护)

输出电压[a](V_{oc}) V	输出电流[b](I_{sc}) A	额定功率[c](S) W	过流保护电路电流等级[d] A
≤20			≤5.0
20<V_{oc}≤30	≤1 000/V_{oc}	≤250	≤100/V_{oc}
30<V_{oc}≤60			≤100/V_{oc}

[a] V_{oc}：所有负载断开情况下的输出电源。电压为开路电压。

[b] I_{sc}：最大输出电流，于加负载后60 s测量。试验期间保留设备中的限流阻抗，但过流保护部分需跳过。

[c] S(VA)：带有任意非电容性负载情况下的最大输出伏安值，于加负载后60 s测量。试验期间保留设备中的限流阻抗，但过流保护部分需跳过。

注：跳过过流保护部分的目的是为了确定过流保护电路工作期间有可能引起过热的能量值。如果过流保护电路是一个电弧设备，还需进一步评估其与易燃气体的隔离。

[d] 过流保护电路电流等级是指当电流达到表中所述电流的210%时，保险丝及断路器能够在120 s内切断电路的情况。

4.14.2　使用电子控制器的装置

4.14.2.1　控制系统

根据4.2的安全分析决定的系统软件和电子电路是主要的安全措施，应该满足GB 14536.1—2008中附录H的要求。

使用电子控制器的微型燃料电池发电系统或单元应遵照以下两点：

a)　在正常使用过程中，万一某个控制器发生故障，安全性也不应受到影响。

b)　在正常使用的过程中，若控制电路的任意单一的一小部分发生故障，安全性也不应受到影响。

4.14.3　电导体/配线

4.14.3.1　电子组件和配线应合理布置以减小热效应。

4.14.3.2　电线的绝缘层在正常运输、使用或非运行期间不能受损。

4.14.3.3　配线中使用的导体要尽可能地短，如果必要的话，应提供绝缘、防热、固定的场所或其他方法。

4.14.3.4　当连接到微型燃料电池发电系统或单元外部的外露引线或终端未正确连接时，微型燃料电池发电系统或单元将无法运行或无异常地运行。

4.14.3.5　除了以下情况以外，连接到微型燃料电池发电系统或单元外部的外露的引线或终端可通过标记的数字、字母、符号、颜色等被区分开。

a) 电线或终端有不同的物理形状来防止错误的连接。

b) 仅有两种引线或终端，且互换电线或终端对微型燃料电池发电系统或单元运行无影响。

4.14.3.6 电缆表面应光滑。

4.14.3.7 电线应使用铠装线以防止在装配时受到磨损，也防止破坏导体的绝缘。

4.14.3.8 电线通过的任何孔洞均要在电线上安装套管等防护措施。检验是否符合要求。

4.14.3.9 微型燃料电池发电系统或单元在预期条件下运行时，包括电路板上的印刷布线在内的配线材料的工作温度不得高于泄露的易燃气体的燃点。

4.14.3.10 微型燃料电池发电系统或单元在超负荷运行时，电路板上的印刷布线不能产生可以点燃泄露的易燃气体的电弧或热效应。

4.14.4 输出终端区域

输出终端区域应被设计为能够阻止与人手的意外接触。这种限制不用于以下输出终端区域的类型。

a) 用于在附着状态下与人意外接触时无危险的输出终端区域。

b) 用于输出电压和电流根据表3固有受限的输出终端区域；或根据表4限制输出的过流保护装置。

4.14.5 电子元件和附件

4.14.5.1 用在微型燃料电池发电系统或单元内部的电子元件和附件需要有足够的额定电功率。

4.14.5.2 微型燃料电池发电系统或单元中的电池需遵照以下安全标准：

——GB 8897.4 原电池 第4部分：锂电池的安全要求；

——GB 8897.5 原电池 第5部分 水溶液电解质电池的安全要求；

——IEC 62133—2002 含碱性或其他非酸性电解液的蓄电池和蓄电池组 便携式密封蓄电池和蓄电池组的安全要求；

——IEC 62281—2004 运输途中原电池和二次锂电池及蓄电池组的安全。

4.14.6 防护

4.14.6.1 防护装置目的

微型燃料电池发电系统或单元应能够在干扰持续运行情况发生时安全自动地延缓微型燃料电池发电系统或单元的操作。必要时提供对微型燃料电池发电系统或单元防护功能。此外，这种防护功能应能够在微型燃料电池发电系统或单元启动与关闭情况下操作。

4.14.6.2 意外短路的防护

为应对短路负载情况需提供安全延缓操作或防护功能。

4.14.6.3 超负荷保护

微型燃料电池发电系统和动力单元应被设计为能减少非正常电力超负荷情况下的火灾危险。

5 异常运行和故障状态的试验及要求

5.1 概述

a) 将每个微型燃料电池发电系统或动力单元设计成可以尽可能减少由于机械的或电气的过载或故障，或由于非正常操作或粗心使用引起的火灾、泄漏或其他危险。

b) 出现异常运行或单一故障后，微型燃料电池发电系统或动力单元仍应处于安全状况。

c) 允许使用不会成为点火源的熔线、热熔断路、过电流保护装置等来提供适当的保护。

d) 根据检验和5.2中的试验检查是否符合要求。

5.2 符合性试验

a) 在每项试验开始前，微型燃料电池发电系统或动力单元需正常运行。

b) 如果元件或组件被封装而不能进行短路或断开,允许在装有特殊连接引线的样本部件上进行试验。如果这样做不可能或不现实,可将元件或组件作为整体认为试验合格。

c) 对微型燃料电池发电系统或动力单元用在正常使用和可预见误用情况下会发生的异常和单一故障状态进行试验。使用危害性分析(见 4.2)来指导确定试验中的关键性故障。另外,有保护罩的微型燃料电池发电系统或动力单元在试验前要在正常空转状态下运行直到达到稳定状态。

d) 要检查微型燃料电池发电系统或动力单元、电路图、FMEA、危害性分析和组件规格来确定可能发生的故障状态。例子包括:

   1) 半导体装置和电容器的短路和开路;

   2) 引起间歇耗散设计的电阻器发生连续耗散的故障;

   3) 集成电路中导致过多耗散的内部故障。

5.3 合格标准

在模拟异常运行和故障状态的试验中:

a) 任何时候都应该无燃烧,无爆炸,无泄漏以及无燃料蒸气损失。

b) 微型燃料电池发电系统或动力单元不会喷射熔融金属。

c) 在无焰电路中有意以重复方式打开的电路追踪应与 GB 3836.8—2003 规定一致或者与燃料区域隔离。

d) 外壳在上述方法中接近危险部件时不会变形。

e) 电动机、变压器和其他绕线型元件的绝热系统的温度不能超过材料 A 级 150 ℃、E 级 165 ℃、B 级 175 ℃、F 级 190 ℃和 H 级 210 ℃。如果绝缘的失效不会导致出现危险能量等级,则允许的最高温度为 300 ℃。玻璃或陶瓷材料制成的绝缘材料可允许更高的温度。

f) 可能发生的温度和电弧不能成为潜在的火源。如果认为可能会成为潜在的火源,应提供其他方法阻止电弧或高温的发生。

g) 使用粗棉布、红外摄像机或其他合适的方法测量火焰和燃烧。

h) 目测爆炸以确保对微型燃料电池发电系统或动力单元或试验电池无干扰。

5.4 模拟受限制电源和 SELV 电路的故障和异常状态

a) 当需要进行模拟故障或异常运行状态时,需要依序逐个进行。

b) 由模拟故障或异常运行状态而导致的故障也属于对故障或异常运行状态进行模拟的一部分。

c) 当进行模拟故障或异常运行状态时,如果附件、供应品和耗材对试验结果有影响时,要将它们放在适当的位置。

d) 当进行模拟故障或异常运行状态时,要考虑到为成品提供过电流和短路保护的灭弧过电流保护装置。

e) 当微型燃料电池发电系统或单元在正常运行与异常运行时有潜在的可燃性蒸气产生时,要考虑到成品中的有电弧部分。

f) 当特别提及单一故障时,单一故障包括任一绝缘的单一故障或任一元件的单一故障。

5.5 异常运行——机电元件

当有可能发生危险时,除了电动机以外的机电元件应根据以下的故障试验检测是否符合要求:

a) 当元件被正常通电时,将机械运行锁定在最不利的位置。

b) 对于需要间歇性供电的元件,在驱动电路中应进行引起元件持续通电的故障模拟试验。

c) 每次试验的持续时间需与以下一致:

   1) 对于用户不易发现的微型燃料电池发电系统或动力单元元件的误操作,试验持续时间要么需持续到建立稳定情况,要么持续到由于模拟故障状态而导致断路,选择其中时间较短者。

2) 对其他微型燃料电池发电系统或单元元件，试验持续时间为 5 min 或持续到由于元件故障而导致的断路(比如：烧坏)。

5.6 带有集成电池组的微型燃料电池发电系统或动力单元的异常运行

根据制造商的设计进行充电的、与微型燃料电池发电系统或单元集成的或制造商推荐与微型燃料电池发电系统或动力单元一起使用的可充电电池可应用于以下的任一试验：

a) 为检测可充电电池的充电安全性，电池应当依照如下情况依次充电 7 h：

1) 随着蓄电池充电电路调整到它的最大充电率(如果此种调整存在)；之后可能发生在充电电路并会导致电池过充的任一单个元件故障；电池充电 7 h；在试验时，通过负载电路中的限流或限压元件的开路或断路来对电池组进行快速放电。

2) 随着可能发生并会导致电池反充电的任一单个元件故障，电池充电 7 h。在试验时，通过负载电路中的限流或限压元件的开路或断路来对电池组进行快速放电。

b) 以上试验完成以后，按照 GB 4943—2001 中的指导对微型燃料电池发电系统或单元进行介电强度试验。

c) 这些电池组的非正常试验不应导致以下的任何一种情况：

1) 由于外壳的破裂、断裂或爆炸引起的电池、微型燃料电池发电系统、微型燃料电池动力单元或燃料容器中的化学药品或燃料泄漏；或者

2) 可能导致用户受伤的、电池组或微型燃料电池发电系统、微型燃料电池动力单元或燃料容器的爆炸；

3) 熔融金属或火焰喷射到微型燃料电池发电系统、微型燃料电池动力单元或燃料容器以外；

4) 微型燃料电池发电系统、微型燃料电池动力单元或燃料容器或里面的燃料着火。

5.7 异常运行——基于危险性分析的故障模拟

以下故障需被模拟：

a) 任何基于第 4 章的、对评价微型燃料电池发电系统或单元的保护参数必要的异常状态，如过热保护、短路、电堆电压。

b) 所有相关元器件和零件的短路、断开或超载，除非它们的防火防护外壳符合 4.9.1 和 4.9.4 中对包括材料在内的防火防护外壳的要求。

注：过载情况就是介于正常负载与短路前的最大电流状态之间的状态。

c) 超过能保证微型燃料电池发电系统或单元安全的过温保护电路的温度。

6 燃料容器、微型燃料电池动力单元和微型燃料电池发电系统的使用说明及警示

6.1 概述

所有的燃料容器、微型燃料电池动力单元和微型燃料电池发电系统都应有适当的安全信息(使用说明、警示或两者兼有)，告之用户产品的预期安全运输、使用、存储、维护和处理。

6.2 燃料容器上的必备标识

燃料容器上至少要有下列标识：

a) 内容物可燃、有毒，切勿拆卸。

b) 避免接触内容物。

c) 远离儿童。

d) 不要暴露在 50 ℃以上的温度、明火或火源处。

e) 遵循使用说明。

f) 在误食燃料或与眼部接触时，寻求医生治疗。

g) 商标和/或制造商名称、产品型号与制造商需要的溯源性。

h) 燃料的成分与数量。

i) 标明微型燃料电池发电系统遵循本部分的文字或标识。

6.3 微型燃料电池发电系统上的必备标识

微型燃料电池发电系统上至少要有下列标识：

a) 内容物可燃、有毒，切勿拆卸。

b) 避免接触内容物。

c) 不要暴露在 50 ℃以上的温度、明火或火源处。

d) 遵循使用说明。

e) 在误食燃料或与眼部接触时，寻求医生治疗。

f) 商标和/或制造商名称、产品型号与制造商需要的溯源性。

g) 燃料的成分。

h) 内部贮存器中燃料的最大容量。

i) 标明微型燃料电池发电系统遵循本部分的文字或标识。

j) 电气输出(电压、电流、最大额定功率)。

6.4 燃料容器或相关文字信息或微型燃料电池发电系统或微型燃料电池动力单元上的附加说明

使用说明需包括：

a) 安全说明与警示。

b) 微型燃料电池发电系统上说明此系统遵循本部分的文字或标识。

c) 所有微型燃料电池发电系统和微型燃料电池动力单元要能识别出自已适用的燃料容器。

d) 运行和贮存的最低和最高温度。

6.5 技术文件

技术文件应包括有安全说明及以下内容的用户信息手册：

a) 指导最终用户正确使用、说明燃料容器、微型燃料电池动力单元和/或微型燃料电池发电系统的功能和处理的说明信息。

b) 用于识别微型燃料电池动力单元和/或微型燃料电池发电系统制造商的信息，包括公司名称、地址、电话和网址。

c) 贴在微型燃料电池发电系统、微型燃料电池动力单元或燃料容器上的所有的警示和说明需在手册中说明。进一步说明或增强这些警示和说明的附加信息也应写在手册中。

d) 微型燃料电池发电系统或单元需用于良好通风区域的使用说明。

地方法律适用于这些要求。更多详细资料咨询当地权威机构。

微型燃料电池发电系统、微型燃料电池动力单元和/或燃料容器的制造商应详细说明燃料的类型和相关参数。必要时，也应说明微型燃料电池发电系统使用的燃料和水的性质和相关参数。这些信息应作为微型燃料电池发电系统或单元的文件一并提供。

微型燃料电池发电系统或动力单元应指定与其匹配的燃料容器。此信息应作为微型燃料电池动力单元或微型燃料电池发电系统的文件一并提供。

7 微型燃料电池发电系统、微型燃料电池动力单元和燃料容器的型式试验

7.1 概述

a) 微型燃料电池发电系统、微型燃料电池动力单元和燃料容器的型式试验是为了确保微型燃料电池发电系统正常使用的安全性。

b) 表 5 列举了应进行的型式试验。

表 5　型式试验目录

参考试验	试验项目	试验样品
7.3.1	压差试验	燃料容器 部分充装的燃料容器 微型燃料电池发电系统或动力单元
7.3.2	振动试验	燃料容器 部分充装的燃料容器 微型燃料电池发电系统或动力单元
7.3.3	温度循环试验	燃料容器 部分充装的燃料容器 微型燃料电池发电系统或动力单元
7.3.4	高温暴露试验	燃料容器 部分充装的燃料容器
7.3.5	跌落试验	燃料容器 部分充装的燃料容器 微型燃料电池发电系统或动力单元
7.3.6	压力载荷试验	燃料容器 部分充装的燃料容器 微型燃料电池发电系统或动力单元
7.3.7	外部短路试验	微型燃料电池发电系统或动力单元
7.3.8	表面、元件和废气温度试验	微型燃料电池发电系统或动力单元
7.3.9	长期贮存试验	燃料容器 部分充装的燃料容器
7.3.10	高温连接试验	燃料容器和微型燃料电池动力单元 部分充装的燃料容器和微型燃料电池动力单元
7.3.11	连接循环试验	燃料容器和微型燃料电池动力单元
7.3.12	排放试验	微型燃料电池发电系统或动力单元
试验样品：每种型式试验的样品数量至少为 6 个燃料容器和/或至少 3 个微型燃料电池发电系统或单元。 试验顺序：对同一个燃料容器要按顺序进行试验 7.3.2 和 7.3.3。微型燃料电池发电系统或单元要按顺序进行试验 7.3.1、7.3.2 和 7.3.3。 重新使用样品：如果制造商认为不会影响单个试验的结果，可以重新使用燃料容器、微型燃料电池发电系统或单元。		

c)　除本章另有明确规定的外，试验室条件见表 6。

表 6　试验室标准条件

项　　目	条　　件
试验室温度	试验室温度是指“室温”(标准温度条件，22 ℃±5 ℃)
仅适用于微型燃料电池发电系统的试验室空气	试验室空气包含不超过 0.2%的二氧化碳和不超过 0.002%的一氧化碳。 试验室空气包含至少 18%但不超过 21%的氧气

d) 试验进行前，将微型燃料电池发电系统、动力单元和/或燃料容器置于标准试验室温度 22 ℃±5 ℃下至少 3 h。

警告：如果没有事先的预防措施，这些型式试验的程序可能会导致伤害。应由有资质的、有经验的技术人员在适当的保护措施下运行试验。

7.2 甲醇的泄漏测量方法和测量程序

甲醇的泄漏测量应分别遵循图 2～图 5 的原则。不同条中还会标注例外情况。

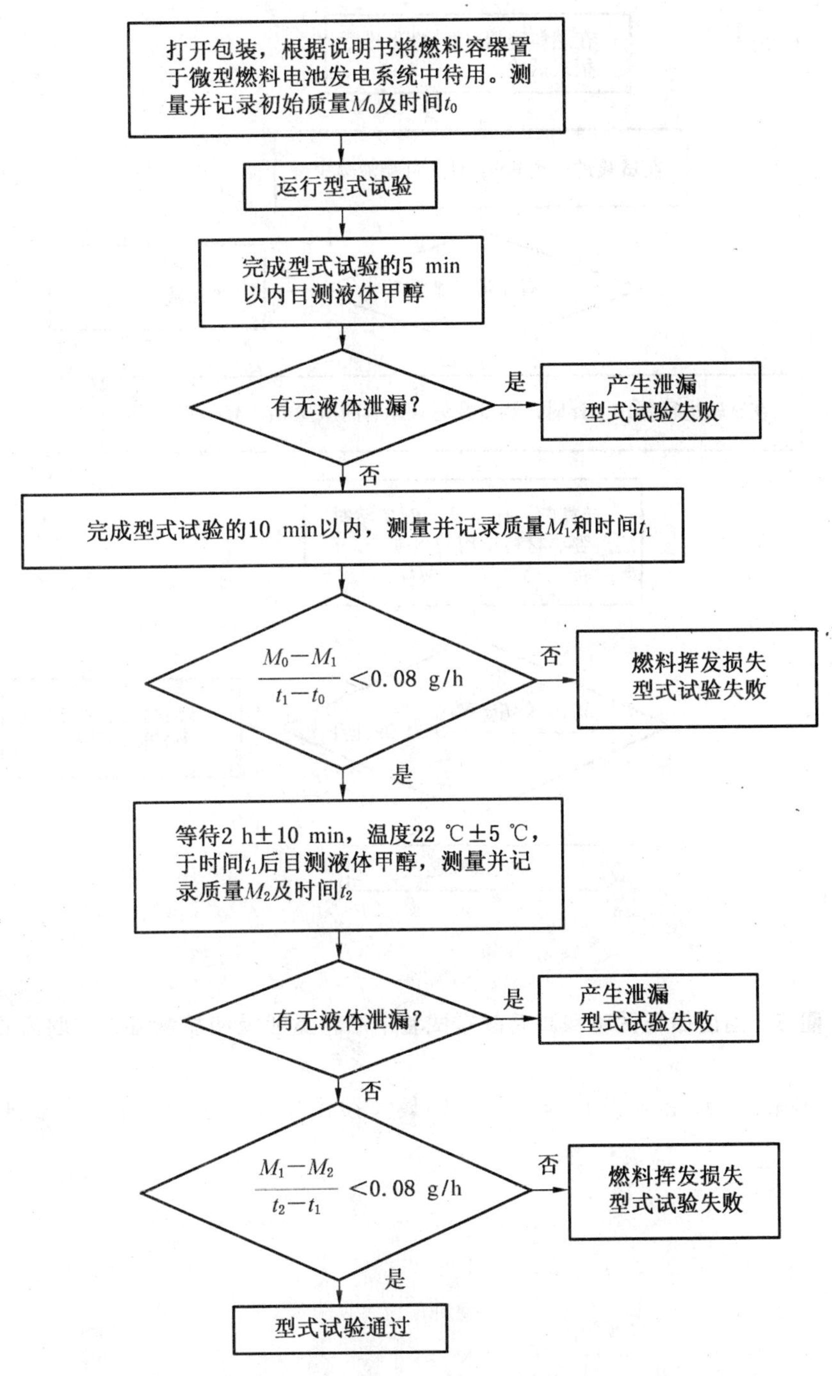

图 2 低外压、振动、跌落和压力载荷试验中燃料容器泄漏和质量流失试验流程图

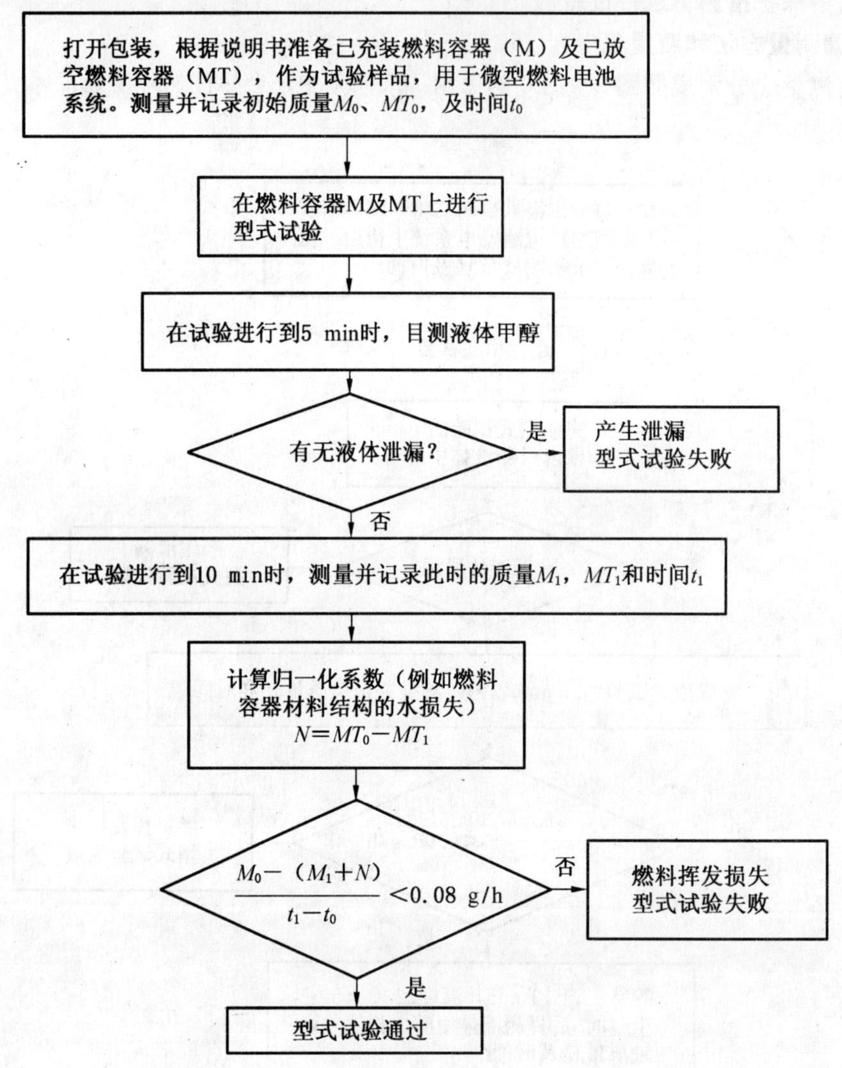

图3 温度循环试验和高温暴露试验中燃料盒泄漏和质量流失试验流程图

最大时间间隔 t_1-t_0 必须设置为当燃料以最大损失速率流失时，损失的燃料质量不超过总质量的 1/2。

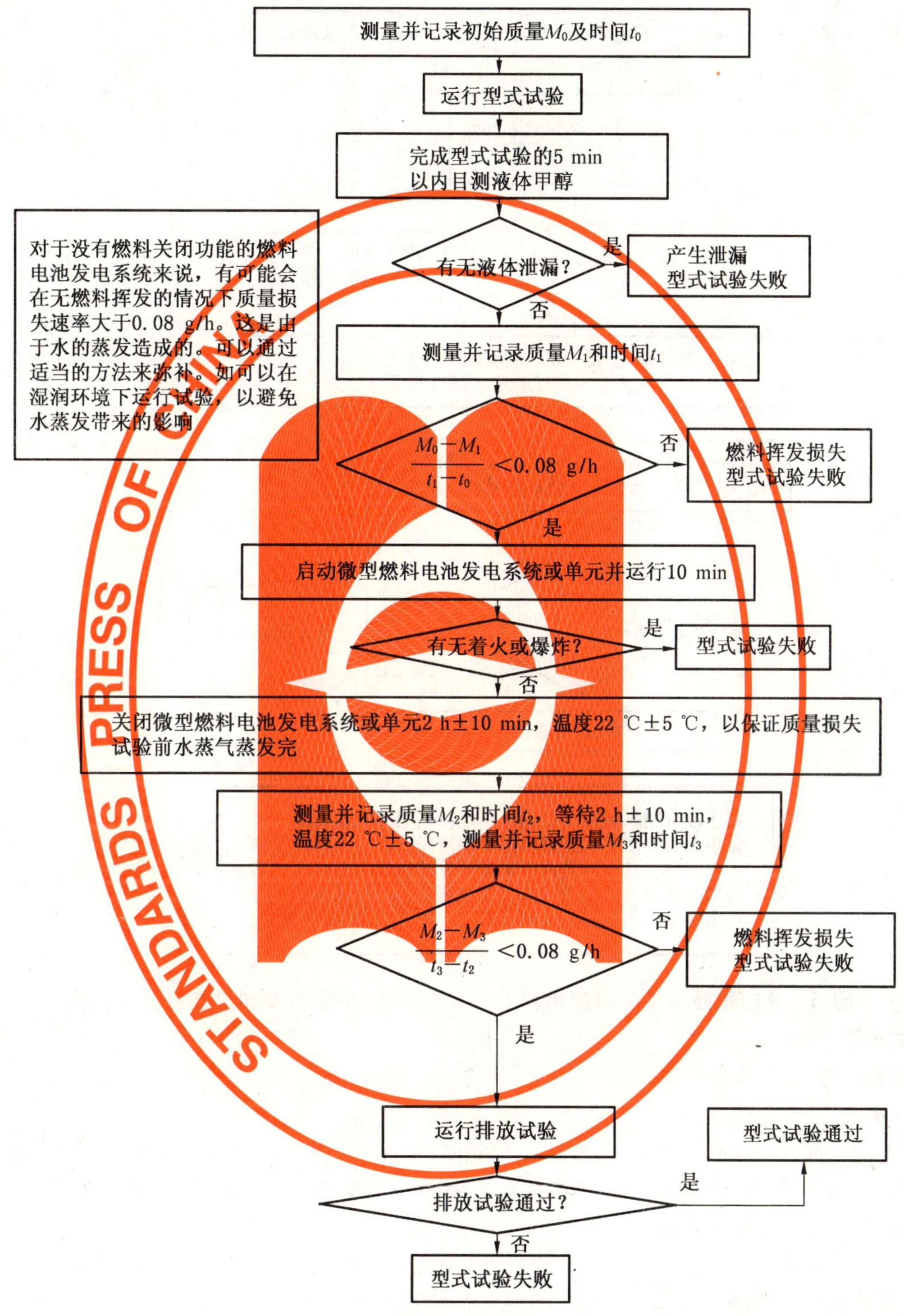

图 4　压差、振动、温度循环、跌落和压力载荷试验中微型燃料电池发电系统/单元泄漏和质量流失流程图

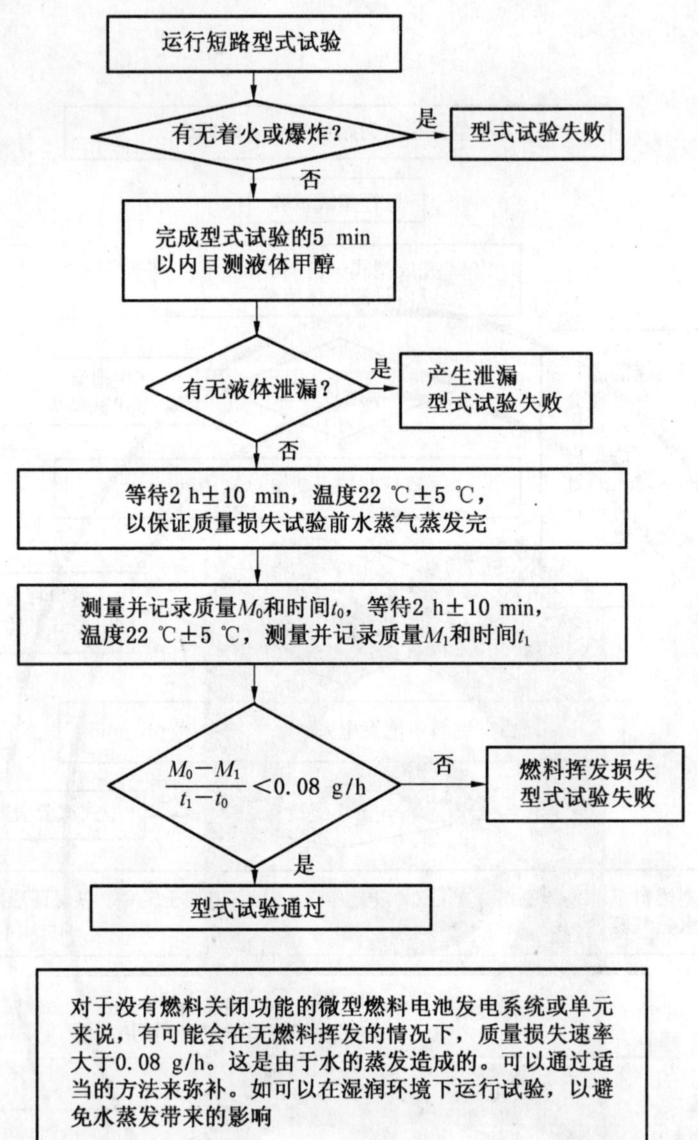

图5　外部短路试验中微型燃料电池发电系统/单元泄漏和质量流失流程图

7.3　型式试验

7.3.1　压差试验

7.3.1.1　概述

该试验的一部分用以检验与4.12.1.2的一致性以确保燃料容器的内部压力在22 ℃下，正常的工作压力加上95 kPa的内表压或两倍于燃料容器在55 ℃下的表压下无泄漏，两者选较大者。根据两种不同的限制压力情况提供以下两种试验：

a) 若燃料容器于22 ℃下，95 kPa的内表压与正常的工作压力的和大于燃料容器在55 ℃下的表压的两倍时，则可按7.3.1.2或7.3.1.3检验是否与4.12.1.2一致。

b) 若燃料容器在55 ℃下的表压的两倍大于燃料容器于22 ℃下，正常的工作压力与95 kPa的内表压的和时，则应使用7.3.1.2以确保与4.12.1.2一致。

7.3.1.2　燃料容器内部压力试验

a) 试验样品：未使用的燃料容器、部分充装的燃料容器和燃料容器阀。

b) 目的：模拟燃料容器高内压的影响，并确保无泄漏。

c) 试验步骤：

对于内部加压试验，燃料容器和阀需分开，进行单独试验。

1) 使用适当的液体介质，如水，加压燃料容器使其内部压力等于22 ℃下，正常的工作压力加上95 kPa的表压或燃料容器在55 ℃下的表压的两倍中的数值较高者。

2) 压力的增加不得超过60 kPa/s的速率。

3) 在试验室温度下，维持最大压力30 min。

4) 使用适当的液体介质，如水，加压，使得截至阀的内部压力等于22 ℃下，正常的工作压力加上95 kPa的表压或燃料容器在55 ℃下的表压的两倍中的数值较高者。

5) 压力的增加不得超过60 kPa/s速率。

6) 在试验室温度下，维持最大压力30 min。

d) 合格标准：测试过程中，任何时候都应该无测试介质泄漏，无压力的突然下降。可目测泄漏。应在试纸上颠倒燃料容器和燃料容器阀，让阀门开口向下指向试纸，检测泄漏。如果发现液体泄漏，则试验失败。

7.3.1.3 燃料容器低外压试验

a) 试验样品：未使用的燃料容器或部分充装的燃料容器。

b) 目的：模拟燃料容器高内压的影响，并确保无泄漏。

c) 试验步骤：

按照图2运行该试验。

1) 将样品放置在真空室内，将真空室内的压力降至低于大气压95 kPa。

2) 维持真空30 min。

d) 合格标准：测试过程中，任何时候都应该无燃烧，无爆炸，无可见的液体泄漏，无燃料蒸气损失。见图2。可目测泄漏。应在试纸上颠倒燃料容器让阀门开口向下指向试纸，检测泄漏。如果发现液体泄漏，则试验失败。使用粗棉布、红外摄像机或其他合适的方法检验燃烧。可目测爆炸。

7.3.1.4 微型燃料电池发电系统或微型燃料电池动力单元压力试验

所有微型燃料电池发电系统和微型燃料电池动力单元均需要进行该试验。

a) 试验样品：按照制造商说明充装的微型燃料电池动力单元或微型燃料电池发电系统。

b) 目的：模拟高内压或低外压的影响，并确保无泄漏。

c) 试验步骤：

1) 按照图4运行这些试验。

2) 将试验样品存储在试验室温度及68 kPa绝对压力的低外压下6 h。泄漏的测量见图4的步骤。

3) 将试验样品存储在试验室温度以及11.6 kPa（绝对压力）的低外压下1 h。泄漏的测量见图4的步骤，将蒸气损失是/否合格标准改为“少于2.0 g/h，不超过最低燃烧限定的25%”。

$$\frac{M_0-M_1}{t_1-t_0}<2.0\ \text{g/h} \text{ 和 } \frac{M_2-M_3}{t_3-t_2}<2.0\ \text{g/h}$$

d) 合格标准：测试过程中，任何时候都应该无燃烧，无爆炸，无液体泄漏且无燃料蒸气损失。见图4。可目测泄漏。若燃料容器存在，则将其从微型燃料电池发电系统移开。在试纸上颠倒燃料容器和微型燃料电池动力单元或微型燃料电池发电系统，让阀门开口向下指向试纸，检测泄漏。如果发现液体泄漏，则试验失败。使用粗棉布、红外摄像机或其他合适的方法检验燃烧。目测爆炸以确保微型燃料电池发电系统/单元或试验电池无干扰。燃料蒸气损失应满足以下标准：

1) 燃料蒸气损失在 68 kPa 绝对外部压力下的 6 h 的试验下应小于 0.08 g/h。

2) 燃料蒸气损失在 11.6 kPa 绝对外部压力下的 1 h 的试验下应小于 2.0 g/h。

7.3.2 振动试验

a) 试验样品:未使用的燃料容器、部分充装的燃料容器、7.3.1 中使用的按制造商提供的说明书充装的微型燃料电池动力单元或微型燃料电池发电系统。

b) 目的:模拟正常运输振动的影响,并确保无泄漏。

c) 试验步骤:

1) 根据图 2 进行燃料容器试验,根据图 4 进行微型燃料电池发电系统或单元试验。

2) 为了将振动完全传递至试验样品,样品应被牢固安装在振动仪器的平台上,以避免样本被扭曲。

3) 振动源应是在 7 Hz 与 200 Hz 间对数扫频的正弦波,并且扫描来回持续 15 min。

4) 每个试验样品在相互垂直的三个方向上各自重复循环 12 次,共计 3 h。

5) 对数扫描频率如下:从 7 Hz 起,保持峰值加速度 $1g_n$($1g_n$=980 Gal=9.8 m/s^2),直至 18 Hz。振幅保持在 0.8 mm(总偏移量 1.6 mm)。继续提高频率,直至峰值加速度达到 $8g_n$(此时频率大约为 50 Hz)。$8g_n$ 的峰值加速度一直保持到频率 200 Hz。

6) 对于微型燃料电池发电系统或单元,按照 7.3.12 进行排放试验。

d) 合格标准:测试过程中,任何时候都应该无燃烧,无爆炸,无液体泄漏以及无燃料蒸气损失。根据图 2 和图 4 的步骤测量泄漏和蒸气损失。可目测泄漏。若燃料容器存在,则将其从微型燃料电池发电系统中移开。在试纸上颠倒燃料容器和微型燃料电池动力单元或微型燃料电池发电系统,让阀门开口向下指向试纸,检测泄漏。如果发现液体泄漏,则试验失败。使用粗棉布、红外摄像机或其他合适的方法检验燃烧。可目测爆炸以确保对微型燃料电池发电系统/单元或试验电池无干扰。排放应满足 7.3.12 中的合格标准;若微型燃料电池发电系统或动力单元不运行,但排放未达到 7.3.12 的限定,此排放试验可以接受。

7.3.3 温度循环试验

a) 试验样品:7.3.2 中使用的燃料容器、7.3.2 中使用的部分充装的燃料容器和按制造商提供的说明书且在 7.3.2 中使用的充装的微型燃料电池动力单元或 7.3.2 中使用的微型燃料电池发电系统。

b) 目的:模拟低温和高温暴露及极端温度变化的影响。

c) 试验步骤:

1) 根据图 3 进行燃料容器试验,根据图 4 进行微型燃料电池发电系统或单元试验。

2) 燃料容器需要试验两种方向:阀向上和阀向下。对于微型燃料电池发电系统或微型燃料电池动力单元只需试验一种方向。

3) 根据图 6 设定温度。

4) 将试验样品置于温度控制试验室内,并将室温在 1 h±5 min 内,从实验室温度增加到 55 ℃±2 ℃,并保持在 55 ℃±2 ℃最少 4 h。

5) 在 1 h±5 min 内,将室温降低至 22 ℃±5 ℃,并保持在 22 ℃±5 ℃下 1 h±5 min;然后,在 2 h±5 min 内,将室温降低至−40 ℃±5 ℃,并保持在−40 ℃±5 ℃,最少 4 h。

6) 在 2 h±5 min 以内,将室温增加到 22 ℃±5 ℃,并保持在 22 ℃±5 ℃,至少 1 h±5 min。

7) 以上过程需做 2 遍。

8) 在 22 ℃±5 ℃下,1 h 以后,基于图 3(针对燃料容器)和图 4(针对微型燃料电池发电系统或单元)测量泄漏和蒸气损失。

9) 对于微型燃料电池发电系统或微型燃料电池动力单元,按照 7.3.12 进行排放试验。

d) 合格标准:测试过程中,任何时候都应该无燃烧,无爆炸,无液体泄漏以及无燃料蒸气损失。基于图 3(针对燃料容器)和图 4(针对微型燃料电池发电系统或单元)测量泄漏和蒸气损失。可目测泄漏。若燃料容器存在,将其从微型燃料电池发电系统移开。在试纸上颠倒燃料容器和微型燃料电池动力单元或微型燃料电池发电系统,让阀门开口向下指向试纸,检测泄漏。如果发现液体泄漏,则试验失败。使用粗棉布、红外摄像机或其他合适的方法检验燃烧。可目测爆炸以确保对微型燃料电池发电系统/单元或试验电池无干扰。排放应达到 7.3.12 中的合格标准;如果微型燃料电池发电系统/动力单元不运行,但排放未超过 7.3.12 中的限定,此排放试验可以接受。

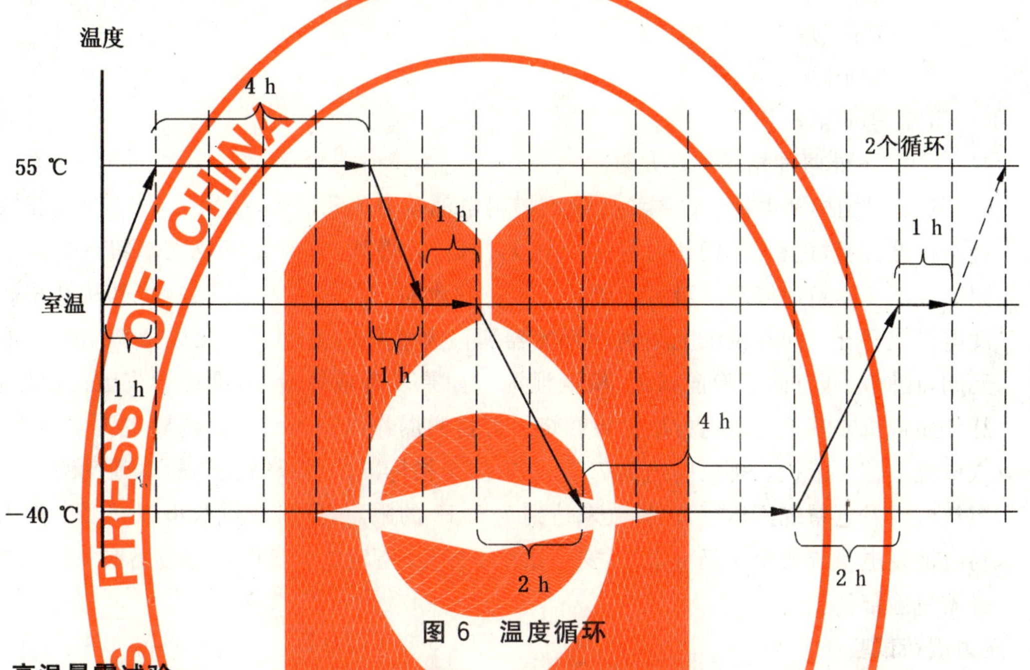

图 6 温度循环

7.3.4 高温暴露试验

a) 试验样品:未使用的燃料容器或部分充装的燃料容器。

b) 目的:模拟高温环境对燃料容器的影响。

c) 试验步骤:

1) 试验两种方向:阀向上和阀向下。

2) 将试验样品置于温度为 70 ℃±2 ℃的温度控制试验室内,并允许室温恢复到 70 ℃±2 ℃,并与控制室内的样品一起保持此温度,至少 4 h。

3) 将试验样品移到试验室温度下。

d) 合格标准:测试过程中,任何时候都应该无燃烧,无爆炸,无泄漏以及无燃料蒸气损失。基于图 3(针对燃料容器)测量泄漏和燃料蒸气损失。可目测泄漏。应在试纸上颠倒燃料容器,让阀门开口向下指向试纸,检测泄漏。如果发现液体泄漏,则试验失败。使用粗棉布、红外摄像机或其他合适的方法检验燃烧。可目测爆炸。

7.3.5 跌落试验

a) 试验样品:未使用的燃料容器、部分充装的燃料容器和按制造商提供的说明书充装的微型燃料电池动力单元或带有未使用燃料容器的微型燃料电池发电系统。

b) 目的:模拟意外跌落的影响,并确保无泄漏。

c) 试验步骤:

1) 试验样品应从预定高度跌落至一个放置在混凝土或其他无弹性的地板上的、由至少 13 mm 厚的硬木板和两层 18 mm~20 mm 厚的胶合板组成的水平表面上。

2) 跌落的高度应是：

i) 1 200 mm±10 mm：在微型燃料电池动力单元和/或燃料电池发电系统情况下；

ii) 1 500 mm±10 mm：在燃料容器超过 200 mL 的情况下；

iii) 1 800 mm±10 mm：在燃料容器等于 200 mL 的情况下。

3) 对于燃料容器试验，用同样的样品在四个方向进行跌落试验。

4) 对于微型燃料电池动力单元或微型燃料电池发电系统，根据制造商的判断，用一个燃料电池发电系统或单元进行对于四个方向的跌落试验，或在几次跌落试验中使用不同的燃料电池发电系统或单元。

5) 跌落方向为：

i) 阀向上；

ii) 阀向下；

iii) 另外两种相互垂直方向。

6) 对于微型燃料电池发电系统或微型燃料电池动力单元试验，按照 7.3.12 进行排放试验。

d) 合格标准：测试过程中，任何时候都应该无燃烧，无爆炸，无泄漏以及无燃料蒸气损失。基于图 2 和图 4 测量泄漏和燃料蒸气损失。可目测泄漏。若燃料容器存在，将其从微型燃料电池发电系统移开。应在试纸上颠倒燃料容器和微型燃料电池动力单元或微型燃料电池动力单元阀，让阀门开口向下指向试纸，检测泄漏。如果发现液体泄漏，则试验失败。使用粗棉布、红外摄像机或其他合适的方法检验燃烧。可目测爆炸以确保对微型燃料电池发电系统/单元或试验电池无干扰。排放应达到 7.3.12 中的合格标准。如果微型燃料电池动力单元或微型燃料电池发电系统不运行，但排放未达到 7.3.12 的限定，此排放试验可以接受。如果微型燃料电池发电系统或单元仍可运行，安全系统 FMEA 指定的保护电路应当仍旧工作正常。不应暴露危险部件。

7.3.6 压力载荷试验

7.3.6.1 微型燃料电池发电系统或微型燃料电池动力单元

a) 试验样品：按照制造商提供的说明书充装的燃料电池动力单元或带有未使用的燃料容器的微型燃料电池发电系统。

b) 目的：模拟当外力或放置重物在微型燃料电池动力单元或微型燃料电池发电系统上面时的影响。

c) 试验步骤：

1) 将微型燃料电池动力单元/系统试验样品置于两块长 254 mm(10 in)、宽 101.6 mm(4 in)和厚度 12.7 mm(1/2 in)的平木块之间，同时使用加压器对样品产生至少 245 N 的压力，这相当于在标准重力环境下将 25 kg 的物体置于样品之上产生的压力。

2) 将压力逐渐以 12.7 mm/min(1/2 in/min)的增压速度应用于外壳的暴露表面。

3) 使用加压器对样品产生至少 245 N 的压力，其相当于在标准重力环境下将 25 kg 的物体置于样品之上产生的压力，并保持 5 s。

4) 试验应按照规定在三个相互垂直的方向进行。如果样品在某个方向不能站立，则不必在那个方向试验。

5) 按照 7.3.12，在紧随压力载荷试验之后进行排放试验。

d) 合格标准：测试过程中，任何时候都应该无燃烧，无爆炸，无泄漏及无燃料蒸气损失。基于图 4 测量泄漏和燃料蒸气损失。可目测泄漏。若燃料容器存在，将其从微型燃料电池发电系统移开。应在试纸上颠倒燃料容器和微型燃料电池动力单元或微型燃料电池动力单元阀，让阀门开口向下指向试纸，检测泄漏。如果发现液体泄漏，则试验失败。使用粗棉布、红外摄像机或其他合适的方法检验燃烧。可目测爆炸以确保对微型燃料电池发电系统/单元或试验电池无干扰。排放应达到7.3.12中的合格标准。如果微型燃料电池动力单元或微型燃料电池发电系统不运行，但排放未达到7.3.12的限定，此排放试验可以接受。

7.3.6.2 **燃料容器**

a) 试验样品：未使用的燃料容器或部分充装的燃料容器。

b) 目的：模拟放置重物在燃料容器上面时的影响。

c) 试验步骤：

1) 将微型燃料电池动力单元/系统试验样品置于两块长254 mm(10 in)、宽101.6 mm(4 in)和厚度12.7 mm(1/2 in)的平木块之间，同时使用加压器对样品产生至少981 N的压力，这相当于在标准重力环境下将100 kg的物体置于样品之上产生的压力。

2) 将压力逐渐以12.7 mm/min(1/2 in)的速度应用于外壳的暴露表面。

3) 使用加压器对样品产生至少981 N±9.8 N的压力，这相当于在标准重力环境下将100 kg±1 kg的物体置于样品之上产生的压力，并保持5 s。

4) 燃料容器方向的选择应基于意外跌落时可能稳定的静止位置(如：相对其他表面重心较低的那些方向)。可以只试验立方棱柱形燃料容器的一个平面或只试验纵轴长度大于两倍直径的圆柱形燃料容器的曲面。

d) 合格标准：测试过程中，任何时候都应该无燃烧，无爆炸，无泄漏和无燃料蒸气损失。基于图2测量泄漏和燃料蒸气损失。可目测泄漏。应在试纸上颠倒燃料容器，让阀门开口向下指向试纸，检测泄漏。如果发现液体泄漏，则试验失败。使用粗棉布、红外摄像机或其他合适的方法检验燃烧。可目测爆炸以确保对试验电池无干扰。

7.3.7 **外部短路试验**

a) 试验样品：按照制造商说明充装的微型燃料电池动力单元或带有未使用的燃料盒的微型燃料电池发电系统。

b) 目的：模拟外部短路的影响。

c) 试验步骤：

1) 分别在微型燃料电池发电系统和燃料电池动力单元运行和非运行时进行试验。

2) 通过用最大电阻0.1 Ω的导线连接燃料电池发电系统或单元的正、负极至少5 min来运行短路试验。

3) 每次短路试验后根据7.3.12进行排放试验。

d) 合格标准：测试过程中，任何时候都应该无燃烧，无爆炸，无泄漏和无燃料蒸气损失。基于图5测量泄漏和燃料蒸气损失。可目测泄漏。若燃料容器存在，将其从微型燃料电池发电系统移开。应在试纸上颠倒燃料容器和微型燃料电池动力单元，让阀门开口向下指向试纸，检测泄漏。如果发现液体泄漏，则试验失败。使用粗棉布、红外摄像机或其他合适的方法检验燃烧。可目测爆炸以确保对微型燃料电池发电系统/单元或试验电池无干扰。在短路试验过程中及试验之后，外表面温度不能超过表2中的温度。排放应达到7.3.12中的合格标准。如果微型燃料电池发电系统或单元不运行，但排放未达到7.3.12的限定，此排放试验可以接受。

注：外部短路试验可以表面、元件和废气温度试验之后，使用同一个样品进行。

7.3.8 **表面、元件和废气温度试验**

a) 试验样品：按照制造商提供的说明书充装的微型燃料电池动力单元或带有未使用燃料容器的微型燃料电池发电系统。

b) 目的：排除由于和微型燃料电池发电系统或单元外壳或从通风口出来的废气接触引起的烧伤危险。校验元件温度的等级。

c) 试验步骤：

1) 待温度稳定在±2 ℃以内 5 min，即可测量温度。

2) 此试验应在制造商规定的最大室温运行温度下进行。

3) 使用红外摄像机、热电偶或其他合适的方法测量微型燃料电池动力单元或微型燃料电池发电系统的表面在额定最大输出功率运行时的温度。

4) 将微型燃料电池发电系统或动力单元放置于正常运行条件下以使废气排放无阻碍。

5) 微型燃料电池发电系统或单元在额定最大输出功率运行时，于废气出口 1 cm 处测量废气的温度。

d) 合格标准：微型燃料电池动力单元或微型燃料电池发电系统中人可以轻易接触到的表面的温度不得超过表 2 中取决于材料的规定值。运行中的微型燃料电池发电系统或单元的排气口 1 cm 处的温度应低于 70 ℃。试验过程中，热熔断路和负载装置不得运行。

对于微型燃料电池发电系统或单元中未在表 2 中显示的元件和电线，其温度不得超过元件和电线额定的最大温度。根据 FMEA 确定相关元件的安全性。

注：本试验可以在外部短路试验之后进行并且可以使用同一样品。

7.3.9 长期贮存试验

7.3.9.1 概述

可采用 7.3.9.2(选项 1)7.3.9.3(选项 2)或 7.3.9.4(选项 3)进行试验。

7.3.9.2 选项 1——持续质量测量

a) 试验样品：未使用的燃料容器或部分充装的燃料容器。

b) 目的：模拟温度升高对长期储存的影响，并确保无泄漏。

c) 试验步骤(见图 7)

1) 温度室内使用的测压元件(持续电子质量传感装置)应是经过设计和校准，并适合于 50 ℃下工作的。

2) 将测压元件置于 50 ℃±2 ℃的温度室下。将燃料容器置于测压元件的顶端，以便于将所有的质量作用于测压元件上。可使用夹具控制燃料容器的位置，确保所有质量能作用于测压元件上。

3) 在测压元件上连接一个数字读数器，手动或自动记录数据。测量数据应保证高度可信，以保证燃料蒸气损失速率不超过 0.08 g/h。

4) 如果在测试结束时燃料容器内仍然留有燃料，则以小时为单位，计算室内试验样品的蒸气损失(28 天×24 h/天 ＝ 672 h)。如果平均质量损失不超过 0.08 g/h，那么试验样品就通过了燃料蒸气流失的试验。

5) 如果燃料容器在试验结束前就空了，质量流失速率应基于燃料容器变空前最后测量数据点 Δt_{last} 的总计时间(Δt_{last})和最后质量(M_{last})来计算。若燃料蒸气流失未超过 0.08 g/h，则试验通过。

i) Δt_{last}＝介于试验开始初期质量测量和燃料容器中仍存有液体燃料前最后一次测量之间的时间间隔。

ii) M_{last}＝燃料容器中仍存有液体燃料前最后一次质量测量数据。

d) 合格标准：测试过程中，任何时候都应该无燃烧，无爆炸，无燃料蒸气损失及无液体泄漏。基于图 7 测量泄漏和蒸气损失。若燃料容器的燃料蒸气损失超过 0.08 g/h 的标准，则试验样品未通过试验。可目测泄漏。应在试纸上颠倒燃料容器，让阀门开口向下指向试纸，检测泄漏。如果发现液体泄漏，则试验失败。使用粗棉布、红外摄像机或其他合适的方法检验燃烧。可目测爆炸。

7.3.9.3 **选项 2——定期测量**

a) 试验样品：未使用的燃料容器或部分充装的燃料容器。

b) 目的：模拟温度升高对长期储存的影响，并确保无泄漏。

c) 试验步骤：(见图 7)

1) 将燃料容器置于 50 ℃±2 ℃的温度室中。质量测量数据应保证高度可信，以保证在每三天至少一次的试验中，燃料蒸气损失不超过 0.08 g/h。

2) 试验样品从室内移出来测量的时间不应包括在试验样品的试验时间内(28 天)。由于样品移出温度室后需要时间重新加热，这些时间应被加到总测试时间上。只有当质量损失会受到影响时才需要将试验样品稳定在试验室温度下。

3) 如果在测试结束时燃料容器内仍然留有燃料，则以小时为单位计算室内试验样品的蒸气损失(28 天×24 h/天 = 672 h)。只要平均质量流失不超过 0.08 g/h，那么试验样品就通过了燃料蒸气流失的试验。

4) 如果燃料容器在试验结束前就空了，质量流失速率应基于燃料容器变空前最后测量数据点 Δt_{last} 的总计时间(Δt_{last})和最后质量(M_{last})来计算。若燃料蒸气流失未超过 0.08 g/h，则试验通过。

i) Δt_{last} ＝介于试验开始初期质量测量和燃料容器中仍存有液体燃料前最后一次测量之间的时间间隔。

ii) M_{last} ＝燃料容器中仍存有液体燃料前最后一次质量测量数据。

d) 合格标准：测试过程中，任何时候都应该无燃烧，无爆炸，无燃料蒸气损失及无液体泄漏。基于图 7 测量泄漏和蒸气损失。若燃料容器的燃料蒸气损失超过 0.08 g/h 的标准，则试验样品未通过试验。可目测泄漏。应在试纸上颠倒燃料容器，让阀门开口向下指向试纸，检测泄漏。如果发现液体泄漏，则试验失败。使用粗棉布、红外摄像机或其他合适的方法检验燃烧。可目测爆炸。

7.3.9.4 **选项 3——一种质量测量**

此项试验方法适用于泄漏率非常小的燃料容器。

a) 试验样品：未使用的燃料容器或部分充装的燃料容器。

b) 目的：模拟温度升高对长期储存的影响，并确保无泄漏。

c) 试验步骤：(见图 7)

1) 将燃料容器置于 50 ℃±2 ℃的温度室下。28 天以后，将燃料容器从室内取出测量。若质量流失受到影响，需将试验样品稳定在试验室温度下。进行质量测量。

2) 如果在 28 天以后燃料容器内仍然留有燃料，则以小时为单位计算室内试验样品的蒸气损失(28 天×24 h/天＝672 h)。只要平均质量流失不超过 0.08 g/h，那么试验样品就通过了燃料蒸气流失的试验。

3) 如果 28 天以后燃料容器空了，则根据 7.3.9.2 的选项 1 或 7.3.9.3 的选项 2 进行型式试验。

d) 合格标准：测试过程中，任何时候都应该无燃烧，无爆炸，无燃料蒸气损失及无液体泄漏。基于图 7 测量泄漏和蒸气损失。若燃料容器的燃料蒸气损失超过 0.08 g/h 的标准，则试验样品未通过试验。可目测泄漏。应在试纸上颠倒燃料容器，让阀门开口向下指向试纸，检测泄漏。如果发现液体泄漏，则试验失败。使用粗棉布，红外摄像机或其他合适的方法检验燃烧。可目测爆炸。

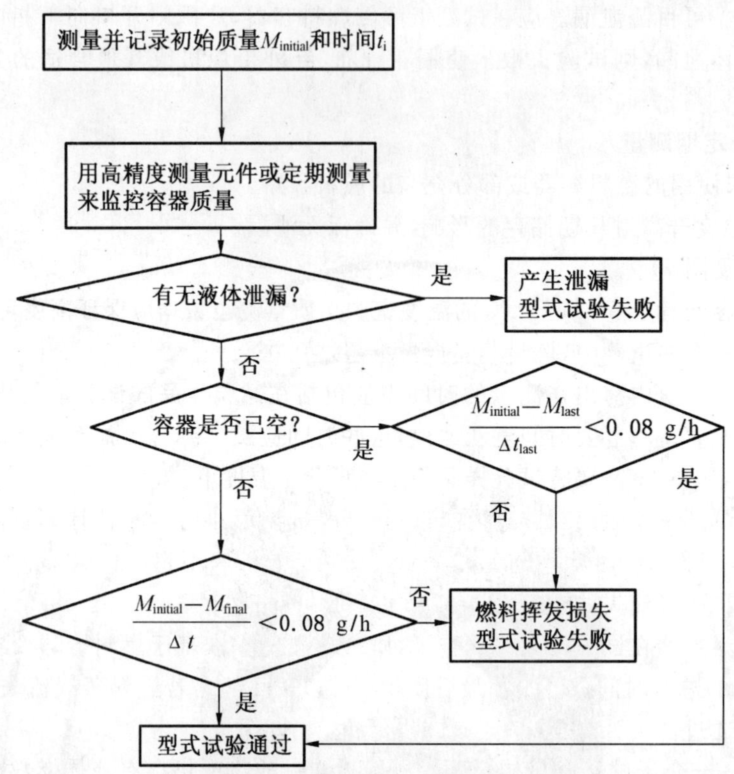

图 7　长期贮存试验时燃料容器泄漏和质量流失流程图

7.3.10　高温连接试验

a)　试验样品:未使用的燃料容器或部分充装的燃料容器和微型燃料电池动力单元或带有微型燃料电池动力单元阀的合适的试验夹具。试验夹具应符合微型燃料电池发电系统的几何形状。

b)　目的:模拟在升高温度时,燃料容器与微型燃料电池动力单元,或带有燃料容器的微型燃料电池动力单元阀的装配的影响,并确保无泄漏、无燃烧、无爆炸。

c)　试验步骤:

1)　将燃料容器试验样品置于能保持 50 ℃±2 ℃的温度控制试验室内至少 4 h。

2)　将微型燃料电池动力单元或带有微型燃料电池动力单元阀的试验夹具置于试验室温度。

3)　将试验样品从室内取出,并在从室内移出的 5 min 以内,将燃料容器连接到微型燃料电池动力单元或带有微型燃料电池动力单元阀的试验夹具上。

4)　检查连接下是否泄漏。

5)　断开燃料容器,并检查是否泄漏。

d)　合格标准:无泄漏,无燃烧,无爆炸。如果使用正交力的情况下燃料容器不能被连接上,同时也无泄漏、无燃烧、无爆炸发生,也可以接受。可目测泄漏。应在试纸上颠倒燃料容器和微型燃料电池动力单元或微型燃料电池动力单元阀,让阀门开口向下指向试纸,检测泄漏。如果发现液体泄漏,则试验失败。使用粗棉布、红外摄像机或其他合适的方法检验燃烧。可目测爆炸以确保对微型燃料电池动力单元或测试电池无干扰。

7.3.11　连接循环试验

7.3.11.1　燃料容器

7.3.11.1.1　插入式/外置/或附加燃料容器

a)　试验样品:未使用的嵌入式燃料容器、外置燃料容器或附加燃料容器和按照制造商提供的说明书充装的微型燃料电池动力单元或带有微型燃料电池单元阀的合适的试验夹具。试验夹具应符合微型燃料电池发电系统的几何形状并能够模拟燃料流。

b) 目的:模拟燃料容器与微型燃料电池动力单元的装配的影响,并确保无泄漏。

c) 试验步骤:

1) 将燃料容器连接到微型燃料电池动力单元或微型燃料电池动力单元阀,并检查连接下是否泄漏。
2) 运行微型燃料电池动力单元或模拟燃料流 1 min。
3) 关闭微型燃料电池动力单元或停止模拟燃料流。
4) 断开燃料容器并检查是否泄漏。
5) 再重复 2 遍,总共连接断开 3 次。
6) 在试纸上颠倒燃料容器和微型燃料电池动力单元,让阀门开口向下指向试纸,检测泄漏。
7) 再连接断开燃料容器 4 遍,总共连接断开 7 次。
8) 在试纸上颠倒燃料容器和微型燃料电池动力单元,让阀门开口向下指向试纸,检测泄漏。
9) 再连接断开燃料容器 3 遍,总共连接断开 10 次。
10) 在试纸上颠倒燃料容器和微型燃料电池动力单元,让阀门开口向下指向试纸,检测泄漏。
11) 连接燃料容器并运行微型燃料电池动力单元或模拟燃料流 1 min。
12) 关闭微型燃料电池动力单元或停止模拟燃料流。
13) 断开燃料容器并检查是否泄漏。

d) 合格标准:无泄漏,无燃烧,无爆炸。可目测泄漏。应在试纸上颠倒燃料容器和微型燃料电池动力单元或微型燃料电池动力单元阀,让阀门开口向下指向试纸,检测泄漏。如果发现液体泄漏,则试验失败。使用粗棉布、红外摄像机或其他合适的方法检验燃烧。可目测爆炸以确保对微型燃料电池动力单元或测试电池无干扰。

7.3.11.2 辅助燃料容器

a) 试验样品:未使用的辅助燃料容器和微型燃料电池动力单元或带有微型燃料电池单元阀的合适的试验夹具。试验夹具应符合微型燃料电池发电系统的几何形状并能够模拟燃料流。

b) 目的:模拟燃料容器与微型燃料电池动力单元装配的影响,并确保无泄漏。

c) 试验步骤:

1) 将燃料容器连接到微型燃料电池动力单元或微型燃料电池动力单元阀,并检查连接下是否泄漏并且起动或模拟燃料流。
2) 断开燃料容器并检查泄漏。
3) 再重复 2 遍,总共连接断开 3 次。
4) 在试纸上颠倒燃料容器和微型燃料电池动力单元,让阀门开口向下指向试纸,检测泄漏。
5) 再连接断开燃料容器 4 遍,总共连接断开 7 次。在每次连接后起动或模拟燃料流。
6) 在试纸上颠倒燃料容器和微型燃料电池动力单元,让阀门开口向下指向试纸,检测泄漏。
7) 再连接断开燃料容器 3 遍,总共连接断开 10 次。在每次连接后起动或模拟燃料流。
8) 在试纸上颠倒燃料容器和微型燃料电池动力单元,让阀门开口向下指向试纸,检测泄漏。
9) 将燃料容器连接到微型燃料电池动力单元或微型燃料电池动力单元阀并起动或模拟燃料流。
10) 断开燃料容器并检查泄漏。
11) 再重复步骤 1)到 10)4 遍,总共 50 次循环,在每 10 次循环之间等待 1 h。

d) 合格标准:无泄漏,无燃烧,无爆炸。可目测泄漏。应在试纸上颠倒燃料容器和微型燃料电池动力单元或微型燃料电池动力单元阀,让阀门开口向下指向试纸,检测泄漏。如果发现液体泄漏,则试验失败。使用粗棉布,红外摄像机或其他合适的方法检验燃烧。可目测爆炸以确保对微型燃料电池动力单元或测试电池无干扰。

7.3.11.3 微型燃料电池动力单元

a) 试验样品:最少2个未使用的燃料容器和附加的98个燃料容器或按照制造商提供的说明书充装带有燃料容器阀和微型燃料电池动力单元的合适的试验夹具。试验夹具应符合微型燃料电池发电系统的几何形状并能够模拟燃料流。

b) 目的:模拟燃料容器与燃料电池动力单元装配的影响,并确保在微型燃料电池动力单元连接处开始使用以及老化后,无泄漏。

1号(#1)和100号(#100)燃料容器用于检测,其他980次循环只用于微型燃料电池动力单元老化。

注:在微型燃料电池动力单元使用辅助燃料容器的情况下,应该根据上述步骤模拟辅助燃料容器和微型燃料电池动力单元之间的燃料流来进行试验。

c) 试验步骤:

1) 将第1个燃料容器连接到微型燃料电池动力单元并检查连接下是否泄漏。

2) 运行微型燃料电池动力单元或模拟燃料流1 min。

3) 关闭微型燃料电池动力单元或停止模拟燃料流。

4) 断开燃料容器并检查泄漏。

5) 再重复2遍,总共连接断开3次。

6) 在试纸上颠倒燃料容器和微型燃料电池动力单元,让阀门开口向下指向试纸,检测泄漏。

7) 再连接断开第1个燃料容器4遍,总共连接断开7次。

8) 在试纸上颠倒燃料容器和微型燃料电池动力单元,让阀门开口向下指向试纸,检测泄漏。

9) 再连接断开第1个燃料容器3遍,总共连接断开10次。

10) 在试纸上颠倒燃料容器和微型燃料电池动力单元,让阀门开口向下指向试纸,检测泄漏。

11) 将第1个燃料容器连接到微型燃料电池动力单元上并检查连接下是否泄漏。

12) 运行微型燃料电池动力单元或模拟燃料流1 min。

13) 关闭微型燃料电池动力单元或停止模拟燃料流。

14) 断开第1个燃料容器并检查是否泄漏。

15) 为老化微型燃料电池动力单元燃料容器连接,运行以下步骤:

i) 使用燃料容器或带有燃料容器阀的合适的试验夹具,循环微型燃料电池动力单元燃料容器连接,总共连接断开980次。

ii) 每组50次连接断开循环后模拟燃料流。

iii) 不必要颠倒微型燃料电池动力单元或燃料容器,但如果发现泄漏则试验失败。

iv) 老化测试之后,将使用最后一个未用过的燃料容器进行测试。

16) 将最后一个未使用的燃料容器连接到微型燃料电池动力单元上并检查连接下是否泄漏。

17) 运行微型燃料电池动力单元或模拟燃料流1 min。

18) 关闭微型燃料电池动力单元或停止模拟燃料流。

19) 断开燃料容器并检查泄漏。

20) 再重复2遍,总共连接断开3次。

21) 在试纸上颠倒燃料容器和微型燃料电池动力单元,让阀门开口向下指向试纸,检测泄漏。

22) 再连接断开最后一个燃料容器4遍,总共连接断开7次。

23) 在试纸上颠倒燃料容器和微型燃料电池动力单元,让阀门开口向下指向试纸,检测泄漏。

24) 再连接断开最后一个燃料容器3遍,总共连接断开10次。

25) 在试纸上颠倒燃料容器和微型燃料电池动力单元,让阀门开口向下指向试纸,检测泄漏。

26) 将燃料容器连接到微型燃料电池动力单元并检查连接下是否泄漏。

27) 运行微型燃料电池动力单元或模拟燃料流1 min。

28) 关闭微型燃料电池动力单元或停止模拟燃料流。

29) 断开燃料容器并检查是否泄漏。

d) 合格标准：无泄漏，无燃烧，无爆炸。可目测泄漏。应在试纸上颠倒燃料容器和微型燃料电池动力单元或微型燃料电池动力单元阀，让阀门开口向下指向试纸，检测泄漏。如果发现液体泄漏，则试验失败。使用粗棉布，红外摄像机或其他合适的方法检验燃烧。可目测爆炸以确保对微型燃料电池动力单元或测试电池无干扰。

7.3.12 **排放试验**

a) 试验样品：按照制造商提供的说明书充装的微型燃料电池动力单元或带有未使用的燃料容器的微型燃料电池发电系统。

b) 目的：在装满甲醇的微型燃料电池动力单元或微型燃料电池发电系统的运行条件(或即将运行条件)下，二氧化碳、一氧化碳和有机化合物，如甲醇、甲醛，甲酸及甲酸甲酯的排放应被保持在特定值。保持限定可防止不妥的暴露并确保运行环境下足够的氧气供应。

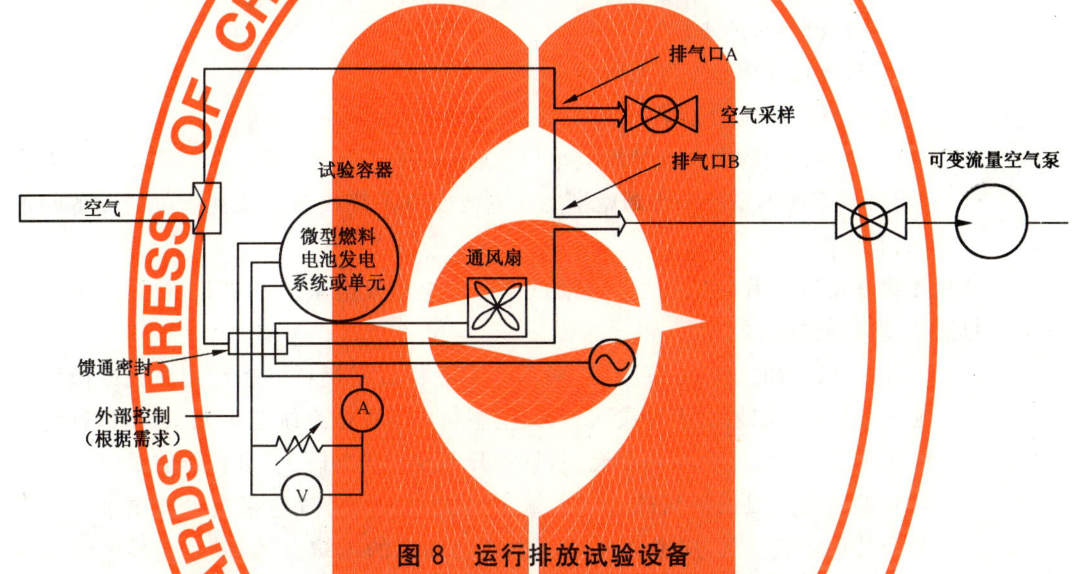

图 8 运行排放试验设备

c) 试验设备：运行排放试验设备范例见图 8。图 8 中的结构适用于不会用于离使用者的嘴或鼻子很近的微型燃料电池发电系统或单元的测试。对用于离使用者的嘴或鼻子很近的微型燃料电池发电系统或单元(比如用于移动电话、手持游戏机等的微型燃料电池发电系统或单元)，空气采样口(图 8，排气口 A)应该延长，远离使用者的呼吸区域，进行额外的排放限定浓度试验。

排放气体可能由从微型燃料电池动力单元或微型燃料电池发电系统中释放出的有毒有机材料(如甲醇、甲醛、甲酸和甲酸甲酯)组成。

为了分析这些有机材料，应当使用带有火焰电离测试器或质谱仪的气相色谱仪和高性能液相色谱仪，通过安装在测试室排气口 A 上的吸附管吸收排放气体，或者按照图 8 通过排气口 A 直接连接至测试仪。当然也可以使用其他设备，只要性能与以上提到的相当。

CO 和 CO_2 气体的浓度可以根据非分散红外线吸收分析仪进行测量。这些分析器具应符合 ISO 16000-3，ISO 16000-6 和 ISO 16017-1 的规定。如果性能达到以上提到的标准则允许使用其他器具。

d) 试验步骤：

1) 对于所有的微型燃料电池发电系统或单元，不论是不是用于离使用者的嘴和鼻子比较近的区域，都要进行下列排放率取样试验：

i) 在图 8 中显示的小试验室内，以额定功率运行微型燃料电池动力单元或微型燃料电池发电系统。如果由于型式试验，微型燃料电池发电系统或单元未运行，则将微型燃料电池发电系统或单元完全充装，且将开关设置于“开”上，进行排放试验。

ii) 小试验室应被提供清洁的空气。输入试验容器的空气应来自已知的纯净源。如果没有使用瓶装空气，应考虑使用压力值已确定的压缩空气，以避免导致错误的测试结果。

iii) 通过取样端口A对试验室气体物质采样。

iv) 稳定试验室内的可变流量空气泵、通风扇和取样的流动率。

v) 通过取样口A取样并记录试验室的气体浓度，同时测量并记录可变流量空气泵的流动率和样品流动率。

vi) 记录研究中的化合物的浓度，见表7。

① 计算排放的化合物的排放速率，方法为每种成分的浓度乘以空气通过系统的流动速率，通过系统的总空气流动量由通过系统的稳定态的可变流量空气泵流动速率加上样品流动速率。见如下公式：

排放率$=(F_p+F_s)\times$浓度

$F_p=$可变流量空气泵流动速率；

$F_s=$样品流动速率。

② 与表7中的最大测量排放率作比较。

vii) 将排放率的测量值平均到微型燃料电池发电系统或单元及其供电的设备的正常运行持续时间内。

2) 对用于离使用者的嘴和鼻子比较近的微型燃料电池发电系统或单元，要运行如下额外的排放浓度取样试验：

i) 在图8中显示的小试验室内，以额定功率运行微型燃料电池动力单元或微型燃料电池发电系统。如果由于型式试验，微型燃料电池发电系统或单元未运行，则将微型燃料电池发电系统或单元完全充装，且将开关设置于“开”上，进行排放试验。

ii) 小试验室应被提供清洁的空气。输入试验容器的空气应来自已知的纯净源。如果没有使用瓶装空气，应考虑使用压力值已确定的压缩空气，以避免导致错误的测试结果。

iii) 从空气取样口(排气口A)对微型燃料电池发电系统或单元的气体排放进行取样，从排放口向微型燃料电池发电系统或单元附加一个取样管，使排气口离开使用者的呼吸区域。

iv) 排放浓度测量的取样速率与成年人的呼吸率相当(5 L/min)。

v) 在对用于离使用者的嘴和鼻子很近的微型燃料电池发电系统或单元进行排放浓度测量时，循环扇和可变流量空气扇应该关闭。这是为了得到在静止空气中使用者的嘴或鼻子附近的排放量。

vi) 稳定试验室中样品的流动率。

vii) 取样并记录使用者嘴或鼻子附近的微型燃料电池发电系统或单元的排放量，同时通过排放口A测量并记录样品的流动率。

viii) 记录化合物的浓度，见表7。

ix) 计算排放的化合物的排放速率，方法为每种成分的浓度乘以空气通过系统的流动速率。

x) 比较最大的测量浓度和表7中的排放率。

xi) 将排放率的测量值平均到微型燃料电池发电系统或单元及其供电的设备的正常运行持续时间内。

e) 合格标准：

1) 对于用于离使用者的嘴和鼻子很近的微型燃料电池发电系统或微型燃料电池动力单元：对于每个研究中的成分的最大排放速率应小于表7的排放速率限定值。如果微型燃料电池不运行，或者在超过限定之前以安全方式关闭，此试验可以接受。

2) 对于用于离使用者的嘴和鼻子很近的产物：

i) 对于每个研究中的成分的最大排放速率应小于表7的排放速率限定值。如果微型燃料电池不运行，或者在超过限定之前以安全方式关闭，此试验可以接受。

ii) 对用于离使用者的嘴和鼻子很近的产物，在根据7.3.12 d)进行试验时，除了满足排放速度限制，每个成分的最大排放浓度不能超过表7中的排放浓度限制。如果微型燃料电池发电系统或单元不能运行，或者在超过限定之前以安全方式关闭，此试验可以接受。

表7 排放限值

成 分	浓度限定	排放速率限值[a]
水	无限制	无限制
甲醇	0.26 g/m³	2.6 g/h
甲醛	0.000 1 g/m³ [b]	0.000 6 g/h
CO	0.029 g/m³	0.290 g/h
CO_2	9 g/m³	60 g/h[c]
甲酸	0.009 g/m³	0.09 g/h
甲酸甲酯	0.245 g/m³	2.45 g/h

[a] 排放速率限值基于10 m³ ACH，为参考体积乘以空气体积变化率的乘积，因为它包括了使用微型燃料电池发电系统的合理可预见的环境。小型汽车的内部空间和商务飞机上人均最小体积都是1 m³。客机的最小ACH为10，汽车的最低通风设置也是10。家庭和办公室内的ACH最小可达0.5，但由于人均体积超过20 m³，所以选择10ACH还是较保守的。

[b] 世界卫生组织(WHO)建议标准为0.000 1 g/m³。背景级别为0.000 03 g/m³。排放限定不能使得背景级别超出WHO建议标准。

[c] 一个坐姿成人呼出二氧化碳的速率为30 g/h。燃料电池和成人总共的释放速率被限制以使CO_2浓度达不到WHO规定的8 h浓度限值9 g/m³，所以在10 m³ ACH的环境下，燃料电池的释放速率被限制在60 g/h。

8 参考书目

本部分参考下述文件。凡是参考文件有日期，则仅被引用版本适用。凡参考文件未标日期的，则此标准应采用该参考文件(包括修正版)的最新版本。

IEC 62282-5-1 燃料电池技术 第5-1部分：便携式燃料电池发电系统——安全

IEC 61025 故障树分析

IEC 60812 失效模式和效应分析(FMEA)程序

ISO/TR 15916:2004 氢系统安全性的基础问题

联合国关于危险货物运输的建议书 第15版

萨克斯工业材料危害特性 第11版

附 录 A
（规范性附录）
甲酸微型燃料电池发电系统

本附录适用于微型燃料电池发电系统、微型燃料电池动力单元和使用甲酸作为燃料的燃料容器。本附录对本部分正文中的要求进行了附加与修正，目的是对此类微型燃料电池发电系统以及它们相应的燃料容器给予认证。本部分正文部分提到但本附录中未特别提到的要求，可适用于甲酸微型燃料电池发电系统。所有的附加章节都被编上了新数字。附录 A 对涉及燃料和技术的应用标准正文部分进行了修正与附加。

A.1 范围

除非特别提到，本部分正文条款可与本附录一并适用。

A.1.1 系统边界

微型燃料电池发电系统框图见图 A.1。

A.1.2 适用于本附录的燃料和技术

A.1.2.1 本附录适用于微型燃料电池发电系统、微型燃料电池动力单元和使用甲酸质量百分比低于 85％的水溶液作为燃料的燃料容器。

A.1.2.2 本附录包括直接甲醇燃料电池技术。

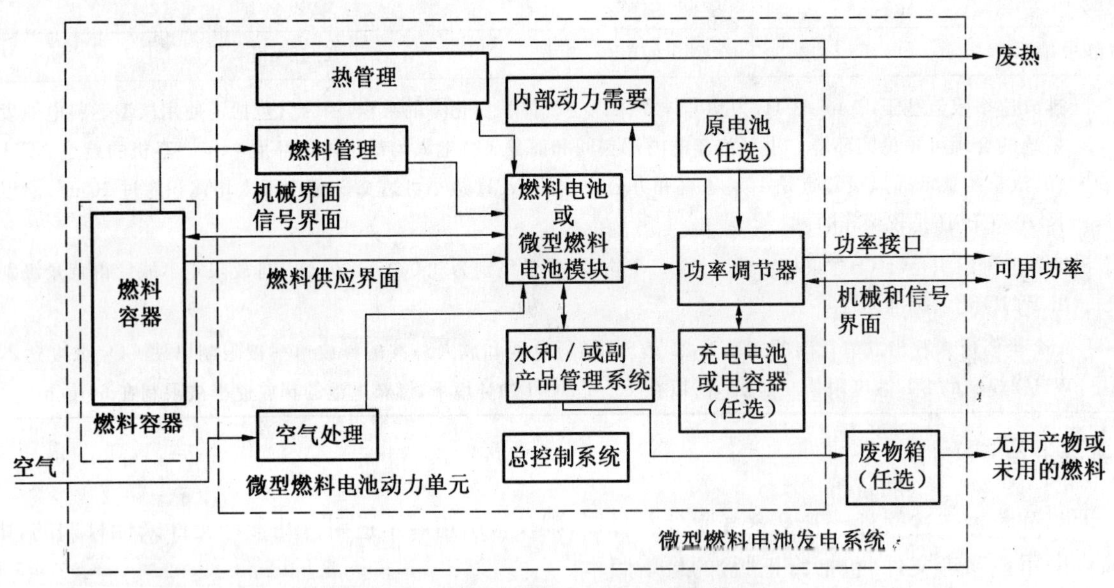

图 A.1 甲酸微型燃料电池发电系统图

A.1.3 考虑事项

除了本部分 1.3 中陈述的“等效安全要求”以外，以下考虑事项也适用于甲酸微型燃料电池发电系统。

A.1.3.1 从 A.1.3.1.1 到 A.1.3.1.3 所提及的关于甲醇和甲酸微型燃料电池发电系统的相似处是为了更好地帮助理解关于为什么甲酸和甲醇的要求如此相似。

A.1.3.1.1 微型燃料电池发电系统组件的相似性(见图 1 和图 A.1)

A.1.3.1.2 两种微型燃料电池发电系统均使用液体燃料且对于无泄漏均有“不可接触液体”标准。(见第 3 章)。

A.1.3.1.3 两种微型燃料电池发电系统均有类似的气体排放成分，因此对于测量和排放分析有类似标准并且对排放危险性也有相同的考虑事项。

A.1.3.2 若本附录内使用类似数量的甲酸时，包含在标准正文中与甲醇或甲醇气数量有关的考虑事项/要求同样适用于甲酸。

A.1.3.3 甲醇微型燃料电池发电系统中可见的甲醛和甲酸甲酯排放不存在于甲酸微型燃料电池发电系统中。甲酸和氢气理论反应可产生甲醇、甲酸甲酯和甲醛。但是这些反应只能通过高温（如>200 ℃），压力（如>100 个大气压）的结合和使用典型加氢催化剂（如金属氧化物转化）才会产生高活化能。甲酸微型燃料电池发电系统内不会出现这些情况，因此作为还原反应的产物，不必考虑甲酸微型燃料电池发电系统里这三种排放物。由于人体可接触的甲醛等级非常低，甲醛将通过排放测试以确认合格。

A.1.3.4 只有当甲酸暴露在大于 150 ℃温度下或者在无负载情况下接触分解催化剂时，才会释放出氢气和二氧化碳。甲酸微型燃料电池盒及微型燃料电池动力单元预期并不会接触如此高温。功能正常的非运行微型燃料电池发电系统具有自动故障安全装置，可保证燃料不会接触催化剂。错误模式、效应分析及相关检测应该保证对这些错误模式的保护及相关的设计防护。

A.1.3.5 由于即使微型燃料电池发电系统关闭，甲酸燃料容器和微型燃料电池发电系统仍可能产生一氧化碳和甲酸蒸气，因此应将排放试验和微型燃料电池发电系统关闭一并运行作为附加试验。

A.1.3.6 二氧化碳、一氧化碳、甲酸蒸气、氢气和水蒸气是微型燃料电池发电系统运行时所有可能的排放物。

A.1.3.7 低于 85%浓度的甲酸燃料不可燃，因此与燃料可燃性有关的产品警示不适用于甲酸微型燃料电池发电系统的产品。

A.2 规范性引用文件

本部分第 2 章与本附录一并适用。

A.3 术语和定义

以下术语和定义替代第 3 章中相应的术语和定义，第 3 章中其他的术语和定义仍适用。

A.3.1

燃料 fuel

甲酸和质量小于 85%浓度的水溶液。

A.3.2

危险性（腐蚀）液体燃料 hazardous (corrosive) liquid fuel

pH 小于 3.0 的甲酸燃料（pH 为 3.0 大致相当于质量分数为 0.35%的甲酸水溶液）。

A.3.3

泄漏 leakage

微型燃料电池发电系统或燃料容器外部的可接触的危险液体燃料或 pH 为正的液体甲酸。

A.3.4

无燃料蒸气流失 no fuel vapor loss

从燃料容器或微型燃料电池发电系统溢出的燃料蒸气需小于 18 mg/h。

A.3.5

pH 正值说明液体甲酸的存在 positive pH indication of liquid formic acid

型式试验中附加到微型燃料电池发电系统可能泄漏区域的 pH 试纸（酸碱指示剂）呈现正值说明酸的存在（pH 小于 3.0）。

A.4 燃料容器、微型燃料电池动力单元及微型燃料电池发电单元的材料和结构

除了以下特别提到以外，本部分第4章与本附录一并适用。当符合第4章的子条款不包括在本附录里且未明确提到甲醇时，可以假设此条款适用于本附录。A.4.1修正4.12.1.3。

FMEA安全检查及/或A.7型式试验期间需确认与A.4要求的一致性。

A.4.1 对于将由第三方认证的手持设备，或客机上使用的燃料容器，其内部甲酸燃料的最大体积不得超过200 mL。对于其他应用限值为1 L。

A.5 非正常操作要求和试验

本部分第5章与本附录一并适用。

A.6 燃料容器、微型燃料电池动力单元和微型燃料电池发电系统的说明及警示

除了以下特别提到的以外，本部分第6章与本附录一并适用。当符合第6章的子条款不包括在本附录里且未明确提到甲醇时，可以假设此条款适用于本附录。6.1和6.2改为A.6.1和A.6.2。

A.6.1 燃料容器上的必备标记

作为必备，以下应标注在燃料容器上：

a) 含量是易燃与有毒的，不要分解。

b) 不要与含量接触。

c) 远离儿童。不要暴露在50 ℃以上的热度或明焰或点火源上。

d) 不要暴露在50 ℃以上的热度或明焰或点火源上。

e) 遵循使用说明。

f) 在误食燃料或与眼部接触时，寻求医生治疗。

g) 商标和/制造商名称、产品型号与溯源性。

h) 燃料的构成与数量。

i) 文字或标识用以注明微型燃料电池发电系统遵循GB/T 23751.1。

A.6.2 微型燃料电池发电系统上的必备标记

除此以外，以下需标注在微型燃料电池发电系统上：

a) 含量是易燃与有毒的，不要分解。

b) 不要与含量接触。

c) 不要暴露在50 ℃以上的热度或明焰或点火源上。

d) 遵循使用说明。

e) 在误食燃料或与眼部接触时，寻求医生治疗。

f) 商标和/制造商名称、产品型号与溯源性。

g) 燃料的构成与数量。

h) 文字或标识用以注明微型燃料电池发电系统遵循GB/T 23751.1。

i) 电气输出(电压、电流、额定功率)。

A.7 燃料容器、微型燃料电池动力单元和微型燃料电池发电系统的型式试验

除了以下特别提到以外，第7章均适用。对于第7章大部分(除7.3.9和7.3.12外)提到的甲醇、液体泄漏甲醇限定(无可接触液体)和无燃料蒸气损失(0.08 g/h)的术语可直接被型式试验中甲酸、液体泄漏甲酸限定(无可接触液体)和无燃料蒸气泄漏(18 mg/h)取代。同时，将pH试纸放置到微型燃料电池发电系统可能泄漏的区域，以协助肉眼检查液体甲酸泄漏(见定义：pH正值说明液体甲酸的存在)。对于运行试验，进入系统的反应物空气通道和排气端口不应被pH试纸堵塞。

7.3.9 和 7.3.12 分别改为 A.7.1 和 A.7.2。

A.7.1 长期贮存试验

由于蒸气流失非常低，对于甲酸燃料容器不倾向使用选项 1 和选项 2。

选项 3(适合甲酸燃料容器)中 0.08 g/h 的甲醇蒸气损失速率被替换为 18 mg/h 的甲酸蒸气损失速率，同时采样周期设为至少每 4 天一次。

附加到燃料容器可能泄漏区域的 pH 试纸指示正值，即指示酸的存在，或者连续的燃料蒸气损失大于 18 mg/h，都意味着试验失败。

一氧化碳的 8 h 时间加权平均限值为 25 ppmv。一氧化碳 15 min 的短时间接触限值(STEL)为 200 ppmv。由于 50 ℃下甲酸到一氧化碳非常低的分解速率，以及人对一氧化碳的接触限定高于甲酸的(TWA=5 ppmv 及 STEL=10 ppmv)，因此假定试验中所有的质量损失都是甲酸将使评估更加稳妥。如果结果仍不能通过 18 mg/h 的限定，则可在设备关闭(或仅对燃料容器)，温度 50 ℃，1 m^3 ACH 情况下进行完全排放测试(A.7.2)并测量所有排放物。

A.7.2 排放试验

a) 目的：在存储(考虑到非运行如：仅有燃料容器或微型燃料电池发电系统关闭情况下)和运行情况(考虑到运行和产生动力情况下)，甲酸蒸气、二氧化碳、一氧化碳、甲醛、氢气和水蒸气的甲酸微型燃料电池发电系统的排放应保持在小于表 A.1 中陈述的特定值。

表 A.1 排放限定

排 放	浓度限定[a] 基于试验运行状态下的 TWA 值	浓度限定[a] 基于试验非运行状态下的 STEL 值	设备非运行状态 1 m^3 ACH 可允许的排放速率[c]	设备运行状态 1 m^3 ACH 可允许的排放速率[b]
水	无限	无限		
一氧化碳	29 mg/m^3	232 mg/m^3	232 mg/h	290 mg/h
二氧化碳	9 000 mg/m^3	54 000 g/m^3	不适用(见 A.1.3.4)	60 000 mg/h[d]
甲酸	9 mg/m^3	18 mg/m^3	18 mg/h	90 mg/h
甲醛[e]	0.1 mg/m^3	0.1 mg/m^3	0.06 mg/h	0.6 mg/h
氢气[f]	800 mg/m^3	见注 f	3.2 mg/h	0.8 g/h 或 0.016 g/h (来自单点泄漏的可燃氢)

a 在此表中以 mg/m^3 为单位表示的 CO、CO_2 和甲酸的浓度限定等同于表 A.2 中以 ppmv 为单位表示的 TWA 和 STEL 爆炸极限。

b 设备运行排放速率限定基于 1 m^3 ACH，为参考体积乘以空气体积变化率的乘积，因为它包括了使用微型燃料电池发电系统的合理可预见的环境。小型汽车的内部空间和商务飞机上人均最小体积都是 1 m^3。客机的最小 ACH 为 10，汽车的最低通风设置也是 10。家庭和办公室内的 ACH 最小可达 0.5，但由于人均体积超过 20 m^3，所以选择 10ACH 还是较保守的。

c 设备关闭排放速率限定基于 1 m^3 ACH，因为它包括了存储微型燃料电池发电系统的合理可预见的环境。限定基于 STEL 值是由于设想人短时间(等效于 STEL 参数)暴露于该环境下是合理的。

d 一个坐姿成人呼出二氧化碳的速率为 30 000 mg/h。燃料电池和成人总共的释放速率被限制以使 CO_2 浓度达不到世界卫生组织(WHO)8 h 浓度限值 9 g/m^3，所以在 10 m^3 ACH 的环境下，燃料电池的释放速率被限制在 60 000 mg/h。

e 世界卫生组织(WHO)建议标准为 0.1 mg/m^3。背景级别为 0.03 mg/m^3。排放限定不能使得背景级别超出 WHO 建议标准。

f 设备关闭状态下，氢气排放速率基于体积 0.283 m^3，0 ACH，持续 24 h 的排放环境。设备开启状态下的排放速率按照 b，但需增加安全系数 10。

表 A.2 职业接触限值

排　放	TWA 接触限值 (TWA-操作 8 h 内的时间加权均值)	STEL 值 (每天最多 4 次持续 15 min 接触)
二氧化碳	＜5 000 ppmv	＜30 000 ppmv
甲酸	＜5 ppmv	＜10 ppmv
一氧化碳	＜25 ppmv	＜200 ppmv

b) 试验设备：

除了 7.3.12 中描述的实验设备以外，可使用检测精度为 1%(10 000 ppmv)的氢气探测器测量氢气浓度。

c) 试验步骤：

1) 根据表 A.1，如 7.3.12 所述的设备运行和关闭状态下的排放测量结束后，如果氢气测量结果在设备开启状态下低于允许的 0.8 g/h 但高于 0.016 g/h，在设备关闭状态下低于 0.003 2 g/h，则继续下面的氢气点源气体漏失检测。

2) 氢气点源气体漏失检测。

3) 当运行氢气排放试验无法确保微型燃料电池动力系统和单元在任何情况下都不会有导致火焰的单一点源时，需运行氢气点源气体漏失检测试验。当燃料电池动力单元/系统处于试验中时，需要在整个测试期间保持打开的状态。

i) 本试验应在无实质空气流动情况下进行。微型燃料电池发电系统或单元 10 cm 上方的风速不得超过 0.02 m/s。

ii) 需用点源氢气探测器对微型燃料电池发电系统或单元的表面进行系统性扫描。此氢气探测器可以是质谱仪，手持氢气探测器或其他测量准确度不低于上述设备的适合测量点源散发出的微量氢气的仪器。氢气探测器应能检测 LFL 25%的氢气。

iii) 氢气探测器的传感器应在距离微型燃料电池发电系统或单元表面不高于 3 mm 处进行扫描。连续线型扫描沿微型燃料电池发电系统或单元表面间隔不应超过 8 mm。微型燃料电池发电系统或单元的整个表面都应按照这种方法扫描。

iv) 一种完成这些扫描的有效方法是在传感器上安装一个支架以确保其与设备之间始终保持 3 mm 的距离。使用附加在支架上的钢笔或记号笔来识别扫描区域以确保扫描之间的距离不超过 8 mm。

v) 传感器应垂直朝下，微型燃料电池发电系统或单元在其下面移动以保证表面总是水平的。

vi) 若未发现氢气浓度大于最低燃烧限定的 25%，试验完成且可认为微型燃料电池发电系统或单元通过。

vii) 若发现氢气浓度大于或等于最低燃烧限定的 25%，需进行第二次试验以确保排放不超过来自单一源的纯氢的 3 mL/min。

viii) 按照以下步骤进行第二次试验：将传感器的高度从微型燃料电池发电系统或单元以上 3 mm 处调整到微型燃料电池发电系统或单元以上 6.5 mm 处。

ix) 然后进行螺旋式扫描，从初始线型扫描期间探测到大于或等于氢气最低燃烧限定的 25%处开始。螺旋式扫描时扫描间距需小于或等于 1 mm，且扫描半径需大于或等于 4 mm。

x) 若螺旋式扫描在微型燃料电池发电系统或单元上方 6.5 mm 处探测到大于或等于氢气最低燃烧限定的 25%，则微型燃料电池发电系统或单元失败。若螺旋式扫描未探测到大于或等于氢气最低燃烧限定的 25%，则微型燃料电池发电系统或单元通过。

d) 合格标准：无来自单一源的气体流失大于0.016 g/h，见表A.1。

氢气排放试验的详细步骤见图A.2。

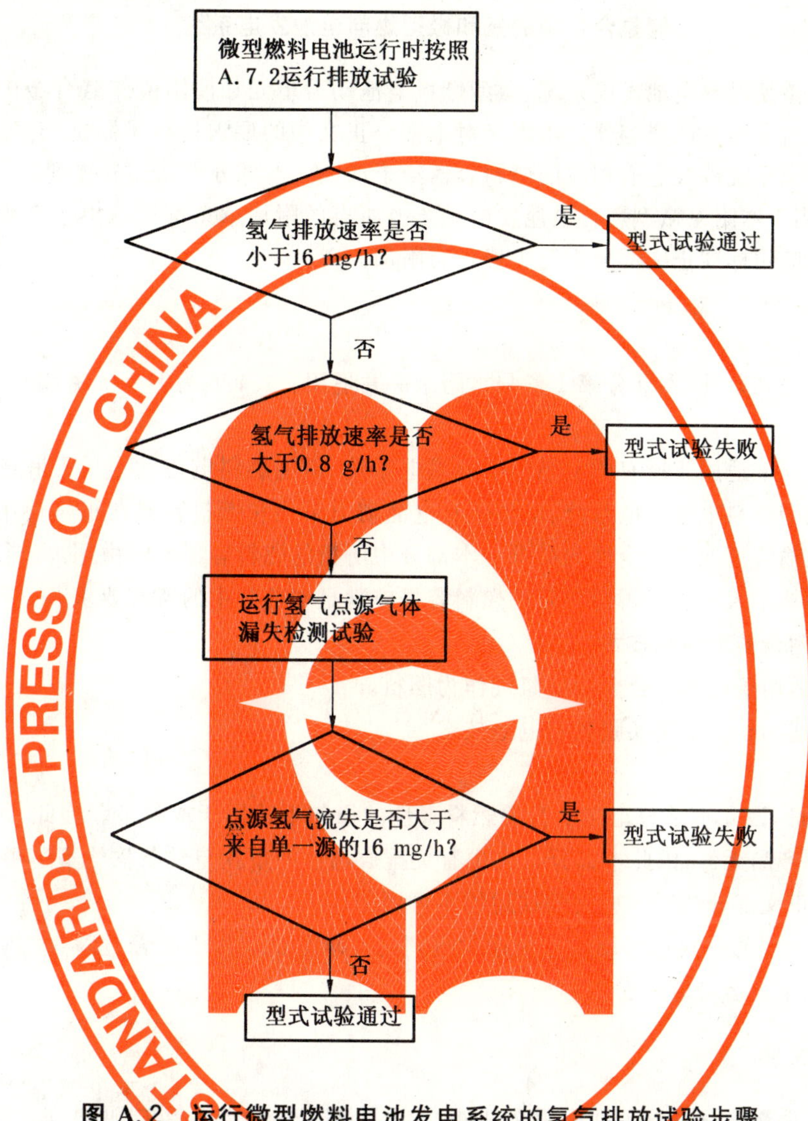

图A.2 运行微型燃料电池发电系统的氢气排放试验步骤

注1：允许的可燃氢气排放级别为3 mL/min，不会导致持续火焰(Proceedings of the 2001 DOE Program Review；NREL/CP-570-30535；M. R. Swain and M. N. Swain，Codes and Standards Analysis，2001 (USA))。不可燃氢气释放速度的限制基于如下标准：氢气排放不会积累导致参考体积内氢气浓度超过最低燃烧限定的25%。

注2：氢气被定为窒息物，但若要此危险产生，应要求常压下氧气浓度低于18%。当空气中氢气浓度高于4%时氢气相关的可燃危险会上升，而只有当空气中氢气浓度高于12%时氢气相关的窒息危险才会上升，因此采用可燃性限定来定义氢气排放标准。

注3：二氧化碳、一氧化碳和甲酸蒸气的排放级别限定是基于对人的毒性和腐蚀性(仅对甲酸)。而氢气的排放级别限定基于可导致限定空间内空气可燃或潜在的持续氢气火焰的危险性。

注4：甲酸可燃性危险，基于保持空气中浓度低于最低燃烧限定25%的标准，在数量级上远低于其毒性危险(可燃性限定=42 500 ppmv，毒性限定=5 ppmv)。因此采用甲酸毒性级别设置排放限定。

附 录 B
（规范性附录）
储氢合金中的氢和微型燃料电池发电系统

本附录适用于微型燃料电池发电系统、微型燃料电池动力单元和使用由储氢合金中的氢气产生动力的质子交换膜燃料电池的燃料容器。本附录对本部分正文中的要求进行了附加与修正，目的是对此类微型燃料电池发电系统以及它们相应的燃料容器给予认证。本部分正文部分提到但本附录中未特别提到的要求，可适用于本附录微型燃料电池发电系统。所有的附加章条都被编上了新数字。本附录对涉及燃料和技术的应用标准正文部分进行了修正与附加。

B.1 范围

除了以下特别提到以外，本部分第1章与本附录一并适用。1.1变为B.1.1并增加了B.1.3。

B.1.1 系统边界

本用户安全性标准适用于所有微型燃料电池发电系统、微型燃料电池动力单元和燃料容器。本部分规定确保所有微型燃料电池发电系统、微型燃料电池动力单元和燃料容器在正常使用或发生可预见性误操作和用户运输等情况下安全性的要求。本部分中所指的燃料容器不能由用户进行再充装。由制造商或经过培训的技术人员进行再充装后的燃料容器应满足本部分中的所有要求。

B.1.2 适用于本附录的燃料和技术

B.1.2.1 本附录适用于以储氢合金中的氢气作为燃料。

B.1.2.2 本附录适用于质子交换膜燃料电池技术。

B.1.3 考虑事项

B.1.3.1 氢气无毒，因此本部分正文中有关燃料毒性的语句不适用于本附录。除此以外，氢燃料质子交换膜燃料电池副产品无毒，因此本部分正文中有关排放毒性的条款与子条款均不适用于本附录。

B.1.3.2 包括在正文部分与甲醇有关的描述均不可用。

B.1.3.3 本附录适用的燃料均可燃。本附录中提到的要求与试验用来减轻危险，并确保正常使用、合理可预见性误用及用户运输时的安全。

B.2 规范性引用文件

除了第2章中明确提到的规范性引用文件外，下述标准文件包含的条文，通过在本部分中引用而构成本附录的条文。

ISO/TS 16111 移动式气体存储设备 可逆金属氢化物中的氢吸收

此引用原则上适用于本附录下进行的燃料容器试验。

B.3 术语和定义

除了以下特别提到的以外，本部分第3章中除了3.5、3.11、3.18和3.19以外与本附录均可使用。

除了以下注明以外，第3章中的术语和定义适用于本附录。当依照本附录对微型燃料电池发电系统、微型燃料电池动力单元或燃料容器测试时，以下的术语和定义索引与对应的第3章中的不一致。本附录未提及的术语和定义按照第3章来定义。

B.3.1

燃料 fuel

本附录适用于存储在储氢合金中的氢气。

B.3.2

泄漏　leakage

不适用。

B.3.3

不可接触液体　no accessible liquid

不适用。

B.3.4

无燃料蒸气损失　no fuel vapor loss

不适用。

B.3.5

氢气泄漏　hydrogen leakage

燃料密封系统以外的氢气，包括燃料容器和内部贮存器(见 B.7.3.1)

B.3.6

不允许的氢气流失　impermissible hydrogen gas loss

溢出非运行微型燃料电池发电系统或微型燃料电池动力单元的氢气大于或等于 0.003 2 g/h。

B.3.7

无储氢金属合金泄漏　no hydrogen absorbing metal alloy leakage

微型燃料电池发电系统、微型燃料电池动力单元或燃料容器外无储氢金属合金。

B.4　燃料容器、微型燃料电池动力单元及微型燃料电池发电系统的材料和结构

除了以下特别注明以外，本部分第 4 章与本附录一并适用。当符合第 4 章的子条款不包括在本附录时，可假设这些条款也适用于本附录。由于考虑到本附录中燃料的类型，所有第 4 章中指甲醇或考虑到与液体接触的部分的子条款都不适用于本附录下的微型燃料电池发电系统、微型燃料电池动力单元或燃料容器试验。

本部分正文第 4 章除了以下注明的 4.3、4.4、4.7、4.10、4.12 和 4.13 以外均适用。

B.4.1　材料概述

在制造商规定的产品使用寿命期内，要求材料和涂层在正常运输和正常使用下能阻止退化。

除此以外，燃料容器需遵循 ISO/TS 16111 的材料和结构要求。

B.4.2　材料的选择

本部分第 4 章中有关基于与液体燃料兼容的材料的选择的子条款不适用于在本附录下试验的微型燃料电池发电系统，因为微型燃料电池发电系统采用气体燃料(氢气)。所有其他子条款均适用。

除此以外，燃料容器需遵循 ISO/TS 16111 的材料和结构要求。

诸如管道系统之类的燃料容器应采用适合暴露在氢气中的材料，见 ISO/TS 16111。尤其是 ISO/TS 16111 附录 A 用于氢气服务的材料兼容性细节部分。

B.4.3　材料和构造系统

存储在微型燃料电池动力单元内氢气的最大数量不得超过 25 g。存储在微型燃料电池动力单元内部贮存盒内的氢气可存储在储氢金属合金中。

B.4.4　防火、防爆、防腐和防毒害

易燃性液体，尤其是氢气应保存于密封容器系统内，比如燃料管道、燃料容器或类似的容器内。按照 B.7.2 试验确认此要求。

B.4.5　燃料容器结构

B.4.5.1　燃料容器在以下较高情况下需无氢气泄漏、无储氢金属合金泄漏：

a)　22 ℃下 95 kPa 内压加正常工作压力；或

b) 55 ℃下两倍于燃料容器的工作压力，最大值 5.5 MPa。

根据型式试验 B.7.3.1 确认是否一致。

注：5.5 MPa 是基于 55 ℃下最大可允许工作压力(5 MPa)的 1.1 倍，见美国机械工程师协会(ASME)锅炉和压力容器规范第 4 章第 1 节。

B.4.5.2 燃料容器内允许存储在储氢金属合金中氢气的最大数量为 100 g。

B.4.5.3 除了型式试验中 7.3 换为 B.7.3 以外，此子条款均适用。修正型式试验以后，应使用修正版确认与子条款的一致性。

B.4.5.4 除了以上要求以外，燃料容器还需遵循 ISO/TS 16111。

B.4.5.5 燃料容器的最大容量不得超过 1 L。

B.4.6 燃料容器充装要求

燃料容器的充装不得超过它的额定容量，见 ISO/TS 16111 中的定义。

B.4.7 防止机械危害

除了以下特别提到以外，4.13 也适用。

B.4.7.1 根据 B.7.3.1 和 B.7.3.10 决定是否和 4.13.1.4 一致。

B.4.7.2 根据 B.7.3.3 和 B.7.3.5 决定是否和 4.13.1.5 一致。

B.5 非正常操作要求和试验

本部分第 5 章与本附录一并适用。

B.6 燃料容器、微型燃料电池动力单元和微型燃料电池发电系统的说明

除了以下特别提到以外，本部分第 6 章与本附录一并适用。本部分第 6 章除了以下修正的 6.1 和 6.2 以外均适用。

B.6.1 燃料容器上的必备标记

6.1 和以下修正的所有要求均适用。

作为必备，以下应标注在燃料容器上：

a) 含量易燃，不可分解。

b) 不要与含量接触。

c) 远离儿童。不要暴露在 50 ℃以上的热度或明焰或点火源上。

d) 不要暴露在 50 ℃以上的热度或明焰或点火源上。

e) 遵循使用说明。

f) 在误食燃料或与眼部接触时，寻求医生治疗。

g) 商标和/制造商名称、产品型号与溯源性。

h) 燃料的构成与数量。

i) 文字或标识用以注明微型燃料电池发电系统遵循 GB/T 23751.1《微型燃料电池发电系统 第 1 部分：安全》。

B.6.2 微型燃料电池发电系统上的必备标记

除此以外，作为必备，以下需标注在微型燃料电池发电系统上：

a) 含量易燃，不可分解。

b) 不要与含量接触。

c) 不要暴露在 50 ℃以上的热度或明焰或点火源上。

d) 遵循使用说明。

e) 在误食燃料或与眼部接触时，寻求医生治疗。

f) 商标和/制造商名称、产品型号与溯源性。

g) 燃料的构成和数量。

h) 文字或标识用以注明微型燃料电池发电系统遵循 GB/T 23751.1《微型燃料电池发电系统 第1部分：安全》。

i) 电气输出(电压、电流、额定功率)。

j) 若储氢金属合金存在与内部贮存器内，需在微型燃料电池动力单元上标上 ISO/TS 16111 所需要求的标记。

B.7 燃料容器、微型燃料电池动力单元和微型燃料电池发电系统的型式试验

除了以下特别注明以外，本部分第7章与本附录一并适用且第7章的型式试验应按指示在有和无燃料容器的微型燃料电池动力系统或微型燃料电池动力单元上运行。本部分第7章除了7.1、7.3和7.3修正以外均适用。以下未提到的条款和子条款与本部分正文一致。

新试验增加到 B.7.1.1，B.7.1.2，B.7.3.1，B.7.3.2，B.7.3.12.2 和 B.7.3.12.4。

B.7.1 试验条件

此子条款和以下附加情况一并适用。

B.7.1.1 除了本部分第7章中的试验以外，燃料容器需符合 ISO/TS 16111 的型式试验并满足那些试验的验收标准。

B.7.1.2 如果在微型燃料电池动力单元、内部燃料贮存器和装有储氢合金贮存器之间有压力调节器，则贮存器需按照 ISO/TS 16111 进行试验并且需满足型式试验的标准。

B.7.2 氢气的泄漏测量

有关甲醇或其他物质泄漏测量的试验和检验不适用于微型燃料电池发电系统、微型燃料电池动力单元或本附录范围下进行的燃料容器试验。B.7.3 中提及的所有型式试验的无“氢气泄漏”和无“不允许的氢气损失”要求，应当根据 B.7.2 的氢气泄漏测量步骤，以及 B.7.2.2 的氢气损失测量步骤，结合 B.3.5 的“氢气泄漏”定义和 B.3.6 的无“不允许的氢气损失”定义来确定，除非另外指明。

B.7.2.1 来自燃料容器和/或内部贮存器的氢气泄漏测量和测量步骤

B.7.2.1.1 对于装有存储在储氢合金中氢气的燃料容器、装有氢气的内部贮存器来说，在所有可能泄漏的位置上使用液体泄漏探测器或其他同等办法测量氢气是否泄漏。如果微型燃料电池动力单元内有高于环境压力的氢气的贮存盒，此泄漏试验也应在内部贮存器上运行。

B.7.2.1.2 如果燃料容器属于由制造商(自动或由熟练的技术员)充装的类型，则需按照额定容量和额定压力下充装。如果燃料容器不可充装，则在完成所述的型式试验情况下试验。可在实验室温度下试验燃料容器是否泄漏。不允许燃料容器上任意点有泄漏。

注：盛装有用金属氢化物储氢的燃料容器的“无泄漏”标准要与联合国危险物品运输的规则第15版中特殊条款339(用于 UN3479，盛装有由金属氢化物储氢的燃料容器的燃料电池容器)一致。

氢气泄漏的测量步骤应紧随每一个燃料容器型式试验以后在燃料容器上(和内部贮存器，若可行)进行。

合格标准：无氢气泄漏(见表 B.1)。

表 B.1 燃料容器和/或内部贮存器内可允许的氢气泄漏

	氢气泄漏速率
氢气燃料容器或内部贮存器	零、无泡沫

B.7.2.2 微型燃料电池发电系统和微型燃料电池动力单元的氢气损失测量及测量步骤

对于微型燃料电池动力单元和微型燃料电池发电系统，需按照以下步骤进行氢气损失测量：

对于微型燃料电池发电系统或微型燃料电池动力单元，在完成每种型式试验以后，按照图 B.1 对其进行氢气损失试验。

a) 按照 B.7.3.12 运行氢气排放试验，除了微型燃料电池动力系统或单元需处于“关”的状态。B.7.3.12.4.2 的氢气点源试验不适用。

合格标准：根据表 B.2 氢气损失需小于 0.003 2 g/h。

b) 在微型燃料电池发电系统或单元处于“打开”状态，无论其是否运行情况下，按照 B.7.3.12 运行氢气排放试验。

运行系统的合格标准：总排放需小于 0.8 g/h 且遵循图 B.2 和表 B.2 来自单一源的氢气排放需小于 0.016 g/h。

非运行系统的合格标准：根据表 B.2 的要求，总氢气排放需小于 0.003 2 g/h。

表 B.2 非运行微型燃料电池发电系统中允许的氢气损失

	氢气损失速率
非运行微型燃料电池动力单元/系统	0.003 2 g/h

注：对于不可操作的微型燃料电池动力系统的“不允许的氢气损失”标准基于微型燃料电池动力系统被放置于不可通风的密闭空间的情况。空间体积为 0.28 m^3，或者大致 10 ft^3。标准规定当 3 个微型燃料电池动力系统被放置于该密闭空间 24 h 后，氢气浓度仍不超过 25% LFL。

表 B.3 中的标准应被用作 B.7.3.12 测试步骤中的阈值 A 和 B，以检查可操作的微型燃料电池动力单元/系统的氢气排放。

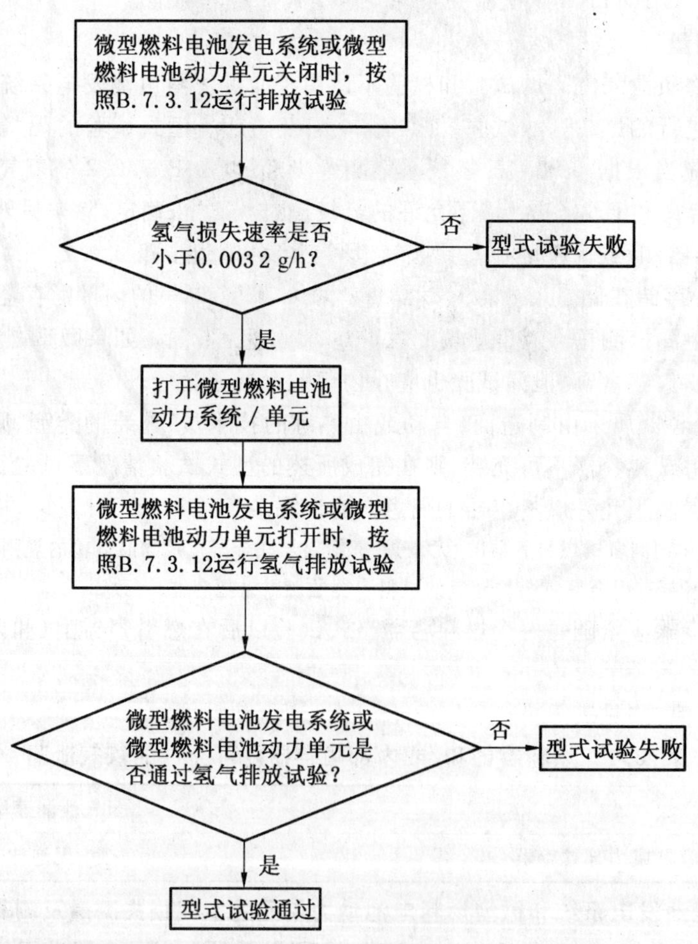

图 B.1 用于型式试验的微型燃料电池发电系统或动力单元中氢气损失和排放的试验步骤

B.7.3 型式试验

对于运行的所有型式试验，燃料容器(和内部贮存盒，若可应用)应满足B.7.3.1的氢气泄漏要求。微型燃料电池动力系统或单元需满足B.7.3.2的氢气损失要求。除了以下特别提到以外，所有型式试验均适用。

B.7.3.1 压差试验

B.7.3.1.1 燃料容器

7.3.1.1试验A不能应用于本附录下试验的燃料容器。燃料容器试验应通过7.3.1.1试验B。

试验B：低外压

此试验需在本附录试验下的燃料容器上运行。子条款需与以下修正通过合格标准：

合格标准：无论何时都应无火、无爆炸、无氢气泄漏且无储氢金属合金泄漏。可使用B.7.3.1中的氢气泄漏测量步骤测量氢气泄漏。使用粗棉布、红外摄像机或其他合适的方法检查火焰。目测爆炸。目测并检查储氢金属合金泄漏。

B.7.3.1.2 微型燃料电池动力单元或微型燃料电池发电系统

需进行试验A和试验B。

试验A：按照7.3.1.2进行试验A，使用B.7.3.2微型燃料电池发电系统或微型燃料电池动力单元中的氢气损失试验测量氢气损失。使用B.7.3.1中的氢气泄漏测量步骤测量燃料容器和内部贮存盒的氢气泄漏。

试验B：按照7.3.1.2进行试验B，使用B.7.3.2微型燃料电池发电系统或微型燃料电池动力单元中的氢气损失试验测量氢气损失。使用B.7.3.1中的氢气泄漏测量步骤测量燃料容器和内部贮存盒的氢气泄漏。

合格标准：无论何时都应无火、无爆炸、无氢气泄漏且无储氢金属合金泄漏。氢气泄漏应满足B.7.3.2微型燃料电池发电系统或单元的应用要求。氢气泄漏需满足B.7.3.1中燃料容器和内部贮存盒的无氢气泄漏要求。使用粗棉布、红外摄像机或其他合适的方法检查火焰。目测爆炸。目测并检查储氢金属合金泄漏。若微型燃料电池动力单元或微型燃料电池发电系统未运行，而已满足B.7.3.1和B.7.3.2的应用要求，则实验可接受。

B.7.3.2 振动试验

此试验应当按照7.3.2进行，但做如下修正：

按照B.7.3.1对燃料容器和内部贮存盒的氢气泄漏测量步骤运行氢气泄漏试验。若可行，按照B.7.3.2对微型燃料电池发电系统或微型燃料电池动力单元的氢气损失测量步骤进行氢气泄漏测量。

合格标准：无论何时都应无火、无爆炸、无泄漏且无储氢金属合金泄漏。氢气损失需满足B.7.3.2对微型燃料电池动力系统或单元的应用要求。氢气泄漏需满足B.7.3.1中燃料容器和内部贮存盒的无氢气泄漏要求。使用粗棉布、红外摄像机或其他合适的方法检查火焰。目测爆炸。目测并检查储氢金属合金泄漏。若微型燃料电池动力单元或微型燃料电池发电系统未运行，而已满足B.7.3.1和B.7.3.2的应用要求，则实验可接受。

B.7.3.3 温度循环试验

此试验与以下修正一并适用于7.3.3。

按照B.7.3.1对燃料容器和内部贮存器的氢气泄漏测量步骤运行氢气泄漏测量。

按照B.7.3.2对微型燃料电池发电系统或微型燃料电池动力单元的氢气损失测量步骤进行氢气流失测量。

合格标准：无论何时都应无火、无爆炸、无泄漏且无储氢金属合金泄漏。氢气损失需满足B.7.3.2对微型燃料电池动力系统或单元的应用要求。氢气泄漏需满足B.7.3.1中燃料容器和内部贮存盒的无氢气泄漏要求。使用粗棉布、红外摄像机或其他合适的方法检查火焰。目测爆炸。目测并检查储氢金属合金泄漏。若微型燃料电池动力单元或微型燃料电池发电系统未运行，而已满足B.7.3.1和B.7.3.2的应用要求，则试验可接受。

B.7.3.4 高温暴露试验

此试验与以下修正一并适用于7.3.2。

合格标准：无论何时都应无火、无爆炸、无泄漏且无储氢金属合金泄漏。使用B.7.3.1中的氢气泄漏测量标准测量氢气泄漏。使用粗棉布、红外摄像机或其他合适的方法检查火焰。目测爆炸。目测并检查储氢金属合金泄漏。

B.7.3.5 跌落试验

本部分7.3.5与以下变化一并适用。

B.7.3.5.1 如果ISO/TS 16111中的跌落试验对于四个跌落方位使用相同的燃料容器，则不需要进行7.3.5中的燃料容器跌落试验。ISO/TS 16111中的跌落试验应该是很严格的，因此需足够确保燃料容器的安全。如果ISO/TS 16111的跌落试验对于每一个跌落方向使用不同的燃料容器进行，7.3.5和B.7.3.5的燃料容器跌落试验应加上ISO/TS 16111的跌落试验运行。

B.7.3.5.2 7.3.5的跌落试验与以下修正一并适用。

按照B.7.3.1对燃料容器和内部贮存器的氢气泄漏测量步骤运行氢气泄漏试验。按照B.7.3.2对微型燃料电池发电系统或微型燃料电池动力单元的氢气损失测量步骤进行氢气流失测量。

合格标准：任何时候无火、无爆炸且无储氢合金流失。氢气损失需满足B.7.3.2对微型燃料电池动力系统或单元的应用要求。氢气泄漏需满足B.7.3.1中燃料容器和内部贮存盒的无氢气泄漏要求。使用粗棉布、红外摄像机或其他合适的方法检查火焰。目测爆炸。目测并检查储氢金属合金泄漏。若微型燃料电池动力单元或微型燃料电池发电系统未运行，而已满足B.7.3.1和B.7.3.2的应用要求，则试验可接受。

B.7.3.6 压力载荷试验

此条款与以下修正一并适用。

试验样品：未使用的燃料容器、按照制造商说明充装的微型燃料电池动力单元或带有未使用的燃料容器的微型燃料电池发电系统。

试验步骤：

试验A：微型燃料电池动力单元或微型燃料电池发电系统

按照B.7.3.1对燃料容器和内部贮存器的氢气泄漏测量步骤运行氢气泄漏试验。

按照B.7.3.2对微型燃料电池发电系统或微型燃料电池动力单元的氢气损失测量步骤进行氢气泄漏测量。

合格标准：任何时候需无火、无爆炸且无储氢合金流失。氢气损失需满足B.7.3.2对微型燃料电池动力系统或单元的应用要求。氢气泄漏需满足B.7.3.1中燃料容器和内部贮存盒的无氢气泄漏要求。使用粗棉布、红外摄像机或其他合适的方法检查火焰。目测爆炸。目测并检查储氢金属合金泄漏。若微型燃料电池动力单元或微型燃料电池发电系统未运行，而已满足B.7.3.1和B.7.3.2的应用要求，则试验可接受。

试验B：燃料容器

按照正文标准7.3.6试验B和以下变化的合格标准运行：

合格标准：无论何时都应无火、无爆炸、无泄漏且无储氢金属合金泄漏。使用B.7.3.1中的氢气泄漏测量标准测量氢气泄漏。使用粗棉布、红外摄像机或其他合适的方法检查火焰。目测爆炸。目测并检查储氢金属合金泄漏。

B.7.3.7 外部短路试验

此条款与以下修正一并适用。

按照B.7.3.1对燃料容器和内部贮存器的氢气泄漏测量步骤运行氢气泄漏试验。按照B.7.3.2对微型燃料电池发电系统或微型燃料电池动力单元的氢气损失测量步骤进行氢气流失测量。

合格标准:任何时候需无火、无爆炸且无储氢合金流失。氢气损失需满足B.7.3.2对微型燃料电池动力系统或单元的应用要求。氢气泄漏需满足B.7.3.1中燃料容器和内部贮存盒的无氢气泄漏要求。使用粗棉布、红外摄像机或其他合适的方法检查火焰。目测爆炸。目测并检查储氢金属合金泄漏。若微型燃料电池动力单元或微型燃料电池发电系统未运行,而已满足B.7.3.1和B.7.3.2的应用要求,则试验可接受。

B.7.3.8 表面、元件和废气温度试验

此试验适用。

B.7.3.9 长期贮存试验

此试验需使用以下步骤进行修正。7.3.9中说明的试验步骤是不适用的,因为它们对于包括氢气的燃料容器不可行。

试验步骤:

将样品置于50 ℃±2 ℃的温度室下。

温度室应配备通风系统,以及能够按照图8准确检测室内空气流动和室内氢气浓度的测量设备。

需连续监控室内的空气流动速率和氢气浓度。氢气流失速率的计算由室内采样氢气浓度乘以室内空气流动速率得到。

样品需保持在50 ℃±2 ℃的室内至少28天。

在临近28天时,按照B.7.3.1对燃料容器的氢气泄漏测量试验运行氢气泄漏试验。

合格标准:无储氢金属合金泄漏、无火且无爆炸。若B.7.3.1可行,则根据B.7.3.1对燃料容器、内部贮存器的氢气泄漏测量步骤确认28天末期时无氢气泄漏。测试期间任何时刻室内氢气浓度都不应超过LFL 25%。测试期间任何时刻燃料容器内氢气损失速率都不应超过0.003 2 g/h。使用粗棉布、红外摄像机或其他合适的方法检查火焰。目测爆炸以及储氢金属合金泄漏。

B.7.3.10 高温连接试验

此试验与以下修正一并适用。

使用B.7.3.1对燃料容器和内部贮存器的氢气泄漏测量步骤检测泄漏。若可行,使用B.7.3.2对微型燃料电池动力单元进行氢气泄漏测量步骤。

合格标准:无论何时需无火、无爆炸且无储氢金属合金泄漏。氢气损失需满足B.7.3.2对微型燃料电池动力单元的应用要求。氢气泄漏需满足B.7.3.1对燃料容器和内部贮存器的无氢气泄漏要求。使用粗棉布、红外摄像机或其他合适的方法检查火焰。目测爆炸。目测并检查储氢金属合金泄漏。微型燃料电池动力单元或微型燃料电池发电系统未运行,而已满足B.7.3.1和B.7.3.2的应用要求,则试验可接受。

B.7.3.11 连接循环试验

此试验修正如下:

B.7.3.11.1 嵌入式/外置/或附加燃料容器

a) 试验样品:未使用的燃料容器和微型燃料电池动力单元或按照制造商说明充装的微型燃料电池动力单元阀。

b) 目的:模拟燃料容器到微型燃料电池动力单元的匹配和解匹配的影响并确保无氢气泄漏、无氢气储氢金属合金泄漏。

c) 试验步骤:

   1) 将首批新燃料容器连接到微型燃料电池动力单元或微型燃料电池动力单元阀并按照B.7.3.1连接下使用液体泄漏探测器或同等试验检查氢气是否泄漏。氢气泄漏定义见B.3.5。

2) 断开燃料容器并按照B.7.3.1使用液体泄漏探测器或同等试验检查氢气泄漏。氢气泄漏定义见B.3.5。

3) 再重复2遍,总共连接断开3次。

4) 按照B.7.3.1使用液体泄漏探测器或同等试验检查氢气泄漏。氢气泄漏定义见B.3.5。

5) 再连接断开首批燃料容器4遍,总共连接断开7次。

6) 按照B.7.3.1使用液体泄漏探测器或同等试验检查氢气泄漏。氢气泄漏定义见B.3.5。

7) 再连接断开首批燃料容器3遍,总共连接断开10次。

8) 按照B.7.3.1使用液体泄漏探测器或同等试验检查氢气泄漏。氢气泄漏定义见B.3.5。

9) 再重复步骤1)至8)4次,共50次循环,在每10次循环之间等待1 h。

10) 断开燃料容器并按照B.7.3.1使用液体泄漏探测器或同等试验检查氢气泄漏。氢气泄漏定义见B.3.5。

d) 合格标准:无氢气泄漏、无储氢金属合金泄漏、无火且无爆炸。按照B.7.3.1使用液体泄漏探测器或同等试验检查氢气泄漏。氢气泄漏定义见B.3.5。使用粗棉布、红外摄像机或其他合适的方法检查火焰。目测爆炸。目测并检查储氢金属合金是否泄漏。

B.7.3.11.2 辅助燃料容器

a) 试验样品:未使用的辅助燃料容器和微型燃料电池动力单元或按照制造商说明充装的微型燃料电池动力单元阀。

b) 目的:模拟燃料容器到微型燃料电池动力单元匹配和解配的影响并确保无氢气泄漏、无储氢金属合金泄漏。

c) 试验步骤:

1) 将首批新燃料容器连接到微型燃料电池动力单元或微型燃料电池动力单元阀并按照B.7.3.1连接下使用液体泄漏探测器或同等试验检查氢气是否泄漏。氢气泄漏定义见B.3.5。

2) 断开燃料容器并按照B.7.3.1使用液体泄漏探测器或同等试验检查氢气泄漏。氢气泄漏定义见B.3.5。

3) 再重复2遍,总共连接断开3次。

4) 按照B.7.3.1使用液体泄漏探测器或同等试验检查氢气泄漏。氢气泄漏定义见B.3.5。

5) 再连接断开首批燃料容器4遍,总共连接断开7次。

6) 按照B.7.3.1使用液体泄漏探测器或同等试验检查氢气泄漏。氢气泄漏定义见B.3.5。

7) 再连接断开首批燃料容器3遍,总共连接断开10次。

8) 按照B.7.3.1使用液体泄漏探测器或同等试验检查氢气泄漏。氢气泄漏定义见B.3.5。

9) 再重复步骤1)至8)4次,共50次循环,在每10次循环之间等待1 h。

10) 断开燃料容器并按照B.7.3.1使用液体泄漏探测器或同等试验检查氢气泄漏。氢气泄漏定义见B.3.5。

d) 合格标准:无氢气泄漏、无储氢金属合金泄漏、无火且无爆炸。按照B.7.3.1使用液体泄漏探测器或同等试验检查氢气泄漏。氢气泄漏定义见B.3.5。使用粗棉布、红外摄像机或其他合适的方法检查火焰。目测爆炸。目测并检查储氢金属合金是否泄漏。

B.7.3.11.3 微型燃料电池动力单元

a) 试验样品:最少两个未使用的燃料容器和附加的98个燃料容器或插装阀和一个按照制造商说明充装的微型燃料电池动力单元。

b) 目的:模拟燃料容器到燃料电池动力单元匹配和解配的影响并确保在微型燃料电池动力单元连接处开始使用和合适使用老化后无氢气泄漏、无储氢金属合金泄漏。

1 号和 100 号燃料容器用于检测,其他 980 次循环只用于微型燃料电池发电系统老化。

c) 试验步骤:

燃料容器 1

1) 将首批新燃料容器连接到微型燃料电池动力单元或微型燃料电池动力单元阀并按照 B.7.3.1 连接下使用液体泄漏探测器或同等试验检查氢气是否泄漏。氢气泄漏定义见 B.3.5。

2) 运行微型燃料电池动力单元或模拟燃料流 1 min,然后使用 B.7.3 对运行中的微型燃料电池动力单元的氢气流失试验进行氢气流失检测。氢气流失需满足 B.7.3.2 运行系统的合格标准。

3) 关闭微型燃料电池动力单元或停止模拟燃料流。

4) 断开燃料容器并使用 B.7.3.2 中对非运行微型燃料电池动力单元的氢气流失测量步骤检查氢气流失。氢气损失需满足 B.7.3.2 非运行系统的合格标准且满足 B.3.6 定义的无不允许氢气泄漏标准。

5) 再重复两遍,总共连接断开 3 次。

6) 使用 B.7.3.2 中对非运行微型燃料电池动力单元的氢气流失测量步骤检查氢气流失。氢气损失需满足 B.7.3.2 非运行系统的合格标准且满足 B.3.6 定义的无不允许氢气泄漏标准。

7) 再连接断开首批燃料容器 4 遍,总共连接断开 7 次。

8) 使用 B.7.3.2 中对非运行微型燃料电池动力单元的氢气流失测量步骤检查氢气流失。氢气损失需满足 B.7.3.2 非运行系统的合格标准且满足 B.3.6 定义的无不允许氢气泄漏标准。

9) 再连接断开首批燃料容器 3 遍,总共连接断开 10 次。

10) 使用 B.7.3.2 中对非运行微型燃料电池动力单元的氢气流失测量步骤检查氢气流失。氢气损失需满足 B.7.3.2 非运行系统的合格标准且满足 B.3.6 定义的无不允许氢气泄漏标准。

11) 将燃料容器连接到微型燃料电池动力单元上并按照 B.7.3.1 使用液体泄漏探测器或同等试验检查连接下氢气是否泄漏。氢气泄漏定义见 B.3.5。

12) 运行微型燃料电池动力单元或模拟燃料流 1 min,然后使用 B.7.3 对运行中的微型燃料电池动力单元的氢气流失试验进行氢气流失检测。氢气流失需满足 B.7.3.2 运行系统的合格标准。

13) 关闭微型燃料电池动力单元或停止模拟燃料流。

14) 使用 B.7.3.2 中对非运行微型燃料电池动力单元的氢气流失测量步骤检查氢气流失。氢气损失需满足 B.7.3.2 非运行系统的合格标准且满足 B.3.6 定义的无不允许氢气泄漏标准。

d) 合格标准:无论何时需无火、无爆炸、无储氢金属合金泄漏。氢气损失需满足 B.7.3.2 对微型燃料电池动力单元的应用要求。氢气泄漏需满足 B.7.3.1 对燃料容器和内部贮存器的无氢气泄漏要求。使用粗棉布、红外摄像机或其他合适的方法检查火焰。目测爆炸。目测并检查储氢金属合金泄漏。

微型燃料电池动力单元老化

使用燃料容器或插装阀，循环微型燃料电池发电系统连接，总共连接断开980次。不必要颠倒系统或燃料容器，但如果发现泄漏，则试验失败。老化测试之后，将使用最终未用过的燃料容器进行测试。

最终燃料容器

a) 将最终未使用的燃料容器连接到微型燃料电池动力单元上并按照B.7.3.1使用液体泄漏探测器或同等测试检查连接下氢气是否泄漏。氢气泄漏定义见B.3.5。

b) 运行微型燃料电池动力单元或模拟燃料流1 min，然后使用B.7.3对运行中的微型燃料电池动力单元的氢气流失试验进行氢气流失检测。氢气流失需满足B.7.3.2运行系统的合格标准。

c) 关闭微型燃料电池动力单元或停止模拟燃料流。

d) 断开燃料容器并使用B.7.3.2中对非运行微型燃料电池动力单元的氢气流失测量步骤检查氢气流失。氢气损失需满足B.7.3.2非运行系统的合格标准且满足B.3.6定义的无不允许氢气泄漏标准。

e) 再重复两遍，总共连接断开3次。

f) 使用B.7.3.2中对非运行微型燃料电池动力单元的氢气流失测量步骤检查氢气流失。氢气损失需满足B.7.3.2非运行系统的合格标准且满足B.3.6定义的无不允许氢气泄漏标准。

g) 再连接断开首批燃料容器4遍，总共连接断开7次。

h) 使用B.7.3.2中对非运行微型燃料电池动力单元的氢气流失测量步骤检查氢气流失。氢气损失需满足B.7.3.2非运行系统的合格标准且满足B.3.6定义的无不允许氢气泄漏标准。

i) 再连接断开首批燃料容器3遍，总共连接断开10次。

j) 使用B.7.3.2中对非运行微型燃料电池动力单元的氢气流失测量步骤检查氢气流失。氢气损失需满足B.7.3.2非运行系统的合格标准且满足B.3.6定义的无不允许氢气泄漏标准。

k) 将燃料容器连接到微型燃料电池动力单元上并按照B.7.3.1使用液体泄漏探测器或同等试验检查连接下氢气是否泄漏。氢气泄漏定义见B.3.5。

l) 运行微型燃料电池动力单元或模拟燃料流1 min，然后使用B.7.3对运行中的微型燃料电池动力单元的氢气流失试验进行氢气流失检测。氢气流失需满足B.7.3.2运行系统的合格标准。

m) 关闭微型燃料电池动力单元或停止模拟燃料流。

n) 使用B.7.3.2中对非运行微型燃料电池动力单元的氢气流失测量步骤检查氢气流失。氢气损失需满足B.7.3.2非运行系统的合格标准且满足B.3.6定义的无不允许氢气泄漏标准。

合格标准：无论何时需无火、无爆炸、无储氢金属合金泄漏。氢气损失需满足B.7.3.2对微型燃料电池动力单元的应用要求。氢气泄漏需满足B.7.3.1对燃料容器和内部贮存器的无氢气泄漏要求。使用粗棉布、红外摄像机或其他合适的方法检查火焰。目测爆炸。目测并检查储氢金属合金泄漏。

B.7.3.12 氢气排放试验

B.7.3.12.1 运行7.3.12的排放试验需使用修正装置，其中质谱仪，气相色谱仪或其他合适的校准器械被用来按照图8通过空气采样口A检测控制体积内的氢气浓度。其他任何排放都不需要检测，因为氢气是唯一有可能从这些微型燃料电池发电系统出来的危险性排放物。

B.7.3.12.2 当测试运行的微型燃料电池发电系统或微型燃料电池动力单元时需修正本部分7.3.12的排放试验，以包含氢气点源损失检测试验(B.7.3.12.4.2)，用以保证不但参考体积内不会积累至可燃浓度，同时样本也不会泄漏氢气导致燃烧(<0.016 g/h或者3 mL/min)。

B.7.3.12.3 氢气排放试验步骤详细见图B.2。氢气排放试验需在所有运行的微型燃料电池动力系统和单元上运行。

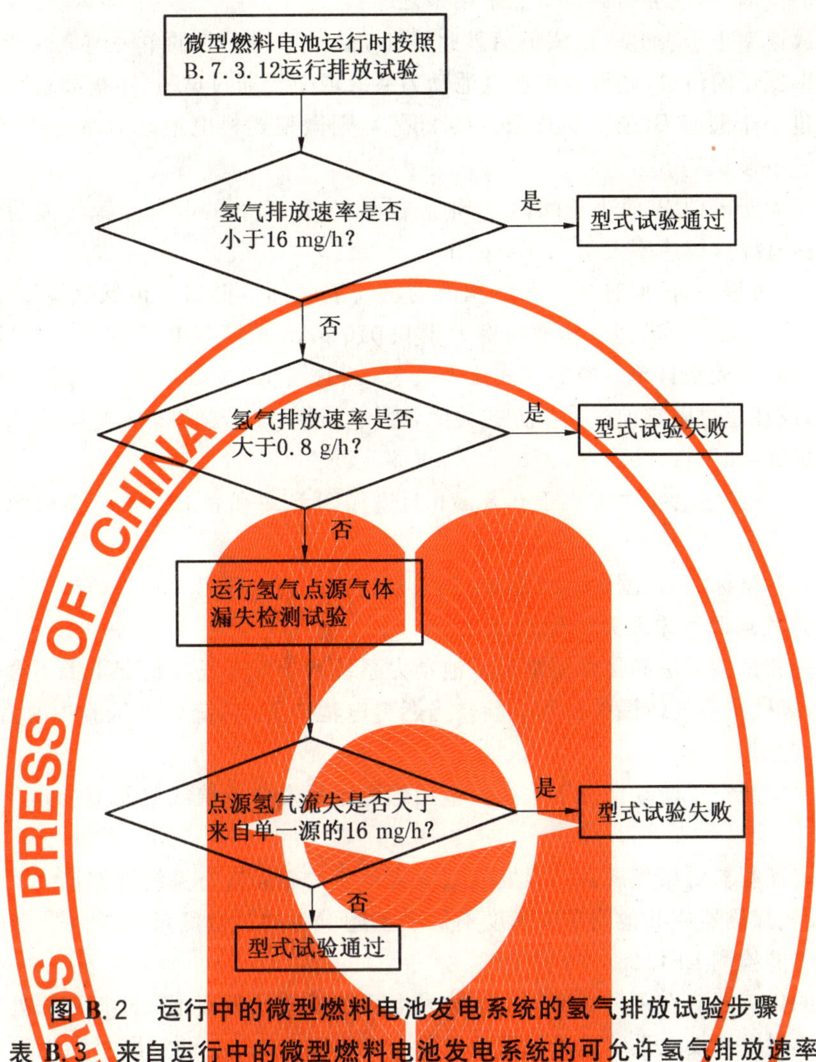

图 B.2　运行中的微型燃料电池发电系统的氢气排放试验步骤

表 B.3　来自运行中的微型燃料电池发电系统的可允许氢气排放速率

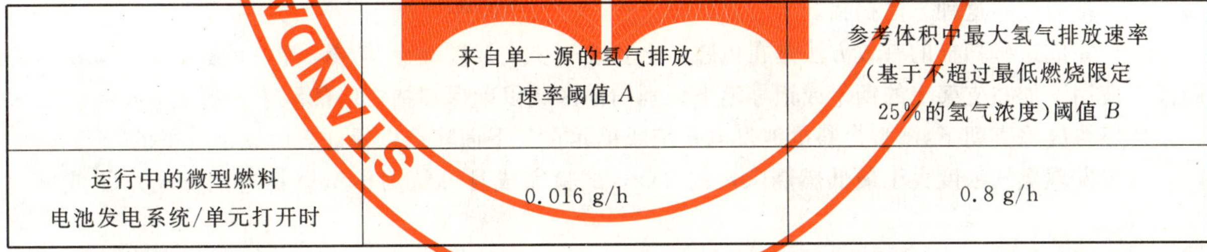

	来自单一源的氢气排放速率阈值 *A*	参考体积中最大氢气排放速率（基于不超过最低燃烧限定25%的氢气浓度）阈值 *B*
运行中的微型燃料电池发电系统/单元打开时	0.016 g/h	0.8 g/h

注：运行排放速率限定基于参考体积乘以空气体积变化率（ACH）的乘积，因为它包括了使用微型燃料电池发电系统的合理可预见的环境。小型汽车的内部空间和商务飞机上人均最小体积都是 1 m^3。客机的最小 ACH 为 10，汽车的最低通风设置也是 10。家庭和办公室内的 ACH 最小可达 0.5，但由于人均体积超过 20 m^3，所以选择 10ACH 还是较保守的。该情况下增加安全系数 10。

B.7.3.12.4　氢气排放测量步骤

B.7.3.12.4.1　氢气排放试验

根据 7.3.12 运行用于探测氢气的排放试验。

对 7.3.12 的必要修正如下：

试验步骤：

记录已找到的氢气浓度。

氢气排放速率由氢气浓度乘以通过系统的空气流动速率得到。

氢气排放试验以后,可能会得到以下三个结果之一:

a) 氢气排放速率小于表 B.3 的阈值 A。此级别是由 0.016 g/h 的单一纯氢源产生的。如果氢气排放速率低于阈值 A,则微型燃料电池动力系统或单元通过试验,不需要进一步试验。

b) 氢气浓度小于阈值 B(最低燃烧限定的 25%),则微型燃料电池动力系统或单元未通过试验。不需要进一步试验。

c) 氢气浓度大于阈值 A 而小于阈值 B,则进行 B.7.3.12.2 的氢气点源气体漏失检测试验决定无单一纯氢源排放速率大于 0.016 g/h。

合格标准:试验过程中,任何时刻参考体积内的氢气浓度都不得超过最低燃烧限定的 25%。氢气排放速率不得超过 0.8 g/h。若氢气排放速率大于 0.016 g/h,则按照 B.7.3.12.4.2 运行氢气点源气体漏失检测试验以确保无来自单一源的气体流失大于 0.016 g/h。见 B.7.3.12.4.2 和图 B.2。若微型燃料电池未运行,或在超过限定前以安全方式关闭,则接受试验。若微型燃料电池动力系统或单元满足非运行系统合格标准,如下:

运行系统的合格标准:总排放需小于 0.8 g/h 且遵循图 B.2 和表 B.3 来自单一源的氢气排放需小于 0.016 g/h。

非运行系统的合格标准:根据表 B.2 的要求,总氢气排放需小于 0.003 2 g/h。

B.7.3.12.4.2 氢气点源气体漏失检测试验

当运行氢气排放试验无法确保微型燃料电池动力系统和单元在任何情况下都不会有导致火焰的单一点源时,需运行氢气点源气体漏失检测试验。当燃料电池单元/系统处于试验中时,需要在整个测试期间保持打开的状态。

本试验应在无实质空气流动情况下进行。微型燃料电池发电系统或单元 10 cm 上方的风速不得超过 0.02 m/s。

需用点源氢气探测器对微型燃料电池发电系统或单元的表面进行系统性扫描。此氢气探测器可以是质谱仪,手持氢气探测器或其他测量准确度不低于上述设备的适合测量点源散发出的微量氢气的仪器。氢气探测器应能检测 LFL 25%的氢气。

氢气探测器的传感器应在距离微型燃料电池发电系统或单元表面不高于 3 mm 处进行扫描。连续线型扫描沿微型燃料电池发电系统或单元表面间隔不应超过 8 mm。微型燃料电池发电系统或单元的整个表面都应按照这种方法扫描。

一种完成这些扫描的有效方法是在传感器上安装一个支架以确保其与设备之间始终保持 3 mm 的距离。使用附加在支架上的钢笔或记号笔来识别扫描区域以确保扫描之间的距离不超过 8 mm。

传感器应垂直朝下,微型燃料电池发电系统或单元在其下面移动以保证表面总是水平的。

若未发现氢气浓度大于最低燃烧限定的 25%,试验完成且可认为微型燃料电池发电系统或单元通过。

若发现氢气浓度大于或等于最低燃烧限定的 25%,需进行第二次试验以确保排放不超过来自单一源的纯氢的 3 mL/min。

按照以下步骤进行第二次试验:将传感器的高度从微型燃料电池发电系统或单元以上 3 mm 处调整到微型燃料电池发电系统或单元以上 6.5 mm 处。

然后进行螺旋式扫描,从初始线型扫描期间探测到大于等于氢气最低燃烧限定的 25%处开始。螺旋式扫描时扫描间距需小于或等于 1 mm,且扫描半径需大于或等于 4 mm。

若螺旋式扫描在微型燃料电池发电系统或单元上方 6.5 mm 处探测到大于或等于氢气最低燃烧限定的 25%,则微型燃料电池发电系统或单元失败。若螺旋式扫描未探测到大于或等于氢气最低燃烧限定的 25%,则微型燃料电池发电系统或单元通过。

合格标准:无来自单一源的气体流失大于 0.016 g/h,见表 B.3。

附 录 C
（规范性附录）
重整甲醇微型燃料电池发电系统

本附录适用于微型燃料电池发电系统、微型燃料电池动力单元和使用重整甲醇作为燃料的燃料容器。本附录对本部分正文中的要求进行了附加与修正，目的是对此类微型燃料电池发电系统以及它们相应的燃料容器给予认证。本部分正文部分提到但本附录中未特别提到的要求，可适用于重整甲醇微型燃料电池发电系统。所有的附加章条都被编上了新数字。本附录对涉及燃料和技术的应用标准正文部分进行了修正与附加。

本附录适用于将甲醇和水通过重整器转化为重整氢气，然后重整氢气立即流入燃料电池堆的重整甲醇微型燃料电池发电系统。

C.1 范围

除非特别提到，第1章与以下附加与本附录一并适用。

C.1.1 系统边界

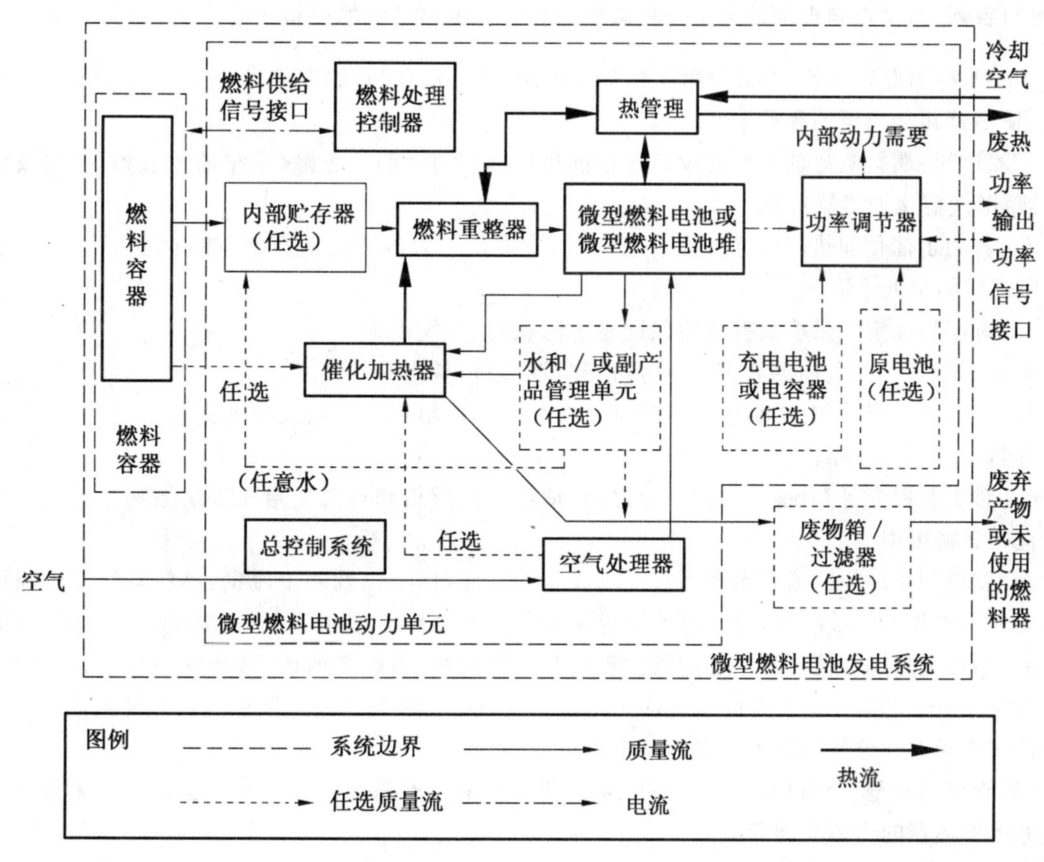

图 C.1 重整甲醇微型燃料电池发电系统总框图

图 C.1 取代正文图 1。

C.1.2 考虑事项

除了本部分 1.3 中陈述的“等效安全要求”以外，以下考虑事项也适用于重整甲醇微型燃料电池发电系统。

C.2 规范性引用文件

第2章与本附录一并适用。

C.3 术语和定义

除了以下特别提到以外，本部分第3章与本附录一并适用且加入了C.3.1、C.3.2和C.3.3。

C.3.1

催化加热器 catalytic heater

在不产生燃烧的情况下将燃料(如甲醇或氢)氧化且产出热用于系统的装置。

C.3.2

不允许的氢气损失 impermissible hydrogen gas loss

溢出非运行微型燃料电池发电系统或微型燃料电池动力单元的氢气大于或等于0.003 2 g/h。

C.3.3

甲醇燃料重整器(也可称“重整器”) methanol fuel reformer

将甲醇和水转化为重整氢(氢气、二氧化碳、甲醇、甲醛、一氧化碳及甲酸甲酯)并应用于系统的装置。

C.4 燃料容器、微型燃料电池动力单元和微型燃料电池发电系统的材料和结构

除了以下特别提到以外，本部分第4章和本附录一并适用同时加进了C.4.1和C.4.2。

C.4.1 使用催化加热器的重整器

C.4.1.1 将微型燃料电池动力单元设计为在催化加热器内无明焰危险(重整器的起始，主要及辅助催化加热器，尾气催化加热器)。

C.4.1.2 若用于催化加热器的空气混合着燃气，应提供有效的方法阻止空气返回到燃气管并阻止燃气流入空气供给单元。

C.4.1.3 对燃料和空气供应的控制应保证稳定的燃料/空气比率。

C.4.1.4 关闭以后，系统内的有害气体应被安全地密封，氧化或排放掉。

C.4.1.5 对于空气充足的系统：应适当控制燃料和空气供给以在初始反应前提供空气，并等待空气注入后再将燃料注入反应堆。

C.4.1.6 对于燃料充足系统：在反应开始之前，适当控制燃料和空气供给来提供燃料并阻止空气进入反应堆直到燃料可用。

C.4.1.7 反应初始时间需通过考虑系统控制设备的反应时间，以及基于流量、燃料空气混合物可燃性及系统动力学和几何学系统的，建立最大量能够安全存在于系统内的可燃混合物的时间，来综合确定。

C.4.1.8 制造商应确保能够堆积的可燃件混合物的最大量，若燃烧的话，其产生的热量和压力需能够容纳于当前环境下的组件。所有的系统都应是开放式设计(如：气体流从重整器到电堆到催化加热器到排气)，且在此条件下组件以内无积累至高压的可能。

C.4.2 将管道和其他管路设置为正常使用和合理可预见由于震动、加热、压力等误用时无来自燃料重整器或催化加热器的气体泄漏危险。

C.5 非正常运行要求和试验

本部分第5章与本附录一并适用。

C.6 燃料容器、微型燃料电池动力单元和微型燃料电池发电系统的说明及警示

本部分第6章与本附录一并适用。

C.7 燃料容器、微型燃料电池动力单元和微型燃料电池发电系统的型式试验

除了以下特别提到以外，本部分第7章与本附录一并适用。C.7.1.1、C.7.1.5和C.7.1.6已加入。

C.7.1 排放试验

按照7.3中的试验步骤完成型式试验以后，使用以下步骤检测微型燃料电池动力单元的排放和泄漏。

运行7.3.12的排放试验需使用修正装置，其中质谱仪，气相色谱仪或其他合适的校准器械被用来检测参考体积内的氢气浓度。

重整甲醇微型燃料电池发电系统在非运行时不产生或存储氢气，因此对于非运行的重整甲醇微型燃料电池动力单元和微型燃料电池发电系统不需要氢气损失测量。7.3.12中的排放试验用于运行系统。

C.7.1.1 除了7.3.12中的限定仍然适用以外，氢气总排放需小于0.8 g/h且来自单一源的氢气排放按照表C.1需小于0.016 g/h。

C.7.1.2 本部分7.3.12的排放试验修正为包括氢气点源气体漏失检测试验(C.7.1.4.2)，用以保证不但参考体积内不会积累至可燃浓度，同时样本也不会泄漏氢气导致燃烧(<0.016 g/h或者3 mL/min)。

C.7.1.3 氢气排放试验步骤详细见图C.2。在所有微型燃料电池动力单元和微型燃料电池发电系统上运行氢气排放试验。

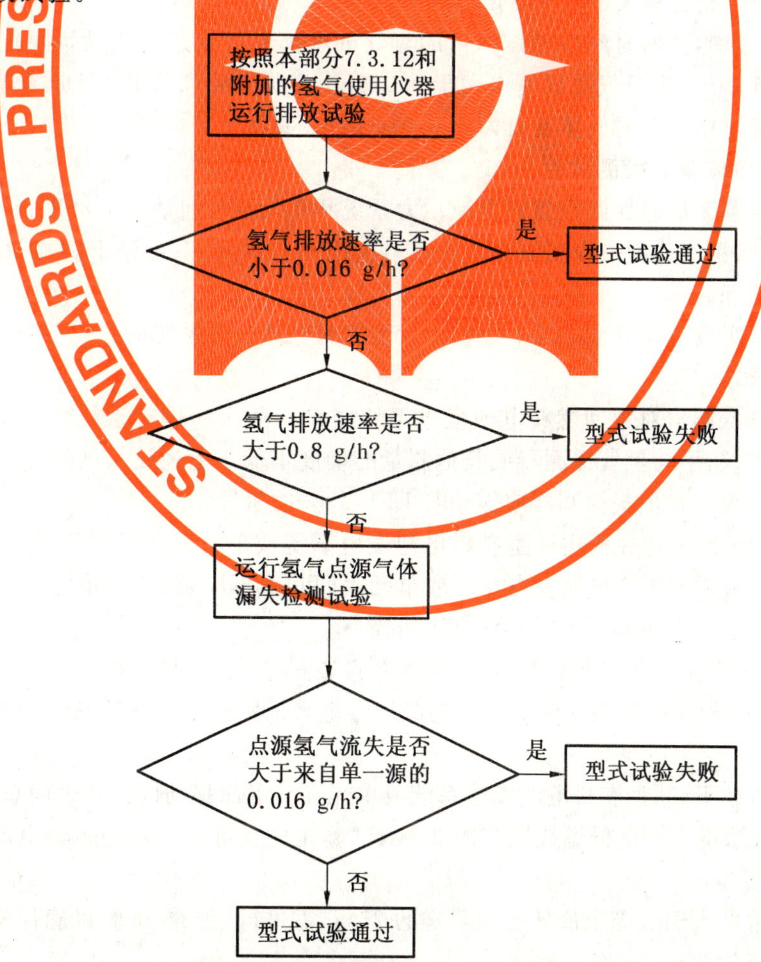

图C.2 运行微型燃料电池发电系统中的氢气排放试验步骤

表 C.1 允许来自运行中的微型燃料电池发电系统的氢气排放速率

运行中的微型燃料电池发电系统/单元打开时	来自单一源的氢气排放速率阈值 A	参考体积中最大氢气排放速率(基于不超过最低燃烧限定25%的氢气浓度)阈值 B
	0.016 g/h	0.8 g/h

注:运行排放速率限定基于参考体积乘以空气体积变化率(ACH)的乘积,因为它包括了使用微型燃料电池发电系统的合理可预见的环境。小型汽车的内部空间和商务飞机上人均最小体积都是 1 m^3。客机的最小 ACH 为10,汽车的最低通风设置也是 10。家庭和办公室内的 ACH 最小可达 0.5,但由于人均体积超过 20 m^3,所以选择 10ACH 还是较保守的。该情况下增加安全系数 10。

C.7.1.4 氢气排放测量步骤

C.7.1.4.1 氢气排放试验

根据 7.3.12 运行用于探测氢气的排放试验。氢气排放试验以后,可能得到以下三个结果之一:

a) 氢气排放速率小于表 B.3 的阈值 A。此级别是由 0.016 g/h 的单一纯氢源产生的。如果氢气排放速率低于阈值 A,则微型燃料电池动力系统或单元通过试验,不需要进一步试验。

b) 氢气浓度小于阈值 B(最低燃烧限定的 25%),则微型燃料电池动力系统或单元未通过试验。不需要进一步试验。

c) 氢气浓度大于阈值 A 而小于阈值 B,则进行 B.7.3.12.2 的氢气点源气体漏失检测试验决定无单一纯氢源排放速率大于 0.016 g/h。

合格标准:试验过程中,任何时刻参考体积内的氢气浓度都不得超过最低燃烧限定的 25%。氢气排放速率不得超过 0.8 g/h。若氢气排放速率大于 0.016 g/h,则按照 C.7.1.4.2 运行氢气点源气体漏失检测试验以确保无来自单一源的气体流失大于 0.016 g/h。见图 C.2。

C.7.1.4.2 氢气点源气体漏失检测试验

当运行氢气排放试验无法确保微型燃料电池动力系统和单元在任何情况下都不会有导致火焰的单一点源时,需运行氢气点源气体漏失检测试验。当燃料电池动力单元/系统处于试验中时,需要在整个测试期间保持打开的状态。

a) 本试验应在无实质空气流动情况下进行。微型燃料电池发电系统或单元 10 cm 上方的风速不得超过 0.02 m/s。

b) 需用点源氢气探测器对微型燃料电池发电系统或单元的表面进行系统性扫描。此氢气探测器可以是质谱仪,手持氢气探测器或其他测量准确度不低于上述设备的适合测量点源散发出的微量氢气的仪器。氢气探测器应能检测 LFL 25%的氢气。

c) 氢气探测器的传感器应在距离微型燃料电池发电系统或单元表面不高于 3 mm 处进行扫描。连续线型扫描沿微型燃料电池发电系统或单元表面间隔不应超过 8 mm。微型燃料电池发电系统或单元的整个表面都应按照这种方法扫描。

d) 一种完成这些扫描的有效方法是在传感器上安装一个支架以确保其与设备之间始终保持 3 mm 的距离。使用附加在支架上的钢笔或记号笔来识别扫描区域以确保扫描之间的距离不超过 8 mm。

e) 传感器应垂直朝下,微型燃料电池发电系统或单元在其下面移动以保证表面总是水平的。

f) 若未发现氢气浓度大于最低燃烧限定的 25%,试验完成且可认为微型燃料电池发电系统或单元通过。

g) 若发现氢气浓度大于或等于最低燃烧限定的 25%,需进行第二次试验以确保排放不超过来自单一源的纯氢的 3 mL/min。

h) 按照以下步骤进行第二次试验:将传感器的高度从微型燃料电池发电系统或单元以上 3 mm

处调整到微型燃料电池发电系统或单元以上 6.5 mm 处。

i) 然后进行螺旋式扫描，从初始线型扫描期间探测到大于或等于氢气最低燃烧限定的 25%处开始。螺旋式扫描时扫描间距需小于或等于 1 mm，且扫描半径需大于或等于 4 mm。

j) 若螺旋式扫描在微型燃料电池发电系统或单元上方 6.5 mm 处探测到大于或等于氢气最低燃烧限定的 25%，则微型燃料电池发电系统或单元失败。若螺旋式扫描未探测到大于或等于氢气最低燃烧限定的 25%，则微型燃料电池发电系统或单元通过。

合格标准：无来自单一源的气体流失大于 0.016 g/h，小于参考体积最低燃烧限定的 25%，见表 C.1。

C.7.1.5 由于非正常高温引起微型燃料电池发电系统自动关闭

试验样品：按照制造商说明充装的微型燃料电池动力单元或带未使用燃料容器的微型燃料电池发电系统。

目的：若重整器达到非正常高温时，确保微型燃料电池发电系统在合理时间内运行关闭步骤。

试验步骤：

当微型燃料电池动力单元在额定输出运行时，使用制造商说明方法将温度调整到高于重整器内最大运行温度 10 ℃。

确保微型燃料电池发电系统在重整器达到设定温度的 5 s 以内自动关闭。

合格标准：微型燃料电池发电系统在重整器达到设定温度的 5 s 以内自动关闭。

C.7.1.6 重整器高温下的安全运行

试验样品：按照制造商说明充装的微型燃料电池动力单元或带未使用燃料容器的微型燃料电池发电系统。

目的：确保即使重整器运行在最高运行温度 30 ℃以上，微型燃料电池发电系统仍能安全运行。

试验步骤：

按照 C.7.1.5 将自动关闭装置设置为不可用。将重整器温度调整为最大运行温度 30 ℃以上。

在该温度下按照制造商的说明将微型燃料电池系统于满负荷状态下运行 1 h。

合格标准：无火焰排放，且微型燃料电池发电系统遵照表 8 和 C.7.1 的排放要求。

附 录 D
（规范性附录）
甲醇类化合物微型燃料电池发电系统

本附录适用于微型燃料电池发电系统、微型燃料电池动力单元和使用由甲醇类化合物产生动力的直接甲醇微型燃料电池发电系统的燃料容器。本附录对本部分正文中的要求进行了附加与修正，目的是对此类微型燃料电池发电系统以及它们相应的燃料容器给予认证。如若可能，本附录的编号系统应与本部分正文编号一致。本部分正文部分提到但本附录中未特别提到的要求，可适用于由甲醇类化合物产生动力的直接甲醇微型燃料电池发电系统。所有的附加章节都被编上了新数字。本附录对涉及燃料和技术的应用标准正文部分进行了修正与附加。

D.1 范围

除了以下特别提到以外，本部分第1章与本附录一并适用且用D.1.1.3和D.1.1.6将1.1修正。

D.1.1 系统边界

甲醇类化合物微型燃料电池发电系统框图见图D.1。

D.1.2 适用于本附录的燃料和技术

本附录适用于由水和甲醇类化合物(MCC)形成的甲醇产生动力的直接甲醇微型燃料电池。

本附录包括直接甲醇燃料电池(DMFC)模块或堆的设备设计。

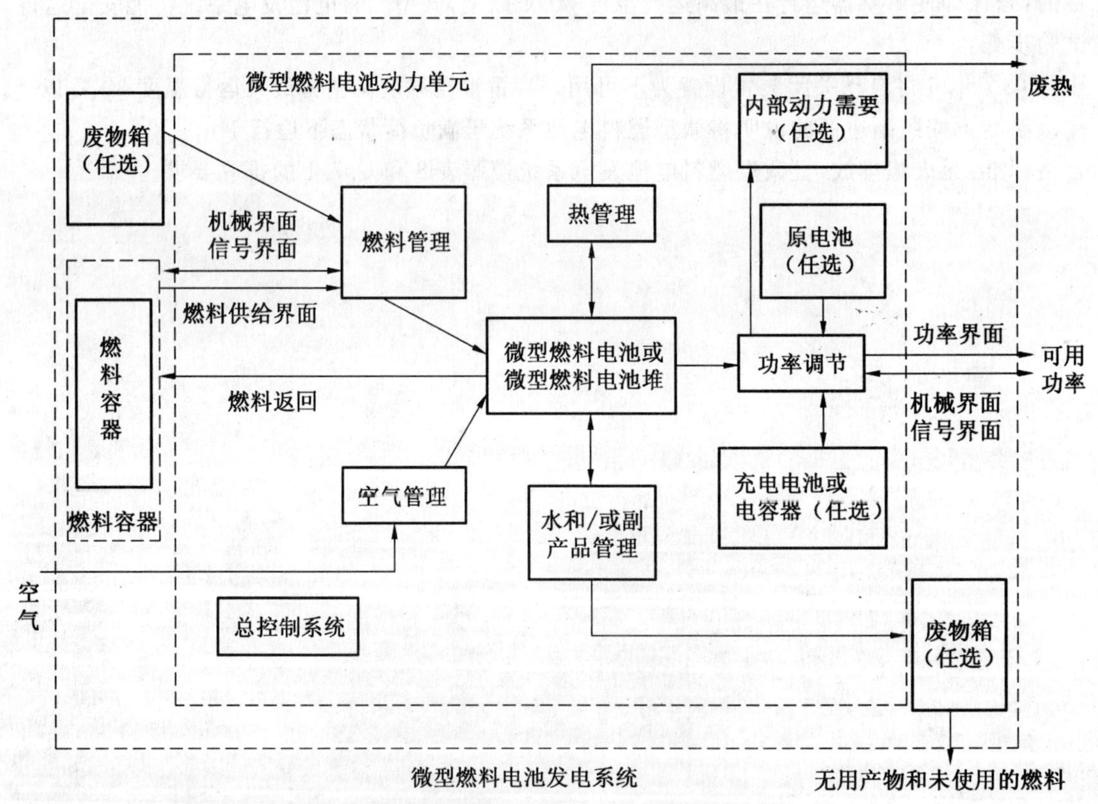

图D.1 甲醇类化合物微型燃料电池发电系统框图

D.1.3 考虑事项

甲醇类化合物(MCC)是包括甲醇的固体。由于包含甲醇类化合物的燃料容器在使用之前不包含液体,故不会发生液体泄漏(图 D.2)。联合国分类的关于危险货物运输的建议书内要求不允许出现甲醇类化合物。

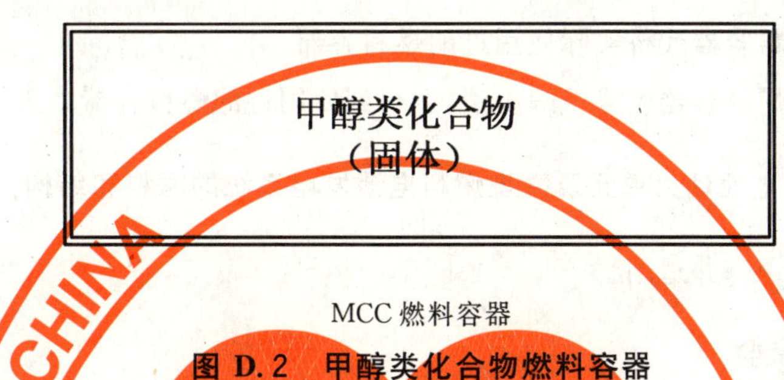

MCC 燃料容器

图 D.2 甲醇类化合物燃料容器

当将装满甲醇类化合物的燃料容器置于微型燃料电池动力单元内后,水被注入燃料容器。由 MCC 中释放出的甲醇和注入的水结合成甲醇溶液。之后甲醇溶液被用作燃料(图 D.3)。

图 D.3 甲醇类化合物和微型燃料电池动力单元的使用

D.1.4 甲醇类化合物微型燃料电池发电系统安全评估

未使用的燃料容器仅包括固体材料,故无液体泄漏。但是由于用于直接甲醇燃料电池微型燃料电池发电系统内的燃料容器装有甲醇溶液,故需对装有水的燃料容器进行泄漏评估。未使用的燃料容器和使用的燃料容器均使用于型式试验。

D.2 规范性引用文件

本部分第 2 章与本附录一并适用。

D.3 术语和定义

除了以下特别提到以外,本部分第 3 章与本附录一并适用。

D.3.1 燃料

由水和甲醇类化合物(MCC)形成的甲醇和水溶液。

D.3.2 辅助燃料容器

不适用。

D.3.3 无可接触甲醇类化合物粉末

用户不得与甲醇类化合物粉末有身体接触。

D.3.4 无甲醇类化合物粉末泄漏

微型燃料电池发电系统或燃料容器外无可接触的甲醇类化合物粉末。

D.3.5 无危险

根据联合国测试标准手册检测的原材料不被归为危险品。

D.3.6 使用过的燃料容器

用于型式试验中的燃料容器代替实际使用过的燃料容器。

将水注入未使用过的燃料容器生成甲醇溶液，以得到使用过的燃料容器。

D.4 燃料容器、微型燃料电池动力单元及微型燃料电池发电系统的材料和结构

本部分第4章和本附录一并适用。

D.5 非正常操作要求和试验

本部分第5章和本附录一并适用。

D.6 燃料容器、微型燃料电池动力单元和微型燃料电池发电系统的说明及警示

本部分第6章与本附录一并适用。

D.7 燃料容器、微型燃料电池动力单元和微型燃料电池发电系统的型式试验

除了以下特别提到以外，本部分第7章与本附录一并适用。

D.7.1 甲醇类化合物和甲醇的泄漏测量及测量步骤

由于甲醇类化合物粉末装在未使用的燃料容器内，故需在型式试验中检查甲醇类化合物粉末泄漏。甲醇类化合物粉末和甲醇的泄漏测量应分别按照图D.4至图D.7进行。在不同的子条款中会注明例外情况。

最大时间间隔 $t_1 - t_0$ 应设置为当燃料以最大损失速率流失时，损失的燃料质量不超过总质量的1/2。

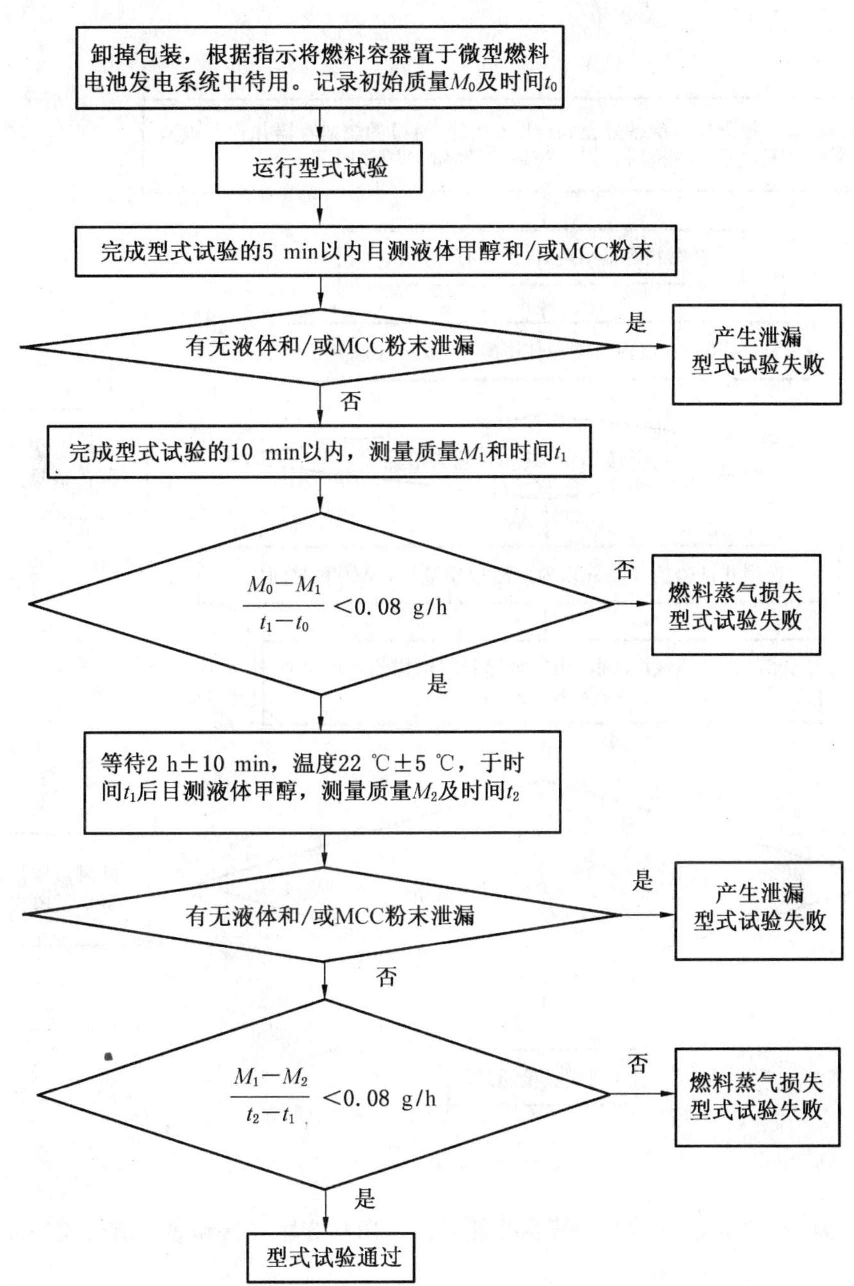

图 D.4　压差、振动、跌落和压力载荷试验中燃料容器泄漏和质量流失试验流程图

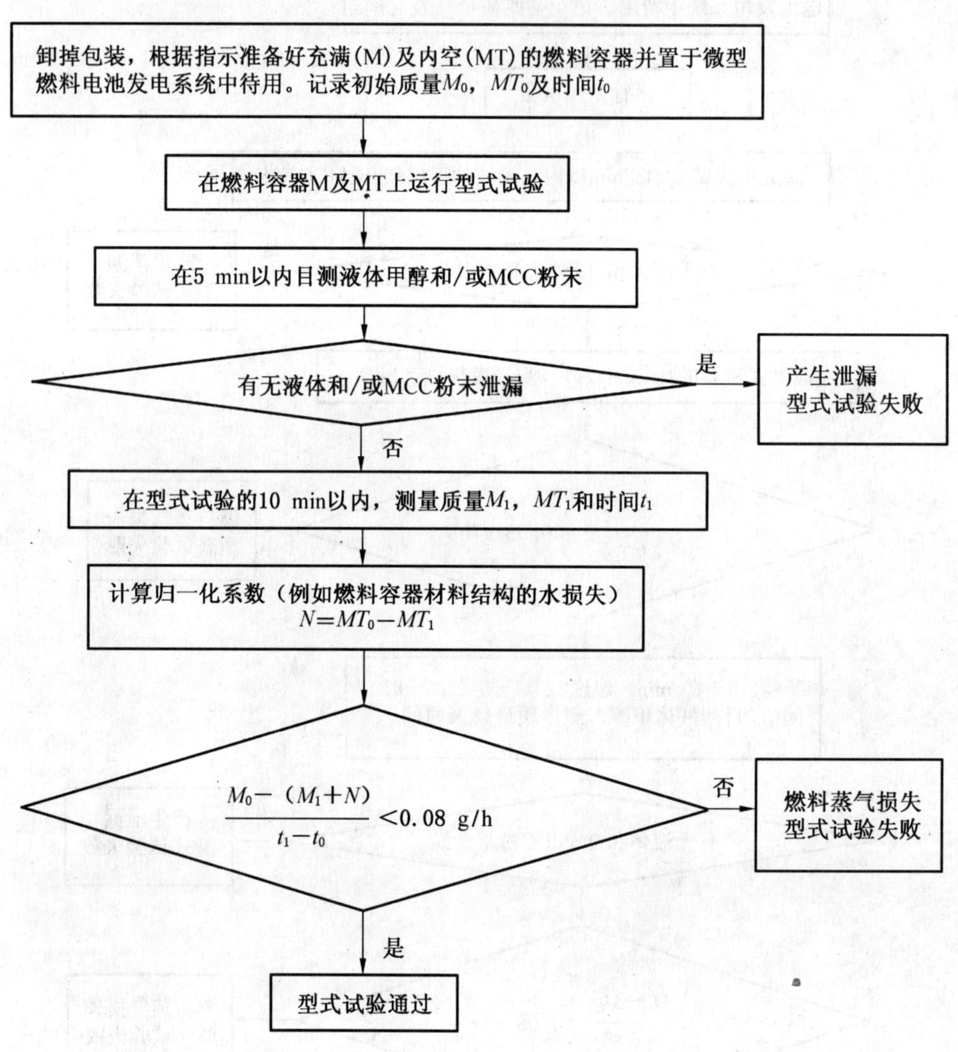

图 D.5 温度循环试验和高温暴露试验中燃料容器泄漏和质量流失流程图

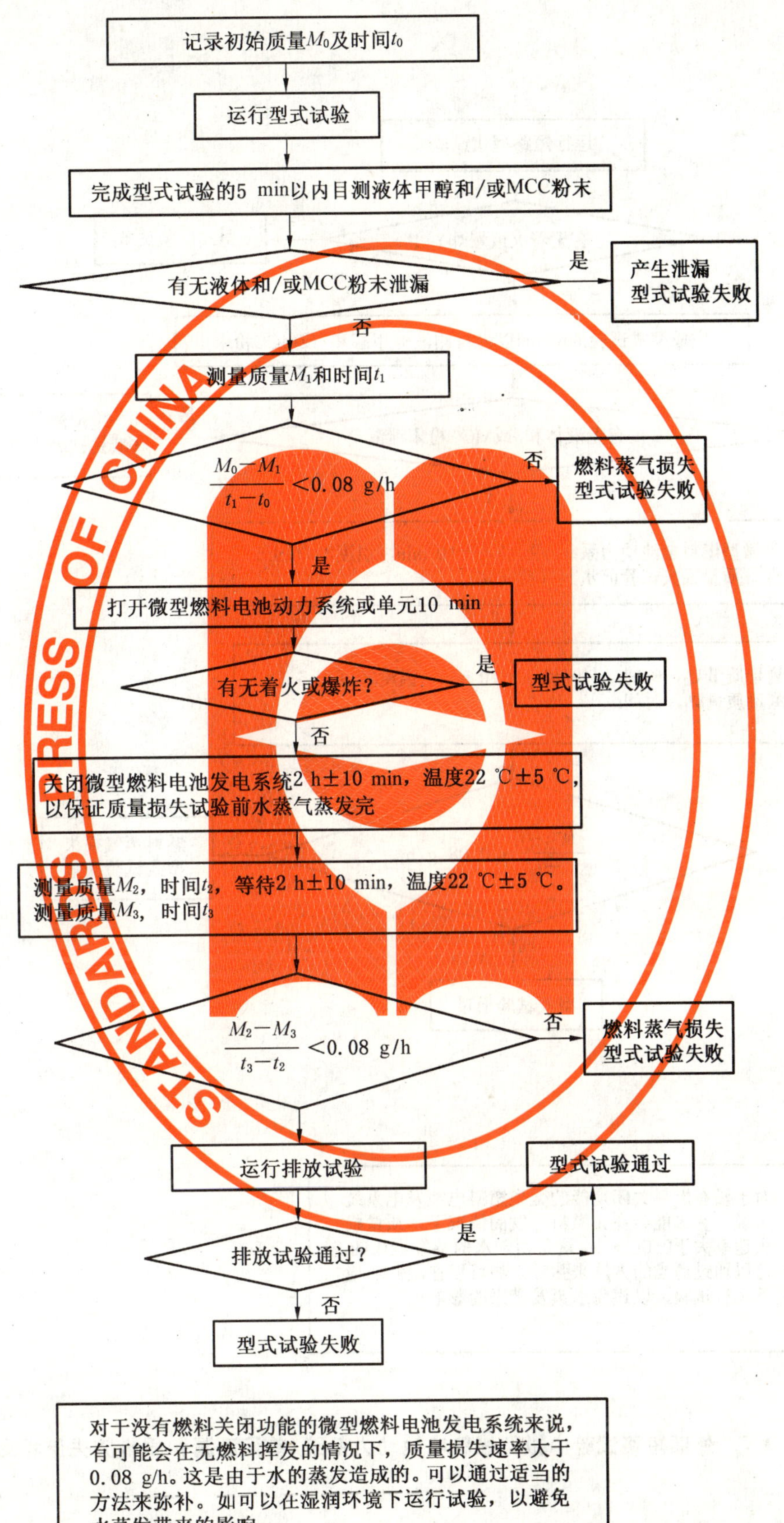

图 D.6 振动、跌落、压差和压力载荷试验中微型燃料电池发电系统/单元泄漏和质量流失流程图

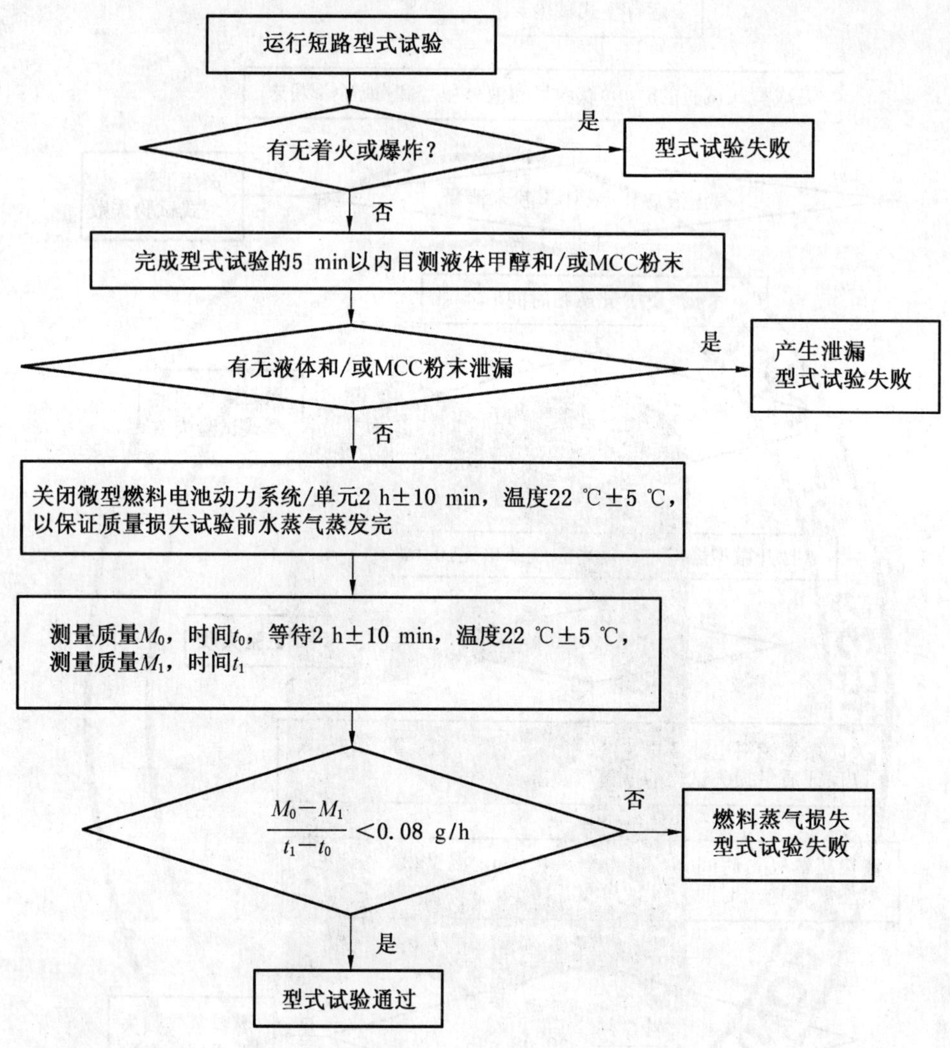

对于没有燃料关闭功能的微型燃料电池发电系统来说，有可能会在无燃料挥发的情况下，质量损失速率大于0.08 g/h。这是由于水的蒸发造成的。可以通过适当的方法来弥补。如可以在湿润环境下运行试验，以避免水蒸发带来的影响

图 D.7　外部短路试验中微型燃料电池动力系统/单元泄漏和质量流失流程图

D.7.2 型式试验

型式试验项目见表D.1。

表 D.1 型式试验

	试验项目	试验样品
D.7.2.1	压差试验[a]	燃料容器 使用过的燃料容器 微型燃料电池动力单元和/或发电系统
D.7.2.2	振动试验[a]	燃料容器 使用过的燃料容器 微型燃料电池动力单元和/或发电系统
D.7.2.3	温度循环试验[a]	燃料容器 使用过的燃料容器 微型燃料电池动力单元和/或发电系统
D.7.2.4	高温暴露试验	燃料容器 使用过的燃料容器
D.7.2.5	跌落试验	燃料容器 使用过的燃料容器 微型燃料电池动力单元和/或发电系统
D.7.2.6	压力载荷试验	燃料容器 使用过的燃料容器 微型燃料电池动力单元和/或发电系统
D.7.2.7	外部短路试验	微型燃料电池动力单元或发电系统
D.7.2.8	表面和废气温度试验	微型燃料电池动力单元或发电系统
D.7.2.9	长期贮存试验	燃料容器 使用过的燃料容器
D.7.2.10	高温连接试验	燃料容器和微型燃料电池动力单元 使用过的燃料容器和微型燃料电池动力单元
D.7.2.11	连接循环试验	燃料容器和微型燃料电池动力单元 使用过的燃料容器和微型燃料电池动力单元
D.7.2.12	排放试验	微型燃料电池动力单元或发电系统

注：对于每种型式试验，样品数量应至少是6个燃料容器和/至少三个微型燃料电池发电系统/单元。对于同种燃料容器的试验，应按顺序进行D.7.2.2和D.7.2.3试验。

[a] 对于同种微型燃料电池动力单元和/发电系统，应按顺序进行D.7.2.1、D.7.2.2和D.7.2.3试验。如果微型燃料电池发电系统不包含单独试验，则可以按照制造商要求重新使用燃料容器和微型燃料电池发电系统。

D.7.2.1 压差试验

试验样品：未使用/使用过的燃料容器、按照制造商说明充装的微型燃料电池动力单元或微型燃料电池发电系统。

D.7.2.1.1 燃料容器

采用7.3.1.1试验A或D.7.2.1.1试验B。需在未使用过的和使用过的燃料容器上进行试验。

试验B:低外压

a) 将样品放置在真空室内,将真空室内的压力降低到低于大气压的95 kPa。

b) 维持真空30 min。

合格标准:任何时候需无火、无爆炸、无燃料蒸气流失且无MCC粉末泄漏。见图D.4。可目测泄漏。在试纸上颠倒燃料容器和微型燃料电池动力单元或微型燃料电池动力单元阀,让阀门开口向下指向试纸,查找泄漏。如果发现液体泄漏,则试验失败。使用粗棉布、红外摄像机或其他合适的方法检查火焰。目测爆炸并核实不会干扰微型燃料电池发电系统或试验电池。

D.7.2.1.2 微型燃料电池动力单元或微型燃料电池发电系统

进行压差试验A与试验B

试验A:按照制造商说明充装的微型燃料电池动力单元和/或带有使用过的/未使用的燃料容器的微型燃料电池发电系统。将试验样品存储在实验室温度、68 kPa绝对压力下6 h。甲醇泄漏和MCC粉末泄漏的测量见图D.6中的步骤。

试验B:按照制造商说明充装的微型燃料电池动力单元和/或带有使用过的/未使用的燃料容器的微型燃料电池发电系统。将试验样品存储在11.6 kPa绝对压力的低外压下。外部真空能应用于实验室温度下30 min。甲醇泄漏和MCC粉末泄漏的测量基于图D.6中的步骤,验收标准改为"蒸气流失少于20 g/h",基于不超过最低燃烧限定的25%。

合格标准:任何时候需无火、无爆炸、无泄漏、无燃料蒸气流失和无MCC粉末泄漏。见图D.4。可目测泄漏。在试纸上颠倒燃料容器和微型燃料电池动力单元或微型燃料电池动力单元阀,让阀门开口向下指向试纸,查找泄漏。如果发现液体泄漏,则试验失败。如果发现MCC粉末泄漏,则试验失败。使用粗棉布、红外摄像机或其他合适的方法检查火焰。目测爆炸并核实不会干扰微型燃料电池发电系统或试验电池。

D.7.2.2 振动试验

试验样品:未使用的/使用过的燃料容器、按制造商说明充装的微型燃料电池动力单元或使用D.7.2.1中的微型燃料电池发电系统。

合格标准:无论何时都应无火、无爆炸、无泄漏、无燃料蒸气流失和无MCC粉末泄漏。泄漏及蒸气流失的测量应基于图D.4和图D.6的过程。可目测泄漏。在试纸上颠倒燃料容器和微型燃料电池动力单元或微型燃料电池动力单元阀,让阀门开口向下指向试纸,查找泄漏。如果发现液体泄漏,则试验失败。如果发现MCC粉末泄漏,则试验失败。使用粗棉布、红外摄像机或其他合适的方法检查火焰。目测爆炸并核实不会干扰微型燃料电池发电系统或试验电池。排放应达到7.3.12中的合格标准。若微型燃料电池动力单元不运行但排放未达到7.3.12的限定,此排放试验可以接受。

D.7.2.3 温度循环试验

试验样品:未使用的/使用过的燃料容器、按制造商说明充装的微型燃料电池动力单元或使用D.7.2.2试验中的微型燃料电池发电系统。

合格标准:无论何时无火、无爆炸、无泄漏、无燃料蒸气泄漏且无MCC粉末泄漏。基于图D.5测量泄漏。可目测泄漏。在试纸上颠倒燃料容器和微型燃料电池动力单元或微型燃料电池动力单元阀,让阀门开口向下指向试纸,查找泄漏。如果发现液体泄漏,则试验失败。如果发现MCC粉末泄漏,则试验失败。使用粗棉布、红外摄像机或其他合适的方法检查火焰。目测爆炸并核实不会干扰微型燃料电池发电系统或试验电池。排放应达到7.3.12中的合格标准。如果微型燃料电池动力单元不运行但排放未超过7.3.12中的限定,此排放试验可以接受。

D.7.2.4 高温暴露试验

试验样品:未使用的/使用过的燃料容器。

合格标准:无论何时无火、无爆炸、无泄漏、无燃料蒸气泄漏且无 MCC 粉末泄漏。泄漏的测量应基于图 D.5 中的过程进行。可目测泄漏。在试纸上颠倒燃料容器和微型燃料电池动力单元或微型燃料电池动力单元阀,让阀门开口向下指向试纸,查找泄漏。如果发现液体泄漏,则试验失败。如果发现 MCC 粉末泄漏,则试验失败。使用粗棉布、红外摄像机或其他合适的方法检查火焰。目测爆炸并核实不会干扰微型燃料电池发电系统或试验电池。

D.7.2.5 跌落试验

试验样品:未使用的/使用过的燃料容器、按制造商说明充装的微型燃料电池动力单元或带有未使用燃料容器的微型燃料电池动力单元。

合格标准:任何时候无火、无爆炸、无泄漏、无燃料蒸气泄漏且无 MCC 粉末泄漏。泄漏的测量应按照图 D.4 和图 D.6 中的过程进行。可目测泄漏。在试纸上颠倒燃料容器和微型燃料电池动力单元或微型燃料电池动力单元阀,让阀门开口向下指向试纸,查找泄漏。如果发现液体泄漏,则试验失败。如果发现 MCC 粉末泄漏,则试验失败。使用粗棉布、红外摄像机或其他合适的方法检查火焰。目测爆炸并核实不会干扰微型燃料电池发电系统或试验电池。排放应达到 7.3.12 中的合格标准。如果微型燃料电池动力单元或微型燃料电池发电系统不运行但排放未达到 7.3.12 的限定,此排放试验可以接受。如果微型燃料电池发电系统或单元仍可运行,保护电路应当仍旧工作正常。不应暴露危险部件。

D.7.2.6 压力载荷试验

试验样品:未使用的/使用过的燃料容器、按照制造商说明充装的燃料电池动力单元的与或带有未使用的燃料容器的微型燃料电池动力单元。

合格标准:任何时候无火、无爆炸、无泄漏、无燃料蒸气流失且无 MCC 粉末泄漏。泄漏应基于图 D.4 与图 D.6 的过程分别进行测量。可目测泄漏。在试纸上颠倒燃料容器和微型燃料电池动力单元或微型燃料电池动力单元阀,让阀门开口向下指向试纸,查找泄漏。如果发现液体泄漏,则试验失败。如果发现 MCC 粉末泄漏,则试验失败。使用粗棉布、红外摄像机或其他合适的方法检查火焰。目测爆炸并核实不会干扰微型燃料电池发电系统或试验电池。来自于微型燃料电池动力单元或微型燃料电池发电系统的排放应满足 7.3.12 中的验收标准。如果微型燃料电池动力单元或微型燃料电池发电系统未运行而排放未超过 7.3.12 中的限定,此排放试验可以接受。

D.7.2.7 外部短路试验

试验样品:按照制造商说明充装的微型燃料电池动力单元或带有未使用的/使用过的燃料容器的微型燃料电池发电系统。

合格标准:无论何时需无火、无爆炸、无泄漏、无燃料蒸气流失且无 MCC 粉末泄漏。泄漏应按照图 D.7 过程进行测量。可目测泄漏。在试纸上颠倒燃料容器和微型燃料电池动力单元或微型燃料电池动力单元阀,让阀门开口向下指向试纸,查找泄漏。如果发现液体泄漏,则试验失败。如果发现 MCC 粉末泄漏,则试验失败。使用粗棉布、红外摄像机或其他合适的方法检查火焰。目测爆炸并核实不会干扰微型燃料电池发电系统或试验电池。外部表面在短路试验期间和之后不得超过表 3 的温度。排放应达到 7.3.12 中的合格标准。如果微型燃料电池动力单元或微型燃料电池发电系统未运行而排放未超过 7.3.12 的限定,此排放试验可以接受。

注:此试验可与“表面和废气温度试验”使用同样样品。

D.7.2.8 表面和废气温度试验

此试验适用。

D.7.2.9 长期贮存试验

试验样品:未使用的/使用过的燃料容器。

试验步骤(见图 D.8):

合格标准:无论何时需无火、无爆炸、无泄漏、无燃料蒸气流失且无 MCC 粉末泄漏。泄漏应按照图 D.8 的过程进行测量。若燃料容器确实超过 0.08 g/h 的燃料蒸气流失标准,则试验样品未通过试验。可目测泄漏。在试纸上颠倒燃料容器和微型燃料电池动力单元或微型燃料电池动力单元阀,让阀门开口向下指向试纸,查找泄漏。如果发现液体泄漏,则试验失败。如果发现 MCC 粉末泄漏,则试验失败。使用粗棉布、红外摄像机或其他合适的方法检查火焰。目测爆炸并核实不会干扰微型燃料电池发电系统或试验电池。

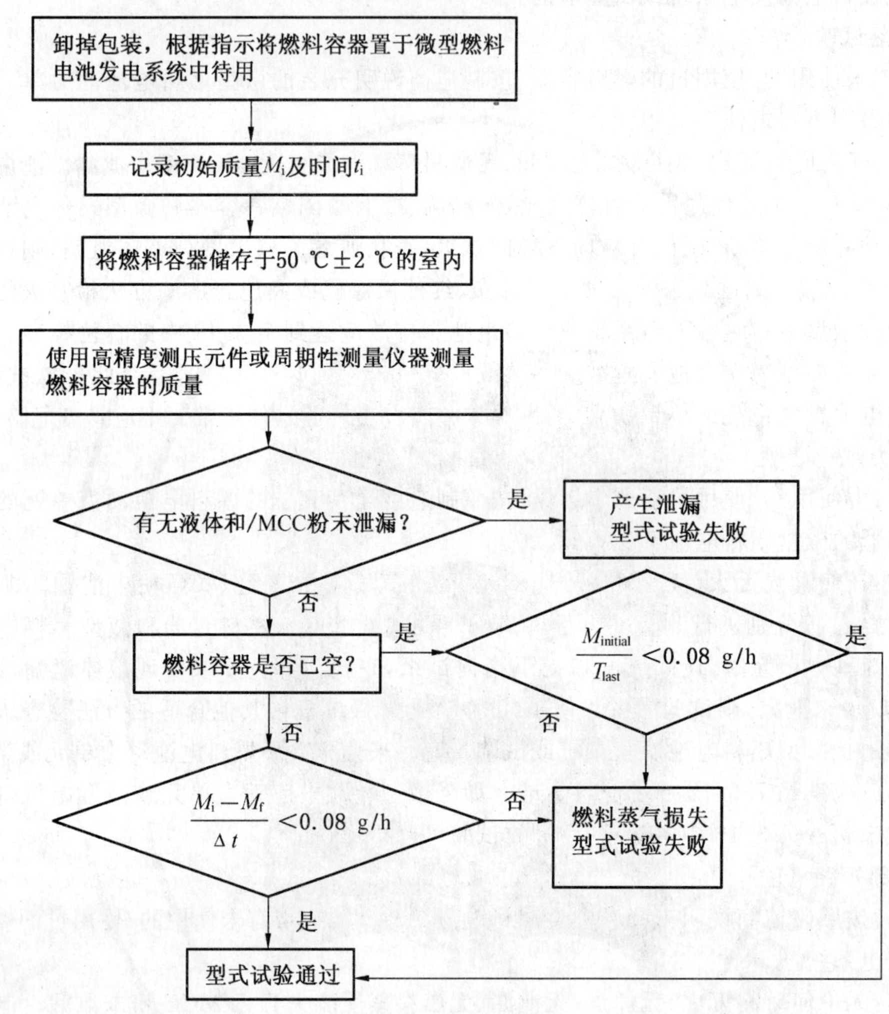

图 D.8　长期贮存试验中燃料容器泄漏和质量流失流程图

D.7.2.10　高温连接试验

试验样品:未使用的/使用过的燃料容器和微型燃料电池动力单元或微型燃料电池动力单元阀。

目的:模拟在升高温度时燃料容器到微型燃料电池动力单元或带有燃料容器的微型燃料电池动力单元阀的匹配和解配的影响并确保无泄漏、无 MCC 粉末泄漏、无火、无爆炸。

合格标准:无泄漏、无火、无爆炸且无 MCC 粉末泄漏。如果通常压力下,燃料容器无法连接,且无泄漏、无火、无爆炸,则可以接受。目测泄漏。在试纸上颠倒燃料容器和微型燃料电池动力单元或微型燃料电池动力单元阀,让阀门开口向下指向试纸,查找泄漏。如果发现液体泄漏,则试验失败。如果发现 MCC 粉末泄漏,则试验失败。使用粗棉布、红外摄像机或其他合适的方法检查火焰。目测爆炸并核实不会干扰微型燃料电池发电系统或试验电池。

D.7.2.11　连接循环试验

D.7.2.11.1　燃料容器

D.7.2.11.1.1　嵌入式/外置/或附加燃料容器

试验样品:未使用的/使用过的 MCC 燃料容器和微型燃料电池动力单元或按照制造商说明充装的

微型燃料电池动力单元阀。

合格标准:无泄漏、无火、无爆炸且无 MCC 粉末泄漏。可目测泄漏。在试纸上颠倒燃料容器和微型燃料电池动力单元或微型燃料电池动力单元阀,让阀门开口向下指向试纸,查找泄漏。如果发现液体泄漏,则试验失败。如果发现 MCC 粉末泄漏,则试验失败。使用粗棉布、红外摄像机或其他合适的方法检查火焰。目测爆炸并核实不会干扰微型燃料电池发电系统或试验电池。

D.7.2.11.1.2 辅助燃料容器

不适用。

D.7.2.11.2 微型燃料电池动力单元

试验样品:最少两个未使用的/使用过的燃料容器和附加的 98 个燃料容器或插装阀和一个按照制造商说明充装的微型燃料电池动力单元。

燃料容器 1

合格标准:无泄漏、无火、无爆炸且无 MCC 粉末泄漏。可目测泄漏。在试纸上颠倒燃料容器和微型燃料电池动力单元或微型燃料电池动力单元阀,让阀门开口向下指向试纸,查找泄漏。如果发现液体泄漏,则试验失败。如果发现 MCC 粉末泄漏,则试验失败。使用粗棉布、红外摄像机或其他合适的方法检查火焰。目测爆炸并核实不会干扰微型燃料电池发电系统或试验电池。

最终燃料容器

合格标准:无泄漏、无火、无爆炸且无 MCC 粉末泄漏。可目测泄漏。在试纸上颠倒燃料容器和微型燃料电池动力单元或微型燃料电池动力单元阀,让阀门开口向下指向试纸,查找泄漏。如果发现液体泄漏,则试验失败。如果发现 MCC 粉末泄漏,则试验失败。使用粗棉布、红外摄像机或其他合适的方法检查火焰。目测爆炸并核实不会干扰微型燃料电池发电系统或试验电池。

D.7.2.12 排放试验

此试验适用。

ICS 27.070
K 82

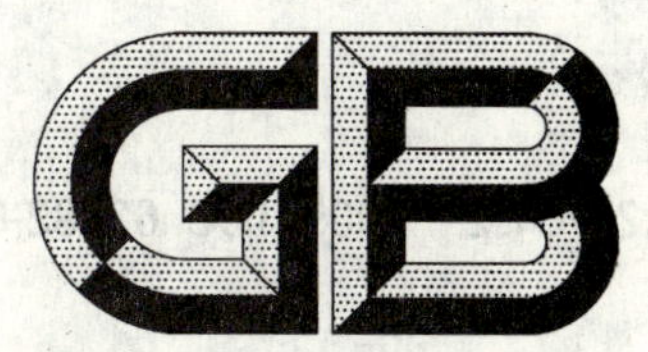

中华人民共和国国家标准

GB/T 23751.2—2009/IEC 62282-6-200:2007

微型燃料电池发电系统 第2部分:性能试验方法

Micro fuel cell power systems—Part 2: Performance test methods

(IEC 62282-6-200:2007,IDT)

2009-05-06 发布　　　　2009-11-01 实施

中华人民共和国国家质量监督检验检疫总局
中国国家标准化管理委员会　发布

前言

GB/T 23751《微型燃料电池发电系统》包括以下3个部分：

——第1部分：安全；

——第2部分：性能试验方法；

——第3部分：互换性。

本部分为GB/T 23751的第2部分。本部分等同采用IEC 62282-6-200:2007《燃料电池技术 第6-200部分：微型燃料电池发电系统 性能试验方法》。

本部分在技术上与IEC 62282-6-200:2007一致，仅做了下列编辑性修改：

——删除了国际标准的前言和引言，增加国家标准的前言；

——IEC 62282-6-200:2007引用的国际标准中有被采用为我国标准的，本部分用引用我国的这些国家标准代替对应的国际标准。

本部分由中国电器工业协会提出。

本部分由全国燃料电池标准化技术委员会(SAC/TC 342)归口。

本部分负责起草单位：机械工业北京电工技术经济研究所。

本部分参加起草单位：深圳市标准技术研究院、中国科学院大连化学物理研究所、上海攀业氢能源科技有限公司、新源动力股份有限公司、北京鉴衡认证中心、南京大学常州高新技术研究院等。

本部分主要起草人：卢琛钰、张黛、王益群、侯明、董辉、徐洪峰、侯中军、王素力、王宗、顾军等。

本部分为首次制定。

微型燃料电池发电系统
第2部分:性能试验方法

1 范围

本部分提供了用于便携式计算机、手机、个人数字助理(掌上电脑)、家用无线电器、电视广播摄像机以及自主型机器人等的微型燃料电池发电系统的性能评价的试验方法。本部分介绍了输出不超过60 V直流以及240 W的微型燃料电池发电系统的功率特性、燃料消耗以及机械耐久性的性能试验方法。根据本部分评价的微型燃料电池发电系统具有如图1所示的功能。

本部分未涉及微型燃料电池发电系统的安全问题。

本部分未涉及微型燃料电池发电系统的互换性。

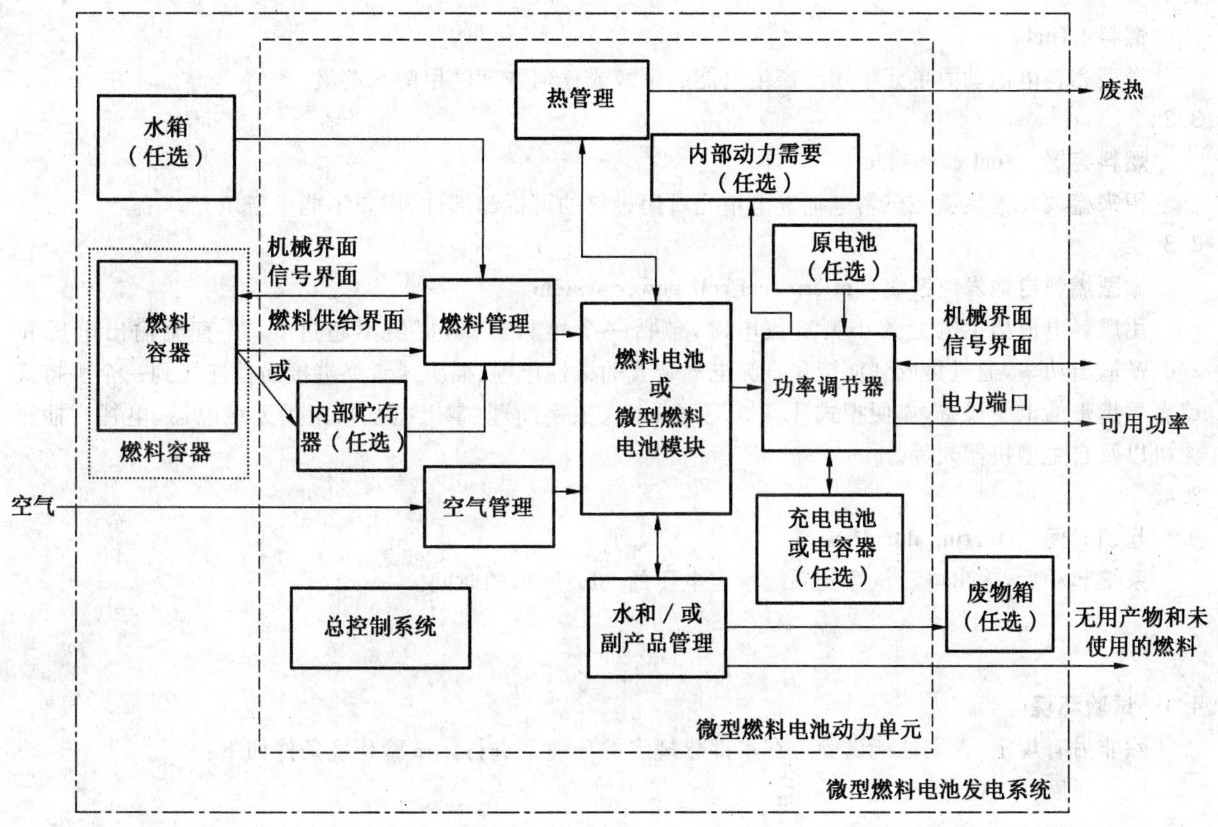

注:虚线表示概念上的边界,大于物理的边界。

图1 本部分所涉及范围的功能排列

2 规范性引用文件

下列文件中的条款通过GB/T 23751的本部分的引用而成为本部分的条款。凡是注日期的引用文件,其随后所有的修改单(不包括勘误的内容)或修订版均不适用于本部分,然而,鼓励根据本部分达成协议的各方研究是否可使用这些文件的最新版本。凡是不注日期的引用文件,其最新版本适用于本部分。

GB/T 2423.10 电工电子产品环境试验 第2部分:试验方法 试验Fc:振动(正弦)

(GB/T 2423.10—2008,IEC 60068-2-6:1995,IDT)

GB/T 4798.7　电工电子产品应用环境条件　第7部分:携带和非固定使用(GB/T 4798.7—2007,IEC 60721-3-7:2002,MOD)

GB/T 7676.1　直接作用模拟指示电测量仪表及其附件　第1部分:定义和通用要求(GB/T 7676.1—1998,idt IEC 60051-1:1984)

GB/T 7676.2　直接作用模拟指示电测量仪表及其附件　第2部分:电流表和电压表的特殊要求(GB/T 7676.2—1998,idt IEC 60051-2:1984)

GB/T 20042.1　质子交换膜燃料电池　术语

ISO 4677-1　调节和试验用大气相对湿度的测定　第1部分:吸入式湿度计法

ISO 4677-2　调节和试验用大气相对湿度的测定　第2部分:旋流式湿度计法

3　术语和定义

GB/T 20042.1确立的以及下列术语和定义适用于本部分。

3.1

燃料　fuel

微型燃料电池动力单元中用于产生电能的甲醇或任何浓度的甲醇水溶液。

3.2

燃料容器　fuel cartridge

用来盛放并提供微型燃料电池发电单元所用燃料的可拆卸部件,用户不能重新填充。

3.3

微型燃料电池发电系统　micro fuel cell power system

用燃料电池提供电力的小型直流电源,包括一个燃料容器,提供不超过60 V直流输出电压和240 W输出功率,通过集成到便携式直流电气装置的柔性电缆、插头或者终端接插件连接到一个手持式或者可携带的电子设备,如便携式计算机、手机、个人数字助理(掌上电脑)、家用无线电器、电视广播摄像机以及自主型机器人等。

3.4

起动时间　starting duration

系统起动后,输出电压从零到系统额定电压的90%所需的时间。

4　总则

4.1　试验环境

除非另有规定,否则性能试验应在本部分规定的环境下进行。试验环境条件如下:

——温度:22 ℃±5 ℃;

——压力:86 kPa~106 kPa;

——湿度:60%±20%相对湿度;

——氧气体积分数:18%≤$\varphi(O_2)$≤21%

测量应在制造厂家规定的没有明显空气流动的空间进行。

4.2　所要求的最小测量精度

本部分所要求的测量参数以及最小测量精度如下:

——电压:±1%;

——电流:±1%;

——时间:±1%;

——质量:±1%;

——温度：±2 ℃；

——相对湿度：±5 个百分点；

——压力：±5%；

——振动频率：±1 Hz(5 Hz＜频率≤50 Hz)或者±2%(频率＞50 Hz)。

4.3 测量仪器

4.3.1 概述

测量仪器应根据要求的精度和被测数值的范围来确定。测量仪器应定期进行标定以保持 4.2 规定的精度水平。

4.3.2 电压

应保证上述 4.2 规定的精度。模拟电压测量仪器应符合 GB/T 7676.1 和 GB/T 7676.2 的要求。

4.3.3 电流

应保证上述 4.2 规定的精度。模拟电流测量仪器应符合 GB/T 7676.1 和 GB/T 7676.2 的要求。

4.3.4 时间

时间测量仪器应具有±1 s/h 或者更高的精度，以保证 4.2 规定的测量精度。

4.3.5 质量

质量的测量应按照相关的国家标准，或者各国家相关协会或相关组织的规范进行。

4.3.6 温度

直接测量环境温度的推荐仪器有：

a) 带传感器的热电偶；或者

b) 带传感器的电阻温度计。

温度传感器应具有相应的精度。

4.3.7 湿度

环境湿度的测量参考 ISO 4677-1 和 ISO 4677-2。

4.3.8 压力

压力的测量应根据国家标准、行业规范，或者各国家相关组织的规范进行。

4.3.9 振动频率

振动频率应参照 GB/T 2423.10 的要求。

5 试验

5.1 试验步骤

每个试验应在 3 个样品上进行。每个样品上应至少进行一次测量。除非另有规定，否则每次测量结束时所测得的数值应作为测量值。测量值应进行平均以获取每个样品的平均测量值。如果需要报告试验测量数值的具体数值时，应报告 3 个样品的平均测量值的平均值。这些试验可以利用一组样品顺次进行，或者使用不同组样品并列进行。电气参数测量应在功率接口处获取。

5.2 发电特性

5.2.1 起动时间

a) 本试验的目的是确定微型燃料电池发电系统的起动时间。

b) 测量之前，样品须在断电状态下在试验环境中放置至少 2 h。当功率接口电路连接到制造商规定的恒定电阻时，开始测量达到制造商规定的额定电压的 90%所需的时间。对于起动时间小于 100 ms 的燃料电池发电系统，该试验可以跳过不做。

5.2.2 额定功率试验和额定电压试验

a) 本试验的目的是确定微型燃料电池发电系统的额定功率和额定电压。

b) 在测量之前，样品须在断电状态下在试验环境中放置至少 2 h。应连接一个电压表以及一个恒定功率的负载以便获取制造商规范中规定的额定功率(*W*)。在试验过程中,微型燃料电池发电单元中的微型燃料电池或者微型燃料电池模块应通过燃料的消耗进行发电。如果系统不能产生额定的功率,中断试验,不再进行下面 c)项的试验内容。

c) 应不断测量输出电压,以确定其是否在制造商规定的额定电压的上限和下限范围内。制造商规定的额定电压范围应在试验报告中指明。测量的时间以及测量过程中的燃料消耗应在试验报告中予以记录。

5.2.3 **间歇发电试验**

a) 本试验的目的是确定微型燃料电池发电系统在间歇发电后的性能。

b) 在试验开始时,可充电电池或电容器应处于完全充满状态。在间歇发电循环之前,样品须在断电状态下在试验环境中放置至少 2 h。间歇发电循环应包括 10 min 的发电时间,其间微型燃料电池发电系统在制造商规定的额定功率下进行发电;然后是 10 min 的断电时间,其间功率接口电路发生电中断。该间歇发电循环应持续 2 h(6 个循环)。6 个循环的最后一次断电阶段之后重新起动,10 min 后所测得的输出电压值作为测量值。

5.2.4 **停用后的发电试验**

a) 本试验的目的是确定微型燃料电池发电系统在停用一段时间后的性能。

b) 在试验开始时,可充电电池或电容器(可选)应处于完全充满状态。样品应提前使用一段时间,其间在制造商规定的额定功率下运行;然后停用一段时间,其间它们不运行并且对它们进行电隔离。提前使用的时间最少应为 1 h,停用的时间应为 24 h。停用后的输出电压应通过在系统中连接一个电压表和一个恒定功率的负载进行测量,以获取制造商规定的额定功率(*W*)。

5.2.5 **低温和高温条件下的发电试验**

a) 本试验的目的是确认微型燃料电池发电系统在低温和高温条件下的性能。

b) 在试验开始时,可充电电池或电容器应处于完全充满状态。在测量之前,样品须在断电状态、试验温度下放置至少 2 h。应连接一个电压表以及一个恒定功率的负载以便获取制造商规定的额定功率(*W*),并且应在一个高于 0 ℃的低温和一个低于 40 ℃的高温下测量输出电压。试验温度应由制造商确定。在测量过程中,微型燃料电池发电装置中的微型燃料电池或者微型燃料电池模块应通过燃料的消耗进行发电。

5.2.6 **低湿度和高湿度条件下的发电试验**

a) 本试验的目的是确认微型燃料电池发电系统在低湿度和高湿度条件下的性能。

b) 在试验开始时,可充电电池或电容器应处于完全充满状态。在测量之前,样品须在断电状态、试验湿度下放置至少 2 h。应连接一个电压表以及一个恒定功率的负载以便获取制造商规定的额定功率(*W*),并且应在一个低于 20%相对湿度的条件下和一个高于 80%相对湿度的条件下测量输出电压。试验湿度应由制造商确定。在测量过程中,微型燃料电池发电单元中的微型燃料电池或者微型燃料电池模块应通过燃料的消耗进行发电。

5.2.7 **高空试验**

a) 本试验的目的是确认微型燃料电池发电系统在降低的大气压力条件下的性能。

b) 在试验开始时,可充电电池或电容器应处于完全充满状态。在测量之前,样品须在断电状态、试验压力下放置至少 2 h。应连接一个电压表以及一个恒定功率的负载以便获取制造商规定的额定功率(*W*),并且应在 $68_{-10}^{\ 0}$ kPa 压力下测量输出电压。在测量过程中,微型燃料电池发电单元中的微型燃料电池或者微型燃料电池模块应通过燃料的消耗进行发电。

注:68 kPa 是航空器舱内的最低标准压力。

5.3 **燃料消耗试验**

a) 本试验的目的是测量微型燃料电池发电系统在额定电流或者额定功率条件下连续运转时燃料

容器所提供的以及微型燃料电池发电系统所消耗的燃料质量。

b) 微型燃料电池发电系统应在额定电流或者额定功率下运转。如果是在额定电流下运转，应测量总体的燃料消耗、微型燃料电池发电系统的电压以及发电的持续时间。如果是在额定功率下运转，应测量总体的燃料消耗以及发电的持续时间。总的燃料消耗应根据电测量之前和之后的燃料质量差来测量。进行测量时，系统应该在稳定状态下连续运转制造商规定的一段时间。单位时间的燃料消耗质量以及单位质量燃料所产生的电力可以根据下面的公式进行计算：

燃料消耗率：

$$每小时的燃料消耗量(g/h)=\frac{所消耗燃料的质量(g)}{发电时间(h)}$$

$$每单位质量燃料产生的电力(W\cdot h/g)=\frac{W\times h}{所消耗燃料的质量(g)}$$

式中：

$W=A\times V$(额定电流下的运转)

A——额定电流；

V——所测得电压对时间的平均值。

或者

W——额定功率(额定功率下的运转)；

h——发电的小时数。

燃料的浓度应记录在试验报告中。

5.4 机械耐久性试验

5.4.1 跌落试验

a) 本试验的目的是评价跌落冲击对微型燃料电池发电系统的性能的影响。

b) 在平面硬木地板的上方，应利用一根绳子将微型燃料电池发电系统悬挂在根据 GB/T 4798.7 中电子设备条款确定的一个高度位置。该系统应保持在其预期运转位置并且平行于地板表面。然后发电系统跌落到该地板上。

c) 跌落后，应接入一个电压表和一个恒定功率的负载，以获取制造商规定的额定功率(W)，并测量输出电压。在测量过程中，微型燃料电池发电装置中的微型燃料电池或者微型燃料电池模块应通过消耗燃料进行发电。

5.4.2 振动试验

a) 本试验的目的是评价振动对微型燃料电池发电系统的性能的影响。

b) 微型燃料电池发电系统应以预期运转位置安装在振动台上，在 15 min 内施加从 7 Hz 到 200 Hz，又从 200 Hz 减小到 7 Hz 的正弦波振动。将该循环重复进行 12 次。振动方向应垂直于该系统的固定水平面。振动条件应根据 GB/T 4798.7 中电子设备的条款确定。

c) 振动后，应接入一个电压表和一个恒定功率的负载，以获取制造商规定的额定功率(W)，并测量输出电压。在测量过程中，微型燃料电池发电装置中的微型燃料电池或者微型燃料电池模块应通过消耗燃料进行发电。

6 标志和标识

作为自我声明制造商应在其微型燃料电池发电系统上给出标志和标识，指明符合本部分。该标志和标识应包括以下内容，并且应根据制造商的规范标记。

——制造商的名称；

——生产的年份和月份；

——引用标准编号(GB/T 23751.2—2009《微型燃料电池发电系统　第 2 部分:性能试验方法》);
——额定电压和额定功率。

7 试验报告

微型燃料电池发电系统制造商可以利用本部分对其商业用途的产品的性能进行评价。试验报告的格式可参照表 1 给出的格式。

表 1　微型燃料电池发电系统试验报告　性能试验

<table>
<tr><td colspan="3">制造商名称和微型燃料电池发电系统的类型:</td></tr>
<tr><td colspan="3">制造年份和月份:　　年　　月</td></tr>
<tr><td colspan="3">引用标准编号:GB/T 23751.2—2009《微型燃料电池发电系统　第 2 部分:性能试验方法》</td></tr>
<tr><td colspan="3">额定电压范围和额定功率:额定电压:　V±　V　额定功率:　W</td></tr>
<tr><td>4.1</td><td>试验环境</td><td>温度:　℃　压力:　kPa
相对湿度:　%　氧体积分数:　%</td></tr>
<tr><td>5.2.1</td><td>90%加载响应时间</td><td>[试验条件]
温度:　℃　压力:　kPa
相对湿度:　%　氧体积分数:　%
测量所连接的恒定电阻:　Ω

[试验结果]
h　min　s
□ 起动时间小于 100 ms。</td></tr>
<tr><td>5.2.2</td><td>额定功率试验　和
额定电压试验</td><td>[试验条件]
温度:　℃　压力:　kPa
相对湿度:　%　氧体积分数:　%
测量过程中的燃料消耗:　mL 或 g
测量时间:　h

[试验结果]
□ 系统能够提供额定功率。
□ 所测得的输出电压在额定电压的规范范围内。</td></tr>
<tr><td>5.2.3</td><td>间歇发电试验</td><td>[试验条件]
温度:　℃　压力:　kPa
相对湿度:　%　氧体积分数:　% 发电时间:　10 min
每个循环中非发电时间:10 min
循环持续时间:2 h(6 个循环)

[试验结果]
测量电压:　V</td></tr>
</table>

表 1（续）

5.2.4	停用后的发电试验	[试验条件] 温度： ℃ 压力： kPa 相对湿度： % 氧体积分数： % 提前使用持续时间： h （超过 1 h) 停用时间：24 h [试验结果] 测量电压： V
5.2.5	低温和高温条件下的发电试验（在 0 ℃ 和 40 ℃之间）	(1) 低温条件下的发电试验 [试验条件] 温度： ℃ 压力： kPa 相对湿度： % 氧体积分数： % 测量时间： h 测量过程中的燃料消耗： mL 或 g [试验结果] 测量电压： V (2) 高温条件下的发电试验 [试验条件] 温度： ℃ 压力： kPa 相对湿度： % 氧体积分数： % 测量时间： h 测量过程中的燃料消耗： mL 或 g [试验条件] 测量电压： V
5.2.6	低湿度和高湿度条件下的发电试验	(1) 低湿度条件下的发电试验 [试验条件] 温度： ℃ 压力： kPa 湿度(低)：相对湿度 % 氧体积分数： % 测量时间： h 测量过程中的燃料消耗： mL 或 g [试验结果] 测量电压： V (2) 高湿度条件下的发电试验 [试验条件] 温度： ℃ 压力： kPa 湿度(高)：相对湿度 % 氧体积分数： % 测量时间： h 测量过程中的燃料消耗： mL 或 g [试验结果] 测量电压： V

表 1（续）

5.2.7	高空试验	[试验条件] 温度： ℃　压力： kPa 相对湿度： %　氧体积分数： % 测量时间： h 测量过程中的燃料消耗： mL 或 g [试验结果] 测量电压： V
5.3	燃料消耗试验	[试验条件] 温度： ℃　压力： kPa 相对湿度： %　氧体积分数： % 运转：□ 在额定电流下　□ 在额定功率下 测量过程中的输出功率： W 发电的持续时间： h 燃料质量分数： % [试验结果] 每小时燃料消耗量： g/h 单位质量所产生电力： W·h/g
5.4.1	跌落试验	[试验条件] 跌落试验的高度： cm [测量条件] 温度： ℃　压力： kPa 相对湿度： %　氧体积分数： % 测量持续时间： h 测量过程中的燃料消耗量： mL 或 g [试验结果] 测量电压： V
5.4.2	振动试验	[试验条件] 振动频率：7 Hz～200 Hz 其他条件，如果必要的话： [测量条件] 温度： ℃　压力： kPa 相对湿度： %　氧体积分数： % 测量持续时间： h 测量过程中的燃料消耗量： mL 或 g [试验结果] 测量电压： V

表 1（续）

备注：表中的“□”需要根据以下要求进行勾选： 5.2.1 □ 起动时间小于 100 ms：如果是，在□上打勾。 5.2.2 □ 系统能够提供额定功率：如果是，在□上打勾。 5.2.2 □ 所测得输出电压在额定电压的规定范围内：根据 5.2.2 b)以及 5.2.2 c)，应对输出电压进行连续测量。如果经确认输出电压保持在制造商规定的额定电压的上限和下限范围内，在□上打勾。 5.3 □ 在额定电流下，或者 □ 在额定功率下：根据试验时的实际情况进行勾选。

ICS 29.080.10
K 48

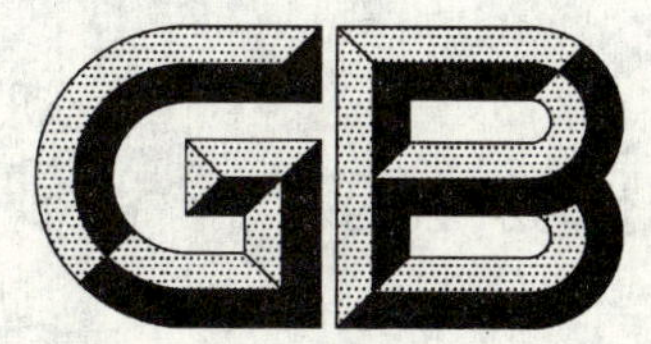

中华人民共和国国家标准

GB/T 23752—2009

额定电压高于1 000 V的电器设备用承压和非承压空心瓷和玻璃绝缘子

Hollow pressurized and unpressurized ceramic and glass insulators for use in electrical equipment with rated voltages greater than 1 000 V

(IEC 62155:2003,MOD)

2009-05-06 发布　　2009-11-01 实施

中华人民共和国国家质量监督检验检疫总局
中国国家标准化管理委员会　发布

前言

本标准修改采用 IEC 62155:2003《额定电压高于 1 000 V 的电器设备用承压和非承压空心瓷和玻璃绝缘子》(英文版)。

本标准和 IEC 62155:2003 相比,做了一些技术性修改,修改之处用垂直单线(|)在它们所涉及的章条的页边空白处标识,并增加了附录 E 以说明这些修改及其原因。

为便于使用,本标准做了下列编辑性修改:

——用小数点“.”代替作为小数点的逗号“,”;

——删除 IEC 62155:2003 的前言;

——“本国际标准”一词改为“本标准”;

——取消了 IEC 62155:2003 的文献目录。

本标准编写规则按 GB/T 1.1—2000,文本结构与 IEC 62155:2003 完全相同。

附录 F 给出了本标准和 IEC 62155:2003 章条对照表。

本标准的附录 A、附录 B、附录 C、附录 D、附录 E 和附录 F 是资料性附录。

本标准由中国电器工业协会提出。

本标准由全国绝缘子标准化技术委员会(SAC/TC 80)归口。

本标准主要起草单位:西安电瓷研究所有限公司、西安双佳高压电瓷电器有限公司、湖南醴陵华鑫电瓷电器有限公司、国家绝缘子避雷器质量监督检验中心、西安高压电器研究所有限责任公司、重庆大学、新东北电气(沈阳)高压开关有限公司、南京电气(集团)有限公司。

本标准主要起草人:赵卉、姚君瑞、陈月娥、石军生、危鹏、胡文岐、游一民、舒立春、张姝、陈玉亭、顾瑞云。

本标准为首次制定。

额定电压高于1 000 V的电器设备用承压和非承压空心瓷和玻璃绝缘子

1 范围和目的

1.1 总则

本标准适用于：

——电器设备中普通用途的空心瓷和玻璃绝缘子；

——开关及控制设备中长期承受气体压力的空心瓷绝缘子。

这些绝缘子用于交流额定电压不低于1 000 V、频率不大于100 Hz或直流额定电压不低于1 500 V的户内外电器设备。

空心绝缘子适用的电器设备举例如下：

——断路器；

——隔离开关；

——负荷开关；

——接地开关；

——互感器；

——避雷器；

——套管；

——电缆终端；

——电容器。

本标准未规定电气型式试验，这是因为绝缘子只是组成电器设备的一个部件，耐受电压不是空心绝缘子本身的特性，而是设备的特性。

1.2 普通用途空心绝缘子或空心绝缘件

空心瓷或玻璃绝缘子或绝缘件适用于：

——不承受压力；

——长期承受的内压力≤50 kPa(表压)；

——长期承受的气体内压力＞50 kPa(表压)，但内腔体积＜1 L(1 000 cm^3)；

——长期承受液体内压力。

本标准的目的是：

——定义所用的术语；

——定义空心绝缘子和空心绝缘件的机械和尺寸特性；

——定义空心绝缘子壁的电气强度；

——定义检验规定特性值的条件；

——规定试验方法；

——规定接收准则。

1.3 长期承受气体内压力的空心瓷绝缘子

空心瓷绝缘子或绝缘件长期承受气体内压力，并带有端部装配件，长期气体内压力＞50 kPa(表压)，同时内腔体积≥1 L(1 000 cm^3)。

注：气体可以是干燥空气、惰性气体，如六氟化硫气体或氮气，或该类气体的混合物。

本标准的目的是：

——定义所用的术语；

——定义空心绝缘子和空心绝缘件的机械和尺寸特性；

——定义空心绝缘子壁的电气强度；

——定义检验规定特性值的条件；

——规定试验方法；

——规定接收准则；

——规定设计原则；

——规定试验程序和试验参数。

注：空心绝缘子或空心绝缘件通常组合在电器设备中使用，其电气型式试验要求由相应的设备标准规定。

2 规范性引用文件

下列文件中的条款通过本标准的引用而成为本标准的条款。凡是注日期的引用文件，其随后所有的修改单(不包括勘误的内容)或修订版均不适用于本标准，然而，鼓励根据本标准达成协议的各方研究是否可使用这些文件的最新版本。凡是不注日期的引用文件，其最新版本适用于本标准。

GB 1984—2003 高压交流断路器(IEC 62271-100:2001,MOD)

GB/T 3505—2000 产品几何技术规范 表面结构 轮廓法 表面结构的术语、定义及参数(eqv ISO 4287:1997)

GB/T 8411.3—2009 陶瓷和玻璃绝缘材料 第3部分：材料性能(IEC 60672-3:1997,MOD)

GB/T 11022—1999 高压开关设备和控制设备标准的共同技术要求(eqv IEC 60694:1996)

JB/T 8177—1999 绝缘子金属附件热镀锌层 通用技术条件

JB/T 9674—1999 超声波探测瓷件内部缺陷

IEC 60865-1:1993 短路电流 影响计算 第1部分：定义和计算方法

IEC 61166:1993 交流高压断路器 交流高压断路器的地震评定导则

IEC 61463:1996 套管 地震评定

3 术语和定义

下列术语和定义适用于本标准。

注：下列定义中的一部分引自 GB/T 2900.8，经过修改或未经修改。

3.1

空心绝缘件 hollow insulator body

指两端穿通、带有或不带有伞裙，并且不包括端部装配件或端部附件的空心绝缘部件。

3.2

空心绝缘子 hollow insulator

两端穿通的绝缘子，带伞或不带伞，包括端部附件。

(修改 GB/T 2900.8—2009，定义 01—08)

注：属一般定义，同时覆盖定义 3.4、3.5 和 3.6。

3.3

端部装配件 fixing device

端部附件 end fitting

空心绝缘子的组成元件或构成部件，用于将绝缘子连接至支持结构、导体、设备或另一绝缘子。

注：如果端部装配件为金属材质，一般使用“金属附件”这一术语。

3.4

空心支柱绝缘子　hollow post insulator

指由一个空心支柱绝缘子元件或多个元件组装构成的空心支柱绝缘子，用来支撑带电部件，并使其与地绝缘或与其他带电部件绝缘。

3.5

空心支柱绝缘子元件　hollow post insulator unit

指由永久安装有端部附件的空心绝缘件构成的空心绝缘子元件，用来起支撑作用。

3.6

容器绝缘子　chamber insulator

用作外壳容器的空心绝缘子，如断路器灭弧室外壳。

3.7

套管　bushing

供一个或几个导体穿过诸如墙壁或箱体等隔断，起绝缘和支持作用的器件。

(修改 GB/T 2900.8—2009，定义 02—01)

注：固定到隔断上的装置(法兰或紧固器件)也是套管的一部分。

3.8

击穿　puncture

穿过绝缘子固体绝缘材料，使其绝缘强度永久丧失的一种破坏性放电。

(GB/T 2900.8—2009，定义 01—14)

3.9

爬电距离　creepage distance

在两个导电部件之间沿绝缘子外表面的最短距离。

(修改 GB/T 2900.8—2009，定义 01—04)

注 1：水泥或其他非绝缘粘接材料的表面不属爬电距离的一部分。

注 2：若绝缘子部分表面采用高阻抗涂层，则该表面被认为是有效绝缘表面，跨越该表面的距离包含在爬电距离内。

注 3：高阻抗涂层的电阻率通常约 10^6 Ω，也可能低于 10^6 Ω。

注 4：若高阻抗涂层涂覆于整个绝缘子表面(即所谓的稳定化绝缘子)，其表面电阻率和爬电距离应经供需双方协议确定。

3.10

规定特性　specified characteristic

——电压值、机械负荷值，或规定的其他特性值；

——经供需双方协议的类似特性值。

3.11

耐受弯矩　withstand bending moment

型式试验施加的耐受弯矩，该值取决于规定的空心绝缘子负荷条件。

注：对于承压空心绝缘子，按 5.2 规定的负荷条件确定。

3.12

机械破坏负荷　mechanical failing load

空心绝缘子或空心绝缘件在规定试验条件下试验时能达到的最大负荷。

3.13

设计压力　design pressure

在设计温度下运行时，空心绝缘子内外部间能达到压差的上限。

3.14

设计温度　design temperature

在运行条件下空心绝缘子内部可能达到的最高温度。

注：通常指周围空气温度加上由额定电流、介质损耗等因素引起的温升后的上限。

3.15

制造商　manufacturer

制造空心绝缘子或空心绝缘件的单位或组织。

3.16

设备制造商　equipment manufacturer

制造使用空心绝缘子或空心绝缘件电器设备的单位或组织。

3.17

端面平行度　parallelism of the end faces

在空心绝缘子高度方向测得的两端部附件表面间或空心绝缘件两端面间距离的最大差值。

3.18

偏心度　eccentricity

空心绝缘子上、下端部附件安装孔中心圆的中心之间垂直于绝缘子轴线的偏移。

注：在国内某些标准和实际使用中，也称为上下附件安装孔中心圆轴线间最大偏差。

3.19

轴向圆跳动　axial run-out

转动一周在绝缘子端面测得的轴向偏移(见图 A.6)。

3.20

上下安装孔角度偏差　angular deviation of the fixing holes

指空心绝缘子上、下端部附件相应安装孔间的角度偏差，用度数表示。

3.21

绝缘子直线度　camber of an insulator

绝缘子的理论轴线与绝缘子未受负荷时由其横截面中心轨迹形成的曲线间的最大距离。

(修改 GB/T 2900.8—2009，定义 01—26)

3.22

批　lot

指提交验收的一组空心绝缘子或空心绝缘件，这些绝缘子来自同一制造商，设计相同，并且在相同的生产条件下制造。

注：同时提交验收的可以是一批或几批，批可以是订货量的全部，也可以是订货量的一部分。

4　绝缘材料

本标准中普通用途空心绝缘件(见 1.2)的绝缘材料有：

——瓷材料、电瓷；

——退火玻璃，这种玻璃中的机械应力已经热处理消除；

——钢化玻璃，这种玻璃中经热处理后存在可控制的机械应力。

本标准中长期承受气体压力空心绝缘件(见 1.3)的绝缘材料有：

——性能满足 GB/T 8411.3—2009　C 100 和 C 200 组要求的瓷材料。

注 1：有关瓷和玻璃绝缘材料定义和分类的更多信息可参见 GB/T 8411.1—2008。

注 2：本标准所用术语“瓷材料”指电瓷材料，不包括玻璃。这一点与北美习惯不同。

注 3：绝缘子用胶装材料和端部附件材料不属于绝缘材料，对它们的要求分别参见各相关标准。

5 一般设计推荐

5.1 普通用途空心绝缘子和空心绝缘件一般设计推荐

本标准没有给出明确的设计规则，因为对其的要求随设备用途而不同(见1.2)。

5.2 长期承受气体压力空心绝缘子和空心绝缘件的设计规则

5.2.1 目的

本条中描述的高压设备用承压空心绝缘子设计规则考虑到其要经受的特殊运行条件(见1.3)，这些条件不同于压缩空气容器和其他类似的储存用容器。

5.2.2 设计规则

设计空心绝缘子时应考虑以下几点：

——圆度、轴向圆跳动、直线度、平行度、同轴度、平面度、壁厚差、安装孔的角度和径向位置等形位公差确定均应考虑在空心绝缘子内部安装的部件。

——应该考虑到电气强度、机械强度，以及其他技术问题可能影响实际结构，而且由于这一问题的复杂性，不可能提出明确的导则。

——有必要严格选择胶合剂和附件材料。瓷材料应满足GB/T 8411.3—2009中C 100和C 200组瓷的特性要求。

——仅在安装空心绝缘子的电器设备按照其必须符合的特定标准进行型式试验合格后，才认为该承压绝缘子(套)适用于该电器设备。

5.2.3 设计压力确定

设计压力应为当空心绝缘子作为其部件的设备在最高环境温度下承载正常额定电流时，空心绝缘子内外绝对压力之差。

空心绝缘子内部气体最高绝对压力应由设备制造商确定。

注：在某些特殊情况下(如断路器)，应考虑到开断操作后的压力升高。

5.2.4 设计温度确定

设备制造商应参照3.14确定该值。

阳光辐射效应应考虑在内。

5.2.5 型式试验耐受弯矩的确定

下列因素都可能在电器设备中引起弯曲应力：质量、内压力、端部负荷、短路负荷、覆冰负荷、操作负荷、风负荷、地震负荷(见表1)。

表1 负荷组合典型示例和权重系数

负　荷	常规预期负荷应力	不常见极端负荷应力		
		方案1 短路电流负荷	方案2 覆冰负荷	方案3 地震负荷
设计压力[a]	100%	100%	100%	100%
质量	100%	100%	100%	100%
额定端部负荷	100%	50%	0%	70%
风压	30%	100%	0%	10%
短路负荷	0%	100%	0%	0%
覆冰负荷	0%	0%	100%	0%
地震负荷	0%	0%	0%	100%
安全系数	2.1	1.2	1.2	1.0

注：详见GB 1984—2003、GB/T 11022—1999、IEC 60865-1:1993、IEC 61166:1993、IEC 61463:1996。

[a] 见附录D。

应根据下列资料通过必要的计算确定该负荷值：

——端部负荷：　　　　　　GB 1984—2003 的 6.101.6.1

——风负荷：　　　　　　　GB 1984—2003 的 6.101.6.1 和 GB/T 11022—1999 的 2.1.2

——覆冰负荷：　　　　　　GB 1984—2003 的 6.101.6.1 和 GB/T 11022—1999 的 2.1.2

——短路负荷：　　　　　　根据设备额定短路电流水平确定(IEC 60865-1:1993 第 2 节)

——地震负荷：　　　　　　IEC 61166:1993 的 8.1 和 IEC 61463:1996 的 10.1

——操作负荷：　　　　　　按照设备设计确定

表 1 所列举的几组负荷值是设计中必须考虑的负荷组合的典型示例。表 1 中第一列包含了常规预期负荷，型式试验中弯曲应力的安全系数确定为 2.1。

对于包含很少出现的极端负荷的其他三种情况，地震方案型式试验中弯曲应力的安全系数确定为 1.0，另外两种方案的安全系数确定为 1.2。

选择最苛刻的适用方案来确定试验耐受弯曲应力。

用试验耐受弯曲应力计算确定试验耐受弯矩。

图 1 给出了空心绝缘子弯矩试验值和使用值之间的关系。

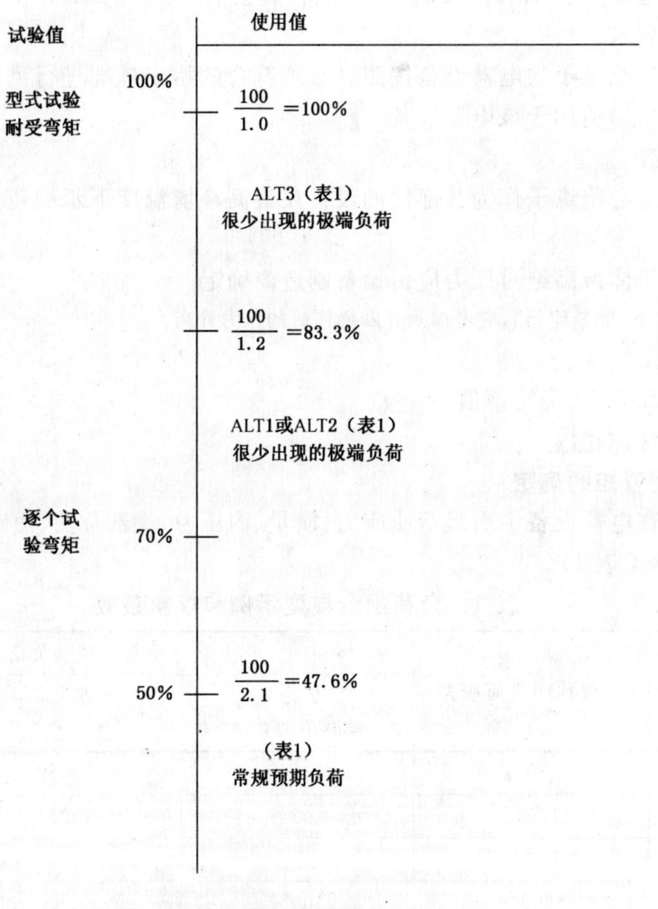

图 1　弯矩

6　试验分类、抽样规则和程序

6.1　试验分类

试验分为如下三类：

——型式试验；

——抽样试验；

——逐个试验。

6.1.1 型式试验

型式试验的目的是检验空心绝缘子和(或)空心绝缘件主要由设计决定的主要特性。对某一种新设计或采用新制造工艺的空心绝缘子和(或)空心绝缘件,取一只绝缘子进行型式试验,并且仅进行一次。而后,只有当其设计、材料或制造工艺有变化时,型式试验才重新进行,而且只重新做与这种变化影响到的特性有关的试验项目。另外,对于新设计的空心绝缘子和(或)空心绝缘件,如果具有机械等同的有效试验报告,则不必做所有型式试验项目。机械等同是指空心绝缘子和(或)空心绝缘件的制造和设计参数相同,并有如下特点:

——主体内外径相同;

——绝缘件和端部附件连接设计相同;

——连接到绝缘件上的端部附件的零件形状和尺寸相同;

——标称高度差别不超过±20%。

注1:空心绝缘子和(或)空心绝缘件机械等同设计中由于影响机械强度的所有因素(材料、制造工艺和尺寸)都相同,其弯曲强度、拉伸强度和扭转强度也和被代表的设计相同。

注2:在确定机械等同时,可能需要考虑由于伞伸出和伞间距不同造成的标称外径相差太大的影响。

型式试验应在已满足逐个试验所有要求的空心绝缘子和(或)空心绝缘件上进行。当型式试验用绝缘子从提交验收的批中抽取时,它们也应作为该批的抽样试验用。

6.1.2 抽样试验

抽样试验的目的是验证空心绝缘子和(或)空心绝缘件随制造过程和组成材料质量变化的特性。抽样试验作为空心绝缘子和(或)空心绝缘件的验收试验,样品从已满足逐个试验要求的批中随机抽取。

6.1.3 逐个试验

逐个试验的目的是剔除有缺陷的元件,在制造过程中对每个空心绝缘子和(或)空心绝缘件进行。

6.2 型式试验、抽样试验和逐个试验的相关试验项目

普通用途的空心绝缘子和(或)空心绝缘件都应按表2给出的项目进行试验。

长期承受气体压力的空心绝缘子和(或)空心绝缘件都应按表3给出的项目进行试验。

空心绝缘子和(或)空心绝缘件的特性应在图样上作出规定,所做的试验应能检验这些特性。此外,经供需双方协议可以进行其他试验项目,不限于这些规定。

经供需双方协议,可以进行诸如相关尺寸检查(7.1)和机械试验(10.5)的附加逐个试验。

表2 普通用途空心绝缘子或空心绝缘件型式试验、抽样试验和逐个试验

试验项目	试验条目	型式试验 第8章	抽样试验 第9章	逐个试验 第10章
尺寸和研磨面粗糙度检查	7.1	—	×	—
机械破坏负荷试验	7.2	×[a]	×[a]	—
温度循环试验	7.3	×[f]	×	—
孔隙性试验	7.4	—	×[b]	—
镀锌层试验	7.5	—	×[c]	—
外观检查	10.3	—	—	×
逐个电气试验	10.4	—	—	×
逐个机械试验	10.5	—	—	×[e]

表 2（续）

试 验 项 目	试验条目	型式试验 第 8 章	抽样试验 第 9 章	逐个试验 第 10 章
逐个热震试验	10.7	—	—	×[d]
超声波探伤检查	10.8	—	—	×[g]

× 本标准要求。

[a] 相关图样规定时，本试验用来验证空心绝缘子或空心绝缘件的机械性能，应在温度循环试验后进行。

[b] 仅适用于瓷绝缘子。

[c] 仅适用于安装有热镀锌金属附件的空心绝缘子。

[d] 仅适用于钢化玻璃绝缘子。

[e] 仅适用于图样有规定时。

[f] 仅适用于对机械破坏负荷试验有规定时。

[g] 仅适用于瓷壁厚度大于 30 mm 的空心瓷绝缘件或空心瓷绝缘子瓷件。

表 3 长期承受气体压力的空心瓷绝缘子和空心绝缘件型式试验、抽样试验和逐个试验

试 验 项 目	试验条目	型式试验 第 8 章	抽样试验 第 9 章	逐个试验 第 10 章
尺寸和研磨面粗糙度检查	7.1	—	×	—
机械破坏负荷试验	7.2	×[a]	×[a]	—
温度循环试验	7.3	×	×	—
孔隙性试验	7.4	—	×	—
镀锌层试验	7.5	—	×[b]	—
外观检查	10.3	—	—	×
逐个电气试验	10.4	—	—	×
逐个机械试验	10.6.1、10.6.2	—	—	×
其他机械试验	10.6.3	—	—	×[c]
超声波探伤检查	10.8	—	—	×[d]

× 本标准要求。

[a] 本试验用来验证空心绝缘子或空心绝缘件 7.2 和相关图样规定的机械性能，应在温度循环试验后进行。内压力试验和弯曲试验必做。

[b] 仅适用于安装有热镀锌金属附件的空心绝缘子。

[c] 当图样规定时适用。

[d] 仅适用于瓷壁厚度大于 30 mm 的空心瓷绝缘件或空心瓷绝缘子瓷件。

注：在某些情况下，对一种新结构的绝缘子或绝缘件，其型式试验、抽样试验和逐个试验的集合称为“定型试验”。

6.3 试验用空心绝缘子或空心绝缘件选取

6.3.1 型式试验用空心绝缘子或空心绝缘件选取

每项机械破坏负荷型式试验应在一只空心绝缘子或空心绝缘件上进行。试验应对已满足所有逐个试验和抽样试验要求的绝缘子进行，机械抽样试验除外。已经做过可能影响其机械性能型式试验的绝缘子不应在运行中使用。

通常由制造商选取型式试验用空心绝缘子或空心绝缘件。如果型式试验和抽样试验(见6.1.1和6.1.2)一并进行,买方可以选取。

6.3.2 抽样试验用空心绝缘子或空心绝缘件的抽取

应按表4确定抽取的试验用空心绝缘子或空心绝缘件数量。买方可以在满足逐个试验要求的批中选取。

经受可能影响其机械性能的抽样试验后的绝缘子不应在运行中使用。

表4 抽样试验用样品数量

每批的绝缘子数 n	样品数
$n \leqslant 100$	1或协商确定
$100 < n \leqslant 500$	1%[a]
$500 < n$	$4+1.5\times\frac{n}{1\,000}$[a]

[a] 若计算结果不是整数,应选择比计算结果大的第一个整数。

6.4 抽样试验的重复试验程序

如果仅有一只空心绝缘子或空心绝缘件,或其金属附件在抽样试验中任一试验项目不合格,应重新抽样进行重复试验,抽样数量为首次提交该项试验样品数量的2倍。重复试验项目应包括出现不合格的试验项目和在此项试验以前进行的,并认为对该项试验结果有影响的试验项目。

如果有两只或两只以上空心绝缘子或空心绝缘件,或其金属附件在抽样试验中任一试验项目不合格,或在重复试验中出现任何不合格,则认为该整批绝缘子不符合本标准,应由制造商收回。

如果能清楚地识别出现不合格的原因,制造商可以拣选该批,以剔除所有有这种缺陷的空心绝缘子或空心绝缘件。拣选后的该批绝缘子或其部分的绝缘子可以重新提交试验。抽样数量为首次取样数量的三倍。重复试验项目应包括出现不合格的试验项目和在此项试验以前进行,并认为对该项试验结果有影响的试验项目。若在本次重复试验中任一空心绝缘子或空心绝缘件不合格,则认为该整批产品不符合本标准。

注1:若镀锌层试验不合格是由于前面试验的机械负荷超过逐个试验负荷所致,重复试验试品可以是未装配的金属附件,也可以是该批中其他空心绝缘子的金属附件。

注2:抽样试验中,如果有一只或多只空心绝缘子或空心绝缘件不符合本标准7.1或相应图样规定的允许偏差要求,经供需双方协议,偏差检查可以转为逐个检验。

6.5 质量管理

经供需双方协议,可以依据本标准的要求,制定并采用某一质量管理程序。

注:使用质量保证程序的详细信息见相关国家标准。推荐采用GB/T 19002—2000作为绝缘子制造质量体系的导则。

7 一般试验程序和要求

空心绝缘子或空心绝缘件应按表2或表3规定进行试验。

7.1 尺寸和研磨面粗糙度的检查

空心绝缘子或空心绝缘件的所有尺寸都应满足图样规定,包括图样规定的允许偏差。若图样未作规定,除非供需双方另有协定,应采用以下允许偏差:

7.1.1 一般尺寸允许偏差

除非另有规定,所有尺寸的允许偏差应为:

若 $L_d \leqslant 300$ mm,$\pm(0.04\times L_d+1.5)$mm

若 $L_d>300$ mm，±$(0.025\times L_d+6)$mm

L_d 是检查的尺寸，单位：mm。

注：在许多设备的设计中，内径 d_1 更为重要，此时建议允许偏差按±$(0.025\times d_1+1.5)$mm 确定。

7.1.2 爬电距离允许偏差

爬电距离测量应以绝缘子图样规定的尺寸为准，即使该尺寸大于买方的初始规定值。

爬电距离允许偏差应按下列确定：

——若爬电距离规定为公称值，则允许有负偏差：

$-(0.04\times L_c+1.5)$mm，式中 L_c 是公称爬电距离。

——若爬电距离规定为最小值，则应是在绝缘子上测得的爬电距离最小值。

注：爬电距离会影响电气型式试验中绝缘子的性能。因此，型式试验用绝缘子的爬电距离测量值最大不应超过 $1.04\times L_c$。

7.1.3 壁厚允许偏差

壁厚允许偏差见图 2。

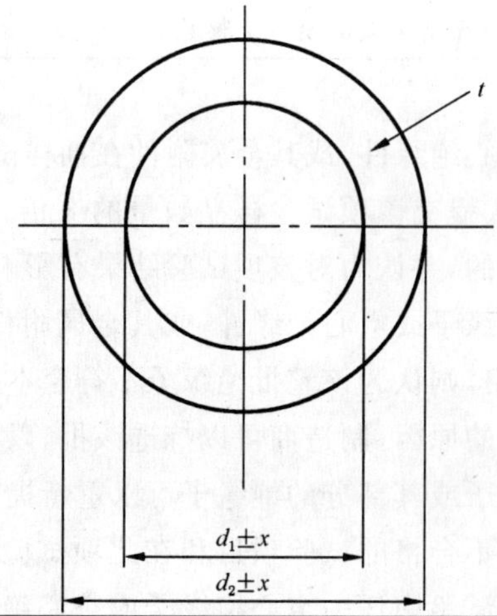

公称壁厚 t/mm	壁厚允许偏差/mm
$t<10$	$^{+a}_{-1.5}$
$10\leqslant t<15$	$^{+a}_{-2.0}$
$15\leqslant t<20$	$^{+a}_{-3.0}$
$20\leqslant t<25$	$^{+a}_{-3.5}$
$25\leqslant t<30$	$^{+a}_{-4.0}$
$30\leqslant t<40$	$^{+a}_{-4.5}$
$40\leqslant t<55$	$^{+a}_{-5.0}$
$55\leqslant t<70$	$^{+a}_{-6.0}$

注 1：上述允许偏差不适用于经研磨后的瓷壁。

注 2：允许偏差值 a 由公式 $a=(x+y)/2$ 确定，x 和 y 分别是直径 d_1 和 d_2 的允许偏差。

注 3：公称壁厚 $t=(d_1+d_2)/2$。

图 2 壁厚允许偏差

7.1.4 **主体内外径的圆度偏差**

主体内外径圆度偏差见图3。

7.1.5 **直线度**

空心绝缘件的直线度δ不应大于：

——若$h/d_1 \leqslant 8$，$(0.006 \times h + 1)$mm

——若$h/d_1 > 8$，$0.008 \times h$ mm

式中：

h——空心绝缘子的高度，mm；

d_1——空心绝缘子的最大内径，mm。

注：A.4(图A.3)间接给出了测量直线度的适用方法。

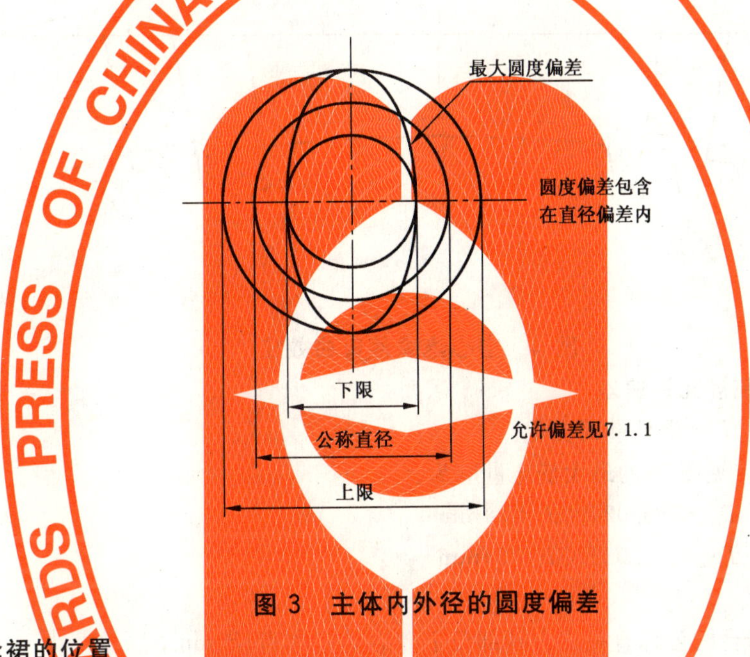

图3 主体内外径的圆度偏差

7.1.6 **端部伞裙的位置**

空心绝缘件由于存在弯曲，瓷件端部的伞可能出现倾斜。分别以最大直线度0.6%或0.8%按照图4计算，$h/d_1 \leqslant 8$时θ值可能达到0.024 rad，$h/d_1 > 8$时θ值可能达到0.032 rad，即绝缘子端部伞裙可能倾斜这一角度。绝缘子端部伞裙至研磨面的距离H绕伞裙外缘而不同。H的最小允许值可以标注在图样上。

尺寸H应通过测量H_{max}和H_{min}检查。

$$H = 0.5 \times (H_{max} + H_{min})$$

若H在7.1.1给定的允许偏差范围内，或在图样专门规定的允许偏差范围内，则端部伞裙的位置符合图样要求。

端部伞裙的最大倾斜度应满足：

若$h/d_1 \leqslant 8$，$H_{max} - H_{min} < (0.024 \times D + 3)$mm

若$h/d_1 > 8$，$H_{max} - H_{min} < (0.032 \times D + 3)$mm

式中：

D——端部伞裙的公称直径，mm；

H、H_{max}和H_{min}——分别是图4定义的端部伞裙至研磨面的标称距离、最大距离和最小距离，mm。

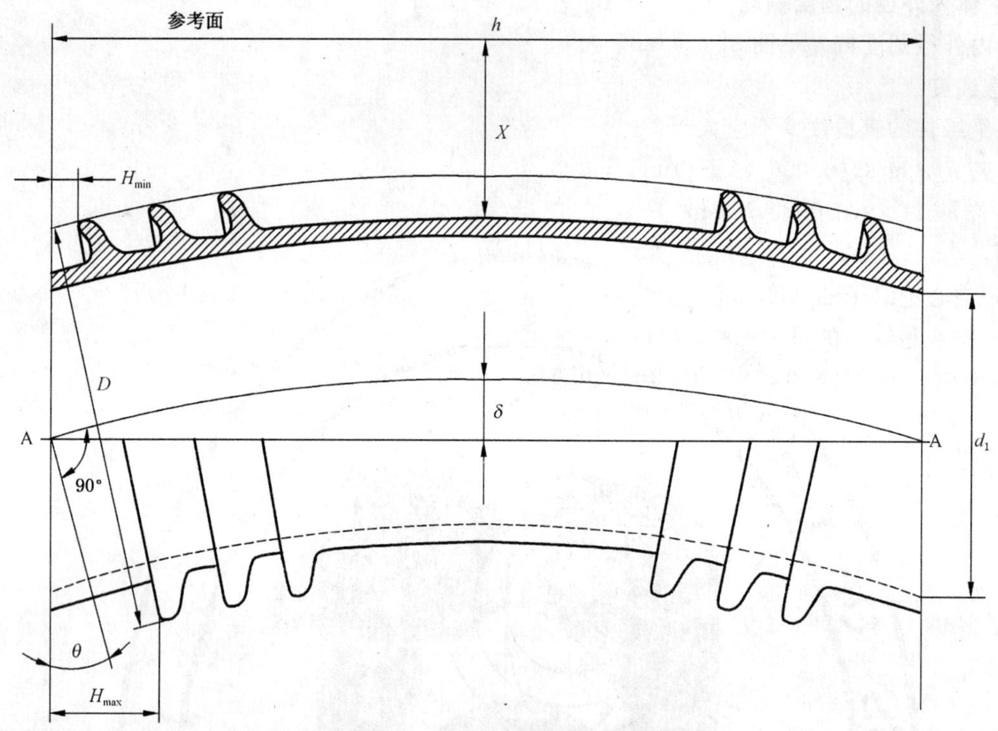

图 4　空心绝缘件弯曲效应

7.1.7　上砂和瓷卡台高度允许偏差

上砂和瓷卡台高度 T 会沿外壁而变化。

上砂和瓷卡台高度(见图 5)的最大变化量应为：

若 $h/d_1 \leqslant 8$，$T_{max} - T_{min} < (0.024 \times d_3 + 3)$mm

若 $h/d_1 > 8$，$T_{max} - T_{min} < (0.032 \times d_3 + 3)$mm

式中：

d_3——瓷卡台的公称直径或上砂部位上砂后的公称直径，mm；

T、T_{max} 和 T_{min}——分别是绕外壁测量的瓷卡台或上砂高度的公称值、最大值和最小值，mm。

在某些设计中，要求瓷卡台的允许偏差更小，此时应在图样中规定。

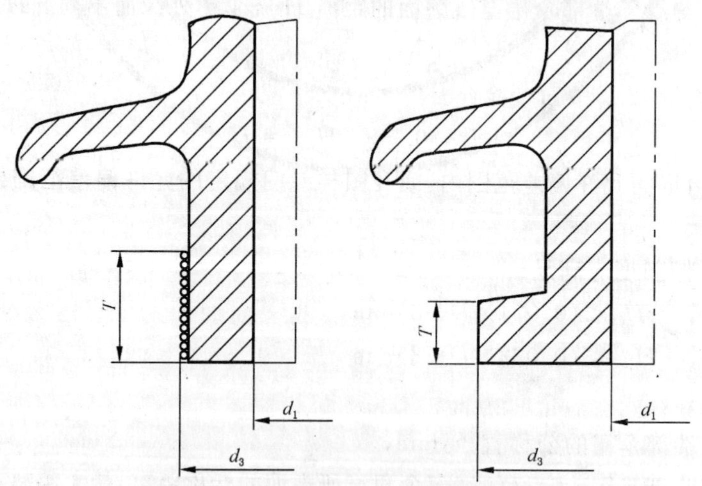

图 5　上砂和瓷卡台高度允许偏差

7.1.8 伞倾角

当设计图样标明伞根和伞缘部位圆弧是用一条直线连接时，应测量空心绝缘子或空心绝缘件伞上表面的平均倾角。平均倾角的允许偏差为±3°。

应在相互垂直的四个方向上分别对三个伞进行测量，三个伞大致分别位于空心绝缘子或空心绝缘件的上部、中部和下部。

计算12次测量的平均值，并与图样规定值比较。

注1：A.5提出了一个测量伞倾角的适用方法。

注2：若设计图样标明伞的上表面为曲线时，则不能进行伞倾角测量。

7.1.9 端面平行度、同轴度、偏心度和上下安装孔角度偏差

如果图样有规定，则所有空心绝缘子和空心绝缘件都应满足图样对端面平行度、同轴度、偏心度和上下安装孔角度偏差的要求。

——端面平行度：A.1给出了允许偏差的示例。

——同轴度和偏心度：A.2给出了允许偏差的示例。

——上下安装孔角度偏差：A.3给出了允许偏差的示例。

测量方法示例见附录A。

7.1.10 研磨面粗糙度检验

相关图样上应用R_a和R_t值（见注释）规定粗糙度（参照GB/T 3505—2000）。

空心绝缘件图样上标有端部研磨面的部位，应使用经过校准的粗糙度检验仪器检验。

如果R_a和R_t测量值都不超过粗糙度或外形的规定值，则绝缘子通过本试验。

注：由于瓷材料特有的性质，用于金属材料的R_a和R_t的关系并不适用。瓷材料R_a和R_t的比值范围约为1～10。

7.1.11 接收准则

如果测得的粗糙度或尺寸符合规定要求及其允许偏差，则空心绝缘子或空心绝缘件通过本试验。

7.2 机械破坏负荷试验

机械破坏负荷试验的目的是确定空心绝缘子或空心绝缘件承受内压力、弯曲、扭转、拉伸或压缩等机械负荷时的强度。机械破坏负荷试验应在温度循环试验后进行。

空心绝缘子或空心绝缘件的机械强度试验应由下列五项试验的一项或多项组成，具体由设备制造商规定。

——内压力试验；

——弯曲试验；

——拉伸试验；

——扭转试验；

——压缩试验。

试验时已达到规定机械破坏负荷的空心绝缘子或空心绝缘件不应再在运行中使用。

7.2.1 内压力试验的一般要求

7.2.1.1 空心绝缘子

将带有相应连接阀和测量仪表的压板压紧或固定到空心绝缘子端部附件上，固定时在绝缘件和压板间加装适当的密封垫。

密封结构应尽可能与实际使用结构接近。

7.2.1.2 空心绝缘件

对于空心绝缘件，压板可以用中心连接杆固定，或用外部结构固定。

仅当采用空心绝缘件的装配件在使用中保持轴向压缩时，该试验才有效。

7.2.1.3 内压力试验程序

将空心绝缘子或空心绝缘件注满水，并和液压泵相连。液体压力应平稳增加到试验压力，升压中不应产生冲击。

注：每分钟的升压速率应为试验压力的30%～60%。

7.2.1.4 内压力试验接收准则

压力释放到零后，应检查绝缘子的瓷件和端部附件是否开裂，胶装或密封是否破坏。如无上述迹象，即使端部附件承受的应力超过其屈服点，只要没有破坏，则认为该试验通过。

如有疑问，应进行设计压力下的附加内压力试验。

7.2.2 弯曲试验的一般要求

将空心绝缘子和空心绝缘件安装待试。

弯曲试验可以在无内压力条件下进行。用正常使用时的安装方法将空心绝缘子固定到试验设备的安装面上，负荷施加在空心绝缘子的自由端，负荷施加方向应通过空心绝缘子的轴线并与其垂直。

另外，经供需双方协议，机械弯曲试验可在空心绝缘件上进行。对未经装配的空心绝缘件进行试验的适宜方法示于附录B。

7.2.2.1 弯曲试验程序

——由多节元件组成的空心绝缘子的试验：

若空心绝缘子由一节以上元件构成，并且对整只绝缘子的顶部和底部都规定有弯矩要求，试验可在整只绝缘子上进行。应将延伸杆固定在空心绝缘子上，在延伸杆的适当高度施加负荷，以达到试验要求的弯矩。

若对单个元件的两端都有弯矩要求，则试验按下述进行：

——单个空心绝缘子元件的试验：

若对空心绝缘子的顶部和底部都规定有弯矩要求，应将延伸杆固定在空心绝缘子上，在延伸杆的适当高度施加负荷，以产生试验要求的弯矩。

——对称型单个空心绝缘子元件的试验：

如果空心绝缘子属对称型，可以在绝缘子的自由端直接施加能产生规定弯矩的等值负荷，并应对绝缘子的每端都进行一次试验。

7.2.2.2 弯曲试验接收准则

将弯矩卸除到零后，检查绝缘子瓷件是否开裂、胶装是否破坏、端部附件是否开裂。如无上述情况，即使端部附件承受的应力超过其屈服点，只要没有破坏，则认为该试验通过。

7.2.3 扭转试验

空心绝缘子应进行扭转负荷试验，试验时应避免出现弯矩。空心绝缘子的扭转强度可以通过对单个空心绝缘子元件试验来验证，如果空心绝缘子由多种型式元件构成，应选取强度最低的元件进行试验。

7.2.4 拉伸试验

空心绝缘子应进行沿其轴线方向的拉伸负荷试验。空心绝缘子的拉伸强度可以通过对单个空心绝缘子元件试验来验证，如果空心绝缘子由多种型式元件构成，应选取强度最低的元件进行试验。

7.2.5 压缩试验

空心绝缘子或空心绝缘件应进行沿其轴线方向的压缩负荷试验。空心绝缘子的压缩强度可以通过对单个空心绝缘子元件试验来验证，如果空心绝缘子由多种型式元件构成，应选取强度最低的元件进行试验。

较长的空心绝缘子可能会因挠曲而破坏，因而需要对整只空心绝缘子试验。

7.2.6 扭转、拉伸和压缩试验的接收准则

卸除负荷到零后，检查绝缘子瓷件是否开裂、胶装是否破坏、端部附件是否开裂。如无上述情况，即使端部附件承受的应力超过其屈服点，只要没有破坏，则认为该试验通过。

7.3 温度循环试验

7.3.1 一般要求

a) 该试验应在机械破坏负荷试验前对单独的空心绝缘子或空心绝缘件进行。

b) 试验水槽中应有足够的水量，以保证浸没被试绝缘子，并且浸没时不会引起超过±5 K 的水温变化。

c) 在冷热水浴中浸没绝缘子的过程中，可以使用中间容器，比如使用低热容量的网篮等，能使水顺利通过的容器。

7.3.2 瓷和钢化玻璃绝缘子试验程序

应将绝缘子快速浸没在热水浴中，保持热水浴温度比其后的冷水浴温度高 Δt，浸泡时间最短为 $(15+0.7\times m)$ min（m 是空心绝缘子或空心绝缘件的质量，单位 kg），最长为 30 min。然后，将绝缘子迅速取出并完全浸没于冷水浴中，浸泡时间和热水浴中浸泡时间相同。

热冷循环应依次进行三次，热冷浴之间的转换时间应尽可能短。

温差 Δt 示于表 5，其大小取决于空心绝缘子或空心绝缘件的尺寸，Δt 值可以标注在设计图样上。

图 6 温度循环试验中厚度 ϕ(mm)的定义

表 5 所列温差适用于内腔为直筒或锥形的绝缘子，这种内腔形状在浸没时可使水自由通过。如果绝缘子最小内径小于 0.25 倍的最大内径，则认为浸没时水不能自由通过绝缘子内腔。在这种情况下，Δt 值应经供需双方协商确定。

7.3.3 大尺寸瓷绝缘子替代试验的程序

若因被试绝缘子尺寸原因无法采用本标准 7.3.2 所述的浸没法，可以用图 C.1 所示的喷淋法替代。试验时将带有金属附件的完整空心绝缘子封闭于一个厚布套内，布套顶部用诸如绑带等物系牢。热水或冷水用软管注入或灌入布套。供水设备应保证有足够水量喷向绝缘子，且这些水应能用泵抽出。

喷淋的热水应能使被试空心绝缘子的温度上升到比其后用人工雨喷淋的冷水温度高 Δt，并使这一温度保持 15 min。

然后，应立即用人工雨喷洒空心绝缘子，人工雨强度 3 mm/min，喷洒时间 15 min。

热冷循环应依次进行三次，温差 Δt 示于表 6。

表 5 温度循环试验的温差

$D^2 \times h \times 10^{-6}$ mm³	厚度 ϕ(mm)所对应的温差 Δt/K					
	$\phi \leqslant 23$	$23 < \phi \leqslant 26$	$26 < \phi \leqslant 32$	$32 < \phi \leqslant 36$	$36 < \phi \leqslant 43$	$43 < \phi$
$D^2 \times h \leqslant 164$	60	55	50	45	40	35
$164 < D^2 \times h \leqslant 410$	55	55	50	45	40	35
$410 < D^2 \times h \leqslant 655$	50	50	50	45	40	35
$655 < D^2 \times h \leqslant 900$	45	45	45	45	40	35
$900 < D^2 \times h \leqslant 1\,150$	40	40	40	40	40	35
$1\,150 < D^2 \times h \leqslant 2\,000$	35	35	35	35	35	35
$D^2 \times h > 2\,000$	由供需双方协商确定					

注：

D 是空心绝缘子或空心绝缘件的最大伞径，单位：mm。

h 是空心绝缘件的高度，单位：mm。

ϕ 是材料最大厚度，单位：mm，用穿过空心绝缘子或空心绝缘件轴线截面轮廓线内最大内切圆直径来定义。

表 6 替代温度循环试验温差

图 6 定义的厚度 ϕ(mm)对应的温差 Δt/K	
$\phi \leqslant 30$	$\phi > 30$
70	50

7.3.4 退火玻璃绝缘子试验程序

不使用任何中间容器将退火玻璃绝缘子迅速地完全浸入热水浴中，该水浴温度比其后试验用的人工雨温度高 Δt，并在此温度下保持 15 min。然后将绝缘子迅速取出，置于强度为 3 mm/min 的人工雨中 15 min，人工雨无其他特性要求。

热冷循环应依次进行三次。每次将试品从热水浴移至人工雨中或从人工雨移至热水浴过程中的时间不应超过 1 min。

退火玻璃耐受温度变化的能力受若干因素影响，其中最重要的影响因素之一是其配方组成。因此，除非供需双方另有协议，温差 Δt 按照表 7 规定。

表 7 退火玻璃绝缘子的温差

温差 Δt/K	
碱玻璃	硼硅酸盐玻璃
30	70

7.3.5 接收准则

若绝缘子没有出现开裂、机械破坏或引起绝缘子机械或电气特性劣化的其他缺陷，则本试验通过。是否出现上述性能劣化，则用空心绝缘子是否通过按照本标准 10.4 规定程序进行的逐个电气试验来验证。

经温度循环试验合格的绝缘子可以和本批剩余的绝缘子一起交付正常运行。

7.4 孔隙性试验

本试验仅适用于瓷绝缘子。

7.4.1 试验程序

试品应为从绝缘子上敲击取得的碎瓷块，或经供需双方协议在绝缘子焙烧位置附近专门制得的具有代表性的瓷碎块。试验溶液应采用红色或紫色 3% 的次甲基染料(如 Astrazon 或 Basonil[1])甲醇或乙醇溶液。试验时，在不小于 15 MPa 的试验压力下将试品浸没在试验溶液中一段时间，并且其试验压力(单位：MPa)和时间(单位：h)的乘积不小于 180。

试验后把试品从溶液中取出，冲洗后干燥，并再次敲碎。

1) Astrazon 或 Basonil 是市售产品举例，给出这些信息是为了使本标准的用户更为方便，并不表示指定这些产品。

7.4.2 接收准则

目力观察新敲击开的表面，不应有任何染料渗透现象。试验前敲击形成小裂纹中的渗透应予忽略。

7.5 镀锌层试验

对铁基金属附件，JB/T 8177—1999 适用。

注：虽然难以给出一般性的推荐，但有可能用简单的方法修补损伤面积较小的镀锌层，例如，用专用的低熔点锌合金修补棒进行修补。修补层的厚度至少应和镀锌层的厚度相等。可接受的最大修补面积在某种程度上由铁基金属件的种类及其尺寸决定，但一般建议为 40 mm^2，对于大型绝缘子金属附件，最大为 100 mm^2。然而，仅当损伤层属于次要缺陷时，并经供需双方协商同意后才可进行修补。应该注意，用修补棒修补仅可能用于未胶装或未装配的铁基金属附件，这是因为在修补过程中金属附件的温度太高，不允许把这种修补方法用于已经胶装好的绝缘子。

8 型式试验

8.1 试验项目

若相关图样有规定时，型式试验项目如下：

a) 温度循环试验(7.3)(仅当规定有机械破坏试验时)；

b) 内压力试验(8.2)；

c) 弯曲试验(8.3)；

d) 扭转、拉伸或压缩试验(见 7.2.3、7.2.4、7.2.5)(当相关图样有规定时)。

8.2 内压力试验

内压力试验的试验条件和接收准则见 7.2 规定。

8.2.1 普通空心绝缘子或绝缘件的内压力试验

绝缘子应能耐受高于设计压力的试验压力 5 min，不发生破坏，该试验压力取决于电器设备的设计，并应在图样上作出规定。

8.2.2 承压空心瓷绝缘子或绝缘件的内压力试验

型式试验耐受压力取决于电器设备的设计，并应在图样上作出规定。绝缘子应能耐受 4.25 倍设计压力 5 min，不发生破坏。设计压力应由设备制造商确定，细节见 5.2。

为了取得更多信息，在满足 7.2.1.4 规定的接收准则后，应增大试验压力到机械破坏负荷，机械破坏负荷压力值应在型式试验和抽样试验报告中记录。

8.3 弯曲试验

弯曲试验的试验条件和接收准则见 7.2 规定。

8.3.1 普通空心绝缘子或绝缘件的弯曲试验

试验弯矩应分相互垂直的四个方向依次施加于绝缘子上。在前三个方向试验中，分别施加型式试验耐受弯矩 70%的负荷，各保持 10 s。在第四个方向试验中，当负荷值达到型式试验耐受弯矩的 70%后，在 30 s～90 s 内将负荷增加到 100%型式试验耐受弯矩，并保持 1 min。

8.3.2 承压空心瓷绝缘子或绝缘件的弯曲试验

型式试验耐受弯矩取决于电器设备的设计，并应在图样上作出规定。型式试验耐受弯矩应由设备制造商确定，细节见 5.2。

试验弯矩应分相互垂直的四个方向依次施加于绝缘子上。在前三个方向试验中，分别施加型式试验耐受弯矩 70%的负荷，各保持 10 s。在第四个方向试验中，当负荷值达到型式试验耐受弯矩的 70%后，在 30 s～90 s 内将负荷增加到 100%型式试验耐受弯矩，并保持 1 min。

为了取得更多信息，在满足 7.2.2.2 规定的接收准则后，应增大试验弯矩到机械破坏负荷，机械破坏负荷弯矩值应在型式试验和抽样试验报告中记录。

9 抽样试验

9.1 普通空心绝缘子或空心绝缘件试验

绝缘子应经受下列试验：

a) 尺寸检查(7.1)；

b) 研磨面粗糙度检验(7.1)；

c) 瓷绝缘子的孔隙性试验(7.4)；

d) 温度循环试验(7.3)；

e) 铸铁和可锻铸铁的镀锌层试验(7.5)；

f) 相关图样规定的内压力试验(8.2.1)；

g) 相关图样规定的弯曲试验(8.3.1)；

h) 相关图样规定的扭转、拉伸或压缩试验(7.2.3、7.2.4、7.2.5)。

9.2 承压空心瓷绝缘子和绝缘件试验

绝缘子应经受下列试验：

a) 尺寸检查(7.1)；

b) 研磨面粗糙度检验(7.1)；

c) 孔隙性试验(7.4)；

d) 温度循环试验(7.3)；

e) 铸铁和可锻铸铁的镀锌层试验(7.5)；

f) 内压力试验(8.2.2)；

g) 弯曲试验(8.3.2)；

h) 相关图样规定的扭转、拉伸或压缩试验(7.2.3、7.2.4、7.2.5)。

10 逐个试验

10.1 普通空心绝缘子或空心绝缘件试验

逐个试验包括：

a) 外观检查(10.3)；

b) 电气试验(10.4)；

c) 相关图样规定的内压力试验(10.5.1)；

d) 相关图样规定的弯曲试验(10.5.2)；

e) 相关图样规定的其他机械试验(10.5.3)；

f) 钢化玻璃绝缘子的热震试验(10.7)；

g) 超声波探伤检查(10.8)。

经供需双方协议，可以进行如相关尺寸检查(7.1)和机械试验(10.5)等其他附加试验。

10.2 承压空心瓷绝缘子或绝缘件试验

逐个试验包括：

a) 外观检查(10.3)；

b) 电气试验(10.4)；

c) 内压力试验(10.6.1)；

d) 弯曲试验(10.6.2)；

e) 相关图样规定的其他机械试验(10.6.3)；

f) 超声波探伤检查(10.8)。

经供需双方协议，可以进行如相关尺寸检查(7.1)和温度循环试验(7.3)等其他附加试验。

10.3 逐个外观检查

应检查每只空心绝缘子或空心绝缘件，金属附件安装应符合图样要求。

10.3.1 空心瓷绝缘子或绝缘件

10.3.1.1 釉色

绝缘子的颜色应与图样规定的颜色大体一致。允许釉色存在一些明暗变化,这些明暗变化不构成拒收绝缘子的理由。这同样适用于着釉较薄,因而釉色较浅的部位,例如在小半径的边角处。

10.3.1.2 表面状况

上釉及不上釉表面应满足下列要求:

——釉面应平滑、光亮、坚硬,无裂纹、划痕、褶皱、起泡和杂质等其他有损运行性能的缺陷。这些缺陷应作为单纯釉面缺陷对待,以测得的缺陷大小作为评价依据。

——在研磨面或倒角面边缘不应存在釉面碰损。

——绝缘子内外表面上不应有水泥残留。

外表面:任一单个杂质均不应高出表面 2 mm。

内表面:

——不应有明显的突起或凹陷。

——允许有深度 2 mm 及以下的平滑凹坑或工具划痕。

10.3.1.3 釉面缺陷

釉面缺陷指缺釉、碰损、杂质及釉面针孔。

每只绝缘子上的釉面缺陷总面积不应超过:

$$100+\frac{D\times L_c}{2\ 000}\quad \mathrm{mm}^2$$

对于外表面:

$D=D_o$,D_o 为绝缘子最大外径,mm;

$L_c=L_{co}$,L_{co} 为绝缘子的爬电距离,mm。

对于内表面:

$D=D_i$,D_i 为绝缘子的最大内径,mm;

$L_c=L_{ci}$,L_{ci} 为绝缘子的内爬电距离,mm。

任一单个釉面缺陷面积不应超过:

当 $D_o\times L_{co}\leqslant 30\times 10^5$ 时,100 mm²;

当 $D_o\times L_{co}>30\times 10^5$ 时,200 mm²。

D_o 和 L_{co} 的定义同上述。

绝缘子主体内外表面上单个釉面缺陷面积不应超过 25 mm²。

直径小于 1.0 mm 的小针孔(例如,施釉中灰尘颗粒所引起的针孔)不应计入总釉面缺陷面积,但这种针孔在任一 50 mm×10 mm 面积内总数不应超过 15 个。此外,绝缘子上的针孔总数不应超过:

$$50+\frac{D_o\times L_{co}}{1\ 500}$$

D_o 和 L_{co} 的定义同上述。

10.3.1.4 水泥胶装

如果空心绝缘件和端部金属附件的连接用水泥胶装,胶装部位应满足下列要求:

——水泥胶合剂应填充均匀;

——逐个试验中水泥胶合剂不易剥落或松动。

允许水泥胶合剂表面存在径向丝状裂纹,但不允许存在环状裂纹。

10.3.2 空心玻璃绝缘子或绝缘件

绝缘子表面不应存在褶皱、起泡等影响其运行性能的缺陷。玻璃质中不应有直径大于 5 mm 的气泡。单个气泡或气泡串不应使其所处位置的壁厚减少 25%以上。

10.4 逐个电气试验

逐个电气试验的目的是验证空心绝缘件的瓷或玻璃壁的完好性。

用环氧树脂将几部分绝缘件粘接在一起制成的空心绝缘件，如果之前各粘接部分都单独进行过试验，可以只对粘接部位进行试验。

注：若空心绝缘件在焙烧前后均不粘接，比如整体挤制成型的绝缘件，除供需双方另有协议，逐个电气试验可以免做。

10.4.1 试验程序

检查内外电极之间空心绝缘件壁是否完好。

在内外电极间施加频率为 15 Hz～100 Hz 的交流电压。以空心绝缘件公称壁厚计算，施加电压应不小于 1.5 kV/mm，但在其最薄处施加电压不小于 35 kV，该电压应保持 5 min。

注：对于公称壁厚小于 37.5 mm 的空心绝缘件，可以按照 GB/T 772—2005 给出的电压值试验。

对于较小尺寸的空心绝缘件，施加 35 kV 电压可能会出现闪络，因此应施加实际能达到的最高电压。

注 1：内电极的典型示例：

——将空心绝缘件一端封闭，内部充满水作为电极；

——用与内表面形状相适应的导体作为电极。

注 2：外电极的典型示例：

——链条；

——导线。

将电极绕绝缘件主体外壁放置在认为必要的地方，尤其是制造过程中形成的接缝处。

10.4.2 接收准则

试验中所有空心绝缘件不应出现击穿。

10.5 普通空心绝缘子或绝缘件的逐个机械试验

根据空心绝缘子或空心绝缘件使用场合及其设计，可能需要对其进行逐个机械试验。此时，逐个机械试验应在图样上作出规定。

10.5.1 逐个内压力试验

如果适用，空心绝缘子或空心绝缘件应按 7.2 规定的一般要求试验。此时，绝缘子应经受高于设计压力的内压力试验 1 min。试验压力应根据设备设计确定，并在图样上规定。如有要求，应将试验压力标注在绝缘件的研磨面上(密封面外侧)，也可以在金属附件上作出标识。

10.5.2 逐个弯曲试验

10.5.2.1 空心绝缘子

如果适用，空心绝缘子应按 7.2 规定的一般要求试验。此时，每只空心绝缘子都应在四个相互垂直方向上经受逐个弯矩试验各 10 s。试验弯矩值应为耐受弯矩的 50%。

作为一个可供选择的替代方案，在订货时经供需双方协议，施加的试验负荷可以达到规定机械破坏负荷的 70%，负荷在多于一个方向上施加，每个方向持续 10 s。

10.5.2.2 空心绝缘件

经供需双方协议，可以用空心绝缘件的逐个弯曲试验替代空心绝缘子的逐个弯曲试验。

在这种情况下，应在四个相互垂直的方向上施加弯曲负荷。负荷值应能保证在沿空心绝缘件自由端的每个位置上产生的弯曲应力等于相应的耐受弯矩在该位置产生应力的 70%～100%。

注 1：附录 B 给出了一个适用的空心绝缘件逐个弯曲试验方法。

注 2：应该注意，本试验并不对金属附件或空心绝缘子进行验证。

10.5.3 实际使用要求的逐个机械试验

当实际使用有要求时，供需双方可以经协议进行不同的逐个试验，如扭转试验、拉伸试验或压缩试验。相关的试验细节应在签订合同时确定。

10.5.4 接收准则

逐个机械试验后，检查空心绝缘子或空心绝缘件的外观，不应出现损坏。

10.6 长期承受气体压力的空心瓷绝缘子或瓷绝缘件的逐个机械试验

长期承受气体压力的空心瓷绝缘子或瓷绝缘件的逐个内压力试验和弯曲试验属于必做试验。逐个机械试验应在图样上做出规定。

10.6.1 逐个内压力试验

空心绝缘子应按7.2规定进行逐个内压力试验，试验压力至少为设计压力的3倍，持续1 min。

对于空心绝缘件，试验压力至少为设计压力的4.25倍，持续1 min。

应将试验压力标注在绝缘件的研磨面上(密封面外侧)，也可以在金属附件上标识。

对于空心绝缘子元件或空心支柱绝缘子元件，如果能够证明由设计压力引起的应力小于运行中由最大长期弯矩引起的应力(见附录D)，则逐个内压力试验可以免做。

10.6.2 逐个弯曲试验

应按7.2弯曲试验的一般要求对空心绝缘子进行四向逐个弯曲试验，施加的弯矩值应为型式试验耐受弯矩的70%，并在每个方向保持10 s。

如果能够证明由运行中最大长期弯矩引起的应力小于由设计压力引起的应力(见附录D)，空心绝缘子的逐个弯曲试验可以免做。

试验方法应经供需双方协商同意。经逐个弯矩试验合格的绝缘子，应在其研磨面或金属附件上适当标记。

注：可能会有施加更高负荷的空心绝缘件试验。

10.6.3 实际使用要求的逐个机械试验

当实际使用有要求时，供需双方可以经协议进行不同的逐个试验，如扭转试验、拉伸试验或压缩试验。试验细节应在签订合同时确定。

10.6.4 接收准则

逐个机械试验后，检查空心绝缘子或空心绝缘件的外观，不应出现损坏。

10.7 逐个热震试验

钢化玻璃绝缘件在安装或装配金属附件前应进行逐个热震试验。试验时先将钢化玻璃绝缘件用热空气或其他适宜方式均匀加热到高于其后使用的水温100 K，然后，迅速将其完全浸入温度不超过50 ℃的水中。

本试验中破损的钢化玻璃件应予拒收。

10.8 逐个超声波探伤检查

壁厚超过30 mm的直筒形空心瓷绝缘子或瓷绝缘件应进行逐个超声波试验。超声波的频率为0.8 MHz～5 MHz，探测方向沿绝缘子轴线。试验方法和程序符合JB/T 9674—1999。

瓷件内部不应有超声波能发现的缺陷，如生烧、氧化、开裂、气孔、夹层和剥落等。

注：超声波试验结果解释对试验经验的依赖性较大。

11 文件编制

11.1 标识

每只空心绝缘件都应在其外部釉面或玻璃表面标出制造商名称或其商标，以及制造年份。对于长期承受气体内压力的空心瓷绝缘件，必须标出部件号和序列号。这些标识应清晰牢固。

11.2 记录

制造商应将按照本标准生产的所有空心绝缘子或空心绝缘件的记录保存至少十年。记录应包括下列信息：

——部件号，有要求时(11.1)；

——序列号，有要求时(11.1)；

——制造日期；

——型式试验时间和结果；

——抽样试验时间和结果；

——逐个试验时间和结果。

购买方有要求时，制造商应提供以上记录。

附 录 A
（资料性附录）
空心绝缘子或空心绝缘件的平行度、同轴度、偏心度、上下安装孔角度偏差、直线度和伞倾角试验方法

本形位公差试验方法仅作为示例给出，也可以采用其他适宜的试验方法，并给出了允许偏差的典型数值。

A.1 端面平行度

见图 A.1。

——$h \leqslant 1$ m 时，$p \leqslant 0.5$ mm。

——$h > 1$ m 时，$p \leqslant 0.5 \times h$ mm（h 的单位为 m）。

平行度的允许偏差以直径为 250 mm 圆为参考基准。

平行度测量：

将空心绝缘子或空心绝缘件垂直并定心安装在一个刚性转盘上，必要时，可以使用诸如带螺纹的锥形定位销和厚度均匀的过渡平板定心。在绝缘子上端面，通过固定孔固定一块厚度均匀的板，对于空心绝缘子，可以采用带螺纹的锥形定位销定心。转动转盘旋转绝缘子，读取并记录测量装置 A 上显示的最大值和最小值，其相对于直径为 250 mm 圆的差值即为绝缘子的端面平行度。

A.2 同轴度和偏心度

见图 A.1。

同轴度测量仅适用于空心绝缘子。

同轴度：$c = 2 \times e$；

偏心度：$e \leqslant 2(1+h)$mm（h 的单位为 m）。

同轴度和偏心度的测量：

安装方法同 A.1，在绝缘子上端面与安装孔同心固定一块圆板，也可以采用带螺纹的锥形定位销定心。旋转转盘并读取测量装置 B 上出现的最大值和最小值，其差值的一半即为偏心度。

A.3 安装孔角度偏差

允许角度偏差：$-1° \leqslant \alpha \leqslant +1°$。

安装孔角度偏差测量（见图 A.2）：

在两端使用诸如 V 形块将空心绝缘子水平放置。将光杆部分经精加工的螺钉旋入金属附件的螺孔内，或将销钉固定到金属附件的光孔内。

在绝缘子一端放置一只足够精确的水平仪，在绝缘子另一端放置一只足够精确并可直接读数的水平仪，即可如图所示确定安装孔的相对角度偏差。

A.4 直线度

空心绝缘子或空心绝缘件安装应能使其或尽可能使其绕通过端面内的中心形成的轴线旋转。转动绝缘子一周，测量绝缘子主体外表到平行于旋转轴参考面的距离。确定旋转 180°中测得的差值 $X_{max} - X_{min}$（见图 A.3）。

直线度为 $0.5 \times (X_{max} - X_{min})$ 中的最大值。

测量装置置于沿参考轴线的不同水平位置，绝缘子在转盘上旋转时读取测量装置读数，记录各个高度读取的最大值和最小值之差。

另外，直线度也可以用内规检查。

图 A.1　形状和位置偏差测量

图 A.2　安装孔角度偏差测量

图 A.3　直线度测量

A.5 伞倾角

将空心绝缘子或空心绝缘件垂直安装，使其能够旋转。安装方法与图 A.1 所述相同。

在绝缘子旁边直立的部件带有测量装置 D(见图 A.4)，测量装置配有水平参考标志和具有角刻度的活动板。活动板角度与绝缘子伞的上表面贴近在一起时，即可确定其倾斜度或伞倾角。

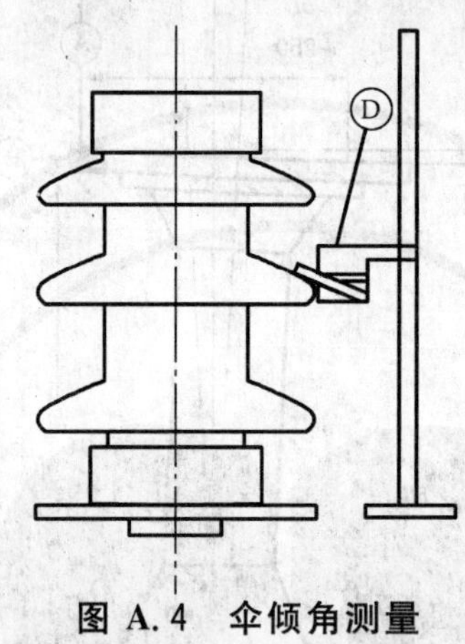

图 A.4 伞倾角测量

A.6 试验注意事项

对于 A.1、A.2、A.4 和 A.5 试验，有必要校正使转盘表面垂直于旋转轴。

对于 A.1 和 A.2 试验，还需注意校准，使空心绝缘子金属附件安装孔中心圆圆心与转盘旋转轴重合。为此，可以用在 4 个安装孔中安装带螺纹的锥形销或螺栓的方法定位(示例于图 A.5)。

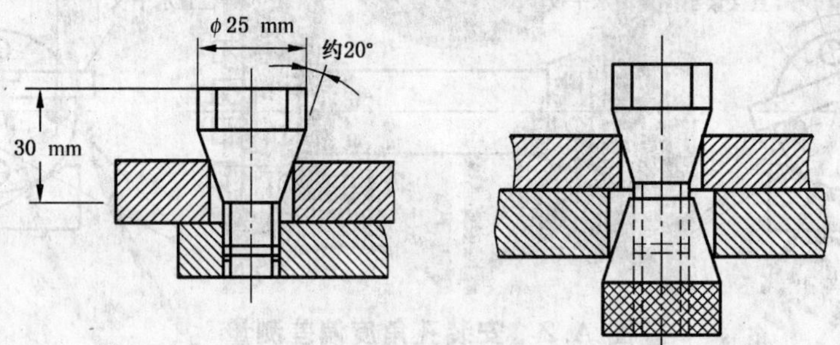

图 A.5 锥形螺钉定心

A.7 形位公差

见图 A.6、图 A.7 和图 A.8。

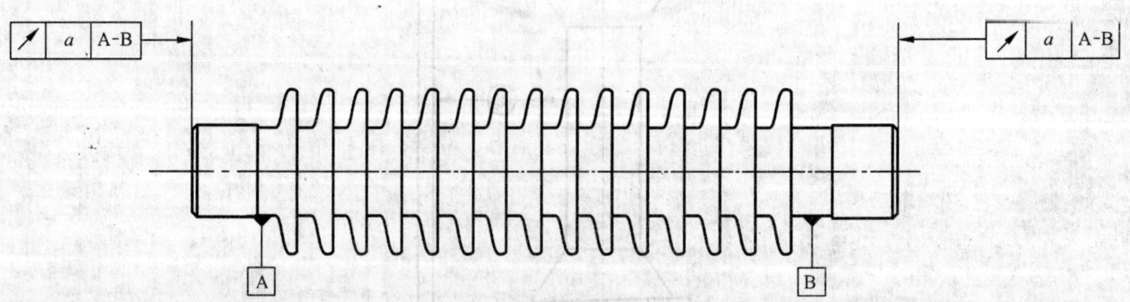

a A-B 轴向圆跳动：绝缘件绕基准轴AB转动一周时，在两端面内测得的轴向跳动量不得大于a。

图 A.6 轴向圆跳动

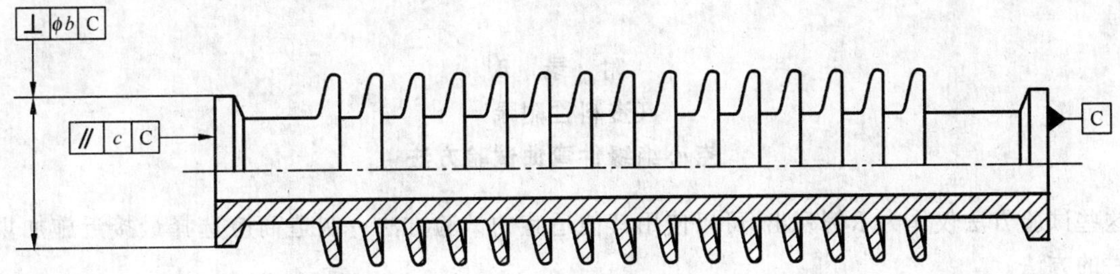

⊥	ϕb	C	垂直度：绝缘子的轴线必须位于直径为 b 且垂直于端面 C 的圆柱体内。
//	c	C	平行度：上表面必须位于距离为 c 且平行于端面 C 的两平行平面之间。

图 A.7　平行度和垂直度

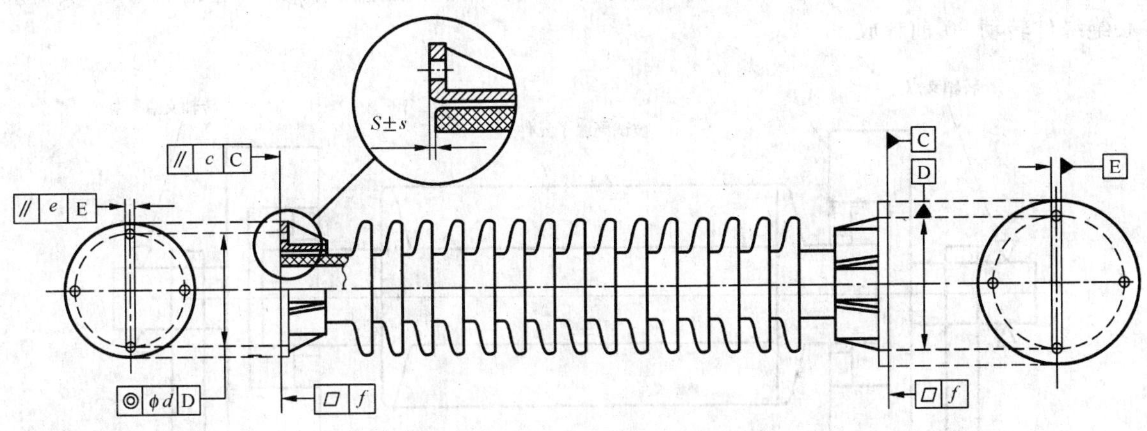

//	c	C	平行度：上表面必须位于距离为 c 且平行于下端面 C 的两平行平面之间。
◎	ϕd	D	同轴度和同心度：绝缘子上端部附件安装孔中心圆的中心必须位于以下端部附件中心圆 D 的中心线为轴线，且直径为 d 的圆柱体内。
□	f		平面度：所示表面必须位于距离为 f 的两平行平面之间。
//	e	E	安装孔连线平行度：绝缘子上附件相对安装孔之间连线在下附件表面的投影必须位于与下附件对应安装孔之间连线平行，且距离为 e 的两条平行线之间。
$S\pm s$			为可靠密封，空心绝缘件端面和附件端面之间的距离必须在 $S\pm s$ 之内。

注：小写字母须用相应的允许偏差值替代。

图 A.8　同轴度和同心度、平面度、安装孔连线平行度和密封距离

附　录　B
（资料性附录）
空心绝缘件弯曲试验方法

这些试验方法仅作为示例列出，可以使用其他适宜的试验方法。制造商应选择最接近施加规定负荷条件的方法。

B.1　均匀弯矩试验方法

将被试绝缘子元件水平安装在适宜的试验设备(比如图 B.1 所示)上，两液压杆施加相等的负荷在空心绝缘件整个长度方向上产生均匀弯矩。适当调整加载点和轴支点位置以及施加的负荷，能使该弯矩等于空心绝缘子元件经受机械破坏负荷时的弯矩。应在四个相互垂直的方向上施加弯矩，负荷应在空心绝缘件转动 90°前释放。

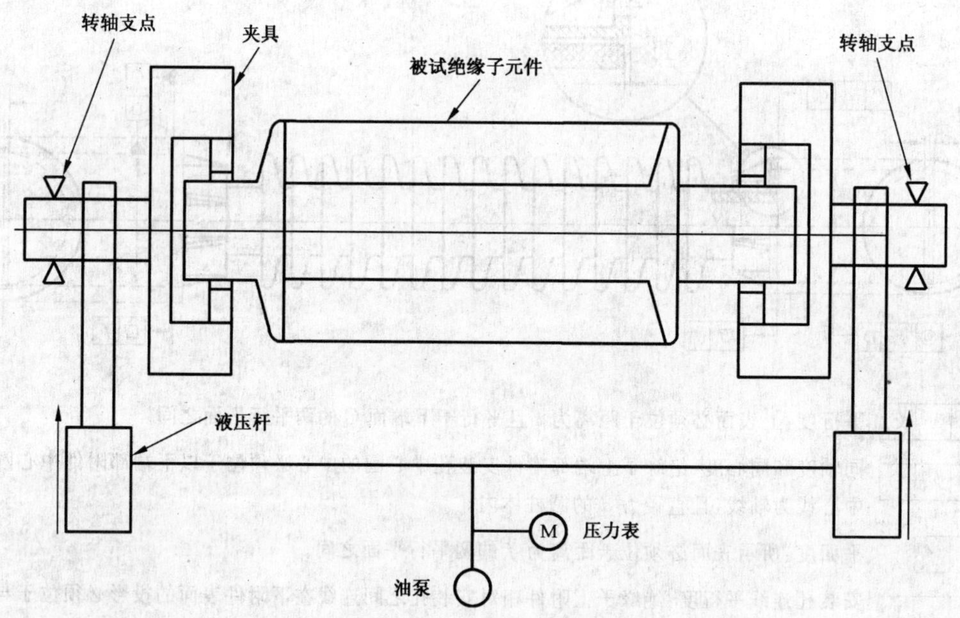

图 B.1　均匀弯矩试验支架

B.2　不均匀弯矩试验方法

将空心绝缘件水平安装在适宜的试验设备(比如图 B.2 所示)上，液压杆施加的负荷通过杠杆在空心绝缘件整个长度方向上产生不均匀弯矩。调节负荷杠杆的有效长度，能够得到与空心绝缘子经受机械破坏负荷时被试元件上相同的弯矩。应在四个相互垂直的方向上施加弯矩，负荷应在空心绝缘子元件转动 90°前释放。

B.3　弯曲负荷试验方法

将空心绝缘件垂直安装在适宜的试验设备(比如图 B.3 所示)上。空心绝缘件下端适当固定，在自由端施加水平负荷。施加的负荷应使在空心绝缘件下部产生的弯矩和对空心绝缘子施加规定机械破坏负荷时在被试元件上产生的弯矩相同。应在四个相互垂直的方向上施加负荷，负荷应在绝缘子元件转动 90°前释放。

可以把空心绝缘件倒转，再次在四个相互垂直方向上施加负荷进行试验。

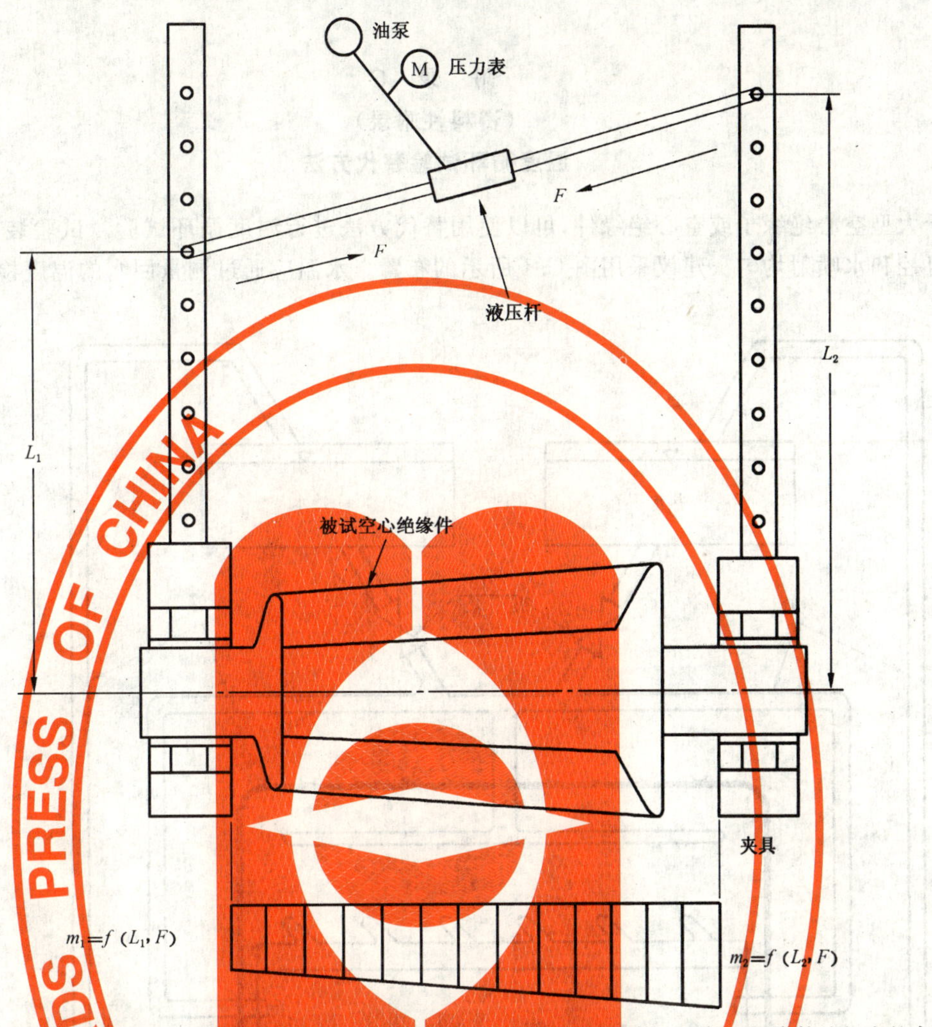

m_1、m_2——已装配好的空心绝缘件承受规定机械破坏负荷时空心绝缘子元件上下部金属附件处相应的弯矩。

L_1、L_2——上下部金属附件处相应的杠杆臂有效长度。

F——液压杆产生的负荷。

$f(\ )$——数学函数。

图 B.2 不均匀弯矩试验支架

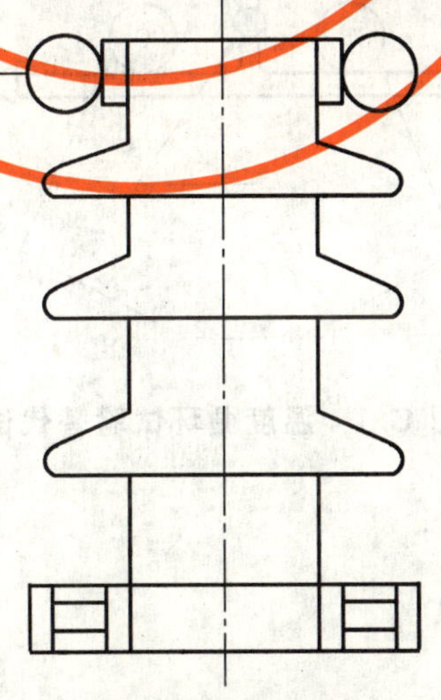

图 B.3 弯曲负荷试验方法

附 录 C
(资料性附录)
温度循环试验替代方法

对于大型空心绝缘子或空心绝缘件,可以使用替代方法进行温度循环试验。试验装置应能保证温度循环可控和水喷射均匀。建议采用图 C.1 所示的布置。水温应通过测量回水的温度检测。

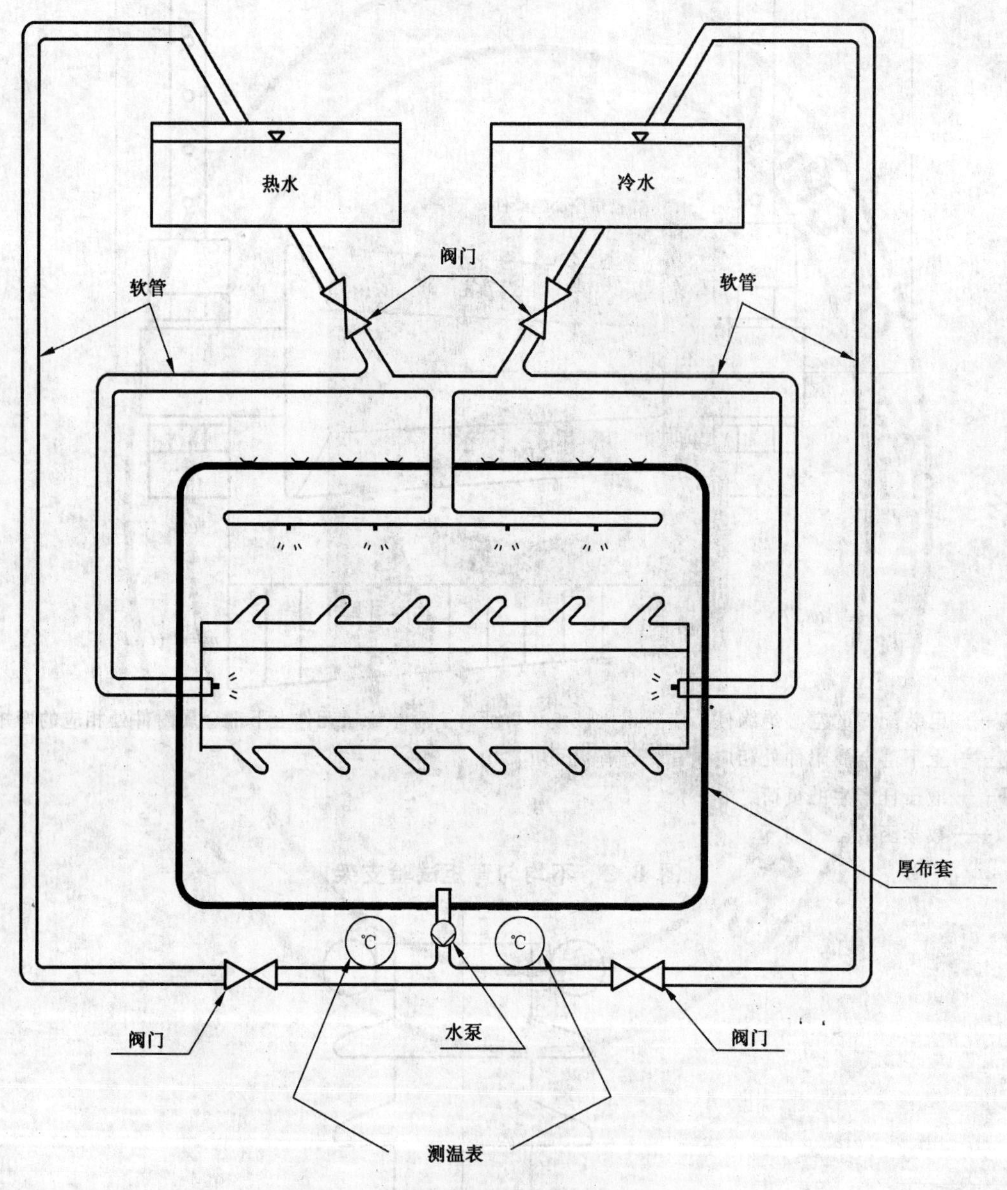

图 C.1 温度循环试验替代试验装置

附 录 D
（资料性附录）
设计压力的等值弯矩

通常设计压力的等值弯矩 M_b 可由下式给出：

$$M_b = p \times \frac{\pi}{32} \times (D_s)^2 \times \frac{(D_o)^2 + (D_i)^2}{D_o}$$

式中：

p——设计压力；

D_s——密封直径；

D_o——绝缘件主体外径；

D_i——绝缘子内径。

如果假定压力 p 导致的轴向应力 σ_b 是均匀的，可以使用以下简化计算：

$$\sigma_a = p \times \frac{(D_s)^2}{(D_o)^2 - (D_i)^2}$$

该值小于运行中由于最大长期弯矩引起的最大轴向应力，例如不超过 σ_b 的 25%。

$$\sigma_b = M_{max} \times \frac{32}{\pi} \times \frac{D_o}{(D_o)^4 - (D_i)^4}$$

图 D.1 给出了确定设计压力等值弯矩时各直径示意。

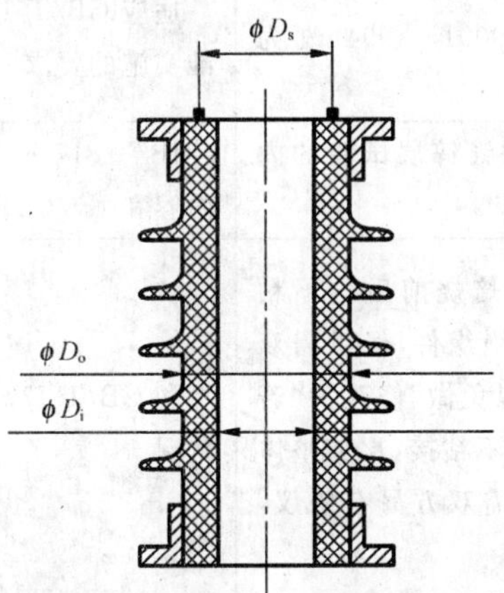

图 D.1 确定设计压力等值弯矩时各直径示意

附 录 E
（资料性附录）
本标准与 IEC 62155:2003 的技术差异及其原因

本标准与 IEC 62155:2003 的技术差异及其原因见表 E.1。

表 E.1 本标准与 IEC 62155:2003 的技术差异及其原因

本标准章条编号	技术性差异	原因简述
3.18	增加了注：在国内某些标准和实际使用中，也称为上下附件安装孔中心圆轴线间最大偏差	国内大部分制造企业习惯称为“上下安装孔中心圆轴线间最大偏差”，某些标准中也使用这一术语。为简便起见，本标准使用术语“偏心度”。加入注是为了避免混淆
4	增加注 3：绝缘子用胶装材料和端部附件材料不属于绝缘材料，对它们的要求分别参见各相关标准	IEC 62155 仅对绝缘材料提出了要求，胶装和附件材料也是绝缘子的重要组成部分。加入注是为了提醒本标准的使用者注意胶装和附件材料均应符合相关标准
6.2	增加注：在某些情况下，对一种新结构的绝缘子或绝缘件，其型式试验、抽样试验和逐个试验的集合称为“定型试验”	GB/T 1001.1—2003(IEC 60383-1:1993,MOD)提出了“定型试验”的概念，得到国内标准用户的认可。为了统一各试验标准，列入了本注
6.5	将“质量保证”改为“质量管理”，并在注中将推荐采用的 GB/T 19001—1994 改为 GB/T 19002—2000	适应 GB/T 19000—2000(IDT ISO 9000—2000)族标准实施的要求
2,7.5	将所有与铁基金属附件镀锌层试验的内容改为引用 JB/T 8177—1999	JB/T 8177—1999 在我国执行多年，情况良好，其技术内容和 IEC 62155:2003 基本无差异
10.4	将注“若空心绝缘件在焙烧前后均不粘接，比如整体挤制成型的绝缘件，经供需双方协议，逐个电气试验可以免做”修改为“若空心绝缘件在焙烧前后均不粘接，比如整体挤制成型的绝缘件，除供需双方另有协议，逐个电气试验可以免做”	和 GB/T 772—2005 协调一致，符合我国目前的实际状况
10.4.1	增加了注：对于公称壁厚小于 37.5 mm 的空心绝缘件，可以按照 GB/T 772—2005 给出的电压值试验	我国一直按照 GB/T 772 的规定进行瓷壁耐压试验，在公称壁厚小于 37.5 mm 时严于本标准。加入注是为了保持该项检测标准的延续性，同时不降低检测要求
2、表 2、表 3、10.1、10.2、10.8	增加了超声波探伤检查的内容	超声波可有效探测实心瓷件内部缺陷，国内各制造企业都积累了大量实测经验，GB/T 8287.1—2008 已经将其作为瓷件的逐个试验项目之一。国内对瓷壁较厚的空心瓷绝缘子，也将超声波检查作为逐个试验项目，且积累了一定经验。但和超声波检查实心支柱绝缘子比，判定经验尚显不足，因而在列入该检查项目的同时，又提醒超声波试验结果解释对试验经验的依赖性较大的事实
附录 E	增加	便于对照本标准和 IEC 62155:2003 的技术性差异
附录 F	增加	便于对照本标准和 IEC 62155:2003 的章条

附　录　F
（资料性附录）
本标准与 IEC 62155:2003 章条编号对照

本标准与 IEC 62155:2003 章条编号对照见表 F.1。

表 F.1　本标准与 IEC 62155:2003 章条编号对照

本标准章条编号	IEC 62155:2003 章条编号
1	1
2	2
3	3
4	4
5	5
6	6
7	7
7.1	7.1
7.2	7.2
7.3	7.3
7.4	7.4
7.5	7.5
—	7.5.1
—	7.5.2
8	8
9	9
10	10
10.1	10.1
10.2	10.2
10.3	10.3
10.4	10.4
10.5	10.5
10.6	10.6
10.7	10.7
10.8	—
11	11
附录 A	附录 A
附录 B	附录 B
附录 C	附录 C
附录 D	附录 D
附录 E	—
附录 F	—
注：其余章条编号完全相同。	

ICS 29.180
K 41

中华人民共和国国家标准

GB/T 23753—2009

330 kV及500 kV油浸式并联电抗器技术参数和要求

Specification and technical requirements for 330 kV and 500 kV oil-immersed shunt reactors

2009-05-06 发布　　2009-11-01 实施

中华人民共和国国家质量监督检验检疫总局
中国国家标准化管理委员会　发布

前言

本标准的编写格式按照 GB/T 1.1—2000《标准化工作导则　第 1 部分:标准的结构和编写规则》。

本标准的附录 A 为规范性附录。

本标准由中国电器工业协会提出。

本标准由全国变压器标准化技术委员会(SAC/TC 44)归口。

本标准起草单位:沈阳变压器研究所、西安西电变压器有限责任公司、特变电工衡阳变压器有限公司、特变电工沈阳变压器集团有限公司、保定天威保变电气股份有限公司、国网武汉高压研究院、中国电力科学研究院、保定保菱变压器有限公司。

本标准主要起草人:陈荣、禹云长、孙军、孙树波、刘东升、郭慧浩、李鹏、郑泉。

本标准为首次发布。

330 kV及500 kV油浸式并联电抗器技术参数和要求

1 范围

本标准规定了330 kV及500 kV级油浸式并联电抗器(以下简称电抗器)的术语和定义、性能参数、绝缘水平及外绝缘空气间隙、技术要求、测试项目及要求、标志、起吊、包装、运输和贮存,并在附录A中规定了330 kV及500 kV并联电抗器配套用中性点接地电抗器的技术参数和要求等。

本标准适用于额定频率为50 Hz、电压等级为330 kV、额定容量为10 Mvar~50 Mvar及500 kV、额定容量为30 Mvar~80 Mvar的单相油浸式并联电抗器及附录A中规定的330 kV及500 kV并联电抗器配套用中性点接地电抗器。

注:三相油浸式并联电抗器可参照使用本标准。

2 规范性引用文件

下列文件中的条款通过本标准的引用而成为本标准的条款。凡是注日期的引用文件,其随后所有的修改单(不包括勘误的内容)或修订版均不适用于本标准,然而,鼓励根据本标准达成协议的各方研究是否可使用这些文件的最新版本。凡是不注日期的引用文件,其最新版本适用于本标准。

GB 1094.1 电力变压器 第1部分:总则(GB 1094.1—1996,eqv IEC 60076-1:1993)

GB 1094.2 电力变压器 第2部分:温升(GB 1094.2—1996,eqv IEC 60076-2:1993)

GB 1094.3 电力变压器 第3部分:绝缘水平、绝缘试验和外绝缘空气间隙(GB 1094.3—2003,IEC 60076-3:2000,MOD)

GB/T 1094.10 电力变压器 第10部分:声级测定(GB/T 1094.10—2003,IEC 60076-10:2001,MOD)

GB/T 2900.15 电工术语 变压器、互感器、调压器和电抗器(GB/T 2900.15—1997,neq IEC 60050(421):1990;IEC 60050(321):1986)

IEC 60076-6 电力变压器 第6部分:电抗器

IEC 60296 电工流体 变压器和开关用的未使用过的矿物绝缘油

3 术语和定义

IEC 60076-6和GB/T 2900.15中确立的术语和定义适用于本标准。

4 性能参数

4.1 基本参数

4.1.1 330 kV级电抗器的额定容量、额定电压、额定电抗及额定损耗等基本参数应符合表1的规定。

表 1　330 kV 级电抗器基本参数

额定容量/Mvar	额定电压/kV	允许长期过励磁倍数	联结方式	额定电抗/Ω	额定损耗/kW
10	345/$\sqrt{3}$	1.1	三个单相联成 Y 接，经中性点电抗器接地	3 967	60
	363/$\sqrt{3}$			4 392	
20	345/$\sqrt{3}$			1 984	70
	363/$\sqrt{3}$			2 196	
30	345/$\sqrt{3}$			1 322	80
	363/$\sqrt{3}$			1 464	
40	345/$\sqrt{3}$			992	90
	363/$\sqrt{3}$			1 098	
50	345/$\sqrt{3}$			793	110
	363/$\sqrt{3}$			878	

4.1.2　500 kV 级电抗器的额定容量、额定电压、额定电抗及额定损耗等基本参数应符合表 2 的规定。

表 2　500 kV 级电抗器基本参数

额定容量/Mvar	额定电压/kV	允许长期过励磁倍数	联结方式	额定电抗/Ω	额定损耗/kW
30	525/$\sqrt{3}$	1.1	三个单相联成 Y 接，经中性点电抗器接地	3 062	80
	550/$\sqrt{3}$			3 361	
40	525/$\sqrt{3}$			2 297	90
	550/$\sqrt{3}$			2 521	
50	525/$\sqrt{3}$			1 838	110
	550/$\sqrt{3}$			2 017	
60	525/$\sqrt{3}$			1 532	135
	550/$\sqrt{3}$			1 681	
70	525/$\sqrt{3}$			1 312	160
	550/$\sqrt{3}$			1 440	
80	525/$\sqrt{3}$			1 148	180
	550/$\sqrt{3}$			1 260	

4.2　允许偏差

4.2.1　电抗值允许偏差

在额定电压和额定频率下，电抗器额定电抗的允许偏差为±5%，每相电抗与三相电抗平均值间的允许偏差不应超过±2%。

4.2.2　损耗值允许偏差

损耗实测值与规定值的允许偏差不应超过+10%。

4.3　温升限值

在 GB 1094.1 规定的正常使用条件下，电抗器在 1.1 倍额定电压下各部位的温升限值应符合下列规定：

a) 顶层油温升:55 K;

b) 绕组平均温升(用电阻法测量):65 K;

c) 油箱壁表面温升:80 K。

对于铁心、绕组外部的电气连接线及油箱中的其他结构件,不规定温升限值,但仍要求温升不能过高,通常不超过 80 K,以免使与其相邻的部件受到热损坏或使油过度老化。

注:在特殊使用条件下,电抗器的温升限值应按 GB 1094.2 的规定进行修正。

4.4 局部放电水平

按 GB 1094.3 规定的方法对电抗器进行局部放电测量时,对于长时感应电压试验(ACLD),在施加电压为 $1.5U_m/\sqrt{3}$下,电抗器的视在电荷量的连续水平应不大于 300 pC。在施加电压为 $1.1\,U_m/\sqrt{3}$下,电抗器的视在电荷量的连续水平应符合 GB 1094.3 的规定;对于短时感应电压试验(ACSD),电抗器在各施加电压下的视在电荷量的连续水平应符合 GB 1094.3 的规定。

4.5 无线电干扰水平及可见电晕

电抗器在 $1.1\,U_m/\sqrt{3}$下的无线电干扰电压应不大于 500 μV,并在晴天夜晚无可见电晕。

4.6 声级水平

在额定电压下,声级水平(声压级)应不超过 80 dB(A),并应按 GB/T 1094.10 的规定进行换算,给出声功率级。

4.7 伏安特性

在电抗器伏安特性曲线上,1.5 倍额定电压及以下应基本为线性,即 1.5 倍额定电压下的电抗值不低于 1.0 倍额定电压时电抗值的 5%。1.4 倍额定电压与 1.7 倍额定电压两点连线的斜率不应低于线性部分斜率的 50%,即$\frac{U_{1.7}-U_{1.4}}{I_{1.7}-I_{1.4}}\Big/\frac{U_{1.5}}{I_{1.5}}\geqslant 50\%$。

注:一般情况下超过 1.1 倍额定电压以上的伏安特性不作为试验项目,制造方可以向用户提供相同或相近规格产品的试验值。新产品上进行的伏安特性测量由供需双方协商确定。

4.8 保证的振动水平

电抗器在额定电压、额定电流、额定频率和允许的谐波电流分量下的最大振动水平(振幅)应不超过 100 μm(峰-峰)。

4.9 允许的谐波电流分量

当对电抗器施加正弦波形的额定电压时,电抗器允许的三次谐波电流分量峰值不应超过基波电流分量峰值的 3%。

4.10 绝缘油性能指标(电抗器投入运行前)

电抗器投入运行前,绝缘油应符合下列要求:

a) 击穿电压≥60 kV;

b) 含水量≤10 μL/L;

c) 含气量≤1.0%;

d) 介质损耗因数(tanδ)≤0.005(90 ℃)。

4.11 过励磁能力

330 kV 及 500 kV 级电抗器在额定频率下的过励磁能力见表 3。

表 3 330 kV 及 500 kV 级电抗器过励磁能力

过励磁倍数	允许时间	
	以冷状态投入运行	额定运行状态
1.15	120 min	60 min
1.2	40 min	20 min

表 3（续）

过励磁倍数	允许时间	
	以冷状态投入运行	额定运行状态
1.25	20 min	10 min
1.3	10 min	3 min
1.4	1 min	20 s
1.5	20 s	8 s
注：表中内容不作为试验考核项目。		

5 绝缘水平及外绝缘空气间隙

5.1 330 kV 电抗器

330 kV 电抗器的绝缘水平应符合下列规定：

首端　SI/LI/AC　950/1 175/510 kV

末端　LI/AC　480/200 kV

或　325/140 kV

或　200/85 kV

5.2 500 kV 电抗器

500kV 电抗器的绝缘水平应符合下列规定：

首端　SI/LI/AC　1 175/1 550/680 kV

末端　LI/AC　480/200 kV

或　325/140 kV

或　200/85 kV

注 1：如用户另有要求，绝缘水平也可参照 GB 1094.3 的规定来确定。

注 2：电抗器的外绝缘空气间隙应根据其绝缘试验电压，参照 GB 1094.3 的规定来进行确定，并按实际海拔进行修正。

6 技术要求

6.1 基本要求

6.1.1 按本标准制造的电抗器应符合 GB 1094.1、GB 1094.2、GB 1094.3、GB/T 1094.10 和 IEC 60076-6 的规定。

6.1.2 电抗器组、部件的设计、制造及检验等应符合相关标准及法规的要求。

6.2 安全保护装置

6.2.1 电抗器应装有气体继电器。

气体继电器的接点容量在交流 220 V 或 110 V 时不小于 66 VA，直流有感负载时，不小于 15 W。电抗器油箱和联管的设计应使气体易于汇集在气体继电器内，电抗器不得有存气现象。积聚在气体继电器内的气体数量达到 250 mL～300 mL 或油速在整定范围内时，应分别接通相应的接点。气体继电器的安装位置及其结构应能观察到分解气体的数量和颜色，而且应便于取气体。

6.2.2 电抗器应装有压力释放阀，当电抗器油箱内压力达到安全限值时，压力释放阀应可靠释放压力。

6.2.3 带有套管式电流互感器的电抗器应供给信号测量和保护装置辅助线路用的端子箱。

6.2.4 电抗器所有管道最高处或容易窝气处应设置放气塞。

6.3 油保护装置

6.3.1 电抗器均应装有储油柜，其结构应便于清理内部，储油柜的一端应装有油位计，储油柜的容积应保证在最高环境温度及所允许的过载状态下油不溢出,在最低环境温度未投入运行时,应能观察到油位指示。

6.3.2 储油柜应有注油、放油、放气和排污装置。

6.3.3 电抗器应采取防油老化措施,以确保电抗器内部的油不与大气相接触,如:在储油柜内部加装胶囊、隔膜或采用金属波纹密封式储油柜等。

6.3.4 胶囊式、隔膜式储油柜上均应装有带有油封的吸湿器。

6.4 油温测量装置

6.4.1 电抗器应装有供温度计用的管座。所有设置在油箱顶盖的管座应伸入油内不少于 110 mm。

6.4.2 电抗器须装设户外测温装置,其接点容量在交流电压 220 V 时,不低于 50 VA,直流有感负载时,不低于 15 W。测温装置的引线应用支架固定,安装位置应便于观察,且其准确度应符合相应标准。

6.4.3 电抗器应装有远距离测温用的测温元件。

6.4.4 当电抗器采用集中冷却结构时,应在靠油箱进出口总管路处装测油温用的温度计管座。

6.5 冷却系统及控制箱

6.5.1 电抗器应优先采用自然循环冷却方式。

6.5.2 应根据冷却方式供给全套冷却装置。

6.6 电抗器油箱及其附件的技术要求

6.6.1 电抗器一般只供应底座,不供给小车。如果供给小车,应带小车固定装置。其箱底底座或小车支架焊装位置应符合轨距的要求。轨距:纵向为 1 435 mm,横向为 1 435 mm、2 000 mm(2×2 000 mm、3×2 000 mm)。

6.6.2 在油箱的上部、中部和下部壁上均应装有油样活门。电抗器油箱底部应装有放油装置。

6.6.3 电抗器油箱应承受真空度为 133 Pa 和正压力为 98 kPa 的机械强度试验,油箱不得有损伤和不允许的永久变形。

6.6.4 电抗器油箱下部应有供千斤顶顶起电抗器的装置及水平牵引装置。

6.6.5 在电抗器油箱上适当的位置应有梯子,其位置应尽可能便于观察气体继电器。

6.6.6 套管的安装位置和相互距离应便于接线。

6.6.7 电抗器结构应便于拆卸和更换套管或瓷件。

6.6.8 电抗器铁心和较大金属结构零件均应通过油箱可靠接地。电抗器铁心和夹件应分别引出并可靠接地。电抗器油箱应保证有两个接地点(分别位于油箱长轴或短轴两侧)。接地处应有明显的接地符号“⏚”或“接地”字样。

6.6.9 根据需要,可提供一定数量的套管式电流互感器。

6.6.10 电抗器上、下部应装有滤油阀(成对角线放置),下部还应装有放油阀。

6.6.11 电抗器所使用的绝缘油应符合 IEC 60296 的要求。

6.6.12 电抗器整体(包括所有充油附件)应能承受 133 Pa 的真空度。

7 测试项目及要求

电抗器除应符合 IEC 60076-6 所规定的试验项目及要求外,还应符合下列试验项目及要求。

7.1 绝缘油性能试验(例行试验)

从油箱下部取油样,按相应的标准进行试验。

7.2 密封性能试验(例行试验)

电抗器本体及储油柜应能承受在最高油面上施加 30 kPa 静压力的油密封试验,试验时间持续 24 h,不得有渗漏及损伤。

7.3 极化指数和吸收比测量(例行试验)

应提供电抗器极化指数($R_{10\ \mathrm{min}}/R_{1\ \mathrm{min}}$)和吸收比($R_{60}/R_{15}$)的实测值,测试通常在 10 ℃~40 ℃温度下进行。

注:极化指数一般不小于 1.5,吸收比一般不小于 1.3。当绝缘电阻不低于 10 GΩ 时,极化指数和吸收比不需考核。

7.4 介质损耗因数测量(例行试验)

应提供电抗器介质损耗因数($\tan\delta$)值,测试通常在10 ℃~40 ℃温度下进行。在20 ℃~25 ℃及10 kV电压下,$\tan\delta$值一般应不大于0.005。不同温度下的$\tan\delta$值一般可按下式换算:

$$\tan\delta_2 = \tan\delta_1 \times 1.3^{(t_2-t_1)/10}$$

式中:

$\tan\delta_1$、$\tan\delta_2$ 分别为温度 t_1、t_2 时的$\tan\delta$值。

7.5 绝缘电阻测量(例行试验)

应提供电抗器绝缘电阻的实测值,测试通常在10 ℃~40 ℃和相对湿度小于85%时进行。当测量温度不同时,绝缘电阻可按下式换算:

$$R_2 = R_1 \times 1.5^{(t_1-t_2)/10}$$

式中:

R_1、R_2 分别为温度 t_1、t_2 时的绝缘电阻值。

7.6 温升试验前、后绝缘油的气相色谱分析试验(型式试验)

温升试验前、后,应取油样进行气相色谱分析试验,试验结果应符合相关标准规定,且烃类气体应无明显变化。

7.7 油纸绝缘套管中绝缘油的试验(例行试验)

电抗器全部试验合格后,如结构允许,应对油纸绝缘套管取油样进行试验,试验结果应符合相关标准规定。

7.8 声级测定(型式试验)

声级测定应符合GB/T 1094.10的规定。

8 标志、起吊、包装、运输和贮存

8.1 电抗器应有"当心触电"安全标志及运输、起吊标志和接线端子标志。其标志图示应符合相关标准的规定。

8.2 电抗器须具有承受电抗器总重量的起吊装置。电抗器器身、油箱、储油柜、散热器或冷却器等也应有起吊装置。

8.3 电抗器经过正常的铁路、公路和水路运输后,其内部结构件的相互位置应不变,紧固件应不松动。电抗器的组件、部件(如套管、散热器或冷却器、事故放油阀和储油柜等)结构布置应不妨碍吊装、运输及运输中紧固定位。

8.4 电抗器不带油运输时,须充以干燥的氮气或干燥的空气(露点低于-40 ℃)。运输前应进行密封试验,以确保在充以20 kPa~30 kPa压力时密封良好。电抗器主体在运输中及到达现场后,油箱内的气体压力应保持正压,并应有压力表进行监视。电抗器在贮存期间应保持正压,并应有压力表进行监视。

8.5 电抗器在运输中应装三维冲撞记录仪。

8.6 电抗器应能承受的运输冲击加速度为水平方向30 m/s^2。

8.7 在运输、贮存直至安装前,应保护电抗器的所有组、部件(如套管、储油柜、阀门及散热器或冷却器等)不损坏和不受潮。

8.8 成套拆卸的组件和零件(如气体继电器、套管、测温装置及紧固件等)的包装,应保证经过运输、贮存直至安装前不得损坏和受潮。

8.9 电抗器本体及成套拆卸的大组件(如储油柜等)运输时可不装箱,但应保证不受损伤,在整个运输与贮存过程中不得进水和受潮。

附 录 A
（规范性附录）
330 kV 及 500 kV 并联电抗器配套用中性点接地电抗器技术参数和要求

A.1 总则

本附录规定了接于并联电抗器的中性点和大地之间、用以限制单相对地短路时的潜供电流和非全相谐振过电压、与 330 kV 及 500 kV 级油浸式并联电抗器配套的中性点电抗器的主要性能参数、技术要求、测试项目及要求、标志、起吊、包装、运输和贮存。

本附录适用于电压等级为 35 kV、66 kV 及 110 kV、额定频率为 50 Hz 的单相油浸式中性点接地电抗器。

A.2 性能参数

A.2.1 额定持续电流：10 A、20 A、30 A。

A.2.2 10 s 最大电流：100 A、200 A、300 A。

A.2.3 额定电抗值允许偏差范围：0%～+20%。

A.2.4 需要分接时，最多增加两个分接，最大电抗与最小电抗的差值不得超过额定电抗值的 20%，其正、负方向由用户确定，允许偏差不做考核。

A.2.5 当电流为 10 s 最大电流的 2/3 及以下时，所有的电抗值均应为线性。

A.2.6 额定持续电流下的总损耗应不超过容量的 3%。

A.2.7 额定持续电流下，中性点接地电抗器的声级水平（声压级）应不超过 70 dB(A)，测量方法按 GB/T 1094.10 的规定进行，并换算成声功率级。

A.2.8 额定持续电流下的最大振动水平（振幅）：不超过 100 μm（峰-峰）。

A.2.9 绝缘水平：首端 LI/AC 480/200 kV
或 325/140 kV
或 200/85 kV
末端 LI/AC 200/85 kV

A.2.10 外绝缘空气间隙：根据 GB 1094.3 的规定来进行确定，并按实际海拔进行修正。末端套管的外绝缘空气间隙不修正。

A.2.11 在 GB 1094.1 规定的正常使用条件下，各部位的温升限值应符合下列规定：

额定持续电流下的温升限值：顶层油温升为 65 K，绕组温升为 70 K（用电阻法测量）；

10 s 最大电流下的温升限值：顶层油温升为 70 K；绕组温升为 90 K（用电阻法测量）。

注：在特殊使用条件下，电抗器的温升限值应按 GB 1094.2 的规定进行修正。

A.3 技术要求

A.3.1 基本要求

按 6.1 的规定。

A.3.2 安全保护装置

按 6.2 的规定。

A.3.3 油保护装置

按 6.3 的规定。

A.3.4 油温测量装置

按6.4.1和6.4.2的规定。

A.3.5 中性点接地电抗器油箱及其附件的技术要求

按6.6的规定,但需进行下列修改。

A.3.5.1 中性点接地电抗器的油箱应能承受真空度为50 kPa和正压力为60 kPa的机械强度试验,不得有损伤和不允许的永久变形。

A.3.5.2 中性点接地电抗器内部较大金属结构零件均应通过油箱可靠接地,油箱接地处应有明显的接地符号“⏚”或“接地”字样。

A.4 测试项目及要求

中性点接地电抗器除应符合IEC 60076-6所规定的试验项目及要求外,还应符合下列试验项目及要求。

A.4.1 绝缘油性能试验

按7.1的规定。

A.4.2 密封性能试验

按7.2的规定。

A.4.3 极化指数和吸收比测量

按7.3的规定。

A.4.4 介质损耗因数测量

按7.4的规定。

A.4.5 绝缘电阻测量

按7.5的规定。

A.4.6 声级测定

按7.8的规定。

A.5 标志、起吊、包装、运输和贮存

按第8章的规定。

ICS 29.220.20
K 84

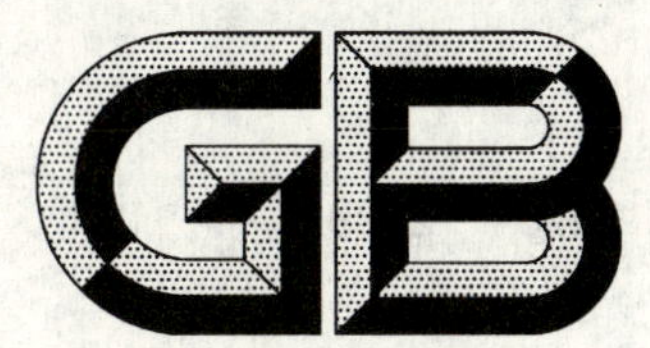

中华人民共和国国家标准

GB/T 23754—2009

铅酸蓄电池槽

Container for lead acid storage batteries

2009-05-06 发布　　2009-11-01 实施

中华人民共和国国家质量监督检验检疫总局
中国国家标准化管理委员会　发布

前言

本标准由中国电器工业协会提出。

本标准由全国铅酸蓄电池标准化技术委员会(SAC/TC 69)归口。

本标准主要起草单位:沈阳蓄电池研究所、山东瑞宇蓄电池有限公司、绍兴市耀东塑业有限公司、长兴悦达塑业有限公司、浙江古越蓄电池有限公司、北京力标伟业科技有限公司、中山市永冠模具塑胶科技有限公司、台州市三鼎模塑有限公司、浙江天能电池有限公司、浙江海久电池有限公司、宁波东海蓄电池有限公司、超威电源有限公司。

本标准主要起草人:谢爽、刘毅、曹苗根、孙兵、吴铭荣、刘宁、胡钊林、王统良、杨元玲、朱俭、钱友良、周明明。

本标准首次发布。

铅酸蓄电池槽

1 范围

本标准规定了铅酸蓄电池槽的定义和缩略语、产品分类、技术要求、测定方法、检验规则、标志、包装、运输、贮存等。

本标准适用于铅酸蓄电池槽。

2 规范性引用文件

下列文件中的条款通过本标准的引用而成为本标准的条款。凡是注日期的引用文件，其随后所有的修改单(不包括勘误的内容)或修订版均不适用于本标准，然而，鼓励根据本标准达成协议的各方研究是否可使用这些文件的最新版本。凡是不注日期的引用文件，其最新版本适用于本标准。

GB/T 625　化学试剂　硫酸(GB/T 625—2007,ISO 6353-2:1983,NEQ)

GB/T 631　化学试剂　氨水(GB/T 631—2007,ISO 6353-2:1983,NEQ)

GB/T 643　化学试剂　高锰酸钾(GB/T 643—2008，ISO 6353-2:1983,NEQ)

GB/T 661　化学试剂　六水合硫酸铁(Ⅱ)铵(硫酸亚铁铵)(GB/T 661—1992,neq ISO 6353-3:1987)

GB/T 676　化学试剂　乙酸 (冰醋酸)(GB/T 676—2007,ISO 6353-2:1983,NEQ)

GB/T 693　化学试剂　三水合乙酸钠(乙酸钠)(GB/T 693—1996,ISO 6353-2:1983,MOD)

CB/T 728　船舶起动用铅酸蓄电池

GB/T 2408　塑料　燃烧性能的测定　水平法和垂直法(GB/T 2408—2008,IEC 60695-11-10:1999,IDT)

GB/T 2918　塑料试样状态调节和试验的标准环境(GB/T 2918—1998,idt ISO 291:1997)

GB/T 5008.2　起动用铅酸蓄电池　产品品种和规格

GB/T 6685　化学试剂　氯化羟胺(盐酸羟胺)(GB/T 6685—2007,ISO 6353-2:1983,NEQ)

GB/T 7403.2　牵引用铅酸蓄电池　第2部分:产品品种和规格

GB/T 7404.1　内燃机车用排气式铅酸蓄电池

GB/T 7404.2　内燃机车用阀控密封式铅酸蓄电池

GB/T 8170　数值修约规则与极限数值的表示和判定

GB/T 10978.2　煤矿防爆特殊型电源装置用铅酸蓄电池

GB/T 13281　铁路客车用铅酸蓄电池

GB/T 13337.2　固定型防酸式铅酸蓄电池容量规格及尺寸

GB/T 18332.1　电动道路车辆用铅酸蓄电池

GB/T 19638.2　固定型阀控密封式铅酸蓄电池 (GB/T 19638.2—2007,IEC 60896-2:1995,NEQ)

GB/T 19639.1　小型阀控密封式铅酸蓄电池　产品分类 (GB/T 19639.2—2007,IEC 61056-2:2002,MOD)

GB/T 22199　电动助力车用密封铅酸蓄电池

GB/T 22473　储能用铅酸蓄电池

GB/T 23638　摩托车用铅酸蓄电池

JB 8200　煤矿防爆特殊型电源装置用铅酸蓄电池

3 术语和定义、缩略语

3.1 术语和定义

下列术语和定义适用于本标准。

3.1.1

耐电压　voltage stability

铅酸蓄电池槽在规定时间内承受附加电压的能力。

3.1.2

耐冲击性　resistance to impact

铅酸蓄电池槽在一定温度、一定高度下承受一定质量钢球冲击的能力。

3.1.3

耐热性　thermal stability

铅酸蓄电池槽经历规定温度变化后外形尺寸的变化。

3.1.4

耐腐蚀性　corrosion resistance

铅酸蓄电池槽在一定温度、时间内承受一定浓度硫酸溶液侵蚀的能力,包括溶胀、裂纹、变色等。

3.1.5

耐气压性　barometric stability

铅酸蓄电池槽在一定压力的气体作用下外形尺寸的变化。

3.1.6

单体铅酸蓄电池槽　lead-acid cell container

只有一个单格的铅酸蓄电池槽。

3.1.7

整体铅酸蓄电池槽　lead-acid battery monoblock container

具有一个以上单格的铅酸蓄电池槽。

3.1.8

阻燃性　flame retardancy

材料的燃烧性能被减慢、中止,或不能燃烧的性能。

3.2 缩略语

下列缩略语适用于本标准,见表1。

表1　缩略语

全　称	缩　略　语
铅酸蓄电池	蓄电池
铅酸蓄电池槽	蓄电池槽
硬质橡胶铅酸蓄电池槽	橡胶槽
合成树脂铅酸蓄电池槽	塑料槽
单体铅酸蓄电池槽	单体槽
整体铅酸蓄电池槽	整体槽

4 产品分类

蓄电池槽按其使用特性分为整体槽和单体槽,见表2。

5 要求

5.1 蓄电池槽外形尺寸应符合相关标准及图样的规定。各组件应具有良好的配合性，具体要求由供需双方协商确定(附录A给出了相关信息)。

5.2 橡胶槽表面色泽均匀，外观整洁，无污染，无喷霜、气泡及裂纹。

5.3 塑料槽表面色泽均匀，外观整洁，无污染、无机械损伤、银纹、分解料痕及划伤。

5.4 耐电压

按6.5试验，电压表指针无急剧下降现象。

5.5 耐冲击性

按6.6试验，按表5规定的高度，蓄电池槽无裂纹。

5.6 内应力

按6.7试验，蓄电池槽无裂纹。

表2 蓄电池槽分类

分类名称		主要用途	规格尺寸
整体槽	橡胶槽及塑料槽	起动用	按GB/T 5008.2、CB/T 728
		摩托车用	按JB/T 4282
		电动助力车用	按GB/T 22199
		铁路客车用	按GB/T 13281
		内燃机车用	按GB/T 7404
		小型阀控密封式	按GB/T 19639.1
		固定阀控密封式	按GB/T 19638.2
		电动道路车辆用	按GB/T 18332.1
		储能用	按GB/T 22473
单体槽	橡胶槽及塑料槽	铁路客车用	按GB/T 13281
		牵引用	按GB/T 7403.2
		内燃机用	按GB/T 7404
		煤矿防爆装置用	按GB/T 10978.2
		固定型防酸式	按GB/T 13337.2
		储能用	按GB/T 22473

5.7 耐热性

按6.8试验，耐热性技术指标见表3。

表3 耐热性技术指标

蓄电池容量/Ah	技术指标/mm
≤50	≤1.3
>50～300	≤1.5
≥300～1 000	≤1.8
≥1 000	≤2.0

5.8 耐气压性(适用于阀控式蓄电池槽)

按6.9试验，耐气压性技术指标见表4。

表 4 耐气压性技术指标

蓄电池容量/Ah	技术指标/mm
≤50	≤1.0
>50～300	≤2.0
≥300～1 000	≤2.5
≥1 000	≤3.0

5.9 质量变化率和耐腐蚀性

按 6.10 试验，质量变化率≤1.0%。且目测试样无膨胀、裂纹、变色。

5.10 铁含量

按 6.11 试验，铁含量≤0.005 0%。

5.11 还原高锰酸钾物质

按 6.12 试验，还原高锰酸钾物质≤1.0 mL/g。

5.12 阻燃性能

按 GB/T 2408，应符合供需双方规定的阻燃级别要求。

5.13 贮存期

蓄电池槽贮存期为二年。

6 试验方法

6.1 抽样

6.1.1 抽样条件

产品必须在常温下的生产场所或使用场所或库房内放置。

6.1.2 抽样方法

抽样采用随机抽样方法。样本单位见表 6。

6.1.3 样品保存方法

随机抽得的样品必须放置在 GB/T 2918 规定的标准环境下，并加以覆盖，以防积灰、机械损伤等。

6.2 试样的状态调整及标准环境

试样必须在 GB/T 2918 规定的标准环境下调整至少 48 h，测试环境在没有特殊规定下按 GB/T 2918 执行。

6.3 外观

6.3.1 检查步骤

在光线明亮的室内，目测蓄电池槽有无污物、气泡、分解料痕、银纹、裂纹及划伤等缺陷。

6.3.2 结果判定

a) 蓄电池槽应无裂纹；

b) 除 a)外，蓄电池槽存在上述其他缺陷的数量不大于总数的 2%。

6.4 外形尺寸的测定

6.4.1 量具

——卡尺：分度值 0.05 mm。

6.4.2 测试步骤

取五个试样，将试样平放在平整的台面上用尺测量试样的高；试样槽口中心部位的长、宽；中间格长、宽及试样对角线长。

6.4.3 结果判定

每个试样都应符合标准或图样要求。

6.5 耐电压

6.5.1 原理

蓄电池槽体在一定时间内在一定交流电压作用下，若有缺陷或材质本身电阻低，则会被击穿。用蓄电池槽经受一定的交流电压作用是否被击穿表示其耐电压。

6.5.2 仪器

——调压变压器：调压范围 0～250 V；容量 2 kVA；

——交流电流表：精度 1.5 级，量程 0～10 A；

——交流电压表：精度 1.5 级，量程 0～250 V 1 只，量程 0～20 000 V 1 只；

——霓虹灯变压器：高压 20 000 V。

6.5.3 工作原理图

工作原理见图 1。

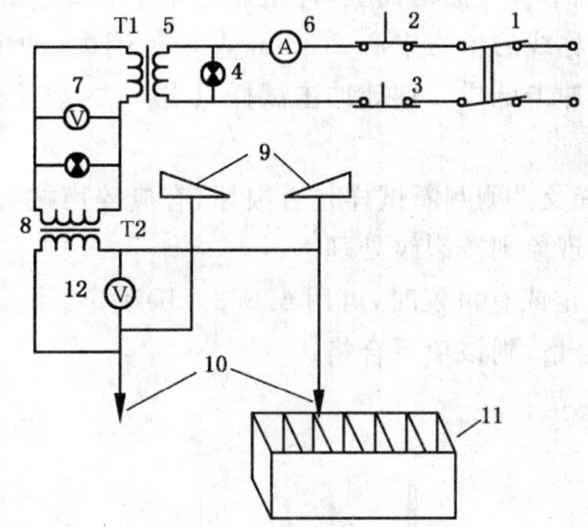

1——开关；

2——手动按钮；

3——脚踏开关；

4——指示灯；

5——调压变压器 (T1)；

6——交流电流表；

7——交流电压表；

8——霓虹灯变压器(T2)；

9——金属针；

10——测试棒；

11——蓄电池槽；

12——交流电压表。

图 1 尖端放电测试工作原理图

6.5.4 测试步骤

取三个试样，以自来水为介质，把水注入试样内，水面距试样槽口 30 mm±5 mm，试样内外水面应相等，各中间格水面高度应相等，在电池槽内外水中插入电极(整体电池槽时，包括各个单格)。将调压变压器 T1 调至零位，闭合开关 1 使调压变压器初级接通工频 220 V 电压，调节调压变压器使霓虹灯变压器输出电压达到 20 000 V，持续 3 s。

6.5.5 结果判定

电压表电压稳定或金属针间有火花，则被测试部位未被击穿；电压急剧下降或金属针间无火花，则被测试部位被击穿，试样不合格。

6.6 耐冲击性

6.6.1 原理

蓄电池槽受到一定外力冲击，若其有缺陷或材料本身不耐冲击，会出现裂纹或破碎。用蓄电池槽在一定温度下放置一定时间后经受一定质量的钢球冲击是否产生裂纹表示其耐冲击性。

6.6.2 仪器及装置

——钢球：500 g；

——冷冻箱；

——测试装置(见图 2)。

6.6.3 常温落球冲击

6.6.3.1 测试步骤

取三个试样平放在厚约 25 mm 长、宽比试样最大尺寸至少大 25 mm 的铁板上，试样冲击点位于除上口外的其余五个面上。与极板平行一侧的面上，冲击点位于中心 20 mm 直径范围内。与极板垂直一侧及底面上，冲击点位于靠近对称线的单格中心 20 mm 直径范围内，冲击面应保持水平。按表 5 规定的高度，使钢球呈自由落体运动冲击试样。钢球冲击试样只击一次，防止回冲。

6.6.3.2 结果判定

a) 以敲打试样发出的声音及目测判断试样是否损坏，有撕碎声按裂纹处理。

b) 按 6.5 测试，若有击穿现象则按裂纹处理。

c) 当按 6.6.3.2a)不能确定或有争议时，可用 6.6.3.2b)确定。

d) 三个试样中有一个不合格，则该项不合格。

6.6.4 低温落球冲击

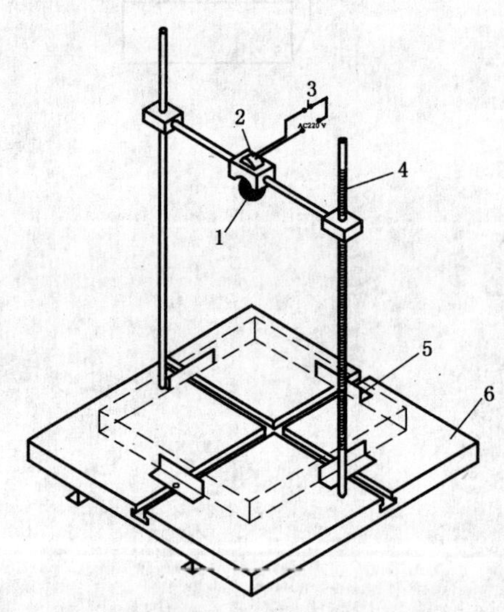

1——钢球；

2——电磁铁；

3——开关；

4——标尺；

5——蓄电池槽紧固框；

6——支撑板。

图 2 蓄电池槽耐冲击试验装置图

6.6.4.1 测试步骤

取三个试样放置在－30 ℃冷冻箱内保持 3 h，然后将试样从冷冻箱内取出在 1 min 内按 6.6.3.1 测试。

6.6.4.2 **结果判定**

按 6.6.3.2。

表 5 落球高度

单位为毫米

类别	规格	≤50 Ah			>50 Ah~300 Ah			≥300 Ah~1 000 Ah			≥1 000 Ah		
		塑料槽		橡胶槽	塑料槽		橡胶槽	塑料槽		橡胶槽	塑料槽		橡胶槽
		常温	低温		常温	低温		常温	低温		常温	低温	
起动用	各种规格	1 000	500	300	1 100	550	300	—	—	—	—	—	—
摩托车用	各种规格	400	300	200	—	—	—	—	—	—	—	—	—
电动助力车用	各种规格	400	300	200	—	—	—	—	—	—	—	—	—
小型阀控密封式	各种规格	400	300	—	450	350	—	—	—	—	—	—	—
铁路客车用 内燃机车用 牵引用 电动道路车辆用	各种规格	1 000	500	500	1 100	550	500	1 200	600	500	—	—	—
煤矿防爆装置用	各种规格	1 500	500	1 500	1 600	550	1 500	1 700	600	1 500	—	—	—
矿灯用	各种规格	400	300	—	—	—	—	—	—	—	—	—	—
固定型防酸式 固定型阀控密封式 储能用	各种规格	300	200	—	500	400	—	800	700	—	1 000	900	—

注：橡胶槽只进行常温耐冲击试验。

6.7 内应力

6.7.1 原理

非结晶形高聚物成型的塑料槽经非极性溶剂（四氯化碳）润湿或浸泡，槽体应力集中较大的部位将产生裂纹。用塑料槽经非极性溶剂作用一定时间后是否产生裂纹表示其内应力是否合格。

6.7.2 测试步骤

将室温下的四氯化碳分别倒入三个试样中，摇荡 5 min 使之完全浸润试样四壁，然后立即倒出四氯化碳并将试样擦干，5 min 后观察试样是否产生裂纹。

6.7.3 结果判定

按 6.6.3.2。

6.8 耐热性

6.8.1 原理

蓄电池槽在一定温度下放置一定时间，冷却至室温，外形尺寸发生变化，用蓄电池槽外形尺寸的变化表示其耐热性。

6.8.2 仪器及装置

——卡尺：分度值 0.05 mm；

——恒温箱。

6.8.3 测试步骤

取三个试样，用尺测量试样槽口中心部位及试样中心部位的长、宽并记录，测量点加以标识，将温度为 70 ℃±2 ℃的水注入试样电池槽中（单体槽 60 ℃±2 ℃），水面距槽口 20 mm±2 mm；将试样放入 70 ℃±2 ℃（单体槽 60 ℃±2 ℃）的恒温箱内，保持 3 h；切断电源，打开恒温箱门冷却至少 24 h，倒出槽内的水，立即用卡尺测量试样同一位置的长、宽并记录。

6.8.4 结果计算及判定

耐热性按式(1)、式(2)计算：

$$\Delta L = L_2 - L_1 \quad \cdots\cdots(1)$$

$$\Delta W = W_2 - W_1 \quad \cdots\cdots(2)$$

式中：

ΔL——试样长向变化量的数值，单位为毫米(mm)；

L_1——试样加热前长度的数值，单位为毫米(mm)；

L_2——试样加热后长度的数值，单位为毫米(mm)；

ΔW——试样宽向变化量的数值，单位为毫米(mm)；

W_1——试样加热前宽度的数值，单位为毫米(mm)；

W_2——试样加热后宽度的数值，单位为毫米(mm)。

计算结果表示到小数点后一位数字，以三个试样中绝对值最大值为测定值。

长向和宽向都应合格，如果不合格，则该项不合格。

6.9 耐气压性

6.9.1 原理

阀控密封式蓄电池槽通入一定压力的气体后，因膨胀产生一定的形变，用在一定压力下产生形变的大小表示槽体的耐气压性。

6.9.2 仪器与装置

——气压表；精度：2.5 级，量程 0～0.2 MPa；

——U 型压力计；精度：1.5 级，量程 0～0.1 MPa；

——安全罩；

——气体压缩机。

6.9.3 测试步骤

a) 取三个试样将其盖子扣在槽体上并密封好（整体槽只封四周，不封中间隔）；然后将极柱、安全阀等漏气处密封：在密封好的试样侧面中心附近钻一个直径 8 mm～10 mm 的孔并粘上玻璃管（粘接处不能漏气）；

b) 将准备好的试样放入安全罩内，采用 0.15 MPa 的气源，当槽体内压力达到 30 kPa 时保持 5 min，当试样外壁对称线与所处电池槽单格中心线重合时，以此单格中心 20 mm 范围内测量长向和宽向的大小；当试样外壁对称线与所处电池槽单格中心线不重合时，以靠近外壁对称线的单格中心 20 mm 范围内测量长向和宽向的大小。

c) 通入气体前试样长向和宽向的大小以最小值计，通入气体后试样长向和宽向大小以最大值计。

6.9.4 结果计算及判定

长向耐气压性按式(3)计算：

$$L_q = L_2 - L_1 \quad \cdots\cdots(3)$$

宽向耐气压性按式(4)计算：

$$W_q = W_2 - W_1 \quad \cdots\cdots(4)$$

式中：

L_q——试样长向变化值，单位为毫米(mm)；

L_1——试样加压前长度的数值，单位为毫米(mm)；

L_2——试样加压后长度的数值，单位为毫米(mm)；

W_q——试样宽向变化值，为长度百分数%；

W_1——试样加压前宽度的数值，单位为毫米(mm)；

W_2——试样加压后宽度的数值，单位为毫米(mm)。

计算结果表示到小数点后一位数字,以三个试样中变化值最大的为测定值。

长向和宽向都应合格,如果不合格,则该项不合格。

6.10 质量变化率和耐腐蚀性

6.10.1 原理

试样在一定温度、一定密度的硫酸溶液中浸泡一定时间后,由于受到侵蚀其质量发生变化,其表观也可能发生变化,用浸酸后试样质量变化的百分数表示质量变化率;表观是否发生变化表示耐腐蚀性。

6.10.2 试剂

——硫酸(GB/T 625):分析纯,密度 1.280 g/cm³±0.005 g/cm³(25 ℃)。

6.10.3 试样的制备

单体槽从侧面,整体槽从中间隔壁处取样,或用蓄电池槽同样的原料制取试样,试样长 100 mm,宽 25 mm,厚以蓄电池槽壁厚及蓄电池槽中间隔壁厚为准,标准试样厚度为 3 mm~5 mm。试样表面必须光滑整洁,除去抗介质侵蚀的表面层及其他物质。

6.10.4 测试步骤

取五个试样称其总质量(置于磨口广口瓶中,用玻璃棒将试样隔开,准确加入密度为 1.280 g/cm³±0.005 g/cm³(25 ℃)的硫酸溶液 500 mL,使试样完全浸没在硫酸溶液中,盖上盖子,将磨口瓶置于温度为 60 ℃±2 ℃的恒温箱内,保持 168 h。然后将磨口瓶取出冷却至室温,取出试样。将浸酸后的试样用自来水冲洗至中性(用 pH 试纸检查),再用蒸馏水洗净,然后用滤纸擦干放置 1 min 后称取质量(精确至 0.000 1 g)。并立即在光线明亮的室内目测试样的表观变化。

6.10.5 结果计算及判定

试样的质量变化率以质量分数 m_p 计,数值以%表示按式(5)计算:

$$m_p = \frac{m_2 - m_1}{m_1} \times 100 \qquad \cdots\cdots(5)$$

式中:

m_p——试样的质量变化率;

m_1——试样浸酸前质量的数值,单位为克(g);

m_2——试样浸酸后质量的数值,单位为克(g)。

计算结果表示到小数点后一位数字。测试结果为正值表示质量增加,为负值表示质量减少。

计算结果的绝对值应合格。且每个试样都应无膨胀、裂纹、变色。

6.11 铁含量

6.11.1 原理

试样中的铁在一定酸度和时间内浸出,用氯化羟胺还原高价铁,以氨水溶液调整至 pH 值为 4,低价铁与 1,10-菲罗啉反应生成橙红色络合物,借此比色测定铁。溶液中杂质较少不干扰铁的测定。

6.11.2 试剂及仪器

——氯化羟胺(盐酸羟胺)(GB/T 6685):分析纯,10%溶液;

——氨水(GB/T 631):分析纯,1+1 溶液;

——硝酸(GB/T 626):分析纯,1+1 溶液;

——乙酸(GB/T 676)-乙酸钠(GB/T 693)缓冲液:分析纯,pH 值为 4,称取 20 g 乙酸钠(NaAC·$3H_2O$)溶于适量蒸馏水,加 36%乙酸 134 mL,用蒸馏水稀释至 500 mL 混匀;

——1,10-菲罗啉(分析纯),0.1%溶液,称取 0.1 g 1,10-菲罗啉溶于少量蒸馏水中,加 1+1 盐酸两滴,溶解后用蒸馏水稀释至 100 mL,贮存于棕色瓶中;

——铁标准贮存溶液:准确称取 0.100 0 g 金属铁丝(99.95%以上)于 100 mL 烧杯中,加入 10 mL 1+1 硝酸溶液,加热溶解,驱除氮的氧化物,取下冷却,移入 1 000 mL 容量瓶中,用 7%硝酸溶液洗涤并稀释至刻度,摇匀。此溶液 1 mL 含 0.000 1 g 铁。

——铁标准溶液：用移液管吸取10 mL铁标准贮存溶液于100 mL容量瓶中，用蒸馏水稀释至刻度，摇匀。此溶液1 mL含0.000 01 g铁。

——分光光度计；

——分析天平：感量0.000 1 g；

——化验室常用仪器。

6.11.3 测试步骤

6.11.3.1 标准曲线的绘制

在七个50 mL容量瓶中，用微量滴定管依次加入0.00 mL，1.00 mL，2.00 mL，3.00 mL，4.00 mL，5.00 mL，6.00 mL铁标准溶液，加蒸馏水稀释至30 mL，加3 mL 10%氯化羟胺溶液，用1+1氨水溶液调整至溶液的pH值为4，加5 mL乙酸-乙酸钠缓冲液，加5 mL 0.1%1，10-菲罗啉溶液，在室温下放置30 min（或沸水浴上加热2 min），用蒸馏水稀释至刻度，摇匀。取部分溶液于3 cm比色皿中，以试剂空白溶液为参比，在510 nm波长处，依次测量各溶液的吸光度，以铁含量为横坐标，相应的吸光度为纵坐标，绘制标准曲线。

6.11.3.2 试样的制备

单体槽从侧面、整体槽从中间隔壁处取样，或用蓄电池槽同样的原料制取标准试样，试样长100 mm，宽25 mm，厚以蓄电池槽壁厚及蓄电池槽中间隔壁厚为准，标准试样厚度为3 mm～5 mm。试样表面必须光滑整洁，除去抗介质侵蚀的表面层及其他物质。

取五个试样称其总质量（精确至0.000 1 g）置于磨口广口瓶中，用玻璃棒将试样隔开，准确加入密度为1.280 g/cm³±0.005 g/cm³（25 ℃）的硫酸溶液500 mL，使试样完全浸没在硫酸溶液中，盖上盖子，将磨口瓶置于温度为60 ℃±2 ℃的恒温箱内，保持168 h。

6.11.3.3 试样的测定

用移液管吸取2 mL待测液6.11.3.2于50 mL容量瓶中，用蒸馏水稀释至30 mL，加3 mL 10%氯化羟胺溶液，以下操作按6.11.3.1进行。以试剂空白溶液为参比，测得吸光度从标准曲线上查得相应的铁的质量。按以上方法同时做试剂空白试验。

6.11.4 结果的计算

铁含量（X_1）以质量百分数表示，按式（6）计算：

$$X_1 = \frac{m_1 \times V_2}{m \times V_1} \times 100 \qquad \cdots\cdots\cdots\cdots (6)$$

式中：

V_1——分取试液的体积的数值，单位为毫升（mL）；

V_2——试液的总体积的数值，单位为毫升（mL）；

m_1——在标准曲线上查得的铁的质量的数值，单位为克（g）；

m——试样的质量的数值，单位为克（g）。

计算结果表示到小数点后四位。

6.12 还原高锰酸钾物质

6.12.1 原理

将过量的高锰酸钾溶液注入试样中，以充分氧化还原性物质，然后用硫酸铁（Ⅱ）铵反滴定，得还原高锰酸钾物质的含量。

6.12.2 试剂

——硫酸（GB/T 625）：分析纯，密度1.280 g/cm³±0.005 g/cm³（25 ℃）溶液和1+1溶液；

——草酸钠(分析纯);

——六水合硫酸铁(Ⅱ)铵(硫酸亚铁铵)(GB/T 661):分析纯,$c[(NH_4)_2Fe(SO_4)_2]=0.1$ mol/L 溶液,称取 40 g$(NH_4)_2Fe(SO_4)_2 \cdot 6H_2O$ 溶于 100 mL 1+1 的硫酸溶液中,用蒸馏水稀释至 1 000 mL,混匀;

——六水合硫酸铁(Ⅱ)铵(硫酸亚铁铵)(GB/T 661):分析纯,$c[(NH_4)_2Fe(SO_4)_2]=0.01$ mol/L 溶液,称取 4 g$(NH_4)_2Fe(SO_4)_2 \cdot 6H_2O$ 溶于 100 mL 1+1 的硫酸溶液中,用蒸馏水稀释至 1 000 mL,混匀;

——高锰酸钾(GB/T 643):分析纯,$c(1/5KMnO_4)=0.1$ mol/L 标准溶液。

a) 配制

称取 3.30 g(精确至 0.01 g)高锰酸钾,溶于 1 050 mL 蒸馏水中,缓和煮沸 20 min~30 min,于暗处放置 7 d,用耐酸滤过漏斗(G_3)或玻璃棉过滤,滤液保存于棕色磨口瓶中。

b) 标定

称取于 105 ℃~110 ℃干燥 2 h 的基准草酸钠 0.2 g(精确至 0.000 1 g)溶于 50 mL 蒸馏水中,加 8 mL 浓硫酸,用 $c(1/5KMnO_4)=0.1$ mol/L 的高锰酸钾溶液滴定至近终点时,加热至 70 ℃~80 ℃,继续滴定至溶液呈粉红色保持 30 s。

按以上方法同时做试剂空白试验。

c) 计算

高锰酸钾标准溶液的浓度 $c(1/5KMnO_4)$ 按式(7)计算:

$$c(1/5KMnO_4)=\frac{m}{V\times M(1/2Na_2C_2O_4)/1\,000} \quad\cdots\cdots(7)$$

式中:

m——称取草酸钠的质量的数值,单位为克(g);

V——消耗高锰酸钾溶液体积的数值,单位为毫升(mL);

$M(1/2Na_2C_2O_4)$——0.5 摩尔草酸钠的质量的数值,单位为克每摩尔(g/mol);

$c(1/5KMnO_4)$——0.01 mol/L 标准溶液[将 $c(1/5KMnO_4)=0.1$ mol/L 高锰酸钾标准溶液用蒸馏水稀释为 $c(1/5KMnO_4)=0.01$ mol/L]。

6.12.3 仪器

——恒温干燥箱;

——耐酸滤过漏斗;

——恒温水浴。

6.12.4 测试步骤

6.12.4.1 橡胶槽

6.12.4.1.1 比值的校正

$c(1/5KMnO_4)=0.1$ mol/L 高锰酸钾标准溶液所消耗的体积(mL)对 $c[(NH_4)_2Fe(SO_4)_2]=0.1$ mol/L 的硫酸铁(Ⅱ)铵溶液所消耗的体积(mL)的比值,以 K 表示,按以下方法校正和按式(10)计算:用移液管吸取 6.11.3.2 所用的密度为 1.280 g/cm^3±0.005 g/cm^3(25 ℃)的硫酸溶液 25 mL,置于 250 mL 三角瓶中,用滴定管准确加入 $c(1/5KMnO_4)=0.1$ mol/L 高锰酸钾标准溶液 10 mL,在 75 ℃±2 ℃的恒温水浴上保持 15 min,取出冷却至室温,用滴定管准确加入 $c[(NH_4)_2Fe(SO_4)_2]=0.1$ mol/L 硫酸铁(Ⅱ)铵溶液 10 mL,立即用 $c(1/5KMnO_4)=0.1$ mol/L 高锰酸钾标准溶液滴定至溶液呈浅紫红色。

$$K=\frac{V}{V_0} \qquad \cdots\cdots(8)$$

式中：

V_0——消耗硫酸铁（Ⅱ）铵溶液的体积，单位为毫升（mL）；

V——消耗高锰酸钾标准溶液的体积，单位为毫升（mL）。

6.12.4.1.2　试样的测试

用移液管吸取 25 mL 待测液 6.11.3.2 于 250 mL 三角杯中，用滴定管准确加入 $c(1/5KMnO_4)$ = 0.1 mol/L 高锰酸钾标准溶液 10 mL，以下操作按 6.12.4.1.1 进行。

6.12.4.2　塑料槽

6.12.4.2.1　比值的校正

$c(1/5KMnO_4)$ = 0.01 mol/L 高锰酸钾标准溶液所消耗的体积（mL）对 $c[(NH_4)_2Fe(SO_4)_2]$ = 0.01 mol/L 的硫酸铁（Ⅱ）铵溶液所消耗的体积（mL）的比值，以 K 表示，按以下方法校正和按式（11）计算：用移液管吸取 6.11.3.2 所用的密度为 1.280 g/cm^3 ± 0.005 g/cm^3 的硫酸溶液 25 mL，置于 250 mL 三角瓶中，用滴定管准确加入 $c(1/5KMnO_4)$ = 0.01 mol/L 高锰酸钾标准溶液 20 mL，在 75 ℃ ±2 ℃ 的恒温水浴上保持 15 min，取出冷却至室温，用滴定管准确加入 $c[(NH_4)_2Fe(SO_4)_2]$ = 0.01 mol/L 的硫酸铁（Ⅱ）铵溶液 20 mL，立即用 $c(1/5KMnO_4)$ = 0.01 mol/L 高锰酸钾标准溶液滴定至溶液呈浅紫红色。

$$K=\frac{V}{V_0} \qquad \cdots\cdots(9)$$

式中：

V_0——消耗硫酸铁（Ⅱ）铵溶液的体积的数值，单位为毫升（mL）；

V——消耗高锰酸钾标准溶液的体积的数值，单位为毫升（mL）。

6.12.4.2.2　试样的测试

用移液管吸取 25 mL 待测液 6.11.3.2 于 250 mL 三角杯中，用滴定管准确加入 $c(1/5KMnO_4)$ = 0.01 mol/L 高锰酸钾标准溶液 20 mL，以下操作按 6.12.4.2.1 进行。

6.12.5　结果的计算

6.12.5.1　橡胶槽

还原高锰酸钾物质（X_2）以 1 g 试样消耗 $c(1/5KMnO_4)$ = 0.1 mol/L 高锰酸钾标准溶液的体积（mL）表示，按式（10）计算：

$$X_2=\frac{(V-V_0\times K)\times V_2}{m\times V_1} \qquad \cdots\cdots(10)$$

式中：

V——消耗高锰酸钾标准溶液的体积的数值，单位为毫升（mL）；

V_0——消耗硫酸铁（Ⅱ）铵溶液的体积的数值，单位为毫升（mL）；

V_1——分取试液的体积的数值，单位为毫升（mL）；

V_2——试液的总体积的数值，单位为毫升（mL）；

K——1 mL $c[(NH_4)_2Fe(SO_4)_2]$ = 0.1 mol/L 的硫酸铁（Ⅱ）铵溶液相当 $c(1/5KMnO_4)$ = 0.1 mol/L 高锰酸钾标准溶液的毫升数；

m——试样的质量的数值，单位为克（g）。

6.12.5.2　塑料槽

还原高锰酸钾物质（X_3）以 1 g 试样消耗 $c(1/5KMnO_4)$ = 0.01 mol/L 高锰酸钾标准溶液的体积（mL）表示，按式（11）计算：

$$X_3=\frac{(V-V_0\times K)\times V_2}{m\times V_1} \qquad \cdots\cdots(11)$$

式中：

V——消耗高锰酸钾标准溶液的体积的数值，单位为毫升(mL)；

V_0——消耗硫酸铁(Ⅱ)铵溶液的体积的数值，单位为毫升(mL)；

V_1——分取试液的体积的数值，单位为毫升(mL)；

V_2——试液的总体积的数值，单位为毫升(mL)；

K——1 mL $c[(NH_4)_2Fe(SO_4)_2]=0.01$ mol/L 的硫酸铁(Ⅱ)铵溶液相当 $c(1/5KMnO_4)=0.01$ mol/L 高锰酸钾标准溶液的毫升数；

m——试样的质量的数值，单位为克(g)。

计算结果表示到小数点后一位。

6.13 阻燃性

按 GB/T 2408 规定的试验方法。若该项不合格，则结果不合格。

6.14 贮存期

蓄电池槽自生产之日起，二年内产品性能应符合本标准要求。

7 检验规则

7.1 检验分类

检验分为出厂检验和型式检验。

7.1.1 出厂检验

凡提出交货的产品，必须按出厂检验项目进行检验，检验的项目及样品数量见表 6。

7.1.2 型式检验

遇下列情况之一时应进行型式检验：

a) 试制的新产品；

b) 工艺配方或原材料变化以及产品结构改变时；

c) 出厂检验结果与上次型式检验结果有较大差异时；

d) 国家质量监督机构提出进行型式检验要求时；

e) 合同规定；

f) 正常生产或使用时，按表 7 规定的检验周期进行型式检验。

7.2 检验项目

出厂检验项目见表 6。

表 6 蓄电池槽出厂检验项目

序号	项目名称	样本单位		检验周期	测定方法
1	外观	全数		逐批	6.3
2	外形尺寸	5 只			6.4
3	耐电压	塑料槽	3 只		6.5
		橡胶槽	3 只		
4	耐冲击性	常温	3 只		6.6
		低温	3 只		
5	内应力	塑料槽	3 只		6.7

表 7　蓄电池槽型式检验项目

<table>
<tr><th>序号</th><th>项目名称</th><th colspan="2">样本单位</th><th>检验周期</th><th>测定方法</th></tr>
<tr><td>1</td><td>外观</td><td colspan="2">全数</td><td>—</td><td>6.3</td></tr>
<tr><td>2</td><td>外形尺寸</td><td colspan="2">5 只</td><td>—</td><td>6.4</td></tr>
<tr><td rowspan="2">3</td><td rowspan="2">耐电压</td><td>塑料槽</td><td>3 只</td><td rowspan="2">—</td><td rowspan="2">6.5</td></tr>
<tr><td>橡胶槽</td><td>3 只</td></tr>
<tr><td rowspan="2">4</td><td rowspan="2">耐冲击性</td><td>常温</td><td>3 只</td><td rowspan="2">—</td><td rowspan="2">6.6</td></tr>
<tr><td>低温</td><td>3 只</td></tr>
<tr><td>5</td><td>耐热性</td><td colspan="2">3 只</td><td>每季 1 次</td><td>6.8</td></tr>
<tr><td>6</td><td>耐气压性</td><td colspan="2">3 只</td><td>每季 1 次</td><td>6.9</td></tr>
<tr><td>7</td><td>质量变化率和耐腐蚀性</td><td colspan="2" rowspan="3">3 只</td><td>每季 1 次</td><td>6.10</td></tr>
<tr><td>8</td><td>铁含量</td><td>每季 1 次</td><td>6.11</td></tr>
<tr><td>9</td><td>还原高锰酸钾物质</td><td>每季 1 次</td><td>6.12</td></tr>
<tr><td>10</td><td>阻燃性</td><td colspan="2">1 只</td><td>每年 1 次</td><td>6.13</td></tr>
<tr><td>11</td><td>贮存期</td><td colspan="2">—</td><td>每年 1 次</td><td>6.14</td></tr>
</table>

7.3　组批规则与抽样方案

7.3.1　组批规则

蓄电池槽应成批验收。每批由同一材料、同一规格、同一型号的蓄电池槽组成，每批数量不大于 3 000 只。

7.3.2　抽样方案

按 6.1。

7.4　判定规则

检验结果中任何一项不合格时可加倍抽样，重复检测该项性能，如该项仍不合格，则该批产品不合格。

8　标志、包装、运输与贮存

8.1　标志

产品包装箱的外壁应有下列标志：

a)　产品名称、规格、型号、标记、数量；

b)　生产单位名称、详细地址；

c)　生产日期、贮存期；

d)　每箱净重与毛重；

e)　“易碎物品”、“小心轻放”等。

8.2　包装

产品采用纸箱包装，或采用收缩塑料薄膜等包装材料包装，包装内产品摆放整齐并用泡沫塑料或其他保护材料隔开，同时附有装箱单、合格证。

8.3　运输

产品应适合运输要求，运输过程中不得曝晒、雨淋，在装卸中要轻拿轻放。

8.4　贮存

产品应在温度 0 ℃～40 ℃、通风良好的库房内整齐排列成垛堆放；离热源（如暖气设备）不得少于 1 m；应避免日光照射和雨淋；严禁与油、有机溶剂及腐蚀性物品接触；产品贮存期 2 年。

附　录　A
（资料性附录）
蓄电池槽附件及其配合性

A.1　范围

a)　本附录适用于起动、照明、点火用铅蓄电池槽。

b)　除 a)所述蓄电池槽外，当使用本附录中的端子、液孔塞、电液状态显示器等时可参照本规定。

A.2　端子

A.2.1　端子用铅基合金、铜等材料制成，铜材料端子表面应电镀锡、哑锡铅、银等。端子组织结构应密实，表面光洁无沙眼、毛刺和裂纹、无收缩凹陷等。

A.2.2　端子的极性标记　在蓄电池中极性标记至少应标注正极端子。

A.2.2.1　此标记“＋”号有凹痕和凸纹两种，标注在正极端子上或正极端子附近的电池盖上。为表示正极端子所使用的符号，按照 GB 2312 的小初号字，符号“＋”的尺寸实际值应在 5 mm 以上(5 mm 的尺寸“＋”相当于 5.6 mm 印发模字笔画的全长）。

A.2.2.2　在标记负极端子时，使用的符号按照 GB 2312 的小初号字。负极标记的大小与正极标记相同。

A.2.3　端子的极性排列形式

A.2.3.1　端子的极性排列分为“L”、“R”两种形式。见图 A.1。

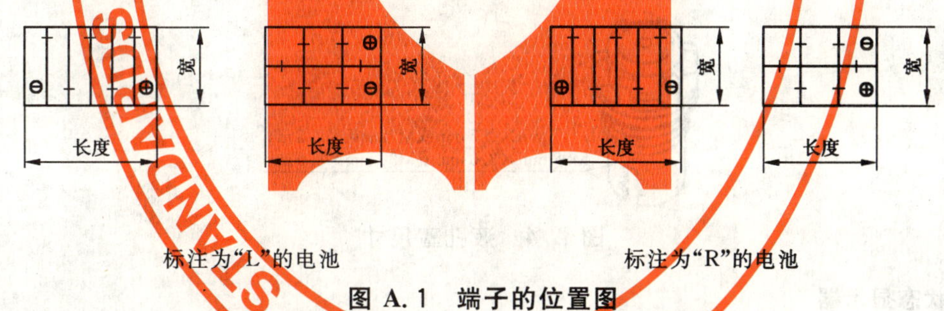

标注为“L”的电池　　　　标注为“R”的电池

图 A.1　端子的位置图

A.2.4　角形端子

A.2.4.1　与上盖一体的角形端子，注塑成型时嵌入上盖材料中的厚度应大于 1/2 底面厚度。

A.2.4.2　角形端子的尺寸结构图及分类见表 A.1 和图 A.2。

A.2.5　锥形端子

表 A.1　端子的尺寸

<table>
<tr><td colspan="2">端子的分类</td><td>接线孔径 D/mm</td><td>最大高度 H/mm</td><td>最小宽度 S/mm</td><td>最小厚度 E/mm</td><td>斜度</td><td>用　途</td></tr>
<tr><td colspan="2">角形端子
（铅合金）</td><td>7 或 9</td><td>30</td><td>13</td><td>7</td><td>小于 20°</td><td>起动、牵引、储能等蓄电池槽用</td></tr>
<tr><td rowspan="3">锥形端子
（铅合金）</td><td></td><td colspan="2">正极 D/mm</td><td colspan="2">负极 D/mm</td><td>高度/mm</td><td>锥度</td><td rowspan="3">起动用
（图 A.2、图 A.3）</td></tr>
<tr><td>粗端子</td><td colspan="2">$19.5_{-0.3}^{0}$</td><td colspan="2">$17.9_{-0.3}^{0}$</td><td rowspan="2">17_{-1}^{+3}</td><td rowspan="2">1 : 9</td></tr>
<tr><td>细端子</td><td colspan="2">$14.7_{-0.3}^{0}$</td><td colspan="2">$13.0_{-0.3}^{0}$</td></tr>
</table>

A.2.5.1 锥形端子分为两类，分别为粗端子和细端子。尺寸结构图及分类见表 A.1 和图 A.3。

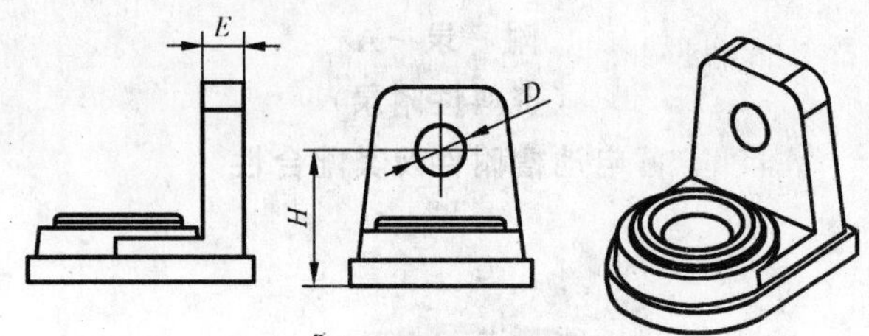

图 A.2 角形端子的结构

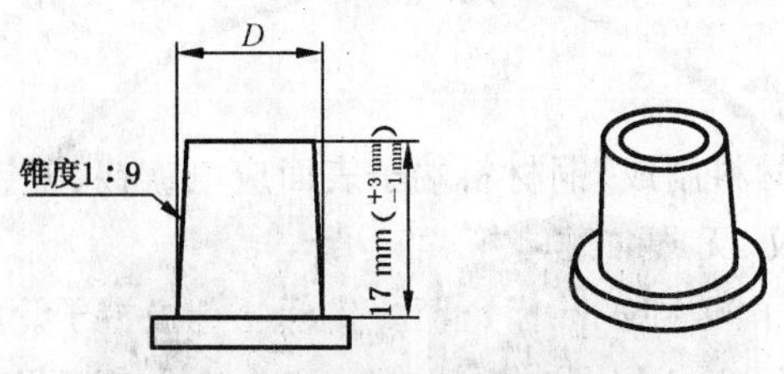

图 A.3 锥形端子的结构

A.3 液孔塞

A.3.1 液孔塞安装后电池外部的最大高度为 25 mm。

A.3.2 使用螺旋式液孔塞时，液孔塞的螺纹直径、螺纹螺距尺寸见图 A.4。

A.3.3 液孔塞上的小孔直径 Φ3.0 mm±0.5 mm，使电池内部与大气沟通。液孔塞内应设置阻液框，使电池内渗溢出来的电解液首先进入输液腔内，具有防止电解液溢出的功能。

A.3.4 液孔塞的位置用户可与制造厂另行协商。

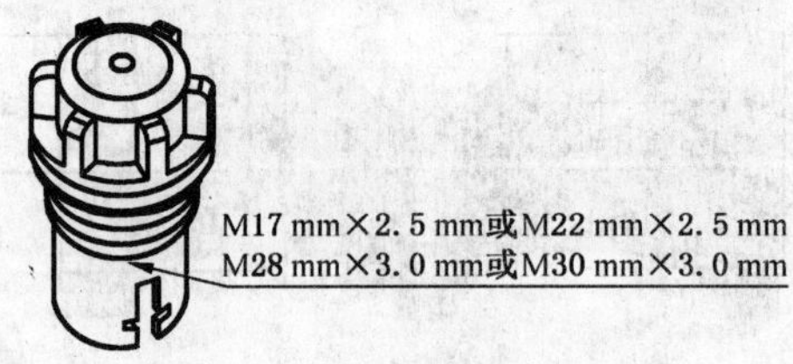

图 A.4 液孔塞尺寸

A.4 电液状态显示器

A.4.1 外观

A.4.1.1 色球颜色为红色、绿色。

A.4.1.2 显示器外观应无损伤、裂纹、裂痕、残缺、膨胀、异物混入、比重球无倒置，且与电池盖的配合应良好无故障，带有排气孔的显示器必须有良好的通气性。

A.4.2 色球

A.4.2.1 色球密度分类见表 A.2

表 A.2 色球密度分类

	密度/(g/cm³,25 ℃)										
红球	0.920	1.020	1.050	1.150							
绿球	1.150	1.160	1.170	1.180	1.190	1.195	1.200	1.210	1.228	1.235	1.250

A.4.2.2 显色效果见表 A.3

表 A.3 显色效果

观察现象		显示效果	观察方法
圆中心	圆中心以外		
无色	红色	液位偏低	从显示器的顶面往下垂直
红色	无色	充电不足	
红色	绿色	充电良好	

A.4.3 特性要求及试验方法

A.4.3.1 耐酸性

A.4.3.1.1 质量变化率小于 1.5%,无裂纹及变色等异常。

A.4.3.1.2 将显示器除去橡胶垫圈后用精度为 1 mg 以上电子分析天平测定质量(记为 W_1),再放入约 150 mL 密度为 1.300 g/cm^3 ±0.005 g/cm^3 (25 ℃)的稀硫酸中浸泡 7 d,稀硫酸温度为 70 ℃±2 ℃,取出后水洗 1 min,用滤纸将水分吸干,用上述精度的分析天平测定质量(记为 W_2),质量变化率(W_0)以质量百分数表示,按下式计算:

$$W_0 = \frac{W_2 - W_1}{W_1} \times 100$$

式中:

W_2——硫酸浸泡后的试样的质量的数值,单位为克(g);

W_1——硫酸浸泡前的试样的质量的数值,单位为克(g)。

A.4.3.2 耐热性

A.4.3.2.1 显示器受热后无变形、变色等异常,且可以正常工作。

A.4.3.2.2 将显示器放在 80 ℃±3 ℃的热风恒温箱中无负荷静置 1 h,取出后目视检查显示器是否正常,再用标准密度的硫酸溶液以确认显示器是否能正常工作。

A.4.3.3 耐寒性

A.4.3.3.1 显示器冷冻后无裂纹及变色等异常,且可以正常工作。

A.4.3.3.2 将显示器放置在−35 ℃±3 ℃的低温箱中无负荷静置 16 h,取出后目视检查显示器是否正常,再用标准密度的硫酸溶液以确认显示器是否能正常工作。

A.4.4 结构尺寸

A.4.4.1 尺寸的分类见表 A.4 和图 A.5

表 A.4 电液状态显示器尺寸的分类

型号分类	主要尺寸/mm					备　注
	顶部直径 D	螺纹直径 M	螺纹螺距	密封直径 M	密封长度 L	
Ⅰ	20	16	2	/	/	螺旋式适用于各种型号规格蓄电池
Ⅱ	23	16	2	/	/	
Ⅲ	20	/	/	19.16	14.5	插拔式适用于密封免维护蓄电池
Ⅳ	23	/	/	19.16	14.5	
Ⅴ	24～36	17/22/28/30	2.5/3.0	/	/	排气栓式适用于各种型号规格开口蓄电池

A.4.4.2 结构尺寸的公差要求

总长度要求公差±0.5 mm;顶部直径要求公差±0.2 mm;顶部厚度、垫圈厚度要求公差±0.1 mm;螺纹直径要求公差−0.4 mm。

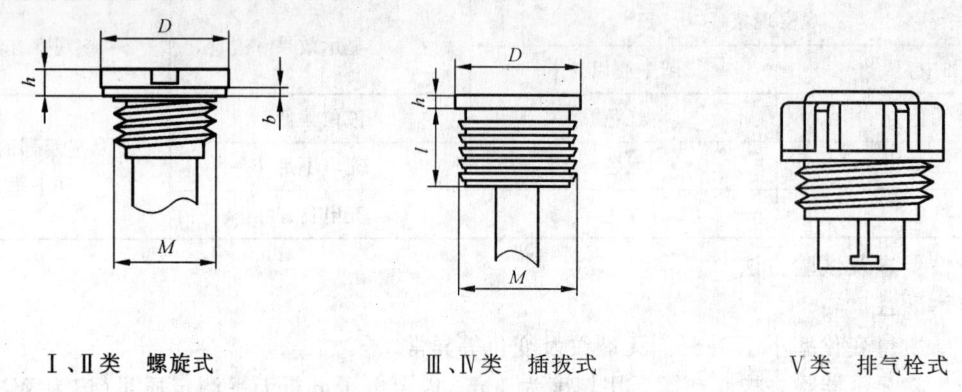

图 A.5　电液状态显示器

A.5　固定方式(适应于起动用铅酸蓄电池槽)

A.5.1　长边的凸台

在蓄电池槽体下部两侧的长边设有固定蓄电池用的凸缘(或凸台上的豁口)。

A.5.2　豁口

为使蓄电池准确地固定在支架上,在长边两侧的突出部均设有3个豁口,分别设置在长边的凸台中心和距中心50 mm处。

A.5.3　凸台、豁口尺寸及位置

凸台、豁口形状及尺寸如图A.6。

A.5.4　固定夹具

为了使蓄电池支架上固定用的夹具能在任一侧固定牢靠,必须与凸耳和豁口相匹配。

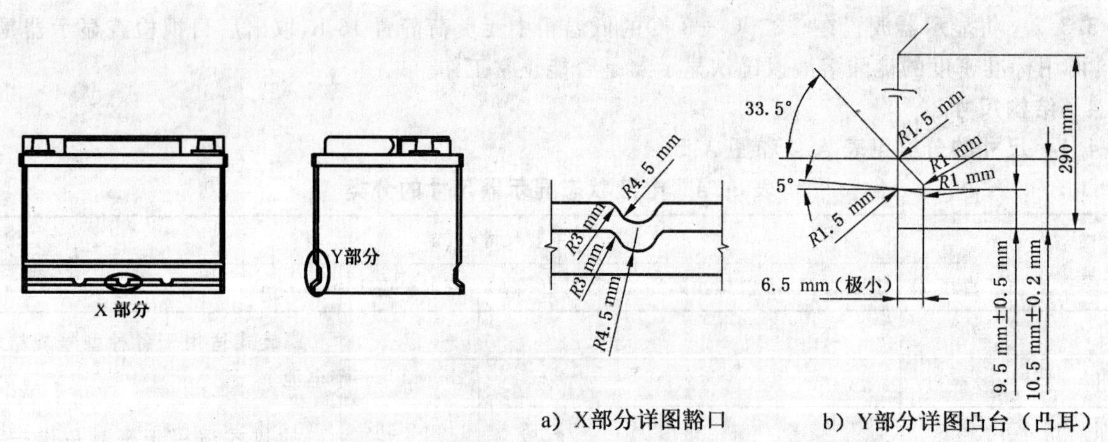

图 A.6　蓄电池固定方式(凸台、豁口)的位置及凸台、凸耳及豁口尺寸

A.6　电池槽、盖的几何形状公差

A.6.1　电池槽的四壁和中墙的最大变形尺寸

电池槽的四壁和中墙的最大变形尺寸如图A.7。

图 A.7 电池槽最大变形尺寸

A.6.2 电池盖的最大变形尺寸

电池盖的最大变形尺寸如图 A.8。

图 A.8 电池盖最大变形尺寸

参 考 文 献

[1] GB 2312 信息交换用汉字编码字符集 基本集

ICS 29.180
K 41

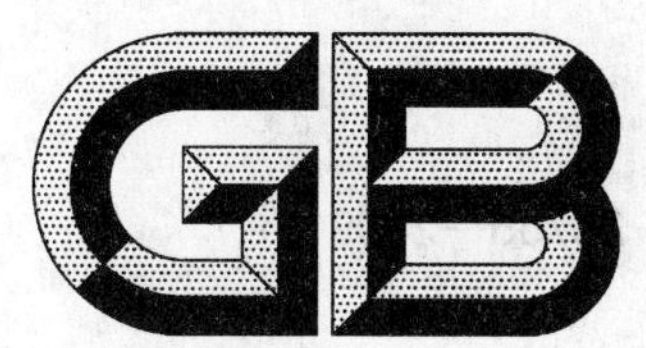

中华人民共和国国家标准

GB/T 23755—2009

三相组合式电力变压器

Three-phase site-combined power transformers

2009-05-06 发布 2009-11-01 实施

中华人民共和国国家质量监督检验检疫总局
中国国家标准化管理委员会 发布

前　言

本标准以目前国内变压器行业的三相组合式电力变压器的生产技术水平为依据而制定。

本标准由中国电器工业协会提出。

本标准由全国变压器标准化技术委员会(SAC/TC 44)归口。

本标准起草单位:沈阳变压器研究所、云南变压器电气股份有限公司、特变电工沈阳变压器集团有限公司、国网武汉高压研究院、保定天威保变电气股份有限公司、西安西电变压器有限责任公司、云南电力试验研究院(集团)有限公司、特变电工衡阳变压器有限公司、昆明电器科学研究所、中国电力科学研究院、济南变压器集团股份有限公司。

本标准主要起草人:赵坤、孙军、安振、任晓红、李洪秀、张晓宇、王景林、陈东风、廖学理、李鹏、吴则禹。

本标准为首次发布。

三相组合式电力变压器

1 范围

本标准规定了额定容量为63 000 kVA及以上、电压等级为110 kV、220 kV和500 kV、额定频率为50 Hz的三相组合式变压器的术语和定义、使用条件、产品型号、基本参数、技术要求、铭牌、允许偏差、试验项目及方法、标志、起吊、安装、运输和贮存等。

本标准适用于运输条件受限制的变电站或发电厂使用的油浸式电力变压器。

2 规范性引用文件

下列文件中的条款通过本标准的引用而成为本标准的条款。凡是注日期的引用文件，其随后所有的修改单(不包括勘误的内容)或修订版均不适用于本标准，然而，鼓励根据本标准达成协议的各方研究是否可使用这些文件的最新版本。凡是不注日期的引用文件，其最新版本适用于本标准。

GB 1094.1—1996 电力变压器 第1部分：总则(eqv IEC 60076-1:1993)

GB 1094.2 电力变压器 第2部分：温升(GB 1094.2—1996，eqv IEC 60076-2:1993)

GB 1094.3 电力变压器 第3部分：绝缘水平、绝缘试验和外绝缘空气间隙(GB 1094.3—2003，IEC 60076-3:2000，MOD)

GB 1094.5 电力变压器 第5部分：承受短路的能力(GB 1094.5—2008，IEC 60076-5:2006，MOD)

GB/T 1094.7 电力变压器 第7部分：油浸式电力变压器负载导则(GB/T 1094.7—2008，IEC 60076-7:2005，MOD)

GB/T 1094.10 电力变压器 第10部分：声级测定(GB/T 1094.10—2003，IEC 60076-10:2001，MOD)

GB/T 2900.15 电工术语 变压器、互感器、调压器和电抗器(GB/T 2900.15—1997，neq IEC 60050-421:1990，IEC 60050-321:1986)

GB/T 6451 油浸式电力变压器技术参数和要求

GB/T 14597 电工产品不同海拔的气候环境条件

JB/T 501 电力变压器试验导则

JB/T 3837 变压器类产品型号编制方法

JB/T 10088 6 kV～500 kV级电力变压器声级

3 术语和定义

GB 1094.1和GB/T 2900.15中确立的及下列术语和定义适用于本标准。

3.1

三相组合式变压器 three-phase site-combined transformer

由三个独立单元的单相变压器通过相间管道来连接引线和疏通油路，在现场重新组合安装在同一个基础上的三相变压器。

3.2

相间管道 phase-to-phase pipe

连接三个独立变压器单元的管道。

注：相间管道的作用是使三个单元的油路相互连通，保持油压平衡，并提供三个单元电气连接引线的内部连接通道。

4 使用条件

4.1 环境条件

三相组合式变压器不同海拔的气候环境条件参见表1。

表1 不同海拔的气候环境条件参数

序号	环境参数		海拔/m					
			0	1 000	2 000	3 000	4 000	5 000
1	气压/kPa	年平均	101.3	90.0	79.5	70.1	61.7	54.0
		最低	97.0	87.2	77.5	68.0	60.0	52.5
2	空气温度/℃	最高	45、40	45、40	35	30	25	20
		最高日平均	35、30	35、30	25	20	15	10
		年平均	20	20	15	10	5	0
		最低	+5、−5、−15、−25、−40、−45					
	最大日温差/K		15、25、30					
3	相对湿度/%	最湿月月平均最大（月平均最高气温/℃）	95、90 (25)	95、90 (25)	90 (20)	90 (15)	90 (10)	90 (5)
		最干月月平均最小（月平均最高气温/℃）	20 (15)	20 (15)	15 (15)	15 (10)	15 (5)	15 (0)
4	绝对湿度/g/m^3	年平均	11.0	7.6	5.3	3.7	2.7	1.7
		年平均最小值	3.7	3.2	2.7	2.2	1.7	1.3
5	最大太阳直接辐射强度/(W/m^2)		1 000	1 000	1 060	1 120	1 180	1 250
6	最大风速/(m/s)		25、30、35、40					
7	最大降水量(连续10 min)/mm		15、30					
8	土壤最高温度(深度1 m)/℃		30	25	20	20	15	15

注1：表中的内容来源于GB/T 14597。

注2：预定安装在一定海拔的变压器，其环境条件值可由供需双方参照本标准协商确定。

4.2 其他使用条件

其他使用条件按GB 1094.1的规定。

5 产品型号

三相组合式变压器的产品型号除损耗水平代号外，应符合JB/T 3837的规定。

三相组合式变压器的产品型号示例如下：

示例：一台三相、油浸式、风冷、强迫油循环、三绕组、有载调压、铜导线、额定容量为180 000 kVA、电压等级为220 kV的高原地区用三相组合式变压器的产品型号为：

SFPSZ-H-180000/220 GY

6 基本参数

6.1 性能参数

6.1.1 110 kV级三相组合式变压器的额定容量、电压组合、分接范围、联结组标号、空载损耗、负载损耗、空载电流及短路阻抗应符合表2～表6的规定。

注1：对于多绕组变压器，表中所给出的损耗值适用于GB 1094.1—1996第9章中定义的第一对绕组。

注2：表2～表6适用于高压绕组为分级绝缘的变压器(中性点端子的额定绝缘水平为：额定外施耐受电压方均根值140 kV，额定雷电冲击耐受电压峰值325 kV)。

注3：表2～表6中的损耗值相当于GB/T 6451中“9”型产品的水平。在此基础上损耗降低水平由制造方与用户协商确定。

表2　63 000 kVA～180 000 kVA双绕组无励磁调压三相组合式变压器

<table>
<tr><th rowspan="2">额定容量
kVA</th><th colspan="2">电压组合及分接范围</th><th rowspan="2">联结组
标号</th><th rowspan="2">空载
损耗
kW</th><th rowspan="2">负载
损耗
kW</th><th rowspan="2">空载
电流
%</th><th rowspan="2">短路
阻抗
%</th></tr>
<tr><th>高压
kV</th><th>低压
kV</th></tr>
<tr><td>63 000</td><td rowspan="6">110±2×2.5%
121±2×2.5%</td><td>6.3
6.6
10.5
11</td><td rowspan="6">YNd11</td><td>57</td><td>234</td><td>0.53</td><td>10.5</td></tr>
<tr><td>75 000</td><td rowspan="5">13.8
15.75
18
20</td><td>65</td><td>278</td><td>0.46</td><td rowspan="5">12～14</td></tr>
<tr><td>90 000</td><td>75</td><td>320</td><td>0.42</td></tr>
<tr><td>120 000</td><td>94</td><td>397</td><td>0.37</td></tr>
<tr><td>150 000</td><td>110</td><td>472</td><td>0.33</td></tr>
<tr><td>180 000</td><td>124</td><td>532</td><td>0.28</td></tr>
<tr><td colspan="8">注1：－5%分接位置为最大电流分接。
注2：对于升压变压器，宜采用无分接结构。如运行有要求，可设置分接头。</td></tr>
</table>

表3　63 000 kVA～180 000 kVA三绕组无励磁调压三相组合式变压器

<table>
<tr><th rowspan="2">额定容量
kVA</th><th colspan="3">电压组合及分接范围</th><th rowspan="2">联结组
标号</th><th rowspan="2">空载
损耗
kW</th><th rowspan="2">负载
损耗
kW</th><th rowspan="2">空载
电流
%</th><th colspan="2">短路阻抗
%</th></tr>
<tr><th>高压
kV</th><th>中压
kV</th><th>低压
kV</th><th>升压</th><th>降压</th></tr>
<tr><td>63 000</td><td rowspan="5">110±2×2.5%
121±2×2.5%</td><td rowspan="5">35
37
38.5</td><td rowspan="5">6.3
6.6
10.5
11</td><td rowspan="5">YNyn0d11</td><td>70</td><td>270</td><td>0.66</td><td rowspan="5">高—中
17.5～18.5
高—低
10.5
中—低
6.5</td><td rowspan="5">高—中
10.5
高—低
17.5～18.5
中—低
6.5</td></tr>
<tr><td>90 000</td><td>92</td><td>353</td><td>0.62</td></tr>
<tr><td>120 000</td><td>114</td><td>438</td><td>0.62</td></tr>
<tr><td>150 000</td><td>136</td><td>517</td><td>0.54</td></tr>
<tr><td>180 000</td><td>156</td><td>594</td><td>0.54</td></tr>
<tr><td colspan="10">注1：高、中、低压绕组容量分配为(100/100/100)%。
注2：根据用户需要，中压可选用不同于表中的电压值或设分接头。
注3：－5%分接位置为最大电流分接。
注4：对于升压变压器，宜采用无分接结构。如运行有要求，可设置分接头。</td></tr>
</table>

表 4　63 000 kVA～180 000 kVA 双绕组有载调压三相组合式变压器

<table>
<tr><th rowspan="2">额定容量
kVA</th><th colspan="2">电压组合及分接范围</th><th rowspan="2">联结组
标号</th><th rowspan="2">空载
损耗
kW</th><th rowspan="2">负载
损耗
kW</th><th rowspan="2">空载
电流
%</th><th rowspan="2">短路
阻抗
%</th></tr>
<tr><th>高压
kV</th><th>低压
kV</th></tr>
<tr><td>63 000</td><td rowspan="5">110±8×1.25%</td><td rowspan="5">6.3
6.6
10.5
11</td><td rowspan="5">YNd11</td><td>65</td><td>234</td><td>0.57</td><td rowspan="5">10.5</td></tr>
<tr><td>90 000</td><td>84</td><td>306</td><td>0.55</td></tr>
<tr><td>120 000</td><td>106</td><td>380</td><td>0.55</td></tr>
<tr><td>150 000</td><td>124</td><td>449</td><td>0.50</td></tr>
<tr><td>180 000</td><td>144</td><td>515</td><td>0.50</td></tr>
<tr><td colspan="8">注 1：有载调压变压器，暂提供降压结构产品。
注 2：根据用户与制造方协商，可提供其他电压组合的产品。
注 3：—10%分接位置为最大电流分接。</td></tr>
</table>

表 5　63 000 kVA～180 000 kVA 三绕组有载调压三相组合式变压器

<table>
<tr><th rowspan="2">额定容量
kVA</th><th colspan="3">电压组合及分接范围</th><th rowspan="2">联结组
标号</th><th rowspan="2">空载
损耗
kW</th><th rowspan="2">负载
损耗
kW</th><th rowspan="2">空载
电流
%</th><th rowspan="2">短路
阻抗
%</th></tr>
<tr><th>高压
kV</th><th>中压
kV</th><th>低压
kV</th></tr>
<tr><td>63 000</td><td rowspan="6">110±8×1.25%</td><td rowspan="6">35
37
38.5</td><td rowspan="6">6.3
6.6
10.5
11</td><td rowspan="6">YNyn0d11</td><td>76</td><td>270</td><td>0.74</td><td rowspan="6">高—中
10.5
高—低
17.5～18.5
中—低
6.5</td></tr>
<tr><td>75 000</td><td>84</td><td>308</td><td>0.72</td></tr>
<tr><td>90 000</td><td>99</td><td>353</td><td>0.66</td></tr>
<tr><td>120 000</td><td>123</td><td>438</td><td>0.66</td></tr>
<tr><td>150 000</td><td>145</td><td>517</td><td>0.66</td></tr>
<tr><td>180 000</td><td>166</td><td>593</td><td>0.55</td></tr>
<tr><td colspan="9">注 1：有载调压变压器，暂提供降压结构产品。
注 2：高、中、低绕组容量分配为(100/100/100)%。
注 3：—10%分接位置为最大电流分接。
注 4：根据用户需要，中压可选不同于表中的电压值或设分接头。</td></tr>
</table>

表 6　63 000 kVA～180 000 kVA 双绕组低压为 35 kV 无励磁调压三相组合式变压器

<table>
<tr><th rowspan="2">额定容量
kVA</th><th colspan="2">电压组合及分接范围</th><th rowspan="2">联结组
标号</th><th rowspan="2">空载损耗
kW</th><th rowspan="2">负载损耗
kW</th><th rowspan="2">空载电流
%</th><th rowspan="2">短路
阻抗
%</th></tr>
<tr><th>高压
kV</th><th>低压
kV</th></tr>
<tr><td>63 000</td><td rowspan="6">110±2×2.5%
121±2×2.5%</td><td rowspan="6">35
37
38.5</td><td rowspan="6">YNd11</td><td>61</td><td>245</td><td>0.55</td><td rowspan="6">10.5</td></tr>
<tr><td>75 000</td><td>68</td><td>291</td><td>0.50</td></tr>
<tr><td>90 000</td><td>79</td><td>335</td><td>0.44</td></tr>
<tr><td>120 000</td><td>98</td><td>417</td><td>0.44</td></tr>
<tr><td>150 000</td><td>116</td><td>496</td><td>0.33</td></tr>
<tr><td>180 000</td><td>130</td><td>559</td><td>0.28</td></tr>
<tr><td colspan="8">注 1：—5%分接位置为最大电流分接。
注 2：对于升压变压器，宜采用无分接结构。如运行有要求，可设置分接头。</td></tr>
</table>

6.1.2 220 kV 级三相组合式变压器的额定容量、电压组合、分接范围、联结组标号、空载损耗、负载损耗、空载电流及短路阻抗应符合表 7～表 13 的规定。

注 1：对于多绕组变压器，表中所给出的损耗值适用于 GB 1094.1—1996 第 9 章中定义的第一对绕组。

注 2：表 10 和表 13 的高压绕组中性点为直接接地，其余表中高压绕组中性点为不直接接地。

注 3：表 7～表 13 中的损耗值相当于 GB/T 6451 中“9”型产品的水平。在此基础上损耗降低水平由制造方与用户协商确定。

表 7　63 000 kVA～420 000 kVA 双绕组无励磁调压三相组合式变压器

额定容量 kVA	电压组合及分接范围		联结组 标号	空载损耗 kW	负载损耗 kW	空载电流 %	短路阻抗 %
	高压 kV	低压 kV					
63 000	220±2×2.5% 242±2×2.5%	6.3 6.6 10.5 11	YNd11	61	220	0.68	12～14
75 000		10.5 11 13.8		71	250	0.63	
90 000				81	288	0.58	
120 000				99	345	0.58	
150 000		11 13.8 15.75 18 20		118	405	0.53	
160 000				123	425	0.52	
180 000				134	459	0.48	
240 000				168	567	0.44	
300 000		15.75 18 20		199	675	0.40	
360 000				228	774	0.40	
370 000				232	790	0.40	
400 000				246	837	0.37	
420 000				254	868	0.37	

注 1：根据要求也可提供额定容量小于 63 000 kVA 的变压器及其他电压组合的变压器。

注 2：根据要求也可提供低压为 35 kV 或 38.5 kV 的变压器。

注 3：优先选用无分接结构。如运行有要求，可设置分接头。

表 8　63 000 kVA～360 000 kVA 三绕组无励磁调压三相组合式变压器

<table>
<tr><th rowspan="2">额定容量
kVA</th><th colspan="3">电压组合及分接范围</th><th rowspan="2">联结组
标号</th><th rowspan="2">空载
损耗
kW</th><th rowspan="2">负载
损耗
kW</th><th rowspan="2">空载
电流
%</th><th colspan="2">短路阻抗
%</th></tr>
<tr><th>高压
kV</th><th>中压
kV</th><th>低压
kV</th><th>升压</th><th>降压</th></tr>
<tr><td>63 000</td><td rowspan="8">220±2×2.5%
242±2×2.5%</td><td rowspan="8">69
115
121</td><td>6.3
6.6
10.5
11
35
37
38.5</td><td rowspan="8">YNyn0d11</td><td>69</td><td>261</td><td>0.59</td><td rowspan="8">高—中
22～24
高—低
12～14
中—低
7～9</td><td rowspan="8">高—中
12～14
高—低
22～24
中—低
7～9</td></tr>
<tr><td>90 000</td><td rowspan="2">10.5
11
13.8
35
37
38.5</td><td>90</td><td>351</td><td>0.52</td></tr>
<tr><td>120 000</td><td>111</td><td>432</td><td>0.52</td></tr>
<tr><td>150 000</td><td rowspan="5">11
13.8
15.75
35
37
38.5</td><td>131</td><td>513</td><td>0.44</td></tr>
<tr><td>180 000</td><td>149</td><td>585</td><td>0.44</td></tr>
<tr><td>240 000</td><td>185</td><td>720</td><td>0.37</td></tr>
<tr><td>300 000</td><td>218</td><td>850</td><td>0.37</td></tr>
<tr><td>360 000</td><td>250</td><td>976</td><td>0.32</td></tr>
<tr><td colspan="10">注 1：表中负载损耗的容量分配为(100/100/100)%。升压结构的容量分配可为(100/50/100)%，降压结构的容量分配可为(100/100/50)% 或(100/50/100)%。
注 2：根据要求也可提供额定容量小于 63 000 kVA 的变压器及其他电压组合的变压器。
注 3：优先选用无分接结构。如运行有要求，可设置分接头。</td></tr>
</table>

表 9　63 000 kVA～240 000 kVA 低压为 66 kV 级双绕组无励磁调压三相组合式变压器

<table>
<tr><th rowspan="2">额定容量
kVA</th><th colspan="2">电压组合及分接范围</th><th rowspan="2">联结组
标号</th><th rowspan="2">空载
损耗
kW</th><th rowspan="2">负载
损耗
kW</th><th rowspan="2">空载
电流
%</th><th rowspan="2">短路
阻抗
%</th></tr>
<tr><th>高压
kV</th><th>低压
kV</th></tr>
<tr><td>63 000</td><td rowspan="6">220±2×2.5%</td><td rowspan="6">63
66
69</td><td rowspan="6">YNd11</td><td>66</td><td>247</td><td>0.86</td><td rowspan="6">12～14</td></tr>
<tr><td>90 000</td><td>87</td><td>323</td><td>0.79</td></tr>
<tr><td>120 000</td><td>107</td><td>387</td><td>0.79</td></tr>
<tr><td>150 000</td><td>128</td><td>453</td><td>0.71</td></tr>
<tr><td>180 000</td><td>145</td><td>513</td><td>0.71</td></tr>
<tr><td>240 000</td><td>180</td><td>635</td><td>0.64</td></tr>
<tr><td colspan="8">注 1：根据需要也可提供额定容量小于 63 000 kVA 的变压器及其他电压组合的变压器。
注 2：优先选用无分接结构。如运行有要求，可设置分接头。</td></tr>
</table>

表 10　63 000 kVA～240 000 kVA 三绕组无励磁调压自耦三相组合式变压器

额定容量 kVA	电压组合及分接范围			联结组标号	升压组合			降压组合			短路阻抗 %	
	高压 kV	中压 kV	低压 kV		空载损耗 kW	负载损耗 kW	空载电流 %	空载损耗 kW	负载损耗 kW	空载电流 %	升压	降压
63 000	220±2×2.5% 242±2×2.5%	115 121	6.6 10.5 11 35 37 38.5	YNa0d11	42	201	0.53	38	171	0.45	高—中 12～14 高—低 8～12 中—低 14～18	高—中 8～10 高—低 28～34 中—低 18～24
90 000					53	276	0.45	48	234	0.38		
120 000			10.5 11 13.8 15.75 18 35 37 38.5		65	340	0.45	59	288	0.38		
150 000					77	405	0.38	69	342	0.35		
180 000					88	463	0.38	80	387	0.35		
240 000					104	595	0.35	94	504	0.26		

注 1：升压结构的容量分配为(100/50/100)%，降压结构的容量分配为(100/100/50)%。

注 2：表中短路阻抗为 100%额定容量时的数值。

注 3：优先选用无分接结构。如运行有要求，可设置分接头。

表 11　63 000 kVA～180 000 kVA 双绕组有载调压三相组合式变压器

额定容量 kVA	电压组合及分接范围		联结组标号	空载损耗 kW	负载损耗 kW	空载电流 %	短路阻抗 %
	高压 kV	低压 kV					
63 000	220±8×1.25%	6.3 6.6 10.5 11 35 37 38.5	YNd11	66	220	0.59	12～14
90 000		10.5 11 35 37 38.5		84	288	0.52	
120 000				104	346	0.52	
150 000				122	405	0.44	
180 000				142	468	0.44	
120 000		66 69		107	355	0.52	
150 000				126	415	0.44	
180 000				147	475	0.44	

表 12　63 000 kVA～360 000 kVA 三绕组有载调压三相组合式变压器

<table>
<tr><th rowspan="2">额定容量
kVA</th><th colspan="3">电压组合及分接范围</th><th rowspan="2">联结组
标号</th><th rowspan="2">空载
损耗
kW</th><th rowspan="2">负载
损耗
kW</th><th rowspan="2">空载
电流
%</th><th rowspan="2">短路
阻抗
%</th><th rowspan="2">容量
分配
%</th></tr>
<tr><th>高压
kV</th><th>中压
kV</th><th>低压
kV</th></tr>
<tr><td>63 000</td><td rowspan="8">220±8×1.25%</td><td rowspan="8">69
115
121</td><td>6.3
6.6
10.5
11
35
37
38.5</td><td rowspan="8">YNyn0d11</td><td>74</td><td>261</td><td>0.66</td><td rowspan="8">高—中
12～14
高—低
22～24
中—低
7～9</td><td rowspan="8">100/100/100
100/50/100
100/100/50</td></tr>
<tr><td>90 000</td><td rowspan="7">10.5
11
35
37
38.5</td><td>97</td><td>351</td><td>0.59</td></tr>
<tr><td>120 000</td><td>121</td><td>432</td><td>0.59</td></tr>
<tr><td>150 000</td><td>142</td><td>513</td><td>0.52</td></tr>
<tr><td>180 000</td><td>164</td><td>630</td><td>0.52</td></tr>
<tr><td>240 000</td><td>203</td><td>780</td><td>0.47</td></tr>
<tr><td>300 000</td><td>242</td><td>925</td><td>0.47</td></tr>
<tr><td>360 000</td><td>278</td><td>1 060</td><td>0.42</td></tr>
<tr><td colspan="10">注 1：表中所列数据适用于降压结构产品，根据需要也可提供升压结构产品。
注 2：表中负载损耗的容量分配为(100/100/100)%。
注 3：不推荐采用低压为 6.3 kV、6.6 kV、10.5 kV、11 kV 的产品。</td></tr>
</table>

表 13　63 000 kVA～240 000 kVA 三绕组有载调压自耦三相组合式变压器

<table>
<tr><th rowspan="2">额定容量
kVA</th><th colspan="3">电压组合及分接范围</th><th rowspan="2">联结组
标号</th><th rowspan="2">空载
损耗
kW</th><th rowspan="2">负载
损耗
kW</th><th rowspan="2">空载
电流
%</th><th rowspan="2">短路
阻抗
%</th><th rowspan="2">容量
分配
%</th></tr>
<tr><th>高压
kV</th><th>中压
kV</th><th>低压
kV</th></tr>
<tr><td>63 000</td><td rowspan="6">220±8×1.25%</td><td rowspan="6">115
121</td><td rowspan="3">6.3
6.6
10.5
11
35
37
38.5</td><td rowspan="6">YNa0d11</td><td>45</td><td>189</td><td>0.52</td><td rowspan="6">高—中
8～10
高—低
28～34
中—低
18～24</td><td rowspan="6">100/100/50</td></tr>
<tr><td>90 000</td><td>54</td><td>247</td><td>0.44</td></tr>
<tr><td>120 000</td><td>67</td><td>308</td><td>0.44</td></tr>
<tr><td>150 000</td><td rowspan="3">10.5
11
35
37
38.5</td><td>80</td><td>365</td><td>0.37</td></tr>
<tr><td>180 000</td><td>89</td><td>419</td><td>0.37</td></tr>
<tr><td>240 000</td><td>109</td><td>540</td><td>0.32</td></tr>
<tr><td colspan="10">注 1：表中所列数据为降压结构产品。
注 2：不推荐采用低压为 6.3 kV、6.6 kV、10.5 kV、11 kV 的产品。</td></tr>
</table>

6.1.3 500 kV 级三相组合式变压器的额定容量、电压组合、分接范围、联结组标号、空载损耗、负载损耗、空载电流及短路阻抗应符合表 14 的规定。

表 14 360 000 kVA～810 000 kVA 双绕组无励磁调压三相组合式变压器

额定容量 kVA	电压组合		联结组 标号	空载 损耗 kW	负载 损耗 kW	空载 电流 %	短路 阻抗 %
	高压 kV	低压 kV					
360 000	500 525 550	15.75 18 20 24	YNd11	249	950	0.25	14
480 000				330	1 120	0.25	
600 000				405	1 410	0.2	
720 000				465	1 620	0.2	
780 000				495	1 710	0.2	
810 000				510	1 770	0.2	

注 1：优先选用无分接结构。如运行有要求，可设置分接头。

注 2：根据使用单位的特殊要求，高压 550 kV 和 525 kV 可选 −2×2.5% 分接；高压 500 kV 可选 ±1×2.5% 或 −2×2.5% 分接。

6.1.4 在分接级数和级电压不变的情况下，允许增加负分接级数，减少正分接级数，或增加正分接级数，减少负分接级数，如 $110^{+1}_{-3}\times 2.5\%$、$110^{+3}_{-1}\times 2.5\%$；$220^{+1}_{-3}\times 2.5\%$、$220^{+3}_{-1}\times 2.5\%$ 等。

6.2 额定绝缘水平及外绝缘空气间隙

三相组合式变压器的额定绝缘水平及外绝缘空气间隙按 GB 1094.3 的规定。

6.3 温升限值

三相组合式变压器的温升限值按 GB 1094.2 的规定。

6.4 声级水平

三相组合式变压器的声级水平应符合 JB/T 10088 的规定，声级测定方法按 GB/T 1094.10。

注：根据组合变压器的结构特点，有的产品由于油箱表面积增大过多，声功率级可能会相应增加，此时的声级水平可由制造方与用户协商确定。

7 技术要求

7.1 基本要求

7.1.1 除本标准另有规定外，按本标准制造的三相组合式变压器均应符合 GB 1094.1、GB 1094.2、GB 1094.3、GB 1094.5 和 GB/T 1094.7 的规定。

7.1.2 三相组合式变压器其他组、部件的设计、制造及检验等应符合相关标准及法规的要求。

7.2 结构要求

7.2.1 三相组合式变压器应按三个单元分相制造，出厂前应将三个单元组合在一起进行试验，运输时三个单元应分开运输。

7.2.2 各单元在结构上应确保容易组合和拆分。

7.2.3 三个单元进行组合时，应能可靠地组合成一个整体。

7.2.4 三个单元应通过相间管道进行内部三相电气连接。

7.2.5 三个单元可共用一套冷却系统和油保护系统。

7.2.6 三相组合式变压器在使用和操作上应与三相整体变压器完全一致。

7.2.7 三相组合式变压器应在每个单元上装设油温测量装置。

7.2.8 三相组合式变压器可采用一个三相分接开关，也可采用三个单相分接开关。如果采用三个单相有载分接开关，须保证三相同步调压。

7.3 其他要求

对三相组合式变压器的其他要求按 GB/T 6451 的规定。

8 铭牌

组合式变压器的铭牌按 GB 1094.1 的规定。当组合式变压器在海拔 1 000 m 及以上的地区运行时，应在铭牌上标志海拔值。

9 允许偏差

三相组合式变压器的允许偏差按 GB 1094.1 的规定。

10 试验项目及方法

三相组合式变压器的试验项目按 GB 1094.1 和 GB/T 6451 的规定。

三相组合式变压器的试验方法按 JB/T 501 的规定。

注 1：三相组合式变压器应按三相变压器进行试验。

注 2：三相组合式变压器由于结构原因，绕组直流电阻不平衡率可能会超过 GB/T 6451 的规定，具体数值由制造方与用户协商。

11 标志、起吊、安装、运输和贮存

11.1 标志

11.1.1 三相组合式变压器应有接线端子、起吊及运输标志，标志内容应符合相关标准规定。

11.1.2 三相组合式变压器的套管排列顺序一般如图 1～图 5 所示。

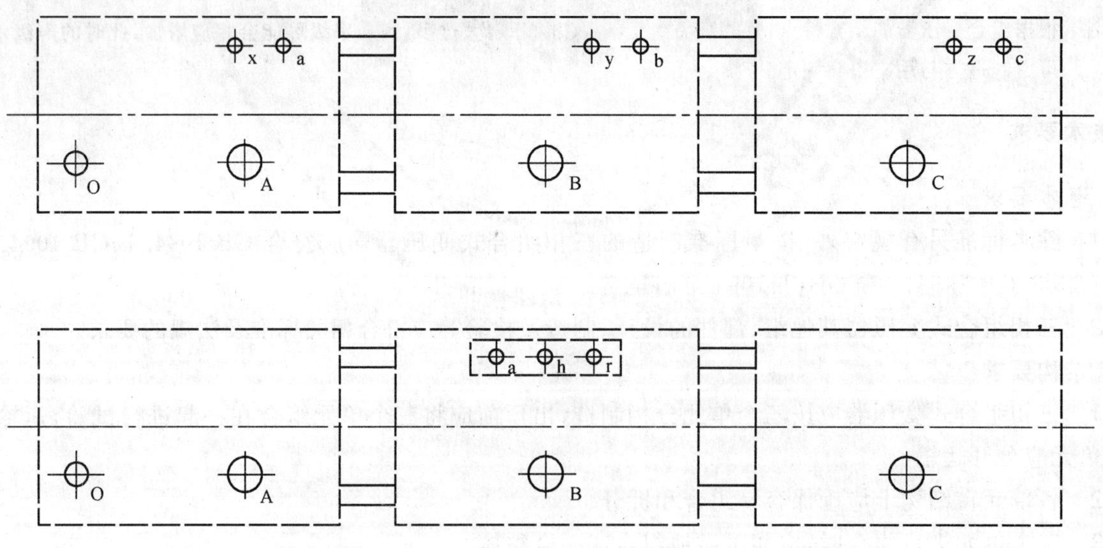

图 1 联结组标号为 YNd11 的双绕组三相组合式变压器

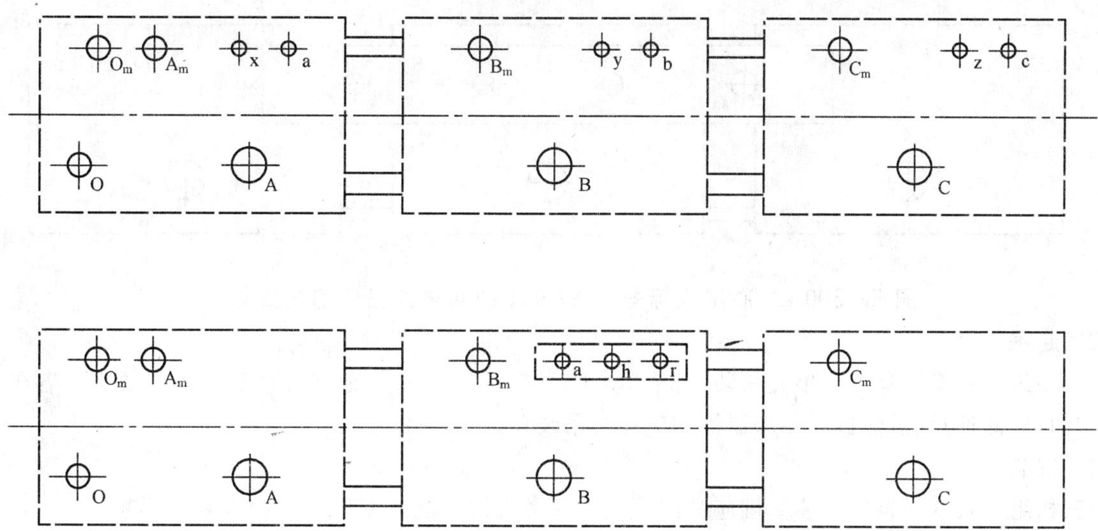

图 2 联结组标号为 YNyn0d11 的三绕组三相组合式变压器

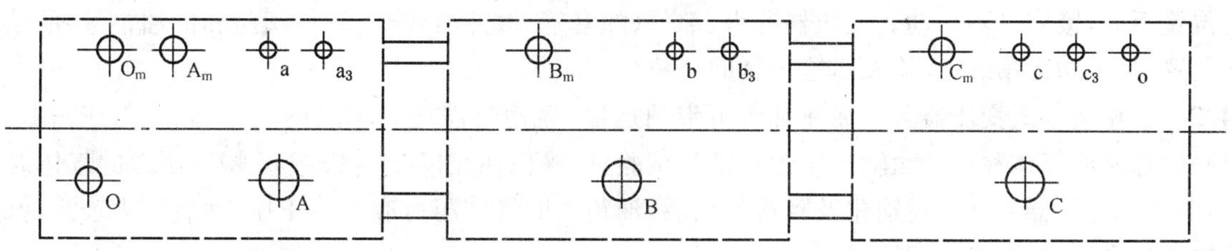

图 3 联结组标号为 YNyn0yn0＋d 带稳定绕组的三绕组三相组合式变压器

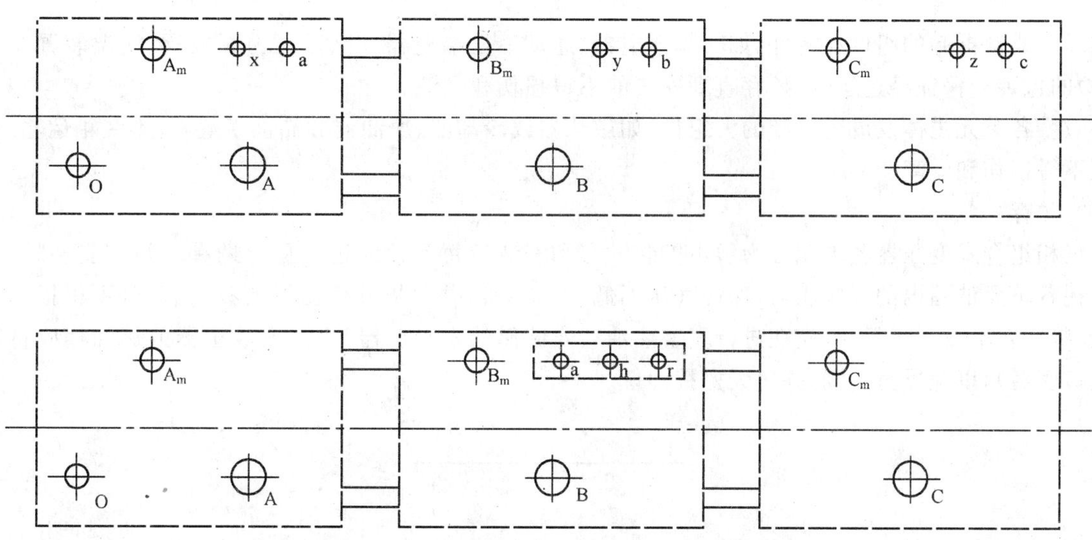

图 4 联结组标号为 YNa0d11 的三绕组自耦三相组合式变压器

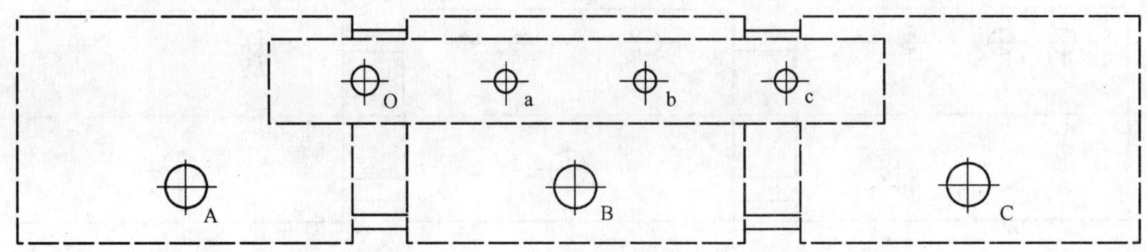

图5　500 kV联结组标号为YNd11的双绕组三相组合式变压器

11.2　起吊

三相组合式变压器需分单元吊装，每个单元需具有承受该单元变压器总重的起吊装置。各单元的器身、油箱、储油柜、散热器或冷却器等均应有起吊装置。

11.3　安装

三相组合式变压器的安装基础应坚固、平整，并考虑地面沉降变形等不利因素的影响。

三相组合式变压器各单元在组合时应严格按制造方提供的布置图样及安装使用说明书的要求进行组合。

11.4　运输

11.4.1　三相组合式变压器为分单元运输。各单元内部结构应在经过正常的铁路、公路和水路运输后相互位置不变，紧固件不松动。变压器的组、部件（如套管、散热器或冷却器、阀门和储油柜等）的结构及布置位置，应不妨碍吊装、运输及运输中紧固定位。

11.4.2　三相组合式变压器各单元通常为不带油运输，运输时需充以干燥的气体（露点低于－40 ℃），并明确标志所充气体种类。运输前应进行密封试验，以确保在充以20 kPa～30 kPa压力的气体时密封良好，各单元变压器主体在运输中及到达现场后，油箱内的气体压力应保持正压，并有压力表进行监视。若运输条件允许，也可带油运输。

11.4.3　运输中应装三维冲撞记录仪。

11.4.4　三相组合式变压器各单元应能承受的运输冲击加速度为水平方向30 m/s^2（在运输中监测）。

11.4.5　运输时应保护变压器的所有组、部件（如储油柜、套管、阀门及散热器或冷却器等）不得损伤和受潮。

11.4.6　成套拆卸的组件和零件（如气体继电器、速动油压继电器、套管、压力释放阀、测温装置及紧固件等）的包装应保证经过运输、贮存直到安装前不得损伤和受潮。

11.4.7　各单元主体及成套拆卸的大组件（如散热器或冷却器、净油器和储油柜等）可不装箱运输，但要保证不得损伤和受潮。

11.5　贮存

三相组合式变压器各单元分为暂不安装贮存和安装后暂不投入运行贮存两种。暂不安装时，须每天监视各单元油箱内的气体压力，保证气压不低于10 kPa，并保护好变压器所有组、部件不得损伤和受潮；安装后暂不投入运行时，应在进行真空注油后安装储油柜吸湿器（不需要吸湿器的储油柜应将所有法兰口密封），以免器身受潮，并每天监视油位。

ICS 29.080
K 15

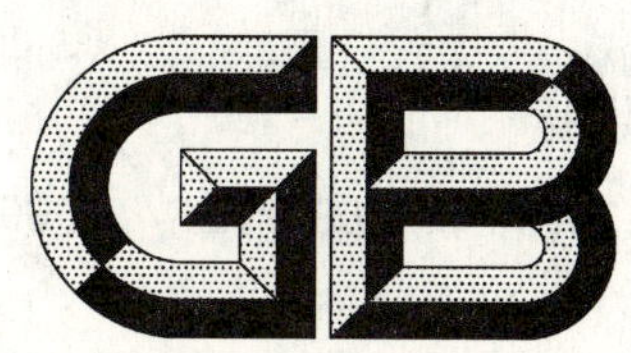

中华人民共和国国家标准化指导性技术文件

GB/Z 23756.1—2009/IEC/TR 60727-1:1982

电气绝缘系统耐电性评定 第1部分:在正态分布基础上的评定程序和一般原理

Evaluation of electrical endurance of electrical insulation systems—Part 1:General considerations and evaluation procedures based on normal distributions

(IEC/TR 60727-1:1982,IDT)

2009-05-06 发布

2009-11-01 实施

中华人民共和国国家质量监督检验检疫总局
中国国家标准化管理委员会 发布

前　言

GB/Z 23756《电气绝缘系统耐电性评定》分为二个部分：

——第1部分：在正态分布基础上的评定程序和一般原理；

——第2部分：在极值分布基础上的评定程序。

本部分是GB/Z 23756的第1部分。

本部分等同采用IEC/TR 60727-1:1982(第1版)《电气绝缘系统耐电性评定　第1部分：在正态分布基础上的评定程序和一般原理》(英文版)。

本部分在技术上与IEC/TR 60727-1:1982(第1版)一致，仅做了下列编辑性修改：

a) 删除IEC/TR 60727-1:1982的前言和引言，增加了国家标准的前言；

b) 按照GB/T 1.1，增加了第2章规范性引用文件，原国际标准的第3、4、5、6……章等顺延为第4、5、6、7……章；

c) 在第2章的规范性引用文件中，用已转化的国家标准代替了国际标准。

本部分的附录A为资料性附录。

本部分由中国电器工业协会提出。

本部分由全国电气绝缘材料与绝缘系统评定标准化技术委员会(SAC/TC 301)归口。

本部分负责起草单位：哈尔滨大电机研究所、哈尔滨电机厂有限责任公司。

本部分参加起草单位：东方电气东方电机有限公司、上海电气电站设备有限公司上海发电机厂、山东济南发电设备厂、北京北重汽轮电机有限责任公司、天津阿尔斯通水电设备有限公司。

本部分主要起草人：张大鹏、赫甝、隋银德、卢春莲、高清飞、王玉田。

本部分参加起草人：漆临生、吴晓蕾、魏景生、刘凤娟、魏学彦、陈阳、饶宝林、周建。

本部分为首次发布。

电气绝缘系统耐电性评定
第1部分:在正态分布基础上的
评定程序和一般原理

1 目的与范围

GB/Z 23756 的本部分是绝缘系统耐电性评定试验原理和程序的指导性文件,也为开发耐电性方法和试验提出了建议。

在本部分里,阐述了有关绝缘系统耐电性试验的背景资料,推荐了在电作为主要的老化因子的情况下的试验程序,同时也推荐了对电老化数据进行正态分布统计处理的方法。

本部分的附录为资料性附录,内容涉及了绝缘系统耐电性试验数据的其他统计分布。

2 规范性引用文件

下列文件中的条款通过 GB/Z 23756 的本部分的引用而成为本部分的条款。凡是注日期的引用文件,其随后所有的修改单(不包括勘误的内容)或修订版均不适用于本部分,然而,鼓励根据本部分达成协议的各方研究是否使用这些文件的最新版本。凡是不注日期的引用文件,其最新版本适用于本部分。

GB/T 7354　局部放电测量(GB/T 7354—2003,IEC 60270:2000,IDT)

GB/T 21223　老化试验数据统计分析导则　建立在正态分布的试验结果的平均值基础上的方法(GB/T 21223—2007,IEC 60493-1:1974,IDT)

GB/T 20112　电气绝缘结构的评定与鉴别(GB/T 20112—2006,IEC 60505:1999,IDT)

第一篇　一般原理

3 老化

3.1 电应力的作用

电应力施加在绝缘系统上,不管是单独存在还是联合其他因子,都会有老化的作用,电应力对绝缘系统的老化作用主要表现在如下几个方面:

——当局部电场强度大于绝缘系统内部或者绝缘系统周边的液体或气体绝缘材料的击穿强度时,就会产生局部放电作用;

——起痕作用;

——树枝状放电作用;

——电蚀作用;

——相对于上述作用,在两种绝缘材料相邻介面上可能存在相对较高的切向场强,例如两种材料的介电系数不同,也会产生作用。

3.2 环境的作用

湿度以许多方式影响着电老化。它可以改变表面导电率和体积导电率的数值和均匀性,改变电场分布,改变由于放电、表面起痕倾向和漏电流而引起的绝缘降解。

在潮湿条件下,由放电产生的化学物质同电极、绝缘材料和潮气相结合,从而导致随后产生的放电的改变。

温度影响局部放电的过程是相当复杂的。化学物质的稳定性,局部放电的腐蚀作用与湿度相互制约作用，这些都是随温度变化而变化的。此外在绝缘内部气隙的空间分布也会随热膨胀变化而改变。

除了温度和湿度，环境条件还包括许多其他因素，例如大气压力、污垢、灰尘、化学烟尘等。这些都是影响电老化的重要因素。在评估电老化的过程中，判断绝缘系统存在着哪些环境条件对评估是尤为重要的。

4 电应力作为老化因子的评定

4.1 试验变量和其他方面

根据 GB/T 20112，老化试验应当始终在电应力下进行，并且认为电应力是作为老化试验的因子在起作用。

以现阶段的知识，对于每种情况都给出完整的明确的标准是不可能的。在制定设备的试验程序时，应当确定那些特殊情况下的电老化试验的情况。

众所周知，电老化的损害作用在很大程度上决定于绝缘系统的性质。通常比较重要的变量和特征包括：电极尺寸，绝缘厚度，应力集中，绝对电压水平和频率，失效率和失效率的变化情况。

如果存在局部放电，不管是绝缘系统内部还是绝缘系统外部的，或者预期在运行电压下发展，那么通常就认为电应力是一种老化因子。如果局部放电在过电压下出现，当过电压经常出现或者出现了局部放电而在正常电压下没有消失，局部放电作用应该代入计算。所以，把电应力认作为一个老化因子可能需要确定局部放电的熄灭电压。

基于帕申定律，从技术原理上考虑，绝缘系统的几何形态，绝缘材料的介电常数和气隙中气体的密度或在电气上受到电应力的表面状况，可以近似地预测是否存在局部放电。

另外一个途径是用适当的方法来测量这些局部放电，例如在 GB/T 7354 局部放电测量中有所描述。当这些方法显示在适当的电压范围内没有局部放电，并且能够看出在所用仪器探测临界点以下无损伤，没有发生与局部放电有关联的显著的电化学反应，那么可以不要求在电应力下作老化试验。

在有些情况下，没有局部放电存在的试验中可以看到老化现象。这种老化现象是由电应力的其他方面引起的，例如：树枝状放电，起痕或电解作用。这些作用通常不能通过简单的无损测量的方式判断出。在这些情况下，相似绝缘系统上的试验可以指导这些应力作为老化因子的判断。在电老化试验之前预备性试验可以对这些作用给出有价值的信息。

4.2 其他因子的存在

存在着这么一种可能性，即只有在其他因子存在，或在其他因子（例如温度、湿度、机械应力）作用后，电应力才能成为老化因子。这些因子及其作用以可逆或不可逆的方式改变着绝缘系统的特性。

即使在其他因子同时或不同时作用时，并没有在表面产生任何老化，这种情况下也应考虑电应力。

试验方法应当将这些联合效应考虑在内。涉及联合效应的试验方法目前还处于开发的初期阶段。其结果并不总能给出联合效应全面合理的解释。

也是在这种情况下，通过在类似设备上的试验将能够判断在给定设备上保持电应力作为主要老化因子的必要性。

5 老化加速

在功能试验时经常需要对老化加速。有两种方法可以加速老化试验。即提高应力水平和增加频率。两种方法可以单独进行，也可以同时进行。

通常只有在特殊情况，即过电压存在时的应力老化试验才不需要用提高应力水平来加速，可以通过周期性施加瞬态过电压，作为加在试样上的老化因子。

5.1 用提高应力水平来加速老化

通过广泛的实践得知，对于指定的绝缘系统和指定的试验程序，有可能确定出在试验范围内施加电压与失效时间之间的经验关系。

5.1.1 数学公式

已经提出了几个数学公式来描述这个关系式。假设导致电气击穿的现象取决于曝露的持续时间，故此认为数学公式常常用来作为结果的统计表达式。这些在附录A中有所提到，另外附录A中还介绍了一种步进式的增加电压加速老化试验方法的公式。

这样有效性应该由不同电压下得到的结果进行评定，以便得到公式中所用的常数系数。

5.1.2 结果偏差

必须认识到在用相同方法制造的并且在相同条件下试验的一定数量试样的试验结果会存在偏差。认识到这点对于试验结果的处理是很重要的。例如，对固定失效时间的电应力的标准偏差的计算，根据上述5.1.1中假设得到的经验性公式推导，大概得到10%左右或者更多。同样推导对于相似试样在同一电压下最大失效时间与最小失效时间的比值，该值约为一个数量级或者更大。

5.1.3 试验电压的选择

为了在图形上得到有效关系，我们至少需要获得3个点，当然4个点会更好。测试电压选择，应使最大平均失效时间与最小平均失效时间之比约为1 000：1。

施加的最小试验电压值应该以这样的方式来选择，即其实际的试验时间的平均值或中值。最低试验电压值的选择应该是预期寿命的重要部分。在许多情况下，预期寿命的5%被认为是典型值。在某些特殊情况中，比这更低的值也可以接受的。在第5章中指出鉴定有关未改变破坏机理的标记。当这点不能实行时，就要应用频率加速老化的方法了(详见5.2)。

5.1.4 试验方法

由于不可能预先估算出在规定时间里的击穿电压，必须确定几个电压值，例如 V_1，V_2，V_3 和 V_4(这四个电压都可用)，以便能够绘制出在这些电压下的失效时间。比例 V_2/V_1，V_3/V_2 和 V_4/V_3 可以通过经验来确定或者通过含有被试验的特定绝缘型式的类似模型上进行预备性试验来确定。例如系数 $V_2/V_1=V_3/V_2=V_4/V_3=1.2$ 就可以选用。

同理，最低测试电压 V_1 与运行电压 V_n 的比值也可以通过经验或预备试验来选取。

5.1.5 击穿时间

单个试样在规定电压 V_i 下的击穿时间的概率分布常常用正态分布来表示，即高斯分布有时用对数正态分布来表示则更好。详情见GB/T 21223中，基于试验结果正态分布平均值上的方法。

其他的统计学中概率分布也是很有价值的。现在威布尔分布被许多的出版物和研究人员广泛地应用。而且在许多情况下韦伯分布是相对于对数正态分布更好的方法。

在正态分布中，分布的平均值通常表示作为整体绝缘系统的一个有代表性的特性。这个参数的评定可以用下面的公式(1)计算：

$$t_i = \sum_{j=1}^{n} \frac{t_{ij}}{n} \qquad \cdots\cdots(1)$$

这里 t_{ij} 是在电压 V_i 下单个的击穿时间，n 是在电压 V_i 下试验试样的数目($j=1,2,\cdots n$)。

在对数正态分布，优先采用对数均值(中值)，由公式(2)估算得到：

$$\lg t_i = \sum_{j=1}^{n} \frac{\lg t_{ij}}{n} \qquad \cdots\cdots(2)$$

这个值较少受个别极端高值的影响。

在这两种分布中，试样的中值可以作为代表性特性的估计数(算术的或对数的击穿时间的平均值)。这个值当 n 为奇数时等于时间数 $\frac{n+1}{2}$，当 n 为偶数时为时间数 $\frac{n}{2}$ 和时间数 $\frac{n}{2}+1$ 的平均值。

后面的过程会比前两次提到的分布参数的估算精度低(即带来较大的标准误差)，但有一个优点，就是试样失效过半时试验就可以停止。

在一个由几个电压点组成的试验里，应当只用一个方法来估算整体参数。

5.2 用增加频率来加速老化

通常认为,对于由局部放电而导致的老化在规定电压下的寿命与电压频率成反比,只要每周期的放电数恒定,每周期的放电能量也恒定。

有一个前提,提高频率的水平取决于试验的安排,试验条件以及绝缘系统的特性。通常它不标明。根据相同定律,不是局部放电引起的老化可能不会被加速。由频率升高引起的介质损耗不允许对试样的温度有显著影响,为此需要控制和记录其温度。

同用电压来加速老化的情况一样,任何用频率来加速老化都应该在仔细地研究证明其有效性后才允许使用。大量的试验证明,有些绝缘系统是不能暴露在高于几百赫兹的频率下。而其他一些绝缘系统则即使暴露在几千赫兹下,也能提供很有价值的数据。

5.2.1 频率的选择

以现有的知识,工作电压频率应该选择在 50 Hz 或 60 Hz,频率不超过 1 000 Hz 似乎是可取的。

在某些情况下,除了在工频下通过升高电压来试验,如 5.1 所述外,还推荐做这个试验。

5.2.2 结果计算

由于这些试验是在恒定电压下完成的,因此其结果可按 5.1.5 来计算。

通过电压相同而频率不同时的两个试验对比,可以用来校验 5.2 中规定的假设。在这个情况下,增加频率的试验结果可以转换成等效工频频率下的寿命。

6 老化机理

GB/T 20112 中描述了老化机理和鉴定方法。在接下来的段落,概要地阐述关于老化机理的一些方面和鉴定方法。

由于局部放电的作用是重要的老化因素之一,因此在运行电压和运行频率下或在试验条件下有必要进行局部放电值测量(电压水平,每周期损耗放电能量,视在电荷的平方比率等)。以便评估试验过程中的老化程度。经常认为,如果满足 4.2 的条件,那么用频率加速老化的方法可以获得标准的加速条件。

没有统一的规则来规定通过增加电压应力来加速老化的方法,但是如果在试验条件和运行条件中出现了局部放电特征有很大的变化,那么就必须给予特别的关注。

在试验时,对绝缘系统析出气体进行分析,可以得到老化机理改变方面的信息。众所周知,由局部放电引起的降解产物是由较轻的碳水化合物和一氧化碳组成,而其性质和大小决定于在分子水平的消耗的能量。

此外,可以将电击穿后的老化试样的外观与现场设备中取出的部分相比较。对于固体降解产品的分析可以提供辅助性信息。

这些技术还可以用来选择其他试验条件或选择其他影响因子。

人量试验表明,温度显著地改变了局部放电的条件,以及其他特性,例如电老化产生气体的渗透性。应进行预备性试验以选择试验温度或规定两点/多点温度或规定试验时的温度变化范围,以尽可能模拟现场预期存在的条件。

第二篇 试验规程

7 概述

评定电气绝缘系统耐电性的测试程序,应该包括描述性的备注。备注中提供了对于特殊试验的试样有关的工业方面以及其所有特殊要求方面的明确信息。

下述每个试验过程应该保证:

a) 在完整的学术上和工程领域基础上给出统计学上一致的结果;

b） 提供的数据不应含有操作者的偏见；

c） 与运行经验相关的资料处于通常可接受的方式上。

8 试验对象

为了评定绝缘系统，应尽可能使用设备来评定绝缘系统。但考虑到尺寸和使用的便捷，也可以用模型来评估绝缘系统，而不是用全尺寸的设备。

如果采用模型，那么试验程序还应包含这个模型的说明。一个模型可以包括多于一个的绝缘系统或者试验样品。

模型应该包含设备表现出来的本质的单元，特别是模型还应包含电压。但是有时需要电压分级设备以适应试验所用的电压应力。

试验程序应规定在每种特殊老化条件下试验的模型和试样的最少数量，以得到合理的统计精度。在每个电压值下试验的试样中间失效时间很分散，故要求有较大的试样数，以得到可靠的置信度。

因此，在每个电压值上所用的试验样品的数量，由试样失效时间分布的统计分析和在确定平均试样寿命方面期望达到的置信度来确定。有时中值也用来估计这一特征。5.1.5 中就阐述了计算击穿时间的事例。

为了保证试验对象是典型的被试系统，可以进行预备性试验。

9 环境和温度的影响

在不同环境条件下的电气耐电性试验结果不能直接用来比较。

在电气耐电性试验中，温度的影响是尤为重要的，但是这种影响的范围取决于试验条件和绝缘系统。在制定试验程序时对这一点要给予特别关注。凡涉及工作温度的范围，在两个或多个温度点上试验都可以规定。

当设备运行在特别的大气条件下，例如化学品、灰尘或者在液体中，试验条件应该尽量相似于运行条件。因此，在特殊的条件下，试验程序应该包括这种环境条件。

10 降解产物和组合材料的影响

试验程序应该注意到在绝缘系统中组合材料存在着降解作用。这些材料可以是绝缘系统的组成部分，或者是结构支撑的相邻部分，设备自身或冷却介质。当试验样品老化时，所用的通风不应对通常在现场试验的老化机理产生明显的影响，且应考虑降解产物的排出或保留。

11 老化程序

试验程序的基本任务是确定在各种电应力作用下，不管是连续性的还是周期性的绝缘系统基本特性的变化。这是通过模型（或设备自身）在受控电应力条件下连续或周期性曝露来完成的。

为了评估基本特性方面的任何变化，可以同时地或周期性地给试验对象施加诊断因子。

终点标准是：

——试验电压下击穿；

——在周期性施加的过电压下击穿；

——达到诊断因子规定的值。

评定工作常常包含特殊环境下的加速电气耐电性测试。关于用提高电压和增加频率来加速老化的进一步讨论可参见 5.2。

11.1 用提高电压来加速

为了得到有效的结果，建议评定任何绝缘系统都应该用不少于三个研究确定电压值来试验。

依据所涉及的电气设备的情况，试验程序可以规定最低电压值与可外推其结果的电压值之间的比值,也可以规定试验电压值之间的比率。

11.2 用增加频率来加速

已经发现对于某些绝缘系统,因局部放电引起老化时,在规定电压下的电气寿命大致与频率成反比。应在试验规程里规定频率加速的界限,且绝缘系统也应避免过多的发热。

建议频率加速试验与在工频下增加电压的试验联合进行。

在增加频率下的最高试验电压值常常等于在工频电压下的最低试验电压值,而在增加频率下的辅助试验则仍然在最低试验电压值下进行。试验程序能够建立这样一种条件,在这个条件下我们能够认可高频下试验结果与工频下试验结果的等效性,即时间倍数相当于频率比值。

当老化机理众所周知时,试验过程可以固定在频率加速试验被认为很充分的条件下进行,这种情况下就没有必要同工频下试验相比较。

11.3 参数偏差

关于电压值,频率和其他试验条件的规程应包括规定值的偏差。应当考虑电压时间的长短和次数。在许多情况下,电压保持在规定值的±2%以内,而间断时间小于时数的5%,波动范围允许±5%。

12 老化机理的检验

在用加速的功能性试验来评定绝缘系统时,一些不正确结论产生的重要原因是当试验条件与现场条件不一样时很难确定老化机理方面改变。试验越加速,风险就越大。为此必须对在试验中的老化机理同现场一样的这种假定进行检验。

下面的一些测量和观测可能对达到这个目的有用:

a) 介质损耗;

b) 局部放电的幅值和时间分布;

c) 电压值与失效时间之间关系的斜率变化;

d) 决定于各个失效时间的概率分布变化;

e) 击穿点及其外部变化。

所有用来检验老化机理的方法同试验中的老化作用相比只应有微不足道的老化作用。

13 诊断方法和终点标准

诊断方法和终点标准是有用处的,除非在老化时介质击穿。

在GB/T 20112中叙述了诊断技术,可以从这些技术中间进行选择。试验规程应规定所选用的诊断方法。许多诊断测量法可以运行在不中断耐电性测试的情况下进行。其他诊断技术可以每隔一段时间,在试样停电后进行。例如,模拟运行中过电压的耐过电压试验。

所有诊断测量同试验时的老化相比,应只有微不足道的老化作用。

14 备选试验程序

14.1 连续固定电压值

试验程序可以规定,所有测试对象都在一个固定电压值下试验直到失效。对于在这种试验,可以得到在每个电压值下到失效的特征时间并加以解释(见5.1.5)。

14.2 渐增电压水平

在特殊情况下,对于每一种试验品都可以用提高电压来进行电气寿命试验。在技术文献中介绍了许多这样的方法。在这种试验规程中,除了规定上面提到的所有其他试验条件,还必须规定电压值与失效时间之间的明确的数学关系以及把所有试验结果转换到正常时间或正常电压值的方法。

这种电气耐电性试验方法中对不改变老化机理的检验特别重要。附录A中介绍了这种程序的例子。

14.3 周期试验

无论是固定电压还是增加电压都可以应用在周期试验中。每个试验周期应该包括一个电应力曝露时间,并规定每周期的持续时间。

如果认为过电压是绝缘系统在运行中的一个老化因子,那么可以规定每隔一定时间加过电压。试验程序应该规定加过电压的次数、间隔时间和电压值。

15 报告——评估结果

试验结果可以以图表的形式来表达,图中记录了平均失效时间或者中值失效时间。可以使用对数——对数或半对数——纵坐标线。最好使用能给出较好曲线线性的图。试验程序可以按照经验来选择确定。

如果同时使用增加电压和提高频率来加速老化的方法,那么就应该把每个频率下的图形都画下来。在这种情况下,如果在相同的电压水平的两个不同频率得到了其时间比值近似地等价于频率比的倒数,那么其结果的解释就比较好。

16 电气耐电性试验的数据分析

根据目前电气绝缘工艺技术状况,仅能做比较性评定。正如 GB/T 20112 中指出的那样,最终希望在绝对意义上能够进行评定,但现在不可能。

在评定电压值与失效时间关系时,这些关系的纵坐标会使用实际的时间数(例如小时),不论其在试验范围以内还是推出来的。

可是外推不一定在绝对意义上反映等效的运行寿命。

当按照试验规程对绝缘系统进行试验时,一致性非常重要,为此试验规程有如下规定:

a) 涉及绝缘系统耐电性试验的电压值范围可以被外推或外推值应被限制;

b) 数据的统计处理包括置信度指标的表达;

c) 如果试验电压值与失效时间之间的关系在使用的直角纵坐标系统中不是线性的,则对有关数据外推和延伸要有附加限制;

d) 试验电压值或失效时间的值是用来评定比较绝缘系统性能的。

上述考虑对各种型式的设备和绝缘系统可以是不同的。所用的近似统计分布和转换比例,不同情况之间是不一样的。

对于被比较的绝缘系统试验电压值和失效时间之间的关系完全不相似或者不是比较好的平行的,这种情况就应该规定一些专门的限制。

附 录 A
（资料性附录）
步进式增加电压的耐电性试验

A.1 概论

在同一电压下试验的一组相同试样，其个别的击穿时间的比率可以在 1～10 之间变化，甚至大于 10，而其最长失效时间对中值或平均值失效时间比值可为 3～1 或更大。

因此，最后试样的击穿时间远大于平均值或中值时间，而中值或平均值时间对试验来说是有用的数据。

于是可以采用逐步增加电压来试验，以使整个试样完成试验的时间缩短。

也可以采用复合的试验程序，即先用恒定电压试到中值失效时间，接着再用逐步升高电压来试验。

A.2 原理

在用步进式增加电压方法来试验的情况下，必须选择数学定律来计算结果。

提出过各种各样的数学公式：

$$V^kT = A \quad \cdots\cdots\cdots\cdots(A.1)$$

$$(V-V_0)^kT = A \quad \cdots\cdots\cdots\cdots(A.1a)$$

$$V = V_0 - N\lg\frac{T}{T_0} \quad \cdots\cdots\cdots\cdots(A.2)$$

式中 V 和 T 分别表示施加电压和作用时间，V_0 和 T_0 是一对特定值，A，k 和 N 为所试绝缘系统特有的常数。

已经出版的各种理论研究证明，这些数学公式是正确的。有些作者用不同的系数 k 和 k'，使式(A.1)保持两个函数，不论哪一边有某种时间限制。

本报告牵涉到数学表达式(A.1)，它可以写成：

$$k\lg V + \lg T = \lg A$$

它用图形表示在对数-对数，直角纵坐标上就是一条直线。

当在对数-对数图上电气寿命曲线的斜率 k 已经为早先的试验近似地评定，或为稳定状态电气寿命试验(用中值击穿时间得到的)近似地评定时，本程序就是合适的。对于一些试验持续时间较长的试样，或其他没有试验的试样的最终寿命可以用大量节省时间的步进式增加电压的试验程序来确定。

在 k 值未知的情况下，可以采用其他一些不为我们所知的办法(策略)。当在文献中查到时，它们已超出本报告的范围。

A.3 测试程序和计算

按照上面的假设，如果 $T'=\frac{1}{a^k}T$，那么电压 $V'=aV$ 在时间 T' 内的作用消耗其总寿命的部分等效于电压 V 在时间 T 内的作用。

特别是当 $a=\sqrt[k]{2}$ 时，电压 V_i 在时间 T_i 内的作用就等效于电压为 aV_i 在时间 $\frac{T_i}{2}$ 的作用。

对于 n 个试样，在所有试样上施加的电压按几何级数逐级增加，即 $V_0, aV_0, \cdots, a^pV_0$ 分别对应时间 $T_0, T_1, \cdots T_P$。

如果试样在电压 a^pV_0 被击穿，那么在这个电压下的总的等效时间 T_a 为：

$$T_a = \frac{T_0}{2^P} + \frac{T_1}{2^{P-1}} + \cdots + \frac{T_{P-1}}{2} + T_P \qquad \text{(A.3)}$$

那么这个被考虑试样在电压为 a^pV_0 时的寿命为 T_a，而根据等式(A.1)可以认为对于任何电压 V，它的寿命 T 可能为，只要：

$$V^kT = (a^pV_0)^kT_a \qquad \text{(A.4)}$$

如果由 n 个试样被使用，那么对每一个试样对应两个值：

$$(a^pV_0)_i, T_{ai}(\text{其中 } i = 1 \text{ 至 } n)$$

为了对 n 个试样的值的分布情况进行评估，较容易在每个试样的前段公式中代入相应值，得到每个试样的失效时间中值，即$(T_{ai})_{i=1}^{i=n}$，这里当 n 为奇数时，试样数目为$\frac{n+1}{2}$，当 n 为偶数时，试样数目为$\frac{n}{2}$和$\frac{n}{2}+1$ 的平均值。

假如时间 T_m 已知，对于每个试样来说，电压对应的寿命分布可以通过公式(A.4)计算出来。这里给了第 n 个试样的电压 V_{mi}，相应的有效寿命就为 T_m。

通过这些 n 个电压值，这组试样的平均电压就可以计算出：

$$V_m = \frac{1}{n}\sum_{i-1}^{i=n} V_{mi}$$

与偏差有关的元素例如对应的标准离差也可以计算：

$$S = \sqrt{\frac{\sum_{i=1}^{i=n}(V_{mi} - V_m)}{n-1}}$$

A.4 绘制曲线

如果应用了四组试样，已经确定了每组试样的对应于时间 T_m 的平均电压值 V_m 以及标准离差 s。那么在对数坐标纸上，也就可以绘制出寿命时间曲线。

如果 A.1 中给出的假设是精确的，那么四个关系成一直线排列，更确切的讲，直线可以被划在平均电压值的 95%置信度的界限内，而且在对数坐标中的这条直线的斜率与公式(A.1)中的系数 k 是对应的。

如果这些条件不能被遵守时，那么也就不能进行外推。

A.5 联合试验程序——恒电压与升高电压

当被测的绝缘系统的特征是被充分了解时，选定的起始电压 V_0 可以认为是在试验期间预计有一半的试样被击穿时的电压，那么得到的时间增量是最大的。

对这个程序，其第一阶段电压 V_0 的在线时间 T_0 不是预先固定的。它对应着试样数为$\frac{n+1}{2}$(当 n 为奇数时)的击穿时间，或试样数为$\frac{n}{2}+1$(当 n 为偶数时)的击穿时间。接连的电压阶段 $V_1 = aV_0, V_2 = a^2V_0, \cdots$，等的在线时间 $T_0, T_1, \cdots, T_P$ 将能够等于约$\frac{T_0}{10}$；在这些条件下，我们可以预期最后的试样的击穿时间不大于 $1.4T_0$。

另外，每组试样的击穿电压中值不能按老化规律预先假定。

当预备性试验已经指定了所施加的最初电压值 V_0，那么该试验程序就可以特别推荐。

ICS 13.220.20
C 81

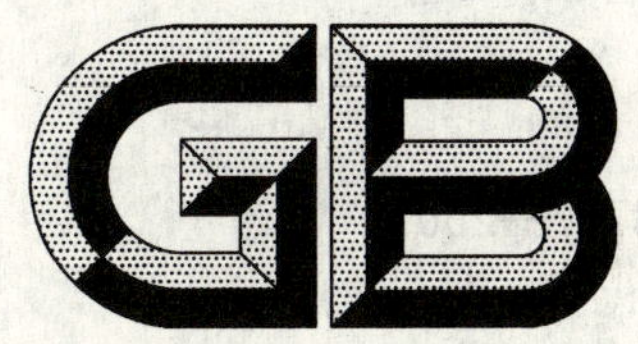

中华人民共和国国家标准

GB 23757—2009

消防电子产品防护要求

Protection requirements for fire electronic products

2009-05-05 发布 2010-05-01 实施

中华人民共和国国家质量监督检验检疫总局
中国国家标准化管理委员会 发布

前　言

本标准的第3章为强制性，其余为推荐性。

本标准的附录A为规范性附录。

本标准由中华人民共和国公安部提出。

本标准由全国消防标准化技术委员会第六分技术委员会(SAC/TC 113/SC 6)归口。

本标准负责起草单位：公安部沈阳消防研究所。

本标准主要起草人：孙爽、郭立治、唐皓、谢锋、王艳娥、杨颖、邵宇。

消防电子产品防护要求

1 范围

本标准规定了消防电子产品的防护要求及其试验方法。

本标准适用于一般工业与民用建筑中安装场所使用的消防电子产品。其他环境中安装的具有特殊性能的消防电子产品，特殊要求由有关标准另行规定外，也适用于本标准。

2 规范性引用文件

下列文件中的条款通过本标准的引用而成为本标准的条款。凡是注日期的引用文件，其随后所有的修改单(不包括勘误的内容)或修订版均不适用于本标准，然而，鼓励根据本标准达成协议的各方研究是否可使用这些文件的最新版本。凡是不注日期的引用文件，其最新版本适用于本标准。

GB/T 2423.37—2006 电工电子产品环境试验 第2部分：试验方法 试验L：沙尘试验(IEC 60068-2-68:1994,IDT)

GB 4208 外壳防护等级(IP代码)(GB 4208—2008,IEC 60529:2001,IDT)

GB/T 5169.5—1997 电工电子产品着火危险试验 第2部分：试验方法 第2篇：针焰试验(idt IEC 60695-2-2:1991)

GB/T 5169.10—2006 电工电子产品着火危险试验 第10部分：灼热丝/热丝基本试验方法 灼热丝装置和通用试验方法(IEC 60695-2-10:2000,IDT)

GB 16838—2005 消防电子产品环境试验方法及严酷等级

GB 17945 消防应急灯具(GB 17945—2000,neq ISO 6309:1987)

GB 20286—2006 公共场所阻燃制品及组件燃烧性能要求和标识

3 要求

3.1 总则

消防电子产品若要符合本标准，应首先满足本章要求，然后按第4章规定进行试验，并满足试验的要求。

3.2 技术要求

3.2.1 外壳

3.2.1.1 消防电子产品外壳宜选用不燃或阻燃材料，阻燃材料的阻燃性能应满足GB 20286—2006的要求。

3.2.1.2 当打开消防电子产品的外壳并移去其他保护措施，按制造商的规定进行安装和维护时，需要接近的所有部件都应容易接近。

3.2.1.3 消防电子产品的外壳防护等级应在产品标志或使用说明书中注明。外壳防护等级应满足GB 4208的要求，室内使用的控制器类消防电子产品的外壳防护等级不应低于GB 4208规定的IP30等级。

3.2.1.4 室外使用的消防电子产品应具有防尘功能和防水功能。

3.2.1.5 地面安装使用的消防电子产品应具有防水功能和耐磨功能。

3.2.1.6 地面安装使用的消防应急灯具的表面面板应具有抗冲击性能。

3.2.2 材料

3.2.2.1 用于固定载流部件所使用的绝缘材料应满足GB/T 5169.10—2006规定的灼热丝顶部温度

为 850 ℃的灼热丝可燃性试验要求，其他绝缘材料应满足 GB/T 5169.10—2006 规定的灼热丝顶部温度为 650 ℃的灼热丝可燃性试验要求。

3.2.2.2 接线端子排、表面尺寸不超过 14 mm×14 mm 的绝缘材料部件应满足 4.7 规定的针焰试验要求。

3.2.2.3 主电路配线应采用工作温度参数大于 105 ℃的阻燃导线(或电缆)；连接线槽的阻燃性能应满足 GB 20286—2006 中规定的家电外壳、电器附件及管道阻燃 2 级的要求。

3.2.3 接线端子

3.2.3.1 接线端子的结构应保证良好的电接触和预期的载流能力，其所有的接触部件和载流部件应由导电的金属制成，并应有足够的机械强度。

3.2.3.2 接线端子的标志应清晰、耐久，相应用途应在有关文件中说明。

3.2.4 保护性接地

3.2.4.1 如消防电子产品外露的导体部件构成危险时，应电气连接到保护性接地端子上。

3.2.4.2 保护性接地端子应设置在容易接近便于接线之处，并进行防腐处理。

3.2.4.3 保护性接地端子的标志应清晰，并采用颜色标志或适用的图形符号进行识别。

4 试验

4.1 总则

4.1.1 试验的大气条件

除有关条文另有说明外，各项试验均应在下述大气条件下进行：

——温度：15 ℃～35 ℃；

——湿度：25%RH～75%RH；

——大气压力：86 kPa～106 kPa。

4.1.2 容差

除有关条文另有说明外，各项试验数据的容差均为±5%。

4.1.3 试验样品

除另有规定外，试验样品(以下简称试样)应是清洁的制品，且所有部件应按制造商规定的方式安装。

4.1.4 试验前检查

4.1.4.1 试样在试验前应进行外观检查，并符合下述要求：

a) 表面无腐蚀、涂覆层脱落和起泡现象，无明显划伤、裂痕、毛刺等机械损伤；

b) 紧固部位无松动；

c) 标志清晰、耐久。

4.1.4.2 试样符合要求后方可进行试验。

4.2 外壳防护等级试验

按 GB 4208 进行试验，并满足相应要求。

4.3 沙尘试验

4.3.1 目的

检验消防电子产品的外壳密封性能。

4.3.2 试验设备

试验设备应满足 GB/T 2423.37—2006 中 4.3.3.3 的要求。

4.3.3 试验步骤

4.3.3.1 试验用尘为能够通过筛孔为 75 μm、金属丝直径为 50 μm 的平面网状筛的干燥滑石粉。试验用尘的数量至少为 2 kg/m³(试验箱体积)。试验箱内气流速度应保证试验用尘在试验箱内均匀。

4.3.3.2 试样在试验设备开机前，在正常大气条件下放置不小于 2 h。

4.3.3.3 将试样放入试验箱内。其体积不应超过试验箱体积的 25%，试样底座不应超过试验箱工作空间水平面积的 50%。对于不能整体放入试验箱的，可采用：

a) 对各封闭部分分别进行试验；

b) 对与试样有相同结构的较小产品进行试验。

4.3.3.4 试样安装完毕后，开始吹尘（试验用尘），持续时间 8 h。试验停止后 30 min 取出试样，并放置于正常大气压条件下恢复至少 2 h。试验后观察和记录试样的电气和机械参数。

4.3.4 **试验结果**

试验后，试样应能正常工作。

4.4 **表面耐磨性能试验**

4.4.1 **目的**

检验地面安装使用的消防电子产品的表面耐磨性能。

4.4.2 **试验设备**

试验设备要求如下：

a) Taber 型或同等的磨耗试验机；

b) 按附录 A 制作的研磨轮。

4.4.3 **试验步骤**

按附录 A 制作研磨轮，并粘好刚玉粒度为 180＃的 3 号砂布后，在温度 15 ℃～35 ℃、相对湿度 25%～75%的大气环境下放置 24 h 以上。用脱脂纱布将试样表面擦净，表面向上安装在磨耗试验机上，并将研磨轮安装在支架上，施加 4.9 N±0.2 N 外力条件下进行研磨 9 000 转，研磨轮每磨耗 500 转更换一次。

4.4.4 **试验结果**

试验后，试样外观无明显影响正常工作的损坏，试样功能应满足相应产品标准的要求。

4.5 **抗冲击试验**

4.5.1 **目的**

检验地面安装使用的消防应急灯具表面面板的抗冲击性能。

4.5.2 **试验步骤**

将试样按制造商的规定进行安装，使其处于正常工作位置，表面保持水平。然后将直径为63.5 mm（质量约为 1 040 g）表面光滑的钢球放在距离试样表面 1 000 mm 的高度，使其自由下落。冲击点应在距试样四角边框 25 mm 范围内，4 个角各冲击 1 次，观察并记录试样状态。

4.5.3 **试验结果**

试验后，试样表面面板应无破碎、裂纹等机械损伤现象，功能应满足 GB 17945 的要求。

4.6 **灼热丝可燃性试验**

4.6.1 **目的**

检验消防电子产品由于灼热元件或过载电阻之类热源在短时间内所造成热效应力的着火危险性。

4.6.2 **试验设备**

试验设备应满足 GB/T 5169.10—2006 的要求。

4.6.3 **试验步骤**

4.6.3.1 在厚度约 10 mm 的平滑白松木板上紧裹一层绢纸制成铺底层。将一个试样和铺底层放置在温度 15 ℃～35 ℃、相对湿度 25%～75%的大气环境下 24 h。

4.6.3.2 使试样处于正常安装位置，并保证试样与灼热丝顶部的接触面保持垂直。铺底层安放在试样下方 200 mm±5 mm 处。如果试样为柜式设备，铺底层应在设备的底座四周至少延长 100 mm。

4.6.3.3 按 GB/T 5169.10—2006 第 8 章的规定进行试验。灼热丝顶部应施加在试样的最薄处，并且离试样上边缘不少于 15 mm。

4.6.3.4 在施加灼热丝期间和其后 30 s 内，观察试样、试样周围的零件和铺底层的状态，并记录：

a) 从灼热丝顶部施加开始到火焰熄灭的持续时间 t_e。

b) 火焰最大高度应以 5 mm 一挡向上调整。但起燃开始时，可能产生为时约 1 s 的高火焰，这种火焰可不计。

注：火焰高度指当灼热丝施加在试样上时由灼热丝上缘至在柔和的弱光下观察可见火焰顶部的垂直距离。

4.6.4 试验结果

试样应符合下列两种情况之一：

a) 无火焰或不灼热；

b) 试样和周围的零件产生火焰或灼热，但在灼热丝移去后 30 s 内熄灭(即 $t_e \leqslant 60$ s)，并且铺底层的绢纸不起燃，试样周围的零件未完全烧完。

4.7 针焰试验

4.7.1 目的

检验消防电子产品在故障条件下所造成局部小火焰的着火危险性。

4.7.2 试验设备

试验设备应满足 GB/T 5169.5—1997 的要求。

4.7.3 试验步骤

4.7.3.1 在厚度约 10 mm 的平滑白松木板上紧裹一层绢纸制成铺底层。将三个试样和铺底层放置在温度 15 ℃～35 ℃、相对湿度 25%～75%的大气环境下 24 h。

4.7.3.2 燃烧器火焰的确认：在空气不流通的环境中，以 12 mm±1 mm 高的火焰(纯度不小于 95%的丁烷气或替代气体作火焰源)对经过处理的铜块(未钻孔但已完成整个机加工，直径为 4 mm，质量为 0.58 g±0.01 g)进行试验。测量 3 次铜块温度由 100 ℃±2 ℃升至 700 ℃±3 ℃所需时间(铜块初始温度小于 50 ℃)，3 次时间的平均值应在 23.5 s±1.0 s 之内。

4.7.3.3 将试样按正常使用最不利的位置(不应对试验火焰或火焰的蔓延效应产生影响)安装，将铺底层安放在试样下方 200 mm±5 mm 处，如果试样为柜式设备，铺底层在设备的底座四周至少延长 100 mm。将燃烧器固定在与水平成 45°夹角可调整高度的卡具上，使燃烧器燃烧，稳定 5 min 后，将燃烧器移至试样下方或侧方进行试验。施加试验火持续 30 s±1 s。

4.7.3.4 在施加试验火期间和试验结束后，观察试样、试样周围的零件和铺底层的状态，并记录：

a) 试样及其周围的零件或铺底层燃烧持续时间 t_b(指从试验火焰移开瞬间到试样及其周围零件或铺底层火焰熄灭看不到灼热现象的这段时间间隔)；

b) 试样的物理损坏程度。

4.7.4 试验结果

试样应符合下列两种情况之一：

a) 试样不产生火焰和灼热现象，并且铺底层的绢纸不起燃或白松木板不炭化；

b) 移去针焰后，试样、周围的零件及铺底层产生火焰或灼热持续时间 t_b 小于 30 s，并且铺底层的绢纸不起燃或白松木板不炭化。

4.8 阻燃性能试验

按 GB 20286—2006 进行试验，并满足相应要求。

4.9 接线端子的机械强度试验

4.9.1 目的

检验消防电子产品接线端子的机械强度性能。

4.9.2 试验设备

测量力矩的仪器和拧紧工具。

4.9.3 试验步骤

首先采用最大截面的合适型号的导体来进行试验。

每个接线端子接上和拆下导体5次。每次拆下导体后都应更换新的导体进行下一次试验。

对螺纹型接线端子，拧紧力矩应按表1规定或制造商规定的力矩的110%(取其大者)进行试验。试验分别在2个紧固部件上进行。

具有六角头也可用螺丝刀拧紧的螺钉，如果表1第Ⅱ列和第Ⅲ列之值不同，则进行2次试验，首先按表1第Ⅲ列规定的力矩施加在六角头螺钉上进行试验，然后对另一组试样按表1第Ⅱ列规定的力矩用螺丝刀拧紧螺钉进行第二次试验。

如果表1第Ⅱ列和第Ⅲ列之值相同，只进行螺丝刀拧紧试验。

4.9.4 试验结果

试验期间，紧固部件和接线端子不应松掉并且不应有会影响进行下一步使用的损坏。

表1 螺纹型接线端子机械强度的拧紧力矩

螺纹直径 mm		拧紧力矩 Nm		
米制标准值	直径范围	Ⅰ	Ⅱ	Ⅲ
2.5	$\Phi \leqslant 2.8$	0.2	0.4	0.4
3.0	$2.8 < \Phi \leqslant 3.0$	0.25	0.5	0.5
—	$3.0 < \Phi \leqslant 3.2$	0.3	0.6	0.6
3.5	$3.2 < \Phi \leqslant 3.6$	0.4	0.8	0.8
3.5	$3.6 < \Phi \leqslant 4.1$	0.7	1.2	1.2
4.5	$4.1 < \Phi \leqslant 4.7$	0.8	1.8	1.8
5	$4.7 < \Phi \leqslant 5.3$	0.8	2.0	2.0
6	$5.3 < \Phi \leqslant 6.0$	1.2	2.5	3.0
8	$6.0 < \Phi \leqslant 8.0$	2.5	3.5	6.0
10	$8.0 < \Phi \leqslant 10.0$	—	4.0	10.0
12	$10 < \Phi \leqslant 12$	—	—	14.0
14	$12 < \Phi \leqslant 15$	—	—	19.0
16	$15 < \Phi \leqslant 20$	—	—	25.0
20	$20 < \Phi \leqslant 24$	—	—	36.0
24	$\Phi > 24$	—	—	50.0

注：第Ⅰ列：适用于拧紧时不突出孔外的无头螺钉和不能用刀口宽度大于螺钉根部直径的螺丝刀拧紧的其他螺钉；

第Ⅱ列：适用于用螺丝刀拧紧的螺钉和螺母；

第Ⅲ列：适用于比螺丝刀更好的工具来拧紧的螺钉和螺母。

4.10 雨淋试验

按GB 16838—2005中4.21进行试验，并满足相应要求。

附 录 A
（规范性附录）
研磨轮的制作

图 A.1 为研磨轮示意图，内圈由纸质或布质层压板制成；厚度为 12.7 mm±0.2 mm，直径为 38.1 mm±0.2 mm，中心为一直径为 16.0 mm 的孔，外面包一层肖氏硬度 50～55 的橡胶层，宽度为 12.7 mm±0.2 mm，厚度为 6.3 mm，用氯丁橡胶胶粘剂粘于研磨轮内圈上，最外层是宽度为 12.7 mm±0.2 mm 的 AP180/3 砂布，用聚醋酸乙烯脂乳液或 5%～10%的聚乙烯醇溶液粘于橡胶轮上。制好的研磨轮的最后直径应为 51.4 mm±0.6 mm。轮的质量为 27 g±2 g。胶接时应防止胶液污染砂粒，砂布接头处应既不重叠又不离缝。每只研磨轮只能使用一次，试样调换时应更换新的砂布。当研磨轮的外包橡胶层硬度超过规定范围时，应予调换。

单位为毫米

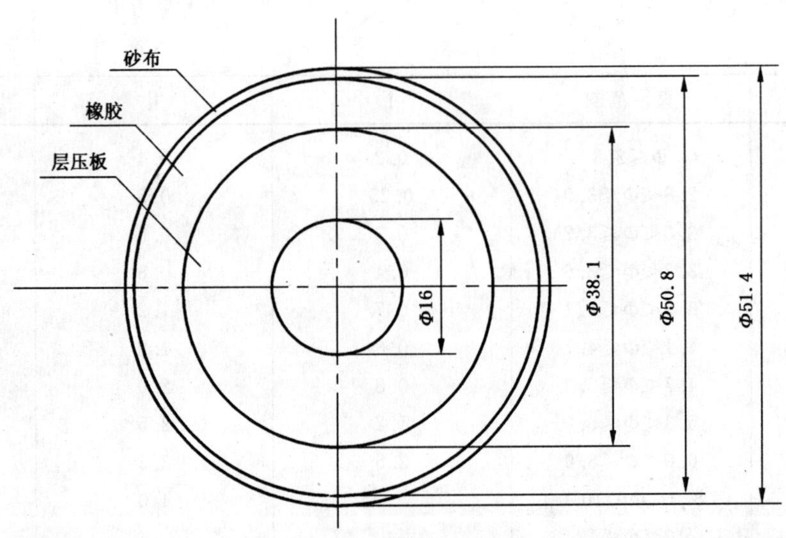

图 A.1 研磨轮示意图

ICS 85.060
Y 32

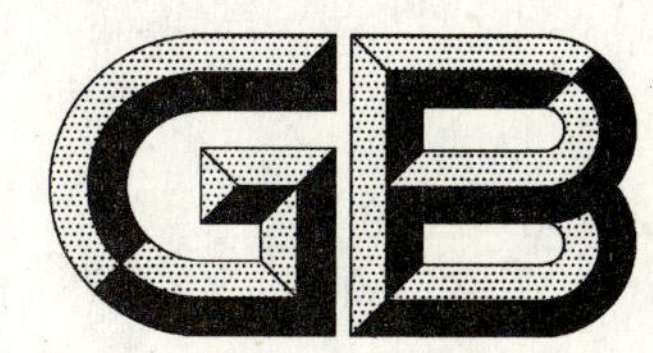

中华人民共和国国家标准

GB/T 23758—2009

工业羊皮纸

Industrial parchment

2009-05-04 发布 2009-11-01 实施

中华人民共和国国家质量监督检验检疫总局
中国国家标准化管理委员会 发布

前言

本标准在原轻工行业标准 QB/T 1709—2006《工业羊皮纸》的基础上制定。

本标准的附录 A 为规范性附录。

本标准由中国轻工业联合会提出。

本标准由全国造纸工业标准化技术委员会归口。

本标准起草单位：济南晨光纸业有限公司、中国制浆造纸研究院、中国造纸协会标准化专业委员会。

本标准主要起草人：柴正玲、张增福、高欣卡。

工 业 羊 皮 纸

1 范围

本标准规定了工业羊皮纸的产品分类、要求、试验方法、检验规则及标志、包装、运输、贮存。

本标准适用于供机器零件、仪器、化工药品等工业包装用的羊皮纸。

2 规范性引用文件

下列文件中的条款通过本标准的引用而成为本标准的条款。凡是注日期的引用文件，其随后所有的修改单(不包括勘误的内容)或修订版均不适用于本标准，然而，鼓励根据本标准达成协议的各方研究是否可使用这些文件的最新版本。凡是不注日期的引用文件，其最新版本适用于本标准。

GB/T 450 纸和纸板 试样的采取及试样纵横向、正反面的测定

GB/T 451.1 纸和纸板尺寸及偏斜度的测定

GB/T 451.2 纸和纸板定量的测定

GB/T 451.3 纸和纸板厚度的测定

GB/T 454 纸耐破度的测定

GB/T 457—2008 纸和纸板 耐折度的测定

GB/T 462 纸、纸板和纸浆 分析试样水分的测定

GB/T 465.1 纸和纸板 浸水后耐破度的测定

GB/T 1545 纸、纸板和纸浆 水抽提液酸度或碱度的测定

GB/T 2828.1 计数抽样检验程序 第1部分:按接收质量限(AQL)检索的逐批检验抽样计划

GB/T 10342 纸张的包装和标志

GB/T 10739 纸、纸板和纸浆试样处理和试验的标准大气条件

GB/T 12914 纸和纸板 抗张强度的测定

3 产品分类

3.1 工业羊皮纸按形式分为平板纸和卷筒纸。

3.2 工业羊皮纸按质量分为优等品、一等品、合格品。

3.3 根据用户要求，可生产各种颜色的工业羊皮纸，或用甘油进行处理。

4 要求

4.1 工业羊皮纸的技术指标应符合表1的规定，或符合订货合同的规定。

表 1

指标名称	单　　位	规　　定		
		优等品	一等品	合格品
定量	g/m^2	45.0±2.5 60.0±3.0 75.0±4.0		
紧度	g/cm^3	0.80～0.95		

表 1(续)

指标名称		单 位	规定		
			优等品	一等品	合格品
抗张指数(纵横平均) ≥		N·m/g	54	47	42
耐破指数 ≥	干 湿	kPa·m²/g	4.5 3.0	4.0 2.5	3.5 2.0
耐折度(纵横平均) ≥	45 g/m²	次	160	140	120
	60 g/m²		200	180	160
	75 g/m²		250	220	200
透油度 ≤	不大于 0.25 mm	个/100 cm²	2		
	大于 0.25 mm		不应有		
水抽提液 pH		—	7.0±1.0		
交货水分		%	7.0±1.0		

4.2 工业羊皮纸的切边应整齐。纸张的尺寸偏差应不超过±3 mm,平板纸的偏斜度应不超过 3 mm。

4.3 工业羊皮纸的纤维组织应均匀。

4.4 工业羊皮纸的纸面应平整,不应有褶子、砂子、洞眼、硬质块、皱纹、条痕及脏污点。

5 试验方法

5.1 试样的采取按 GB/T 450 进行。

5.2 试样的处理按 GB/T 10739 进行。

5.3 尺寸及偏斜度的测定按 GB/T 451.1 进行。

5.4 定量的测定按 GB/T 451.2 进行。

5.5 紧度的测定按 GB/T 451.3 进行。

5.6 抗张指数的测定按 GB/T 12914 进行,仲裁时采用恒速拉伸法。

5.7 耐破指数的测定按 GB/T 454 进行;湿耐破指数的测定按 GB/T 465.1 进行,其中浸水时间为 0.5 h。

5.8 耐折度的测定按 GB/T 457—2008 中肖伯尔法进行。

5.9 透油度的测定按附录 A 进行。

5.10 水抽提液 pH 的测定按 GB/T 1545 进行,采用热抽提方法。

5.11 交货水分的测定按 GB/T 462 进行。

5.12 外观质量采用目测检验。

6 检验规则

6.1 以一次交货数量为一批,但应不多于 30 t。

6.2 生产厂应保证所生产的工业羊皮纸符合本标准或订货合同的规定,每件工业羊皮纸交货时应附有一份产品质量合格证。

6.3 产品交收检验抽样应按 GB/T 2828.1 的规定进行,样本单位为卷筒(件)。接收质量限(AQL):抗张强度、耐折度、透油度为 4.0;定量、紧度、耐破度、pH、交货水分、尺寸、外观质量为 6.5。采用正常检验二次抽样,检验水平为一般检验水平Ⅰ,其抽样方案见表 2。

6.4 可接收性的确定:第一次检验的样品数量应等于该方案给出的第一样本量。如果第一样本中发现的不合格品数小于或等于第一接收数,应认为该批是可接收的;如果第一样本中发现的不合格品数大于或等于第一拒收数,应认为该批是不可接收的。如果第一样本中发现的不合格品数介于第一接收数与第一拒收数之间，应检验由方案给出的样本量的第二样本并累计在第一样本和第二样本中发现的不合格品数。如果不合格品累计数小于或等于第二接收数，则判定批是可接收的；如果不合格品累计数大于或等于第二拒收数，则判定该批是不可接收的。

6.5　需方有权检查该批产品的质量是否符合本标准或订货合同的规定，若对产品质量有异议，应在到货一个月内通知供方，由供需双方共同取样进行复验。如符合本标准或订货合同的规定，则判为批可接收，由需方负责处理；如不符合本标准或订货合同的规定，则判为批不可接收，由供方负责处理。

表 2

<table>
<tr><th rowspan="3">批量/卷(件)</th><th colspan="5">正常检验二次抽样方案，检验水平Ⅰ</th></tr>
<tr><th rowspan="2">样本量</th><th colspan="2">AQL 值为 4.0</th><th colspan="2">AQL 值为 6.5</th></tr>
<tr><th>Ac</th><th>Re</th><th>Ac</th><th>Re</th></tr>
<tr><td rowspan="2">2～25</td><td>2</td><td>—</td><td>—</td><td>0</td><td>1</td></tr>
<tr><td>3</td><td>0</td><td>1</td><td>—</td><td>—</td></tr>
<tr><td rowspan="2">26～90</td><td>3</td><td>0</td><td>1</td><td>—</td><td>—</td></tr>
<tr><td>5
5(10)</td><td>—</td><td>—</td><td>0
1</td><td>2
2</td></tr>
<tr><td rowspan="2">91～150</td><td>5
5(10)</td><td>—</td><td>—</td><td>0
1</td><td>2
2</td></tr>
<tr><td>8
8(16)</td><td>0
1</td><td>2
2</td><td>—</td><td>—</td></tr>
<tr><td>151～280</td><td>8
8(16)</td><td>0
1</td><td>2
2</td><td>0
3</td><td>3
4</td></tr>
</table>

7　标志、包装、运输、贮存

7.1　工业羊皮纸的标志与包装应按 GB/T 10342 或订货合同的规定进行。

7.2　运输时，应使用带篷而且洁净的运输工具，严防日晒雨淋。

7.3　运输时，不应用钩吊打包铁丝，不应将纸从高处扔下。

7.4　工业羊皮纸应妥善保管于通风仓库的垫板上，以防受雨、雪、地面湿气的影响。

附 录 A
（规范性附录）
透油度的测定

A.1 试样的制备

分别切取 250 mm×250 mm 的试样 5 张。

A.2 试剂和材料

A.2.1 白色定性化学滤纸一叠(5 张～10 张)，在最上层的滤纸上画出一个 100 mm×100 mm 的方框。

A.2.2 50%甘油水溶液，含 1%洋红。

A.2.3 5 mL 量筒。

A.3 步骤

将一张试样轻放在整叠滤纸(A.2.1)上，使试样完全盖住滤纸上的方框。用棉花蘸已量好的 1 mL 甘油水溶液(A.2.2)，在试样表面分别沿试样纵横向轻轻涂抹三次。然后移去试样，观察甘油水溶液透过试样渗入到滤纸方框中的红色斑点，并统计不大于 0.25 mm 红色斑点的个数。

A.4 结果计算

分别测定 5 次，以 5 次试验结果的算术平均值作为测定结果，修约至整数。

ICS 85.060
Y 32

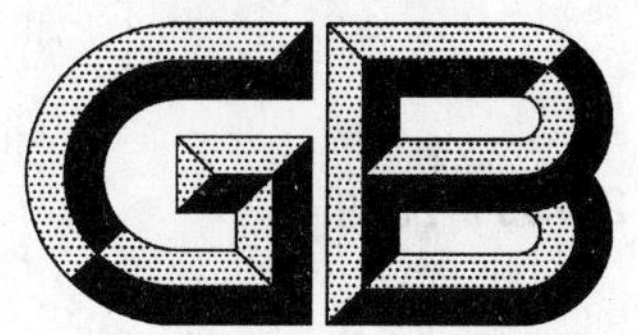

中华人民共和国国家标准

GB/T 23759—2009

特 细 羊 皮 纸

Fine parchment

2009-05-04 发布 2009-11-01 实施

中华人民共和国国家质量监督检验检疫总局
中国国家标准化管理委员会 发布

前言

本标准在原轻工行业标准 QB/T 1711—1993《特细羊皮纸》的基础上制定。

本标准的附录 A、附录 B 为规范性附录。

本标准由中国轻工业联合会提出。

本标准由全国造纸工业标准化技术委员会归口。

本标准起草单位：济南晨光纸业有限公司、中国制浆造纸研究院。

本标准主要起草人：柴正玲、高欣卡、刘善田、魏明华。

特 细 羊 皮 纸

1 范围

本标准规定了特细羊皮纸的尺寸规格和分等、要求、试验方法、检验规则和标志、包装、运输、贮存。

本标准适用于军工行业专用特细羊皮纸。

2 规范性引用文件

下列文件中的条款通过本标准的引用而成为本标准的条款。凡是注日期的引用文件，其随后所有的修改单(不包括勘误的内容)或修订版均不适用于本标准，然而，鼓励根据本标准达成协议的各方研究是否可使用这些文件的最新版本。凡是不注日期的引用文件，其最新版本适用于本标准。

GB/T 450 纸和纸板 试样的采取及试样纵横向、正反面的测定

GB/T 451.1 纸和纸板尺寸及偏斜度的测定

GB/T 451.2 纸和纸板定量的测定

GB/T 451.3 纸和纸板厚度的测定

GB/T 457—2008 纸和纸板 耐折度的测定

GB/T 462 纸、纸板和纸浆 分析试样水分的测定

GB/T 742 造纸原料、纸浆、纸和纸板 灰分的测定

GB/T 1541 纸和纸板 尘埃度的测定

GB/T 1545 纸、纸板和纸浆 水抽提液酸度或碱度的测定

GB/T 2828.1 计数抽样检验程序 第1部分:按接收质量限(AQL)检索的逐批检验抽样计划

GB/T 10342 纸张的包装和标志

GB/T 10739 纸、纸板和纸浆试样处理和试验的标准大气条件

GB/T 12914 纸和纸板 抗张强度的测定

3 尺寸规格和分等

3.1 特细羊皮纸为卷筒纸，纸卷宽度为600 mm～650 mm，直径为300 mm～350 mm，或符合订货合同规定。纸卷宽度偏差应不超过±3 mm。

3.2 除另有规定外，卷芯内径应为75 mm，其宽度与纸宽相同。

3.3 特细羊皮纸按质量分为优等品、一等品和合格品。

4 要求

4.1 特细羊皮纸的指标应符合表1的规定。

表 1

指标名称		单 位	规 定		
			优等品	一等品	合格品
定量		g/m²	31.0±2.0		
紧度	≥	g/cm³	1.0		
抗张指数(纵横平均)	≥	N·m/g	52.0	50.0	47.0
耐折度(纵横平均)	≥	次	55	50	45

表 1（续）

指标名称		单位	规定		
			优等品	一等品	合格品
透油度（大于 0.25 mm） ≤		个/100 cm^2	2		
灰分 ≤		%	2.0		
水抽提液 pH		—	7.0±0.8	7.0±1.0	7.0±1.3
纸张乙醚处理		—	不变形		
尘埃度	0.2 mm^2～1.5 mm^2 ≤	个/m^2	40	60	80
	大于 1.5 mm^2		不应有		
交货水分		%	6.0±1.0		

4.2　特细羊皮纸的透光应均匀，不应有云彩花、透光点和斑点。纸面不应有褶子、皱纹、凸出的浆块、波纹状和条痕。

4.3　特细羊皮纸不应有裂口及肉眼可见的孔眼。

4.4　特细羊皮纸应为自然色泽，不应加染料着色。

4.5　如有特殊要求，可按订货合同的规定进行生产。

5　试验方法

5.1　试样的采取按 GB/T 450 进行。

5.2　试样的处理和试验按 GB/T 10739 进行。

5.3　尺寸及偏斜度的测定按 GB/T 451.1 进行。

5.4　定量的测定按 GB/T 451.2 进行。

5.5　紧度的测定按 GB/T 451.3 进行。

5.6　抗张强度的测定按 GB/T 12914 进行，仲裁时采用恒速拉伸法测定。

5.7　耐折度的测定按 GB/T 457—2008 中肖伯尔法进行。

5.8　透油度的测定按附录 A 进行。

5.9　灰分的测定按 GB/T 742 进行。

5.10　水抽提液 pH 的测定按 GB/T 1545 进行，采用热抽提法。

5.11　纸张乙醚处理按附录 B 进行。

5.12　尘埃度的测定按 GB/T 1541 的规定进行。

5.13　交货水分的测定按 GB/T 462 进行。

5.14　外观质量进行目测检验。

6　检验规则

6.1　以一次交货数量为一批，但应不多于 30 t。

6.2　生产厂应保证所生产的特细羊皮纸符合本标准或订货合同的规定，每件纸交货时应附有一份产品质量合格证。

6.3　产品交收检验抽样应按 GB/T 2828.1 的规定进行，样本单位为卷筒（件）。接收质量限（AQL）：抗张指数、耐折度、透油度为 4.0；定量、紧度、水抽提液 pH、纸张乙醚处理、灰分、尘埃度、交货水分、尺寸、外观质量为 6.5。采用正常检验二次抽样，检验水平为一般检验水平Ⅰ，其抽样方案见表 2。

表 2

批量/卷或件	正常检验二次抽样方案，一般检验水平Ⅰ				
	样本量	AQL 值为 4.0		AQL 值为 6.5	
		Ac	Re	Ac	Re
2～25	2	—	—	0	1
	3	0	1	—	—
26～90	3	0	1	—	—
	5	—	—	0	2
	5(10)	—	—	1	2
91～150	5	—	—	0	2
	5(10)	—	—	1	2
	8	0	2	—	—
	8(16)	1	2	—	—
151～280	8	0	2	0	3
	8(16)	1	2	3	4

6.4　可接收性的确定：第一次检验的样品数量应等于该方案给出的第一样本量。如果第一样本中发现的不合格品数小于或等于第一接收数，应认为该批是可接收的；如果第一样本中发现的不合格品数大于或等于第一拒收数，应认为该批是不可接收的。如果第一样本中发现的不合格品数介于第一接收数与第一拒收数之间，应检验由方案给出的样本量的第二样本并累计在第一样本和第二样本中发现的不合格品数。如果不合格品累计数小于或等于第二接收数，则判定批是可接收的；如果不合格品累计数大于或等于第二拒收数，则判定该批是不可接收的。

6.5　需方有权检查产品的质量是否符合本标准或订货合同的要求，若对产品质量有异议，应在到货后一个月内通知供方，由供需双方共同取样进行复验。如不符合本标准或订货合同的规定，则判为批不可接收，由供方负责处理；若符合本标准或订货合同的规定，则判为批可接收，由需方负责处理。

7　标志、包装、运输、贮存

7.1　特细羊皮纸的标志和包装应按 GB/T 10342 或订货合同的规定进行。

7.2　运输时，应使用带篷而且洁净的运输工具，严防日晒雨淋。

7.3　运输时，不应用钩吊打包铁丝，不应将纸件从高处扔下。

7.4　纸张应妥善保管于通风仓库的垫板上，以防受到雨、雪、地面湿气的影响。

附 录 A
（规范性附录）
透油度的测定

A.1 试样的制备

切取250 mm×250 mm的试样5张。

A.2 试剂和材料

A.2.1 定性化学滤纸，白色，一叠（5张～10张），在最上层的滤纸上画出一个100 mm×100 mm的方框。

A.2.2 甘油水溶液，50%（质量分数），含1%洋红。

A.2.3 量筒，5 mL。

A.3 步骤

将一张试样轻放在整叠滤纸（A.2.1）上，使试样完全盖住滤纸上的方框。用棉花蘸取1 mL甘油水溶液（A.2.2），在试样表面分别沿试样纵横向轻轻涂抹三次。然后移去试样，观察甘油水溶液透过试样，渗入到滤纸方框中的红色斑点，并统计大于0.25 mm红色斑点的个数。

A.4 结果计算

测定5次，以5次试验结果的算术平均值作为测定结果，修约到整数。

附 录 B
（规范性附录）
纸张乙醚处理方法

将 10 cm×4 cm 特细羊皮纸放入 200 mL～250 mL 的烧杯中，注入乙醚，1 min 后取出纸条，待乙醚挥发后，纸条与测试前相比应无明显变化，试验应进行三次。

ICS 85.060
Y 32

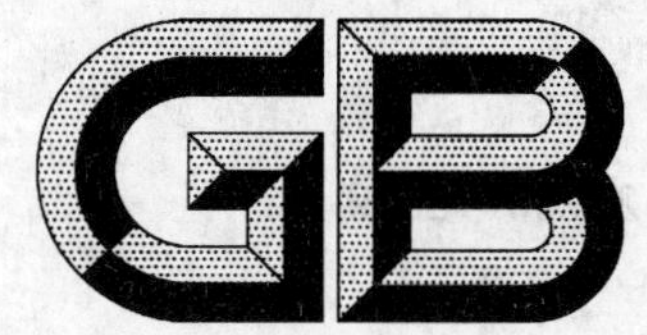

中华人民共和国国家标准

GB/T 23760—2009

农业羊皮纸

Agricultural parchment

2009-05-04 发布 2009-11-01 实施

中华人民共和国国家质量监督检验检疫总局
中国国家标准化管理委员会 发布

前 言

本标准在原轻工行业标准 QB/T 2599—2003《农业羊皮纸》的基础上制定。

本标准的附录 A 为规范性附录。

本标准由中国轻工业联合会提出。

本标准由全国造纸工业标准化技术委员会归口。

本标准起草单位:济南晨光纸业有限公司、中国制浆造纸研究院、中国造纸协会标准化专业委员会。

本标准主要起草人:柴正玲、高欣卡。

农 业 羊 皮 纸

1 范围

本标准规定了农业羊皮纸的产品分类、要求、试验方法、检验规则及标志、包装、运输、贮存。

本标准适用于农业科研及生产过程中对受粉、育种等有特殊要求的做纸袋用的羊皮纸。

2 规范性引用文件

下列文件中的条款通过本标准的引用而成为本标准的条款。凡是注日期的引用文件，其随后所有的修改单(不包括勘误的内容)或修订版均不适用于本标准，然而，鼓励根据本标准达成协议的各方研究是否可使用这些文件的最新版本。凡是不注日期的引用文件，其最新版本适用于本标准。

GB/T 450 纸和纸板 试样的采取及试样纵横向、正反面的测定

GB/T 451.1 纸和纸板尺寸及偏斜度的测定

GB/T 451.2 纸和纸板定量的测定

GB/T 451.3 纸和纸板厚度的测定

GB/T 454 纸耐破度的测定

GB/T 457 纸和纸板 耐折度的测定

GB/T 462 纸、纸板和纸浆 分析试样水分的测定

GB/T 465.1 纸和纸板 浸水后耐破度的测定

GB/T 1543 纸和纸板 不透明度(纸背衬)的测定(漫反射法)

GB/T 1545 纸、纸板和纸浆 水抽提液酸度或碱度的测定

GB/T 2828.1 计数抽样检验程序 第1部分：按接收质量限(AQL)检索的逐批检验抽样计划

GB/T 10342 纸张的包装和标志

GB/T 10739 纸、纸板和纸浆试样处理和试验的标准大气条件

GB/T 12914 纸和纸板 抗张强度的测定

3 分类

3.1 农业羊皮纸按形式分为卷筒纸和平板纸。

3.2 农业羊皮纸按质量分为优等品、一等品和合格品。

3.3 根据用户要求，可生产各种颜色的农业羊皮纸，或用甘油进行处理。

4 要求

4.1 农业羊皮纸的技术指标应符合表1或订货合同的规定。

表 1

指标名称	单 位	规 定		
		优等品	一等品	合格品
定量	g/m^2	45.0±2.5 60.0±3.0 75.0±4.0		
紧度	g/cm^3	0.80～0.95		

表 1（续）

指标名称		单位	规定		
			优等品	一等品	合格品
抗张指数(纵横平均) ≥		N·m/g	54	47	42
耐破指数 ≥	干	$kPa \cdot m^2/g$	4.5	4.0	3.5
	湿		3.0	2.5	2.0
耐折度(纵横平均) ≥	45 g/m^2	次	160	140	120
	60 g/m^2		200	180	160
	75 g/m^2		250	220	200
不透明度 ≤	45 g/m^2	%	60		
	60 g/m^2		65		
	75 g/m^2		70		
透油度(大于 0.25 mm) ≤		个/100 cm^2	2		
水抽提液 pH			7.0±1.0		
交货水分		%	7.0±1.0		

4.2 农业羊皮纸的切边应整齐。纸的尺寸偏差应不超过±3 mm，平板纸偏斜度应不超过 3 mm。

4.3 农业羊皮纸的纤维组织应均匀。

4.4 农业羊皮纸的纸面应平整，不应有褶子、砂子、破洞、硬质块、皱纹、条痕及脏污点。

5 试验方法

5.1 试样的采取按 GB/T 450 进行。

5.2 试样的处理按 GB/T 10739 进行。

5.3 尺寸及偏斜度的测定按 GB/T 451.1 进行。

5.4 定量的测定按 GB/T 451.2 进行。

5.5 紧度的测定按 GB/T 451.3 进行。

5.6 抗张指数的测定按 GB/T 12914 进行。

5.7 耐破指数的测定按 GB/T 454 进行；湿耐破指数的测定按 GB/T 465.1 进行，其中浸水时间为 0.5 h。

5.8 耐折度的测定按 GB/T 457 进行。

5.9 不透明度的测定按 GB/T 1543 进行。

5.10 透油度的测定按附录 A 进行。

5.11 水抽提液 pH 的测定按 GB/T 1545 进行，采用热抽提方法。

5.12 交货水分的测定按 GB/T 462 进行。

5.13 外观质量采用目测检验。

6 检验规则

6.1 以一次交货数量为一批，但应不多于 30 t。

6.2 生产厂应保证所生产的农业羊皮纸符合本标准或订货合同的规定，每件农业羊皮纸交货时应附有一份产品质量合格证。

6.3 产品交收检验抽样应按 GB/T 2828.1 的规定进行，样本单位为卷筒(件)。接收质量限(AQL)：抗张指数、耐折度、透油度为 4.0；定量、紧度、耐破指数、不透明度、pH、交货水分、尺寸、外观质量为 6.5。

采用正常二次抽样，检验水平为一般检验水平Ⅰ，其抽样方案见表2。

表2

批量/卷(件)	正常检验二次抽样方案，一般检验水平Ⅰ				
	样本量	AQL 值为4.0		AQL 值为6.5	
		Ac	Re	Ac	Re
2～25	2	—	—	0	1
	3	0	1	—	—
26～90	3	0	1	—	—
	5 5(10)	—	—	0 1	2 2
91～150	5 5(10)	—	—	0 1	2 2
	8 8(16)	0 1	2 2	—	—
151～280	8 8(16)	0 1	2 2	0 3	3 4

6.4 可接收性的确定：第一次检验的样品数量应等于该方案给出的第一样本量。如果第一样本中发现的不合格品数小于或等于第一接收数，应认为该批是可接收的；如果第一样本中发现的不合格品数大于或等于第一拒收数，应认为该批是不可接收的。如果第一样本中发现的不合格品数介于第一接收数与第一拒收数之间，应检验由方案给出的样本量的第二样本并累计在第一样本和第二样本中发现的不合格品数。如果不合格品累计数小于或等于第二接收数，则判定批是可接收的；如果不合格品累计数大于或等于第二拒收数，则判定该批是不可接收的。

6.5 需方有权检查该批产品的质量是否符合本标准或订货合同的要求，若对产品质量有异议，应在到货一个月内通知供方，由供需双方共同取样进行复验。如符合本标准或订货合同的规定，则判为批可接收，由需方负责处理；如不符合本标准或订货合同的规定，则判为批不可接收，由供方负责处理。

7 标志、包装、运输、贮存

7.1 农业羊皮纸的标志与包装应按 GB/T 10342 或订货合同的规定进行。

7.2 运输时，应使用带篷而且洁净的运输工具，严防日晒雨淋。

7.3 运输时，不应用钩吊打包铁丝，不应将纸从高处扔下。

7.4 农业羊皮纸应妥善保管于通风仓库的垫板上，以防受雨、雪、地面湿气的影响。

附 录 A
（规范性附录）
透油度的测定

A.1 试样的制备

分别切取 250 mm×250 mm 的试样 5 张。

A.2 试剂和材料

A.2.1 白色定性化学滤纸一叠(5 张～10 张)，在最上层的滤纸上画出一个 100 mm×100 mm 的方框。

A.2.2 50%甘油水溶液，含 1%洋红。

A.2.3 5 mL 量筒。

A.3 步骤

将一张试样轻放在整叠滤纸(A.2.1)上，使试样完全盖住滤纸上的方框。用棉花蘸已量好的 1 mL 甘油水溶液(A.2.2)，在试样表面分别沿试样纵横向轻轻涂抹三次。然后移去试样，观察甘油水溶液透过试样渗入到滤纸方框中的红色斑点，并统计大于 0.25 mm 红色斑点的个数。

A.4 结果计算

分别测定 5 次，以 5 次试验结果的算术平均值作为测定结果，修约至整数。

ICS 71.060.01
G 10

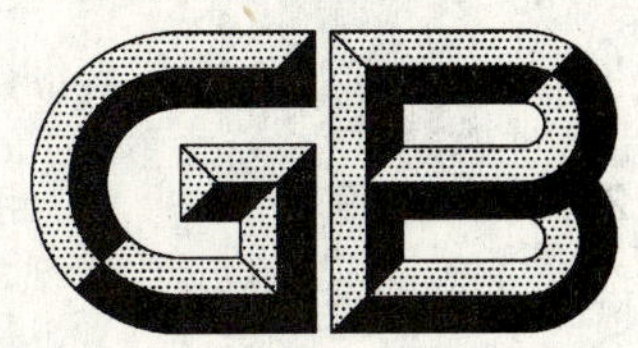

中华人民共和国国家标准

GB/T 23761—2009

光催化空气净化材料性能测试方法

Test method of photocatalytic materials for air purification

2009-05-13 发布　　2010-01-01 实施

中华人民共和国国家质量监督检验检疫总局
中国国家标准化管理委员会　发布

前言

本标准由中国石油和化学工业协会提出。

本标准由全国化学标准化技术委员会无机化工分会(SAC/TC 63/SC 1)归口。

本标准负责起草单位:福州大学光催化研究所、中国化工学会新材料委员会光催化材料及应用分会。

本标准参加起草单位:中国科学院理化技术研究所、攀枝花纳尔美环境科技有限公司、宁波康瑞洁纳米环保科技有限公司、深圳安强科技发展有限公司、约克广州空调冷冻设备有限公司、天津宇野环境科学有限公司。

本标准主要起草人:付贤智、只金芳、刘平、邵宇、戴文新、咸才军、何明兴。

本标准为首次发布。

光催化空气净化材料性能测试方法

1 范围

本标准规定了空气净化用光催化材料的定义、原理、材料、测试装置、分析步骤、结果计算和试验报告。

本标准适用于在气相环境中使用的具有空气净化能力材料的光催化性能的测试。

本标准不适用于液相中使用的光催化净化材料。

2 术语和定义

下列术语和定义适用于本标准。

2.1

光催化剂 photocatalyst

在一定的光源激发下,能够产生光催化作用的材料。

2.2

光催化空气净化材料 photocatalytic materials for air purification

利用光催化性能净化空气的材料。

2.3

光催化去除量 removal amount by photocatalysis

光照条件下,一定面积的光催化材料去除污染物的量,用 $mg/(h \cdot m^2)$或 $mg/(min \cdot cm^2)$表示。

2.4

光催化去除率 removal ratio by photocatalysis

光照条件下,污染物的去除量与其初始量之比,数值以百分数表示。

2.5

光催化空气净化材料性能稳定性 performance stability of photocatalytic materials for air purification

光催化材料在高浓度污染物的气氛中经长时间光照处理后,测得的光催化降解量与第一次试验时测得的光催化降解量的比值,数值以百分数表示。

3 原理

本测试方法是将光催化材料样品置于含有污染物的空气中,以获得其在光作用下净化空气的性能。其中,以乙醛作为反应污染物。测试时,反应气一次通过反应器,此时反应器中的样品在光照作用下氧化分解乙醛,得到光照后反应器出口处乙醛的浓度,将此值与光照前的乙醛出口浓度比较得出乙醛的光催化降解率。提高反应物浓度,重复测试样品的乙醛光催化降解量,与第一次测试结果进行比较得出光催化性能的稳定性大小。最后以乙醛的光催化降解率和稳定性评价光催化材料样品的空气净化性能。

4 材料

4.1 标准乙醛气:由乙醛和氮气(纯度为 99.99%)混合而成,乙醛浓度为 50 mL/m^3～200 mL/m^3;

4.2 氧气:纯度为 99.99%。

5 测试装置

测试装置系统由反应系统和分析系统组成。

5.1 反应系统组成

样品的光催化性能测试是在连续流动反应装置中进行，反应装置由反应气供应、光源、光催化反应器组成。由于反应物浓度很低，因此构成装置的材料必须满足低吸附性和抗紫外线的要求。测试装置原理图见图1所示。

5.1.1 反应气供应

反应气由标准乙醛气和氧气混合制得。一定温度下，已知浓度的乙醛反应气以恒定流量连续通入反应器中。反应气的流量和乙醛浓度由气体质量控制器分别控制氧气和标准乙醛气实现，两种气体经混合器混合后进入反应器，其流量应控制在设计流量值的5%范围波动。一般的，反应气的总流量控制在100 mL/min，乙醛的浓度控制在50 mL/m^3 以下。

单位为毫米

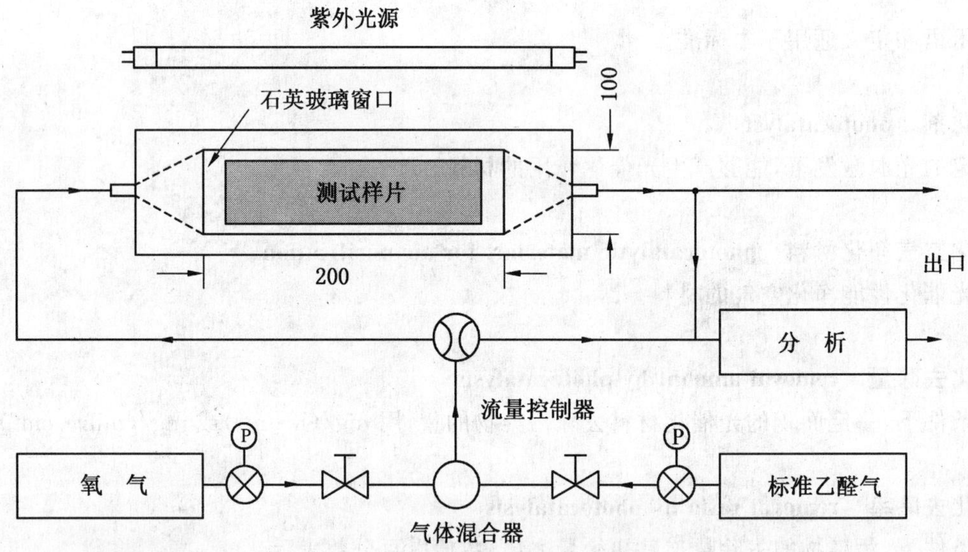

图1 测试装置结构原理图

5.1.2 光催化反应器

光催化反应器是一全密闭的方型反应器，其内部装有200 mm×100 mm大小、可调节高度的支撑块，测试样片放置在支撑块上。支撑块上方有一与其平行的光路窗口，反应器外部的紫外光通过此窗口照射到样片表面。通过调节支撑块的高度使得样片表面与窗口之间的距离大于5.0 mm。反应气只能在样片表面和窗口之间通过。光路窗口材料可选用石英玻璃或硼玻璃。

5.1.3 光源

光源有两种，依据光催化材料测试要求而定。当测试光催化材料的紫外光催化性能时，使用紫外光源。紫外光源由主波长为365 nm、功率为8 W的四只管状紫外灯提供；当测试光催化材料的室内光催化性能时，使用主波长为400 nm～760 nm、功率为8 W的四只管状荧光灯。四只灯平行固定在光路窗口的上方，每只灯管的间距为2 cm～3 cm。光在样品表面各点照度的测量用适合波长范围的光照度计测量。测试时，标识出样品表面的两条对角线，测试每条对角线上相等间隔的5个点的光照强度，每点光照强度的平均值应为1 mW/cm^2±0.1 mW/cm^2，同时保证灯与样品最小距离不小于5 mm。

照度计要求：λ=320 nm～400 nm，λ_P=365 nm，精度5%，测定范围：0.1 $\mu W/cm^2$～199 mW/cm^2。

注：当样品表面的光照强度低于要求时，适当调整灯管与样品表面的距离。当无法满足要求时，应更换灯管。

5.2 分析系统

利用带有氢火焰离子检测器(FID)的气相色谱仪(所用氢气纯度99.99%)在线分析反应器出口处

的各物质浓度。分析时也可通过气体注射器进行离线分析色谱工作条件为:直径为 3 mm 的 Porapak Q 型(或 Porapak R 型)填充柱,柱温 100 ℃,进样口温度 150 ℃,FID 和 TCD 检测器温度分别为 150 ℃和 120 ℃。载气为 99.999%高纯氮气(也可为高纯氦气),流速 30 mL/min～70 mL/min。利用 FID 和 TCD 分别检测乙醛和 CO_2 浓度。

5.3 测试样品

测试样品通常为长 200 mm±2 mm,宽 100 mm±2 mm 的片状材料,样片的厚度尽量不大于 10 mm。

测试样品也可以是粒状材料,测试时,样品堆实在样品盘上,其堆放尺寸与片状材料相同,但厚度尽可能薄,并测得样品的堆体积。

注:若样品侧面吸附性很强,应该在测试前用惰性材料密封。

6 分析步骤

6.1 安全提示:紫外灯光照时应避免紫外光与人体直接接触。

6.2 样品预处理

评价前,样品预先干燥处理,干燥条件一般为 120 ℃恒温 2 h 以上,也可以其他方式干燥,前提是不破坏光催化材料本身的外观。而后置于紫外灯下光照 16 h 以上,确保其吸附的有机物质被分解。光照强度不小于 1 mW/cm^2,并保证照射均匀。样品预处理尽量在测试前进行,处理好应立即评价。如果不能立即评价,样品必须保持在干净的、无污染性气体的气密性容器中。

6.3 测试准备

6.3.1 调节反应物浓度

分别调节乙醛标准气和氧气的流量,控制反应气中乙醛浓度约为 5.0 mL/m^3,反应气流量为 100 mL/min。利用色谱仪分析反应进气中的乙醛浓度(φ_{An}),直至连续三次测试值的偏差(E)小于 2%。此时取三次平均值(φ_{Aa})为进气中的乙醛浓度(φ_{A0})。

6.3.2 调节温度

在进行 6.3.1 之中或之后调节室内温度到(25 ℃±3 ℃)。在温度稳定后才可进行后续工作。

6.3.3 安装测试样品

将预处理过的样品平放在光反应器中的支撑块上,标识出样品表面的两条对角线,测试每条对角线上相等间隔的 5 个点的光照强度,调节支撑块的高度,使得样品表面每点光照强度的平均值应为 1 mW/cm^2±0.1 mW/cm^2,同时保证样片上表面与石英玻璃窗口的距离为不小于 5.0 mm,样品不同位置高度差应小于 1.0 mm。而后合上石英玻璃窗口,反应器必须保证密封。

6.4 暗吸附过程

6.4.1 去除反应器及样品中的 CO_2

将反应气(也可为其他不含 CO_2 的气体,即气体中 CO_2 含量小于 1.0 mL/m^3)通入反应器中,定期测量出口处的 CO_2 浓度,直至出口处 CO_2 浓度(φ_{CDpre})稳定且小于 1.0 mL/m^3。此时光催化材料的活性可用 CO_2 生成量表示。若 CO_2 含量在一段时间内(不超过 90 min)无法去除至小于 1.0 mL/m^3,此材料的光催化性能无法用 CO_2 的生成量表示,而只能用乙醛的去除量或去除率表示。此时说明该样品材料吸附 CO_2 的能力很强。

6.4.2 暗吸附过程

在 6.3.1 的过程中,每隔 15 min 测试出口处的乙醛浓度,当出口的乙醛浓度等于进气中的乙醛浓度,此时间可为此光催化材料的暗吸附时间。若 30 min 后乙醛的出口浓度低于进气浓度的 90%,则继续在暗条件下通入反应气,以出口浓度达到进气浓度的 90%所需时间为暗吸附时间。此乙醛出口浓度为光照前的乙醛初始浓度(φ_{AP0})。若通入反应气 90 min 后,乙醛的出口浓度仍低于进气浓度的 90%,停止通气。此时样片吸附乙醛性能太强,此方法不适合测其光催化活性。

6.5 光催化去除量测试

6.5.1 浓度测试

对于符合此方法测试的样品，暗吸附结束后，继续稳定地通入反应气，打开紫外灯。每隔 15 min 测试出口气中乙醛和 CO_2 的浓度。反应至少进行 3 h，直至乙醛浓度稳定。取反应最后 1 h 的平均值（3 个以上的平均）为乙醛的出口浓度（φ_{AP}）。此值用于计算去除量和去除率。

6.5.2 停止光照过程

停止光照，继续通气 30 min。在此期间测量出口气中的乙醛浓度，取平均值，确保乙醛浓度等于进气中的乙醛浓度（5.0 mL/m³）。对于满足 6.4.1 中可用 CO_2 生成量衡量光催化性能的样品，同时测出口气中的 CO_2 浓度（φ_{CDpost}），该值与光照前的 CO_2 浓度（φ_{CDpre}）大小差异应小于 1.0 mL/m³。

6.6 稳定性测试

按 6 的步骤在高浓度污染物气氛中反应，此时反应气中的乙醛浓度为正常反应时的 5 倍，反应时间 24 h 后，将乙醛浓度重新调整为 5 mL/m³，继续反应 3 h，以反应最后 1 h 的乙醛浓度平均值作为出口浓度。

注：测试过的样品重新进行测试时，需按 6.2 重新进行预处理。

6.7 低光催化去除率的样品测试

按照上述条件测得样品的光催化去除乙醛率较低时（去除率小于 5.0%），可通过降低反应气的流量而提高去除率。反应气流量的改变通常按倍数减少。例如，可由原先的 100 mL/min 降至50 mL/min。若得出去除率还是较低时，可将反应气流量继续减半至 25 mL/min。而后同样按 7 计算结果。

7 结果计算

7.1 三次测试值偏差以 E 计，数值以%表示，按式(1)计算：

$$E = \frac{\sum_{n=1}^{3} |\varphi_{An} - \varphi_{Aa}|}{3 \times \varphi_{Aa}} \times 100 \qquad \cdots\cdots(1)$$

式中：

φ_{An}——第 n 次乙醛浓度测试值的数值，单位为毫升每立方米（mL/m³）；

φ_{Aa}——三次测试算术平均值的数值，单位为毫升每立方米（mL/m³）。

7.2 乙醛光催化去除量以 Q_A 计，数值以 mg/(h・m²) 表示，按式(2)计算：

$$Q_A = \frac{(\varphi_{AP0} - \varphi_{AP}) \times \rho_A \times F \times 60}{S \times 1\,000} \qquad \cdots\cdots(2)$$

式中：

φ_{AP0}——反应气中乙醛初始浓度的数值（光照前乙醛的出口浓度），单位为毫升每立方米（mL/m³）；

φ_{AP}——光照下乙醛出口浓度的数值，单位为毫升每立方米（mL/m³）；

ρ_A——乙醛气体密度的数值，单位为克每升(g/L)[可用 M/22.4 表示（M 为乙醛分子量）]；

F——标准状态下反应气流量的数值，单位为升每分（L/min）；

S——样品有效面积的数值（等于边框所限面积的数值），单位为平方米（m²）。

7.3 乙醛光催化去除率以 P_r 计，数值以%表示，按式(3)计算：

$$P_r = \frac{(\varphi_{AP0} - \varphi_{AP})}{\varphi_{AP0}} \times 100 \qquad \cdots\cdots(3)$$

式中：

φ_{AP0}——反应气中乙醛初始浓度的数值（光照前乙醛的出口浓度），单位为毫升每立方米（mL/m³）；

φ_{AP}——光照下乙醛出口浓度的数值，单位为毫升每立方米（mL/m³）。

7.4 稳定性以 D 计，数值以%表示，按式(4)计算：

$$D = \frac{Q_{As}}{Q_A} \times 100 \qquad \cdots\cdots(4)$$

式中：

Q_{As}——按6.6稳定性试验后测得的乙醛光催化去除量的数值，单位为毫克每小时平方米[mg/(h·m²)]；

Q_A——乙醛光催化去除量的数值，单位为毫克每小时平方米[mg/(h·m²)]。

7.5 CO_2 的生成量以 Q_c 计，数值以 mg/(h·m²)表示，按式(5)计算：

$$Q_c = \frac{(\varphi_{CP} - \varphi_{CD}) \times \rho_C \times F \times 60}{S \times 1\,000} \qquad \cdots\cdots(5)$$

式中：

φ_{CP}——光照下 CO_2 出口浓度的数值，单位为毫升每立方米(mL/m³)；

φ_{CD}——无光照下 CO_2 出口浓度的数值，单位为毫升每立方米(mL/m³)；

ρ_C——CO_2 气体密度的数值，单位为克每升(g/L)，[可用 M/22.4 表示(M 为 CO_2 分子量)]；

F——标准状况下反应气流量的数值，单位为升每分(L/min)；

S——样品有效面积的数值(等于边框所限面积的数值)，单位为平方米(m²)。

无光照下 CO_2 的浓度(φ_{CD})是光照前和停止光照后两种情况下 CO_2 浓度的平均值，此时两种 CO_2 浓度(φ_{CDpre} 和 φ_{CDpost})大小差异应小于1.0 mL/m³。其结果按式(6)计算：

$$\varphi_{CD} = \frac{(\varphi_{CDpre} + \varphi_{CDpost})}{2} \qquad \cdots\cdots(6)$$

式中：

φ_{CDpre}——光照前 CO_2 出口浓度的数值，单位为毫升每立方米(mL/m³)；

φ_{CDpost}——停止光照后 CO_2 出口浓度的数值，单位为毫升每立方米(mL/m³)。

7.6 乙醛的矿化率以 M_r 计，数值以%表示，按式(7)计算：

$$M_r = \frac{Q_C \times 60}{Q_A \times 44} \times 100 \qquad \cdots\cdots(7)$$

式中：

Q_A——乙醛光催化去除量的数值，单位为毫克每小时平方米[mg/(h·m²)]；

Q_C——二氧化碳(CO_2)的生成量的数值，单位为毫克每小时平方米[mg/(h·m²)]。

7.7 对于粒状样品，乙醛光催化去除量 Q_A、稳定性 D、二氧化碳生成量 Q_C 和乙醛矿化率分别按7.7.1中公式(8)、7.7.2中公式(9)、7.7.3中公式(10)和7.7.4中公式(11)计算，而光催化去除率依然按7.3中公式(3)计算。

7.7.1 乙醛光催化去除量以 Q_A 计，数值以 mg/(h·m³)表示，按式(8)计算：

$$Q_A = \frac{(\varphi_{AP0} - \varphi_{AP}) \times \rho_A \times F \times 60}{V \times 1\,000} \qquad \cdots\cdots(8)$$

式中：

φ_{AP0}——反应气中乙醛初始浓度的数值(光照前乙醛的出口浓度)，单位为毫升每立方米(mL/m³)；

φ_{AP}——光照下乙醛出口浓度的数值，单位为毫升每立方米(mL/m³)；

ρ_A——乙醛气体密度的数值，单位为克每升(g/L)[可用 M/22.4 表示(M 为乙醛分子量)]；

F——标准状态下反应气流量的数值，单位为升每分(L/min)；

V——样品堆体积的数值，单位为立方米(m³)。

7.7.2 稳定性以 D 计，数值以%表示，按式(9)计算：

$$D = \frac{Q_{As}}{Q_A} \times 100 \qquad \cdots\cdots(9)$$

式中：

Q_{As}——按5.5稳定性试验后测得的乙醛光催化去除量的数值，单位为毫克每小时立方米[mg/(h·m^3)]；

Q_A——乙醛光催化去除量的数值，单位为毫克每小时立方米[mg/(h·m^3)]。

7.7.3 CO_2 的生成量以 Q_C 计，数值以mg/(h·m^3)表示，按式(10)计算：

$$Q_C = \frac{(\varphi_{CP} - \varphi_{CD}) \times \rho_C \times F \times 60}{V \times 1\,000} \qquad \cdots\cdots(10)$$

式中：

φ_{CP}——光照下 CO_2 出口浓度的数值，单位为毫升每立方米(mL/m^3)；

φ_{CD}——无光照下 CO_2 出口浓度的数值，单位为毫升每立方米(mL/m^3)，其结果按式(6)计算；

ρ_C——CO_2 气体密度的数值，单位为克每升(g/L)，[可用 M/22.4表示(M 为 CO_2 分子量)]；

F——标准状况下反应气流量的数值，单位为升每分(L/min)；

V——样品堆体积的数值，单位为立方米(m^3)。

7.7.4 乙醛的矿化率以 M_r 计，数值以%表示，按式(11)计算：

$$M_r = \frac{Q_C \times 60}{Q_A \times 44} \times 100 \qquad \cdots\cdots(11)$$

式中：

Q_A——乙醛光催化去除量的数值，单位为毫克每小时立方米[mg/(h·m^3)]；

Q_C——二氧化碳(CO_2)的生成量的数值，单位为毫克每小时立方米[mg/(h·m^3)]。

8 试验报告

试验报告包括以下内容，其中d)和e)必须包含在每个报告中。

a) 试验日期、温度等；

b) 试验样品说明(规格、材料、形状等)；

c) 试验装置说明；

d) 试验条件(反应气流量、反应污染物浓度、光源种类、辐照强度、气相色谱型号等)；

e) 试验样品的光催化去除量、光催化去除率和稳定性；

f) 对于适合6.4.1的样品，注明 CO_2 的生成量及乙醛矿化率；

g) 备注(包括试验过程中的特殊现象及变化等)。